一切历史都是当代史。

——贝内德托·克罗齐

文化城市研究论丛

规划的炼成

传统与现代在博弈中平衡

温宗勇/著

中国建筑工业出版社

图书在版编目（CIP）数据

规划的炼成：传统与现代在博弈中平衡／温宗勇著．—北京：中国建筑工业出版社，2014.10
（文化城市研究论丛）
ISBN 978-7-112-17348-8

Ⅰ.①规… Ⅱ.①温… Ⅲ.①城市规划—研究—北京市 Ⅳ.①TU984.21

中国版本图书馆CIP数据核字（2014）第232194号

责任编辑：李东禧 唐 旭 吴 佳 陈仁杰
责任校对：陈晶晶 关 健

文化城市研究论丛
规划的炼成
传统与现代在博弈中平衡
温宗勇 著

*
中国建筑工业出版社出版、发行（北京西郊百万庄）
各地新华书店、建筑书店经销
北京美光制版有限公司制版
北京顺诚彩色印刷有限公司印刷
*
开本：787×1092毫米 1/16 印张：33¾ 字数：676千字
2014年12月第一版 2014年12月第一次印刷
定价：238.00元
ISBN 978－7－112－17348－8
（26125）

序一

改革开放以来，中国开始进入一个越发快速的城镇化历程当中，尤其是从20世纪90年代中后期到现在的十几年，中国的城镇化速度和成果令世界瞩目，中国成了最大的建筑工地，大城市迅速扩大，中小城市迅速增多，城市人口也以史无前例的速度迅速增长——近十几年来，中国的城镇化过程，已然成为一个让全球建筑行业都在热议和赞叹的奇迹。毫无疑问，中国如此高速度的城镇化，为经济发展和大国崛起，发挥了巨大的作用。城镇化的过程与中国的现代化、国际化是一个事物的两面，二者紧密结合在一起，共同呈现出如今这种让世界刮目相看的“中国奇观”。但我们也应该注意到，就在中国城镇化取得巨大成效的同时，中国社会也在积累由此所带来的某些负面效应和不尽人意的状况，并且随着经济不断发展，城市不断扩张，这些状况在不断加重，由此引起了社会各界，尤其是文化人的讨论和批评。

作为一名连任三届的全国政协老委员，我发现几乎每次开会，大家都会讨论和批评高速城镇化与城市建设中所积累的负面问题,而受议最集中的便是当今中国城市“千城一面”的问题,即：城市形象雷同，文化特征丧失的现象。作为一个文化人和艺术工作者，一位美术学院的管理者，我更是会在众多场合持续听到不同社会阶层对这类问题的批评和抱怨。这样的批评、抱怨和议论，客观地反映出当今文化界、知识界对于快速城镇化中“千城一面”和城市文化特征丧失现象的忧虑。这也促使我深入思考一个问题：文化人和社会各界的牢骚和批评是必要的，但仅此亦远远不够，重要的是大家行动起来，想出切实可行的办法改善城镇化的过程、改善机制、提出好的建议、想出好的办法，使“千城一面”的弊病得到缓解和纠正。

正是从这样的思考出发，我在2005年与时任北京市规划委员会主任的陈刚同志一起探讨克服和缓解“千城一面”弊端的办法。我当时的建议是：把各大城市规划部门工作一线的中层技术骨干集中起来进行专业的艺术熏陶和审美方面的培训，充分发挥他们的一线实践经验，同时依托中央美术学院高度国际化和浓郁的艺术氛围，以“实践结合审美”的原则，来共同探讨问题解决的思路和可能。由此，不仅可以使城市规划建设一线的年轻骨干扩展眼界，提高艺术修养，增强理论水平，还能联合师生共同研究和探索出能够言之成理、行之有效的解决方法和措施。这个建议马上得到陈刚同志的赞同与支持，因为他在长期的规划工作中也不断听到各方的批评、抱怨，深知“千城一面”已成为中国城镇化发展过程中一个突出且必须应对的问题，但该问题的出现并非是仅靠个别领导或某个政府部门改变观念与行政方式就能解决的简单问题。多年的一线工作经验使他清醒地认识到：这个问题的解决必将是一个复杂且难度极高的系统工程。但他认为对这个问题的研究具有极高的学术价值和现实意义，所以即便再难也值得花力气去做。所以，在陈刚同志的赞同与支持下，中央美术学院成立了“文化城市研究中心”，并于2005年秋天正式开始招收第一届“建筑与城市设计”博士班，并聘请陈刚同志担任客座教授和校外博士生导师。第一届博士班学员，主要是北京市规划系统的几位年轻骨干（随后每年都有新生招入）。正因为我与陈刚同志有着共同的想法，因此这个博士班一开始就有着明确的研究方向与针对性——思考、探索和研究如何克服“千城一面”的难题——该班恐怕也是国内第一个直接针对“千城一面”问题展开深入研究的学术机构。

因此，可以说中央美术学院“文化城市研究中心”博士班是由问题引发、以问题为导向的学术研究机构，其设立本身就可以看做是一个为了解决“千城一面”问题而采取的切实办法，因此，无论是该机构的理论研究还是设计实践，都与现实的城市问题紧密相连。博士班集中了两个方面的优势：第一，博士研究人员大多是来自城市规划系统的中层干部和业务骨干，这必然使我们不会停留在从理论到理论、空对空不切实际的研究状态中，而是能够以一线实际工作经验为基础，让学术研究接地气；第二，中央美术学院作为一个全学科的、国际一流的美术学院，也是具有最好艺术氛围和创造性思维的国际化平台，这使得我们的研究氛围完全有别于其他政府性或私营性研究机构——这里既有传承深厚的中国画、油画、版画、雕塑、壁画等造型艺术学科，又有近十年蓬勃发展起来的现代设计和现代建筑学科，且这两类学科均在世界范围获得了同行的高度认可，高质量的师资、高质量的学生和特别宽松活跃的学术氛围，使中央美术学院成为一个最具创意思维的实验场地。

我认为，充分发挥好这两个优势，将有利于改变以往的思维模式和工作方法，也必将有助于思考、探索和解决“千城一面”的难题。进一步地，为了增强“文化城市研究中心”博士班的师资力量，我们于2010年又聘请了原杭州市委书记王国平同志担任客座教授和校外博士生导师。王国平同志与陈刚同志一样，都是对城镇化建设、城市发展、城市问题研究有着巨大热情和丰富实际管理操作经验的领导者和管理专家，都对中国城市化进展贡献巨大（陈刚同志长期领导并主持北京市的规划工作，在古城保护和新城建设两个方面都是主管领导，善于并敢于处理协调复杂的城市发展问题；王国平同志则在其长达十年的杭州市委书记任期当中，对杭州西湖的整治和发展，以及整个钱江新城的建设和开拓，取得了世人瞩目的成绩）。由此，北京和杭州成为我国在城市规划、城市建设方面具有典范意义，分别代表着南北方的两个城市。因此，使得“文化城市研究中心”能够聘请到他们两位为博导，对于研究工作非常有利。

在从2005年到2014年近十年的教学和研究工作中，我们从零开始不断拓展与深化关于中国城市化进程中问题的探索，现在回顾起来，主要做了三个方面的工作，并取得了一些有意义的阶段性成果：

第一，从一个新的角度来重新认识大家所看到的城市现状。博士班成员有着相当丰富的一线工作经验，对当下中国城市，尤其是北京、杭州这样典型城市的实际问题和状况有着非常切身的了解。因此，如何来看待城市历史及其形成的过程，是我们学习、探讨问题的重要前提。对此，经过反复讨论与研究，我们形成一个全新而鲜明的观点——城市应被视为是人类积累性创作的结果，其主要包涵两方面内容：一方面是“积累性”，城市风貌的形成源于其历史演进过程中的积累性遗存，城市随历史经历着不断的“建构——破坏——重构”的交替过程，期间各历史时期的城市风貌和建筑，总会有一部分留存下来并得以积累，进而形成这个城市最基本的物质存在；另一方面是“创作性”，城市风貌的形成是创造性思维的结果，不论该城市是在短期内大规模建设还是在长时间中缓慢成长，其中都必然包含有巨大而丰富的创造性思维，这对于城市发展而言，至关重要。我们往往大多只看“积累性”的一面，并没有看到这种积累本身也是一种创造——在积累过程中充满了创造，而创造又必须构建在既有的以往累积之上，这两方面的作用综合起来，共同构成了城市现在的主导性风貌。我们只有把这两方面辩证地加以看待，才能充分认识到城市发展所具备的“积累性”与“创作性”之两面。

第二，我们特别要求每个在读博士的论文撰写必须具体且有针对性地涉及当下城市化进程中所遇见的各种问题。每篇博士论文对于当前城市规划、城市建设的机制和过程所取得的巨大成就与存在的各种问题都有专题式、直接真切的观察、判断、梳理和思考。我们的博士学员很多在规划管理一线，时刻都亲身经历与处理中国城市发展及规划中纷繁复杂的实际问题，他们将对情况切实的把握与在中央美术学院学习所获得的艺术审美知识相结合，使自己在考量城市实际状况时既能总结成功经验，又能从学术及审美高度发现其中不足之处与教训。这种非常有特点的研究与思考，不仅使我们获得了直面现实的勇气，还使得这种勇气牢牢建立在对客观条件的充分理解与把握之上。

第三，在前述的基础之上，我们深入研究、探索、讨论，逐步总结形成了一套关于城市发展，尤其是如何克服“千城一面”弊端的全新理念和理论体系，并精炼总结出能够全面集中体现这套新理念的关键词。

具体来看，这套新理念主要集中于“城市设计”这个范畴当中。众所周知，“城市设计”是介乎城市总体规划与详细规划之间的中间环节，以往这个中间环节虽然在大城市的规划文本中也占有部分篇幅，但内容往往显得十分简略、抽象，不如总规、控规般的执行约束力，难以得到推行。所以，在城市发展的实际操作层面上，“城市设计”环节可以说是缺失的。我们觉得，目前若想扭转中国城市发展中“千城一面”的现状和文化特征不断丧失的现实，强化并加大“城市设计”环节在城市规划、城市建设和城市化进程中的比重势在必行。这是这套新理念的基本点，也正好与当前习总书记“要重视城市设计”的明确指示不谋而合。

“城市设计”环节之所以在以往的规划管理流程中基本缺失或空白，其根本原因还是因其所涉及的城市审美品位和创造性思维这两个范畴最难以表述。也正是由于这种困难，使得“城市设计”虽然在近年被一些专家重视，但却很难将其中艺术化、审美化的部分真正地语言量化，所以很难进入具体的规划文本及规划控制策略之中。在这方面，“文化城市研究中心”博士班通过研究，创造性地提出了一些表述方法，简要可以概括为城市设计的“四项原则”与“八项策略”。

所谓“四项原则”即：“积累性创作的成果”、“大创意与修补匠”、“大分小统”、“差异互补”四方面“城市设计”应坚持的基本原则。前面所述的城市是人类“积累性创作的成果”是第一项认识性原则。

在对城市有了“积累性创作的成果”这一全新认识的基础上，我们针对目前中国城市化的现状提出：对于新区建设和老区保护要采用完全不同的思维方式，新区如一张“白纸”，大片地块的建设从头开始，因此需运用“大创意”的思维方式，对其新特色加以全新的建构；而老区要使其历史风貌能够得到保护，并变得更加纯粹、更加浓烈、更有艺术性，具有更吸引人的文化特色，因此需采取“修补匠”的思维方式。如此两种思维方式和城市建设方法,在不同城市、不同区块中,可以不同比例来实施,这便是第二项“大创意与修补匠”的原则。

针对北京、上海、东京等特大型城市，发展到目前如何进一步美化与提升，我们在研究中逐步意识到：要在如此巨大的城市范围中寻找和强化统一的特色，在目前的中国城市中客观上已经不可能，因此我们提出了第三项“大分小统”的原则，即：将其在“城市设计”层面加以切分，分别对待、分别研究、分别设计，形成风貌各不相同的区块，并对其进行分而治之（不同思路和创意进行不同的改造和建设），最后形成不同风貌和特色的区块。例如，我们尝试以北京为例，把其大致分成三大类风貌区块：第一类是特色风貌区块（具有特色人文风貌、特色建筑风貌、特色自然风貌的区块，要进一步统一特色、强化特色）；第二类是一般功能区块（杂乱无序、也无明显特色的区块，强化功能合理性，用修补匠手法，提升方便实用、美观宜人的审美层级）；第三类是未来待建新区（要特别重视宏观思路、概念规划、整体布局中“大创意”,这是新型城镇化的核心价值所在）。这三类不同的区块，应采取不同的方法来对待，分而治之，但是最终又要达到和而不同又丰富多彩的格局。

“差异互补”是我们提出的第四项基本原则。意指区块之间形成差异互补关系，既有不同，又有共性，和而不同。例如市政管线、交通要道、水电气暖的网络等功能性部分，是必须整个城市统一起来的；但对于各不同区块的不同功能、不同历史积淀、不同建筑年代，则分别加以风貌上的差异性处理，这就能形成不同与多变的城市风貌。

综上，正是针对中国城市化进程已经取得了高速度发展和巨大成就的全新历史条件下，我们主张按照“四项原则”指导新的城市发展。即：先将城市发展理解为“积累性创作的成果”，再进行具体的“区块划分”，进行“大分小统”，并因地制宜地开展“大创意”和“修补匠”的工作，最终达到“差异互补”。

在“四项原则”中，“大分小统”是一个关键性的操作，我们就这一操作的实施，又进一步提出了“八项策略”。这八项策略具体包括：

1.“小异大同”:强化区块内部的风貌统一性、协调性、特色性；

2.“满视野”：在一至数平方公里大小的区块内，为了强化区块特色，理想的状态是在区块内部中心区，人视野360°范围内，实现建筑风貌的一致性。这种满视野的风貌一致性是视觉审美感染力的基本保证，即使建筑样式并不令人满意，若能达到满视野的风貌一致性，也能给观者以强烈的感染力；

3.“风格强度”：指区块内在一定的审美取向上风格倾向的鲜明度、纯粹度、浓郁度。不同的区块可根据不同功能要求和审美需求来确定希望达到的“风格强度”；

4.“风貌主点”：在区块内根据总体风貌的设计可安排一至数个“风貌主点”，集中体现区块风貌特色，成为区块景观中心。风貌主点常由公共建筑、标志性商贸楼或艺术建筑来凸显，使得区块内的文化形象得以凝聚提升，并形成一种视觉上的向心力，往往成为游客拍照观览的主点；

5.“游观视角”：在区块内根据总体策划设计和交通流线，有组织地安排景观面、景观带、景观廊等最佳观光视角；

6.“型式比重”：指建筑形式风格的不同类型（如中国中原民居、南方干栏式、欧陆风格、现代主义建筑、后现代拼接等）和不同式样（如古罗马式样或其他细分式样），在一个区块风貌中所占的不同比重；

7.“文脉故事”：既是建筑风格形式的传承延续，更是历史长河中留传下来的各种故事的积累和演义。故事对于一个城市的文化形象和魅力起着巨大的建构作用。故事在城市和建筑内上演，城市遗迹是故事的佐证。旧城保护和历史遗迹发掘的重大意义即在于此。传承和阐扬文脉故事是区块设计的重要方面，也是独特创意的灵感来源；

8.“功能+审美”：各种社会的、经济的、文化的宜居功能的满足是区块设计的基本前提。成熟的大型现代化城市在宜居功能的实现上已积累了大量经验，也有共识可循。但在城市风貌和文化风格的构建上在当下中国还很不尽人意。如何实现“功能+审美”的互动提升，以增加艺术性与审美性来提升舒适度，再创文化价值与经济价值，是“区块城市”理念的根本宗旨。

总而言之，我们总结提出的这八项新策略，都是针对在一个区块内部如何达到统一性，并力求使整个城市在总体风貌上呈现出不同以往的丰富性与多样性。可以说，“四项原则”与“八项策略”是我们近十年来自身探索研究的一个全新的总结与理论建构。

这四项原则和八项策略，也突出而具体地阐释了“大分小统”这样一个城市设计的方法论。这个比较独特的城市设计基本方法论也可以归结为一种新的对于城市的理解，也就是“区块城市”。就是把大城市分成区块来分别加以对待，而非以往的规划高度统一而实施相对杂乱，因此，“大分小统”既是一个城市设计新的理念，更是一个新的方法论。这个“新”的方法论创立过程，是经历了我们博士班同学的辛勤工作与探索的，其创新的过程源自两个方面：一方面是理论梳理，即我们对19世纪到20世纪以来世界城市规划、城市理论演进过程中的大量资料进行了学习与梳理，同时也来源于近十几年来我们所掌握的对于北京和杭州这类大型城市的第一手资料，两者相互比照的研究使我们对“区块城市”的概念逐渐形成。另一方面则是源于实践的检验：在“区块城市”概念逐步形成并且在博士班获得共识以后，我们就尝试性地将其应用于一些具体案例，这些具体城市设计项目的实际操作使我们的理论认识与实践水平得到了同步的提高，而对新概念的梳理、使用和推出慢慢形成了一个环环相扣的系列性成果，这与我们关于城市设计的理念和思考、梳理、总结密不可分，而又使得博士生们能通过自己的博士论文写作，进一步达到紧密互动、相得益彰的学习效果，对自身的成长与发展都助益显著。

回顾过去，我们一方面通过以博士班集体为核心的学术群体，建构并推出一套全新的“城市设计”理念；另一方面，在此理念下，每个博士生又能就自己特别关心的具体问题，从不同的角度深入研究。如此一来，对于切实提高中国当代城市设计水平和克服“千城一面”弊端是大有助益的。这样一种学习和研究的方式，实际上也是构建了一种新的博士生培养方法，大家都在教学过程中获得很多的启发和提升。

当然，我们所做的这些，其实还很初步，因为城市问题太复杂，即使有了近十年的探索，依然还是刚刚起步。按照钱学森同志所说：“城市是一个巨系统，城市问题是一个特别复杂的模糊的数学的运作过程，实际上城市问题要比我们所想的，或所涉及的情况，还要复杂得多。”这是对于城市问题的一个清晰认识。因此，我们所做的努力和得出的小小心得体会，只是最初的一步。因为我们坚信这个事情对国家和子孙后代的重大意义，所以一定会进一步坚持做下去的。在此，我们也由衷希望有更多的同行、专家来加以批评、帮助和指正。

有鉴于此，我们与中国建筑工业出版社沟通、协商之后，得到了社长和编辑部的大力支持，在此把我们博士班的论文经过修改，逐步出版，形成系列丛书。这套系列丛书的推出和博士班所提出的“城市设计”新理念是结合在一起的，也是与中国当下的城市发展实践紧密相连，能够成为相得益彰的两套成果。我希望这些微小的成果有助于在一定程度上克服和改进中国目前“千城一面”与城市文化特色丧失的弊端，也希望“城市设计”这一以往相对缺乏的环节，在习近平总书记的大力倡导下，能够成为解决中国各种“城市病”的一个重要的抓手。

我期待着中国的新型城镇化建设之路能够走得更健康，能够得到老百姓更大地拥护，给全国人民创造更加好的生存环境和城市风貌，也期待着在未来，更多各具特色的美丽城市能够展现在全国人民面前。

二〇一四年深秋

序二

我们生活的城市，是人类不断寻求丰富、高级和复杂的生活逐步走向成熟的标志，是人类社会的重要组成部分，是人类文明程度的体现。每座城市，都留下了人类成长的足迹，交相辉映着历史与现代的光芒。城镇化水平在一定程度上反映了一个国家或地区的现代化水平，而城镇化则是现代化的必由之路和自然历史过程。

在这个过程中，我们取得了举世瞩目的成绩，可以说创造了很多奇迹。与此同时，却丢掉了一些重要的东西，对传统文化照顾不周，对现代文化的发掘和创新力度不够，在城市里面破坏了很多历史遗存，却新建了不少平庸的建筑。究其原因，就是在城市快速发展进程中，城市的管理者对城市文化重视程度不够，对城市的形成和历史了解不透。

城市的可持续发展要求我们不仅仅重视物质文明的建设，更要丰富我们城市的精神文明。城市文化是经过长期的历史过程，不断积淀和发展形成的，忠实地反映了城市的发展脉络。一座城市能否健康发展，取决于城市文化的传承和延续。快速推进的城镇化，使城市文化缺少足够的时间进行积淀，城市生长与城市文化的失衡，导致了城市文化危机的出现。所以每一个城市都应该善待自己的历史文化资源，对其进行综合研究，挖掘内涵，探索实现城市文化复兴之路，解决“千城一面”的问题，这是我们新型城镇化发展的当务之急。

城市不仅是功能性的，也是精神性的，从某种程度而言，精神的凝聚性更加重要。北京城最早建都时就非常有精神内涵，古人遵循“天人合一”的规划思想，追求人与自然的和谐发展，都反映到了城市物质形态上。可是现在我们的城市建设究竟体现着什么样的精神内涵，既能支配着我们的发展，又能反过来用我们建设的城市环境影响着后人？

习近平总书记在中央城镇化工作会议上强调：“让城市融入大自然，让居民望得见山、看得见水、记得住乡愁。”城镇化是一个大课题，城市不仅仅是经济的、社会的、政治的产物，同时它也带着历史的、文化的、生态的信息，更重要的，城市是每个人都可以感知和体验的实体，也是每个人赖以生存的空间。希望城市管理者，能够不断学习，在城市化的快速发展中，不断总结经验，提升能力，把我们的城市建得更加人性化、更加美丽。

当初，中央美术学院和北京市规划委员会面向城市管理者开办的建筑与城市文化研究博士班，学员都是具有深厚实践经验的、一线的规划管理人士。通过一批又一批博士班的学习，培养了更多的城市管理者，很高兴看到他们不仅提升了对城市的美感，还大大加深了对城市文化的理解。通过他们的思考、研究，可以将他们学习和掌握的延续和保护城市历史文化等方面的职业技能不断运用到工作实践之中，实属城市之幸、时代之幸。我认为，这次把头两批毕业的部分博士班学员的博士论文编辑出版成辑是开了一个好头，并且，今后陆续出版其他博士班学员的论文也会是一件非常有意义的事情。

陳刚

二〇一四年十月

序三

城市是人类文明的摇篮、文化进步的载体、经济增长的发动机、农村发展的引领者，也是人类追求美好生活的阶梯。人类发展的文明史就是一部城市发展史，古希腊著名哲学家亚里士多德曾说："人们来到城市是为了生活，人们在城市居住是为了生活得更好。"2000多年后的今天，"城市，让生活更美好"，已成为2010年中国上海世博会的主题。

中国的新型城镇化，挑战与机遇并存。现代化从某种意义上讲就是城市化，这是颠扑不破的真理，已经为西方发达国家的发展历史所证明。正如诺贝尔经济学奖获得者、美国经济学家斯蒂格利茨所说："中国的城市化和以美国为首的新技术革命是影响21世纪人类进程的两大关键性因素。"2011年是中国城市化具有标志性的一年，中国城市化率首次突破50%，城市人口首次超过农村人口。此后20年，预计中国城市化率仍将每年提高1个百分点，这就意味着每年将有1000多万农村人口转化为城市人口。至2030年，中国的城市化水平将有可能达到今天发达国家的水平，城市人口占总人口的比重将达到70%。也就是说，中国有可能只花50年的时间，就走完了西方发达国家200年才走完的城市化之路。

中国的新型城镇化，呼唤专家型的城市管理干部。早在1949年，毛泽东主席在党的七届二中全会上指出："党的工作重心由乡村移到了城市必须用极大的努力去学会管理城市和建设城市。"在推进中国新型城镇化这一世界上规模最大、速度最快、具有变革意义的历史进程中，要清醒地认识到，城镇化是把双刃剑。城镇化既能极大地改善城市面貌和人民生活品质，也有可能引发历史文化遗产破坏、城市个性与特色消亡、"千城一面"、中国式"贫民窟"显现、环境污染和交通拥堵等"城市病"。对此，中央城镇化会议明确提出要"培养一批专家型的城市管理干部，用科学态度、先进理念、专业知识建设和管理城市"。专家型的城市管理干部需要在实践中始终遵循城市发展规律，使城镇化真正成为中国最大内需之所在、最大潜力之所在。

培养专家型的城市管理干部，需彰显城市之美。习近平总书记强调，“要传承文化，发展有历史记忆、地域特色、民族特点的美丽城镇”，“要保护和弘扬传统优秀文化，延续城市历史文脉”，“让城市融入大自然，让居民望得见山、看得见水、记得住乡愁”。中国城市学的倡导者钱学森先生认为“山水城市是城市建设的最高境界、最高目标”。要实现这些目标，关键在于提升专家型的城市管理干部对美的理解和认识水平，必须让城市管理干部有正确的审美观，让他们真正懂得发现和塑造城市之美。城市之美不仅仅是指建筑之美、环境之美，还包括城市的文化之美、风度之美，更应彰显城市的品质之美、和谐之美。因此，城市发展要坚持党的工作重心与工作重点相结合，推进农民工市民化、城乡一体化；要坚持以城市发展方式转变带动经济发展方式转变，推进城镇化与工业化、信息化和农业现代化的同步发展；要坚持“边治理、边发展”理念，寓城市发展于“城市病”治理之中；要坚持城市建设的“高起点规划、高标准建设、高强度投入、高效能管理”方针，推进质量型城镇化；要坚持以城市群为主体形态，推进城市网络化发展；要坚持打造“智慧城市”，推进城市智能化发展；要坚持“保老城、建新城”，推进城市个性化发展；要坚持土地征用、储备、招标、使用“四改联动”，推进城市土地管理制度改革；要坚持生态优先，推进生态型城镇化发展；要坚持农民工市民化导向，有序推进农民工“同城同待遇”；要坚持“城市公共治理”理念，推进城市管理向城市治理转变；要坚持城市研究先行，高质量推进城市规划、建设、保护、管理和经营。

21 世纪是城市的世纪，21 世纪的竞争是城市的竞争。中央美术学院面向城市管理干部设立建筑与城市文化研究博士班，开展系统、专业的培训，在培养专家型城市管理干部方面成效斐然、影响深远。相信各位学员能学以致用，在城市管理的岗位上，围绕“美丽建筑”、“美丽区块”、“美丽城镇”等开展前瞻性研究、创造性工作，为推动“美丽中国”建设作出突出贡献。

最后，对建筑与城市文化研究博士班研究成果集结出版表示热烈祝贺！

是为序。

二〇一四年十月

目 录

导 论

北京旧城被誉为“中国古代都城的最后结晶”，是北京的精华所在。新世纪初期的十年，是北京经济发展和城市化进程最为快速的时期，对于北京历史文化名城保护工作而言，这十年也是“拆”与“保”、新与旧反复交锋博弈的时期。本书选定北京历史文化名城保护工作作为研究主题，把研究时间圈定在这特定的十年，研究区域划定为北京旧城，研究节点是九个与历史文化名城保护相关的《规划》（含《研究》或《名录》）以及一个个特定而典型的案例，用时间将节点加以串联，通过归纳、分析、演绎、访谈等方法，如实反映政府、专家和公众随时间进程，在历史文化名城保护中作用的演进与变化，从而探索挖掘名城保护的机制问题及解决之道。

本书内容包括 8 个章节：

第 1 章“新世纪在叩门”：一版“有争议”的控制性详细规划——1999 年批复的《北京市区中心地区控制性详细规划》是本书研究讨论的第一个规划，分析了该规划编制的背景，产生“争议”的根源，及其对城市建设造成的影响。该规划由政府组织编制，在当时国家从计划经济向社会主义市场经济过渡时期，不可避免地会受到多种因素的影响，首先是必须与上位规划有效衔接，其规划思想要与 1993 年批复的城市总体规划的思路一脉相承；其次是鉴于当时规划人员对市场经济的认识较为模糊，规划中难免保留了较多的计划经济色彩，同时，也引入了现代主义的规划理念和西方城市规划管理方法。该规划提出对旧城道路网进行拓宽和加密，目的是利于旧城交通疏解。但这样一来，旧城的街巷胡同肌理受到了破坏，与此同时，在旧城实施了大规模的危旧房改造工程，为历史文化名城保护带来了严峻挑战。

第 2 章“世纪初的曙光”：就北京的历史文化名城保护工作而言，2000 年至 2003 年，是城市政府名城保护意识觉醒的萌芽阶段。21 世纪最初的这四年中，接连编制了四个重要的保护规划，即《北京旧城 25 片历史文化保护区保护规划》、《北京历史文化名城保护规划》、《北京皇城保护规划》和《第二批历史文化保护区保护规划》。四项保护规划的出台，标志着政府在城市建设进程中，职能、视角、观念和行动的改变，使旧城从“危改”的四面楚歌之中解脱，并开始向“整体保护”倾斜，保护工作迎来了初步的转机。其中，《北京旧城25片历史文化保护区保护规划》确立了历史文化保护区保护与整治原则，并以院落为单元调查研究，提出了明确的保护措施。该规划为保护旧城撑开了第一把“保护伞”，为旧城危改踩了刹车，意义重大，影响深远。《北京历史文化名城保护规划》提出全市域范围开展名城保护，初步形成“一个重点，三个层次，一个加强”的名城保护体系，使名城保护工作在深度和广度上都有拓展。《北京皇城保护规划》对保持皇城格局的完整性意义重大。《第二批历史文化保护区保护规划》不仅增加了旧城历史文化保护区的数量，还确定了十片郊区历史文化保护区，扩大了名城保护战果。

第3章“历史转折——开始研究‘大北京’”：2003年，北京市政府重点开展了城市宏观发展战略研究，并组织编制完成了《北京城市空间发展战略研究》，系统总结和分析了城市发展的规律，该研究报告在“梁陈方案”之后首次提出了“整体保护旧城”的保护理念，转换了旧城保护的视角，明晰了名城保护的工作思路和发展方向。

第4章“‘新总规’破茧而出”：2004～2005年，北京市政府在“政府组织、依法办事、部门合作、专家领衔、公众参与、科学决策”的工作框架下，组织修编了《北京城市总体规划(2004—2020年)》。该规划坚持保护优先的原则，明确提出在旧城停止大拆大建，疏散旧城人口，走旧城复兴的道路。这为正确处理好城市现代化建设发展与历史文化名城保护的关系问题提供了解决方案。

第5章“‘新控规’时代”：随着城市总体规划的实施进程，2005～2006年，开始组织修编了《北京中心城控制性详细规划(2006年)》。该规划提出，在旧城范围内以旧城保护为前提，“减居住人口、减建筑规模、减建筑高度、减规划道路、完善基础设施”，这些措施的提出有效减缓了城市更新建设对旧城历史文化资源带来的建设性破坏，是新版城市总体规划名城保护思路实至名归的落实，提高了旧城保护的地位，使旧城保护向传统意义“回归”。

第6章名城保护“俱乐部”新成员：2007～2009年，开始按照新版城市总体规划的要求组织开展对优秀近现代建筑和工业文化遗产的保护工作，政府组织调查并颁布了《北京优秀近现代建筑名录》(第一批)，开展了《首钢工业区改造规划》、《大山子(798)控制性详细规划》和《北京焦化厂工业文化遗产保护与再利用规划》等专项规划，这些规划挖掘拓展了保护内涵和外延，填补了名城保护时间上和内容上的空白，为保持城市记忆和多样性、完善保护体系，起到了推动作用。

第7章“不是结论的结论”：本章对1999～2009年这十年中，名城保护规划思想的演变和名城保护规划状态的改观进行了阶段性的小结。在这期间，政府的主导责任越来越大，专家学者的指导作用日益凸显，公众参与的意识不断增强，社会各界的认识趋于一致，保护手段方法更加多样化，保护工作初步形成了较为完善的体系。

名城保护工作是一项十分艰巨而复杂的系统工程，这项工作只有进行时，没有完成时，当前的任务依然繁重，形势依然严峻，还远远不是下结论的时候。因此，本书从战略层面、政策层面、规划与实施层面进行分析判断，本着“取自实践，用于实践”的原则，提出了以“明确功能定位、实施疏解战略、系统整合战略、有机更新战略和积极保护战略”为主线的名城保护战略思路；同时提出了以“明确政府责任、加强规划引导、搭建宣传桥梁、建立制衡机制”为重点的名城保护实施框架。

第8章“余论　旧城意象”：从思考“千城一面”的本质出发，探讨如何缝补旧城破碎肌理的途径，并汇集了部分人文地理学家的观点，以他们的视角，展示了他们眼中的旧城意象。

意大利最著名的学术大师之一，集哲学家、美学家、文学批评家、政治家、历史学家和史学理论家于一身的贝内德托·克罗齐曾经有一句名言，“一切历史都是当代史”，他将“历史”和“编年史”区分开来，他认为，“历史是活的历史，编年史是死的历史；历史是当代史，编年史是过去史；历史主要是思想行动，编年史主要是意志行动。一切历史当它不再被思考，而只是用抽象词语记录，就变成了编年史，尽管那些词语曾经是具体的和富有表现力的”。他还认为，“当生活的发展逐渐需要时，死历史就会复活，过去史就变成现在的。罗马人和希腊人躺在墓穴中，直到文艺复兴欧洲精神重新成熟时，才把他们唤醒”；“因此，现在被我们视为编年史的大部分历史，现在对我们沉默不语的文献，将依次被新生活的光辉照耀，将重新开口说话”。本书作者曾经是这十年名城保护规划工作的参与者、实践者，也是城市发展的经历者和见证者，本书将作者悉心收集并保存的大量第一手资料和素材第一次展示出来，同时通过查阅大量文献档案、对许多关键人物进行访谈，对这段历史加以回顾、反思和验证，对名城保护在规划理论研究和规划管理实践进行了阶段性的总结，目的就是以创新的选题、独特的视角、夹叙夹议的撰写方式生动地讲述活的历史，体现其思想行动，期冀为当代的北京历史文化名城保护工作以及文化城市的建设提供一点儿借鉴和参考。

限于作者能力，书中难免存在错误，希望广大读者在阅读时批评指正。本书主要面向城市规划设计、城市建设管理、历史文化名城保护、城市文化研究方面的人士，可以作为教学参考用书，也可以作为研究参考用书，亦可作为大众读物供对北京历史文化名城保护感兴趣的人士研读。

本书的技术路线

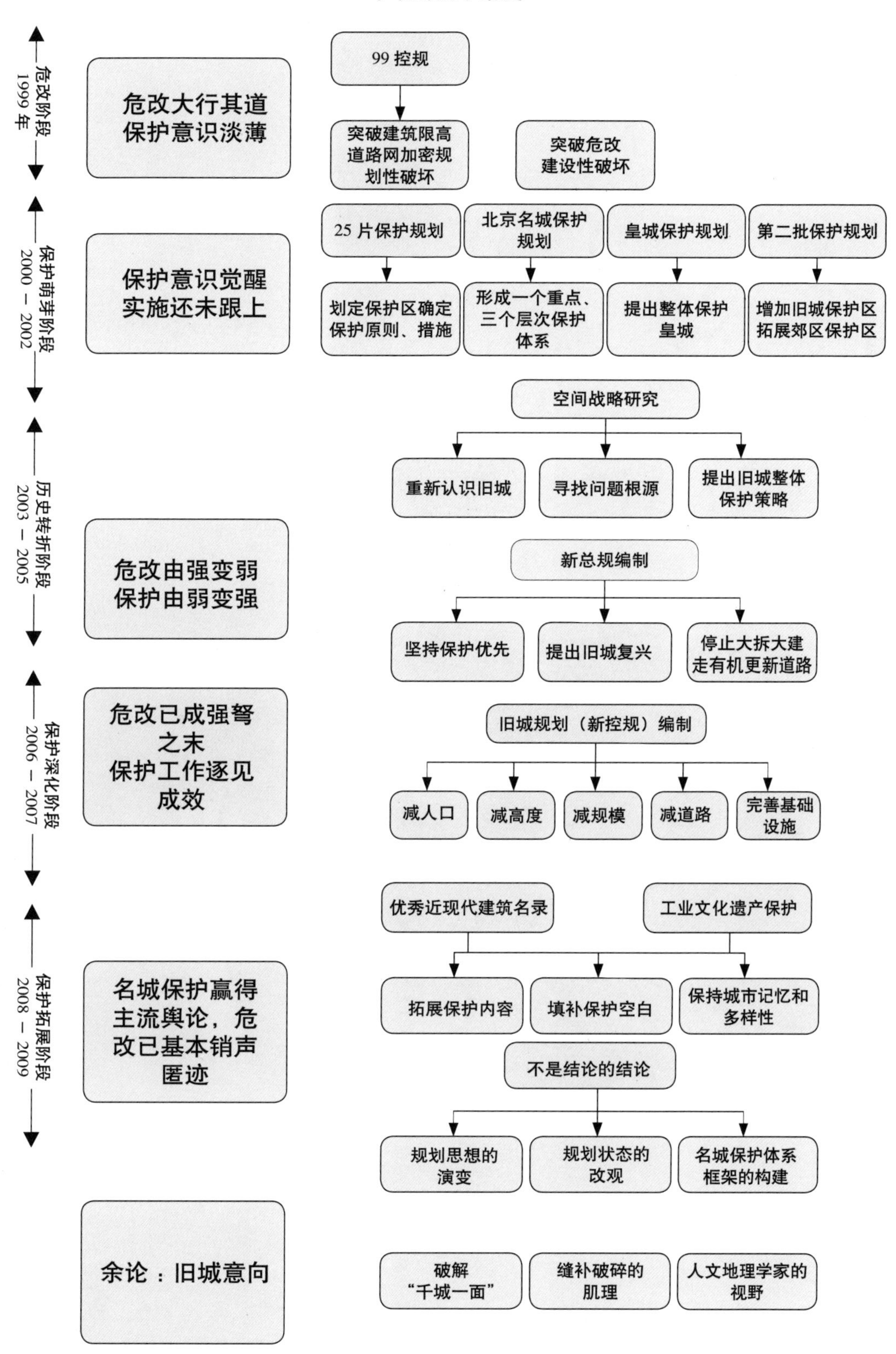

危改阶段 1999年
保护萌芽阶段 2000－2002
历史转折阶段 2003－2005
保护深化阶段 2006－2007
保护拓展阶段 2008－2009
危改大行其道
保护意识淡薄
99控规
突破建筑限高
道路网加密规
划性破坏
突破危改
建设性破坏
保护意识觉醒
实施还未跟上
25片保护规划
北京名城保护
规划
皇城保护规划
第二批保护规划
划定保护区确定
保护原则、措施
形成一个重点、
三个层次保护
体系
提出整体保护
皇城
增加旧城保护区
拓展郊区保护区
空间战略研究
重新认识旧城
寻找问题根源
提出旧城整体
保护策略
危改由强变弱
保护由弱变强
新总规编制
坚持保护优先
提出旧城复兴
停止大拆大建
走有机更新道路
危改已成强弩
之末
保护工作逐见
成效
旧城规划（新控规）编制
减人口
减高度
减规模
减道路
完善基础
设施
优秀近现代建筑名录
工业文化遗产保护
名城保护赢得
主流舆论，危
改已基本销声
匿迹
拓展保护内容
填补保护空白
保持城市记忆和
多样性
不是结论的结论
规划思想的
演变
规划状态的
改观
名城保护体系
框架的构建
余论：旧城意向
破解
“千城一面”
缝补破碎的
肌理
人文地理学家的
视野

第1章

新世纪在叩门

第 1 章
新世纪在叩门

20 世纪："大发展"和"大破坏"

20 世纪既是人类从未经历过的伟大而进步的时代，又是史无前例的患难与迷惘的时代。

20 世纪以其独特的方式丰富了建筑史：大规模的技术和艺术革新造就了丰富的建筑设计作品；在两次世界大战后医治战争创伤及重建中，建筑师的卓越作用意义深远。

然而，无可否认的是，许多建筑环境难尽人意；人类对自然以及对文化遗产的破坏已经危及其自身的生存；始料未及的"建设性破坏"屡见不鲜；"许多明天的城市正由今天的贫民所建造"。

100 年来，世界已经发生了翻天覆地的变化，但是有一点是相同的，即建筑学和建筑职业仍处在发展的十字路口。

时光轮转，众说纷纭，但认为我们处在永恒的变化中则是共识。令人瞩目的政治、经济、社会改革和技术发展、思想文化活跃等，都是这个时代的特征。在下一个世纪里，变化的进程将会更快。

——《北京宪章》(1999 年)

在 20 世纪即将结束的 1999 年，北京的经济社会快速、平稳发展，GDP 驶入了连续 9 年两位数增长的快车道。人们满怀喜悦和憧憬，迎接"千禧年"的到来。这一年，北京城市规划界有两件大事颇受瞩目：一是用全覆盖的方式编制完成了城市市区控制性详细规划（以下简称《99 控规》）；二是国际建筑师协会第 20 届大会在北京召开，全球各地的建筑和规划大师云集，通过了吴良镛教授主持起草的《北京宪章》。从 1933 年柯布西耶起草的《雅典宪章》提出了功能分区的城市规划理念以来，1977 年的《马丘比丘宪章》对其实践和理论进行了修订和调整，1999 年的《北京宪章》则是对前者的又一次提升和延续。行业上的共识已经从功能主义、有机主义跨越到可持续发展的阶段。《99 控规》则是个典型的深受现代主义影响、照搬功能主义的产物，在我国从计划经济向社会主义市场经济转轨的过程中，这个规划伴随着新兴房地产业的发展，快速推进，城市面貌正在经历根本改变。在城市规划思想上，二者存在着从功能主义到可持续发展的落差。这就是新旧世纪之交北京城市规划面临的现实情况。

1.1 从一版有争议的“控规”谈起

1.1.1 编制与批复

在研究《99控规》编制的过程中，尤其是研究的初期，规划部门表现得雄心勃勃，希望将几个当时不断积累而且日益“无解”的重大问题通过“控规”在一定程度上给予解决或缓解，例如经济发展如何符合首都政治、文化中心性质并适合首都的特点，基础设施建设如何满足城市建设快速发展的需要，在促进城市建设和经济发展的同时如何保护城市风貌等，这些既是发展中的新问题，也是一直困扰规划工作的老问题。只不过，随着市场经济带动下城市建设突飞猛进地发展，一些久拖未决的老问题一下子激化起来了。“当前，北京旧城建筑高度控制的要求几乎已被全线突破，旧城原有的以故宫为中心的平缓开阔的城市空间面临威胁，过高的容积率带来了城市交通日益窘迫和环境恶化”[①]。

1. 规划的由来

控制性详细规划是城市、镇人民政府城乡规划主管部门根据城镇总体规划的要求，遵守国家有关标准和技术规范，综合考虑当地资源条件、环境状况、历史文化遗产、公共安全以及土地权属等因素，满足城市地下空间利用的需要，采用符合国家有关规定的基础资料，所组织编制的用以控制建设用地性质、使用强度和空间环境的规划。是城市总体规划的深化。

从20世纪80年代，北京就开始了城市总体规划的深化工作，是全国规划编制工作起步比较早的城市。1983年，国务院原则批准了《北京城市建设总体规划方案》后，市规划部门即组织力量编制了城近郊8个区的分区规划。1987年市政府审批通过后，分区规划对指导当时城市的建设发挥了重要作用。改革开放后，随着市场经济的建立，分区规划在诸多方面难以适应新要求，急需进行调整。20世纪90年代初期，北京城市总体规划开始修订，

① 北京市区控制性详细规划编制及实施的决策研究[J].北京规划建设，1997.（1）.

图 1–1　土地使用功能规划图

（图片来源：北京市城市规划设计研究院．北京市区中心地区控制性详细规划[Z]，1999.）

客观上为调整分区规划编制"控规"创造了条件。而"控制性详细规划"这一名称也刚好正式出现在建设部 1991 年颁布的《城市规划编制办法》中，在改革开放和经济体制转型的大背景下，"控规"被业内普遍认为是适应当时快速城市化、土地使用制度改革、城市建设方式和投资渠道变化的新型规划，能够满足新形势对城市规划管理工作提出的新要求。因此，北京编制"控规"几乎成为必然选择，同时，也对"控规"寄予厚望，希望通过"控规"的编制，能够一揽子解决首都规划面临的一系列棘手问题。

一是快速的城市建设缺乏有效而具体的规划管理依据，造成了规划的随意性。

当时北京市每年基本建设的开复工面积都在 3000 万 m^2 以上，"九五"期间保持在 4000 万 m^2 左右，至 1996 年城市建设年竣工量已连续七年突破 1000 万 m^2。分区规划对具体地块的用地性质、建筑高度、容积率、绿地率等方面的规定已经严重滞后，难以满足规划部门对建设项目选址意见和规划要点的要求。

二是城市建设机制的变化对规划管理提出新的要求。

社会主义市场经济体制的确立与逐步发展，使城市建设的机制发生了深刻的变化，国有土地的使用由无偿划拨转为有偿使用，房地产综合开发建设方式和投资主体多元化的局面开始形成。城市规划作为政府实施宏观调控和微观管理的手段，必须实现相应的转变。从先有计划后研究规划，转变为要先研究规划后定建设项目。同时，规划管理要从单纯的行政手段，转变为行政、法制、经济（市场）手段并举以适应投资主体多元化的需求。

三是"控规"在当时是个舶来的半成品，概念还不成熟，急需将借鉴外来的先进经验消化吸收形成"成品"。

通过组织国内外的调研认为，法国、德国和美国等城市普遍运用的土地使用管理法规"区划法"（Zoning）值得借鉴。"区划法"是把市或县行政辖区划分为不同类型的土地使用区，规定其土地使用性质、建筑物的体量，对庭院空间、停车场及其他开发前期工作提出具体要求，很适合作为市场经济条件下城市快速发展时期政府发挥调控作用的手段。而当时率先编制和运用"控规"的国内城市中，温州市比较成功，他们专门组织制定的局部地块"控规"，控制指标详尽，十分有效地引导和控制了城市土地出让、转让和开发的建设活动。

因此，在北京组织编制《99 控规》时，"控规"还是个新东西，城市规划编制部门对其研究和理解并不深入。我就《99 控规》编制背景和方法，专门请教了北京市规划委员会原正局级委员邱跃同志，他谈道，"'控规'的理论是在 20 世纪 80 年代初进入到中国的，在我国某些开放程度较高的经济发达地区率先尝试了类似于控制性详细规划的城市规划与管理的实践，它是吸取了美国、德国和日本的规划概念，经消化后，形成了我国特有的控制性详细规划。这个概念引进后，还没有来得及仔细研究吸收，就把它套用过来，编制了《99控规》。那时候对'控规'的理解还不够深刻。"

图1–2　作者拜访北京市规划委员会原正局级委员邱跃同志

（图片来源：甄一男摄，2014年）

尽管对"区划法"、"控规"、市场经济等一系列新概念一知半解，规划部门还是摸索着提出了对"控规"工作方法的初步理解。北京市区"控规"的工作深度既要上跨到分区规划阶段，又要包含建设部颁布的《城市规划编制办法》中控制性详细规划所要求的主要内容，其实质应是分区规划的深化。应以新修订的《北京城市总体规划（1991-2010年）》为依据，在市区范围内，将城市的总布局、总指标分解到各区，分解到每一块用地。从各专项规划来看，将包括道路交通、市政公用设施、园林绿化、文物保护及公共设施等，涉及公交、地铁、铁路、加油站、社会停车场、市政、邮电、电信、消防、环卫、环保、园林、文物、商业、文化、教育、医疗、体育等一系列专业部门，均要将各自的规划设想落实到各区的"控规"之中。通过这个自上而下的工作过程，可以校核以往城市局部地区单项规划的结果，及时修正其中的问题，从而使"控规"对城市建设与管理的指导更具科学性[①]。

在此基础上，"控规"制定了四项编制原则：一是贯彻总体规划核心内容的原则，即把北京作为首都、是全国的政治中心和文化中心这一城市性质具体化，在"控规"中加以落实。二是适应规划管理法制化的原则，提高"控规"的可操作性，确定"控规"成果的法律效力，制定执行及监督"控规"的法律程序。三是注重科技含量的原则，科学筛选、确定、运用"控规"的各单项指标，利用现代信息技术来处理城市空间上或总体布局上的综合协调及

① 北京市区控制性详细规划编制及实施的决策研究[J].北京规划建设，1997.（1）.

组合。四是适应市场经济发展需要的原则，发挥城市规划的调控作用，保持经济、社会、环境三方面效益的统一；积极引导和培育房地产市场，促进城市建设的可持续发展。

“控规”编制采取了两种工作模式。一种是由市规划院会同各有关部门和相关区政府共同开展工作（丰台、朝阳、海淀区）；另一种是由区规划局委托具有规划设计资格的单位组织编制，然后由市规划院进行综合（东城、西城、石景山区分别委托清华、北工大等学校开展规划编制工作）。“控规”的编制还注意到了依靠市、区政府各有关部门、社会各界的支持和监督，加强社会宣传和沟通，确定“控规”的法律效力，制定“控规”实施修改的法定程序和行政政策措施等关键性的问题。

据原首都规划委员会办公室主任赵知敬同志撰文回顾：为了进一步深化《北京城市总体规划（1991-2010年）》，使城市规划工作适应市场经济的要求，经市政府同意，北京成立了主要由市政府有关部门、中央有关单位和区政府负责人组成的北京市区中心地区控制性详细规划编制工作领导小组。从1995年下半年起，北京市规划设计研究院及有关部门开始编制《北京市区中心地区控制性详细规划》，编制范围包括东城、西城、宣武、崇文等区的全部和朝阳、海淀、丰台、石景山等区的部分地区，共404km^2。1998年年底该项规划完成初稿，并通过展览会的方式征求各有关方面意见，特别是听取了市人大、市政协、中央有关部门的意见后，经认真修改，于1999年11月由市政府正式批准。在这么大的范围内，用这么短的时间完成控制性详细规划，在国内尚属首次。

这个规划的突出特点是：把握住了优化市区中心地区功能这一首要环节，通过对土地使用功能调整，既增加了中央党政军机关办公用地，也安排了各类文化设施建设用地；既结合优化产业结构，调整了相关用地，为促进首都经济发展提供了足够的空间，也为加快城市基础设施建设、住宅建设和改善城市环境创造了条件；既对每块建设用地的经济技术指标作了规定，也对城市建筑高度、城市绿地系统、城市水系、市区路网等关键因素进行了初步的规范；既着眼于经济发展、社会进步、城市建设的当前需要，也顾及今后的可持续发展，为首都城市规划建设和管理工作提供了基本的依据，并向法制化管理迈进了一大步。①

从后来的实施过程来看，《99控规》在城市规划管理中的作

---

① 赵知敬.90年代首都规划建设工作回顾与思考[J].北京规划建设，2001.

用不容小视，该规划批复后，西城区在总结规划的实施经验时认识到，“控规”已成为城市用地和建设的基本依据，其实施对调控城市建设和社会发展起到了重要作用，它结束了城市管理无序和城市建设无章可循的局面，在一定程度上适应和促进了社会各界参与城市规划和城市开发建设的迫切要求。[①]

2.“被格式化”的旧城

《99 控规》批复后，既发挥了城市规划的龙头作用，又有效限定了规划的自由裁量权，使城市规划管理审批工作上了一个新的台阶，其积极作用无可厚非。然而，由于采取了旧城内外并无本质区别的统一“控规”手法，旧城范围内《99 控规》的成果显示，除了完整保留了故宫、天坛以及一些其他的国家级、市级文物保护单位以外，旧城因其原有胡同体系和棋盘式格局被新的“道路网加密”网格完全覆盖而“易容”，借用一个计算机语言也许更加“形象”，即旧城被“格式化”了。旧城内通过更替“道路网加密”网格体系，虽然能够以一定的模数，划分道路分级网格，用于承载旧城内因建设量增加而不断紧张的交通压力，达到实现旧城道路交通体系的升级、确保交通的畅通的目的，但旧城传统城市空间肌理却遭到严重损毁。这个在今天看来非常严重的问题，因“控规”背负了太过沉重的包袱、苦于各方利益之间的平衡而不得不作出让步。

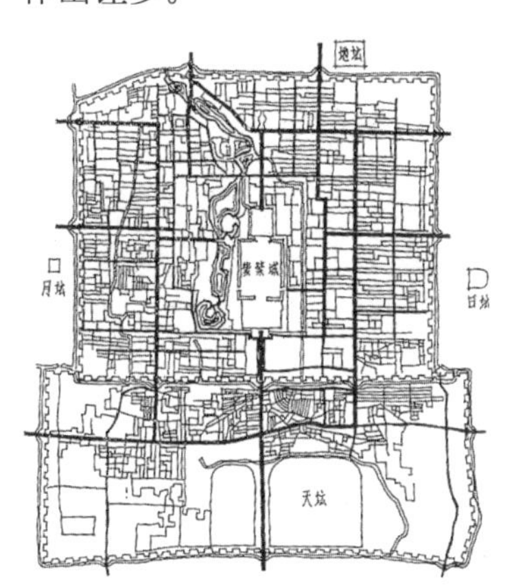

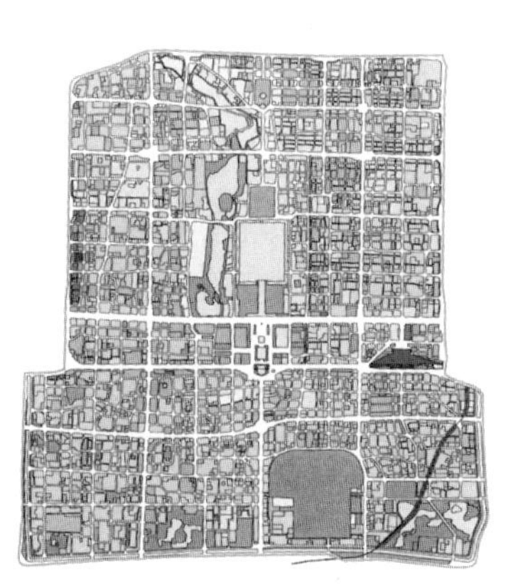

图 1–3　1949 年的旧城格局（左）
（图片来源：段炳仁 . 北京胡同志（上）[M]. 北京：北京出版社，2007.）

图 1–4　《99 控规》中的旧城格局（右）
（图片来源：北京市城市规划设计研究院 . 北京中心城控制性详细规划（01 片区分册 - 旧城）文本及说明 [Z].2006.）

之所以在规划中选择清除原本的城市肌理，套用新的城市网格，或许在学习借鉴、套用欧美城市成功经验的同时，受到了现代主义城市规划思想及其城市规划发展建设模式的影响。

---

① 张维 . 回顾问题对策——西城区“控规”实施情况的调查与思考 [J]. 北京规划建设，2003.

网格状城市是一种西方常见的城市空间布局模式，在北美十分普遍，分布广、规模大、运行效率高。其最初的形成是由城市房地产开发商和律师委托测量工程师对全国不同性质、不同地形的城市作机械的方格形道路划分，一般把街坊分成长方形。开发者关心的是在城市地价上涨中利益的最大化，因而采取缩小街坊面积，增加道路的长度，以获得更多可出租的临街面。在小汽车交通日益发达的今天，网格状城市具有先天的适宜性。这种空间形态由相互垂直的城市道路网构成，城市形态规整。在城市交通组织方面，具有无可取代的优势，可以使城市交通均衡地分解到城市的各个区域，使得交通疏解达到最大化。在采用这种模式的城市中，可以较好地适应各类建筑物的布置，但如果处理不好，容易导致布局和城市形态上的单调性。这种空间形态一般容易在平原地区形成，在没有外围条件制约的情况下，城市具有向各个方向扩展的可能性。但由于道路格网具有均等性，各地区的可达性程度相类似，因此不易于形成显著的、集中的中心地区。这种空间布局形态的典型城市，如美国的纽约曼哈顿、芝加哥、华盛顿和洛杉矶等。1811 年的纽约城市总图采用了方格网道路布局，东西 12 条大街，长约 5km，南北 155 条大街，长约 20km，1858 年建设的中央公园是城市唯一的空地。朗方设计的美国首都华盛顿，是在网格状道路网的基础上加上对角线道路，可以看成是这种形态的改进型。

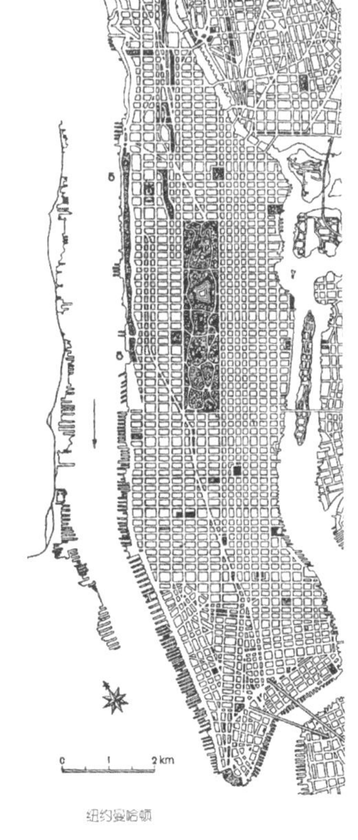

图 1-5　美国纽约曼哈顿岛棋盘式道路网

（图片来源：王建国．城市设计 [M]．南京：东南大学出版社，1999.）

图 1-6　帝国大厦及麦迪逊广场、曼哈顿中城

（图片来源：网络）

图 1-7　曼哈顿中区和下区的街道空间

（图片来源：作者 2006 年摄于纽约）

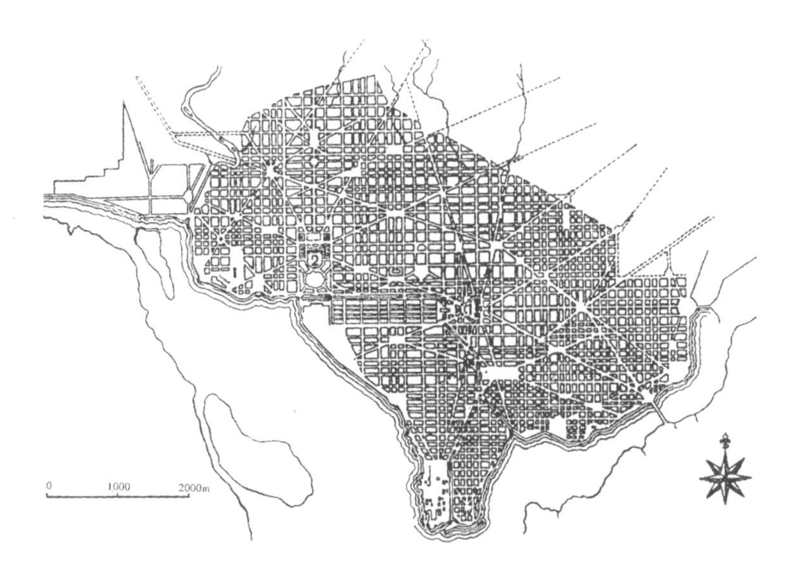

图 1–8　朗方规划的华盛顿中心区
（图片来源：王建国 . 城市设计 [M]. 南京：东南大学出版社 ,1999.）

图 1–9　华盛顿空中鸟瞰
（图片来源：Google 地图）

图 1–10　严格的控高，形成华盛顿平整的天际线
（图片来源：网络）

这种网格状城市布局模式与“区划法”搭配起来，对于城市新区的建设和管理是非常适用的，既经济又高效。在当时对市场经济不甚了解的情况下，许多人以为这就是市场经济下现代化的

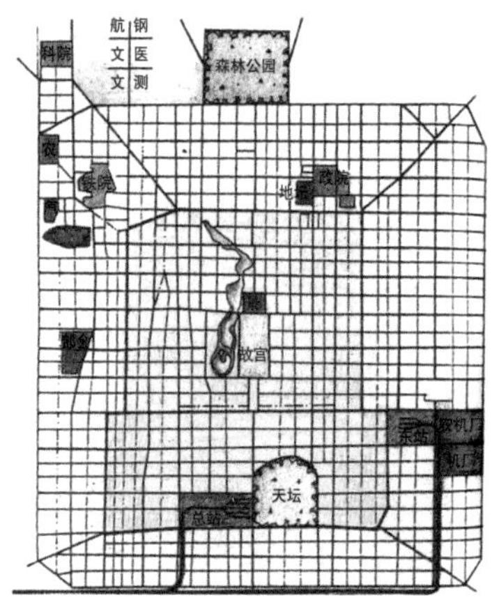

图 1–11 “格式化”旧城的华南圭方案

（图片来源：北京市规划委员会，北京市城市规划设计研究院，北京城市规划学会. 北京城市规划 1949-2005[Z],2005.）

城市形态标志。

无独有偶，翻开《北京新都市计划第一期计划大纲》，我们发现，早在新中国成立初期，规划前辈华南圭提出过一个旧城改建设计方案，将老北京城置于一个密集的网状道路结构之中，城墙被拆除修筑环路，市区内除故宫、天坛、地坛、天安门广场等少数地点外，其余均被横平竖直的规划道路切割成密密麻麻的小方块。旧城内的建筑与胡同系统全部清除，堪称北京旧城“格式化”的最初版本。方案代表了华南圭的观点：“对待遗产应区别精华与糟粕，如（故宫）三大殿和颐和园等是精华应该保存，而砖土堆成的城墙则不能与颐和园同日而语。”追溯历史，除了梁思成、陈占祥等少数专家学者以外，那时候还极少有人认为北京旧城需要整体保护，而胡同和四合院的价值也没有如今的地位。梁思成将华的方案批评为“纯交通观点”，其对旧城的基本判断是精华很少，大部分是糟粕，应彻底加以清除，以一种高效、简洁并代表现代城市形态的方格网取而代之。

华南圭方案与《99 控规》所处的时代，一个是新中国成立初期，百废待兴；一个是从计划经济向社会主义市场经济发展的过渡时期，二者都是城市规划建设的转型期，发展是第一要务，两个方案都明显偏重发展轻视保护，所以不谋而合，对旧城进行“格式化”也就在情理之中了。然而毕竟这种密集的“网格化”道路体系，与现状胡同、四合院高度重叠，旧城实施道路网加密后，所涉及的胡同、四合院将大部分被拆除，其结果是旧城的传统空间肌理和历史遗迹如类似硬盘“格式化”般遭到清除。这种希望借用西方先进城市规划手法提升城市功能和形象的做法，仅仅看到了网格化城市的优点，忽视了城市本身历史文化传统的存在。

曾经参与过《99 控规》编制工作的北京市城市规划设计研究院的马良伟副院长深有体会，他记得当时正值从加拿大进修回国，有关领导专门强调，应在“控规”编制时注意学习借鉴西方先进的区划（zoning）方法。由于担心随着城市的发展，交通量会越来越大，原有的胡同体系成为交通的阻碍和负担，所以《99 控规》在旧城编制的出发点就是考虑交通优先，为此，规划进行了旧城道路网加密；相对而言，对旧城的历史文化保护考虑不多，仅仅关注故宫、天坛等一些国家级、市级文物保护单位的保护，现在回头看，当时的路“走偏了”。

1.1.2 西方名城保护的经验

1. 现代主义的沉浮

现代主义的产生并非空穴来风，通过查阅对西方城市发展近现代史的研究史料，我们可以清晰地发现现代主义思想的孕育、萌发、发展直至死亡的轨迹，其在20世纪初开始兴起，但缘起于英国工业化冲击所带来的城市化发展，17世纪在英国开始的工业革命极大地改变了人类的居住模式，由于工业生产方式的改进和交通技术的发展，使得人口不断向城市聚集，资本主义制度的建立和农业劳动生产率的提高进一步迫使大量农民涌向城市。城市人口快速呈现的爆炸式增长造成城市原有基础设施严重不足，住房紧缺，交通混乱不堪，旧的居住区不断沦为贫民窟，出现了许多粗制滥造的工人住宅，这些住宅居住人口密度极高，服务设施配套不全，基本的通风、采光也无法满足，公共厕所、垃圾站也严重短缺，排水系统年久失修并且严重落后，黑死病、霍乱等传染疾病在欧洲大陆流行蔓延，犯罪率居高不下，伦敦、巴黎等城市出现了人间地狱般的场景，引起社会恐慌。

针对肺结核及霍乱的大面积流行，1833年，英国专门成立疾病调查委员会，于1842年提交了《关于英国工人阶级卫生条件的报告》。1844年，成立了英国皇家工人阶级住房委员会，1848年通过了《公共卫生法》，该法律明确了政府对污水排放、垃圾堆集、供水、道路等方面负有责任。1868年，出台《贫民窟清理法》，1890年，颁布了《工人住房法》，用法制规章进一步明确了政府和社会的责任分工。

同样，“1848年的巴黎是怎样的一种场景呢？法国全境充斥着饥饿、失业、悲惨及不满，而随着人们涌进巴黎寻找生计，许多问题也就集中于此……当时的巴黎在政治经济、生活以及文化上也表现出与过去完全决裂的态度。1848年以前的都市观点，顶多只能粗浅地处理中古时代都市基础建设的问题；而在1848年之后则出现了奥斯曼，是他强迫巴黎走入现代化。1848年之前有古典主义者如安格尔与大卫，以及色彩画家如德拉克洛瓦；之后则有库尔贝的现实主义与马奈的印象派。1848年之前有浪漫主义诗人与小说家，如拉马丁、雨果、缪塞及乔治·桑；之后则是严谨、精简而洗练的散文与诗，如福楼拜与波德莱尔。1848年之前，所谓的制造业者多半都是散布在各处的手工业者；之后则绝大部分手工业都被机械与现代化工业所取代。1848年之前只有小店铺沿着狭窄、弯曲的巷弄和骑楼开张；之后在大马路旁边出现了巨大笨拙的百货公司。1848年之前盛行的是乌托邦主义与浪漫主义；之后则是顽固的管理主义与科学社会主义。1848年之前，运水人是个重要的职业；但到了1870年，随着自来水的普及，运水人几乎完全消失。从这些方面来看（还是更多的方面）1848年似乎是个关键时间点，许多新事物于此时从旧事物中孕育。”①

人世间的大城市已经变成了充斥着淫荡和贪婪、令人厌恶的中心。它们罪恶的烟雾升腾到天堂前，所散发的污秽腐蚀着大城市周围农民的骨骼和灵魂。似乎每个大城市都是一座火山，它们喷发的灰尘成股地溅射到生灵万物的身上。②

1885年英国皇家专门调查委员会的报告称："第一，穷人住房条件尽管比起30年前有了很大的改善，但是依然过度拥挤，尤其是在伦敦，仍然是一条公共丑闻，并且在某些地区比以往更加严重；第二，尽管采取了很多立法来应对这一恶劣的情况，但是现有的法律无能为力，有些立法在编入法规典籍之后，就无人问津了。"

当时的情况是，一户拥有八口人的家庭只拥有一间住房在伦敦是个普遍现象。住房被房东一件件拆分后出租给不同的家庭，楼梯和通道在夜间可能会住满被称为"随地睡者"的无家可归的人。从事捡破烂儿，做麻袋、火柴盒，或者拔兔毛的家庭作坊使糟糕的环境雪上加霜……

所有这些问题的背后则是无能的、经常瘫痪的地方政府体系，它不能或者不愿去行使职权。因此皇家委员会的主要建议并不是增添新的权力，而是关注于如何促使地方政府使用好现有的权力。③

无论是什么原因，其结果是毋庸置疑的。在19世纪80年代中期，所有的城市，尤其是整个伦敦，到处弥漫着一种灾难性的甚至暴烈的变革氛围。查尔斯·布斯④的调查报告显示，至少有100万伦敦市民生活在贫困之中，伦敦需要重建40多万间住房来安置最贫困的市民，实际上，当时伦敦社会的核心问题是住房问题。

巴黎也面临着同样的情况，1891年，巴黎城区有245万人，

---

①（美）大卫·哈罗著．巴黎城记：现代性之都的诞生[M].黄煜译，2010.

② 约翰·拉斯金：19世纪英国著名美学家、作家、文艺评论家、社会改革家、工艺美术运动著名代表人物之一。《写给教士的有关上帝的祈祷者和教堂的信件》，1880年。

③ Peter Hall著．明日之城：一部关于20世纪城市规划与设计的思想史[M].童明译．上海：同济大学出版社，2009.

④ 一位由利物浦船主转变成的社会主义者。

14% 是穷人，也就是说约有 33 万人住在过度拥挤的住房里，条件甚至比伦敦还不如。虽然 1894 年、1906 年和 1912 年的立法提出由国家财政支持为工人阶级建造廉价住房，并由地方政府设立专门机构建造和管理这些住房，然而，进展却十分缓慢，因为国家和地方政府都缺乏资金清除贫民窟，到 1914 年时，在巴黎地区只建造了 1 万套这样的住宅。

我们不必更多地列举事例了，因为，大量的历史文献、文学作品都对这段特殊的转折时期不惜笔墨，描述的则是同样的场景。工业革命是一个分水岭，此前，尽管也有不少问题，但大部分欧洲城市是安宁的、自给自足的、缓慢生长的，那里曾是贵族和中产阶级的家园。就像芒福德在《城市发展史》一书中所描述的那样，“那里有令人讨厌的冒烟的房子，也有中产阶级房屋后花园散发的花草的芳香……那里的街上能够闻到牲口棚的气味，也有从田野飘过来新割稻谷的气息。”好一幅安逸的田园城市风光。此后，情况则急转而下，大量农民涌入城市之后，既有的秩序瞬间被打乱了。城市在病态中膨胀，病情在膨胀中加重，如此的变本加厉和恶性循环使得城市面目全非，成为扭曲的、犯罪者的温床，市民们原来的安全感和归属感顿时丧失得无影无踪。面对如此突如其来的严重问题，政府当局也是束手无策。由此，许多先贤智者不断观察和思考，提出的理念和思想中不仅仅是乌托邦式的畅想，也有大量大胆实践的尝试。

现代城市规划的早期思想就是在这样的社会经济背景下孕育产生的，1898 年，霍华德在《明天——一条通向改革的和平道路》一书中，提出了田园城市理论，针对当时的像伦敦这样的大城市所面对的拥挤、卫生等方面出现的城市病，提出了一个兼具城市和乡村优点的理想城市模型，以作为他对这些问题的解答。他不仅提出了田园城市的设想，还对资金来源、土地分配、城市财政收支、城市经营等方面深入研究，并在城市外围区域加以实践。

与霍华德不同，柯布西耶的城市理论的关注点则放在对旧城的改建上而不是新区建设上，这位现代主义流派的鼻祖，对奥斯曼时代留下的巴黎城似乎并无好感，“整个居住区都散发着恶臭，变成了疾病、忧郁、道德沦丧的温床”①，因此他的理论对旧城具有致命的破坏力。但他的现代主义思想理念的灵感又主要来自他对这座城市的思考，1922 年，柯布西耶在《明日的城市》中较全面地阐述了对未来城市的设想：在人口 300 万的城市里，中央是商业区，

① （瑞士）W·博奥席耶著．勒·柯布西耶全集[M]．北京：中国建筑工业出版社，2005.

有 24 座 60 层的摩天楼，提供商业、商务空间，并容纳 40 万人居住；外围是多层连续板式住宅，可容纳 60 万人居住；最外围是花园洋房，可容纳 200 万人。整个城市尺度巨大，高层建筑之间留有大面积的绿地，城市外围设有大片公园绿地，建筑密度很低，采取立体交叉的道路与铁路系统直达城市中心。采取高容积率、低建筑密度，以达到疏散城市中心，改善交通，为市民提供绿地和阳光的规划目标。今天的绝大多数美国城市都是基于这个模式规划建设的。

勒•柯布西耶，20 世纪最著名的建筑大师、城市规划家和作家。是现代建筑运动的激进分子和主将，是现代主义建筑的主要倡导者、机器美学的重要奠基人，被称为“现代建筑的旗手”，是功能主义建筑的泰斗，被称为“功能主义之父”。他和沃尔特•格罗皮乌斯、密斯・凡・德・罗、赖特并称为“现代建筑派或国际形式建筑派的主要代表”。

图 1–12　勒 • 柯布西耶
（图片来源 ：百度图片）

图 1–13　现代主义大师密斯 • 凡 • 德 • 罗
（图片来源 ：百度百科）

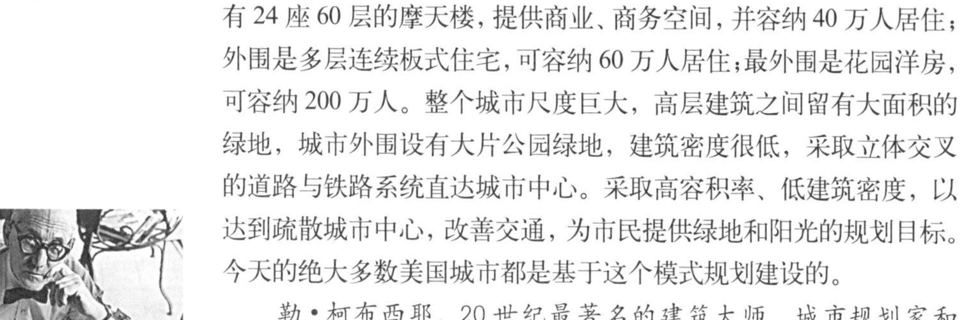

图 1–14　德国建筑师托马斯·赫尔佐格在讲述密斯 • 凡 • 德 • 罗“少即是多”的建筑理念
（图片来源 ：作者 2009 年摄于柏林新国家美术馆）

图 1–15　密斯 • 凡 • 德 • 罗所建的柏林新国家美术馆
（图片来源 ：作者 2009 年摄于柏林）

在 1933 年出版的同名著作中，柯布西耶描述了他所设想的“光辉城市”的终极面貌，这是一座完全消除了传统城市中的街区、街道、内院这样一些概念的城市。12 ～ 15 层高的住宅楼以锯齿状蜿蜒盘旋在城市中，所有住宅楼底层全部架空，高速公路也全部建造在 5m 高的空中，整个地面都留给行人和绿地，办公和商业区域与住宅区相分离，通过高速公路相连。高速公路以 400m 的间距呈网格状分布在楼宇之间，个别地方则穿楼而过。所有的路口都采用立体交叉。高速公路上每隔 100m 设有一个半岛式的停车场，与住宅楼直接相连。从停车场乘坐电梯可以与住宅楼内的走廊式的街道相连，这些内部通道像细线一样把各家各户串联在一起。住宅楼以相距 100m 的停车场和电梯间构成基本居住单位，每个停车场和电梯间服务 2700 个居民。每个这样的居住单位都配备有各种与家庭生活直接相关的公共服务设施：社区中心、托儿所、幼儿园、公园中的露天活动场所、公园里的小学。住宅楼里还设有专门的公共服务中心，采用集体经营模式，统一采买生活必需品，餐馆、商店、理发店一应俱全，“为本社区居民提供无微不至的日常活动”——就像泰坦尼克号这样的远洋游轮一样，他的马赛公寓就是这样的代表作品。60 层高的办公楼每隔 400m 布置一座，各个方向都与高速公路相连，每座楼可容纳 12000 个工作岗位。办公楼的底层同样是架空的，把地面和屋顶全部留给绿地和沙滩。工厂区分布在与商业区相对的方向上。还有大学和体育场，它们被安排在另一条轴线的远端，远远离开城市。所有这些都严格按照功能区分，全部都通过高架的高速公路、地面铁路和地下铁路联系在一起。

柯布西耶竭尽全力推广他的“光辉城市”。他为巴黎等城市进行设计，用大扫除的方式把那些在他看来拥挤不堪、充斥着无聊生活的街区和街道彻底扫尽。在“300 万人口的当代城市”的公报中，他写道：“不容置疑的现实，事物旧有的状态是城市中心布满最精致的路网，那是古老城市的遗留物；事物新的状态是猛然涌入城市中心的大量人群使过于纤细的路网拥挤不堪，汽车交通涌入了一种新的因素，短短十年不到的时间，彻底扰乱了城市的心血管系统——今天巴黎街道所承受的各种机动车多达 25 万辆。这两种相互矛盾的状态所引起的危机已相当严重，如果不鼓起最后一点力气做些什么，那将是死路一条。”

柯布西耶创造了现代城市功能分区的理论体系，把住房看成是“住人的机器”，可以放到工厂里进行大批量的生产。城市应该向空中要资源，进行纵向生长式的发展，工作办公和居住生活以高层建筑为主，留出地面上的空间用于解决交通问题和人们的休憩空间，他靠这样的空间分布安排解决了工作、生活、交通和游憩四大功能。但他不考虑传统城市文脉的传承问题，这个思想在他的伏瓦生方案的设计理念里体现得淋漓尽致。他“故意”选择了巴黎市区中毗邻卢浮宫的一块土地来展示他的理念，“革命性”地铲除原有城市的一切痕迹，取而代之的是他的光明城：宽阔而整齐的街道，笔直相间的高层建筑有序排列，其间分布着规则的公园绿地。这种机械的城市平面布局是十分有利于批量的规模化复制的，适应了二战之后住房严重紧缺、亟须大规模重建的需求，因此，这一“现代主义”理论成为西方城市建设的主流。

图 1–16 巴黎伏瓦生规划（The Plan Voisin for Paris）局部分析图

（图片来源：Veronica Biermann.Architectural Theory: From the Renaissance to the Present[M].Taschen,2003:711）

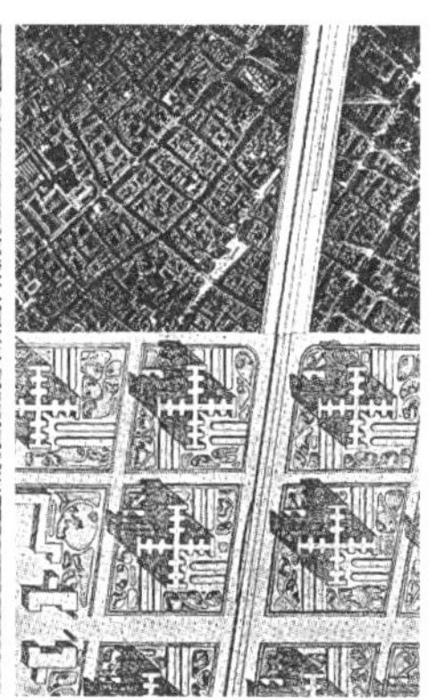

图 1–17 勒•柯布西耶 1925 年的巴黎伏瓦生规划（The Plan Voisin for Paris）及局部分析图

（图片来源：Veronica Biermann.Architectural Theory: From the Renaissance to the Present[M].Taschen,2003:711）

伏瓦生方案仅仅是作为 20 世纪 20 年代在一次展览会上展出的想法吗？事实并非如此。

先看柯布西耶行动的轨迹：1922 年，提出“300 万人口当代城市”（明日城市）方案构想，1925 年，伏瓦生方案出笼，他在推介这个方案时写道：“这项研究持续数年，它使现代城市规划的各个元素得到清晰的表达。公众舆论分成了支持与反对两派。像所有城市规划的重大问题一样，剩下的便是当局的问题了——要耐心等待当局履行它的职责”；1936 年，柯布西耶在“巴黎 1937 年规划”中写道：“这项研究始于 1922 年（秋季沙龙，300 万人口的当代城市），之后是 1925 年‘新精神馆’展出的巴黎‘伏瓦生方案’，随后，1930 年，又出现在电影《建造》中。1937 年的博览会（‘新时代馆’），提供了向公众和当局呈报 20 年研究成果的机会。”他信誓旦旦地说：“呈报的研究包括一份巴黎基础设施的改造给出的正式提案，它涉及几个相继的阶段，其中的第一阶段可以马上启动。激动人心的分析提供了令人惊愕的资料——

同时，鼓舞人心。看来城市整体重铸的钟声真的敲响了：这正是现时代的任务。”1945 年，他出版的《城市规划的意图》一书中再次道破“天机”，并明确指出“这是一项持续了 25 年的研究，对这一主题的思考从未间断。通过这张简略的草图（指巴黎 1937 年规划），可以看到对诞生于 1922 年的构思所进行的愈来愈精确的调整。巴黎的中心，正与巴黎的地理、地貌和历史融为一体。[①]”

另一方面，把方案变成现实是每个建筑师或者城市规划师的天职，在这一点上和画家不同。何况像柯布西耶这样执着的人。“我不是一个闹革命的人，我是一个腼腆的，不爱管闲事儿的人。但素材是革命的，事件是革命的，需要我们站在旁观者的角度，冷静地审视这些事物。”他这样表露过心迹。这位在 31 岁时定居巴黎的瑞士人，给别人（尤其是合作者）的印象往往是执着、坚持、自信甚至有些武断的；“年轻，是纯粹，是刚硬，是绝不妥协。然后，一点儿一点儿地松开，弹簧就这样松开来，这是人的必然，是命运的必然。从襁褓小儿到而立之年，吸纳、搅拌、融合。如同指向地心的巨大漩涡！他从不为琐事羁绊，他走他的路。”同时，他又是无奈的，时而表露出对失败深深的不满甚至有些愤愤不平。“你们这些‘不高兴先生’，这些时时刻刻都在朝我吐口水的人，你们可曾想过，这些方案饱含着一位心系天下、与世无争的人全部的心血。在他的一生中，他一直将自己的事业奉献给‘人类兄弟’，对他来说，他人就是兄弟姐妹，他像爱兄弟姐妹一样爱着所有人。也恰恰是因为这个原因，他越是正确，就越会颠覆他人习惯的思路或方式。”（柯布西耶，1964）“一次，为了更好地打发我，人们又将显赫的名誉加于我，我对他们说：‘我已经脱靶了。’是的，就我的方案未能建成而言是这样的；不久的将来，当我重返天上的某处，地上仍将延续‘马拉车的时代’，就此而言，我的确脱靶了。”（柯布西耶，1965）

这位现代主义大师的城市规划理论和他的个性同样特征鲜明：

一是他对城市动大手术，大拆大建、推倒重来，在一块重新清理一空的平地上播种“光辉城市”的钢筋混凝土森林。我们不断能听到他发自心底的呐喊：“沿着拿破仑三世的旧城墙修建的包围整座城市的廉价住宅，那真是巨大的不幸，一系列的举措都石沉大海。”“几个世纪！这些街区纹丝未动？但，是的，对于我们那些市政官员中的历史爱好者，这正是对他们的恭维；这体现了他们对过去的尊重。而我们，提出了异议，却被指责为背弃祖

---

① （瑞士）W•博奥席耶著．勒•柯布西耶全集 [M]. 第四卷．北京：中国建筑工业出版社，2005.

国，破坏文化，颠覆传统。”“总之，在巴黎这座城市的行政部门中，存在着一支最最敏捷的、经验丰富的、出类拔萃的技术专家队伍。但，没有主义、没有纲领、没有方向、没有希望，他们气馁，他们狼狈，他们沮丧。”“围绕着一座现代城市的诞生，于此，又一次，在这源自最陈旧的习俗的解决方案所实施的加冕礼前，所有美好的许诺、所有希望，全都破灭了。新城应当替代旧城，拆除旧城是为了建立新城；但，人们却要照旧城的样子来建新城，结果这个城市中将没有一个居民可以享受‘基本的快乐’。”

二是他认为，能够为市民提供足够而高品质的住宅是城市的主要责任，并提出了清晰明确的理想住宅模式。“当代的紊乱，说到底，是住宅的问题”，“我说，住宅，非人的住宅，这当代大多数人生活中唯一的庇护，是我们的道德混乱和社会瓦解的根源”，“人们从他们的邻居那里抢空气、偷阳光、盗风景。又堕入传统居住区的混乱、浪费与丑陋之中。”“每一个居民，每一天，在履行他的社会职责之余，能够在家人的亲密或内心的亲近中，享受灿烂的阳光和壮阔的风景所带来的快乐。一句话，享受自然之美。这些不是空话，这些是最本源的事实。它们作用于我们每个人的心灵，每日，每时，整整一生。当我们拥有一栋以基本的快乐为基础的、装备有必要设施的住宅时，金钱的富足又有什么好羡慕的呢？”“我断言，只要问题被清晰地提出来，人们就会看到住宅与面包一样是必需品，确切地说，在当前这个时代，住宅是普遍的消费品，它无处不在！”

三是他认为大工业是快速提供城市住宅的重要手段。“因此，它体现了当代行动的宏伟纲要。我的论证要圆满，只需要这样一个事实：住宅（房屋、室内设施和城市设施）不仅仅与建筑业利益相关，而且，它将构成大工业纲要的一个重要的、全新的组成部分，今日的大主题便是：‘大工业必将占领建筑业’。不止于此，在危机时刻，这是我们对大工业的召唤。”

四是他的近乎顽强的执着和他推行他的思想的决心。“公众，唉，他们不知情！他们不知道现时代将带来怎样惊人的财富。更确切地说，公众不知道一个像我们这样的时代，有能力构成他自己生命所必需的器官。让我们，我们的技术人员来证明这一点。但，如何让我们的声音被听到呢？”“当局都是一样的无能。我们要做的，是坚持不懈地做方案。最终，我们的方案将迫使当局作出决定。”“具体的实施却撞上了现行法规的条条框框，撞上了当局的无能，他们无法采取必要的行动。”“结论不难得出：在绝对必要的、令人信服的、无可争议的、正确和有效的方案面前，只需要调整法律、当局和私有制。”“没有什么可以流传，除了劳动崇

图 1–18　现代主义的"创造性破坏"
（图片来源：David Harvey .The Condition of Postmodernity :An Enquiry into the Origins of Cultural Change[M].Blackwell,1990）

高的结晶——思想。"

柯布西耶去世后，1965 年 9 月 1 日，巴黎文化部部长安德烈·马尔罗代表法国在向柯布西耶致的悼词中如是评价：柯布是一位画家，是一位雕塑家，同时，也是一位诗人。但他没有为绘画、为雕塑、为诗歌而战。柯布是一名战士，他只为建筑而战！他将无与伦比的激情投诸建筑，因为唯有建筑可以实现他激荡于心中的热切愿望——为人服务。"他曾这样概括他一生的心愿：'房屋应该成为生活的宝匣'——幸福的机器"。他构想人类的家园，他构想城市。他的"光辉城市"是巨大花园中耸起的宝塔。柯布西耶赢得了世人的尊敬和认可，他的思想在世界快速传播，他的学生和追随者不断把老城市区域当作"贫民窟"加以清除，并在图纸上大量按照功能分区复制着"光辉城市"。

直到 20 世纪 60 年代初期，女记者简·雅各布斯对现代主义进行了声讨。简·雅各布斯基于美国大城市发展的状况以纽约为例深入调查，撰写了《美国大城市的死与生》，在书中对西方现代主义的城市规划思想和理论体系进行抨击，认为现代主义割断了城市的文脉，是一切城市问题产生的根源。提出城市应该尽可能多地保留老的街道和老建筑以使城市保持多样性和活力，使儿童、妇女、老人有安全感，给市民认同感。书中详细列举了被现代主义视为眼中钉的传统城市街道的作用，在现代主义理论指导下所规划建设的美国现代城市，使居民感觉像机器的零件被安排在不同的区域里，已经使城市失去了固有的魅力。雅各布斯的抨击形成了声讨现代主义的思潮并从美国逐渐向其他西方国家扩散，此后，在美国，后现代主义和新城市主义等新思潮对现代主义进行了反思，提倡重视城市的传统、历史和文脉的延续，并着重向城市的无序蔓延、环境的退化、农田及郊野的消失、历史文化遗产被破坏、以人种和收入水平划分聚居区等问题发起挑战，并提出解决途径。

图 1–19　简·雅各布斯
（图片来源：http://news.zhulong.com/read189067.htm）

简·雅各布斯（1916～2006 年），出生于美国宾夕法尼亚州斯克兰顿，早年做过记者、速记员和自由撰稿人，1952 年任《建筑论坛》助理编辑。在负责报道城市重建计划的过程中，她逐渐对现代主义城市规划观念产生了怀疑，并由此写作了《美国大城市的死与生》一书。1968 年迁居多伦多，此后她在有关发展的问题上扮演了积极的角色，并担任城市规划与居住政策改革的顾问。1974 年成为加拿大公民。她的著作还有《城市经济学》（1969 年）、《分离主义的问题》（1980 年）、《城市与国家的财富》（1984 年）、《生存系统》（1993 年）。2006 年 4 月 26 日，简·雅各布斯逝世，享年 89 岁。多伦多市长对她的评价——"简·雅各布斯将作为我们这个时代最伟大的思想家之一而为人们铭记，她的洞察力和作出的贡献将改变北美城市发展的方式。”

在 20 世纪 60 年代，《美国大城市的死与生》以另类城建规划观点登场，激怒了许多科班的城市规划师，他们批评这本书是没有任何建筑规划研究背景的妇人的唠叨，他们抱怨这本书“除了给规划带来麻烦，其余什么也没有”。不可思议的是，这位妇人连篇累牍的唠叨，竟然几乎颠覆了以往的城市规划理论，也几乎改变了美国城市的发展方式。在她的笔下，城市不再只是建筑、道路和桥梁组合而成的水泥丛林，她关心下水道是否堵了，自来水是否干净；她在意孩子们是否安全，公园里的路灯是否可以照见荫蔽的角落……她的细心能够看到很多专建筑师看不到的东西，她的眼睛注视的是那些生活在建筑里的人。她提出“街道眼”（Street Eye）的概念，是对缺乏人们交流和人情味的冰冷现代城市空间的致命打击，她认为保持小尺度的街区（Block）和街道上的各种小店铺，用以增加街道生活中人们相互见面的机会，从而增强街道的安全感；她论述老社区是安全的，因为邻里有着正常的交往，对社区有着强烈的认同；她指出交通拥堵不是汽车多而引起的，而是城市规划将许多区域生硬地隔离开来，让人们不得不依赖汽车。她喜欢在大街小巷中穿梭，在用脚“欣赏”城市，用超乎常人的细心洞察到美国大城市正面临着的某种灾难：“被规划者的魔法点中的人们，被随意推来搡去……完整的社区被分割开来。种瓜得瓜，种豆得豆。这样做的结果是，收获了诸多怀疑、怨恨和绝望”。于是，她像斗士一样，向传统的城市规划观念开战，旗帜鲜明地与“有识之士”唱反调，人家呼吁清除贫民区，她却提出要增加城市人口的多样性，让人和各种活动聚集在一起；人家说应该打开城市空间，她却觉得要把城市变得更密，形成一种其乐融融的混乱。她对“专业人士”也毫不留情，“城市设计的规划者们和建筑师们费尽心思去学习现代正规理论的圣人们和圣贤们曾经说过的话，他们对这些思想如此投入，以致当碰到现实中的矛盾将威胁到要推翻他们千辛万苦学来的知识时，他们一定会把现实撇在一边。”

她的犀利令专业人士措手不及，因为，她用自己的直接体验和对市民的互动和调研所列举的事实作为反戈一击的武器，而这恰恰是习惯于坐在办公室里按照现代主义理论画图纸的规划师们严重缺乏的。现在，人们也已习惯把该书的出版视作美国城市规划转向的重要标志。很多人甚至认为正是这本书终结了 20 世纪 50 年代美国政府以铲除贫民窟和兴建高速路为特征的大规模的城市更新运动。当年的美国公职规划学会（APAO）会长丹尼斯 • 奥 • 哈罗也不得不抱怨道：“简 • 雅各布斯的书对城市规划来说是非常有害的，但我们将不得不和它生活在一起。”针对雅各布斯的贡献，也有人认为她不过是幸运地成为压倒骆驼的最后一根稻草，“当我们重新审视美国旧城更新的发展历史，会发现上述大规模计划的失败还有其更加深刻的原因。事实上，几乎就在雅各布斯写《美国大城市的死与生》时，这些由政府主导的计划就已经开始走下坡路了。”他们认为这些大规模规划停下来的原因是美国经济开始走向萧条，而不是这位坊间主妇的愤怒叫喊与温情絮语。

2. 拒绝“现代主义”

欧洲城市历史悠久，经历坎坷，20 世纪两次世界大战的主战场都在这里，许多城市都是在战后的废墟中重建起来的。柯布西耶主张最大可能地清除掉历史城市的痕迹，在一块新的平地上创建他的“光辉城市”。战争把历史城市夷为平地，为柯布西耶带来了求之不得的、千载难逢的机遇，然而，事实使他的希望完全落空，尽管在他接近人生终点时赢得了尊重和荣誉，但他没能赢得属于他的重建机遇。在欧洲的情况和北美不同，柯布西耶占尽天时地利竭尽所能推销他的“光辉城市”和伏瓦生方案，但这些欧洲的历史城市似乎并不买账，从柯布西耶无奈而失望的话语中，我们可以想象到当时他面对的形势，“当我得到第一份也是唯一一份国家委托的时候，已年届六十。这无疑是开了一个玩笑！人人都有戒备之心。精神状态——中世纪。战后——重建。留给柯布的——零！我所有的建筑仰赖的都是个人的创举。我许多优秀的方案（尚且保守地说）都遭到官僚们的暗中破坏。”（柯布西耶，1965）“巴黎，一座奇迹般保留完好的城市，它将选择萎靡、懈怠、止步不前吗？——整个世界都在重铸：美、苏、英。”他把自己当做当时的奥斯曼，并渴望拥有和奥斯曼同样的权力和机遇，能够对奥斯曼时代留下的巴黎城大动干戈。

奥斯曼本人被称为“拆房子大师”，他是个特定时期出现了的特定人物，并做了特定的事情。在 1853 年到 1870 年期间，作为巴黎的行政长官，针对城市供水出现污染、排水系统老化、缺乏公共绿地空间、大片居住区破败不堪等问题，通过政府组织，对巴黎进行了全面的改建，拆除了近 70% 的老巴黎。他改建的“新巴黎”，在今天看来，具有整体的协调性。其风格特点是：建筑高度统一在 5 ～ 7 层之间；保持街道的连续性；街巷比控制在 1 ：1 ～ 1 ：2 之间的最佳空间比例；建筑形式继承了古典主义的风格；规划建设了大量公园绿地、广场和标志性建筑；道路格局基于城市安全考虑，打通原有的断头路，加入大量的放射性道路，增强城市的通视性和可达性；改造城市基础设施，建设巴黎地下排水网络，提高城市的运行效率。

奥斯曼所创造的现代性，本身即深深根植于传统之中。拆除与重建所创造的“创造性破坏”在革命精神中可以找到先例，虽然奥斯曼从未提到革命，但1848年街垒的创造性破坏却帮他铺好了道路。而他果断的行动意愿也换来了许多人的掌声。阿布(About)在1867年出版的《巴黎指南》中写道：“就像认为人性如同白板的18世纪伟大破坏者一样，我对创造性的破坏既喝彩又赞扬”①。

图1-20　讽刺奥斯曼的漫画
(图片来源：(美) 大卫·哈罗著. 巴黎城记：现代性之都的诞生 [M]. 黄煜译，2010.)

图1-21　大改造中的巴黎
(图片来源：Lefigaro,2000)

直到法国总统蓬皮杜在位期间，力主推行几乎与伏瓦生方案同出一辙的“振兴巴黎计划”，试图改建奥斯曼时期留下的旧巴黎，建设具有现代主义风格的新巴黎。并实施了该计划的第一个产物——蒙帕纳斯大厦，但这座竖向生长的摩天大厦也成为该计划的唯一一座建筑，它迥异地站在巴黎的地平线上，与整体的巴黎格格不入。据说，在这座建筑的施工过程中引起了公众的愤怒，随着蓬皮杜执政时代的终结，“振兴巴黎计划”无疾而终。《巨人奥斯曼》的作者乔治·瓦朗司曾经表达了这样的声音，“我得承认在听到蓬皮杜去世的消息时，我的第一个本能的反应便是为巴黎松了口气，当时闪在脑子里的念头是‘他的去世固然不幸，但是巴黎得救了’”。由此可见，现代主义产生于巴黎，但想在巴黎生根并不容易。民众的态度形成一股强大的力量拒绝现代主义的侵袭。

① (美) 大卫·哈罗著. 巴黎城记：现代性之都的诞生 [M]. 黄煜译，2010.

图 1–22　从埃菲尔铁塔上眺望巴黎市区，蒙帕纳斯大厦孤零零的矗立在老建筑中
（图片来源：作者 2003 年摄于巴黎）

图 1–23　巴黎平整天际线上偶尔冒出的零星高层建筑
（图片来源：作者 2003 年摄于巴黎）

图 1–24　凸显在巴黎城市天际线中的蓬皮杜艺术中心
（图片来源：作者 2002 年摄于巴黎）

图 1–25　标志性建筑占据巴黎制高点（上、下）
（图片来源：作者 2002 年摄于巴黎）

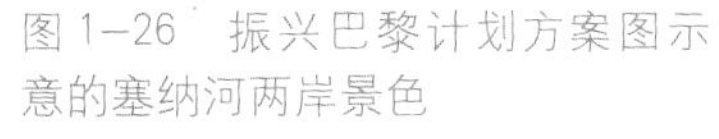

图 1–26　振兴巴黎计划方案图示意的塞纳河两岸景色
（图片来源：作者 2002 年的巴黎工作资料）

图 1–27　特里尔
（图片来源：作者 2003 年摄于德国）

德国在二战期间，波恩、科隆、特里尔等一些城市被战火夷为平地，然而，废墟上重建的城市也没有用柯布西耶的“光辉城市”播种房子，似乎这些城市的建设者们并不知道现代主义的存在一样。我到这些城市参观时十分惊叹，这些城市在原址重建时，几乎没有出现套用现代主义风格的新建筑，相反地，新建筑的尺度宜人，色彩丰富，形式多样，并注意在建筑材料、建筑尺度上与零星保存下来的老建筑彼此协调；道路网规划也没有采取网格化道路体系，而是尽量保留、恢复原有城市道路网结构，在科隆，著名的大教堂依然高大挺拔，新建筑“臣服”于周围，城市的天际线显得古老而完整，似乎这个城市并未被战火毁灭过。行走于这样的城市中，不仅感觉城市的空间尺度宜人，更为重要的是可以感受历史文化的积淀与传承的气息。

图 1–28　波恩
（图片来源：作者 2003 年摄于德国）

图 1–29　科隆
（图片来源：作者 2003 年摄于德国）

图 1–30　德国新建筑尺度宜人
（图片来源：作者 2003 年摄于德国）

图 1–31　德国新建筑色彩丰富
（图片来源：作者 2003 年摄于德国）

图 1–32　新老建筑搭配协调　特里尔（左）、波恩（右）
（图片来源：作者 2003 年摄于德国）

图 1–33　德国城市道路结构　特里尔（左）、波恩（右）
（图片来源：作者 2003 年摄于德国）

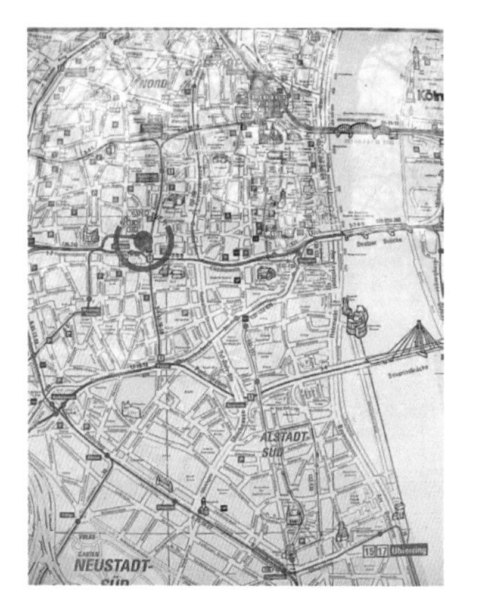

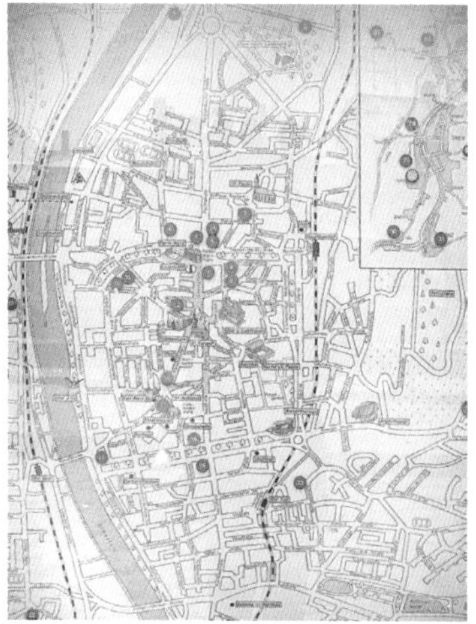

图 1–34　2002 年城市道路结构布局
（图片来源：作者 2003 年摄于德国）

图 1–35　法国前总统弗朗索瓦 · 密特朗
（图片来源：网络。密特朗时代的大卢浮宫、德方斯大拱门、奥斯博物馆等十大总统工程为巴黎城市带来巨大变化和影响 .）

3. 另辟新址

为完整地保全老城市，巴黎决定另辟新址并指定了实验场。

20 世纪 50 年代，法国政府提出了兴建新城的“拉德方斯计划”，新城的建设沿着巴黎的主轴线移到旧城的西端——拉德方斯，它原是巴黎西郊僻静的无名高地，规划用地 7.5km^2，建筑规模 300 多万平方米，法国知名的企业将近一半在此，是欧洲最大的商业中心，也是欧洲最大的交通换乘中心。拉德方斯是现代巴黎的象征，也是现代建筑争奇斗艳的舞台，来自国际的建筑大师把他们的作品集中展现在这里，使其极具国际化、现代性的特点，是市民和游客喜欢逗留之地。拉德方斯使巴黎得以从容地、循序渐进地实现了城市化的过程，既保留了旧城又发展了新城，成为尊重和维护城市历史文化传承的典范之都。

图 1–36　拉德方斯平面图
（图片来源 ：网络）

拉德方斯的新建筑无论多高，都不能高过埃菲尔铁塔。这座曾被人谩骂为怪物的构筑物，不仅没有被从地球表面铲除，反而成为巴黎的永久地标。可见法国在城市化的进程中从未逾越古老构筑物的体量，这是发展新城的同时尊重老城的体现。正是因为另辟新址建新城承担了巴黎新的发展需求，才使得巴黎老城得以完整保留；也正是因为新城、旧城交相辉映，功能互补，相对独立，才使得今天的巴黎在世界上独具魅力。正如法国前总统密特朗说过的，“人们眼中的巴黎是一个集建筑、雕塑和博物馆花园为一体的殿堂，一个充满瑰丽的想象、充满思想、青春永驻的城市”。另辟新址建新城可谓一举两得，新旧交相辉映、相得益彰，可谓城市发展的范例。

图 1–37　巴黎的老城主轴线西端的拉德方斯
（图片来源 ：作者 2002 年摄于巴黎）

图 1–38　巴黎的老城与新城拉德方斯
（图片来源 ：作者 2002 年摄于巴黎）

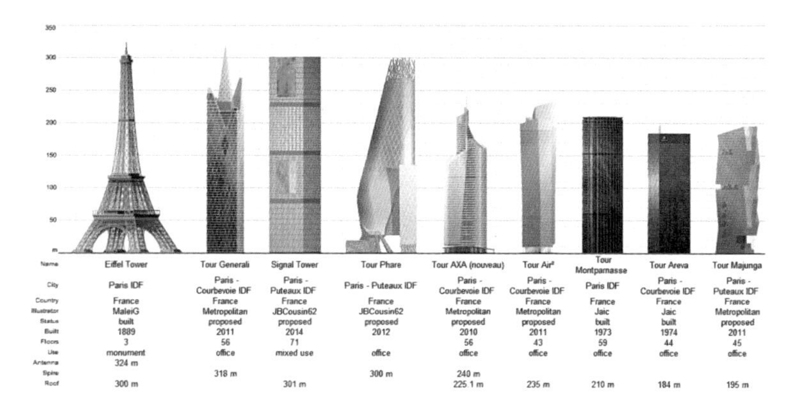

图 1–39　巴黎建筑高度比较
（图片来源：巴黎新地标：信号塔 [J]. 都市世界，2009.）

在城市的发展过程中，巴塞罗那同样选择了在老城的外围另辟新址建设新城的方式。从 Google 卫星图上，我们清晰可辨这座城市新旧相接、两城合一的城市肌理，建于公元 237 年的老城仍然保留着大部分“马车时代”原汁原味的古老风貌，石块铺砌的城市道路狭窄、曲折，老城内中世纪和大量哥特风格的建筑遗址随处可见。新城则采取了统一的网格化道路体系，交通便捷，街道整齐划一，在建筑材料、建筑色彩与建筑体量上，新老城市看上去协调完整、相互依存，使人一目了然地看出这座城市在现代化进程中的发展是在原有的 DNA 基础上有机生长的，并非“现代主义”城市化基因突变的产物，显示了这座城市在现代主义风格大肆流行中保持本色的坚持，使其成为国际上公认的将古代文明与现代文明结合得最完美的城市之一。

据西班牙驻广州总领事馆旅游参赞费正行先生介绍，巴塞罗那的古代文明起源于古罗马，一直到中世纪城区都被罗马人的城墙保护得很好，所以有许多延续至今的保护完整的古建筑。现代文明要从 19 世纪说起，由于城市的发展，从 19 世纪中期起，城墙里已不够人们生活，于是在 150 年前，一位建筑师伊尔德方斯·塞尔达在城墙外开始设计新城区。他把城市分成一个一个整齐的方块区域来建筑，并把许多大师的建筑融合在不同的方块中。这个规划现在还在继续沿用。19 世纪中后期，工业快速发展，一般来讲，大城市的工业都会绕着城墙边来建，但巴塞罗那的独特之处在于，城墙周围是军事保护区，只能用于农业，因此工业都只能建到更远的地方，对城市的影响也就更小。旧城区也设计了不同方向的几条主通道，可以直接通到外围的工业区，这样就将新旧城区连在了一起。

当时的那位建筑师对整个城市的概念就不是把旧区翻新建高楼，而是从居民角度出发，设计很人性化也很超前。街道都很宽，所有的楼房都不超过 12m，这样阳光就可以直接照到每一户的庭院。更让我惊奇的不是为什么这个规划可以延续150年，而是150年前已有这样先进的构想。

巴塞罗那对老城的建筑都会作特殊的保护，比如古罗马的遗址、哥特区，他们绝对不会拆掉原有的，而是尽量保护历史的遗迹，让它们延续下去，比如，巴塞罗那有两个区，20年前几乎没人住，因为实在太旧了。政府对这两个区作了相应的保护和整修，现在已成为游客必到之地，许多人也回到那里居住。巴塞罗那对旧区的改造做了许多工作，令他们变成了旅游地，在那里可以看到城市的历史。

巴塞罗那对城市古迹和普通建筑的保护都有明确的法规规定，比如，巴塞罗那政府有一个建筑妆新计划，由市政府提供资金支持，每年定期对古建筑的外墙进行清洗。除了公共建筑，对私人住宅也会提供支持，使居民愿意对自己住宅的外墙进行修整。

19世纪末20世纪初，工业的发展带来了经济的繁荣，出现了许多艺术家，留下了不少艺术建筑。大师们的作品对城市影响很大，艺术已经融入了巴塞罗那人的生活中。文化的影响因人而异，但巴塞罗那人都清楚自己拥有这样的文化氛围和文化资源，这是一个潜移默化的过程，他们十分珍惜城市和政府所提供给市民的这一切。①

在最近30年间，巴塞罗那也经历了显著的城市发展，不仅影响了城市空间的重构、主要基础设施的调整，也改变了原有的以工业为依托的经济体系。巴塞罗那城最初建于地中海沿岸山海之间的自然地理位置上，处于两条河流之间，这部分自然区域所构成的城市中心容纳了160万人口，整个城市区域面积100km^2，人口规模有450万。在现代史上，巴塞罗那是个不大的城市，在19世纪早期，巴塞罗那的城市中心就是城墙围合的130km^{2}的范围，仅有15万人口。赛达尔城市扩建时所完成的起始工作意义重大，它为城市形成开放的网格结构奠定了基础，使其得以在巴塞罗那平原上紧凑而有序地扩展。随着城市中心区的发展，外环部分也开始了大量小规模的建设项目，这种中心及外围的城市发展模式一直持续，直到二战后大量投机性住宅开发项目和分散于其间的工业发展点形成了大范围的城市蔓延，这种大规模的城市增长背后是独裁的政治制度，不顾服务设施和基础设施的过度开发影响了城市的形象和规划状况，此后，20世纪70年代末，民主时代的到来，使原有的城市规划策略有所改变，并使城市发生

① 广州日报，2011-09-12.

改变。在许多城市的二战后期重建中对量的方面过于重视，这种现代规划模式使城市陷入了困境。必须通过系统的措施对此加以改进，要认识到城市现象和城市运作的高度复杂性，在城市建设项目中要确保改造城市的同时复兴城市，要以空间质量为准绳来实施城市改造。功能主义将规划和实际的项目相割裂，将具体的居住、工作和交通等功能相互分离，强化了建筑、工程、管理等不同领域的从业者在工作方法上的差异。如何打破功能城市所造成的僵局和割裂状况呢？巴塞罗那的社会和物质环境是随着时间发展而逐步形成的，尤其是近 200 年所形成的城区，同时，城市也成为一种引人注目的主导生活方式和民族经济的基础。20 世纪，虽然随着工业体系的发展，人口和面积大幅增长，但 19 世纪的城市还是作为“昨日之城”为人们熟悉和尊重。尽管和许多欧洲城市一样，随着 19 世纪下半叶城墙被拆除，城市向外拓展以后，老城区不可避免地逐步走向衰败。只有负担不起在别处生活的人才会选择留在老城区。独特的城市肌理和经典的纪念性建

图 1–40　巴塞罗那鸟瞰
（图片来源：http://www.mapquest.com/）

筑保存完整，但建筑密度高、街道狭窄、缺乏水平拓展空间的问题也导致20世纪出现了许多竖向发展的建筑物和非法建设的投机性住宅。20世纪80年代，老城区问题重重，大部分区域处于衰败状态，贫民窟随处可见。历史城区究竟应该保留，还是让位于现代化的城市建设？新建筑一定优于老建筑吗？关于新与旧之争在巴塞罗那也是个自19世纪就开始了的老问题，并一直延续至今。

事实上，巴塞罗那在过去的150年里也经历了重大的改造，其间为了改善城市卫生状况和与城市新区的发展相衔接而拆毁了大量建筑。也曾相信“建造宽阔的新街是保证城市更新的基础”。今天，巴塞罗那选择了不同的方式来复兴老城区。一是重新制订了改造策略，考虑在城市历史进程中所形成的要素，以及在老城区中合理存在的各种活动。根除因老城区衰败而产生的吸毒、卖淫等不良活动，一些高等教育、博物馆、艺术中心等与建筑环境相适应的功能和活动则得到发展，从而强化了老城区的历史文化象征地位。二是发达的公共交通系统有力地支撑着老城区的向心性结构特征，所有地铁线和多数公交线路都经过这里的交通枢纽。老城区周边设置了足够多的停车设施和场地以确保多数车辆不进入中心区。三是重新考虑原有建筑的再利用问题，多数老建筑可以经过修缮后用于居住功能。通过实验性探索，针对无法翻建的住宅开展了政府控制关键部位、私人参与非集中性运作的住宅改造计划，并致力于加强城市设计在历史地段建设中的运用。四是加强公共空间的建设，提升老城区的生活环境品质，可以同时使居住、零售、手工艺及文化休闲空间各得其所，随时间的推移逐步得到发展。巴塞罗那认识到，历史性城市的复兴是一种长期的策略，不可能一蹴而就，只有坚持不懈，才有光明的前景。①

上述国外发达国家城市化进程中的经验和教训表明，尽管以柯布西耶为代表的城市规划流派被冠以“现代主义”，但城市现代化建设的过程中，其学说的推广并不顺利，而且，时间也再次证明，城市现代化发展的道路绝不止“现代主义”一条。

---

①（澳）埃斯特·查尔斯沃斯编.城市边缘：当代城市化案例研究[M].北京：机械工业出版社，2007.

1.2 争议的背后

简单地评述和讨论了现代主义和西方城市发展的历程，可以更为容易理解《99 控规》的编制和对编制成果的不同意见的出现。应该说，这种局面是不同问题和目标导向的设定造成的必然结果。

1997 年 11 月下旬，《99 控规》的阶段性成果开始对外展出，1997 年 12 月 9 日，原首都规划委员会办公室组织召开了“北京市区控制性详细规划专家座谈会”，会上，以清华大学吴良镛教授为代表的专家学者针对旧城范围内“控规”编制的“立足点”、指标、道路交通处理方式、规划编制方法等方面提出了不同意见。针对《99 控规》，吴良镛先生指出，《中华人民共和国城市规划法》和建设部颁布的《城市规划编制办法》提出了编制一般性“控规”的要求，（但）北京市对此应不仅仅只是一般地认真执行，不仅要达到建设部的一般要求，对于历史文化名城的“控规”来说，还应有特殊的内容，仅有一般性的“控规”是远远不够的。面对北京这样的历史精华来说，更需要深入研究，要精雕细刻。在这方面，北京市应带一个好头，为全国树立一个好的样板，因为可以毫不夸张地说，北京旧城保护与发展工作的好坏，对全国历史文化名城都有着举足轻重的影响。

以城市交通为例，今后城市的机动车交通量无疑会有极大的增长，当前的许多街道，步行者尚且无法驻足，而机动车道在不断开辟，这是在重复西方发达国家的“错误”；“现在是‘道路一刀切’，所向披靡，全然不顾（规划道路）所在（传统城市空间）景观为何奥妙入胜，红线、宽度全然定死，房屋联排式，容积率尽可能撑得高高的，这已形成一个套路”。

即使是编制‘控规’，仍然需要采取‘动态的’滚动规划，在实施过程中允许不断调整，切忌在匆忙中一锤定音。旧城改造要保护旧城原有的城市肌理，这包括原有的街巷、绿化和建筑风格。历史经验证明，那种大拆大建的做法，那种简单的工作作风，必将在历史上留下深深的遗憾。”①

图 1–41　吴良镛
（图片来源：互动百科）

吴良镛，中国科学院院士、中国工程院院士，著名建筑学与城市规划专家。1992 年获世界人居奖，2011 年获国家最高科技奖。②

自 20 世纪 80 年代以来，多次为北京旧城保护工作献计献策。

① 吴良镛 . 北京旧城要慎重保护——关于北京市旧城区控制性详细规划的几点意见 [J]. 北京规划建设，1998.

② 百度百科。

2002 年，他和侯仁之、郑孝燮等 25 位专家学者致信国家领导，强烈呼吁："立即停止二环路以内所有成片的拆迁工作，迅速按照保护北京城区总体规划格局和风格的要求，修改北京历史文化名城保护规划"。2003 年 8 月，他又和周干峙、谢辰生等 10 位专家，提出在历史文化名城中停止原有的"旧城改造"的政策建议。他提出了旧城"有机更新"的思想。他说，"我毕生追求的就是要让全社会有良好的与自然相和谐的人居环境，让人们诗意般、画意般地栖居在大地上。"[①]

《99 控规》自批复之日起便争议不断，调整不休。其争议的焦点主要集中在是优先发展改造旧城还是优先保护旧城的问题上，两种观点各有各的理由，并且针锋相对，互不相让。之所以如此针锋相对，"从某种意义上说，目前北京的'控规'是保护北京历史文化名城的最后一次机会，'控规'将是城市规划的最后一道防线。这一次的'控规'如果依然控制不住对旧城的一片片蚕食，那就等于是用立法的形式将这种对北京旧城的破坏永久性地确定下来了。正因为如此，在这一'十字路口'，我们一切从事北京城市规划的同志，我们的决策者，都负有庄严的历史责任，都应当审慎行事。[②]"

1.2.1 发展优先，要不破不立，对旧城动"大手术"

第一种观点坚持"发展优先"，应当在保留重点文物保护单位的前提下，对基础设施落后、房屋老旧的旧城进行彻底的现代化改造，加快城市现代化建设，以提升城市功能，展现城市现代化形象。

北京作为全国的政治、文化中心和现代国际都市，应该适应城市现代化的生活需要。目前，旧城范围内的市政基础设施条件和平房区内居民的生活居住条件十分落后，亟待改善。

持发展优先观点者认为，城市形象需要改善。

一是认为首都现代化建设需要城市功能升级。随着金融街等城市新功能区的建设，可以利用历史城区的黄金地段价值、中心区高地价，为城市创造更多的经济效益，所以需要将老旧居住区迁出，逐步替换成可以展现国际大都市形象的城市功能。

二是认为解决交通拥堵问题已经迫在眉睫。北京旧城区的道路骨架早在明清时期就已形成，呈东西向、方格式棋盘状，干道

---

① 国家最高科技奖是怎样炼成的[N]. 人民日报（海外版），2012-02-16.

② 吴良镛 . 北京旧城要慎重保护——关于北京市旧城区控制性详细规划的几点意见[J]. 北京规划建设，1998.

少、胡同多，是马车时代的产物。旧城区的道路虽然很密，然而6m以上宽度的道路路网密度仅为3.52km/km²，宽度为12m以上的道路路网密度不到2km/km²，道路用地率不到10%，与东京的24%、伦敦的25%相比差距较大，由此可见，北京旧城道路密度相对较低，道路用地相对偏少。另外，旧城内路网负荷过高，路口严重堵塞，车速持续下降等问题逐渐凸显，促使规划方案着重考虑优先解决旧城的交通问题。

图 1–42　城市交通拥堵现象
（图片来源：作者工作资料）

三是认为旧城内大量存在的危旧平房严重影响了首都形象。由于年久失修，旧城区的历史风貌已经面目全非，文物及老建筑破损严重，危房随处可见，已经没有整体保护的必要。对于砖木结构的老建筑、狭窄的胡同格局应该尽快拆除，取而代之以崭新的现代建筑及宽阔的马路。

图 1–43　损毁严重的旧城平房
（图片来源：作者 1994 年摄于北京）

1.2.2　保护优先，要有机更新，渐进式、微循环发展

第二种观点认为，应当将北京旧城范围内的传统建筑全部保留。这种观点的理论依据是传统建筑具有不可再生的历史文化价值。传统建筑是昔日不同时代和精神的产物，是我国民族文化的重要组成部分。历史地段是城市环境中反映民族基本特征的人类居住地，它为该地区过去的生活方式提供了生动的见证。历史地段中的建筑物、空间结构及周围环境等诸多历史文化遗存，共同组成一个从整体上相互联系的统一体，反映出该地区的特性。每一处历史文化遗存都是人类不可再生的物质财富和精神财富，多处历史文化遗存的集合才能反映出历史文化名城的特色。因此，在旧城改造的过程中，应全面保护旧城范围内的传统建筑和环境风貌。持保护优先观点者认为，北京旧城是有历史文化价值的，并且其历史文化遗存是不可再生的资源，是北京历史文化名城特色的体现。

一是北京旧城的历史文化价值体现在悠久的历史中。它有着三千年的建城史和八百年的建都史，保存着从辽、金、元、明、清、民国以来的历史文化遗存，其建设成果积淀并凝聚了数代人的智慧和心血，一街一巷都保存着独特的文化价值和历史渊源，可以说是无价之宝。

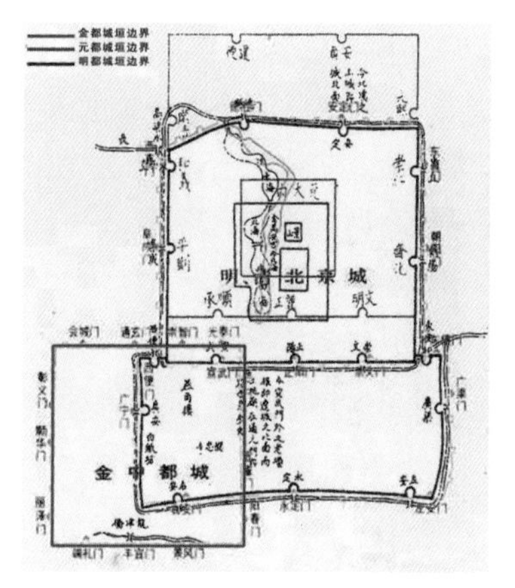

图 1–44　北京城变迁图
（图片来源：摘录于作者工作资料）

图 1–45　北京城风水图
（图片来源：摘录于作者工作资料）

梁思成先生曾说过，“北京城无疑的是中国（乃至全世界）‘历史文物建筑比任何一个城都多’的城。它的整体的城市格式和散布在全城大量的文物建筑群就是北京的历史艺术价值本身。它们合起来形成了北京的‘房屋型类和都市计划特征’。”①

① 梁思成，陈占祥等．梁陈方案与北京[M]．沈阳：辽宁教育出版社，2005.

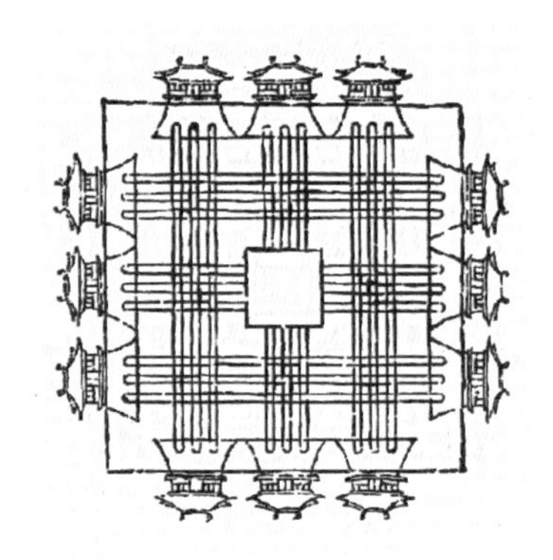

图 1–46　皇城城门九宫格布局
（图片来源：《周礼·考工记》）

图 1–47　北京古代建筑细部
（图片来源：作者 1994 年摄于北京）

侯仁之先生也曾写道："北京古城肇兴于周初之分封，初为蓟。及辽代，建南京，又称燕京，为陪都。金朝继起，于贞元元年即公元 1153 年，迁都燕京，营建中都，此乃北京正式建都之始。金中都以辽南京旧城为基础，扩东、南、西三面有差，而北面依旧。城池呈方形，实测四面城墙，东长 4510m，西长 4530m，南长 4750m，北长 4900m。四面城垣各开三门，北城垣复增一门，共十三门。城内置六十二坊，前朝后市，街如棋盘。""北京旧城规划严整，宫殿建筑富丽辉煌，举世之封建帝都无与伦比。"明清北京城"规划之初，紫禁城外绕以皇城，皇城之外更有大城，其后大城之南复加筑外城，于是乃有内外城之分。内城九门，外城七门，各有城楼，形制不一。为任何前代都城所未有。"

曾参加过燕京校园建设的著名美国城市规划及设计专家培根（E.Bacon）曾说过，"也许人类在地球上最伟大的单项工程就是北京……北京整个城市深深沉浸在礼仪、规范和宗教仪式之中，现在这些都和我们无关了，然而，它的设计是如此杰出，为今天的城市设计提供了丰富的思想宝库。"①

旧城的风貌主要体现在两个方面，一方面是旧城区传统四合院、棋盘式胡同与街巷系统所构成的城市肌理和平缓开阔的平面布局；另一方面，则是点缀的景山、白塔、钟鼓楼等制高点所构成的城市景观体系，体现了独特的空间形态。

旧城始建于元代，平面布局体现《周礼·考工记》"前朝后市，左祖右社"的原则，反映了儒家思想，满足了古代帝王对皇城至高无上的追求，宫殿、太庙、社稷坛等尊卑有序，按礼制沿轴线分布，浑然成为一体，反映了中国历代城市建设的最高成就。

二是认为旧城的历史文化遗存是不可再生的资源。在建设上一定要视为珍品，妥善保存。旧城中的不可再生的资源是保持民族凝聚力的精神纽带。

因为在古代，所有的历史文化都是历史上千千万万个能工巧匠积累下来的，这样创造出的历史古迹也就是对过去存在的表现。在过去那些没有走进商品经济的古时代，人们用充裕的时间去钻研、去创造、去创作，留下的都是当时的艺术珍品，也是人类日常生活的反映，真正铭刻着那个时代的烙印，这些遗产是不可再生的资源。这些具有鲜明时代特征的艺术品，同时给今天的城市带来了多样性的独特景观。更重要的是，一个城市不能没有过去，一个城市应该是文脉的传承、发展和延伸，将过去的文化、宗教、社会活动的丰富性精确地传给后人，这是我们泱泱大国在城市发

① 吴良镛．北京旧城保护研究（上篇）[J]. 北京规划建设，2005.

图 1–48　旧城内的老北京味儿
（图片来源：作者 2012 年摄于北京）

图 1–49　旧城内的传统四合院
（图片来源：作者 2012 年摄于北京）

展过程中所应有的觉悟。[①]

丹麦规划家罗斯穆森也说："整个北京是一个卓越的纪念物，象征着一个伟大文明的顶峰"，"高科技发展日新月异，今天看来是很先进，但很容易就过时了。而北京作为一座具有重要历史意

① 仇保兴．城市化过程中的历史文化名城保护 [J]. 中国名城，2008（1）.

义和丰富文化内涵的历史文化名城，它的价值是永恒的，是建造现代化的高楼大厦所永远无法比拟的。”

三是认为旧城是北京历史文化名城的体现，也是北京的城市名片。它承载着北京的历史文脉，也体现着北京的城市特色和文化内涵，避免千城一面。

一座城市如果有资格被称为古都，那么只拥有几座皇家的建筑是远远不够的，最精彩的东西往往是在朴实的民间。老式的空间形态呈现出的物质结构反映的是人们的文化价值取向，这内含的价值取向使环境超越了自身的物质结构和基质，形成一种潜在的价值。而对于北京而言，那些老宅、胡同才是城市的血脉所在。

梁思成先生指出，“首先必须认识到北京城固有骨干的卓越，北京建筑的整个体系是全世界保存得最完好，而且继续有传统活力的、最特殊、最珍贵的艺术杰作，这是我们对北京城不可忽略的起码认识。就大多数文物建筑而论，也都不仅是单座的建筑物，而往往是若干座合理而成的整体，为极可宝贵的艺术创造，故宫就是最显著的一个例子……不仅应该爱护个别的一殿、一堂、一塔，而且必须爱护它的周围整体和邻近的环境。我们不能坐视，也不能忍受一座或一组壮丽的建筑物遭受的各种各式直接或间接的破坏，使它们委屈在不调和的周围里，受到不应有的宰割。”他还在《北京——都市计划的无比杰作》一文中，从我们祖先对北京城“北面靠山，南面有水，东西两侧由山所环抱”的独特的城市选址讲起，分别讲述了千年历史四次重建，全城的生命线——水源，以中轴线为特征的城市格式，交通与街道系统传统的土地功能分区，和“北京城市一个具有计划性的整体”，由此提出“我们应该怎样保护这庞大的、伟大的杰作”的伟大问题①。

美国著名规划师卢伟民也曾仔细研究过北京的城市建设历史，并从旧城“选址”、“边界”、“轴线”、“格局”、“分区”、“高度与色彩”等六个基本建设原则论证了整体性特征，以阐述其重要价值。②

时任北京市规划委副主任的魏成林认为，北京旧城传统风貌具有“延续性、完整性、地方性、思想性”的特征。延续性：从北京城市建设的历史看，封建王朝的历次更迭都对城市建设产生了深刻的影响。封建统治者或放弃旧城建设新城，或在旧城的基

① 北京——都市计划的无比杰作，1951 年 4 月 15 日。

② 卢伟民 . 在第 20 届世界建筑师大会上发表的演讲 [Z]，1999.

础上加以扩建、改建。虽然城市在位置上有所变化，但城市的整体结构都继承和发扬了前朝城市建设的传统，沿袭了前朝城市建设的形制。可以说明清北京城是我国数千年传统城市规划和建筑技术水平的综合反映。完整性：明清北京城为“套城”布局，以宫城为核心，前为朝，后为市，左宗右社。以“五门三朝”为主构成的中轴线位于中央，纵贯南北，祖社里坊、郊坛庙宇对称安排；棋盘式道路网围绕宫城对称排列；自然水系与规整的房屋相互交融，色彩统一，互为衬托形成城市固有的整体风格。地方性：明清北京城包括众多居所、民宅，在规划设计时都充分考虑了城市所处自然环境和气候特征。从城市的大环境来看，北京城西枕西山和燕山山脉，东南开阔，既阻隔冬季西北严寒，又利于夏季南来之风。从建筑布局上看，主要房屋坐北朝南，日照充足，通风顺畅，冬暖夏凉，春温秋爽，具有典型的北方生活特色。思想性：自秦汉以后，“天人合一”的理论一直作为中国古代哲学思想的重要组成部分，主宰着人们生活的各个方面，城市规划和建设也是如此。在城市规划阶段，要首先对星象进行分析，据此确定城市的方位和布局，安排城市的主轴线和重要建筑。明清北京城的格局即反映了中国古代哲学思想中的“体用不二，天人合一，情理交融，主客同构”的传统精神。他还认为“四合院、胡同、街坊、色彩、水系”则是构成北京城市传统风貌的五大要素①。总结得十分到位。

1.3　控规实施

在首都经济建设大发展的背景下，北京也面临了与巴黎当年同样的“新”、“旧”博弈问题：旧城城市空间已经无力担负更多的功能，而发展的需求却一天比一天更强烈。随后几年，随着《99控规》的实施，一些胡同、四合院被相继拆除，“大马路”、“大建筑”在旧城中逐渐多了起来，客观上造成了“规划性破坏”。

1.3.1　胡同变身大马路

1. 从“平安里”到“平安大街”

平安里位于地安门西大街西端南侧。其地旧时为太平仓，清

① 魏成林．北京的旧城改造与城市传统风貌保护 [J]. 北京规划建设，2000.

图 1–50　平安大街宽阔的马路与低矮的建筑形成鲜明对比且交通被引入并穿越旧城
（图片来源：作者工作资料）

图 1–51　2005 年与 1996 年的平安大街对比
（图片来源：北京市测绘设计研究院及作者工作资料收集）

时为庄王府。庚子之变，毁于大火。民国后售予李纯，于南部（今太平仓胡同北侧）盖中西合璧式房屋，取名“平安里”。平安大街东起东四十条，西至官园桥。

在《99 控规》实施过程中，平安里被拓宽为平安大街。《99 控规》中规划的道路红线是 80m，虽然只实施了规划红线的一半（38m），但低矮的房子与宽阔的大街已经形成了强烈的空间反差，旧城也有被横刀切割之感。

图 1–52　段祺瑞政府影壁和大门被道路切开
(图片来源：作者摄于北京)

图 1–53　平安大街横穿段祺瑞政府的前院
(图片来源：作者摄于北京)

图 1–54　两广大街影像图：拓宽后的大街植入在密集低矮的旧城当中
（图片来源：北京市测绘设计研究院）

2. 从“南大街”到“两广大街”

明代帝王为了增加防护在内城南部修建了外城，又称“南城”。外城共计 7 座城门，其中东、西便门紧邻护城河，有水路可通；广渠门与广安门则铺路成街。两广大街（两广路）连接广安门和广渠门，贯穿崇文、宣武两区，历史上这条连接老北京南城的大街，史称“南大街”。该街长达十华里有余，是旧北京横贯东西最长的一条大街。因其本身不十分直，且各段各有名称，具体而言，是由今天的广安门内大街、骡马市大街、珠市口西大街、珠市口东大街和广渠门内大街组成。

两广大街沿线有很多北京名胜古迹与景点，如辽燕角楼遗址、法源寺、康有为故居、林则徐故居、阳平会馆戏楼等。

拓宽两广大街后（见图 1-54），广安门和广渠门这两座城门变成了两座立交桥，宽阔的大马路替代了以前车水马龙的小街道。道路宽了，车也多了，更加拥堵了，步行、骑车、乘公交车和开车反而都不方便了。

几年前修两广大街的时候，在广渠门内大街 207 号发现了被俗称的“蒜市口十七间半”的那处曹雪芹故居。虽然当时的院子里搭建了很多棚屋，但旧时的格局还清晰可见，在院落东侧的夹道旁，立着四扇门，上书“瑞方正直”，这四个字在《红楼梦》中就出现过，所以很有可能是曹氏的家训。

当年的“蒜市口十七间半”老宅是曹雪芹由南京回到北京后，开始历尽世态炎凉、悲欢离合人生旅程的地方，并由家庭的兴衰际遇书写了传世的文学篇章。后来，广渠门内大街 207 号还是被拆了，原因是它位于两广大街的正中，虽然很多学者力争保留故居遗址，但最终还是没能改变院子的命运，这不能不说是个遗憾。[①]

我在拜访故宫博物院单霁翔院长时，对于如何妥善地解决旧城的城市交通问题他回顾了在担任北京市规划委员会主任时的观

① 邱阳．胡同面孔 [M]．南宁：广西师范大学出版社，2004.

点和方法，“一个城市如果不去深入研究交通，会对城市影响很大。很多城市解决交通问题的方式是综合的，比如通过公交优先解决公共交通问题，而不是盲目建立交桥，建宽马路，像这种两上两下、三上三下、四上四下的城市道路对城市的格局形象影响很大。我们的城市规划通常采取统一的模式，而不是结合城市的地形面貌和历史特征进行规划。我到北京市规划委员会做的第一件事，就是否了菜市口和磁器口两座立交桥方案。立交桥是成系统的，如果那两座立交桥建起来，东四、西四马上就会跟着建，如果这样建下去，北京旧城的风貌就彻底破坏了。看看欧洲的那些漂亮的城市，哪有拆除旧城再把立交桥引到城市中心建交通系统的事。”

图 1–55　单霁翔
（图片来源：百度图片）

故宫博物院院长，博士，中国文物学会会长。兼任西北大学文化遗产学院兼职教授、博士生导师，中国艺术研究院研究员、博士生导师。

1971 年 1 月参加工作，1980 年至 1984 年赴日本留学。历任原北京市城市规划管理局副局长，北京文物局党组书记、局长，中共北京房山区委书记，北京市规划委员会党组书记、主任，文化部党组成员、国家文物局局长、党组书记。多次在国际学术会议上发表讲演。2005 年 3 月获美国规划协会“规划事业杰出人物奖”，2014 年 9 月 22 日，单霁翔荣获文物保护专业内最高学术荣誉“福布斯奖”。出版《城市化发展与文化遗产保护》、《从“功能城市”走向“文化城市”》等专著。

邱跃委员在谈到两广大街时对我说：“规划红线直接捅到了旧城的心脏，其实红线应该是变截面的，进了旧城就要不断缩减宽度。比如说两广路，在三环外可以是 80m 的宽度，向二环延伸就应该变为 60m，进到二环以内就应该变成 40m，因为环路是可以分散交通量的。”

当我和规划专家刘小石先生聊起这个话题时，他表示，“一些人认为，现代化就是要走汽车，这就要求把旧城道路拓宽。《99 控规》顺应这一需求，旧城道路拓宽了，路两侧的房屋拆除了，新建的房屋加高了。但是旧城也因此而变得面目全非。我并不赞成这样做”。

梁伟先生也跟我谈到他的观点，“北京旧城区绝对不能应用既有的、一般性的控规来管理。而应该用控规管理的思路，在现有的控制性详细规划的一些基本原则的基础上，结合旧城的具体实际，去细化，去创新。对于历史街区保护和更新，由于没有解决机制性、规范性问题，就会处于一事一议的博弈状态。比如说某条道路红线最初规划时设定为 70m，可能连文物都给划进去了。然后主张保护

图 1–56　作者拜访刘小石先生
（图片来源：甄一男摄于 2012 年）

图 1–57　作者采访梁伟先生
（图片来源：张京川摄于 2014）

的专家站出来坚决反对，设计师就让到 50m、40m。最后再经过协商，本次实施 38m。其实这个过程并没有从根本上解决问题，红线还在那儿勒着，很多的事情还是没有解决，然后下一件事的时候再议”。

由此可见，在当年“发展是硬道理”的时代，博弈的结果自然会使《99 控规》优先选择发展，由此，大量的历史街区和传统建筑被拆除，一些突破城市规划控高的大体量建筑侵入旧城区域将是不可避免的结果。[①] 狭窄的街巷胡同被拓宽的网格化道路取代，以利于机动车穿行，很好地满足了城市化发展对空间、功能、交通等方面的需求，虽然它也对历史文化名城保护提出了要求，但是客观上，它却反映了“伏瓦生方案”设计理念的再生，“直至今日，柯布西耶的幽灵依然在北京上空游荡”。[②]

1.3.2　四合院长成大高楼

1. 金融街的“基因突变”

北京金融街规划始于 20 世纪 80 年代，其规划的道路网格于

① 吴良镛．北京市旧城区控制性详细规划辨 [M]. 北京：中国青年出版社，2001.

② 王军．采访本上的城市 [M]. 北京：生活·读书·新知三联书店，2008.

90 年代初步建成。北京金融街分南区、中心区和北区三部分，有 69 个地块（其中 A 区 9 个、B 区 8 个、C 区 13 个、D 区 3 个、E 区 13 个、F 区 14 个、G 区 9 个），每个地块的建设用地在 0.6 ～ 2.0ha 不等，建筑规模在 3 万～ 14 万 m^2 之间。

由于北京金融街地处旧城以内，在规划建设过程中，高度之争一直成为焦点。1985 年的规划，此处控高为 35 ～ 45m。1995 年，原首都建筑艺术委员会审批的金融街修建性详细规划的最高控高为 60m。如今，北京金融街的建筑高度分布呈现西高东低、中心高南北低的特点，规划用地邻二环路中间为区域制高点，规划限高 116m，最低处为区域东北角，限高 18m，邻太平桥大街一侧限高约为 18 ～ 24m。

由于高度限制，开发公司为追求单位土地上的经济效益，不

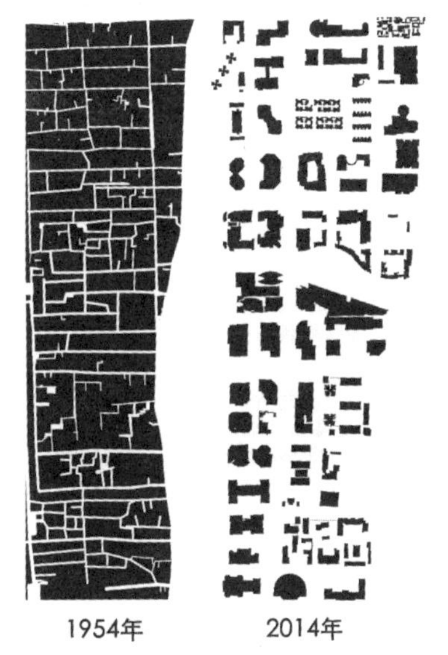

图 1–58　60 年间北京金融街地区建筑与道路图底关系对比
（图片来源：甄一男制作）

图 1–59　金融街所在位置现状三维鸟瞰图
（图片来源：北京市测绘设计研究院，图片制作：甄一男）

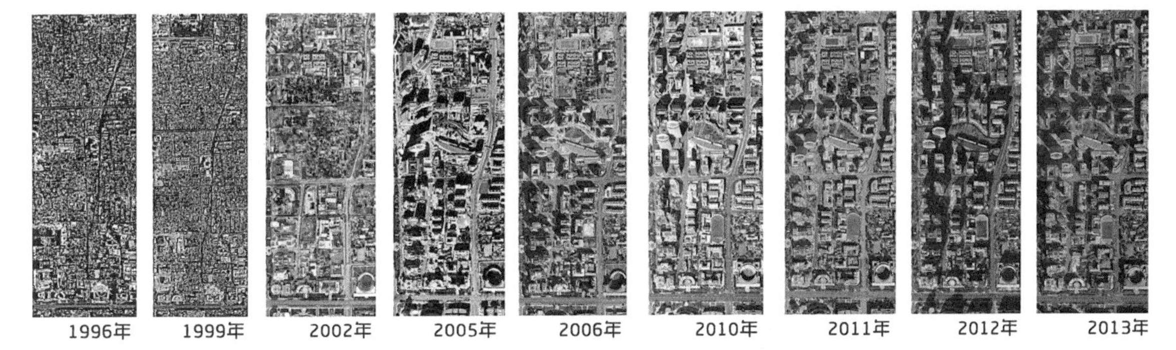

图 1–60　1996 ～ 2013 年北京金融街地区航片对比
（图片来源：北京市测绘设计研究院，甄一男制作）

肯降低建筑规模，结果形成了敦实粗大、比例失调的建筑体量。沿西二环的北京金融街高层建筑形成新的钢筋混凝土森林，似城墙一般把二环内低矮的平房区环绕在内，东二环和南城也呈现同样的城市新景观。

2. 西单路口的“基因突变”

西单是历史上的城市金融中心。实施规划后的西单路口，大街道、大广场、大建筑的尺度改变了原有的空间肌理，使旧城街道缺乏连贯性。如图 1-61、图 1-62 所示，对比巴黎城市的肌理反差很大，发生了“基因突变”。

图 1—61　西单路口肌理
（图片来源：摘录于作者工作资料）

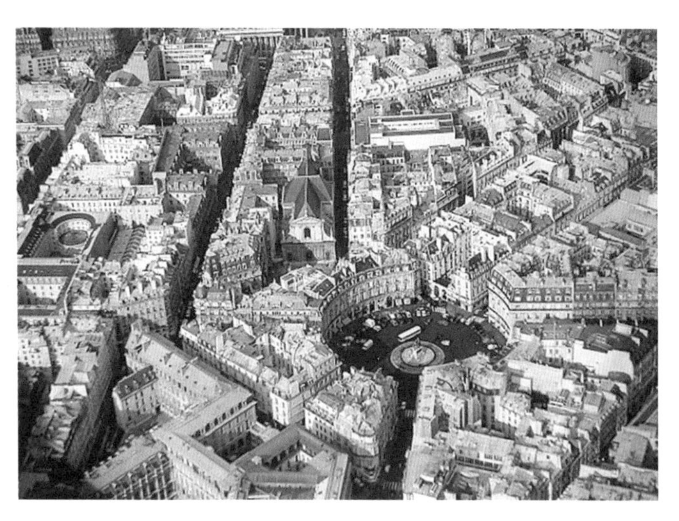

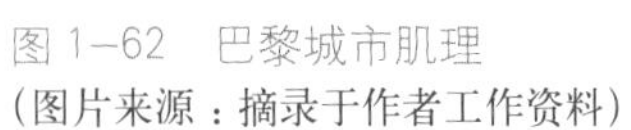

图 1—62　巴黎城市肌理
（图片来源：摘录于作者工作资料）

尽管新的大型建筑与旧城已有的空间肌理不协调，位于西单路口西北角的中国银行，却并不显得华丽突出，这栋建筑是贝聿铭先生设计的。这和贝聿铭对建筑和城市关系的理解有关，他认为，新建的建筑要和他所处的环境协调统一，而不是突兀或特立独行，他曾说过，在城市里改建一个建筑就好比给衣服打补丁或是镶牙，谁也不希望衣服上的补丁或自己补过的新牙齿显得别具一格而分外耀眼。这是他的成名作华盛顿美术馆东馆大获成功的原因。也正是因为这一点，他被法国的密特朗总统相中作为卢浮宫改扩建的指定设计师。骄傲的法国人对贝的华人血统不屑一顾，很不以为然，但密特朗总统眼光独到，坚持他的决策，这使得巴黎出现了一个成功的改扩建建筑。

贝聿铭，苏州望族之后。美籍华人建筑师。

1978年，接受邓小平的邀请，被誉为“现代主义建筑的最后大师”的贝聿铭[①]为北京城市规划提供咨询。他就曾坦言，很担心中国抛弃幸存的、屈指可数的珍贵遗产，追求西式现代化，并建议政府颁布法令，禁止建造超过紫禁城城墙高度的建筑，以保护紫禁城黄色屋顶上方的湛蓝色天空，使它不会因为现代化的发展而遭到破坏。但那个时代的中国，太渴望品尝禁果了——电视、T恤衫、可口可乐、高跟鞋和汉堡包……特别是学建筑的学生们，他们决心把通俗设计杂志上那些令他们羡慕不已的、代表西方繁荣昌盛的灿烂建筑在实践中加以复制再现。贝聿铭说：“学生们对我的讲话都感到失望。他们指望我会给他们讲玻璃悬墙、设计样式和高层建筑的最新潮流，诸如此类的东西。可我……却告诉他们不要忘记过去。”[②]

图 1–63　贝聿铭
（图片来源：百度百科）

图 1–64　贝聿铭事务所设计的中国银行总部
（图片来源：作者 2014 年摄于北京）

当时政府并没有采纳贝聿铭提出的建议，一位政府高官邀请他设计 10 栋现代化饭店（每栋有 1000 间客房），包括在紫禁城附近建一栋庞大的高层建筑。贝聿铭婉言拒绝了。他说“我不能这么做，我的良心不允许我这么做。如果你从紫禁城的墙往上望去，你看到的是屋顶金色的琉璃瓦，再向上望就是天空，中间一览无余（煤山除外，那上面建有一座喇嘛庙）。那就是使紫禁城别具一格的环境。假如你破坏了那种独树一帜、自成一体的感觉，你就摧毁了这件艺术品。我无法想象如果有一栋高层建筑像希尔顿饭店俯瞰白金汉宫那样居高临下俯视紫禁城那会是什么样子……我就是不想参与这样的事情。”[③]

---

① 百度百科。
② （美）迈克尔•坎内尔著．贝聿铭传•现代主义大师 [M]. 倪卫红译．北京：中国文学出版社，1997.
③ （美）迈克尔•坎内尔著．贝聿铭传•现代主义大师 [M]. 倪卫红译．北京：中国文学出版社，1997.

到那时为止，贝聿铭一直认为他对中国的主要贡献是他帮助禁止在紫禁城附近建造高层建筑。[①]

虽然贝聿铭竭力呼吁并建议政府禁止在紫禁城附近建设高层建筑，但是旧城的开发建设并没有停止。20 世纪 90 年代，在西单路口开发的“西西工程”、“东南工程”以大体量的商业建筑替代了传统的西单商业街，道路拓宽了，建筑加高了，修建了宽敞的城市花园广场，形成了全新的城市景观，“基因突变”如火如荼地进行着。

2010 年，北京的城市天际线与 1949 年相比发生了巨大的变化。与新建的高层建筑对比，旧城原有的房屋成了“小矮人”。天际线变成了不连续的、跳跃的线。

图 1–65　1949 年北京高度建筑比较图
（图片来源：摘录于作者工作资料）

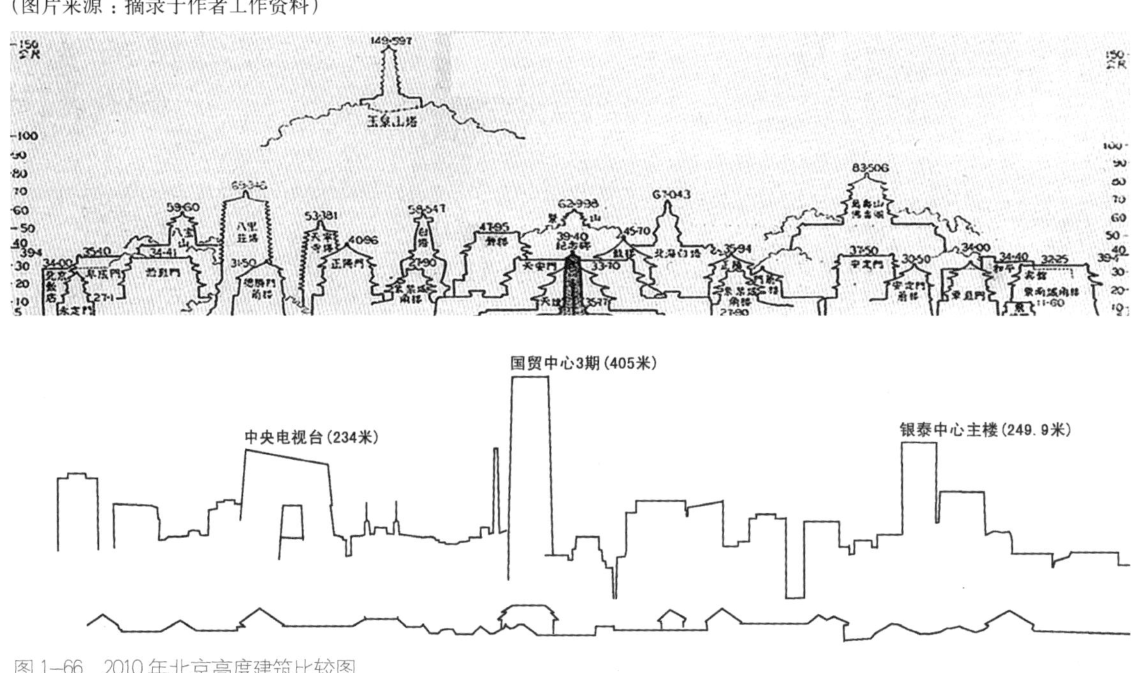

图 1–66　2010 年北京高度建筑比较图
（图片来源：甄一男制作）

回过头看，虽然《99 控规》对旧城直接或间接地造成了“规划性破坏”，但也不能对其求全责备，《99 控规》是时代的产物，是在《93 总规》的指导下编制的。当时的北京，正处于市场经济萌芽阶段，发展是主题，人们对历史文化保护的认识没有今天这么深刻，形势也不允许进行以牺牲发展为代价的保护。

① （美）迈克尔·坎内尔著 . 贝聿铭传·现代主义大师 [M]. 倪卫红译 . 北京：中国文学出版社，1997.

但是，对旧城的规划仍然有教训可以吸取。《99 控规》主要借鉴美国的区划（zoning）管制，目的是因地制宜地控制建设用地性质、使用强度和空间环境，作为城市规划管理的依据，并指导修建性详细规划的编制。《99 控规》通过用地性质、建设规模、建筑高度、建筑容积率、建筑密度、绿化率、机动车出入口、停车数量等指标来控制建设容量[①]，它更适合新城的建设，但却不适合旧城保护。应用在旧城，将对旧城肌理、空间、交通造成建设性破坏，其次是规划性破坏（规划做得不好）、保护性破坏、维修性破坏，旧城应使用专有的保护规划来控制和维护。

吴良镛教授曾经介绍过国际知名建筑师莫什萨夫迪先生两次来北京迥异的感受，1973 年他来北京时曾经脱口赞叹："世界最大的城市中很少有依然如此毫不妥协地坚持传统与历史的，紫禁城作为城市中最重要、最富有纪念性的建筑群隐现于环绕它的低尺度邻里之中，许多街道十分开敞，并有绿化和林荫相伴……"到 1999 年他再次来到北京，他的感受已完全不同："许多历史区域已经消失，大量四合院被拆除，取而代之以高层住宅。北京在几十年后重蹈许多西方、南亚和拉美城市进化的覆辙，同样的发展模式，同样地忽视传统，以及到处可见的对历史区域的损毁和混乱布局的高层建筑。"从他的描述中，我们也可以感受到 1999 年城市所处的状态。

这一时期，危改大行其道，保护意识淡薄。政府是重视规划的，《99 控规》得以顺利批复，但该规划对名城保护工作没有足够的重视；专家对该版规划在旧城的思路提出了质疑，但是意见没有被采纳，其在规划编制中的作用尚不明显；公众在控规公示时反响平平，参与度不高。

---

① 周进．控制性详细规划的控制功能探析 [J]. 规划师，2002.

第2章

世纪初的曙光

第2章
世纪初的曙光

新世纪："大转折"

在新的世纪里，全球化和多样化的矛盾将继续存在，并且更加尖锐。如今，一方面，生产、金融、技术等方面的全球化趋势日渐明显，全球意识成为发展中的一个共同取向；另一方面，地域差异客观存在，国家之间的贫富差距正在加大，地区冲突和全球经济动荡如阴云笼罩。

在这种错综复杂的、矛盾的情况下，我们不能不看到，现代交通和通讯手段致使多样的文化传统紧密相连，综合乃至整合作为新世纪的主题正在悄然兴起。

对立通常引起人们的觉醒，作为建筑师，我们无法承担那些明显处于我们职业以外的任务，但是不能置奔腾汹涌的社会、文化变化的潮流于不顾。"每一代人都必须从当代角度重新阐述旧的观念"。我们需要激情、力量和勇气，直面现实，自觉思考21世纪建筑学的角色。

——《北京宪章》（1999年）

如果一个城市不尊重历史，就没有未来；如果一个城市不尊重自己的历史，就不会赢得别人的尊重。

2000年，北京市在《99控规》批复后，旧城危改进行时，相继组织编制了《北京旧城25片历史文化保护区保护规划》（简称《25片保护规划》）、《北京历史文化名城保护规划》（简称《名城保护规划》）、《北京皇城保护规划》（简称《皇城保护规划》）和《第二批历史文化保护区保护规划》（简称《第二批保护规划》）。在规划上完成了从"点"到"面"的保护，保护的内容逐步覆盖了全市域，再从面到点逐步深化到实施的过程。这些规划都是在21世纪初的四年之内编制完成的，表明北京城市传统文化的保护在新世纪伊始受到了前所未有的重视，保护规划迎来了新世纪的曙光，从《25片保护规划》开始，受到全国瞩目，为其他国家历史文化名城的保护工作提供了范本。

2.1 《25片保护规划》

2.1.1 规划的由来

1. 保护名单的确定

1990 年，原北京市城市规划管理局向北京市政府递交请示报告，提出划定北京旧城历史文化保护区的意见，并初步确定了“北京旧城 25 片历史文化保护区名单”。同年 11 月，获批该名单，此后列入《北京城市总体规划（1991-2010 年)》中。

25 片历史文化保护区具体包括[①]：南池子大街、北池子大街、南长街、北长街、景山前街、景山东街、景山后街、景山西街、东华门大街、西华门大街、陟山门大街、国子监街、南锣鼓巷四合院传统平房保护区、西四北一条至八条四合院传统平房保护区、什刹海地区、地安门内大街、琉璃厂东街、琉璃厂西街、大栅栏街、牛街、五四大街、文津街、东交民巷、阜成门内大街、颐和园路。

北京旧城 25 片历史文化保护区名单的公布，第一次使历史文化名城保护工作从单体建筑转到对区域的保护，意义十分重大。但由于仅仅是一个初步的名单，没有确定每个对象的具体保护范围，因此使保护工作在实际操作中受到一定影响。

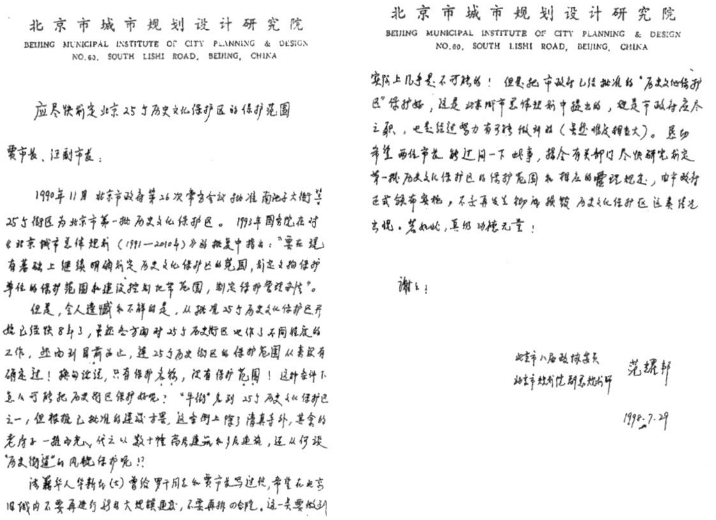

北京市城市规划设计研究院
BEIJING MUNICIPAL INSTITUTE OF CITY PLANNING & DESIGN
NO.60, SOUTH LISHI ROAD, BEIJING, CHINA

应尽快划定北京25片历史文化保护区的保护范围

贾市长、汪副市长：

1990年11月北京市政府第26次常务会议批准南池子大街等25片街区为北京市第一批历史文化保护区。1993年国务院在对《北京城市总体规划（1991—2010年）》的批复中指出：“要在现有基础上继续明确划定历史文化保护区的范围，划定文物保护单位的保护范围和建设控制地带范围，制定保护管理办法”。

但是，令人遗憾和不解的是，从批准25片历史文化保护区开始已经快8年了，虽然各方面对25片历史街区也作了不同程度的工作，然而到目前为止，这25片历史街区的保护范围从来没有确定过！换句话说，只有保护名称，没有保护范围！这种条件下怎么可能把历史街区保护好呢？“牛街”是列25片历史文化保护区之一，但根据已批准的建设方案，这条街上除了清真寺外，其余的老房子一推而光，代之以数十幢高层建筑和多层建筑，还从何谈“历史街道”的风貌保护呢！？

清华大学[illegible]曾给罗干同志和贾市长写过信，希望在北京旧城内不要再进行新的大规模建设，不要再拆四合院。这一点要做到

北京市城市规划设计研究院
BEIJING MUNICIPAL INSTITUTE OF CITY PLANNING & DESIGN
NO.60, SOUTH LISHI ROAD, BEIJING, CHINA

实际上几乎是不可能的！但是把市政府已经批准的“历史文化保护区”保护好，这是北京市总体规划中提出的，也是市政府应尽之职，也是经过努力有可能做到的（虽然难度相当大）。恳切希望两位市长能过问一下此事，指令有关部门尽快研究划定第一批历史文化保护区的保护范围和相应的管理规定，由市政府正式颁布实施，不要再发生拆除损毁历史文化保护区这类情况出现。若如此，真的功德无量！

谢谢！

北京市八届政协委员
北京市规划院副总规划师 范耀邦
1998.7.29

图 2–1 范耀邦关于应尽快制定 25 片历史文化保护区范围的政府文件
（图片来源：范耀邦 . 北京旧城 25 片历史文化保护区保护范围的划定 [J]. 岁月回响：550）

① 北京市规划委员会 . 北京市旧城二十五片历史文化保护区保护规划 [M]. 北京：北京燕山出版社，2004.

图 2-2 拜访单霁翔院长
（图片来源：甄一男 2014 年拍摄）

1998 年 7 月，时任北京市城市规划设计研究院副总规划师的范耀邦写信向北京市领导反映北京历史文化保护区规划工作中存在的问题，“到目前为止，连 25 个历史街区的保护范围从来没确定过！换句话说，只有保护名称，没有保护范围！这种条件下怎么可能把历史街区保护好呢？”范耀邦所反映的问题引起了北京市领导的重视，后来将划定 25 片历史文化保护区保护和控制范围的工作正式列入了北京市政府当年的“折子工程”。

故宫博物院单霁翔院长非常熟悉这个过程，他跟我讲述了 25 片最早的由来，“北京旧城 25 片历史文化保护区的来源挺坎坷的，跟我本人颇有渊源。我在日本留学时主要研究历史街区的保护。回国后，在北京市城市规划管理局城区处任处长，我用了 88 天在旧城内调研，提出了 28 片历史文化保护区的名单，报到市政府。审批的时候市里对名单作了一些微调，把阜成门、地安门、鼓楼前大街等四个被认为对城市交通有影响的街区拿掉了，加入了颐和园路历史文化保护区，这就是最早的 25 片的名单。后来我任市规划局副局长，主管远郊的工作，再后来调到北京市文物局、房山区工作，这个事情就搁置了。1999 年，我到新组建的市规划委任主任，回归了老本行，才开始着手组织编制规划。这个时候 25 片的名单有了一些变化，去掉了牛街、颐和园路，加入了东四北三条到八条和鲜鱼口，这就是现在的 25 片历史文化保护区的由来。”

据范耀邦后来撰文回忆：

最初提出的旧城的保护区为 24 个，在市政府常务会议上，市领导提出把颐和园至圆明园这条街，也列为保护区，这样定下来的第一批历史文化保护区一共是 25 个。以后“25 片历史文化保护区”就慢慢叫开了。

这是第一次提出了北京历史文化保护区的名单，使得对北京历史文化名城的保护，从主要对文物保护单位，扩展为也要对历史街区的保护，丰富了保护的内涵和类型，扩大了保护范围。

但是由于提出保护名单以后，没有及时地明确保护区的保护范围，在这个关键的问题上“卡”了“壳”，使得一切保护原则、保护要求、管理措施都成了空话。这种情况持续了八年。在此期间，有些区域已同时被列为“危改区”。其中最典型的是牛街。这个以回民聚集区为特色的历史文化保护区，成了“危改”重点，除了国家重点文物保护单位牛街清真寺得到妥善保护、修缮以外，周围所有传统民居全部拆光，代之以成片的多层和高层楼房。居民的居住条件得到了根本的改善，但是一个具有鲜明特色的少数民族历史聚集区也就从此不复存在了。[1]

北京市人民政府文件

京政发〔1999〕24号

北京市人民政府
关于印发北京旧城历史文化保护区
保护和控制范围规划的通知

各区、县人民政府，市政府各委、办、局，各市属机构：

市城乡规划委员会组织制订的《北京旧城历史文化保护区保护和控制范围规划》已经首都规划建设委员会第18次会议审议通过，经市人民政府同意，现印发公布实施。市城乡规划委员会要认真组织编制北京历史文化名城保护规划和北京旧城25个历史文化保护区的具体保护规划，市规划局认真组织实施。

一九九九年[illegible]月六日

图 2–3　关于 25 片保护规划的政府文件（左）
（图片来源：范耀邦 . 北京旧城 25 片历史文化保护区保护范围的划定 [J]. 岁月回响：550 ）

图 2–4　传统风貌尽失的牛街（右）
（图片来源：作者 1999 年摄于北京）

图 2–5　改建后的牛街街景立面（下）
（图片来源：摘录于中央美院专题报告有关资料）

2. 确定保护和控制范围

1999 年，就在批复《99 控规》的同一年，其实孕育了保护的萌芽。北京市城市规划设计研究院编制的《北京旧城 25 片历

① 范耀邦 . 北京旧城 25 片历史文化保护区保护范围的划定 .《岁月回响》.550

史文化保护区保护和控制范围规划》，认真研究了国内外历史城市与街区保护的经验和规章规定，结合北京的历史和实际情况，划定了历史文化保护区保护和控制范围。划定的原则[①]为：一是保护范围应包括街区的主要精华，如体现街区特色的地段、文物保护单位以及历史遗存较集中的成片地段；二是保护区应有较完整的历史风貌；三是保护和控制范围的界线应尽量明确；四是考虑保护区所在区域和周围环境；五是保护范围如与某些专业规划有矛盾，先按现状划定保护范围等。本次划定保护和控制范围的历史文化保护区[②]包括重点保护区和建设控制区两个层次，分别采用不同的保护原则。

该规划于1999年3月由首都规划委员会第18次会议通过并经市政府审批通过。这个当时看起来并不起眼的规划（按照我国的城市规划编制体系，其实这个规划并不能算是一个正式的法定规划），不仅结束了北京历史文化保护区仅有名单、没有范围这种"有名无实"的历史，并且成为随即开展的保护区保护规划的试点工作的重要依据和基础。

3. 编制保护区试点规划

图2-6　宋晓龙先生
（图片来源：百度图片）

1999年5～12月，北京市城市规划设计研究院以南、北长街、西华门大街三片历史文化保护区为试点编制了保护规划。据当初试点规划的参与者之一，现任中国中建设计集团有限公司总规划师的宋晓龙向我介绍，该规划的编制过程中对20世纪的几次重要国际会议文件都作了较为深入的研究和借鉴，在此基础上，从研究保护区的历史沿革着手，摸清土地使用性质、现状人口容量、用地构成、建筑质量和建筑风貌状况，在此基础上确定街区性质，探索历史街区保护规划的理论、标准和方法。

西方发达国家（特别是欧洲）非常重视文物建筑的保护，其逐渐积累的保护理念为世界所认同。

1962年，联合国教科文组织大会指出，保护的任务是"保存并在可能的情况下修复无论是自然的或人工的，具有文化或艺术价值，或构成典型自然环境的自然、乡村及城市景观和遗址的任何部分"。

1964年，《威尼斯宪章》指出："历史古迹的概念不仅包括单个建筑物，而且包括能从中找出一种独特的文明，一种有意义的

① 北京市规划委员会．北京市旧城二十五片历史文化保护区保护规划[M].北京：北京燕山出版社，2004.
② 北京市规划委员会．北京市旧城二十五片历史文化保护区保护规划[M].北京：北京燕山出版社，2004.

发展或一个历史事件见证的城市或乡村环境。这不仅适用于伟大的艺术作品，而且亦适用于随时光流逝而获得文化意义的过去一些较为朴实的艺术品”。

1976年，联合国教科文组织大会指出，历史地区“系指包含考古和古生物遗址的任何建筑群、结构和空旷地，它们构成城乡环境中的人类居住地，从考古、建筑、史前史、历史、艺术和社会文化的角度看，其凝聚力和价值已得到认可”。“在这些性质各异的地区中，可特别划分为以下各类：史前遗址、历史城镇、老城区、老村庄、老村落以及相似的古迹群。不言而喻，后者通常应予以精心保存，维持不变。”

1982年，《佛罗伦萨宪章》提出了“历史园林”的保护概念。该宪章将有历史价值的自然山水、树木、地貌等列入了保护范畴。

1987年，《华盛顿宪章》又提出了“保护历史城镇与城区”的概念。强调要保护历史城镇和城区的特征，特别是：用地段和街道说明的城市的形制；建筑物与绿地和空地的关系；用规模、大小、风格、建筑、材料、色彩以及装饰说明的建筑物的外貌（包括内部的和外部的）；该城镇和城区与周围环境的关系（包括自然的和人工的）；长期以来该城镇和城区所获得的各种作用。任何危及上述特性的威胁，都将损害历史城镇和城区的真实性。

西方对保护的认识已经从单体的建筑物发展到整体的环境，从人工构筑物到自然景观，从街区到城市，保护范围越来越广，保护内容越来越丰富，保护的层次也从物理的、现象的向文化的、精神的方面提升发展。这对当时的保护试点方案很有启发。

宋晓龙先生还进一步介绍了“微循环式”保护与更新概念在北京南、北长街街区保护规划试点工作的探索和运用，着重提到了保护的理由和保护的相应方法。

一是作为明清皇城的一部分，南北长街街区反映了昔日皇城的创立、兴盛、衰落的历史过程，这样一部珍贵的“史书”没有理由再遭到破坏。

二是南北长街历史文化保护区保护的内容不仅应该体现国际上关于保护的基本观念、基本精神，而且应将这种“国际意识”进行优化加工移植形成富有中国特色，特别是北京地方特色的保护概念。

具体来说，南北长街街区的保护应体现在三个层次上。一是保护故宫、北海、中南海、天安门广场形成的历史区域的整体景观；二是保护街区、街道、胡同形成的历史空间架构、脉络和肌理；三是保护文物建筑、传统的四合院、有价值的建筑局部等历史信息载体。

三是北京旧城的独特特征是以四合院为细胞，整合而成街坊，再而成城市。因此，在街区保护规划中，应以四合院“院落”为基本保护和更新单位，“院落”相对于街区来说是“微小”的，“微”不足“道”的。“微小”院落的更新，将隐没于“宏大”街区的保护中。

2.1.2　同一战场，两场战役

图 2–7　危改时期的北京
（图片来源：摘录于作者工作资料）

21 世纪初，北京市委、市政府作出了两项对北京旧城将产生重大和深远影响的决策，一是用五年的时间基本完成城区的危旧房改造（2000 年 10 月），以改善京城百姓的居住条件；二是组织编制并实施《25 片保护规划》（2001 年 3 月），以保护和发扬历史传统风貌。

当时，危旧房改造已全面铺开，其规模之大、投入之巨、覆盖之广和速度之快是空前的。同步展开的历史文化名城保护工作，规划编制先行，修缮资金到位，逐步统一认识，措施日趋有力。《25 片保护规划》是在旧城大规模危改的形势下开始编制的，“保”与“拆”两场战役在同一个战场打响了。

由于旧城空间狭小，短兵相接只是个时间问题。

“北京旧城胡同保卫者”华新民在回顾时说：“有一天我突然发现，推土机开到城里来了，从 1994、1995 年开始旧城拆迁开发，到 1997 年就比较明显了。从 1998 年开始，我出于感情，开始为了胡同四处呼告，我目睹了一片片完好的胡同区以城区改造的名义，在一夜之间消失。”她说：“我是一个中国人，我做所有这些事，都是以一个中国人的身份在做的。”在听说一些保存完好的胡同和四合院遭到拆除的时候，她急忙赶到现场，冲着拆迁负责人员大喊：“谁让你们拆的，赶紧叫他们别拆了，快停，停手！”[①]

“欲持一瓢酒，远慰风雨夕。落叶满空山，何处寻行迹。”每每看着推土机在轰鸣中碾过古老的四合院，在静谧的胡同中左冲右突，唐朝诗人韦应物的这首伤怀之作便浮上心头。作为一生致力于找寻城市生命印记的古建筑保护专家，罗哲文的心中一片怅然。[②]

1. 大规模危改如火如荼

根据《人民日报》报道，“2002 年，我国是世界上最大的建筑工地，每年建成的房屋面积高达 16 亿至 20 亿 m^2。超过发达国

① 巫昂．华新民：尖锐的胡同保卫者 [J]. 三联生活周刊 .2002
② 罗哲文．留住历史的记忆 [J]. 北京规划建设，2004(5).

家年建成建筑面积的总和。”工地中也包括旧城。

1）“中国式危改”

由于长期以来受“旧城改造”指导思想的影响，认为旧城中的胡同和老房子迟早都要拆掉，因此没有形成对传统建筑的维修保养机制，危房数量不断攀升，旧城基础设施条件十分落后；居住人口急剧膨胀；在1976年唐山大地震的影响下，私搭乱建“成风”，使得原本悠闲清净的四合院变为一个个混乱拥挤的大杂院，有的甚至成为仅存狭窄过道的“无院”。这造成旧城居民生活条件逐渐恶化，出现了房屋破损、人口稠密、居住拥挤等破败状态。

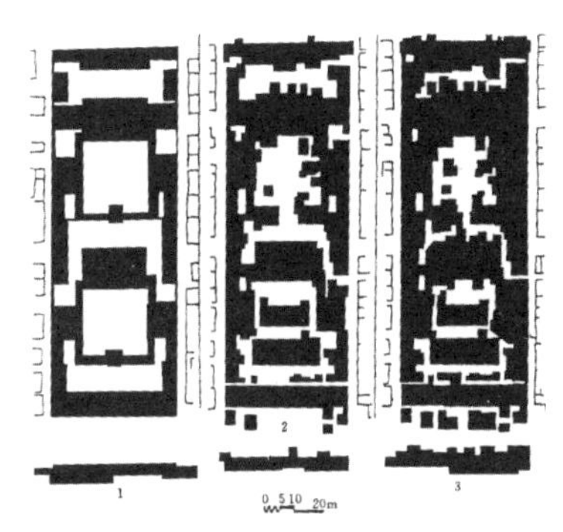

图 2-8 私搭乱建严重
（图片来源：朱嘉广．傅之京图）

图 2-9 私搭乱建严重
（图片来源：摘录于作者工作资料）

北京某四合院的历史变迁：

（1）1950年初，北京某四合院完整，共有建筑面积2440.5m^2；

（2）1970年后期，已经成为大杂院，建筑面积增至3196.5m^2，为50年代初的131%；

（3）1987年后居住面积增至3786.5m^2，为50年代初的155%，几乎是“杂而无院”；

（4）到1990年，危旧房相对集中成片的有202片，占地1900多hm^2，建筑面积约为1000万m^2，居民24万户，人口约92万。[①]

1990年4月，北京市政府发布关于“加快北京市危旧房改造”的决议，提出通过“推平头”的方式，对全市危旧房实行改造，以改善危旧区居民的居住环境和居住条件，疏解危旧区过密的人口。

列入全市第一批改造的危旧房共37片，拆除危旧房约160万m^2，涉及居民5万余户。第一批危改有以下主要特征：从改造对象上看，主要是新中国成立初期建设的简易住房和施工工棚最集中地段，属于真正的危房，是城市中最危旧地区，无任何保留

① 吴良镛．北京旧城居住区的整治途径——城市细胞的有机更新与新四合院的探索[A]// 北京城市规划研究论文集．北京：中国建筑工业出版社，1996.

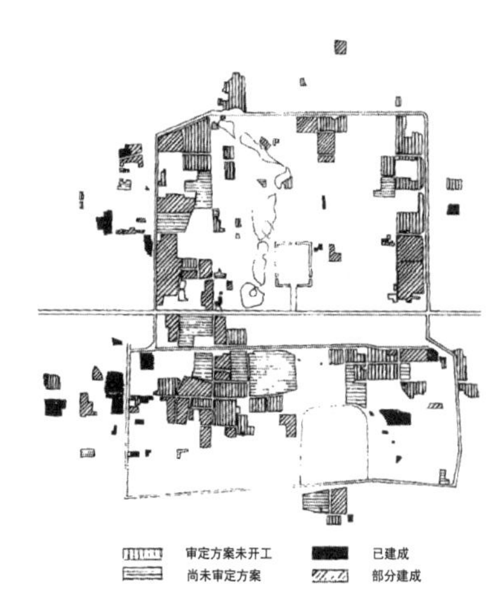

图 2-10　1998 年北京旧城危旧房改造分布示意图
（图片来源：作者．关于北京旧城区大规模危改与古都风貌保护的思考 [J]. 北京规划建设，1998.）

价值；从改造地段上看，绝大部分项目分布在旧城区以外地区，对旧城古都风貌的影响微乎其微；从改造方式上看，由北京市政府主导，委托房地产开发公司采取“统一规划、统一建设、成片改造”的开发建设模式，将地上建筑物推倒重建。这种方法便于管理、节约成本、效率很高，有利于快速改变城市面貌，改善基础设施和居民居住条件；从居民的回迁率上看，大部分危改片的居民回迁率达到 60% 以上，有的达到 90% ～ 100%，在居民中反映良好。

可以说，初期的危改建设开发模式是非常成功的。由此，北京市政府决定加快危旧房改造的步伐，并进一步向各区政府放权，各区政府可以自行立项批准危改计划。此后的十年间，危改伴随着房地产开发而展开，其规模和范围迅速扩大。到 1999 年年底，全市累计开工危旧房改造小区 162 片，竣工 48 片，竣工面积 1211.8 万 m^2；拆迁居民 16.09 万户，安置居民 11.85 万户（其中回迁居民 4.8 万户），拆除危旧房 436 万 m^2，投入危旧房改造资金共计 392.7 亿元。[①] 与第一批危改相比，这一阶段危改产生了不少变化，矛盾也因此而起，而且愈演愈烈。首先，改造对象从全市最危旧的简易房区转向了旧城传统四合院居住区；其次，改造地段从旧城外围向旧城范围以内侵蚀，甚至在什刹海地区、西四北头条至八条等平房四合院保护区也有地块列入危改计划；第三，改造模式仍然套用初期危改经验，以推倒重建为主；第四，土地功能置换，人口大量外迁。旧居住区拆除后，新建商务写字楼（如西城区金融街）、高档公寓及商业楼群（如“西西工程”），居民大量外迁，回迁率急剧下降，有的危改区甚至没有居民回迁，居民的外迁房有离市中心越来越远的趋势。

2000 年，北京市委提出用五年时间基本完成危改的目标，城八区约有 164 片，303 万 m^2 四、五类危房的改造任务，需拆除房屋总量 934 万 m^2，加上过去十年一百余片未完的危改项目，总计需改造危旧房 270 片左右，大规模危旧房改造的步伐进一步加快。

2001 年是“十五”计划第一年，加上申奥成功，使拆除危旧房达到前所未有的状态，全年拆除了危旧房 183.9 万 m^2；2002 年拆除危旧房达到 162.7 万 m^2；2003 年 4 月，北京市政府认真总结了危旧房改造工作，吸纳了专家、学者的意见与建议，在全市落实中央领导有关北京历史名城保护的批示精神，转变了危旧房改造的工作方式。2003 年下半年，市危改办对旧城内 137 片危改进

① 作者．关于北京旧城区大规模危改与古都风貌保护的思考 [J]. 北京规划建设，1998.

行摸底，依据不同情况提出5种解决方式。一是“完成拆迁和已开工的在施项目可继续实施”；二是“尚处于规划论证阶段的项目继续论证”；三是“按保护区模式实施”；四是“无保留院落的项目需规划审定后实施”；五是“有保护院落的项目调整方案后可实施”。但由于“惯性”，2003年当年仍然拆除危旧房129.2万m^2，2004年旧城内危旧房的拆除量减少到50.4万m^2。据北京市测绘研究院2004年的统计资料，1990～2003年，北京共拆除胡同639条（东城区77条，西城区225条，崇文区135条，宣武区202条），是前40年（1949～1989年拆除胡同199条）的3.1倍。另据清华大学人居环境研究中心2004年的统计数字显示，北京旧城62.5km^2之内，传统风貌区12.39km^2，占19.82%；现代风貌区24.19km^2，占38.70%；交通设施用地、绿地15.43km^2，占24.69%；传统与现代混合风貌区10.49km^2，占16.79%。

这一轮危改，从2000年起步，2001年拆迁量触顶，2002年、2003年的拆迁量逐年下降，2004年，国家采取冻结土地市场，限制房地产贷款，清理房地产项目等宏观调控措施，危改落下帷幕。

曾在东城区规划局、西城区规划局工作过的魏科先生对危改很有研究，写过不少文章，提出过不少独到的认识和见解。他对我介绍了对旧城危改的看法：“我有一篇文章写的就是北京的两次大规模危改，第一次是从1990年～1997年，1990年危改开始，然后逐步到高潮，1995年开始国家宏观调控，然后到1997年金融危机这是一个周期。第二次是1998～2005年，1998年经济又拉动起来，从1999年建国五十周年大庆一直到2003年‘非典’爆发，在‘非典’之前对南池子试点争论得比较凶，我当时写到2004年，实际上2004年、2005年相对来说危改程度降下来了。2005年以后，

图2–11　作者采访魏科先生
（图片来源：甄一男2014年拍摄）

金融危机爆发——2008年国家四万亿元投资拉动内需——2009年，这期间又掀起了一个建设高潮。现在从那个高潮又走下来，实际上我觉得它是有规律可循的，这个规律也证明了社会经济发展的一个规律，北京旧城改造都跟经济社会形势上是相辅相成的，经济政策带动了旧城的改造，有起有伏，有高潮有低谷。

我觉得真正大拆迁是在1998年以后，住宅结束了分配，完全商品化了。2000年开始就是旧城大规模的改造拆迁，'你方唱罢我登场'，大家轮流地比赛，谁拆得快，谁拆得多，谁项目上得快，这是北京旧城大规模拆迁的一个高潮。

2000年的时候，政府有一个加快推进危改的通知，要求五年之内完成旧城内的危改。规划实际上被全线突破，我记得基本上是规划高度由30m涨到60m，60m涨到90m，绿地变成建设用地。此后，东二环全线突破，从东直门一直拆到建国门，卫星图片上白花花的一片，等于是2000年开始，东二环五大片全没了，就跟经历了战争的洗礼一样。

然后就是，原崇文区拆崇文大街，西城区拆金融街，原宣武区拆两广路，掀起了热潮，生怕谁落在后面。记得当时印象最深的是，我去找一个老朋友，他住在南竹竿新巷胡同，结果我到那儿找不到他们家，找不到胡同。到他们家以后，听他们家说："这算什么呀，我们自己都找不着家了。"所以我想，完了，这个城市如果都没有了记忆，那就跟一个人失忆是一样的呀！当初走过的那些胡同里，到处是枣树，果实还没有完全成熟呢，然后就被伐倒下，人也匆匆忙忙都走了，到处都是没有搬走扔的东西，各色各样的，看着确实像遭了一场大灾似的。

试点虽然起步良好，从1992年开始，随着房地产开发的迅速升温，北京的危旧房改造工作也进入快速发展阶段，情况发生了很大的改变。追求建设速度和利润回报成为危改的主要目标，建筑风格上很少能顾及与古都风貌的结合，旧城面临前所未有的冲击和破坏。具体表现在以下几个方面：

其一，危改规模逐步扩大，从零散的点、块改造，发展到成街、成片的大规模改造。

其二，危改范围从城区边缘逐步向内城核心地区推进。

其三，危改投资的主体日益多元化，一些外资和合资公司也纷纷加入到危旧房改造的行列。

其四，危改的内容和性质也发生了变化，部分地区已从危旧房改造演变成以商业、酒店、办公设施为主的城区再开发。

其五，开发商追求高回报率，形成高层、高密度的城市景观，严重破坏了古都风貌，并对北京旧城构成巨大威胁。

其六，大量原住户被迫外迁，出现一些新的社会问题。

时任北京市规划委员会副主任的魏成林认为，“一是危改区立项审查不规范，摊子铺得过大；二是危改区容积率过大，环境质量不高；三是危改对原有平房采取‘推光头’的办法，而建成的危改区又与城市传统风貌难以协调”。[①] 实际上，危改的推进并非一帆风顺。2002 年 6 月北京市规划委在《关于如何积极推动历史文化名城保护和危旧房改造工作汇报》中指出，危改推进中存在许多问题：

（1）危旧房改造大多采取大拆大建或推倒重来的方式，破坏了原有街巷格局、院落空间、建筑形式，一部分好四合院和胡同被一并拆除，对北京历史文化名城传统风貌造成了一定的影响。

（2）危旧房改造区居民对拆迁政策尚未达成共识。随着危旧房改造的逐步展开，特别是以开发带危旧房改造的地区，开发单位为追求利润，加大建筑密度，造成新建居住区未能形成良好的居住环境，有的拆迁安置房的质量不高，与房地产开发的高额回报形成强烈反差。同时居民对危旧房改造的期望值也逐步提高，造成拆迁工作阻力加大，取得居民广泛共识困难。

（3）旧城区内人口疏散进展缓慢。《北京城市总体规划》中确定了结合城市建设，逐步疏散中心地区人口的原则。但是，在危旧房改造过程中，由于土地成本高，只有通过增加建设规模，减少单位建筑面积分摊的比例，以平衡资金。因此，各危旧房改造区的人口密度普遍偏大。

（4）旧城的建筑控制高度屡遭突破。除个别危旧房改造区满足控制性详细规划的规定外，大部分规划方案突破了建筑控制高度，致使旧城传统的平缓开阔的城市天际轮廓特征遭到一定程度的破坏。

（5）危旧房改造项目的容积率普遍过高。土地使用强度过大带来城区交通的拥堵和配套服务设施、市政基础设施难以满足需要。

（6）新建筑在设计上对发扬地方传统特色方面缺乏研究，对危旧房改造区内的人口、房屋质量、产权、基础设施条件、居民经济状况等缺乏调查和重视，不能做到逐区域、逐地段、逐院落地进行规划方案设计，制订合理的改造方案，在建筑形式、色彩上缺乏与传统建筑风格的协调和呼应。

（7）旧城区的规划道路红线宽而疏，历史文化保护区的一部

---

① 魏成林．北京的旧城改造与城市传统风貌保护 [J]. 北京规划建设，2000

分用地和一些文物建筑被划入道路红线内，既不利于合理组织城区的交通，也不利于保护旧城的传统城市肌理。

（8）城区危旧房改造与城区外新区开发建设缺乏有效的对接，难以形成相互促进的局面。

虽然城市的传统肌理在大规模的危改中遭受重创，但从另一方面来讲，十年危改的成绩也是有目共睹的。①改善了居民的住房条件；②促进了新区建设；③促进了住房制度改革；④促进了城区基础设施建设和城市功能日益完善；⑤危改过程中始终注意古都风貌的保护。原宣武区区长唐大生认为，“旧城改造的成绩和对经济建设的贡献，一是市政基础设施建设规模大，完成项目多，投资环境得到较大改善；二是危旧房改造和项目开发进展较快，既改善了居住条件，又扩大了发展空间；三是房地产和建筑业蓬勃发展，带动了经济增长”[①]。

2004 年 2 月 29 日，《京华时报》对东城区建内危改小区一期工程建设进行了报道：1084 户居民开始分 12 天办理回迁手续。据了解，这是今年北京市第一个建成的危改小区。昨天上午 9 时，建内危改小区第一批回迁住户开始在金宝街路北一栋大楼内办理回迁手续。第一个拿到房子钥匙的是 20 多岁的朱晓蕊。她是带着现金来办手续的，面对记者的采访，她高兴地说，过去她们一家人挤在十几平方米的小平房内，条件非常艰苦。如今回迁后，一家人将住进一套一百多平方米的三居室。建内危改区南起建国

图 2–12　朱小姐高兴地向记者“炫耀”她的新房钥匙，并说她打算在新房里结婚
（图片来源：徐胤摄.《京华时报》(2004 年 2 月 29 日第 06 版)

1999 年

2005 年

2010 年

图 2–13　东城区建内危改小区一期 1999 年至 2010 年改造城市肌理变化
（图片来源：北京市测绘设计研究院历史航片资料）

① 唐大生．搞好旧城改造，促进经济建设 [J]. 北京规划建设，1999.

门内大街，北到大方家胡同，西起朝阳门南小街，东至东二环路，总占地59.08ha。建内危改小区一期工程于2002年开始建设，涉及2100多户居民的拆迁，此次回迁的居民有1084户，他们将在12天内陆续办理完回迁手续。据有关工作人员介绍，该小区建设过程一波三折。先是在工地上发现了一座明代太监的墓，为了保护文物，使工期受到一定影响，去年又遭遇非典，但在各方面的努力下，小区最终还是如期完工。据了解，建内危改小区的服务标准和物业收费标准都和经济适用房相同。除建内危改小区之外，东二环内还有海运仓危改区、交东危改区项目已经完成，加上正在建设的两个危改项目，它们将使东部内城区居民的住房条件得到大大改善。

2）对于“拆”的不同感受

危改推进呈现出由旧城外围向旧城内部蔓延的趋势。在旧城内仍然沿用旧城外的套路，既不考虑与周围传统空间肌理的协调，也不在意既有社会组织的存在，旧城中一片片高楼旁若无人地拔地而起，似乎无视传统建筑的存在，其实，问题和矛盾就出现在这里。李准老先生曾在他的一篇文章里引用过一位开发单位负责人的话，表达了他们在承担危旧房改建任务时的一种无奈，“北京旧城区现有房屋的建筑密度高、拆迁量大，新建建筑高度又被规划压得很低，控制又严，如果拆迁改造地段遇到需要保护的历史建筑越多、越大，资金平衡就越困难。这些需要保护的历史建筑就像绊脚石一样，它不让你往前走，把好端端的一个工程项目弄得困难重重，迈不开脚步，直到最后拖垮为止”。[①]

而作家洪烛则在《找不着北京》里抒发了另一种情感，面对那些“拆”字，那是一种对逝去建筑的怀念以及在快速建设中深深的失落，“不知道为什么，看见盖再高的新楼，我都无动于衷；而遇上拆老房子，我总有心疼的感觉，跟拔牙似的。拆一座是少一座呀。看见四合院墙上写的‘拆’字，我就开始心疼，我就开始牙疼——有一种被拔牙的恐惧。损失是明显的。看来我是个喜欢怀旧的人。近年来北京究竟拆了多少老房子，我没有统计。我只知道许多街道、胡同、老居民区都改变了面貌。再去看看，如同拜见一位做了整容手术的老朋友，有淡淡的失落。有时候面对那在往事的遗址上屹立起来的立交桥、广告牌或星级饭店，我更像个失忆症患者一样茫然，都认不清路了。对于整座城市而言，也在一部分、一部分地失去自己的记忆，失去记忆的特征和标识，

① 李准．历史·形态·共识——谈北京的历史文化名城的保护与建设[J]．北京规划建设，1998.

图 2–14　危改大幕拉开后的北京旧城
（图片来源：甄一男制作）

最终如同新生婴儿般简单与苍白。”

“用一幢新楼去换一座四合院，用现实来取代历史，很难说值得或不值得。我只是怕看见那个触目惊心的大大的‘拆’字，更担心它会深深地烙印在人类的精神中——不断地制造往事的废墟。若干年后，我们要想重温旧事，只能借助古书或老照片了。所以我尊敬那些抢拍老房子风貌的摄影者，他们在努力使现实和历史合影。他们用虔诚的手势，挽留着古老的风景和已逝的时光。懂得怀旧的人，才可能成为精神上的富翁。”

在老北京人的记忆深处，胡同和四合院并非只是一幢幢普通的宅院和街巷，拆除他们的家园等于在抹去他们的生活记忆。我的同事，北京市测绘设计研究院副院长王继明曾是住在四合院中的“老户”，直至被搬迁，他经历了家园剧变的全过程。我们聊起关于胡同的话题时，他十分感慨，内心感触良多：“北京东城朝内大街（东四）往南到建国门内（东单）北大街，这片地区的胡同纵横交错，形成北京内城东南一隅的胡同群。这片胡同里有明清两代储存京官俸米的禄米仓，有中国‘古音乐活化石’的智化寺，有明代以来开科取士的贡院，还有‘五四’运动火烧的赵家楼。这里不乏赵堂子胡同、朱启钤故居这样的深宅，也有北总布胡同 2 号美国洛克菲勒建造的大院、民国时期的外交部和新中国成立初期的内务部，更有协和医院、王府井商业金街，享誉海内外。但是主要的还是那一条条曲折幽深的胡同和胡同里错落有致的平民小院。

遂安伯胡同，就隐藏在这片胡同的深处。遂安伯胡同明朝属黄华坊，因明朝永乐年间遂安伯陈志居此而得名，胡同位于东单北大街东侧，呈东西走向，西端北折，东起朝阳门南小街，北止西石槽胡同。北京是我的出生地，孩提及青少年时代我就生活在东城区北新桥东四东单附近，因此我对这一片的胡同和街区有着特殊的感情……

北京胡同起源于元朝，是老北京文化的重要组成部分。特别是我青少年生活的这片区域，是老北京居民风貌保存得最完整的地区之一。回想起在胡同居住每时每刻都能感觉到自己被层层名胜古迹包围着，相比起三四环路周围鳞次栉比的高楼大厦，更显曲折幽深、温馨恬静，带着悠远的历史，积淀近代的传统特色和浓郁的文化气息。

宁静清幽的胡同，体味传承了千年老北京的文化，纵横交错的小巷结成了荟萃万千的京城。清晨缓缓来临，沉睡的古老城市在夜幕中渐渐苏醒，在每条胡同进出口都会有一两家早点摊铺，一个茶蛋、一张油饼、一碗炒肝……方便又实惠。在一顿营养早餐的激励下，充实而灿烂的一天就开始了。用过早餐，年轻人纷纷骑车上班了，小学生不用出胡同就到遂安伯小学上学了，爷爷奶奶们送完孙子到附近的幼儿园后，纷纷做着自己的事情，老大爷坐在一张小板凳上，戴着花镜悠闲地看着报纸，退休的大妈们穿着宽松休闲的衣服，拎着菜篮子穿过胡同去买菜。胡同里的菜市不大，就是一家小小的摊铺，类似一家小的超市，小商贩不需要吆喝叫卖，只需要等顾客选好了要买的菜（物品），拿到门口称重收钱即可。居民们不用出胡同，日常生活就可以打理得有滋有味的，一条几百米长的胡同里几乎包含老百姓生活所必需的各

图 2–15　采访同事王继明副院长
（图片来源：甄一男摄于 2014）

类服务机构。特别是我居住的这条胡同，出胡同不远往西经过金鱼胡同就是王府井商业大街，东安市场、百货大楼应有尽有，往北是东四(隆福寺)、人民市场商业圈老字号，小吃繁荣一片。红星、明星、大华、长虹等电影院、吉祥戏院、首都剧场，协和医院、同仁医院近在咫尺，俨然就是一个小社会。胡同深处是无数温暖的家，老北京的四合院天和、地和、人和、气和，不同于大都市高耸入云的高楼大厦，没有电梯就望家生叹，不像繁忙的现代城里人，住了20年都不知道隔壁的邻居姓甚名谁。胡同里欢声笑语，可以一起做饭、吃饭、洗衣、打扫、聊天……胡同和谐、质朴、宁静，没有丝毫嘈杂的市音，清晨可以听到北京站悠扬的钟声，夏时午间，除去蝉鸣和躲在门洞里'拍三角儿'的孩子，整条胡同似乎在沉沉地午睡。傍晚，胡同逐渐热闹起来，杂院的人们饭后陆续出来纳凉，大人们在竹椅上摇着蒲扇谈古论今，小姑娘们伴着悠闲的京胡调门，欢快地跳着皮筋，男孩儿们则追打玩耍，人们把胡同当成是自己的院子，随意而闲散。夜色来临，胡同变归沉寂，只有昏黄的路灯陪伴着熟睡的胡同，等待着新一天的开始。就这样日复一日，胡同和胡同的人们不慌不忙地过着日子。直到2002年石破天惊，随着浩浩荡荡拆迁大军的涌入，'遂安伯胡同'也难成一片净土，轰鸣的机械铲去了整条胡同，变迁为今日的'金宝街'，从此结束了它的安宁。

胡同不仅仅是北京城的脉络和街道，更是百姓生活的场所，它演绎着北京历史的发展，承载着北京文化的变迁，烙下了老北京人的生活印记。可能有人会说，胡同生活方式原始落后，使用公共厕所，住家没有卫生间、洗浴室，小厨房没有燃气管道、冬季没有集中供暖……但住在胡同里的人还是保持着一颗清静淡泊的心。看着城市变迁的潮起潮落，可能有人会说，这种封闭的胡同文化意味着思想保守，意味着行动落后……但是乐观豁达的胡同街坊，淳朴风趣的京腔韵味，宽广的胸怀，平和的自我，街坊邻里间相互照应的情愫，老北京人骨子里的善良正义、嫉恶如仇、从容宽厚的美德和写照，给我烙下独特的印记，我时常问自己古都风貌到底是什么？答案是：不浮躁、不功利、不媚俗，雍容而不华贵，小家而非碧玉，文化深厚而不张扬，韵味悠长而不庸俗。这也许就是我们这座城市固有的魂，也是北京胡同的魅力所在吧！"

规划专家的观点则又是另一种角度，"北京旧城的空间形态是低矮、平缓、开阔，当然也有高低错落，如故宫、城门、景山、白塔、寺庙等，是很有节奏和规律的。而以房地产开发为主的危房改造出于资金上的考虑，容积率不断提高，建筑高度和密度逐

图 2–16　夷为平地的旧城
（图片来源：作者 2006 年摄于北京）

渐加大，无疑对旧城的空间形态产生了很大的影响和破坏。其次是对胡同体系、历史城市的肌理和文脉的破坏。‘推平头’式的改造方式将大量房屋拆除的同时，也使自元代以来北京几千条胡同所形成的胡同体系逐渐消失；单体建筑很少有能体现旧城特征的作品；建筑色彩混乱，缺乏与传统色彩有内在联系的色彩基调”。[①] 由于实行危改与房地产开发相结合的策略，“资金平衡”成为推进项目的决定性因素，开发企业为追求经济利益的高回报，最简单直接的做法就是采取“人迁光、房拆光、树砍光、地分光”的“四光原则”，实现“居住人口密度高、建筑高度高、建筑密度高、建筑容积率高”的“四高指标”。因此，建设方案中极少考虑新建建筑与现状相协调的因素和对历史环境的保护，“推光头”式危改大行其道，严重损害了古都的风貌。这种在旧城里不顾历史与现状环境的简单粗暴式开发方式被我在一篇文章中里为“把孩子连同洗澡水一同泼掉了”。[②] 其结果不言而喻，“历史风貌荡然无存，少数国家级文物保护单位也成了现代建筑海洋中的孤岛而痛失其历史原真性和环境的整体性。”[③]

“北京这座历史文化名城现正处于岌岌可危的态势，如不及时抢救，即将毁于旦夕，千古罪人之名必将加在我们这辈人的头上。这绝非耸人听闻之词，而是摆在我们面前的现实。对于这个

① 柯焕章．积极慎重稳步推进旧城危改 [J]. 北京规划建设，2003.
② 作者．关于北京旧城区大规模危改与古都风貌保护的思考 [Z]，1998.
③ 仇保兴．在城市建设中容易发生的八种错误倾向 [N]. 中国建设报，2005.

长期争论但却具有根本性的问题，再也不能仍然采取我行我素、听之任之的态度了，否则必将给国家和人民带来重大损失”。[①]

“可是近年来，随着房地产开发业的发展，以建设写字楼、办公楼出租或出售的项目越来越多，规模也越来越大，在城区交通已过于拥挤、经常堵塞的情况下，大量写字楼仍建在城内，加重了已经难以承受的负担，这样做对城市的发展是非常不利的。如果这样继续发展下去，必将重蹈国外大城市失败的覆辙，‘城市病’将严重泛滥，北京历史文化名城将被‘扼杀’”。[②]

大拆大建也引起了国际人士的关注，《人民日报》2002 年 4 月 2 日的一篇《留恋老北京》，讲述了瑞典前驻华大使对北京旧城危改的看法，表达了这个“过来人”的惋惜之情：“20 世纪六七十年代，欧洲在城建方面犯过大错。我的故乡瑞典首都斯德哥尔摩就是这样。把成片 17、18 世纪的老房子纷纷拆除，盖上高高的写字楼、购物中心、停车场、宽街新路。现在 90% 的斯德哥尔摩人认为这样干是大错特错，原来是老房子的地方现在都冷冷清清，了无生气。多亏当时还有一些热血之士大声疾呼，大力抗议，结果城中一块历史较为悠久的地区幸免现代化，保存了下来。这个地区就是现在的老城，此区多为 17、18 世纪的建筑，有些甚至是 14 世纪的建筑。20 世纪 40 年代，老城还是破屋陋巷，到处是人，拥挤得很，有头有脸的人根本不到那儿安居。里面的人天天盼着装暖气，安下水。换言之，当时那儿的情形跟眼下北京的情形像极了。位是现在斯德哥尔摩的老城已进行过改造，门面外表原封未动，内部加以装修，全部配备暖气、洗澡间、厨房等。对古代大师的建筑之道，从事古建修复工作的专家们要学，要懂，要品味，要尊重。今日老城已是斯德哥尔摩品位最高的居住区。部分老城地区为步行区，机动车只允许于上午 5 点至 11 点期间行驶。老城满是餐馆、办事处、艺术馆、小买卖，有许多地方每日还需上货，但考虑周密合理，故一切井井有条。老城现在是斯德哥尔摩人气较旺的旅游点，可见尚古还能赚钱。”

3）建什么与怎么建?

一张白纸上容易画出最新最美的图画，“推光头”式的危改在旧城中开辟出一块又一块的空地，就像一张张“白纸”，然而，开发商主导的建设究竟画出什么样的图画呢?

1988 年，北京市政府谨慎开始危旧房改造的试点工作，探索解决市民住房历史欠账问题的市场途径。最初选定了东城区菊儿

---

① 李准．历史·形态·共识——谈北京的历史文化名城的保护与建设 [J]. 北京规划建设，1998

② 李准．历史名城整体保护论 [J]. 北京规划建设，1996.

胡同、西城区小后仓、原宣武区东南园三片危旧房区作为改造试点，为推行大规模的危旧房改造摸索经验。

1988 年 8 月通过了小后仓改造方案，小后仓位于旧城边界内侧的西北角，位置十分扎眼，从西北二环经过时可以看到，改造后的建筑形式对旧城整体风貌是有影响的。设计者尽最大可能保留了原有街巷结构及 39 棵树木，沿胡同用矮墙和门楼串联，新建 9 栋 3 ～ 5 层的坡屋顶住宅，原有 298 户居民回迁，一栋公共建筑出售给福州会馆用于平衡改造资金。方案在居民回迁、资金平衡和维系老北京胡同的肌理特征之间寻求平衡。

据对旧城传统文化一向情有独钟的魏科先生向我介绍："这些年，大家都非常关注旧城，我们曾思考这些年的旧城危改，思考它的整个发展脉络，一般人们愿意从 1990 年说起，即北京危改是从 1990 年开始，但是在此之前，还曾开展过试点，我记得在全市共有四个，东城区是菊儿胡同，西城区是小后仓，原宣武区是在长椿街附近有一个，还有一个在原崇文区。其中有三个我都去看过，应该说做得最好的是菊儿胡同，原崇文区的需要再核

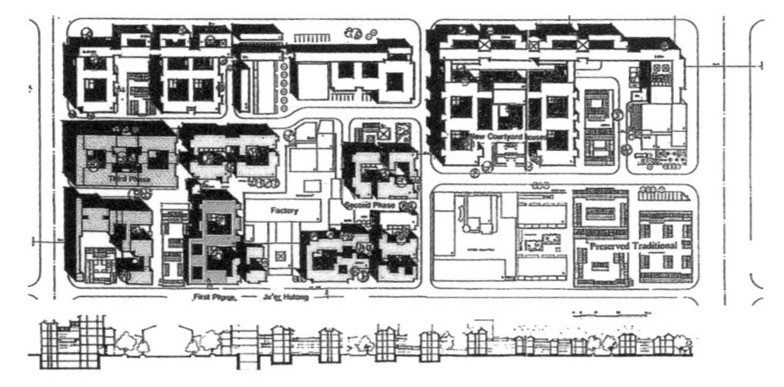

图 2–17　菊儿胡同 平面分布图
（图片来源：左川、郑光中，《北京城市规划研究论文集（1946 ～ 1996）》，中国建筑工业出版社，1996.）

图 2–18　改造后的菊儿胡同
（图片来源：甄一男 2013 年拍摄）

实一下，是夭折了还是最后完成了，我没有看到。

菊儿胡同的房子高度不高，是合院式的，升值很快。2004 年我去菊儿胡同采访，听说菊儿胡同的房子出一个卖一个。据中介讲，当时已经没有房子卖了。菊儿胡同外国人特别多，他们特别喜欢住在那个地方，因为这些老外都有中国情结，不是在中国工作，就是在中国念书，还有外国家庭都在那儿。他们没有车，就骑自行车，或者出去打车，或者坐公交，虽然胡同相对来说停车位很少，但是那里的住户，我觉得他们感觉还是非常好的。”

1989 年 10 月，菊儿胡同一期破土动工，拆除 41 号等 7 个自然院落，危房 64 间，面积 1085m^2。新建住宅 46 套，建筑面积 2760m^2。13 户回迁，其他住宅作为商品房出售以平衡改造资金。设计采用传统院落布局，在 9m 的建筑控高内，以两到三层建筑为主体，坡屋顶高低错落有致，院内保留了大树，环境协调、舒适，适于居住。方案汲取了传统四合院的建筑元素，强调建筑对周边环境的整体适应性。危改初期菊儿胡同进行的“合院式”建筑形式探讨，结合传统建筑元素风格，强调新建筑对周边传统环境肌理的整体适应性，引进新的建造技术，利用新型材料，并保持胡同四合院的风格、材质及肌理，与旧城传统风貌一脉相承。

1993 年，“菊儿胡同”荣获了世界人居大奖，各界人士谈对菊儿胡同的第一印象时用了如下一些关键词：“好的尺度”；“有人情味”；“感到温暖”；“是东方的，并且是中国的”；“有地方色彩，但又是新的”；“感到幽静、安全”；“院中老树很有情趣”。这些第一印象的评价可以理解为，它比一般的居住建筑更有文化内涵，它抓住了具有中国情趣的居住环境的精神。

除了菊儿胡同以外，后来对王府井教堂前广场的城市空间改造也被认为是个十分成功的案例，据魏科先生介绍，“王府井本身也是大规模改造的产物，但是我们在战术层面上做了一些复兴的工作。我有一篇‘北京商业街的复兴——王府井’的文章，举的便是王府井的例子。我们做的王府井二期，那个教堂前面的空间，大家也比较接受。我认为，一项工作的成功与失败，要看这个场所有没有人来参与。正好有王府井那个教堂，当时我们看的时候，就是要打开，让街道舒缓一下。当时我提出，因为有高差是难得的，高差不能动，这个门不能拆，还有原来在那儿的四棵树不能动，其他的建筑师可以发挥。我说完以后，人家说：你恰恰做了规划师该做的事儿，其他的工作交给建筑师都做得很好，唯一遗憾就是，那座门为了交通还是往东移了，所以这个门并不是原来的那个。原来的门那里有一个坡，上去的人会在那儿扶一下墙，所以墙都是油黑油亮的，被摸得坑坑洼洼，当时我觉得那个感觉好，他们没告诉我，偷偷的给拆了，所以我觉得特别遗憾。

这个教堂真的非常吸引人。原来，这教堂对面是一家婚纱摄影店，是两个台湾小伙子开的，没有拆的时候，这两个小伙子就跟教堂合作拍婚纱。我们改造完了，仍然保留了教堂对面的一个婚纱摄影点，这样新娘子穿着婚纱在这儿拍照，这儿也成了王府井的一景，到现在有好多拍婚纱的人都去教堂那儿拍，而且还有晚上在教堂广场上跳舞，还有滑旱冰的，不同的人在那儿满足不同的需求。我说，在那儿每天每时每刻都在上演着人间喜剧。其实我们就是提供了一个场所，创造这种积极的城市空间。”

“我们后来作了一些小的尝试，比如在危改区，在保护区，一方面是大众改造，一方面是小规模的有机更新。比如南河沿、沙滩、北池子。主要是尝试怎么能够利用原有的居民房，已经是危房了，需要改建，但是居民有具体的生活困难，我们就利用房顶做一个夹层，来解决他们的居住空间问题，实际上居民包括企业自己也有积极性，非常投入地进行更新。我在南池子做了一个五号院，他们做完了以后，还在里面拍电影，当时效果还是非常好的。后来东郊口还拆了一片，最后胡同盖成回迁房了，从品质、质量看都不是很好。在城市核心，我觉得确实不应该有这种事发生，但是没办法，历史就是这样，它就发生了。

其实我认为旧城不一定非得走大规模改造，小规模的改造，实现自我更新，实际上是完全能够做得到的，而且能够拉动单位和个人的积极性。我想，如果通过这种有机的改善，把每一个细胞激活，旧城能够可持续。虽然政府在推动大规模改造，实际上我们也在自发作一些尝试，做一些力所能及的改善工作。

因为当时我在分局，我有审批权，在那个岗位我有这个意识，而且我做的审批也是成功的。我是老北京人，住在胡同里，我在四合院出生，四合院长大，30岁之后才搬出四合院，所以非常了解四合院。”

遗憾的是这些有益的尝试由于纯属负责人喜欢老房子用心投入的“人为因素”获得成功，缺乏机制的保障而未能形成固定的开发范式和开发标准，随着人员的更迭，这样的经验就可能失传。由于经济回报率远低于那些“行列式”的危改方案，菊儿胡同这种“合院式”的探索和王府井教堂注重城市空间的营造的尝试也只是昙花一现，没有在危改中得到推广。从建筑形式上看，新建房多为现代主义的“兵营式”、“行列式”的排排房。危改起始的年代正值打开国门、思想解放的时代，与“现代主义”的输入几乎同步，柯布西耶的设计思想中具有强烈的社会主义色彩，与发

图 2–19　建设中的“行列式”危改小区
（图片来源：作者 1997 年摄于北京）

图 2–20　“行列式”危改小区外景
（图片来源：作者 1997 年摄于北京）

图 2–21　“行列式”危改小区形成新的空间形态
（图片来源：作者 1997 年摄于北京）

1996 年影像

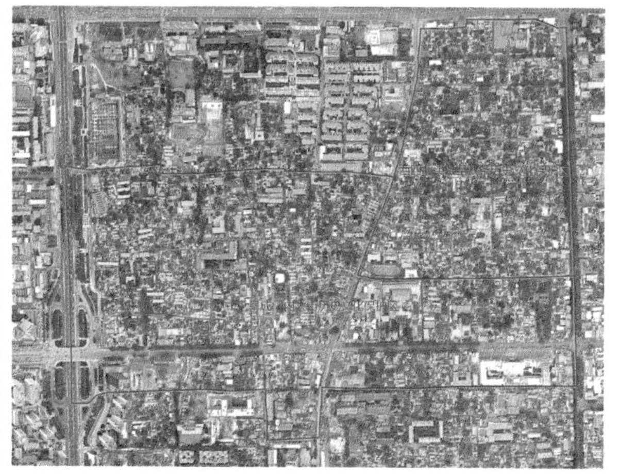

2002 年影像

图 2–22　保护区内外有别
（图片来源：北京市测绘设计研究院）

展中国家的设计情结和社会情绪很容易沟通；其方案中的低成本预算对发展中国家具有很大的吸引力；其方案适合批量建设，符合发展中国家快速改变落后状况的需求。于是，“现代主义”在危改中风行一时，从此以后，城市中“方盒子”满天飞，开始了“千城一面”的造城运动。

通过 1996 年与 2002 年阜成门内大街和西四北头到八条两个历史文化保护区的影像对比可以看到，在保护区内部建筑高度控制十分到位，城市肌理保持稳定；保护区外的高层建筑数量明显增多，保护区内外反差很大。

拆除了老房子，新建的房屋质量和设计标准也不尽如人意。魏科先生介绍，“我 2002 年到西城区规划局任职以后，去过小后仓，当时老百姓就问我什么时候搬迁，其实也就是十年前刚刚改造完，可已经不行了。其实当时设计师费了不少精力保留了胡同的基底，以及对树作了很好的保护。这个在当时还是可以的，就事后看标准相对较低。小后仓采取了百分之百的回迁，所以它房子盖得比较高，户型标准也比较低，密度也比较大。都是楼，虽然保持了胡同格局，可四合院格局没有保留，拆除了原来的四合院，改建了五、六层的楼房”当初危旧房改建之时，时任原宣武区区长的唐大生就曾提出过他的担心，一是一些小区规划、设计、建设的标准偏低，“两高”、“两低”的情况比较普遍，“两高”即容积率较高（一般在 3 ～ 4），回迁率较高（一般在 80% 左右），“两低”即配套指标落实率低，住宅的施工质量低；二是大部分拆迁区属商业网点的赔建和补偿协议得不到落实，引起被拆迁单位的不满；三是在北京房地产和建筑市场的发展过程中，企业“供”

图 2–23 “行列式”危改小区形成新的空间形态
（图片来源：作者 2012 年摄于北京）

图 2–24　有些建成的危改小区已经演变成新的危房
（图片来源：作者 2014 年摄于北京）

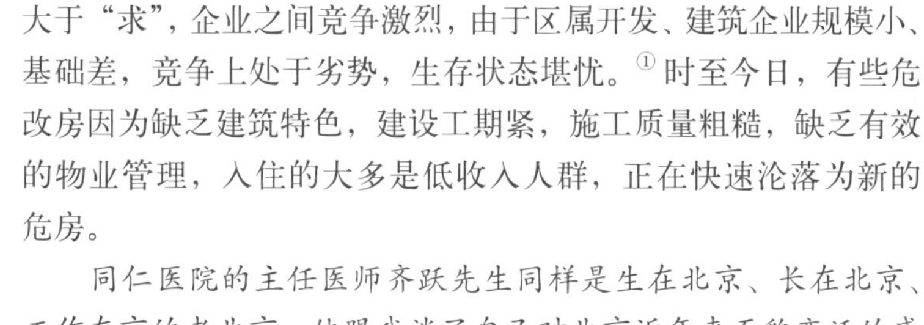

大于“求”，企业之间竞争激烈，由于区属开发、建筑企业规模小、基础差，竞争上处于劣势，生存状态堪忧。[①] 时至今日，有些危改房因为缺乏建筑特色，建设工期紧，施工质量粗糙，缺乏有效的物业管理，入住的大多是低收入人群，正在快速沦落为新的危房。

图 2–25　齐跃先生
（图片来源：由齐跃先生本人提供）

同仁医院的主任医师齐跃先生同样是生在北京、长在北京、工作在京的老北京，他跟我谈了自己对北京近年来面貌变迁的感受，“我打小在前三门西河沿儿长大，小时候的记忆感觉特别好，因为那时候天空特别的蓝天白云，邻里关系特别融洽，我常常去大栅栏儿，对那儿有两样东西印象特别深，一个是对浴池印象很深，两毛六一张票，当时可不便宜，还有一个醉仙居，专门卖炒肝儿什么的，现在搬到台湾街了，味儿还是挺正。”他还说，“王府井大街也是我以前爱去的地儿，那儿是北京最早的商业街，据说建于元代，有 700 多年的建街史，100 多年的商业发展史。但是从 1993 年起，先后进行了两次大规模的建设开发，800 来米长的大街上，新建改建了不少商业建筑，新东安市场、百货大楼、工美大楼、女子百货、东方广场一个接一个，我不是反对改建、新建，但许多建筑经这么一折腾，老北京味儿荡然无存。记得新东安市场改建之前叫东风市场，和百货大楼斜对过儿，是个一层的像火车站似的建筑，我父亲曾经在那儿摆过摊儿，把自己做的一些小产品拿到那儿去卖，所以我对那儿的感情特别深。后来引进了香港大亨投资改建后变成了香港味儿的，虽然‘硬件儿’上去了，现代了，我却很少再去了，因为再也找不到往日老北京那

① 唐大生．搞好旧城改造，促进经济建设 [J]. 北京规划建设，1999.

种厚重的历史气息，变味儿了。”他还进一步指出，“对于北京城市外表特征的变化我认为有利有弊，但对于这座城市内在的变化我觉得是弊大于利，很多北京特有的东西，包括北京人那种内在的邻里间的人情关怀都没了，这些内在的变化已经使这座城市面目全非了，变化最大的不是外表而是内心。举个例子，我们今天在飞机上看不见北京，是因为雾霾，可是从飞机上下来还是看不见北京，因为北京和别的任何一个现代化都市变得越来越一样，看不出区别来了。我们现代化了，但不能不要历史，我们这个城市不能只有故宫长城几个点，今天北京已经比不上巴黎、伦敦那样的城市拥有属于自己的历史文化底蕴，特色分明，这是非常遗憾的事情。”

北京城内的建筑承载着北京的文化，老北京的建筑是这座城市的骨肉，老北京的文化、地道的老北京人则是这座城市的灵魂，文化要通过人来传播与传承。然而，早在21世纪初，政府和公众还没有这样的认识，普遍追求城市“旧貌换新颜”的辉煌成就，并且沉浸在城市沧桑巨变所带来的巨大利益的洋洋自得之中。危改一次性地解决了居住问题，生活在旧城的居民被迫迁至远郊，获取简单的土地级差价格，而政府则用卖地的钱进行城市基础设施建设，拆除胡同，修建大马路，这种土地置换和人口迁移的过程渐渐使老北京的“精气神”荡然无存。

2. 旧城保护循序渐进

当危改在旧城逐步蔓延时，2000年，市政府委托市规划委开始组织编制《25片保护规划》，打响了同一战场的另一场战役。

但是，相对于危改的浩大声势，保护的这场战役相对弱势：危改中，地方政府、开发商和居民都从拆城中获益，并积累了经验，因此利益驱使危改规模像“滚雪球一样越滚越大”，难以控制；而在保护方面，仅仅开始研究规划的方案，尚处在谋划作战图的阶段，这边在坐而论道、纸上谈兵之时，“那边的战火”不知又消灭了多少胡同四合院。因此，保护旧城实际上是抢救性的保护，不仅时间紧迫，而且阻力大，需要做大量的解释说服工作，所以保护在艰难中推进。

有人说，保护旧城和收藏古董一样，是个富人才能玩得起的游戏。21世纪初的北京，人均GDP才三千美元，还处在原始积累时期，市场经济方兴未艾，要动员地方政府放弃利益，转而投资“保护那些破烂”，其难度可想而知。但难得的是，在北京市委市政府的支持下，保护规划的编制工作赢得了“开门红”。

1）保护的原则

《北京旧城25片历史文化保护区保护和控制范围规划》中将历史文化保护区分成核心保护区和建设控制区两部分，其中核心保护区内的建筑以及格局必须保证其完整性，并且要求原汁原味地加以保护；而建设控制区内，可以按照保护要求进行新建或改建。

在核心保护区，一是坚持“保护整体风貌”的原则；二是坚持“保护街区的历史真实性，保存历史遗存和原貌”的原则，“历史遗存”即指文物建筑、传统四合院和其他有价值的历史建筑及建筑构件；三是坚持对新建建筑采取“微循环式”的改造模式，循序渐进、逐步改善的原则；四是坚持积极改善环境质量及基础设施条件，提高居民生活质量的原则；五是坚持积极鼓励公众参与的原则。

在建设控制区，整治与控制的原则是，新建或改建建筑要与重点保护区的整体风貌相协调，不对重点保护区的环境及视觉景观产生不利影响；要严格控制各地块的用地性质、建筑高度、体量、建筑形式和色彩、容积率、绿地率等；避免简单生硬地大拆大建，要注意保存和保护有价值的历史建筑、传统街巷、胡同肌理和古树名木；注意历史文脉的延续性。

值得说明的是，保护规划编制的初期，由于各方在认识上、利益上存在差异和分歧，所以保护规划的内容在编制过程中作了一些妥协及让步。在保护区内设置核心保护区和建设控制区就体现了这种妥协和让步，核心保护区内坚持应保尽保，而建设控制区内仅要求保留格局。这样，保护规划才能得以实施和推进。在保护规划编制的后期，对建设控制区内的改建项目审批才开始逐步严格起来。

2）保护的方法

以院落为单位进行现状资料调查和规划编制。院落单位以现状基层管理的门牌编号及其范围为基本依据，综合考虑院落的行政区划、产权所属、历史形成、自然边界、院落的完整、出口位置等因素，这样有利于保护对象的甄别和分类。另外，建筑价值和原真性的判断、建筑建造年代的甄别、建筑质量的分类等，则是判断建筑物能否列入保护名单的必要步骤。《25片保护规划》共划分了15178个院落单位，其中现状保存较完好的院落有5456个，占总院落数的36%。

街区的历史价值、文化价值、科学价值和建筑的质量及保存状况是保护的考量条件。根据现状调查结果，按照建筑的价值及

文物类

保护类

改善类

保留类

更新类

沿街整饬类

图 2–26　保护区建筑分类示意图
（图片来源：北京市城市规划设计研究院，首尔市政开发研究院．北京、首尔、东京历史文化遗产保护 [M]. 北京：中国建筑工业出版社，2008）

质量分成了文物类、保护类、保留类、拆除类和沿街整饬类。文物类和保护类是重点保护的对象；对“假古董”进行“保留”而非“保护”；在保护区的视域范围内，提出拆除破坏传统天际线的超高建筑；“沿街整饬”则强调保持沿街立面的连续性及整体风貌的视觉效果；此外，强调改善市政基础设施对于保护的极端重要性。

3）保护的内容

25 片历史文化保护区总占地面积为 1038hm^2，约占旧城总用地的 17%。其中重点保护区占地面积 649hm^2，建设控制区占地面积 389hm^2。加上已由北京市政府批准的旧城内 200 多项各级文物保护单位的保护范围及其建设控制地带，保护与控制地区总占地面积达 2383hm^2，约占旧城总用地的 38%。

北京旧城 25 片历史文化保护区中有 14 片分布在旧皇城区内。南北长街、西华门大街、南北池子、东华门大街、景山东西后街、地安门内大街现已演变为以传统居住形态为主的街区；文津街、景山前街、五四大街是旧城内重要的传统文化街；陟山门街是连接北海、景山的一条具有特色的小街。这些历史文化保护区是旧皇城传统风貌的重要组成部分，街区内或街的两侧分布着一些著名文物古迹和历史遗存，保留着大量四合院住宅，成为故宫、中南海、北海、景山的重要“背景”。

另有 7 片分布在旧皇城外的内城。西四北头条至八条、东四北三条至八条、南锣鼓巷地区建于元代，是胡同系统保留最为完整的传统居住区；什刹海地区是北京旧城内融水面风光与民俗文

图 2-27　旧城灰砖绿树的传统风貌
（图片来源：秦岭 2011 年拍摄的刘墉故居）

化于一体，富有传统风景和民居的地区；国子监地区是以国子监、孔庙、雍和宫等重要文物和寺庙建筑为中心，以传统四合院为衬托的街区；阜成门内大街一直为重要的交通干道，沿街寺庙众多；东交民巷是 1900 年以后西方列强的使馆区。

还有 4 片分布在外城。大栅栏、鲜鱼口地区是北京著名的传统商业街区，鲜鱼口街东的草厂三条至九条有北京旧城中密集的南北走向胡同，是传统居住区；东、西琉璃厂是保留传统风貌的商业文化街①。

从保护区的分布可见，位于皇城的保护区数量最多，分布最集中；内城的保护区数量居中，但布局较为分散；外城的保护区数量最少，主要集中在前门两侧。25 片保护区的总建筑规模约 613 万 m^2，其中建筑较好的占 42% 左右，大多位于皇城和内城；质量差的建筑占 17% 左右，大多分布在外城。也就是说，旧城内传统城市空间肌理保存状况最好的是皇城，内城次之，外城最差。

在遴选 25 片历史文化保护区时首先纳入那些风貌保存最为完整、历史文化遗存最为集中的区域和地段，所以实际上，25 片历史文化保护区体现了旧城的精华。

4）“开放式”的规划组织编制方式

2000 年 1 月，北京市规划委员会组织编制了《25 片保护规划》；2001 年 3 月 8 日，经市长专题会讨论通过；5 月，通过首都规划

① 北京市规划委员会．北京旧城二十五片历史文化保护区保护规划 [M]. 北京：北京燕山出版社，2004.

图 2-28　时任北京市规划委员会副主任的黄艳女士在向专家汇报《25 片保护规划》的编制进展情况
（图片来源：作者工作资料）

建设委员会全会审议；2002 年 2 月 1 日，获得北京市人民政府正式批复并组织实施。《25 片保护规划》之所以高效完成规划编制任务，是因为采用了“开放式”的规划编制组织方式，具体体现在以下几个方面：

一是开放式的规划编制。由于《25 片保护规划》工作量非常大，必须全面铺开，同时进行，所以对北京历史文化保护区的保护规划进行了按片分工，选取了在京的中国城市规划设计研究院、北京市城市规划设计研究院、清华大学等 12 家具有规划或建筑甲级资质的设计单位、高等院校，将 25 片历史文化保护区分成 15 个单元请各个参与编制的单位分别承担。

北京市 25 片历史文化保护区保护规划编制工作分工：

① 中国城市规划设计研究院：景山东街、景山西街、景山前街、景山后街、陟山门、地安门内大街、文津街、五四大街；② 北京市城市规划设计研究院：西四北头条至八条、南长街、北长街、西华门；③ 清华大学：什刹海、南锣鼓巷、国子监；④ 北京建筑工程学院：大栅栏；⑤ 北京工业大学：北池子；⑥ 中国建筑技术研究院历史研究所：东琉璃厂街；⑦ 中国建筑科学研究院建筑设计院：西琉璃厂街；⑧ 北京市建筑设计研究院：南池子、东华门大街；⑨ 建设部设计院：东交民巷；⑩ 机械工业部建筑设计院：东四北三条至八条；⑪ 北京中联环建文建筑设计有限公司：鲜鱼口；⑫ 中国科学院北京建筑设计研究院：阜内大街。

图 2-29　时任北京市副市长的汪光焘出席北京市二十五片历史文化名城保护规划方案专家评审会，并向专家介绍北京市旧城保护情况
（图片来源：作者工作资料）

二是开放式的现状调查。北京市规划委员会向原东城、原西城、原崇文、原宣武区政府发《关于请支持配合 25 片历史文化保护区保护规划现状调查工作的函》，四区分别成立“保护规划现状调查协调小组”，组织区规划、房地、文物、公安分局、派出所、街道办事处、居委会等部门，由各区规划部门牵头，做好各片保护区的入户调查及相关现状调查工作。

三是开放式的专家团队。建立“历史文化名城保护专家库”，邀请来自不同专业、不同单位、不同职务的专家学者及领导全过程指导和把关；召开“二十五片历史文化保护区保护规划方案专家评议会”，20 位专家对参编单位编制的保护规划逐一评议，全过程参与并严格把关。

二十五片历史文化保护区保护规划方案专家组名单

组长：吴良镛（两院院士、清华大学教授）；副组长：周干峙（两院院士）、王景慧（中国城市规划设计研究院总工）、李准（原北京市规划局顾问总工）；成员：宣祥鎏（首都规划委员会原副主任）、单霁翔（北京市规划委员会主任）、梅宁华（北京市文物局局长）、柯焕章（北京市城市规划设计研究院院长）、魏成林（北京市规划委员会副主任）、黄艳（北京市规划委员会副主任）、邱跃（北京市规划委员会委员）、朱嘉广（北京市城市规划设计研究院副院长）、孔繁峙（北京市文物局副局长）、范耀邦（北京市城市规划设计研究院副总工程师）、王建平（中国城市规划设计研究院顾问总工）、汪志明（中国城市规划设计研究院副总工）、朱自煊（清华大学建筑学院教授）、阮仪三（同济大学教授）、王世仁（北京市文物局研究员）、全永鑫（北京市城市规划设计研究院副院长）。

图 2–30　北京市二十五片历史文化名城保护规划专家评审会
（图片来源：作者工作资料）

图 2–31　北京市二十五片历史文化名城保护规划专家
（图片来源：作者工作资料）

四是开放式的工作小组。吸收北京市规划委员会各相关处室和北京市政府相关委办局的专业人员加入规划工作小组。首先，开展联合审查。面向北京市规划委员会各相关处室，充分了解名城保护与危改现状，控制保护区范围内建设项目的推进节奏，召开专题会，协调解决“旧城区的道路红线和市政基础设施规划与保护区保护的矛盾”两大难题，减少危改及一些基础设施的专项规划对保护的不利影响。其次，推动联动审批。面向北京市园林局和北京市文物局等相关委办局，掌握古树名木和文物保护单位的现状情况，做好规划与园林绿化、文保单位及其建控地带之间的衔接，并在规划中提出专项保护要求。第三，坚持编审同步。为了提高效率，创造性地将规划方案审查适当前置，同规划审批进度协调一致，同步进行。吸纳各规划参编单位的骨干力量进入规划工作小组，通过预审、会审，统一认识并研究处理难点问题。

二十五片历史文化保护区保护规划工作小组

组长：黄艳（北京市规划委员会副主任）；副组长：温宗勇（北京市规划委员会规划处副处长）、杜立群（北京市城市规划设计研究院副总规划师）；成员：周小洁（北京市规划委员会规划处）、郭援（北京市规划委员会城区处副处长）、刘荣华（北京市规划委员会市政处）、宋晓龙（北京市城市规划设计研究院详规所）、潘一玲（北京市城市规划设计研究院市政所副所长）、李先（北京市城市规划设计研究院交通所）、黄威（北京市文物局）、邱贻民（北京市园林局）、张广汉（中国城市规划设计研究院历史所高工）、张杰（清华大学副教授）。

五是开放式的公众参与。一方面，邀请媒体，主动宣传。改变此前“闭门造车”式的常规规划编制方式，编制工作过程中，与报纸、广播电台、电视台等媒体合作，在《北京晨报》、《北京日报》设置宣传专栏，并利用《北京青年报》“城市空间”栏目，介绍历史文化保护区保护规划所遵循的原则、编制工作的特点，开辟了“专家谈保护”、“市民与政府”等专版，刊载各片保护区规划的原则、目的和措施等。另一方面，通过媒体，建立与公众沟

北京旧城改造政府请百姓支招

简蓉

如果你家住在二环以内的旧城区，如果你家的胡同经常有人来参观、拍照，如果你家已经划入了北京25片历史文化保护区，那你家的老房子可能不会再像琉璃厂、大栅栏那样靠大拆大建来使旧貌换新颜了。用什么方式规划改造，市政府要请市民来出谋划策。

如何既保护北京富含历史气息的古都风貌，又能让北京跟上现代化大都市的步伐？如何既留住北京旧城的文化遗产，又能让住在里面的市民生活条件得到改善？这道世界性的难题怎么解答，从今天开始至10月底，市规划委在制定旧城25片历史文化保护区的规划之前，要听听来自公众的意见和建议。

不论您是家住25片旧城还是对老北京深怀感情，不论您是一个普通市民还是历史、建筑、文物、规划专家，都不妨对北京的旧城保护献计献策。打个电话也好，写封长信也好，政府都想听到您的声音、您的观点。只要言之有理，言之有据，您的建议将被用于北京市的旧城保护规划中。 25片旧城历史文化保护区保护规划建议”电话：市规划委规划处：6802532768026709

来信请寄：西城区南礼士路60号市规划委规划处收 邮编：100045

《北京青年报》 2000年09月14日

图 2–32 《北京青年报》关于旧城改造的报道
（图片来源：北京旧城改造政府请百姓支招 [N]. 北京青年报，2000.）

通的桥梁。向社会公布了“为旧城25片历史文化保护区保护规划提建议”的热线电话、信箱地址，请各界人士献计献策，吸纳他们的意见和建议，使规划编制有的放矢。第三是意见的采纳与反馈。地址和电话公布后，收到数百封群众信件，热线电话持续不断。北京市规划委员会规划处负责将公众意见进行汇总，反映给各规划参编单位在规划编制中参考。这种“开放式”工作方式，体现了政府部门在规划编制工作中重视公众参与、乐于听取社会各界声音。

图2–33　作者采访刘扬
（图片来源：甄一男2014年拍摄）

当然，那时候的公众参与是十分初级的，从《北京日报》记者刘扬女士后来对我谈起当时接触政府部门的心情中可以了解到这一点：

在旧城保护中，媒体主要是通过反映政府、专家、公众的意见来表现作用的。先从《25片保护规划》说起吧，这个应该是最早跟媒体接触合作的，或者说是一个突破性的合作。我是1999年来北京日报工作的，2000年的时候也还算是一个新人，作为跑口记者开始四处跑新闻，到您这儿的时候，您说有《25片保护规划》这么一个事，我们当然是欢迎的。

在接触的过程中，我们发现规划委也跟我们一样，也不太懂我们媒体，双方谁都不太懂谁，虽然我们不懂，但是觉得值得去关注，值得去报。但当时，我们局限在你们说什么是什么，不会去找专家求证，也不太会去研究这个事情。因为，第一我们确实不懂；第二也怕写出的东西是你们不太乐意的事情，把你们吓住，把采访的口子给我们关掉。然后我们就成了传声筒，遛着门缝进去之后就开始接触二十五片。当时影响很大，你们那儿接到了很多信和电话，我印象中挺受关注。当时老百姓也都不太懂，虽然老百姓愿意了解这个事，但是还没有到表达自己诉求的层面。我们媒体在当时的情况下，对老百姓的诉求表达也不太重视。因为，第一，老百姓没有特别强烈的诉求，我们媒体也没有特别挖掘他们的诉求；第二，我觉得当时理解的媒体，就是一个单向传达、传播，将从政府部门或者专家处了解到的东西传播给受众读者就行了，不用反馈，不像现在的媒体是双向的。因为那个时代，无论是规划口还是传媒口，都是跟现在理念不太一样，我们是单向传播，规划也不太习惯老百姓的诉求表达，所以，那个时候虽然工作很难推，但是来自公众的压力没有那么大。那个时候写东西，我们基本上是表达政府诉求，不惹规划部门生气，怕你们把门关上。

5）规划的作用与局限

这种“开放式”编制方式，通过集中培训、定点交流、集体学习、重点研究等推进工作的创新手段，化解了当时短时间内组织完成好大规模编制保护规划任务的许多难题。

第一，快速组建起一支专业的、称职的、高效有力的保护规划编制队伍。

负责编制保护规划的规划与建筑设计单位都是从上百家在京注册登记的正规化队伍中优中选优产生的，不仅具有相关的甲级资质和良好的工作业绩，而且要求各单位选派一流的、有相关工作经验的专业人员作为项目负责人，单位的专家、领导亲自指导和把关。参编单位对这次难得的机会十分珍惜，不少单位是领导亲自带队，而且不仅不计酬劳（分拨给各家单位的设计费十分有限），甚至自掏腰包倒贴补给设计人员一定的酬劳以保证工作效率和质量。可见，当时设计单位和高等院校对政府工作大力支持，对保护旧城的意义也认识得相当到位。

第二，厘清规划师和建筑师们在编制保护规划过程中对“保护”与“建新”认识方面的困惑。

临时组建的十二支规划编制队伍，在工作经验和专业水平方面还是参差不齐的，有个别大牌建筑设计院做建筑设计多，做保护规划少。对于这个问题，保护规划工作小组及时开会组织反复交流，一是首先邀请《25片保护规划》的发起人和组织者、对历史街区保护经验丰富并情有独钟的市规划委员会单霁翔主任作专题讲座，详细介绍了他对历史文化保护区研究的心得和经验，并指明了此项工作的目标和方向，邀请曾经任北京市规划设计研究院副总规划师、《南、北长街、西华门大街历史文化保护区保护规划》（试点）的项目负责人、刚刚就任北京市规划委副主任的黄艳女士详细介绍了通过“试点”探索提炼出来的保护规划编制标准和方法，邀请到中国城市规划设计研究院顾问总规划师王景慧先生介绍国内外保护区保护规划的类型、保护理念和保护手法的演变等，这些培训卓有成效，使保护规划联合编制团队快速进入了工作状态；二是邀请在编制保护规划方面有过研究、有丰富编制经验的参编单位的骨干介绍经验，如参与过保护规划试点工作的北京市规划设计研究院的宋晓龙主任规划师，曾做过许多外地保护规划项目的中国城市规划设计研究院的张广汉主任规划师，有过不少保护规划研究心得的清华大学张杰副教授等；三是对一些模糊认识和容易混淆的概念进行反复讨论，达成共识后由保护规划工作小组直接拍板定案。当时，我们就注意到了建筑师的“创作性导向”会引起对保护规划的误导，建筑师的职业训练养成了他们重视“通过自己的职业技能设计、创作并建造出一个个的新建筑”，而表现在“保护、维护、修复那些传统建筑方面”则显得经验不足，为此，我们特别强调了在保护区内，“重点不是去创造新的建筑”，而是重在“发现那些好的老建筑并通过适当的方法加以保护”。此外，关于如何处理好“现代化”与保护的关系？“保什么”与“怎么保”？如何处理和表现“原汁原味儿式的保护”、“微循环式的保护”等，都针对每一片保护区的保护规划方案一一进行了深入细致的研讨。

第三，妥善处理了文物保护单位为主体的孤立的保护方式与保护区的整体保护方式之间的矛盾。

在组织编制保护区保护规划之前，北京市政府先后划定了四批文物保护单位的保护范围和建控地带，这是 1984 年开始的，在当时的历史背景下，是北京历史文化名城保护的重要内容。其保护方式是通过在保护主体周边划定一定范围的绿地或不同类别（1 ～ 5 类）的保护区域，并在相应区域内严格控制新建建筑的建设高度，以求达到保护文保单位的目的。以“国子监、孔庙、雍和宫、柏林寺、国子监街”等第一批划定了保护范围及建控地带的文保单位为例，我们可以看到当时保护方法上的明显进步。

其保护范围分为四块：

① 首都图书馆、首都博物馆、雍和宫管理处、北京图书馆的使用范围。② 国子监街牌楼中心线两侧各 8m，东西两端至规划红线。③ 孔庙前照壁至一四三中四层教学楼之间。④ 雍和宫东北角墙外，地铁用房与民政局宿舍之间。

其建控地带范围包括四类。

Ⅰ类：① 国子监、孔庙东、西、北三面保护范围外 10m 以内。② 雍和宫东侧保护范围外 20m 及 40m 以内。③ 雍和宫西侧保护范围外到规划红线。④ 柏林寺东、西、北三面突出部分保护范围外 10m 以内。

Ⅱ类：① 自国子监、孔庙南墙向南、北各 50m 以内。② 雍和宫东北，Ⅰ类地带外 55m 以内。

Ⅲ类：① 国子监街Ⅱ类地带以南至距方家胡同 15m 处，东至规划红线、西与路北规划绿地齐。② 雍和宫、柏林寺南侧和东侧公共通道以南、以东各 50m 以内。③ 柏林寺东、北两面Ⅰ类地带外 50m 以内。

Ⅳ类：① 国子监西规划绿地以西 110m，国子监街Ⅱ类地带以北 100m 以内。② 国子监街Ⅱ、Ⅲ类地带以南至方家胡同以南 130m 以内。③ 距雍和宫南Ⅲ类地带以南 220m，柏林寺东Ⅲ类地带以东 120m 以内，柏林寺北侧Ⅲ类地带以北 70m 以内。

雍和宫东Ⅱ类地带以东 120m 以内。特别是明确规定以国子监为核心，在孔庙的Ⅰ类地带外，东至规划红线，西距Ⅰ类地带

80m 以内，北至规划红线；在雍和宫、柏林寺两单位 I 类地带之间作为规划绿地的范围。

无论是在文保单位周边限制新建建筑还是规划绿地的做法都意味着要拆除文保单位周边的与其赖以生存的老建筑，使文保建筑处于一种丧失原有环境的唯我独尊的孤立状态，湖南韶山的毛泽东故居就是这种保护思想的“典范”，拆除了周围相邻的所有民宅代以绿化，仅保留毛家十三间半的故居，使前来瞻仰者无法看到故居的完整原貌，这种忽视原生态环境的、静态的、孤立的保护方法多次受到了王景慧先生的批评，王景慧先生当时即明确指出，这种保护方法在西方已经被一种保护建筑连带其周边完整原貌的整体保护观所取代。而 25 片保护区的保护规划正是在北京采用整体保护观的首次实践。因此，不可避免地需要对旧城内相关的文保单位的保护范围及建控地带进行必要的调整，以求最大可能地保存保护区的原貌。

第四，及时协调处理规划师、建筑师们深入胡同院落进行现状调查时，来自基层部门和居民的阻碍。

在危改正当快速推进之时，突然听说自己居住的“大杂院”不拆改保了，一些居民十分不理解、不合作，甚至有抵触情绪。一些保护区的相邻区域往往已经先期划入危改片或是已经完成了危改，原有居民或就地上楼或外迁或得到货币补偿款等，保护区内的住户原以为这些情况早晚会发生在他们身上并处于热切盼望中。从自身利益的角度考虑，有些居民是不愿意自己所在的区域“被保护”的。个别基层管理部门的干部也是出于同样的原因，有着相同的想法。

面对这些问题，我们采取了三种手段：一是请区政府支持，派相关部门协助入户调查。针对现状调查中出现的极个别部门配合不力，个别百姓不理解、不合作，特殊的院落进不去等问题，统一协调，提出措施，妥善解决。二是边调查边宣传历史文化名城保护的意义，大多数老北京对老院子老房子有很深的感情，对自己所在街区的历史沿革十分了解，也帮着提供素材和资料，包括一些院子的名人故事、传说等，这些北京文化底蕴深厚的老户的参与也很快主导了现状调查的顺利开展。三是告诉现状调查人员遇到反应激烈的居民时，回避拆迁与否的问题，说明调查用于学术研究，避免造成直接冲突。传统街区的院落经常有高校的师生入驻搞研究，这个理由在当时也足以令人信服。

与此同时，《25 片保护规划》虽然迈出了坚实而可喜的一大步，难免也有其时代的局限性。一些难点问题一时难以解决，这些现在看起来十分简单的问题，在当时的认识水平、接受能力以及规划体系内的限定等多种因素综合作用下，成了天大的难题，以至于直到《25片保护规划》报批之时也未能完全解决。不仅影响了《25片保护规划》的深度要求，也为保护规划批复后能否有效实施留下了隐患。

第一，如何协调解决《99控规》旧城加密路网的道路红线对保护区用地的切割问题。

前面我们已经介绍过，由于《99控规》沿用了历版总规关于“旧城改造”的指导思想，不分旧城内外一律照搬引进“区划”式的控规编制方法，其结果是旧城加密路网与明清时期遗留下的棋盘式传统城市肌理的高度重叠，实施这样的规划即意味着对旧城的“格式化”，并由此引发了关于《99控规》的争议。现在虽然划定了25片历史文化保护区加以保留历史原貌和城市肌理，但由于一些用地范围较大的保护区跨越了《99控规》划定的新道路网格，保护区被规划道路四分五裂难以成为整体，25片面临再次被规划路细分。《99控规》已经被市政府批复，按规划编制法定程序应作为《25片保护规划》的上位规划依照执行，由于前述众所周知的原因，规划自身打架使得保护规划在编制过程中陷入“依据《99控规》，达不到保护区整体保护的要求，不依照《99控规》，则违反了规划编制的法规规定要求”的两难境地。我们知道，《99控规》是基于交通优先所制定的规划，将旧城的胡同拓宽成适合机动车行驶的城市路作为规划目标。时任市规划委副主任的邱跃同志曾撰文对这种指导思想进行了批评，“关于交叉路口红线抹角拓宽问题，这本是为了路口增设加减速车道，是路网系统更加匹配的一种措施，国外一些城市也常常采用，也很有效。但它也是根据道路等级、红线宽度、交叉形式、现状建筑等具体情况，分为典型路口、异形路口和特殊路口等分别确定的。有些路口需要抹角拓宽，有些路口就不需要抹角拓宽，或不需要四个角都抹、拓或只抹不拓，十分灵活。10年前，我是编制推广这个规划的主要参与者，十分卖力也十分费劲。没想到10年后形成惯性，不管具体情况，不进行具体分析，不问青红皂白，见路口就抹角拓宽。这样既浪费了土地，影响了景观，也对旧城保护不利，而且，并不一定能解决交通问题。”他还指出，“胡同里除了特殊情况不再进机动车行不行？本来历史的格局就没为这种四个轮子的铁家伙预备，胡同长的三五百米，两边走走也没什么，不是提倡‘吃菜吃素，穿衣穿布，出门走路’吗？不是讲究‘回归自然’吗？为什么非要把车开进去呢？集中建几处停车库行不行？由此推广到皇城、内城、旧城，能不能划几个圈，限制机动车通行，或限日子通行，限时间通行”[1]。

第二，在稠密而狭窄的传统城市街区中如何既能引入市政基础设施又不破坏传统的城市空间肌理。

随着编制工作的深入，保护规划工作小组发现，有些规划编制单位出现了规划成果“走偏”，或者“停留在研究的层面而难以实施”的问题，尤其在市政基础设施的改善方面，由于胡同的宽度达不到市政基础设施规范标准的要求，使保护规划再度处于“要么拆胡同进管线，要么保胡同弃管线”的两难之中。规范标准是行业管理必须依照执行的法规文件，而拓宽胡同无疑意味着保护的名存实亡。对此，邱跃副主任也指出，“根据规范，7条市政管线平铺至少需要22m，否则就排不下。在研究25片保护区保护规划时，有的专家就曾提出，在胡同不再拓宽的情况下，市政管线能不能‘花插’着铺？如果前一条胡同进水电，那么后一条胡同就进气热，在胡同里面再分配，别都挤到一条道上行不行？我们在研究治理北京大气污染时提出要消灭小煤炉，要燃气化，如果在旧城改造时气管也不好进，全用电行不行？总的需要多大负荷？费用从什么地方解决？[2]”可见，在市政基础设施的设计规范中，旧城的胡同没有专门标准可依，而制定新标准也并非易事。

第三，如何降低保护区内的人口密度？

保护区太“挤”了。吴良镛先生早就指出过，“旧城的主要矛盾是挤，不解决拥挤的问题，不仅旧城的保护是落空的，城市环境质量也难以保证”（1981年7月28日在北京市科协和北京市规划局召开的第三次北京市规划讨论会的发言）。《25片保护规划》提出了疏解保护区内人口的建议，根据综合测算结果，认为只有疏解28.5万居民，才能保证保护规划的实施，然而，如何疏解人口《25片保护规划》未能提出行之有效的方法和措施。

第四，推动保护规划的“动力”何在？

国外的历史经验已经表明，光靠政府“一只手”推动保护不仅力量有限，而且在失去监督和公众参与的情况下时常左右摇摆，很难行得通。实际上，政府制定规划和有效的政策，明确房屋产权，制定约束机制防止来自方方面面的建设性破坏甚至是“保护性破坏”才是政府的主责，换句话说，场外指导即可，不一定亲自下场参与。根本上讲，居民才是保护的原动力，调动起他们的保护热情和积极性才是成败的关键。在保护历史城市的问题上，房地产开发商的参与只能是“添乱”而已。不过，这个问题，直至今

---

① 邱跃．旧城危改刍议[J].北京规划建设，2001.

② 邱跃．旧城危改刍议[J].北京规划建设，2001.

图 2–34　戴俭先生
（图片来源：百度图片）

图 2–35　作者采访张兵先生
（图片来源：甄一男 2014 年拍摄）

天也未能完全解决。

北京市工业大学建筑与城市规划学院院长戴俭回忆，“大约在 2000 年 10 月，由我负责的北京工业大学课题组开始参与《25 片保护规划》，温处长主持此事，北京多家高校和设计院均有参与，由于起步较早，处于探索阶段，参与过程中甚至每个图例、每个分类标准的色彩定位都需要琢磨，这是一个不断摸索、相互交流和学习的过程。当大家走进胡同和四合院进行调研时，十分兴奋，热情很高，极其认真负责。后来，规划方案经吴良镛等一批大牌专家亲自把关，我们学到了很多东西，积累了很多经验，也思考了很多问题。”

中国城市规划设计研究院总规划师张兵跟我谈到《25 片保护规划》时说：很遗憾，我没有直接参与《25 片保护规划》的编制工作，都是我的同事做的工作。但是我现在作为一个旁观者能够体会到，25 片历史文化街区规划成果质量很高。我认为这个工作有几个方面的作用：

第一点，我觉得北京作为首都，编制这个规划有很强的示范价值。北京从历史文化名城走到历史文化街区的保护，是一个非常大的进步，是从历史文化名城保护的新任务、新难点着手切入的，为新世纪名城保护工作的开展奠定了基础。从全国来看，北边的北京、南边的上海在自己的领域，结合自己城市的特点均开展了历史文化街区的保护。上海的叫历史文化风貌区，一共做了 12 片；北京旧城是 25 片，后来又加了 8 片，一共成为 33 片。这两个城市在全国范围内走在了前端，起到了很好的示范作用。

第二点，北京历史文化名城有它自身的特点，从新中国成立以来甚至从 1911 年以来，北京城走过了曲折的演化过程，在编制历史文化保护区保护规划时，面临着很多复杂的社会、经济、政治问题，所以要用社会学、经济学的方法，重新审视和观察历史文化街区保护的问题。这一点在当时就有所考虑，相当不容易。

第三点，除了关注土地性质，更加关注产权、关注人。当时中规院在做这个规划的时候，我们把人都派下去，天天挨门挨户地去胡同、四合院调查研究问题，那时候我们就开始关注里面有多少户人家，多少人口，这是一个很重要的进步。

6）规划的意义

《25 片保护规划》的意义远远超出了规划本身。

一是具有示范作用。

除了对北京的历史文化名城保护起到重要的推动作用外，还对全国的历史文化名城保护具有示范和带动作用。中国城市规划设计研究院的王瑞珠院士认为“25 片历史文化保护区保护规划编制工作开了一个好头。”梅宁华高度评价这项工作，“在北京城市发展史上具有开拓作用，是新中国成立以来首次对北京旧城25片作详细的保护规划；在全国也是第一次大规模地进行历史文化保护区的保护规划工作。”范耀邦赞扬道，“北京25片历史文化保护区保护规划的编制，把北京历史文化名城保护规划工作向前推进了一大步，同时也把总体规划所提出的保护原则更加具体化。”当时这项工作的组织者、推动者，时任北京市规划委员会主任的单霁翔指出，“北京市如此大规模地进行历史文化保护区的规划编制工作是第一次，在全国也是第一次。”阮仪三欣喜地说，“此次历史文化保护区规划是一次划时代的工作，其影响重大而深远。”[①] 刘小石认为“25片历史文化保护区保护规划基本上涵盖了旧城的精华，对于旧城保护非常重要。”

二是延续了历史文脉。

周干峙院士指出，“对北京而言，就是要从整体上保护北京的风貌特色。北京25片历史文化保护区是旧城保护的重点，与北京整体格局的历史环境联系起来，形成有机整体，是一件非常好的事情。”王景慧也认为，“此次规划中确立的原则均达成了共识，即保护真实的历史遗存，不搞新的设计；保护整体风貌，区别于文物的保护；采取逐步整治的原则，区别于一次规划设计，要‘有机更新’和‘循序渐进’。”北京市城市规划设计研究院副院长朱嘉广认为，“北京25片历史文化保护区规划编制的过程很复杂，但规划在政府的组织下，没有偏离‘保护’的方向，以‘风貌’为切入点，做得比较深入，达到了保护历史街区整体风貌的目的。”[②]

三是有效地遏制了旧城中大规模危改的势头。

在《25片保护规划》批复后，在旧城保护区内全面停止了危改项目，首次对“批而未建”和“尚未审批”的危改项目叫停，在保护区外继续增补第二批、第三批历史文化保护区，由此，旧城危改的势头由强转弱，直至在旧城内基本停止。这是大规模危改向旧城保护的首次战略性转折。王瑞珠院士明确指出，“25片不应大拆、大改，历史文化街区的保护是一个动态的过程。要进一步深化建筑元素，深挖历史文化内涵，处理好保护规划与总体规划的关系，修改、完善总体规划内容。”王建平建议，“25片历史文化保护区要按照规划实现好，并且以25片为中心形成放射

---

① 北京市规划委员会．北京旧城二十五片历史文化保护区保护规划[M]．北京：北京燕山出版社，2004.

② 北京市规划委员会．北京旧城二十五片历史文化保护区保护规划[M]．北京：北京燕山出版社，2004.

状对北京历史文化区进行整体保护，25 片以外的地区绝不能放弃，风貌也要保护好。”①

四是开创了一种有放有收的全程式组织规划编制方式。

首先，政府组织。规划由北京市委、市政府主动组织编制，方向明、力度大、站位高、影响广，规模之大堪称史无前例。其次，试点先行。由市规划设计研究院将南北长街等三片历史文化保护区作为保护规划编制的试点，先行研究保护规划编制方法。第三，统一标准。以南北长街历史文化保护区保护规划为例，提取、总结保护规划的现状调查及规划编制标准，作为其他各片历史文化保护区保护规划的编制依据。第四，分片编制。组织动员在京的 12 家甲级规划、建筑设计单位及高等院校，分工负责，共同编制。采取七分调研，三分规划，尊重历史，尊重现状的科学编制方法，做到了底数清、目标明、评价准、措施实，为旧城保护打下了很好的基础。第五，专家指导。首度组建了权威的专家组全程跟

标准和要求
Standards and Requirements

北京旧城 25 片历史文化保护区
保护规划编制标准和要求

1. 现状调查部分

（用 Auto-CAD 14 绘图，以下“层名”应严格按此标准，但“颜色”可做适当调整。）

1）现状院落单位划分图

	分层	线框层			填充层	
		层名	线形	颜色	层名	颜色
1	院落单位	EL-YB	PL/Dashed Ltscale-0.3	White	EH-YB	31
2	院落名称与门牌号	T-Nn		White		
3	名贵会馆范围界线	Nh	PL/Dashed Ltscale-0.6			
4	公共绿地	EL-G	PL/contin	White	EH-G	94
5	水域	EL-E	PL/contin	White	EH-E	131
6	规划道路红线	HX	PL/contin	Red		
7	其他文字	Text				

说明：

“院落单位”以现状基层管理的门牌编号及其范围为基本依据，是现状调查、规划研究，以及今后实施计划的基本单元。“线框层”是指院落单位的边界线，“填充层”是填充在院落界线内的颜色。

2）土地使用现状图

	分层	国标代号	线框层			填充层	
			层名	线形	颜色	层名	颜色
1	住宅用地	R	EL-R	PL/contin	White	EH-R	51
2	中学、小学托幼用地	R5	EL-R5	PL/contin	White	EH-R5	151
	公共厕所清洁站用地	R6	EL-R6	PL/contin	White	EH-R6	191
3	行政办公用地	C1	EL-C1	PL/contin	White	EH-C1	211
4	商业服务业用地	C21	EL-C21	PL/contin	White	EH-C21	20
	金融保险业用地	C22	EL-C22	PL/contin	White	EH-C22	22
	贸易咨询业用地	C23	EL-C23	PL/contin	White	EH-C23	10
	旅馆业用地	C25	EL-C25	PL/contin	White	EH-C25	12
5	文化娱乐业用地	C3	EL-C3	PL/contin	White	EH-C3	30
6	体育用地	C4	EL-C4	PL/contin	White	EH-C4	73
7	医疗卫生用地	C5	EL-C5	PL/contin	White	EH-C5	143
8	教育科研用地	C6	EL-C6	PL/contin	White	EH-C6	21
9	宗教用地	C9	EL-C9	PL/contin	White	EH-C9	231
10	文物古迹用地	C7	EL-C7	PL/contin	White	EH-C7	233
11	市政公用设施用地	U	EL-U	PL/contin	White	EH-U	203
12	工业用地	M	EL-M	PL/contin	White	EH-M	253
13	仓储用地	W	EL-W	PL/contin	White	EH-W	15
14	社会停车场用地	S3	EL-S3	PL/contin	White	EH-S3	183
15	公共绿地	G	EL-G	PL/contin	White	EH-G	94
16	水域	E	EL-E	PL/contin	White	EH-E	131
17	住宅和公建混合用地		EL-RC	PL/contin	White	EH-RC	32
18	公建混合用地		EL-C	PL/contin	White	EH-C	24
19	规划道路红线		HX	PL/contin	Red		
20	其他文字		Text				

说明：

1. 参照建设部 1990 年 7 月 2 日发布的，自 1991 年 3 月 1 日开始实施的《城市用地分类与规划建设用地标准》即 GBJ137-90 国家标准。如果调查中有在该表里没有列出的用地类别，请按照此“国标”补上。

2. 第 3 项，把住宅区公共服务设施中的中小学、托幼定为 R5，公共厕所和清洁站定为 R6。

3. 第 5 项，商业金融业用地（C2）应该确认到“国标”的小类，其中商业（C21）和服务业（C24）合并。

4. 第 5 项，“贸易咨询业用地”是指商务办公用地。

5. 第 11 项，“文物古迹用地”（C7）不包括已作为其它用途的文物古迹用地。

6. 第 17 项，在住宅和公建混合的用地上，如果住宅和公建难以在用地上给予划分，可归类为“住宅和公建混合用地”。

7. 第 18 项，在公共建筑的类别确实难以区分的情况下，可以归类为“公建混合用地”。

3）居住人口分布现状图

分级	密度与标准		线框层			填充层	
			层名	线形	颜色	层名	颜色
I	居住人口密度 住宅用地标准	2 人/100m² 50m²/人	EL-D1	PL/Dashed Ltscale-0.3	White	EH-D1	30
II	居住人口密度 住宅用地标准	2-4 人/100m² 50-75m²/人	EL-D2	PL/Dashed Ltscale-0.3	White	EH-D2	13
III	居住人口密度 住宅用地标准	4-7 人/100m² 25-15m²/人	EL-D3	PL/Dashed Ltscale-0.3	White	EH-D3	41
IV	居住人口密度 住宅用地标准	7-10 人/100m² 15-10m²/人	EL-D4	PL/Dashed Ltscale-0.3	White	EH-D4	131

图 2-36　北京旧城 25 片历史文化保护区保护规划编制标准
（图片来源：北京市规划委员会 . 北京旧城二十五片历史文化保护区保护规划 [M]. 北京：北京燕山出版社，2004.）

① 北京市规划委员会 . 北京旧城二十五片历史文化保护区保护规划 [M]. 北京：北京燕山出版社，2004.

踪指导，使方案的编制有了科学的保障。第六，公众参与。在全国首次采取了公众参与的方式编制规划，信息公开，听取社会各界意见，增强了公众对旧城保护的积极性。第七，综合汇总。将12家单位分别编制的25片历史文化保护区的规划，在统一格式、统一数据、统一标准的基础上放到一个规划管理平台上，拼成“一张图”，用于汇报、决策并指导历史文化保护区的规划审批及实施。

著名文物保护专家郑孝燮认为，“调研与规划工作非常成功，减少旧城人口，疏散人口压力，是旧城保护中不可回避的最艰苦工作。”清华大学朱自煊教授也提到，“此项工作是一项非常重要的工作，规模大、参加单位多、组织工作很规范，工作准备很充分，从指导思想到内容都很好，并且有一个统一的标准。对保护区的区域划分、保护内容规定得很好，对保护区作了很多细致深入的调查。”著名文物保护专家罗哲文指出：“北京25片历史文化区保护规划的编制，开始把保护工作落到了实处，北京历史文化名城保护有望。有保护范围、有标志、有机构、有资料，规划提出了控制高度，疏散人口，解决交通，改善居住条件，所提出的保护思路和办法都非常重要。”①

图 2–37　2002 年出版发行的《北京旧城二十五片历史文化保护区保护规划》

（图片来源：北京市规划委员会 . 北京旧城二十五片历史文化保护区保护规划 [M]. 北京：北京燕山出版社，2002.）

专家们对历史文化名城保护工作提出了具体的建议。首都规划委员会原副主任宣祥鎏强调：“北京旧城平房四合院的历史文化价值最高，保护的难度也最大。要利用新技术提高科技含量，行之有效地解决保护区内基础设施的具体问题。让高等院校、设计单位纳入到城市规划的管理工作中来，并建立长期的合作关系。建议建立责任建筑师制度。”原北京市城市规划管理局总工程师李准建议：“在25片历史文化保护区规划编制完成后，需要制定适当法规作为保障，才能保证其有效实施”，并且，“要从历史文化名城保护的角度，适当对《北京城市总体规划》进行调整”。②

新生事物一开始总是渺小的，但如果这一事物代表了先进的前进方向，其生命力一定是强大的。《25片保护规划》的编制是21世纪初的一场有组织、有创新、有成效、有影响、可持续的“保护运动”，与大规模危改打了一场成功的遭遇战，为北京旧城保护拉开了序幕。此后，北京的历史文化名城保护规划逐步完善，机制法制逐步健全，日益受到政府与公众的重视。

① 北京市规划委员会 . 北京旧城二十五片历史文化保护区保护规划 [M]. 北京：北京燕山出版社，2002.

② 北京市规划委员会 . 北京旧城二十五片历史文化保护区保护规划 [M]. 北京：北京燕山出版社，2002.

2.2 《名城保护规划》

2.2.1 规划的源起

编制了《25 片保护规划》后，北京作为国家级历史文化名城的内容充实了很多。在此之前，保护的重点是分散在城市之中的、孤立的文物保护单位，划定了四批文物保护单位的保护和控制范围，历史文化保护区有了保护和控制范围，保护和控制的区域扩大了不少，而且由个体保护转为整体保护，这是个不小的进步。更为重要的是，《25 片保护规划》编制完成之后，引起了社会各界团体和知名人士的广泛关注和好评，同时提出了不少有价值的建议，为进一步开展名城保护工作提供了有利的条件。

2001 年 2 月 5 日，北京市政协文史委员会政协第九届委员会第四次会议党派团体提案中提出，“为真正维护好古城基本格局和原有风貌，应抓紧制定北京市历史文化名城保护规划。”北京市人民政府将此提案批转北京市规划委员会研究落实。2001 年 4 月至 2002 年 10 月，在市政府的领导下，由北京市规划委会同北京市文物局、北京市城市规划设计研究院共同组织，在近一年半的时间里编制完成了《北京历史文化名城保护规划》（以下简称《名城保护规划》）。

时任市规划委总规划师、市规划院院长的朱嘉广先生，对我谈到了开展编制这项规划的另外一个关键促发点：“其实北京的名城保护 20 世纪 90 年代的总体规划算是有一个比较有体系的、

图 2–38　作者采访朱嘉广先生
（图片来源：甄一男摄于 2014）

有系统的名城保护的内容，但是90年代那版规划我没参与，那时候是由柯焕章院长、王东总规划师他们主持，宣祥鎏主任当时在首规委办挂帅，提出‘开门办规划’的办法编制的一版总体规划，那时候我们名城保护的体系正在逐渐完善的过程中。”他谈道：“建设部规划司要求每一个名城，就是说，有名城称号的城市必须完成一个名城保护规划，跟北京市联系，说你们还没有一个名城保护规划，可北京市一直坚持说我们有，在中央批准的总体规划里有名城保护章节了，就是一直在这儿较着劲，为什么？主要是那时候也没有精力做，觉得已经编到那个程度就可以了，从名城到街区什么东西都有，就是没有单独拿出一本来。到后来是扛不过去了，才开始做的。为什么扛不过去？它说你看全国凡是有名城称号的都有这么一本东西，都拿到建设部，拿到国家文物局审批，然后备案。北京作为第一批颁布的国家级历史文化名城没有这个说不过去啊，当时的情况北京也反应过来了，觉得编一个也好。”

2.2.2 规划编制过程

曾经是《名城保护规划》项目负责人的宋晓龙，将这个规划编制的过程整理发表在2003年《北京规划建设》第一期《北京历史文化名城保护规划全记录》这篇文章里，从中我们可以完整而清晰地看到当时市规划委、市文物局和市规划院三家单位联合组织编制这个规划的全过程。

2001年4～7月是规划筹备阶段。

2001年4月初，北京市政协文史委员会提出了“关于尽快制定《北京历史文化名城总体保护规划》的建议”，时任市政府主管城市建设的汪光焘副市长批示：“请规划院组织编制，制定工作方案，限期完成。”

2001年4月17日，北京市规划院朱嘉广院长召集规划院有关专家，讨论、部署了《北京历史文化名城保护规划》的编制工作。

2001年5月15日，根据市领导的指示，规划院拟出《北京历史文化名城保护规划编制工作大纲》，明确了编制要求、规划思路及时间进度。市规划委为规划组织协调单位，市规划院和市文物局为规划编制单位。

规划总体思路为：按照文物保护单位的保护、历史文化保护区的保护、历史文化名城整体格局的保护、传统商业和文化的继承与发扬四个大专题进行工作。

编制工作的具体分工为：由市文物局负责、市规划院协助完成关于北京市各级文物保护单位的保护和利用、北京传统文化的保护和发扬两个专题。文物局工作成员有：梅宁华、孔繁峙、王丹江、王玉伟、黄威、王永泉等。

由市规划委负责关于北京历史文化保护区的保护、整治与更新；第二批历史文化保护区名单和保护范围的确定；北京历史文化保护区保护规划实施管理办法三方面内容。市规划委工作成员有：单霁翔、黄艳、邱跃、温宗勇、王文红、周小洁等。

市商委负责，市规划院协助完成关于北京传统商业的继承和发扬专题。参加工作的主要成员有：北京商业信息中心的陈文、缪克沣、高京力、王丽英、罗欣等。

市规划院负责关于历史文化名城整体格局的保护专题，包括历史河湖水系的保护、城市中轴线的保护和发展、皇城的保护、明清北京城“凸”字形城郭的保护、旧城棋盘式道路网和街巷胡同格局的保护、旧城建筑高度的控制、城市景观线和街道对景的保护、旧城建筑形态与色彩的继承与发扬、古树名木的保护、传统地名的保护十个方面的内容。规划院同时负责完成规划综合报告和规划成果的汇总等方面内容。

2001 年 6 月 13 日，市规划院与文物局召开联席会议，朱嘉广院长和梅宁华局长主持会议，研究确定了工作安排及向市政府写编制申请报告等问题。

2001 年 7 月，市规划院在院内进行工作部署，确定市规划院的城市设计所、总体规划所、详细规划所、交通规划所、市政规划所等单位为主要编制单位，同时邀请北京建工学院建筑系、北京工业大学建筑学院、北方工业大学建筑学院等高等院校参加部分专题的编制研究工作。

2001 年 8 ～ 9 月是规划申请阶段。

2001 年 8 月 9 日，市规划委、市规划院、市文物局联合行文，向市政府报送《关于北京历史文化名城保护规划编制工作的报告》（市规文 [2001]790 号），签发人：黄艳、朱嘉广、孔繁峙。《报告》就保护规划的基本工作思路提出意见，正式提出保护规划从四个方面进行研究，即文物的保护、历史文化保护区的保护、名城整体格局的保护、传统文化与商业的继承和发扬。

2001 年 8 月 29 日，汪光焘副市长批示，“所报意见原则同意，报刘淇同志审视”。

2001 年 8 月 30 日，刘淇市长批示，“原则同意，进度加快一点”。

2001 年 9 月 3 ～ 14 日，市规划委单霁翔主任、黄艳副主任，市规划院朱嘉广院长分别就此作了批示，要求尽快研究加快编制工作进行的相关措施。

2001 年 9 ～ 2002 年 1 月是规划编制阶段。

2001年9月25日，市规划院召开《北京历史文化名城保护规划》编制工作落实会，确定各部门的具体工作分工及内容。明确主管院长：朱嘉广；主管总工：范耀邦；项目负责人：范耀邦、宋晓龙；城市设计所负责：皇城保护区、旧城建筑高度控制、中轴线保护三个专题及总报告撰写、成果汇总；总体所负责：文物保护专题（协助市文物局工作）；详规所负责：历史文化保护区专题（协助规划委工作）；交通所负责：旧城道路调整专题；市政所负责：历史河湖水系专题。

旧城建筑高度现状调查工作由市规划院、北京建工学院、北京工业大学、北方工业大学四家单位共同完成。

2001年10月9日，市规划院召开《北京历史文化名城保护规划》各专题工作进展汇报会。各子题负责人汇报了各自的工作情况。会议初步明确了各子题的工作思路和方向，要求尽快完成《北京历史文化名城保护规划》总报告。

2001年10月16日，市规划院范耀邦副总规划师及宋晓龙向政协文史委员会答复文史委提出的关于"尽快制定《北京历史文化名城总体保护规划》的建议"的提案，预计2002年6月完成编制任务。

2001年10月27日，在市政府《昨日市情》特刊第398期上登载了市政协提出的"政协委员建议抓紧编制《北京历史文化名城总体保护规划》提案"，刘淇市长作了关于"请市规委把此项工作抓紧，争取年内交市里讨论"的批示。11月5日，市规划委单霁翔主任、黄艳副主任、市规划院朱嘉广院长分别就此作了相关批示。

2001年11月7日，市规划院、规划委、市文物局召开会议讨论文物保护单位保护的规划思路，研究向市政府申请编制保护规划经费的问题，决定由三家联合申请编制经费。

2001年11月15日，市规划院召开《北京历史文化名城保护规划》工作落实会，要求于11月30日各专题完成规划图纸及文本说明，12月31日完成总报告及多媒体演示稿。

2001年12月5日，市规划院召开《北京历史文化名城保护规划》本院独立承担专题审查会，审查皇城、历史水系保护规划专题；12月7日，审查中轴线、交通规划专题；12月13日，审查旧城高度现状调查，由规划院、建工学院、北京工业大学、北方工业大学作汇报。

2001年12月18～21日，连续四天由市规划委、市规划院、市文物局联合召开《北京历史文化名城保护规划》专题阶段性审查会。审查委员有：单霁翔、梅宁华、朱嘉广、柯焕章、孔繁峙、黄艳、全永新、马良伟、王东、董光器、范耀邦、杜立群、高扬、王军等。

2002 年 1 月 14 日，市规划院完成《北京历史文化名城保护规划》总报告。

2002 年 1 月 16 日，市规划院完成《北京历史文化名城保护规划》多媒体演示稿。

2002 年 1 ～ 10 月是规划报批阶段。

2002 年 1 月 18 日，由市规划委、市文物局、市规划院联合向市政府报文"关于报送《北京历史文化名城保护规划》的请示(城规设发 [2002]04 号)"（签发人：朱嘉广、单霁翔、梅宁华），申请市政府审议《保护规划》。同时附上《保护规划》文本、图纸。

市规划委、市文物局发文"关于征求参加《北京历史文化名城保护规划》专家论证会专家名单的函"，三家联合确定了 12 人的专家名单：侯仁之（中国科学院院士、北京大学教授）、吴良镛（两院院士、清华大学教授）、傅熹年（工程院院士、中国建筑技术研究院研究员）、郑孝燮（建设部科技委顾问）、阮仪三（同济大学教授）、宣祥鎏（首都规划委员会原副主任兼秘书长）、李准（北京市城市规划局顾问总工）、王世仁（北京市文物局研究员）、王景慧（北京市城市规划设计研究院顾问总工）、柯焕章（北京市城市规划设计研究院原院长）、段天顺（北京市水利史研究会会长、北京市水利局原副局长）、赵波平（中国城市规划设计研究院交通所所长）。

2002 年 1 月 22 日，张茅副市长批示"建议进一步征求有关方面专家意见，请刘淇、敬民同志批示"。刘淇市长对报送《保护规划》的请示作了批示："在征求各界专家意见后，市政府专题会议定"。

2002 年 1 月 22 日，由市规划委、市文物局、市规划院联合向市政协文史委员会通报了《北京历史文化名城保护规划》的编制情况，获得委员们的一致好评。市规划委黄艳、温宗勇、周小洁；市文物局孔繁峙、王丹江、黄威；市规划院朱嘉广、范耀邦、宋晓龙、廖正昕等参加了会议。参加《保护规划》情况通报会的政协委员有宋维良、甘英、张廉云、李伯康、马玉田、舒乙、弥松颐、李育良、吴俊深、金连经、赵书、陈显良、李燕、王金鲁、张寿崇、郑潜、薛凡、张守义、贾凯林等。

2002 年 3 月 7 日，由市规划委、市文物局、市规划院到北京市政协文史委员会听取政协文史委"关于《北京历史文化名城保护规划》制定中几个问题的紧急建议"，并将建议加以落实。

2002 年 3 月 9 日，市规划院向刘敬民副市长报文"关于召开历史文化名城保护规划专家论证会的请示”。

2002 年 3 月 20 日，根据市领导指示，由市规划委、市文物局、市规划院在新大都饭店联合组织召开了《北京历史文化名城保护规划》专家论证会，由刘敬民副市长主持。市规划委单霁翔、黄艳、温宗勇，市文物局、梅宁华、孔繁峙，市规划院朱嘉广、杜立群、范耀邦等领导参加了会议，市规划院宋晓龙向专家作了汇报。前面确定的 12 名专家与会，参会人员共计 80 名。

2002 年 3 月 26 日，市规划委、市文物局、市规划院联合向市政府报文“关于报送《北京历史文化名城保护规划》政协委员、专家意见的报告（城规设发 [2002]14 号）”（签发人：单霁翔、梅宁华、朱嘉广），请市政府就《北京历史文化名城保护规划》进行审议。同时附上《保护规划》文本、说明、图纸以及政协提出的保护区名单及附图。

2002 年 4 月 2 日，由市规划院院长朱嘉广向市政府第 46 次常务会议汇报《北京历史文化名城保护规划》的编制情况，并获原则通过，刘淇市长主持了会议。

2002 年 4 月 4 日，由市规划委主任单霁翔向首都规划建设委员会第 21 次全体会议汇报《北京历史文化名城保护规划》的编制情况，获原则通过，市委书记、首规委主任贾庆林主持会议。

2002 年 4 月 30 日，北京市规划委向市政府报文“关于报请批复《北京历史文化名城保护规划》的请示（市规文 [2002]538 号）”，签发人：单霁翔。

2002 年 5 月 17 日，建设部城乡规划司给规划委发文“关于北京历史文化名城保护规划审查的函”，要求将《北京历史文化名城保护规划》上报建设部审查。

2002 年 6 月 10 日，市规划院为市政府准备向温家宝副总理汇报《北京历史文化名城保护规划》的文字材料和多媒体演示稿。

2002 年 8 月 13 日，建设部对《北京市人民政府关于报请审查北京历史文化名城保护规划的函》（京政函 [2002]44 号）作了回复，在“关于对《北京历史文化名城保护规划》审核意见的函”（建规函 [2002] 185 号）中，原则同意上报的《北京历史文化名城保护规划》。

2002 年 8 月 17 日，国家文物局也就此发文“关于《北京历史文化名城保护规划》审核办理意见的函（办函 [2002]240 号）”，进一步强调了名城保护的地位、作用和意义。

2002 年 9 月 19 日，《北京历史文化名城保护规划》文本同时在《北京日报》、《北京青年报》等北京十大媒体上全文登载，向社会公示。

2002年10月16日，“北京市人民政府关于实施《北京历史文化名城保护规划》的决定（京政发[2002] 27号）”下达。“决定”明确必须严格执行《北京历史文化名城保护规划》，依法行政，严格执法。

2002年10月17日，“北京市人民政府关于《北京历史文化名城保护规划》的批复”（京政函[2002]83号）下达。“批复”原则同意修订后的《北京历史文化名城保护规划》中所提出的各项规定和规划意见。

《名城保护规划》工作大事记在《北京历史文化名城保护规划北京皇城保护规划》里也做了相应的记载和介绍。[①]

2.2.3　体系初成

《名城保护规划》提出了《北京历史文化名城保护规划》的原则[②]：

一是整体保护与分层次控制，重点保护与一般保护相结合的原则。[③]

“北京”是一个整体的、全局的概念，不是个体的、局部的概念。整体保护意识是名城保护的基础，分层次控制是整体保护意识实现的手段，二者结合，才能将历史文化名城的保护落到实处。重

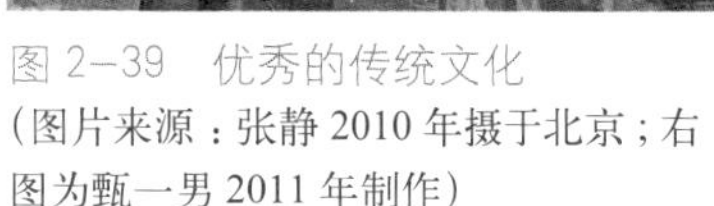
图2–39　优秀的传统文化
（图片来源：张静2010年摄于北京；右图为甄一男2011年制作）

① 北京市规划委员会．北京历史文化名城保护规划北京皇城保护规划[M]. 北京：中国建筑工业出版社，2004.

② 北京市规划委员会．北京历史文化名城保护规划北京皇城保护规划[M]. 北京：中国建筑工业出版社，2004.

③ 北京市规划委员会．北京历史文化名城保护规划北京皇城保护规划[M]. 北京：中国建筑工业出版社，2004.

点保护的建筑和地段控制要严，一般保护的可稍宽。

二是名城保护与现代化建设相结合的原则。

历史文化名城保护要兼顾风貌保护与城市发展，既要保护古都传统风貌，又要建设现代化的文明首都。必须坚持可持续发展原则，采取有力措施，降低旧城的人口密度，改善城市市政、交通条件，控制建筑容量、优化城市环境。

三是传统风貌保护与传统文化继承相结合的原则。

名城传统风貌的保护不仅仅是文物、保护区、历史水系等“硬件”的保护，还包括优秀的传统文化，如庙会、戏曲、老字号等“软件”的继承，二者互为补充，共同构筑了城市的历史和文化精髓。

在上述历史文化名城保护规划原则的指导下，《名城保护规划》提出了“一个重点、三个层次、一个加强”的保护体系。

“一个重点”[①]即：从整体上考虑北京旧城的保护，具体体现在历史河湖水系、传统中轴线、皇城、旧城“凸”字形城郭、道路及街巷胡同、建筑高度、城市景观线、街道对景、建筑色彩、古树名木十个层面的内容。

“三个层次”包括：[②]

第一，点的保护——文物保护单位。

对单个文物保护单位的保护，在《文物法》的指导下，由文物局实施，同时增加专项资金投入。此外，加强文物保护单位的升级和普查工作，以及制定文物保护单位的保护规划。

第二，线和块的保护——历史文化保护区。

在此规划中，开始着眼于北京旧城整体格局保护，以传统中轴线为保护和控制中心的思路更加明确，在已划定的25片历史文化保护区的基础上新增了4片历史文化保护区，并扩大了核心保护区的范围，使旧城保护区域的格局更为完整，空间层次也更清晰。值得注意的是，新增的保护区原来都属于危改地区，由此可见，对旧城的保护与发展思路正在悄悄改变。

第三，面的保护——北京历史文化名城市域整体保护。

北京历史文化名城的保护是针对北京市域范围内所有历史文化资源的保护而言的；旧城（明清北京城）是北京历史文化名城的重要组成部分，是名城保护与控制的重点区域。从整体上保护历史文化名城，尤其要从城市整体格局和宏观环境上保护文化名城。

---

① 北京市规划委员会．北京历史文化名城保护规划北京皇城保护规划[M]．北京：中国建筑工业出版社，2004.

② 北京市规划委员会．北京历史文化名城保护规划北京皇城保护规划[M]．北京：中国建筑工业出版社，2004.

“一个加强”即，首次在规划中提出要“加强对非物质文化遗产的保护工作”。

规划文本中还明确指出，北京作为历史文化名城，具有东方城市艺术独有的特色。以皇宫作为中心，面向正南，以景山作为制高点，南起永定门，北至钟鼓楼，长达8km的中轴线，构成都城布局的脊梁，这条中轴线上或其两侧布置了紫禁城、景山、钟鼓楼、太庙、社稷坛、天坛、先农坛等封建王朝最重要的建筑群。紫禁城外由皇城、内城、外城三道城墙拱卫，将皇宫、寺庙、府第民居和商业文化建筑，构成功能不同、主次有序、相互协调的群体和平缓开阔的都城空间形态。严谨对称、格局方正的京师城垣之内，平直整齐的棋盘式街道，与之对比的是在中轴线西侧有自然曲折的“六海”园林水系，苍翠浓郁的绿化系统构成全城雄伟秀美的景色。大片四合院民居以其外部封闭、内部开放的空间组合，表现出内向含蓄的建筑风格，与传统的商业街和文化街、胡同、牌楼、寺庙组成各有特色的民风民俗和北方城市风貌。以大片青灰房屋和绿树为基调，突出金黄色琉璃瓦的皇宫以及绿、蓝琉璃瓦的王府、坛庙，形成统一而重点突出的城市色彩。这种严格按统一的规划思想完整建设起来的集中国古建筑精华之大成的城市，是中华民族灿烂文化和人民智慧创造的结晶，给人类留下了丰富的历史遗产。

2.2.4 承前启后之作

《名城保护规划》集中了国家、地方各级领导、社会各方面专家、各界人士、规划设计人员的智慧和心血，这一规划的编制是北京城市规划史上的一件大事，从该项规划的缘起、编制的过程、主要内容和我们即将介绍的以后几年陆续组织编制的重要规划中，我们可以看到这个规划是个承前启后的杰作。当然，既有许多继承、开拓和突破之处，也存在一定的历史局限性。

1. 多方重视是因

首先是中央领导同志的重视和关怀。

2002年9月7日，吴良镛、谢辰生等25位专家、学者给国务院总理朱镕基写信，题为“紧急呼吁——北京历史文化名城保护告急”。信中说：“近年来，北京以迎接奥运、建设新北京为名，大张旗鼓地违反总体规划和北京市有关历史文化名城保护的有关法规、规定，对历史文化名城传统街区进行大拆大建，严重破坏举世闻名的北京历史文化名城格局、风貌。”他们认为，“传统街区胡同及民居建筑是北京的优秀的人文遗产，是北京独有的资源，这种遗产一旦毁掉是不可再生的。毁掉这种遗产也不符合人文奥运的精神”。为此，向中央领导强烈呼吁：“立即停止二环路以内所有成片的拆迁工作，迅速按照保护北京城区总体规划格局和风格的要求，修改北京历史文化名城保护规划。”朱总理对此进行了批示。

2003 年谢老又给胡锦涛、温家宝同志上书，反映北京旧城改造问题。2003 年 9 月 9 日，中共中央总书记胡锦涛对此信作了重要批示：“赞成。要注意保护历史文化遗产和古都风貌，关键在于狠抓落实，各有关方面都要大力支持”。2003 年 9 月 8 日，温家宝总理也作了重要批示：“保护古都风貌和历史文化遗产，是首都建设的一件大事，各级领导必须提高认识。在工作中注意倾听社会各界的意见，严格执行城建规划，坚决依法办事，并自觉接受群众监督，不断改进工作”。[1]

第二是建设部从国家行政主管层面上的重视。

1982 年 2 月 8 日，建设部公布了首批国家历史文化名城，共 24 座城市，北京列为各名城之首。建设部相关部门十分关注北京市在名城建设中的动作，希望并敦促北京市在国家历史文化名城中作出表率，探索出一条名城保护之路。国家历史文化名城是由中华人民共和国国务院确定及公布，是于 1982 年根据北京大学侯仁之、建设部郑孝燮和故宫博物院单士元提议而建立的一种文物保护机制，被列入名单的均为保存文物特别丰富、具有重大历史价值或者纪念意义而且正在延续使用的城市，目前我国国家历史文化名城共于 1982 年、1986 年和 1994 年分别公布过三次，进入新世纪以来逐步增补了 25 次，截至目前共计 125 座城市榜上有名。

第三是北京市对名城保护规划工作的高度重视。

北京市政协文史委员会在参政议政方面发挥积极作用，提出了“关于尽快制定《北京历史文化名城总体保护规划》的建议”的提案，提案受到市委市政府领导的高度重视，马上批示：“请市规划院组织编制，制定工作方案，限期完成”。市政协不仅提出提案，而且加强过程监督，多次组织听取了规划和文物部门的工作汇报并给予了许多意见、建议，大大丰富了规划的内容。

2. 继承突破是果

一是在继承上“集大成”

《名城保护规划》是对《北京城市总体规划》的延续和深化，

---

① 谢辰生．把根留住[J]. 北京规划建设，2005.（1）.

是对历史上关于北京历史文化名城保护经验的总结和发展，是新中国成立以来北京历史上第一次在市域范围内对历史文化名城的保护进行的一次系统而完整的思考和规划。

在2003年3月20日召开的《名城保护规划》专家论证会上，专家们一致认为：北京市政府组织编制《名城保护规划》是一件非常好的事情，对保护北京历史文化名城具有重要意义，并且对全国将起到示范的作用。这次《名城保护规划》内容翔实、丰富，概念比较清楚，做得也比较细致。无论从理论和实践上都有很大的突破，具有很大的开拓性，是集过去名城保护工作和思想之大成。

二是在"强制性"上有突破

2002年8月16日时任北京市市长刘淇在建设部"关于对《北京历史文化名城保护规划》审核意见的函"中批示，要求保护规划应"明确一些强制性内容（如：限高等）"。《名城保护规划》编制完成后，共提出了31条强制性要求，占总条目数的20.7%，它们以"必须"、"严禁"、"禁止""不得"来描述，表明措施之严厉；而且首次对旧城危改提出了强制性要求，"树立旧城危改与名城保护相统一的思想"，即确立了保护的优先地位，明确要求危改服从于名城保护。

《名城保护规划》文本分20个专题、150个条目进行论述，各专题中所含的强制性内容统计如下：

1 总则：1.0.4，共1条；

2 文物保护单位的保护：4.2.6，共1条；

3 历史文化保护区的保护：5.2.1、5.2.2、5.4.6，共3条；

4 旧城整体格局的保护：6.0.1，共1条；

5 历史河湖水系的保护：7.2.1(1)，共1条；

6 城市中轴线的保护和发展：8.1.1、8.1.2、8.1.3、8.1.4、8.4.1、8.4.2，共6条；

7 皇城历史文化保护区的保护：9.3.4、9.3.7，共2条；

8 明清北京城"凸"字形城郭平面的保护：10.0.1，共1条；

9 旧城棋盘式道路网和街巷胡同格局的保护：11.1.1，共1条；

10 旧城建筑高度的控制：12.0.2、12.0.3、12.0.4，共3条；

11 城市景观线的保护：13.0.1、13.0.2，共2条；

12 街道对景的保护：14.0.2，共1条；

13 旧城建筑形态与色彩的继承与发扬：15.0.2、15.0.3，共2条；

14 古树名木的保护：16.0.1，共1条；

15 旧城危改与旧城保护：17.0.2、17.0.3、17.0.4，共3条；

16 传统地名的保护：18.0.1、18.0.2，共2条。

三是在“重实施”上有突破

以往的规划都是以政府批复的形式发布的，而《名城保护规划》除了政府批复外，市政府还专门发布了《关于实施<北京历史文化名城保护规划>的决定》（以下简称《决定》），指出“应在加快首都城市现代化建设和发展的过程中，保护北京历史文化名城。落实《北京历史文化名城保护规划》，是本市各级人民政府的重要职责。”强调“北京市各级政府及部门一定要把历史文化名城保护工作摆在重要位置。”要求“由规划、园林、国土、文物、建设、市政等部门健全机制、联合把关，保障切实有效地实施规划的内容。”并且“严格执法，对违反规划的行为依法予以查处并对违反批准建设的渎职失职行为依法追究相关部门和直接责任人的行政责任。”明确强调“危改必须服从历史文化名城保护的要求。”

3. 精英规划为主

在政府组织下，虽然进行了相对广泛地征求意见的环节，但在编制过程中，专业规划编制队伍和规划、文物行政主管部门唱主角，规划、历史等方面的专家指导、把关，这种精英规划编制体系依然沿用，社会力量的参与不足。专家队伍中缺乏经济学家、社会学家、生态学家和法律方面的顾问，缺乏街道、乡镇一级基层政府的参与。同时，相关社区居民和一些重要的社会公益组织的参与缺乏与规划编制和组织部门沟通的渠道和机会。

4. 上位规划束缚

历版总体规划所形成的“保护旧城整体格局、全面推进旧城改造”的思想在本规划中依然占主流、未能改变，保护旧城整体格局的十条和后期修编的新版《北京城市总体规划》中的十条在内涵上有较大差异，而且，同样在《北京城市总体规划》中的关于“整体保护旧城”的提法在此时还不成熟，估计在危改大刀阔斧推行的阶段这个提法各个方面均难以接受，故规划中未能涉及。

5. 实施仍受局限

规划文本中对“规划实施”固然重视，但该规划的实施仍存在难以回避的局限性：一是《决定》中的实施主题主要针对各区县政府、市政府各委办局及各市属单位，没有覆盖旧城内的中央单位，也就是说规划对中央单位没有约束，而这些单位占旧城面积一半以上；二是在规划编制过程中采取先规划、后宣传的常规方式编制，缺乏广泛的公众参与；三是名城保护的结果与区县政府的政绩不直接挂钩，所以区县政府的保护力度不够；四是与规划相关项目的名城保护资金不配套。因此，虽然规划编制的主体单位在主观上把规划实施放在主要位置，但客观上规划的实施效果打了折扣。尽管如此，《名城保护规划》的出台为上位规划调整与新版《北京城市总体规划》的编制打下了基础，是一个承前启后的专项保护规划，是名城保护的“承前启后之作”。虽然在规划编制时注重实施，但是在真正实施时还是遇到了不少阻力，资金落实不到位，政府政绩考核不配套，使得规划后劲不足。

2.3 《皇城保护规划》

保护规划的兴起是一套接二连三的组合拳，在成功编制完成了《25 片保护规划》和《名城保护规划》之后，2002 年 10 月，北京市政府在对《名城保护规划》的批复中明确提出了编制皇城保护规划的要求：“同意将皇城整体设立为历史文化保护区，要尽快完成《皇城保护规划》，报市政府批准后颁布实施，同时进行申报皇城为世界文化遗产的准备工作。”依据这一指示，市规划委会同市文物局和市规划院紧锣密鼓，利用半年时间完成了《皇城保护规划》，于 2003 年 4 月 7 日由市政府批复。

2.3.1 聚焦皇城保护

一是北京皇城整体保护十分必要。

北京皇城历经五百余年沧桑岁月，是我国唯一保存较好的封建皇城，是现存规模最大、最完整的皇家宫殿建筑群，是北京传统中轴线的精华组成部分，其规划理念、规划手段、建筑布局、建造技术、色彩运用等方面都具有很高的艺术性，展现了历史上皇权至上的等级观念，体现出封建王城完整的功能布局。是中国几千年封建社会国都建筑的代表，也是中华民族优秀的历史文化遗产。

二是北京皇城整体保护充分可行。

首先，《25 片保护规划》中有 14 片位于皇城保护区内，风貌保存尚好。对北京皇城进行整体保护，是对 14 片保护区的升级，进一步扩大了保护区的核心区范围，有利于保持北京皇城的完整性和独特的老北京气息。同时，也突出了北京皇城在北京旧城内的核心地位，有利于进一步延续传统环境和风貌，为故宫提供良好的外层空间。

其次，对北京皇城实施整体保护可以为北京皇城申报“世界文化遗产”创造条件。1998 年 5 月，联合国教科文组织的官员来北京考察天坛、颐和园申请“世界文化遗产”的情况时建议，按申遗要求需要对北京皇城环境进行整治和保护。所以，对北京皇城进行整体保护可以为北京皇城申遗工作作必要准备。

此外，整体保护北京皇城打出了一张“传统文化”牌，为成功申办 2008 年北京奥运会增加了一个很重的筹码。

郑孝燮先生在 2001 年时曾经对保护皇城的意义和作用讲得很透，“北京紫禁城故宫，不单是全国重点文物保护单位，尤其还是属于全人类的联合国公布的‘世界文化遗产’。北京拥有世界文化遗产五处——故宫、天坛、颐和园、长城、周口店猿人遗址，这或许是全世界各国都城罕见的。在人类文明刚刚进入新世纪之际，相信北京必将清晰地明辨那些自称‘我就是要割断历史’的某些现代主义荒诞派建筑设计主张是不可取的。‘保护古城区，开辟新建区’这一科学的规划设想虽然已经难以实现，然而今天倘若还能够把北京古城核心的紫禁城与皇城结合在一起，作为有机的历史文化风貌整体，加以保护、抢救，那么仍是十分重要和非常迫切而且也是可行的。否则，孤立地、独善其身地保护紫禁城，

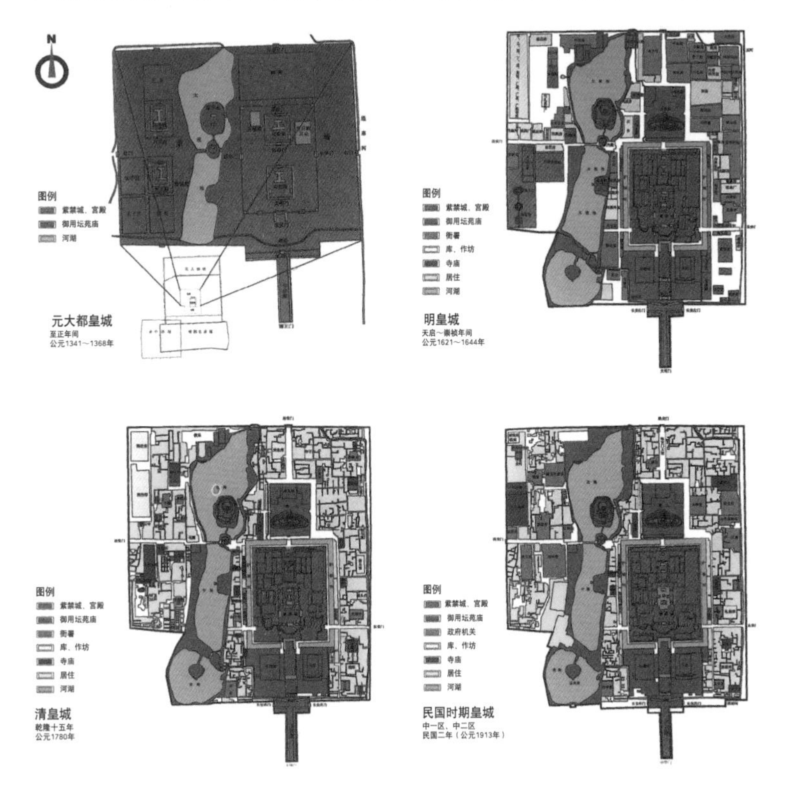

图 2–40　皇城的变迁

（图片来源：北京市规划委员会 . 北京市皇城保护规划 [M]. 北京：中国建筑工业出版社 .2004.）

而把本来就是它的外院，或者‘保护范围’抛掉，那岂不等于对世界文化遗产的一种轻率。保护紫禁城和保护皇城是绝对分不开的。保护世界文化遗产，保护古都风貌，对于北京来说应该是现代化发展总体的一个重要组成部分”。[①]

2.3.2 超出皇城的影响

《皇城保护规划》编制完成后，专家们再次不吝溢美之词，评价认为："《皇城保护规划》对进一步加强北京历史文化名城的保护，加强对北京皇城的保护具有重要意义。内容翔实、具体，调查深入、细致，概念明了、清晰，在理论和实践上发展了对历史文化名城保护的内涵。"

郑孝燮先生对皇城保护的方法提出了十分具体的观点和建议，他谈道："保护皇城，包括两类环境的保护，一个是生态环境，一个是文态环境。生态环境是针对自然的，文态环境是针对文化的，有历史的文态环境，也有现代的文态环境。从整体加强保护皇城主要是抓住它的历史文态环境。皇城的事情不能松口。保护皇城也决不意味着把皇城城墙都修复起来，而是要保护皇城内的原有建筑"[②]。他认为："皇城保护区"的绝大部分应划为永久保护地段和暂不开发地段，对新批建筑的用途、高度、形式、色调等要严格限制；对已兴建的有损于保护区历史风貌的建筑物，要下决心有计划地予以拆除；现仍占用文物保护单位用房的，应在规定时间内尽早腾退。

在聊起编制《名城保护规划》和《皇城保护规划》这两个规划的过程时，朱嘉广先生十分感慨，"编制过程并非一帆风顺，实际是保护在与危改争地盘，保护是花钱的，危改是挣钱的，因此在提出皇城内拆除建筑的名单并实施的过程中，推进的阻力很大，能取得后来的成果着实不易。但这个成果的取得绝不仅仅是保一个皇城的事儿，其实这项工作不仅进一步巩固了保护规划的一系列成果，也坚守住了名城保护工作的底线"。

宋晓龙先生也是《皇城保护规划》的项目负责人，他对我说："通过《25片保护规划》、《名城保护规划》和《皇城保护规划》的编制，北京市在新世纪初短短的两三年里，形成了一套完整、领先而且相对成熟的保护规划编制方法体系，对名城保护工作的开展积累了宝贵的经验，对全国其他城市有示范作用。更为重要

---

① 郑孝燮．保护紫禁城和保护皇城分不开[J]．北京规划建设，2001（6）．
② 郑孝燮．皇城及其整体保护[J]．北京规划建设，2001．

的是，在编制规划的过程中培养了一批人才，他们在各自的工作岗位上对名城保护持续发挥着作用。”

继编辑发行了《北京旧城 25 片历史文化保护区保护规划》图集之后，2004 年，北京市规划委将《名城保护规划》和《皇城保护规划》再次编辑成册，公开出版发行了《北京历史文化名城北京皇城保护规划》图集，有利于保护规划的宣传普及，有利于政府信息的公开，有利于市民对规划实施的监督，由于规划涉及了城市核心区，经过脱密后得以公开发行，这本身在当时是一个很大的进步。

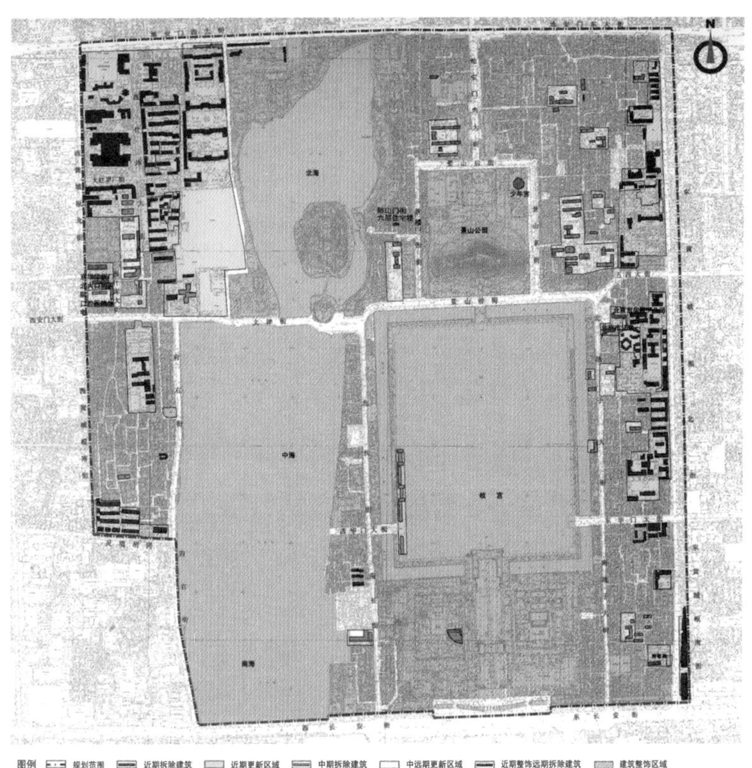

图 2–41　皇城保存状况
（图片来源：北京市规划委员会 . 北京市皇城保护规划 [M]. 北京：中国建筑工业出版社，2004.）

图 2–42　2004 年出版发行的《北京历史文化名城北京皇城保护规划》
（图片来源：北京市规划委员会 . 北京历史文化名城北京皇城保护规划 [M]. 北京：中国建筑工业出版社，2004.）

2.4 《第二批保护规划》

2.4.1 规划的过程

1. 规划缘起

北京市政府在关于《北京历史文化名城保护规划》的批复中还提出要求："同意新增第二片历史文化保护区，要尽快划定其保护和控制范围，并组织编制各保护区的保护规划，报市政府批准后颁布实施"，据此，2003 年 5 月，市规划委会同市文物局组织开展了第二批 15 片历史保护区的规划编制工作。保护规划再添硕果。

2. 保护区分布

第二批历史文化保护区不仅仅局限在旧城范围以内，其分布情况如下：

旧城新增 4 片：北锣鼓巷、张自忠路北、张自忠路南、法源寺。

旧城外增加 11 片：宛平城（丰台区）、模式口（石景山区）、三家店（门头沟区）、爨底下（门头沟区）、榆林堡（延庆县）、岔道城（延庆县）、焦庄户（顺义区）、古北口（密云县）、遥桥峪（密云县）、小口（密云县）、西郊清代皇家园林（海淀区）。

旧城外保护区分为以下四类：

（1）古村落类：以民居为主体保存完好的古村落，多沿京城古道发展而来，村落格局完整，四至边界自由，与周围环境融为一体，在历史上都曾经有过一定的经济繁荣时期。这一类保护区主要有：三家店、模式口、川底下历史文化保护区。

（2）城堡类：多由军事设施、驿站演变为民居村落，具有明确的城墙作为四至边界，格局严谨，布局方正。这一类保护区主要有：卢沟桥宛平城、遥桥峪、小口、榆林堡、古北口、岔道城历史文化保护区。

（3）风景园林类：以风景园林为主的保护区。这一类保护区主要有：西郊清代皇家园林历史文化保护区。

（4）特殊类：主要指具有特殊的历史文化背景的保护区。这一类保护区主要有：焦庄户、卢沟桥宛平城历史文化保护区。

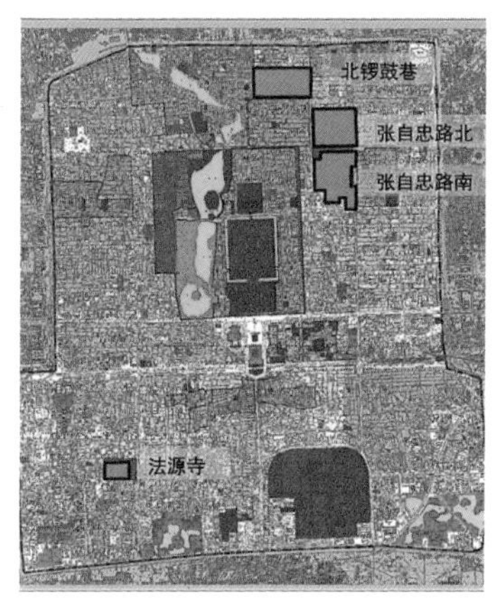

图 2–43　旧城内新增保护区分布图（左）
（图片来源：摘录于《北京历史文化名城北京皇城保护规划》）

图 2–44　旧城外保护区分布图（右）
（图片来源：摘录于《北京历史文化名城北京皇城保护规划》）

3. 编制工作分工

《第二批保护规划》编制工作分工：

① 清华大学：北锣鼓巷、西郊清代皇家园林；② 北京建筑工程学院：岔道城、焦庄户、川底下、法源寺；③ 北京工业大学：古北口；④ 中国建筑设计院建筑历史研究所：张自忠路北、榆林堡；⑤ 中科院北京建筑设计院：张自忠路南、遥桥峪、小口；⑥ 北京市城市规划设计研究院：皇城、模式口、三家店、卢沟桥宛平城。

4. 规划组织编制过程

2003 年 5 月，北京市规划委员会向相关区县政府发出《关于编制第二批历史文化保护区保护规划的通知》；

2003 年 9 月 4 日，北京市规划委员会总体规划处温宗勇处长主持召开第二批历史文化保护区保护规划第一次工作会议，确定编制单位、任务分工及保护规划标准编制等项工作；

2003 年 9 月 11 ～ 12 日，北京市规划委员会总体规划处组织保护规划参编单位现场踏察；

2003 年 11 月，北京市规划委员会总体规划处温宗勇处长主持历史文化保护区编制审查工作小组会议，原则同意北京市城市规划设计研究院编制的保护规划编制标准（远郊十片）；

2003 年 11 月，北京市规划委员会总体规划处组织保护规划参编单位第二次现场踏察；

2004 年 11 月 16 日，北京市规划委员会总体规划处组织召开第一次规划成果审查会；

2004 年 1 月 6 ～ 7 日，北京市规划委员会总体规划处组织召开第二次规划成果审查会，对远郊9片保护区进行复审；

2004年2月19日，北京市规划委员会总体规划处组织召开第三次规划成果审查会，对旧城范围4片保护区进行审查；

2004年3月，各片保护区保护规划的参编单位将修改完善后的方案上报北京市规划委员会总体规划处；

2004年4月1日，北京市规划委员会总体规划处将上报的编制成果发送各相关区县政府征求意见；

2004年5月底，各相关区县政府返回意见；

2004年7月，召开第二批历史文化保护区专家论证会，通过专家审查后，纳入《北京城市总体规划（2004-2020年）》。

5. 规划组织编制工作的特点

《第二批保护规划》在延续《25片保护规划》、《名城保护规划》和《皇城保护规划》的基础上，不断深化和创新，形成了以下几个特点：一是采取“统一组织，社会参与，区县配合，专家把关”的方式，系统、科学、规范、整体、有效地推动工作；二是保护规划标准突出郊区保护区的特色；三是注重保护区的保护与可持续发展；四是明确保护和更新对象，严格高度控制，强调风貌保护；五是强调院落作为保护更新的基本单元，在保护风貌的前提下，改善街区道路与市政基础设施条件。

2.4.2 规划的重点

1. 完善标准

旧城内第二批历史文化保护区沿用第一批25片历史文化保护区规划标准；旧城外保护区在第一批25片历史文化保护区规划标准基础上进行调整、补充和完善，体现郊区保护区的特点。旧城外保护区分为历史文化保护区和建设控制区进行保护和控制。对保护区和建设控制区提出了高度控制要求：保护区内的建筑高度要求按照传统建筑的原貌进行控制；建设控制区的建筑高度控制分为四个层次，即非建设地带、低层区（9m以下）、多层区（9～18m）、中高层区（18m以上）。

建筑历史文化价值分类标准如下：

第Ⅰ类：即“国家、市、区级文物保护单位”，指各级政府挂牌公布的文物。

图 2-45　政府挂牌公布的文物
（图片来源：摘录于北京市规划委员会工作资料）

图 2-46　具有较高历史文化价值的传统建筑
（图片来源：摘录于北京市规划委员会工作资料）

图 2-47　具有一定历史文化价值的传统建筑(左)
（图片来源：摘录于北京市规划委员会工作资料）

图 2-48　与传统风貌比较协调的建筑（左下）
（图片来源：摘录于北京市规划委员会工作资料）

图 2-49　与传统风貌不协调的建筑（下）
（图片来源：摘录于北京市规划委员会工作资料）

第Ⅱ类：即“具有较高历史文化价值的传统建筑”，指尚未列入文物保护单位名单，但建筑形式、风格及建筑布局具有较高历史、科学、艺术价值，且建筑维护状况较好的传统建筑。

第Ⅲ类：即“具有一定历史文化价值的传统建筑”，指具有一定的历史、科学、艺术价值，但建筑损毁较重，建筑质量较差，仅通过建筑物上依存下来的部分历史建筑构件或元素来真实地反映城镇、乡村历史风貌和地方特色的建筑。

第Ⅳ类：即“与传统风貌比较协调的建筑”，指在建筑的空间布局、高度、材质、建筑形式等方面与保护区的传统建筑风貌无太大冲突的建筑。

第Ⅴ类：即“与传统风貌不协调的建筑”，指在空间尺度上或建筑形式、建筑风格上，与传统建筑风貌有较大冲突的建筑。它包括3层及3层以上的多高层建筑，建筑形式或建筑外部装饰风格与传统建筑风貌有较大冲突的建筑，这类建筑虽然建筑质量较好，但对保护区的传统风貌具有较大的破坏作用。

2. 突出特色

1）旧城外保护区

三家店历史文化保护区：位于门头沟区永定河北岸，是京西古道沿线的古村落，保护区面积31.15hm^2，建设控制区

图 2–50 三家店历史文化保护区
（图片来源：摘录于北京市规划委员会工作资料）

图 2–51 模式口历史文化保护区
（图片来源：摘录于北京市规划委员会工作资料）

图 2–52　爨底下村的保护与整治规划图
（图片来源：摘自叶祖润教授主持编制的爨底下村保护规划资料）

面积 85.15hm^2。保护区内有各级文物 7 处，古树名木 16 棵，历史遗存 1 处，保护院落 26 处，与煤业发展有关的建筑群以及多处保护院落成为此地独特的景观。

模式口历史文化保护区：位于石景山区西北部，是京西古道沿线的古村落，保护区面积 35.6hm^2，建设控制区面积 173.6hm^2。保护区内有各级文物 5 处，古树名木 38 棵，历史遗迹 15 处，保护院落 12 处，文物级别高，历史遗迹丰富是保护区的主要特色。

爨底下历史文化保护区：位于门头沟区斋堂镇，是明清时代京城西古驿道上的古商贸及宗族聚居村落。保护区面积为 22.6hm^2，建设控制区面积为 120.1hm^2。保护区整体为市级文物，有古树名木 8 棵，历史遗迹 21 处，保护院落 71 处，典型的风水格局、完整的民居村落环境、灵巧的山地四合院等成为保护区的主要历史文化特色。

图 2-53 爨底下村的特色建筑及整体风貌
（图片来源：摘自叶祖润教授主持编制的爨底下村保护规划资料）

卢沟桥宛平城历史文化保护区：位于丰台区，是历史上护卫京城的防御性城池，保护区面积 32.5hm^2，建设控制区面积 190.1hm^2。卢沟桥、宛平城是国家和市级文保单位，也是震惊中外的“卢沟桥事变”的发生地，具有重要的历史和革命纪念意义。保护区内有区级以上文物 3 处，历史遗迹约 10 处。

图 2-54　卢沟桥宛平城历史文化保护区
（图片来源：摘录于北京市规划委员会工作资料）

遥桥峪城堡、小口城堡历史文化保护区：分别位于密云县新城子乡的东部及北部，是由军事设施演变来的民居村落古城堡，遥桥峪、小口保护区面积分别为 20.3hm²、10.9hm²，建设控制区联成一体，面积为 645.4hm²。遥桥峪城堡城墙、小口城堡城墙均为县级文物，至今保存完好。遥桥峪城堡有古树名木 1 棵，历史遗迹 11 处，保护院落 6 处；小口城堡有历史遗迹 11 处，保护院落 14 处。

图 2-55　遥桥峪城堡、小口城堡历史文化保护区
（图片来源：摘录于北京市规划委员会工作资料）

榆林堡历史文化保护区：位于延庆县康庄镇西南，是北京现存规模最大、保存最完整的古代驿站遗存，保护区面积为 53.96hm²，建设控制区面积为 305.98hm²。保护区有古树名木 1 棵，历史遗迹 16 处，保护院落 90 处，榆林堡城遗址为县级文保单位，其“凸”字形城郭及典型堡寨式聚落布局成为保护区的主要特色。

图 2-56　榆林堡历史文化保护区
（图片来源：摘录于北京市规划委员会工作资料）

岔道城历史文化保护区：位于延庆县八达岭镇，是长城军事防御体系中八达岭关口的重要组成部分，保护区面积为21.6hm²，建设控制区面积为113.9hm²。保护区有古树名木3棵，历史遗迹5处，保护院落1处，古城墙城门、烽火台为成保护区的历史文化特色。

图2-57　岔道城历史文化保护区
（图片来源：摘录于北京市规划委员会工作资料）

焦庄户历史文化保护区：位于顺义区龙湾屯镇，1943年，当地党组织和群众，利用地道和日寇周旋作战，创造了抗战时闻名的"地道战"，被誉为"人民第一堡垒"，是以抗战地道战遗址为主体的保护区。保护区面积为28.8hm²，建设控制区面积为157.5hm²，保护区有历史遗迹15处，保护院落46处，地下地道空间为其主要特色。

图2-58　焦庄户历史文化保护区
（图片来源：摘录于北京市规划委员会工作资料）

古北口历史文化保护区：位于密云县古北口镇，为古代军事要冲、商贸重镇。保护区面积为40.3hm²，建设控制区面积为615.95hm²。保护区内有区级以上文物9处，历史遗迹15处，保护院落119处，保护区内现存多处文物遗迹，并与其周边的古北口长城形成独特的历史文化景观。

图2-59　古北口历史文化保护区
（图片来源：摘录于北京市规划委员会工作资料）

戴俭院长在同我谈到当初带队编古北口保护规划时十分感慨：

2003年，我们又在温处长的带领下参与古北口保护规划编制工作。古北口的自然地形地貌多样，是保护区类型的新拓展。回想当年的情景，依然十分有感触。那时条件较艰苦，然而大家的热情很高，积极努力地做调研工作，和温处等各单位专家一起做交流、研究，学到很多。如今，当时参与的很多学生都已经毕业了，现在的一批从事历史街区保护的骨干人才，都与当年的经历密不可分。这些经历既是专业上的拓展，也是生活阅历上的宝贵财富。记得当时我们那一组提出了保护的方案，与当地政府观点不同，遇到不小的压力，但我们仍坚持以保护为主的规划理念，现在看来，当年的坚持是十分必要的。

2）旧城内保护区

张自忠路北历史文化保护区：位于东城区，南至张自忠路，北至香饵胡同，东至东四北大街，西至交道口南大街，保护区面积为42.11hm^2，内有和敬公主府、段祺瑞执政府等区级以上文保单位8处，普查在册3处，古数名木12棵，保护院落82处。

张自忠路南历史文化保护区：位于东城区，北至张自忠路，南至东四西大街，东至东四北大街，西至美术馆后街，保护区面积为62.81hm^2，建设控制区面积为12.92hm^2。片区内有区级以上文保单位2处，普查在册2处，古数名木45棵，历史遗迹2处，保护院落50处。

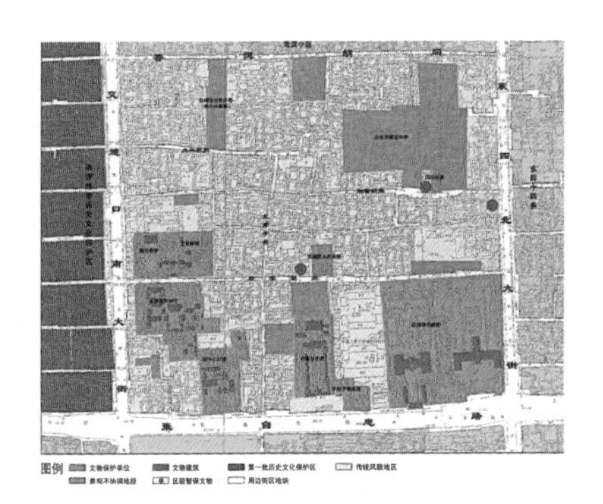

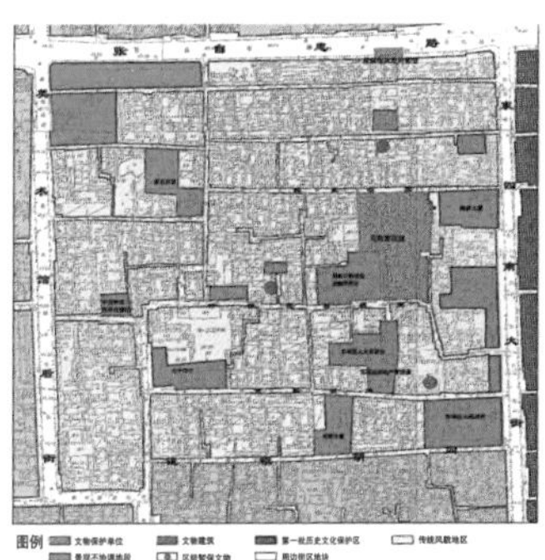

图2–60　张自忠路北历史文化保护区（左）
（图片来源：摘录于北京市规划委员会工作资料）
图2–61　张自忠路南历史文化保护区（右）
（图片来源：摘录于北京市规划委员会工作资料）

北锣鼓巷历史文化保护区：位于东城区，北至车辇店胡同、净土胡同、国兴胡同，南至鼓楼东大街，东至安定门大街，西至赵府街、草场北巷，保护区面积为37.5hm^2，建设控制区面积为13.1hm^2。街区较为完整地保持了元大都建成时期的街巷形态，内有区级以上文保单位2处，普查在册3处，古数名木24棵，保护院落约20处，7600m^2。

法源寺历史文化保护区：位于宣武区，北至法源寺后街，南至南横西街，东至菜市口大街，西至教子胡同，保护区面积为

14.18hm^2，建设控制区面积为 7.32hm^2。是以唐代法源寺为核心，以宗教、小商业和市民居住为主的城市街区，有文保单位 5 处，保护院落 27 处。

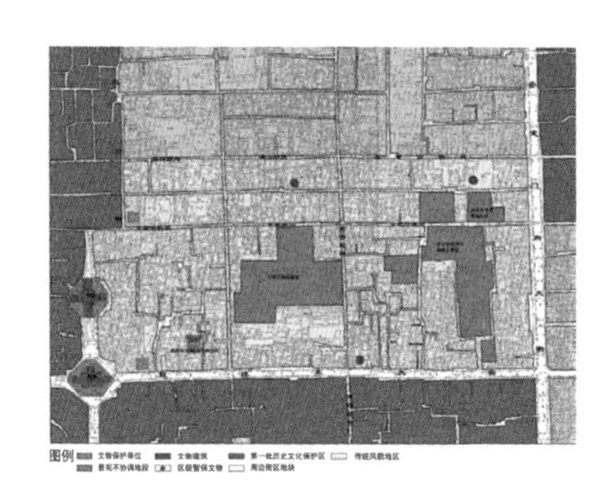

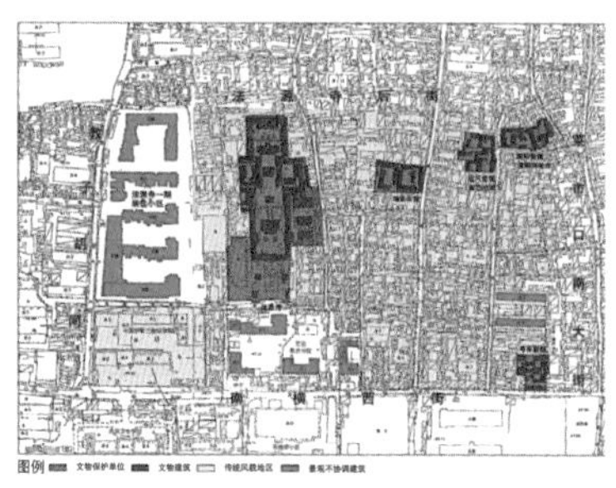

图 2–62　北锣鼓巷历史文化保护区（左）
（图片来源：摘录于北京市规划委员会工作资料）
图 2–63　法源寺历史文化保护区（右）
（图片来源：摘录于北京市规划委员会工作资料）

2.4.3　规划的意义

在组织编制《第二批保护规划》时，出现了几个显著的变化。一是规划的编制标准、编制流程和编制成果已经相对成熟，成为相对固定的范式主体；二是各区县政府高度重视，区县规划、文化部门大力支持，他们积极主动地提供历史及现状资料、陪同并协助现场调研；三是参编单位的经验已经逐渐积累起来，编制保护规划的专业队伍和人才在迅速成长；四是标准和程序确定以后，组织规划编制的主责有条件下沉到市规划委的总体规划处落实后上报。这个规划编制完成以后，我们能够看到几个保护规划叠加后的作用和意义。

1. 旧城保护范围进一步扩大

新增了第二批保护区后，旧城内第一、二批历史文化保护区合计 30 片，总占地面积约为 1277hm^2，约占旧城总面积的 20.4%。旧城第一、二批历史文化保护区及其建设控制区合计总面积为 1663hm^2，约占旧城总面积的 26.6%。从各保护片区历史风貌、建筑特色、人文环境特点来看，旧城中保存下来 4 个不同类别的历史文化保护区，而且，保护区分布相对集中连片，传统风貌相对完整。

传统商业类，共 6 片。大栅栏地区、鲜鱼口地区、琉璃厂东街、琉璃厂西街、阜成门内大街、什刹海地区。这类历史文化保护区保留了老北京的商业文化传统，是北京市井文化的再现区，具有发展商业、旅游、居住的多重潜力。

传统居住类，共 5 片。西四北头条至八条、东四北三条至八条、南锣鼓巷地区、北锣鼓巷地区、张自忠路南地区。这类历史文化

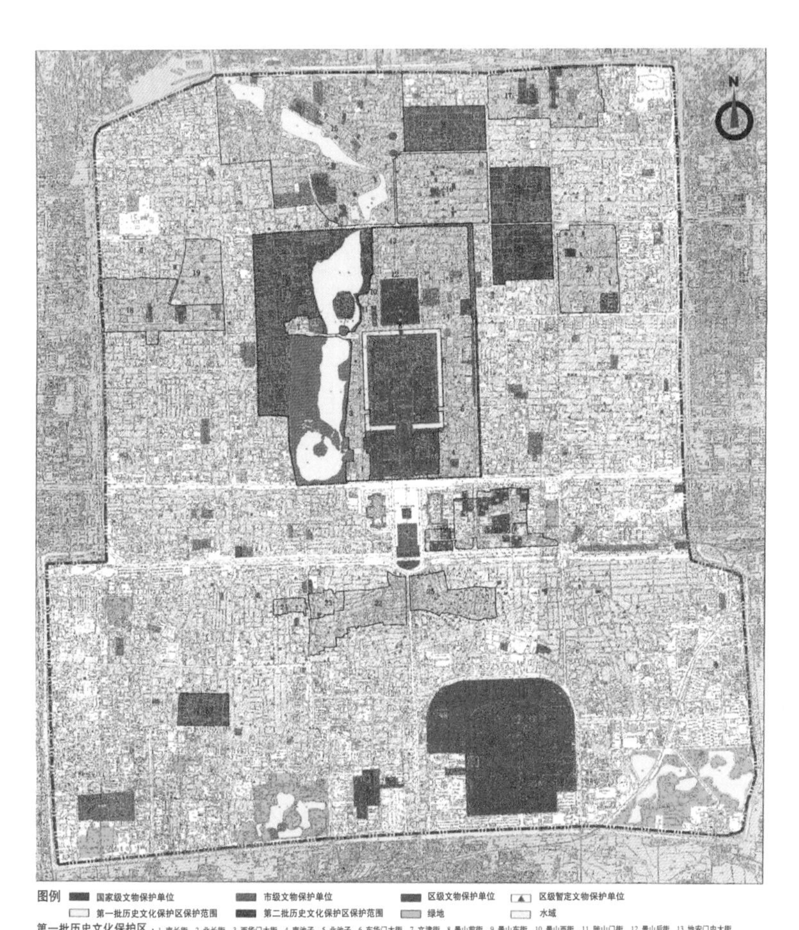

图 2–64　北京旧城历史文化保护区分布图（第一批、第二批）
（图片来源：摘录于北京市规划委员会工作资料）

保护区完整保留了老北京传统的胡同街巷、四合院肌理，是北京皇城建筑的重要背景，也是老北京市民生活的特殊载体。

皇城类，共 15 片。皇城、景山八片、南池子、北池子、南长街、北长街、东华门大街、西华门大街。这 15 片历史文化保护区合在一起共同再现了皇城建筑群杰出的规划布局、建筑艺术和建造技术，是中国封建王朝统治的象征，也是北京旧城的文化核心，具有极高的历史价值。

重要建筑类，共 4 片。国子监地区、张自忠路北地区、法源寺地区、东交民巷地区。该类历史文化保护区因一些具有特殊意义的历史建筑而闻名，历史建筑成为片区核心。

2. 保护区分布扩展到了全市域范围

第二批保护区中，在旧城以外，尤其是在城市的近远郊地区，产生了 10 片保存完整、各具特色的历史文化保护区。这些历史文化资源如果不加以及时发现、保护、维护，随着城市化的发展和岁月侵蚀，加上不可避免的人为破坏，会逐渐自生自灭并快速消亡，与这些历史遗存相关的历史故事也会有相当程度的流失。在全市域内对这些成片完整存在着的历史文化名村、名镇及时地加以保护是十分必要的。

2003 年 10 月 8 日，建设部和国家文物局发布了中国历史文化名村或中国历史文化名镇评选办法，将全国范围内“保存文物特别丰富且具有重大历史价值或纪念意义的，能较完整地反映一些历史时期传统风貌和地方民族特色的村”通过按统一的标准组织评选，纳入“中国历史文化名村”和“中国历史文化名镇”名录。截至 2014 年 3 月 10 日，一共公布了六批这样的名村名镇，北京门头沟区爨底下村被列入了第一批名录之中。北京市从 2003 年 5 月开始开展的第二批历史文化保护区保护规划的编制工作，体现出了北京市对名村名镇保护工作的重视程度和此项工作在全国的领先性。

3. 为总规修编打下了基础

第二批保护区保护规划的编制工作与随后开展的北京城市总体规划修编工作在时间上重叠，又是由市规划委总体规划处同时具体负责牵头协调的工作，为提高效率，减少规划上报审批环节，经请示后，其成果直接纳入了《北京城市总体规划（2004—2020年）》文本一并上报国务院批准。可以说，这个规划既丰富了名城保护的内涵，也充实了总体规划的成果。

2.5 观点与实施的演进

围绕北京旧城的发展与保护，观点不同形成了“拆派”和“保派”，还在利益的权衡中出现了比较中庸的“折中派”。“拆派”以大力“发展”及“经济至上”为原则，认为旧城已经年久失修，并且因私搭乱建而破败，已没有保留的价值。“拆旧建新”不但能够赢得较高的经济效益，而且能够提高旧城居民的生活水平，还能使旧城破败面貌快速改变。“保派”则认为旧城是中国封建社会最后的，也是唯一的街巷制区域，考虑到胡同以及胡同里的四合院体系在历史上的重要性，坚定不移地保护旧城格局以及空间肌理，强烈反对一切大规模拆旧建新的行为，认为那是对旧城记忆的抹杀。“折中派”在旧城保护中持折中主义，认为对旧城应采取“取其精华，去其糟粕”的规划理念，对有历史保护价值的建筑、历史遗存及文物应保留下来，而破损不堪的老房子应像“糟粕”般被拆除。

这一时期，对保护的认识和看法不断摇摆，就是对历史文化保护区的划定也存在不同的观点，一种观点认为保护区的划定有功：正因为划定了25片保护区，切实保护了传统的空间肌理，对历史文化名城保护功不可没；另一种观点认为保护区的划定有过：由于25片保护区并未涵盖旧城的全部精华，所以25片保护区的划定，造成了保护区外传统空间的拆毁加剧。换句话说，划定25片保护区，意味着放弃25片以外传统街区的保护。可见在当时的情况下，对保护而言在观点上存在差异，对保护区的试点实施而言则在行动上存在分歧。这都是历史的局限，也是历史发展的必然过程。

2.5.1 专家的保护观点

当我拜访文保老专家谢辰生先生时，他说：“再过一百年，人们记住并感谢的是保护城市的人，而不是建设城市的人。”他在新世纪初的主要观点如下：

2000～2002年——不能仅仅为了经济利益而去破坏自己的文化遗产。

2000年——北京出台危旧房改造5年计划，一片片老城胡同在推土机的轰鸣中消失，谢辰生连同20多位专家学者上书中央，直斥拆除行为违反北京人文奥运，将会成为千古罪人。这封信导致5年拆除计划只执行了两年多就停了下来。

2003～2005年——要保旧城就必须建新区，这是根本原则。现在一定要立即停止在二环路以内把旧街区成片地夷为平地建新房的改造方式，这是对名城的抢救。并且不能失去具有独特风格的古代建筑。

2003年9月——给中央的信里面讲道：我现在已经80多岁了，一辈子只做了一件事情（文物保护），现在我已决心以身殉城！

徐苹芳先生则一直呼吁“不要把北京搞成第二个香港”。

他2001年建议应对北京旧城的保护采取措施：

一是，全力保护北京旧城的中心。

二是，整体保护北京内城东西长安街以北至北城垣（北二环路）内的元大都街道遗痕。

三是，现在北京市公布的旧城内25片历史街区，是第一步保护北京旧城的措施，应当把北京旧城内的胡同都保护下来。所谓“历史街区”是从国外引进的概念，并不符合中国古代城市的

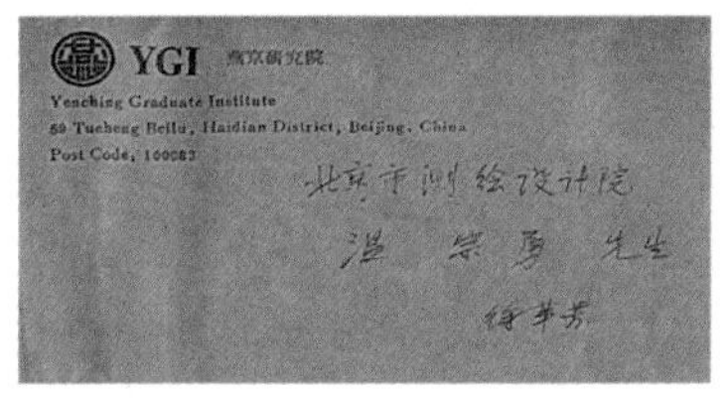

图2–65 作者与徐苹芳的通信
（图片来源：作者2010年与徐苹芳先生的通信往来）

图 2-66 保护专家指导现场（徐苹芳、谢辰生）
（图片来源：作者工作资料）

图 2-67 作者与文保专家徐苹芳
（图片来源：龚勃 2011 年拍摄）

实际情况，是在保不了大部分街区时的一种让步退缩的借口。

四是，不要在北京旧城内再兴建超高的楼堂馆所，不要把北京搞成第二个香港。

五是，尽量把北京旧城的机关、工厂向外疏散，减低人口密度，减低交通流量。

同年，他对中国历史文化名城的保护管理工作提出如下建议：

一是迅速制定中国历史文化名城保护法。

二是全面总结 20 年来中国历史文化名城保护管理工作，汲取教训，总结经验，做好工作。

三是在中国历史文化名城保护管理工作中，要废除“旧城改造”的错误方针和口号，只有“保护旧城，另建新区”才是保护历史文化名城的唯一出路。

四是理顺中国历史文化名城和世界文化遗产的管理体制。

五是加强关于中国历史文化名城的科学研究工作。

罗哲文先生在 20 世纪 80 年代就提出了要保护历史文化名城

图 2-68 保护专家指导现场（罗哲文、谢辰生）
（图片来源：摘自于作者工作资料）

图 2–69　作者与宣祥鎏主任
（图片来源：龚勃 2012 年拍摄）

的概念，他认为保护古建筑离不开周围的环境，而且主要是为了今天、为了明天，绝不是为古而保。我们要用古代劳动人民辛勤劳动的果实和血汗的结晶来教育今天的人民，要把古代历史上遗留下来的实物作为研究历史科学的实物例证，把古代劳动人民积累下来的经验作为今天建设的参考，把过去劳动人民建筑起来的好地方为今天的人民所享用，为开展旅游事业提供物质基础。一句话，就是："古为今用"。他强调要坚决控制旧城内的高度；应该把文物放到整个城市规划中保护。

我就旧城保护的问题曾经经常请教我的老领导首规委原副主任宣祥鎏先生，他直言不讳地说："保护与发展是永久的矛盾，把它们对立起来不对。金宝街高楼林立，宣武区高楼林立，你不承认不行，天坛地区也逐渐看出苗头。高楼林立也是古都历史文化名城保护核心区内的一种现实，应该老老实实承认。原宣武区东南角清真寺复建，当时规划高度 18m，现在起的楼 18 层。咱们研究历史文化名城保护，要向党中央、向老百姓交底，我们历史文化名城保护的旧城区就是这个样。保护核心区，怎么能不拆呢？我有一个观念，保护精华。糟粕要毫不留情地拆掉。"

关于保护的范围和标准，刘小石先生明确表达了他的观点，"《中华人民共和国文物保护法》要求，受保护的文物通常要具有历史性、艺术性、科学性，才能列入保护范围。我认为，这个标准可能把一些不同时具备上述三要素、但具有保护价值的文物或建筑排除在外。其实只要具有一个要素或两个要素即可保护。有

图 2-70 保护专家现场指导（王世仁）
（图片来源：摘自于作者工作资料）

的年代悠久的四合院残缺不全，我们应该想方设法保护它们、修复它们，而不是终结它们。”

王世仁先生提出如下观点：

我们所要保护的四合院，主要是那些典型的“北京四合院”，不规则的平房，保护意义不大。

事实上，四合院不适合多户平等共居。作为居住场所，只有极少数人有条件享用，而不可能成为多数人的住所。或者说，它的现代居住功能已经基本丧失。四合院不符合现代城市居民的生活情趣。四合院显然无法满足现代化城市高效利用资源的要求，这在城市的经营管理上，也是一个不容忽视的问题。换句话说，北京的城市面貌总是 50 年左右更新一次。从保护方面说，应当是保典型，保重点，保群体，保景观；从利用方面说，除了少量作为纪念馆、博物馆、餐馆酒店和富商等特殊人群的住宅外，也可以有一部分作为开放的民俗游宅院，或某些宁肯降低居住质量也难离故土的居民住宅。

谈到北京四合院的出路，王先生考虑“无非是保、用、改、拆四种前途”。

所谓保，主要是从四合院文化价值的角度认识保护的重要意义，切实保护好若干完整的、典型的实物。对其中具有重要纪念价值的名人故居、会馆更要加大保护力度。在历史文化保护区内，要有重点地保护、整治好一些地段和街巷，并尽可能地做到恢复原状。

所谓用，主要是指针对现有四合院的特点拓展其新的使用功能。我考虑，现有四合院的利用前途可能有以下几种：一是作为博物馆、纪念馆等教育场所；二是作为社区公共活动场所；三是作为高官、富商等特殊人群的宅邸；四是作为酒店、饭庄，或成为俱乐部及商务用房；五是作为民俗旅游开放的居民宅院。此外，可能还有一些四合院仍然作为普通居民住宅，以满足那些宁肯降低居住质量也难舍故土者的需求。

所谓改，主要是指对现有四合院进行不同程度的改造。要利用，就不可避免要改造。这种改造既可能是整治性的改造，也可能是功能性的改造或更新改造。整治性的改造主要采取迁移、重组、仿建等方式进行，以保持古城传统风貌的完整与谐调。功能性的改造，主要是按照现在使用的要求，调整房屋布局，增加现代设施，只要外形依旧，其他都可以改变。更新改造基本是重新建设，单座、成组、成片更新都可以，只要求四合院的风格信息有所延续，其他都服从实用功能。

所谓拆，主要指按照城市规划的要求成片拆除危旧四合院。为了将北京建设成为国际一流的现代化大都市，拆除部分保留价值不高的破旧四合院势在必行。但是，在拆的过程中，一不要“斩草除根”，二不要“泥沙俱下”，而要拆中有保。必须拆掉的，要保存好图纸、照片资料。其实在新街区中，完全可以保留一两处质量好的四合院或其局部，将其作为绿地中的景观或社区公共场所。要有意识地保存一些好的建筑构件，以备“改”中使用。另外，要尽可能保存一些历史痕迹，包括有形的（水井、基址、古树等）和无形的（地名、故事等）。

图 2–71　清华大学边兰春教授
（图片来源：由边教授本人提供）

当记者问“有人说北京 25 片历史文化保护区的公布之日，也就是北京城的毁灭之时，对此是否认同”时，边兰春教授的回答是这样的：“人的认识是不断发展的，需要不断地深化和扩展，但总是会有一个重要的起点。以前在保护旧城时，没有严格的历史文化保护区的划定，只是在 20 世纪 80 年代的城市总体规划中有对建筑高度的控制，但它也是在不断地进行调整和完善，如 1993 年版的总体规划中关于旧城高度控制的规定与 1983 年版的总规相比就有所变化，指标可能更保守和严格，但这并不代表在控制过程中是最有效的，你可能会发现在建的项目都超过了 80 年代甚至当时规定的高度。建筑高度控制，其实强调的就是北京旧城的整体保护。20 世纪 80 年代我们作了大量的对北京旧城空间形态的研究，如高度分区、景观视廊等，老专家们也提了很多建议，现在来看，这是些很有价值的美好蓝图。但同时，我们发现这些美好蓝图不足以去控制和引导北京的旧城保护，它确实需要制定一些更严格和细化的法律法规和政策措施，所以从文保单位的划定，到保护区名录的出台，再到保护区规划的编制，对于落实旧城保护还是很有意义的。有些人存有疑问：划定了 25 片保护区，那25片之外的地区是不是就不受保护了？我不这么认为。因为25片保护区是需要进行重点控制的，但25片以外的地区仍然有常规规划如高度控制、用地性质、道路规划等的控制，这两者相互补充，形成对旧城的整体控制，所以划定保护区，并不意味着保护区以外就可以无限制地进行开发建设。不过，仍然存在一个最重要的问题，即从新中国成立后一直延续至今的一些规划内容的编制，如道路系统的规划，在1999年编制控规的时候，做了一些路网加密、胡同拓宽等工作，这本身在规划技术和规划思路上就与旧城保护有矛盾。”

2.5.2 保护区的试点与实施

1.“人性化”的皇城根遗址公园

图2–72 皇城根遗址公园
（图片来源：祖希摄）

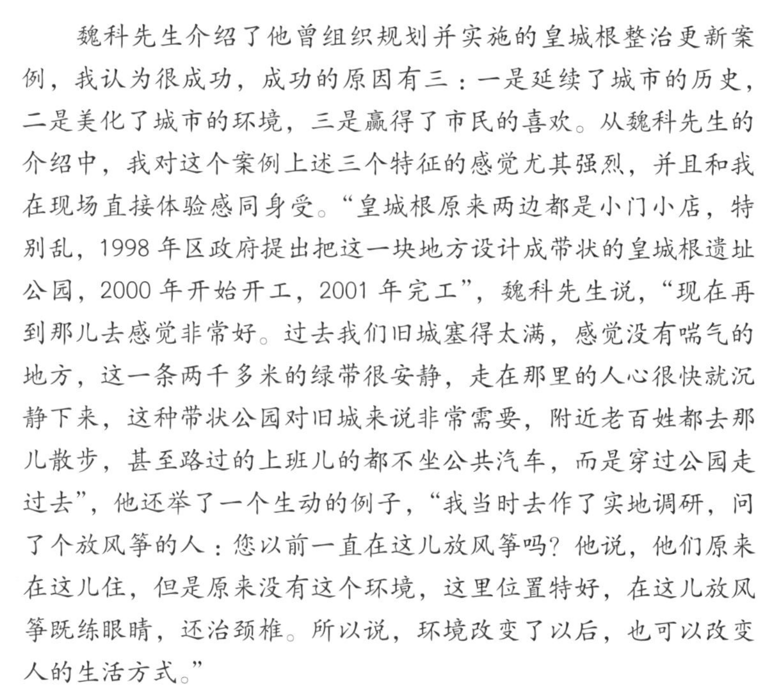

魏科先生介绍了他曾组织规划并实施的皇城根整治更新案例，我认为很成功，成功的原因有三：一是延续了城市的历史，二是美化了城市的环境，三是赢得了市民的喜欢。从魏科先生的介绍中，我对这个案例上述三个特征的感觉尤其强烈，并且和我在现场直接体验感同身受。“皇城根原来两边都是小门小店，特别乱，1998年区政府提出把这一块地方设计成带状的皇城根遗址公园，2000年开始开工，2001年完工”，魏科先生说，“现在再到那儿去感觉非常好。过去我们旧城塞得太满，感觉没有喘气的地方，这一条两千多米的绿带很安静，走在那里的人心很快就沉静下来，这种带状公园对旧城来说非常需要，附近老百姓都去那儿散步，甚至路过的上班儿的都不坐公共汽车，而是穿过公园走过去”，他还举了一个生动的例子，“我当时去作了实地调研，问了个放风筝的人：您以前一直在这儿放风筝吗？他说，他们原来在这儿住，但是原来没有这个环境，这里位置特好，在这儿放风筝既练眼睛，还治颈椎。所以说，环境改变了以后，也可以改变人的生活方式。”

项目传承了城市的历史文脉，“皇城根底下原有一条河，现在是路，过去是玉河（也称御河），河往里面才是皇城墙，考古都考证了，后来把东安门的遗址也挖出来了。皇城根唯一的遗憾，就是那些年在南部盖了两个建筑，一个是华龙街，一个是贵宾楼，有这两个建筑就断了四百米，差一点就和正义路连通了。修了皇城根遗址公园后，东城区又修了一部分玉河，玉河由皇城根往北修到什刹海，犹如一幅旧城的长卷”。

关于项目设计、实施、居民拆迁和资金平衡问题，他也有清

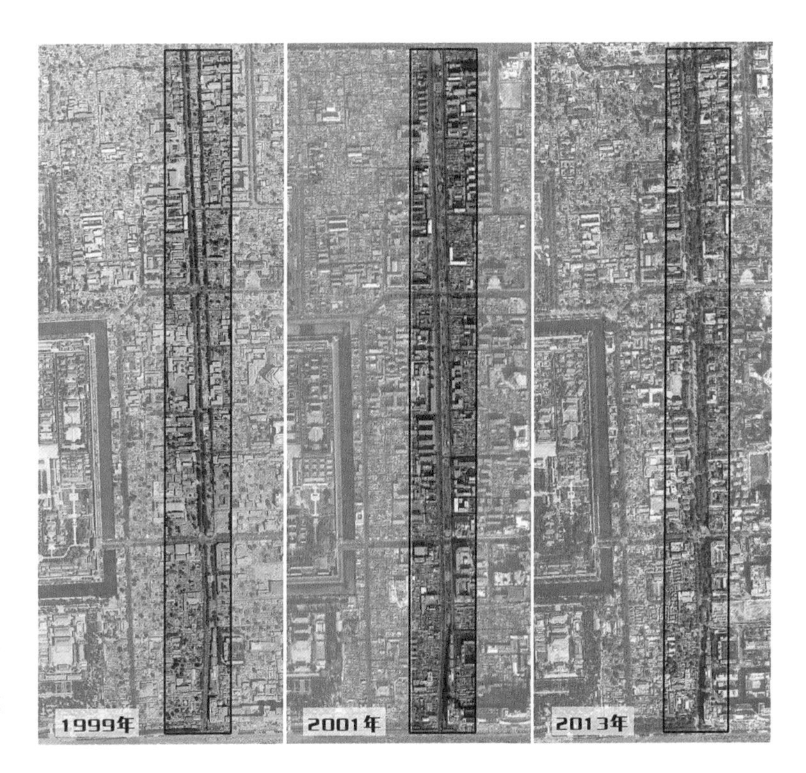

图 2–73　1999–2013 年皇城根遗址公园变迁航片图
（图片来源：北京市测绘设计研究院航片，图片制作：甄一男）

晰地介绍，“皇城根也拆迁了好几百户，拆迁居民通过货币搬迁，去哪儿的都有。当时皇城根投入 7 亿，实际上，7 个亿都是从区里面的财政出的，用的王府井的地价，没有进行资金平衡。景观一共花了 4000 万，当时我们找了 6 家国内设计单位做城市设计，做完城市设计选了三家，最后实施的。修复的城墙遗址砖是真正的皇城砖，皇城墙几十年来被陆续拆了盖了民房。在皇城根改造拆迁的时候，我们把城砖留下收好了，后来我们再拉回来，按照原型恢复了一段皇城墙留作记忆，皇城墙这一建一拆，一拆一建，来来回回就是五百年历史。这段内容我专门写过一篇文章，在中科院的《城市规划》上发表过，大概印象是 2003 年的 12 月”。

“皇城根之后又做了各类遗址公园、南池子、王府井改造等工作。做完皇城根以后，原崇文区找我们，让我们原班人马设计明城墙遗址公园，最后明城墙遗址公园、元大都遗址公园都是我们这个团队做的。人们说从皇城根开始为什么都是一家做的，我的回答是：你做的饭好大家都爱吃”。

2.“异化”的南池子

南池子属于东城区东华门街道辖域，是旧城第一批 25 片历史文化保护区之一，位于皇城保护区的核心位置，在刚刚编制完

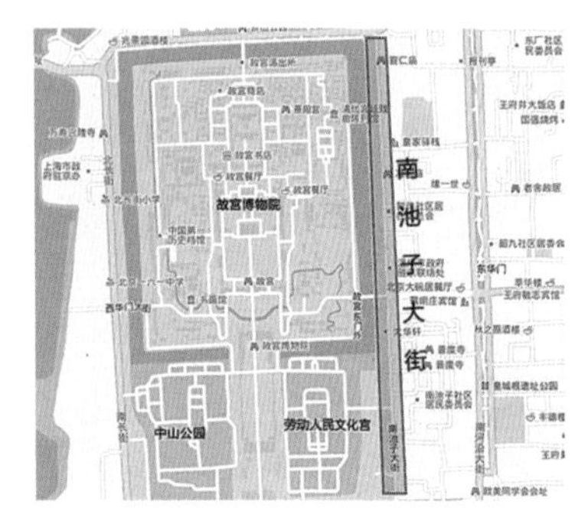

图 2–74　南池子大街区位图
（图片来源：百度地图）

图 2–75　破败不堪的大杂院
（图片来源：作者 2003 年摄于北京）

图 2–76　南池子影像图
（图片来源：北京市测绘设计研究院历史航片资料）

《25 片保护规划》的当口，其改建工程在如何实施保护规划，在规划实施中如何妥善处理好危改和保护的关系方面进行了初步的尝试。

南池子修缮改建工程自 2002 年 5 月开始，到 2003 年 8 月建成。改建工程保留 19 个相对完好的老院落，将其余破败不堪的老旧建筑拆除，重新建设两层以下的仿古建筑。对这种修缮改建模式的评价褒贬不一，“在争议中走到今天”。

一些媒体对此给予了肯定。

据调查，南池子地区危旧房已占到 91.96%，其中一般破损房占 69.41%，严重破损和危房占 22．55%。数十年来，东城区房管局的同志一到雨季就犯怵，生怕哪间房让雨给淋垮了。所以南池子危改被提上了日程。

中新社北京 8 月 13 日电：“南池子‘劫’后重生？”报道说：“我们有这个自信，让全世界来检验改建后的南池子。”一名官员颇为自豪地指着一个刚刚修缮的四合院，颇有点“劫”后重生的意味。顺着这位官员手指的方向，记者看到，人们担心的胡同并没有消失，而按照原工艺修缮的四合院在红花绿叶的衬托下亦不失古韵。

9 月 4 日，中央电视台新闻报道南池子：“北京历史文化保护区中第一个危旧房改造项目——南池子修缮改建工程，从百姓的利益出发，大胆尝试，将改善群众居住条件与古都风貌保护成功地结合在一起，交出了一份双赢的答卷。”

2002 年 8 月 5 日，《中国青年报》：“愿意搬呀，怎么不搬呢？我们一家三代 20 多口人挤在这不到 $100m^2$ 的平房里，拥挤不说，生活上也不方便呀。”最后一批迁出南池子的一位老人对我们这样说。

对此，也有截然不同的评价。

中央对外宣传办公室主管的国内英文报纸《中国日报》的报道“寻找保护古城的正确方式”（此文随后被《中国经济时报》摘编转载）：

“经过了近两年的工作——包括居民安置和修缮改建之后，南池子被奉为北京另外 24 片胡同保护区的样板。但是，在参观过这个改建工程后，人们也许会对最终结果感到失望。人们也许会担心，如果有一天带小儿女或者孙儿们到南池子，他们该对孩子说什么：这究竟是历史遗产地，还是一个不折不扣的房地产项目？”①

---

① 寻找保护古城的正确方式 [N]. 中国日报 .

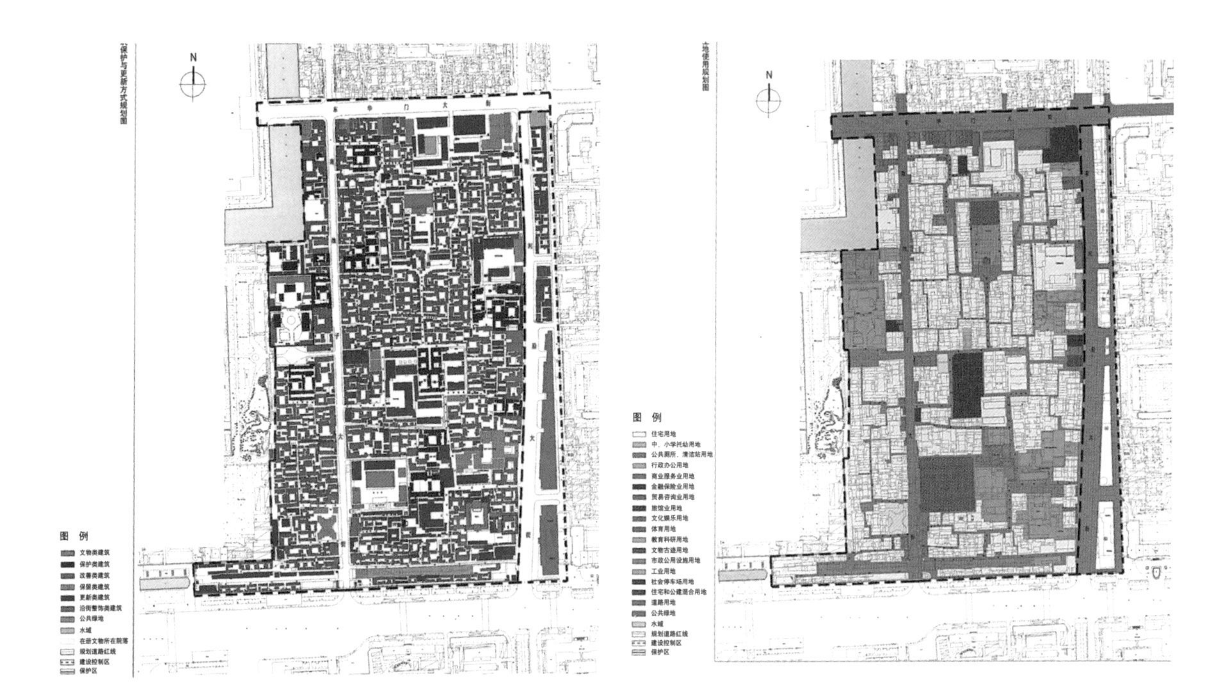

图 2–77 《25 片保护规划》中南池子片区的建筑保护与更新方式规划图及土地使用规划图

（图片来源：北京市规划委员会. 北京旧城二十五片历史文化保护区保护规划 [M]. 北京：北京燕山出版社，2004.）

“人们感到失望是因为，破旧的棚屋消失了，可那些古老的四合院也一起消失了”。用“拥挤、破败”等词汇来描述改造之前的南池子是准确的，不过并不全面，因为与这种情形共存着的，还有那古老而悠长的历史。“如果政府在今后改造旧城区的工作中推广这种自认为不错的南池子模式的话，那么，北京就会最终失去它作为一个古老的历史文化名城所特有的魅力了。”①

魏科先生对我说：“南池子改造是 2002 年、2003 年的事儿，那个时候刚编完《25 片保护规划》，一看南池子的规划跟《25 片保护规划》是两股劲儿，全拆了原汁原味儿的，院子修得比原来还大，甚至用了二层，市规委单霁翔主任不同意，他们就绕开直接上报市政府，后来还是按照他们的意见试着开展。经专家意见保留 20 套院，后来又扣了 6 套，大部分院子是新建。”

当被问及“作为危改试点，南池子历史保护区的改造是否成功时”，边兰春教授的回答客观地代表了大部分规划专业人士的看法：每个人来评价它时，首先要有一个评价标准和参照系。南池子改造片区，因为国家领导人去视察过，有些人肯定会将其当做一个指标，认为国家领导人已经说好了，就不要再去争论了。但是我觉得站在城市规划可持续发展的角度来看，这是很值得解剖的一个例子。第一，规划是有法可依的，南池子项目改造是在 2002 ～ 2003 年，是在《北京旧城 25 片历史文化保护区保护规划》

① 寻找保护古城的正确方式 [N]，中国日报 .

图 2–78　南池子新建的四合院建筑细节
（图片来源：作者 2003 年摄于北京）

图 2–79　南池子的新式建筑形态
（图片来源：作者 2003 年摄于北京）

图 2–80　南池子边界的新旧对比
（图片来源：作者 2003 年摄于北京）

实施以后，然而，它的改造与保护规划有很大的出入。虽说保护区规划当时还不够完善，但总体来讲，已提出了保护方法、保护重点，以及对保护房屋的分类、评价，是有法可依的。可南池子改造片区的房屋基本上被拆了，这就存在将复杂问题简单化的倾向。第二，当时大家对地区环境质量的好坏评价标准已经发生变化，毫无疑问，用那些材料做出来的建筑结构很好，但是，这个地区浓厚的生活气息却没了。第三，这不是一个简单的建筑风貌和形式的问题。如果仅谈建筑风貌和形式的话，它比菊儿胡同改造工程更有老北京特色，但这已不是核心的问题。南池子改造对不同人群多样化的需求和选择的关注，考虑得比较少，所以，出现了强拆现象，出现了维权事件。第四，就选址而言，如果站在北京历史文化保护区的角度来看，作为危旧房改造试点，不应该选在世界文化遗产故宫旁边。第五，有限的财力应尽可能用来解决历史保护区中最需要解决的地区，从当时的情况来看，毋庸置疑，南池子不是属于最急迫需要改造的区域①。

总体来看，南池子危改工程的意义不容忽视，对故宫周边旧区环境的整治和对区域内重点文物的保护都做出了亮点。疏解了旧城的人口压力，解决了危旧房的“危积漏”问题，改善了市政基础设施条件。但南池子“试点”是否“双赢”，也许最好由时间来作检验。就因为老北京不是一般的“城”，所以用一般的“常法”改建是难以成功的。故对这座城的“拆”是难以容忍的，“改”是格外挑剔的，“保”是精心细致的。历史的发展是需要时间渐进性地推演的，不能一蹴而就。从这个时间节点回头看，南池子的新建房没超过二层，保留了一部分胡同的格局，从建筑形式上看的确比备受赞誉的菊儿胡同已经进步了不少，但为什么没能赢得一致的掌声呢？这说明不仅人们对城市形态的感知认识能力远远超过了实践的脚步，对按规划实施和依法维权的意识也已经有了不小的进步。

3.“布景化”的前门大街

前门大街也叫大栅栏：读做“大石烂儿”（dàshílànr），是北京市前门外一条著名的商业街。

“在前门地区，百姓们总结出了五个之最”，该区有关负责人对记者介绍道：“即离天安门最近、房子最旧、道路最窄、市政设施最差、人口密度最大。”走上几分钟就能到天安门广场的

① 边兰春．旧城永远是北京城市发展的根[J]．北京规划建设，2009.

图 2–81　前门大街区位图

（图片来源：北京地图网）

前门地区，总面积 1.45km2，在目前的 35000 间住房中，没有一间属于完好房屋，经调查，一半以上被归入了“危旧房”；道路最窄处只有 20m；市政基础设施仍然沿用着明清时代用泥土砌成的旧方沟，经常塌陷淤水。“老百姓盼危改，但由于各种条件尚不成熟，因此该地区的危改一延再延”。[①]

2004 年 7 月 10 日的一场突如其来的暴雨，给北京市民带来了极大的生活不方便。前门地区成为这次暴雨袭击的重灾区。北京市一位政协委员说：“保护古都风貌很重要，但救老百姓于水深火热之中更重要。”

2007 年 5 月 9 日，大栅栏围栏圈起了施工现场，推土机、挖土机隆隆作响，到处是推倒的旧房砖瓦，北京历史最久的传统市井商业区——前门大栅栏改造工程已经全面展开。

经过大量调研和专家反复论证，前门大街风貌整体保护方案确立了以恢复“20 世纪二三十年代风貌”为主的整体建筑风格，保留了现存的上世纪二三十年代所有有价值的建筑。大街北段主要按照历史风貌进行规划设计，南段则更多地体现了现代风貌的风格，中间过渡部分是穿插历史符号的建筑，体现了传统文化与现代文化融合对接的理念。

大街两侧建筑按具体情况分为保留建筑修复风貌、历史建筑原状修缮、历史建筑原址重建、更新建筑风貌控制 4 类分别实施修缮。

在经历一年时间的保护、修缮后，前门大街这条地标性的老街在再现清末民初风貌的前提下目前已基本修缮完工。

就前门大街保护与发展的问题，官方表示：“这一地区正在受到保护。一旦改造完成，前门大街将成为兼具明末清初风格与现代内涵的首都街区。”

但在主张保护传统的人士眼中，情况却并非如此。在这片著名的商业和居民区，成片的建筑已夷为平地。前门地区的老居民已陆续撤离，昔日连缀相接的院落也已拆除殆尽。

批评者们认为，这种做法意味着，在北京的许多地方，那些希望体验北京传说中的著名古迹的游客，将只能看到一个几近主题公园式的仿古复制品，漫步前门大街，仿佛置身于拍摄电影的布景场地，给人一种不真实的时空穿越感，传统老字号被迁走了，也没能引进一流的国际品牌。街道两侧的建筑是“一层皮”，后面要么是残破的现状，要么是推倒重建的现实。

---

① 北京前门危改明年启动 南中轴路改造方案即将投标 [N/OL]. 新华网 .2002.

图 2–82　前门大街立面图
（图片来源：摘自作者工作资料）

前门大街的工程，时间紧，矛盾多，设计施工都有不少粗糙之处。特别是在规划中期经营者强势介入，不可避免地使两大矛盾更加尖锐，一是历史风貌修复与现代商业功能谁占主导，二是传统审美与现代时尚孰轻孰重。经过不断磨合，彼此妥协，终于出台了这个对各方面都不尽如人意的折中的方案。或许，这种不尽如人意的折中结果，就是城市风貌保护与更新中的一个必然结果。①

徐苹芳先生在 2008 年曾经对前门大街改造作如下评论：

（1）《城市总体规划》修编以前，2003 年我们就论证过好几次前门大街，当时就找了北京市政府聘请的 10 个人。我们的意见就是不动。保护旧城风貌和前门买卖做得成与否、里边居住的胡同民房的拆除，这是两码事。

（2）路一加宽，前门五牌楼小了。而且是越靠近珠市口盖得越不像，往珠市口以南就稀里糊涂，全是新的啦。原来我们说整个前门大街不必这么拆，它是历史发展的一个过程，是什么就是什么。现在拆光另盖，还说是按着老照片盖的。原来东西在那儿摆着，干嘛拆了？照着照片盖呢，凭什么呢？现在生米做成熟饭了。

（3）你把前门简单定义成商业区也可以。北京市的形成有几个区域，各个不一样。前门是对一般老百姓，对贫民。在前门外，崇文区和宣武区居民的成分都是小手工业者、小商人。所以前门

① 北京市规划委员会，北京城市规划学会．岁月回想——首都城市规划事业 60 年纪事（1949-2009）（上）[M]. 2009.

图 2-83　前门大街实景
（图片来源：作者 2012 年拍摄）

外的房子，一样的四合院，它给你小一号。这地方的商业要适应这些人，它必须很通俗，只能以薄利多销为主。这个地方还有一批从外地来打工的人住，房租便宜。这和东城、西城不一样，那儿是有钱人。所以，在东城从民国以后发展起王府井，它以高档商店为主，专门针对这些阔人。

4.“空心化”的鲜鱼口

城市的平面布局及空间形态就如同一座城市的“DNA”，从整体出发引导和控制住“新城市”的注入过程，而不应试图简单地用一次性注入的方式来解决复杂的问题。以具有很高价值并独具特色的文化氛围的鲜鱼口为例：

鲜鱼口是以传统商业、贸易、会馆、娱乐、居住为一体的商贸文娱居住区。具有特殊的城市肌理。

草厂三条至十条及草厂头条、二条共 10 条南北走向的胡同及因此形成的东西向的四合院群落是北京少有的一片大规模南北走向的胡同群。长巷头条至五条建筑控制区内共有 5 条由南北向东西的转向胡同群，构成北京特殊的城市肌理。这是历史积淀“风化”下的城市纹理，更是人类生活、生产等行为活动所留下的印记，具有丰厚的保存价值。当初鲜鱼口就是凭借这种在老北京城内独

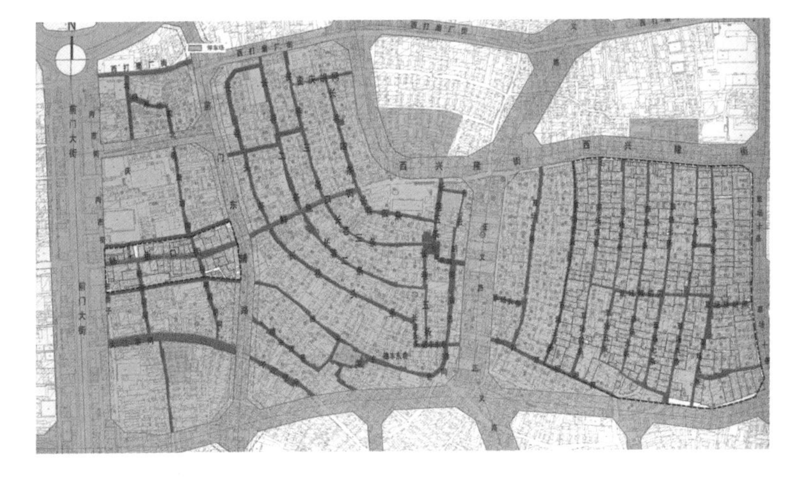

图 2–84　鲜鱼口转向胡同肌理图
（图片来源：北京市规划委员会．北京旧城 25 片历史文化保护区保护规划 [M]. 北京：中国建筑工业出版社，2002.）

图 2–85　鲜鱼口地区传统胡同与拓宽的马路
（图片来源：甄一男 2012 年拍摄的前门东路）

图 2–86　鲜鱼口地区仅存不多的老房子、老牌坊以及已经拆毁的房屋
（图片来源：甄一男 2012 年拍摄的大江胡同）

图 2-87　鲜鱼口地区新建成的台湾街实景
（图片来源：甄一男 2012 年拍摄的台湾街）

一无二的空间肌理特色增补到了 25 片的名单。

但在保护意识淡薄的年代，多重因素的积聚作用下，旧版控规在实施过程中，使得鲜鱼口被宽敞的柏油路“大快朵颐”得四分五裂。老北京的商业集散地，京味名吃、各色名店等独具特色的平民文化气息和市井文化氛围遭到肢解。

从 2006 年开始，由政府主导，以定向安置和货币安置为主，已疏散近 80%的居民。2008 年疏散了居民 2312 户，2009 年疏散了 1800 户。原住民被迁光，老字号被拆光，昔日生活气息浓郁、生机勃勃的传统旧区就这样变得死一样的沉寂，成了一片地地道道的“空城”。

2011 年 5 月 8 日，具有 570 多年历史的鲜鱼口历经多年改造后重新开街，吸引了众多中外游客的光顾，同样也吸引了众多前门历史文化研究学者的关注。据《中国建设报 · 中国住房》记者报道，原本最能体现北京胡同神韵的尺度与曲折已被拉直变宽，述说历史变迁的旧砖灰瓦、门楼门墩也已经被崭新的建筑构件所替代。更让记者遗憾的是，曾经的老街坊全部被搬迁，只留下一座座改建后的院落用作商业开发和经营。

可见，改变传统空间尺度，改变原有社会结构，改变原有居住功能，这样的“保护”不能视作成功。

总而言之，就北京的历史文化名城保护工作而言，从 2000 年至 2003 年，是名城保护意识觉醒的萌芽阶段。这一阶段，四个保护规划的编制为旧城危改踩了刹车，为旧城保护运动拉开了序幕。政府成为名城保护的主导者，组织编制规划并积极引导专家、媒体、公众的参与；专家们发挥了重要而积极的作用，他们大力提倡保护，全程跟踪、指导规划编制，提出了很多观点影响着保护规划的内容；公众开始关注，媒体跟踪报道，政协提案助推。但各方侧重点不同：专家关心的是保护的原真性问题，政府关注的是危房解困问题，公众关心的是自身拆迁问题。

事实上，此时保护意识开始觉醒，保护规划的编制迅速跟进，在实施方面也做了些非常有的尝试，但部分项目的规划实施还未能跟上规划编制的思路和要求，二者甚至南辕北辙。

第3章

历史转折——开始研究“大北京”

第 3 章
历史转折——开始研究“大北京”

北京是中国的首都，集三千年建城史、八百余年建都史与现代化大都市于一身。随着中国加入 WTO 和申奥成功，北京城市发展面临新机遇与新挑战，规划建设进入新阶段，空间发展需要战略思考。

《北京城市空间发展战略研究报告》根据新的形势，以新的视野分析北京城市空间发展问题，提出综合的应对策略与实施计划，努力以新的发展解决历史遗留下来的矛盾，以新的空间格局适应新的发展需求，实现北京城市发展战略的历史性转折。①

——吴良镛

2003 年，北京市组织编制完成了《北京城市空间发展战略研究》并上报国务院，重启研究“大北京”之门，为北京的规划带来了历史的转折。北京的历史文化名城保护工作，尤其是旧城的保护，之所以困难重重，难以推进，一个重要的原因就是旧城有太多的功能叠加：它既是行政中心区又是商业聚集区，既是文化教育重地又是旅游观光区域，功能的叠加致使其缺乏一个核心的定位，造成保护行动缺乏一个一以贯之且被广泛认同的思路；二是旧城的历史悠久，历史遗留问题多，历史文化名城的保护必须兼顾并处理好历史因素，这是需要动用大量资源才能完成的工作，困难程度可想而知。那么今天北京的“环形加放射”的“单中心”城市结构是怎么来的？当初有没有考虑过其他选择？要寻找这些问题的解决对策，我们首先要从 1950 年的“梁陈方案”谈起，探寻新中国成立以来北京总体规划思路的演变历程，寻找这些问题的答案。

3.1 “总规”的演变

3.1.1 关于“梁陈方案”

新中国成立初期，百废待兴，首都北京的规划与建设被提上

① 吴良镛 . 北京城市空间发展研究报告 [R]. 北京：清华大学 ,2003.

议事日程。对此，1950 年 2 月，梁思成先生和陈占祥先生共同撰写了“关于中央人民政府行政中心区位置的建设”，史称“梁陈方案”。

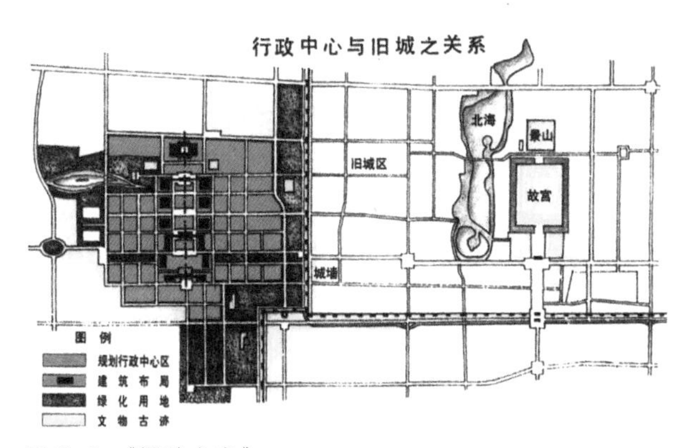

图 3–1 “梁陈方案”
（图片来源：北京市规划委员会 . 北京城市空间发展战略研究 [Z]. 2003.）

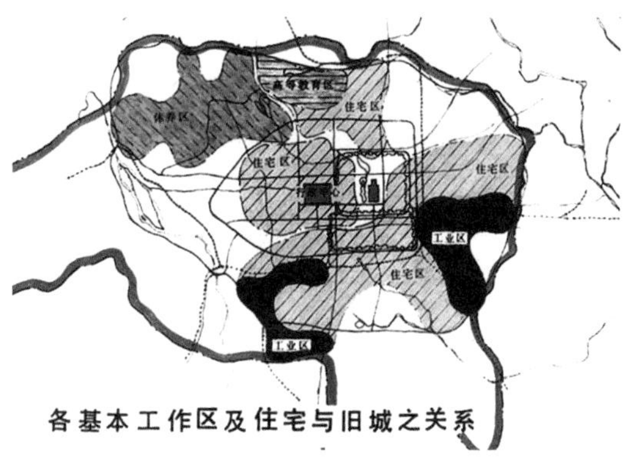

图 3–2 “梁陈方案”城市功能区分布示意图
（图片来源：北京市规划委员会 . 北京城市空间发展战略研究 [Z]. 2003.）

这个方案建议：“早日决定首都行政中心区所在地，并请考虑按实际的要求，和在发展上的有利条件，在展拓旧城与西郊新市区之间建立新中心。”如图 3-1、图 3-2 所示，其核心是在西郊建立行政中心。如果这个方案被采纳，城市的发展对旧城的冲击将不会有今天这么大，旧城的保护难度也将大大降低。

“梁陈方案”认为，行政中心的位置将影响全市的整个计划原则，以及所有区域道路系统和体形外观。如果原则发生错误，城市建设随之会发生一系列难以纠正的错误，这关系到北京人民的工作、居住和交通，所以行政中心的选址问题必须最先决定，使其他工作有所遵循，如此，北京的都市计划才能迅速推进。

关于为什么行政中心不设在旧城，“梁陈方案”提出了两个理由：一是北京原来布局的系统和它的完整，使得它不可能设置庞大的行政中心；二是现代的行政机构所需要的总面积大于旧日的皇城，还要保留若干发展的余地，所以在城垣以内不可能寻出位置适当而又足够的面积。

“梁陈方案”认为，在西郊建设行政中心，能够全面解决问题。具体而言，一是着眼大北京的全面计划，一方面疏解了旧城的人口，另一方面实现了各区的平衡分布与发展。二是着眼行政区运作，行政区是基本工作区域，分为工作、住宿、文娱游憩三类，它们中间要有极短的距离即交通，以及合理的联络。三是办公区需要大量面积，这是旧城难以提供而西郊在这方面充足的。四是通过在新的区域建设工作区和住宿区，能够基本而自然地解决旧

图 3–3 “梁陈方案”中建议城墙作为居民的休闲场所
（图片来源：《梁陈方案与北京》辽宁教育出版社，2005.）

城人口密度过高和房荒问题。五是实现了新旧两全，即：一方面北京的文物得以很好地保护，不会被忙碌的工作机关围绕和川流不息的车辆打扰；另一方面政府机关中间夹着一个重要的文化游览区，也是不便的，且没有范围，没有集中点，还绕着故宫或广场，也是不妥当的，行政区设在西郊就能解决这一问题。六是根据人口工作性质，分析旧区，配合新区，促成合理的关系。旧区在用途上的性质，最主要为博物馆及文物区、公园休息区和广场庆典中心，城墙可以作为居民的休闲场所；西郊为行政及住宅，东南郊为工业，北郊为教育，在其中间的旧城成为它们共有的文娱中心及商业市政服务中心，便利而实际。综上，这个方案不用大量迁移居民，不伤毁旧文物中心，绝对可以满足行政区部署的原则，

图 3–4 现北京站附近仅存的一段残破城墙（右）
（图片来源：摘自于作者工作资料）

图 3–5 恢复为城墙遗址公园
（图片来源：作者摄于 2008 年）

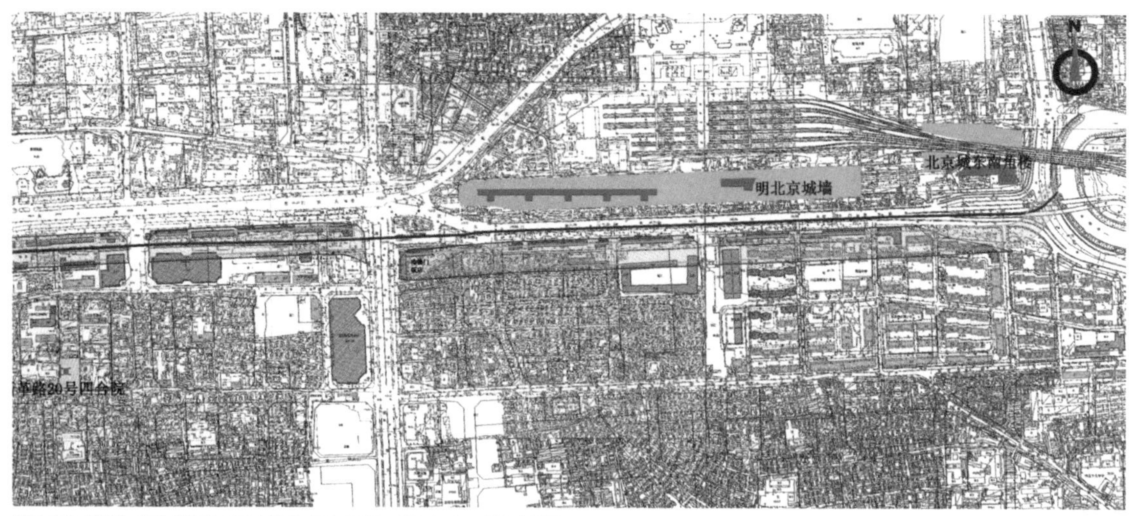

图 3–6 仅存的城墙位置图
（图片来源：北京市规划委员会 . 北京历史文化名城北京皇城保护规划 [M]. 北京：中国建筑工业出版社，2004.）

有足用和发展的余地，能有效疏散人口，促进全市平衡发展。

换言之，如果在旧城内建造行政中心，“梁陈方案”认为，不仅困难甚大，而且缺点太多，如：在本已高密度的区域再增加人口；要为行政区腾出位置，需要拆除十三余万间房屋并安置十八余万人口，难度很大；在旧城建筑高楼将改变街形，与文物保护原则相抵触；交通流量增加，导致交通事故增加；行政中心与城郊的居住区之间距离大，将产生交通运输负担与工作人员时间、精力的消耗，并产生交通上最严重的问题。

“梁陈方案”的设计最终没有被采纳，而是按照苏联专家的设计，把行政中心设在了旧城里。“梁陈方案”之所以没有被采纳，有经济的原因，但主要还是政治的原因。

刘小石先生跟我谈道：“关于‘梁陈方案’未被采纳的原因，现在有一种说法，认为当时资金缺乏，所以不具备在西部新建行政中心的条件。实际上，在新中国成立初期，总后、炮师、装甲师、炮兵司令部、装甲师司令部、工程兵司令部、装甲兵司令部、军训部都在西郊建成了。所以，缺乏资金说法不成立。事实上，在国外有很多国家的首都是在异地新建的，如美国首都华盛顿、巴西的首都巴西利亚、印度首都新德里等。”

王军在《梁陈方案的历史考察》[①]一文中提到：“曾担任彭真秘书的马句回忆道：‘苏联专家提出第一份北京建设意见，聂荣臻见到后，非常高兴，送毛主席。毛主席说：照此方针。所以北京城市的规划就这样定下来了，即以旧城为基础进行扩建。’”

今天回过头来看，“梁陈方案”中所预计行政中心建在旧城中将发生的问题，仿佛成了谶语，一条一条都成为今天我们面临的难题，而旧城历史文化名城保护问题是这些难题中最为复杂的一个。

图 3–7　梁思成
（图片来源：百度百科）

梁思成，我国著名的建筑师，中国科学院技术科学部委员，他的父亲是梁启超。1946 年，他创办了清华大学建筑系。新中国成立以来，他以高度热情参加了各项建设工作，先后担任中国建筑学会副理事长、北平都市计划委员会副主任、北京市城市建设委员会副主任等职。

陈占祥，我国著名城市规划师、建筑师。曾赴英国伦敦大学留学，参与“大伦敦规划”设计，1949 年 10 月，他应梁思成的邀请赴京工作，曾任清华大学建筑系教授、北京市都市计划委员会企划处处长、北京市建筑设计院副总建筑师、国家城建总局城市规划研究所总规划师。1950 年与梁思成共同完成“梁陈方案”。

① 王军．梁陈方案的历史考察 [J]．城市规划，2001，25（6）．

图 3–8　陈占祥
（图片来源：百度百科）

1957 年被划为右派，1979 年被平反，2001 年逝于北京。关于陈占祥，两院院士周干峙先生在悼念他的挽联中曾作过极为精辟而中肯的评价："惜哉西学中用开启规划之先河先知而鲜为人知，痛哉历经苦难敬业无怨之高士高见又难合众见。"

"梁陈方案"与新中国成立初期《北京城市总体规划》出台始末：

1949 年，梁思成以北平都市计划委员会副主任的身份致信时任北平市长的聂荣臻，建议有计划地科学规划首都的建设。同年，聂荣臻市长主持召开城市规划会议。苏联专家、梁思成、陈占祥参会。当时，苏联专家巴兰尼克夫作《关于北京市将来发展计划的报告》，提出北京需要进行工业的建设。苏联专家团提出《关于改善北京市市政的建议》认为在西郊建设新市区的设想是不经济是"放弃和整顿原有的城市"，并建议"新的行政房屋要建筑在现有的城市内，这样能经济地并能很快地解决配布政府机关的问题，并美化市内的建筑。"建议书还以莫斯科的经验阐述道："当讨论改建莫斯科问题时，也曾有人建议不改建而在旁边建筑新首都，苏共中央全体大会拒绝了这个建议，我们有成效地实行了改建莫斯科。只有承认北京市没有历史性和建筑性的价值情形下，才放弃新建和整顿原有的城市。"[①] 苏联市政专家组组长阿布拉莫夫谈到[②]，"市委书记彭真同志曾告诉我们，关于这个问题曾同毛主席谈过，毛主席也曾对他讲过，政府机关在城内，政府次要的机关设在新市区。我们的意见认为这个决定是正确的，也是最经济的……拆毁北京的老房屋，你们是早晚必须做的，三轮车夫要到工厂工作，你们坐什么车通过胡同呢？"

那次会议之后，1949 年 12 月 19 日，北京市建设局局长曹言行、副局长赵鹏飞提出"对于北京市将来发展计划的意见"，表示"完全同意苏联专家的意见"。在此情形下，梁思成和陈占祥感到压力很大，但是他们没有放弃，开始着手编制具体的方案，阐明自己的观点。1950 年 2 月，梁思成与陈占祥共同编制完成了《关于中央人民政府行政中心区位置的建议》，也被称作"梁陈方案"，具体阐述在西郊开辟新市区，建设行政中心区的观点。方案分送中央人民政府、中共北京市委、北京市人民政府有关单位。梁思

① 北京建设史书编辑委员会编辑部．建筑城市问题的摘要（摘自苏联专家团《关于改善北京市市政的建议》[M]．新中国成立以来的北京城市建设资料（第一卷 城市规划），第二版，1995.

② 北京建设史书编辑委员会编辑部．苏联市政专家组组长阿布拉莫夫在会上的讲词（摘要）[M]．新中国成立以来的北京城市建设资料（第一卷 城市规划），第二版，1995.

成致信总理周恩来，恳请其于百忙之中阅读并听取他的汇报。

在这封信发出后的第十天，北京市建设局的工程师朱兆雪和建筑师赵冬日写了“对首都建设计划的意见”，再次肯定了行政中心区在旧城的计划。

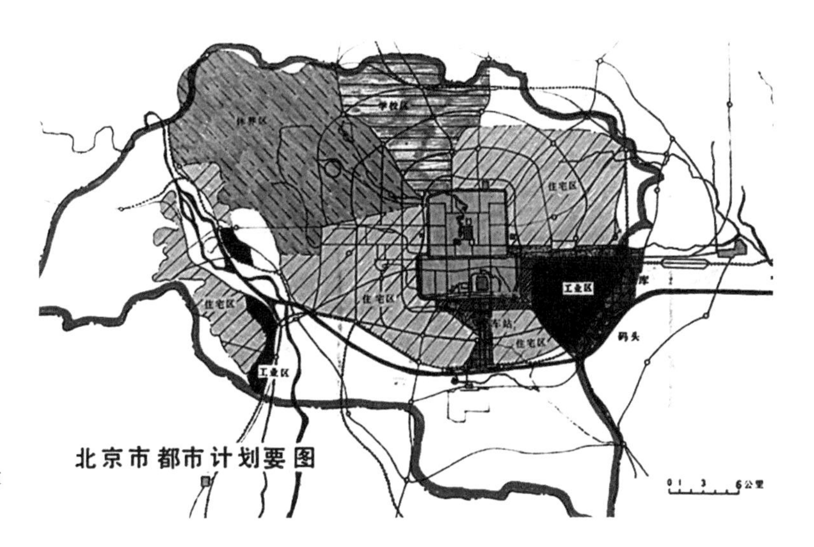

图 3–9 1953 年朱赵方案（朱兆雪、赵冬日）
（图片来源：摘自于北京市城市规划设计研究院资料）

时隔不久，“梁陈方案”被一些人指责为与苏联专家“分庭抗礼”，与“一边倒”方针“背道而驰”。最严重的是，他们设计的新行政中心“企图否定”天安门作为全国人民向往的政治中心。

陈占祥回忆:“对于梁思成先生和我的建议，领导一直没表态，但实际的工作却是按照苏联专家的设想做的。最后，东长安街部委楼的建设开始，纺织部、煤炭部、外贸部、公安部都在这里建设。”①

1952 年春，北京市政府秘书长兼都市计划委员会副主任薛子正指示“加快制定规划方案，如认识不同，可做两个方案报市委。”方案的编制原则是：行政中心区设在旧城。于是都市计划委员会责成陈占祥和华揽洪分别组织人员编制方案，于 1953 年春提出了甲、乙方案。在向有关市政建设局及中共北京市各区委征求对甲、乙方案的意见时，绝大部分人主张拆掉城墙，认为要保护古物，有紫禁城就够了。并提出“中央主要机关分布在内环，将党中央及中央人民政府扩展至天安门南，把故宫丢在后面，并在其四周建筑高楼，形成打压之势。②”1953 年夏，中共北京市委成立了一个规划小组，由市委常委、秘书长郑天翔主持，并聘请苏联专家指导工作，负责对甲、乙方案

① 梁思成，陈占祥．梁陈方案与北京[M]．沈阳：辽宁教育出版社，2005.

② 高亦兰，王蒙徽．有关市政建设局及各区委对北京市总体规划草图甲乙方案的意见[Z]，1953.

进行综合修改，提出总体规划。[①]

3.1.2 “梁陈方案”评述

“梁陈方案”之所以在北京规划历史上留下了如此深远的影响，最主要的原因在于提出了改变空间结构的大胆设想。对于当时还面对面临战争的威胁，面对着饥饿与贫困的共和国，这样的方案虽是“高见”，实难合“众见”，不被采纳也难求全责备，只能成为历史性的遗憾，但“梁陈方案”对我们今天思考北京空间问题仍具有巨大的价值。[②]

“梁陈方案”的内容，不是梁思成反对拆城墙那么简单狭义，也不仅仅是为了一个北京古城的完整留存。“梁陈方案”所包含的正是世界上最先进的城市发展理念，它是一个全面的、系统的城市规划设计建议书。本着“古今兼顾，新旧两利”的原则，梁、陈两位先生对新中国的首都作了科学的规划，一方面，从整体保护的构思出发，建议把中央行政办公区放到西郊，为未来北京城的可持续发展开拓更大的空间，避免大规模拆迁的发生，降低经济成本，自然延续城市社会结构及文化生态；另一方面，提出平衡发展城市的原则，增进城市各个部分居住与就业的统一，防止跨区域交通的发生。众所周知的原因，“梁陈方案”没有被采纳。“梁陈方案”是一份历史文件，今天，它存在的价值，是告诉我们六十多年前，老北京曾经获得过一种“完整保护”的选择，新北京也一度面对可能与北京伟大历史遗存并肩发展而相映生辉的前景。[③]

“梁陈方案”落选后，在即将开始改造旧城的时候，梁思成当面对北京市的主要领导人时说：“在保护老北京城的问题上我是先进的，你是落后的”，“50 年后，历史将证明你是错的，我是对的。”前事不忘，后事之师。“梁陈方案”对于历史文化名城保护来讲，“对”在哪里呢？对我们制定今后的规划将有哪些借鉴呢？我认为：

首先，“梁陈方案”明确了旧城的“历史文化名城”定位。

旧区在用途上的性质已经非常确定。最主要的为博物馆及纪念性文物区，旧苑坛庙所改的公园休息区，和特殊文娱庆典中心的大广场。其余一部分为市政服务机关，一部分为商业服务的机构场所，包括现时全国性的企业和金融业务机关。在基本工作方

---

① 梁思成，陈占祥．梁陈方案与北京 [M]. 沈阳：辽宁教育出版社，2005.
② 中国城市规划设计研究院．北京城市空间战略研究 [Z]，2003.
③ 梁思成，陈占祥．梁陈方案与北京 [M]. 沈阳：辽宁教育出版社，2005.

面，有一小部分为有历史的中学校及文化机关，一小部分为手工业集聚的区域。此外就是供应这些部门所需要的住宅区和必须同住宅区在一起的小学校，及日常供应商业。[1]

其次，“梁陈方案”首次提出了“保护整个北京城”的思路。认识到旧城是有机的整体；行政中心设在西郊，为旧城的整体保护提供可能；对旧城的环境布局、建筑布局、保护与应用方法等方面提出了思路。

北京城无疑是中国（乃至全世界）“历史文物建筑比任何一个城市都多”的城。其整体的城市格式和散布在全城的大量文物建筑群就是北京的历史艺术价值本身。它们合起来形成了北京的“房屋类型和都市计划特征”。

北京的环境布局极为可贵，不应该稍受损毁。民族形式不单指一个建筑单位而说，北京的正中线布局，从寻常地面上看，到了天安门一带“千步廊”广场的豁然开阔，实是登峰造极的杰作；从景山或高处远望，整个中枢布局的秩序、颜色和形体是一个完整的结构。那么单纯壮丽，饱含我民族在技术及艺术上的特质，只要明白这点，绝没有一个人舍得或敢去剧烈地改变它原来的面目。

建筑物在一个城市中是不能“独善其身”的，它必须与环境配合调和。我们的新建筑，因为根本上生活需要和材料技术与古代不同，其形体必然与古文物建筑极不相同。它们在城中沿街或围绕着天安门广场建造起来，北京可就失去了原有的风格，而成为欧洲现在正在避免和力求纠正的街形。无论它们单独本身如何壮美，会因与环境中的文物建筑不调和而成为掺杂凌乱的局面，损害了文物建筑原有的整肃。我们这一代对于祖先和子孙都负有保护文物建筑本身及环境的责任，不容躲避。舒舍夫重建诺夫哥洛，“在最优美的历史文物建筑的四周，将留出空地，做成花园为衬托，以便观赏那些文物建筑。”我们在北京城里绝不应以数百计的，体形不同的，需要占地 6 ～ 10km^2 的新建筑形体来损害这优美的北京城。我们也必须选出历代最优美的许多建筑单位，把它们的周围留出空地，植树铺草，使之成为许多市内的人民公园。[2]

第三，提出了疏解旧城的思路。认识到旧城人口密度过高，房子不够住，提出应该通过引导旧城人口到新区就业和居住的方式来疏解旧城功能。

现在北京市区人口密度过高和房荒，显然都到了极度，成了严重的问题。

---

① 梁思成，陈占祥．梁陈方案与北京 [M]. 沈阳：辽宁教育出版社，2005.

② 梁思成，陈占祥．梁陈方案与北京 [M]. 沈阳：辽宁教育出版社 ,2005.

解决它们显然不能在原区界以内增加房屋，而必须先增加新区域，然后在新区内增加房屋，然后在旧区内清除改建，全面来调整，全面来解决。

要疏散人口，最主要的是经由经济政策领导所开辟的各种新工作，使许多人口可随同新工作迁到新工作所发展的地区。这也就说明新发展的工作地点必须在已密集的区界以外，才能解决人口密度问题。从后面单纯人口增加一点看，北京人口的确较15年前增至一倍，原来的区界，在旧时城墙限制以内的面积，确已不够分配。结论必然也是应该展开新区界，为市内工作人口增设若干可工作的、可住宿的，且有文娱供应设备的区域，建立新的、方便的交通线，来适应他们的需要。①

3.1.3 历次“总规”思路

“梁陈方案”已是一份永远不能再实施的文件，历史已不可能再回到从前，然而，现在看起来，“梁陈方案”提出以来，新老北京一直在你争我夺的纠结中不能自拔。正如吴良镛院士所说：“自从确定北京以旧城为中心在改造中发展的原则后，北京旧城区不断膨胀，处在不断地迁就当前要求，陷入在缓慢的、持续的破坏之中。”

从新中国成立初到20世纪末，北京市共编制了六次城市总体规划。

1954年《北京市第一期城市建设计划》。确定了以旧城为中心建设行政中心的总体思路，重点改建旧城区，避免盲目扩大市区。

1957年《北京城市建设总体规划和初步方案》。提出由市区和周围40多个卫星镇组成子母城的布局形式。

1958年《北京市总体规划修改》。突出发展“大工业”的思想。一是将行政区域从8860km^{2}扩大到16800 km^2。二是为避免城市建设“摊大饼”，缩小市区规模，形成“分散集团式”布局方案。三是扩大绿化用地，提出大地园林化、城市园林化的目标。

该方案在1959年曾经上报中央书记处会议汇报，会上原则同意该方案，但未经中央正式批复，实际上到“文革”前，该方案一直指导着北京的城市建设。②

1973年《北京城市总体规划方案》。方案提出新建工厂到远郊，市区现有工厂挖潜，逐步建设一批小城镇，加快旧城改建步伐等

① 梁思成，陈占祥．梁陈方案与北京[M].沈阳：辽宁教育出版社，2005.
② 郑天翔．董光器采访笔录[J].岁月随想,2010.

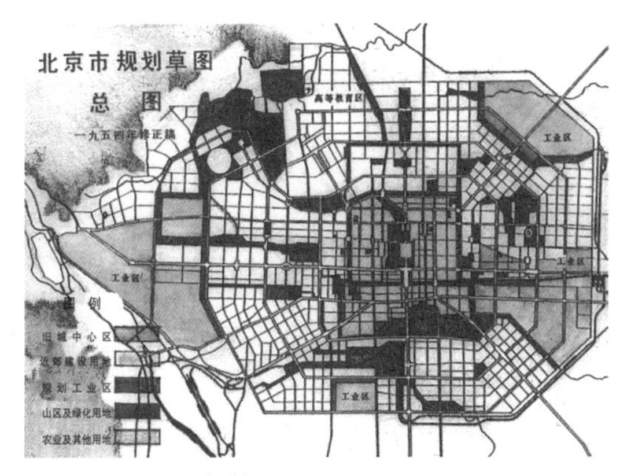

图 3–10　1954 年总图

（图片来源：北京市规划委员会，北京市城市规划学会 . 岁月回响 上——首都城市规划事业 60 周年纪事 [M]. 2009.）

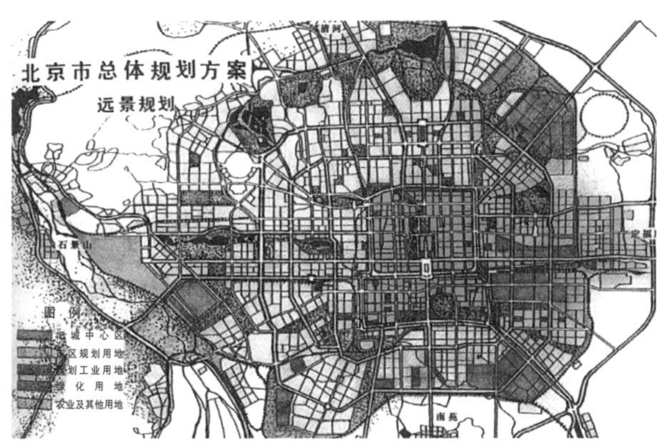

图 3–11　1957 年总图

（图片来源：北京市规划委员会，北京市城市规划学会 . 岁月回响 上——首都城市规划事业 60 周年纪事 [M]. 2009.）

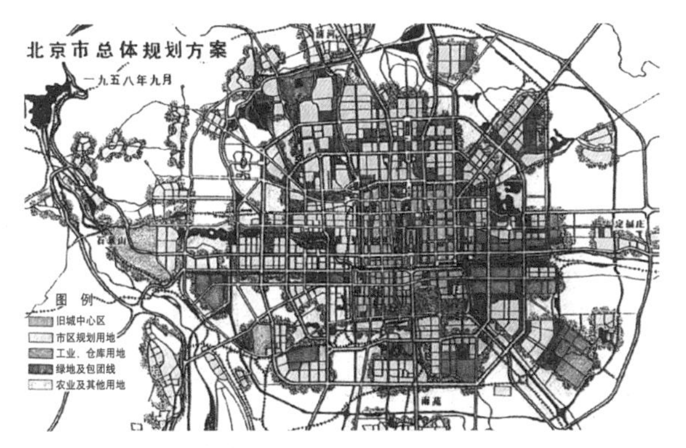

图 3–12　1958 年总图

（图片来源：北京市规划委员会，北京市城市规划学会 . 岁月回响 上——首都城市规划事业 60 周年纪事 [M]. 2009.）

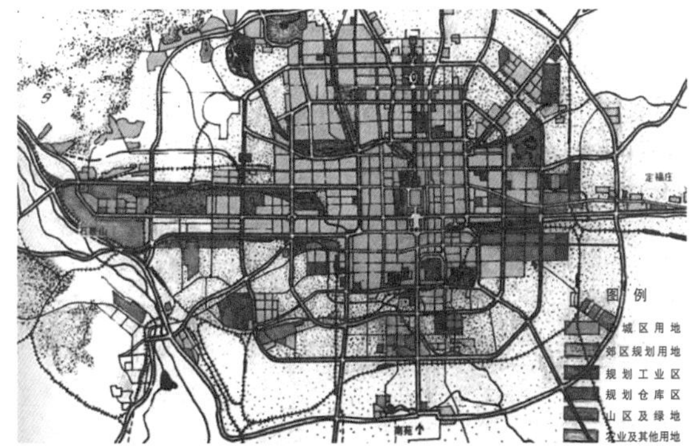

图 3–13　1973 年总图

（图片来源：摘自于北京市规划设计研究院资料）

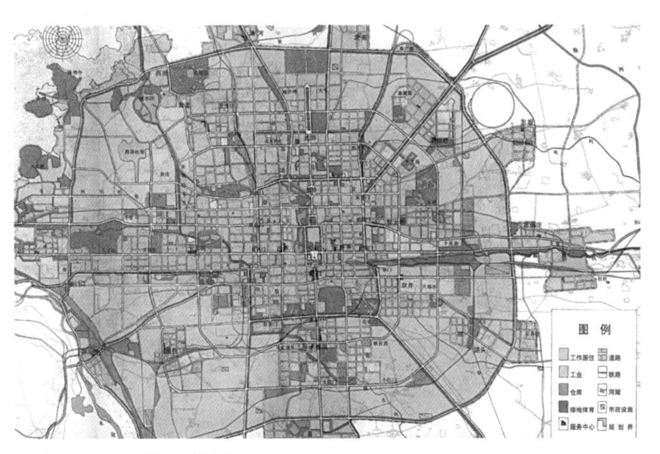

图 3–14　1982 年总图

（图片来源：北京市规划委员会，北京市城市规划学会 . 岁月回响 上——首都城市规划事业 60 周年纪事 [M]. 2009）

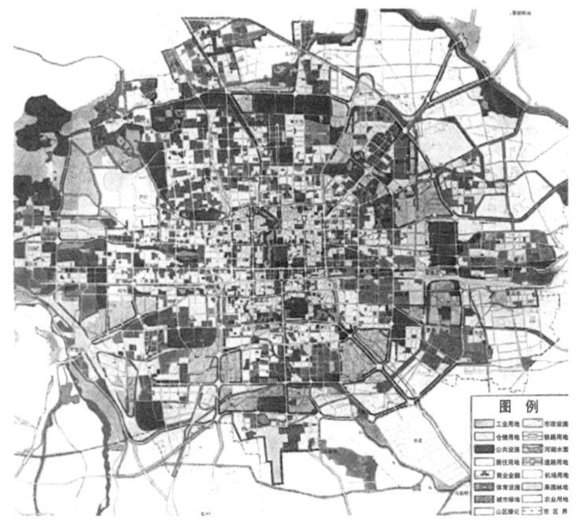

图 3–15　1993 年总图

（图片来源：北京市规划委员会，北京市城市规划学会 . 岁月回响上——首都城市规划事业 60 周年纪事 [M].2009）

内容。以上规划方案由于历史原因，都没有被正式批复过。

1982 年《北京城市建设总体规划方案》。明确北京的城市性质是“全国的政治和文化中心”，强调经济发展要适应和服务城市性质的要求，调整经济结构，不再提“经济中心”和“现代化工业基地”。城市布局为“分散集团式”，开发远郊卫星城镇，逐步改变旧城落后面貌，使之现代化，保护历史文化名城、文物古迹和革命文物。国务院对此进行了批复。

1993 年《北京市总体规划》。在城市性质上突出了国际功能，提出建设现代化国际城市的目标；实行“两个战略转移”，调整城市规模、结构和布局；提出建设花园式文明城市的设想。完善历史文化名城保护规划，划定保护范围，提出“整体保护旧城格局”的思路。

可见，从 1954 年《北京市第一期城市建设计划》就确立了以旧城为中心、改建旧城的指导思想，此后的历次规划均是围绕这一思想开展，具有两个主要特点。

一是，1958 年以后城市的布局便一直采取“分散集团式”，以避免城市“摊大饼”式发展，造成城市中心区压力太大，引发交通拥堵、居住拥挤等一系列问题。但是这种模式似乎并没有很好地实现，到现在，北京总体来说仍然在摊着大饼。究其根源，就是在以旧城为中心建设行政中心，使得它像磁石一般吸引着人口、交通、资源，很难将它们“分散”出去。基于此，旧城日益拥挤、功能区叠加、建设性破坏增多成为必然，名城保护举步维艰可想而知。

二是，在 1982 年及 1993 年的总规中，提出了开展历史文化名城保护的工作。从“梁陈方案”被否定以来，作为北京城市发展不可回避的核心关键部位——旧城，它的保护问题一直没有真正得以重视，是由于新中国成立初期，城市建设量不大，旧城保护与发展的问题和矛盾不十分凸显。到了改革开放初期，随着建设开发量的快速增加，矛盾逐渐尖锐起来。1982 年版总规中的保护重点还停留在对文物和遗址本身“点”的保护，对旧城的态度是“改造”而非“保护”。1993 年版总规在名城保护方面，提出了“整体保护旧城格局”的思路，划定了历史文化保护区的名单，却没有划定保护范围，也没有提出保护措施，但保护思路和措施比 1982 年版总规还是进了一步。尽管如此，这些措施还是抵挡不住 20 世纪 90 年代出现的旧城大规模危改的冲击。

所以，迫切需要提出新的思路、新的方法来调整城市空间结构，对旧城提供有效的保护。

3.2 北上的南风

20 世纪 90 年代，全国城市化进入加速期，城市的规模不断膨胀，总体规划的用地指标提前完成，政府无地可批，由于总体规划的修编和审批的周期过长，适应不了城市发展的变化，总体规划形成了市场需求的瓶颈，于是“概念规划”(Concept Planning) 应运而生。

3.2.1 “概念规划”

“概念规划”是一种宏观层面的探讨和研究，强调思路的创新性与前瞻性，内容涉及城市的性质、功能、布局等核心要旨，是比“城市总体规划纲要”还要宏观的规划，可为城市总体规划的修编提供基础。在我国，“概念规划”并非法定规划，无须国家行政主管部门的审批。

概念规划在国外比较常见，20 世纪 60 年代以来，概念规划已被广泛采用。

新加坡在总体规划的实施和修订过程中，注意到由于缺乏宏观长远的发展战略造成种种矛盾，于 1968 年开始进行概念规划的研究。在联合国的协助下，1971 年提出第一个概念图，成为城市规划体系的重要组成部分。

1968 年的英国《城市规划法》建立了以结构规划和地区详细规划两层次为核心的新的城市规划体系。

受英国城市规划体系的影响，过去的 30 多年来，香港政府已经发展出一套策略性规划 (Strategic planning) 模式，建立一个综合土地利用—运输—环境的大纲，并以此为基础，制定更详细的规划图则和发展规划。①

2001 年 1 月，我国第一个《城市总体发展概念规划》在广州推出，由广州市规划局组织，中国城市规划设计研究院完成编制。继广州之后，又有十几个副省级城市相继开展了“概念规划”的编制。其实，在我国，“概念规划”另有玄机，它是解决计划经济时代总体规划编制和审批双重滞后于市场经济情况下经济发展

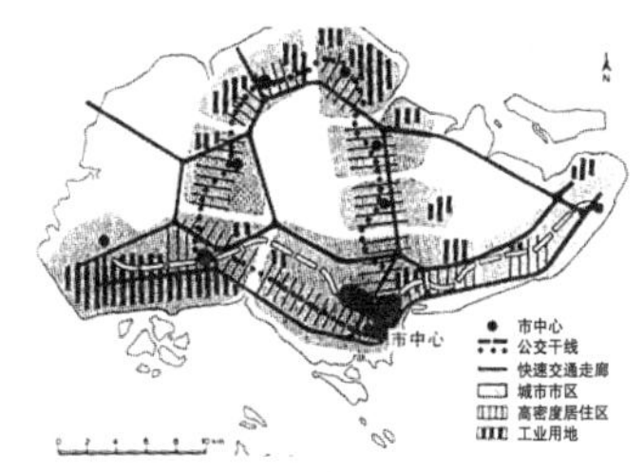

图 3–16 新加坡概念规划图
(图片来源 :http://image.baidu.com)

① 广州市城市规划局，广州市城市规划编制研究中心，广州城市总体发展概念规划咨询工作组 . 广州城市总体发展概念规划的探索与实践 [J]. 城市规划 ,2001(3).

突飞猛进之间矛盾日益凸现的“中庸之道”。[1]

2002年，我担任北京市规划委总体规划处处长，拜访时任中规院区域规划所所长王凯时，他介绍了中规院相继为副省级城市编制“概念规划”的情况。受其启发，我向北京市规划委单霁翔主任做了汇报，提议北京着手编制概念规划，为总体规划修编做准备。这一提议得到了单霁翔主任的肯定，项目申请迅速上报北京市政府并得到顺利批准，落实了经费和计划。

图3–17 王凯先生
（图片来源：百度图片）

据中国城市规划设计研究院副院长王凯后来回忆，“2002年春，老朋友温宗勇来院，一起聊起近期在忙的工作。我说在忙杭州的城市发展战略，他听后颇为诧异，因为之前我们熟知的规划体系中没有这类规划。我说是近期新出现的一种规划类别，2000年广州开始，2001年我主持宁波市做了一轮，后来南京、杭州这类大城市都很积极。我边放宁波战略的ppt，边介绍这类规划的主要特点，主要是从区域角度研究大城市的发展问题，问题导向的工作方式十分鲜明，规划的对策也集中在影响城市发展的主要因素分析上。如宁波就是以杭州湾大桥的建设为契机，研究沿海大通道的建设对城市市域空间结构的影响，研究宁波港的发展与中心城市的互动关系。相对集中地在产业、区域关系、空间结构、城市文化、体制机制等方面谋划城市的发展战略。我说这类规划严格意义上说是研究，是为下步开展的城市总体规划提供思路。由于不受总体规划体例的约束，可以比较自由地展开论述，比较自由地剖析问题，常常一针见血，对于改革意识比较强的政府来说效果很好。作为当时北规委的总体处处长，他听后觉得北京也应该开展这类规划，并把宁波的成果拷了回去。之后，他向时任市规划委主任的单霁翔先生汇报，组织开展了北京市的城市空间发展战略研究，那就是后话了。”

2003年10月，在西安市召开了“国家战略规划国际研讨会”，国内外规划主管部门的官员和专家交流了经验，我与时任北京市规划院副院长的施卫良参会，时任建设部总规划师陈晓丽也出席了大会，官方首次在公开场合肯定了“概念规划”的尝试。

3.2.2 《战略研究》

当时，北京正面临着如下的情况，一是把握奥运会等新的机遇期，迫切需要新的发展空间；二是1993年版《北京城市总体规划》所确定的大部分目标已经提前实现，规划空间容量趋于饱

① 王鹰翅．概念规划刍议[J]．规划师，2005（2）．

和，难以容纳新的城市功能；三是原有的“中心+放射”的规划思想面对发展规模扩大后产生的新问题，需要及时调整。2003年，由时任北京市规划委主任的陈刚牵头，审时度势，迅速组织力量开展《北京城市空间发展战略研究》（即：北京市的“概念规划”，以下简称《战略研究》）的编制。

关于《战略研究》怎么编，市规划委多次召开了专家研讨会。许多专家给予了明确的指导：

吴良镛（两院院士）：战略规划是供领导决策用的，北京的战略规划研究工作必须争取市领导的重视，否则起不到作用。

李文华（工程院院士）：要从城市的特色出发，根据城市现状和将来的发展前途来确定城市的发展定位。

胡序威（中科院区域与城市规划研究中心顾问）：《战略研究》的重点是解决目前城市空间结构不合理的问题。

邹德慈（工程院院士）：《战略研究》必须跳出以往总体规划的“八股”，必须站得高，看得远。要通过调查研究深刻分析城市的过去、现在、未来；要注意《战略研究》不能被城市圈地运动和不合理的盲目扩张所利用。北京城市空间战略研究的作用主要体现在：第一是可以直接为城市政府的决策起作用；第二是可以指导总体规划的修编；第三是可以立竿见影地解决一些急迫问题。在城市高速发展的条件下，城市规划的适应性是非常重要的，规划的科学性也在于它的适应性。制定北京发展战略规划，对首都非常重要，而且非常迫切。①

《战略研究》在市委、市政府的领导下，由市规划委组织编制。邀请了中规院、北规院、清华大学三家权威部门共同编制。一是广泛调研。在编制之初，组织参编单位集中赴各郊区县和相关委

图3–18　专家研讨会
（图片来源：摘自作者工作资料）

① 摘自作者工作资料。

办局调研，了解需求，发现问题，梳理思路。二是背对背研究。请三家单位各自构思方案，分别提出战略框架。三是面对面交流。组织三家单位交流、对接、充分地研讨，形成初步共识。四是方案综合、征求意见并上报。在三家分报告的基础上，由市规划委和市规划院进行方案的综合，形成《战略研究》总报告，分别征求各区县、各委办局的意见，上报市政协、市人大、市政府、市委和首规委审议后，报建设部并国务院。

3.3 战略的研究

3.3.1 重新认识旧城

《战略研究》经历了“背对背”编制、“面对面”交流、综合上报等过程，历经了五个多月编制完成。其中，分报告有许多思想的闪光点，为解决北京城市发展中的复杂问题提出了重要的、有价值的建议；总报告充分吸纳了分报告的精华，达成了高度共识。尤其在旧城保护理念上，重新认识了旧城，寻找了旧城保护问题的根源，提出了对策。

《战略研究》对旧城的历史文化价值和地位进行了高度定位，并认为保护好旧城是北京城市规划建设的首要任务。

清华大学方案认为[①]：北京是世界封建时期最伟大的历史名城，有三千年的建城历史，八百五十年的建都历史，是“中国古代都市计划的无比杰作”，是“中国古代都城的最后结晶”。世界名都大邑之所以能成功地支配各国的历史，是因为这些城市始终能够代表他们的民族文化，并把绝大部分流传及后代。北京城是中华文化汇聚之地，是中华文化精神的标志。近 50 年来，北京旧城虽遭破坏，但皇城及其北部周边一带城市肌理受损相对尚少，仍保存有艺术创造的精华，在未来发展过程中必须切实地加以整体保护；在此基础上，对旧城其他地区积极地加以整治和再创造，进一步弘扬中华美学精神和艺术魅力；新的交通体系与新区建设也为保护历史文化名城、展拓文化空间创造了条件和新的可能性。

中规院方案指出：北京城市空间发展战略必须处理好历史文化保护与发展的关系这一核心问题，最大限度地保护好古城，继承优秀的城市建设传统，寻求体现历史传统和现代文明的城市空

① 北京市规划委员会．北京城市空间发展规划 [Z]，2003.

图 3-19　北京旧城
（图片来源：摘自作者工作资料）

间格局。古都历史文化遗产是北京核心竞争力的重要因素，是北京发展的永恒主题。

3.3.2　寻找问题根源

关于旧城问题的根源，看法集中在城市单中心结构为保护带来的固有矛盾，即：城市中心区与旧城空间上的叠加，使保护和发展形成空间上的冲突。

1. 中规院方案①

北京城市空间结构的单中心与旧城保护核心区范围相互重叠，是北京空间问题的重要根源。50 年来，北京的发展几乎是围绕着故宫这一核心区展开的。20 年来，各项城市职能在中心城区呈单中心聚集，各种大型开发、改造活动围绕古城区展开，必然使古城内土地的商业价值不断攀升，使中心城区的几何中心——故宫地区成为北京潜在土地价值与利润最高地区。而历史文化名城保护要求古城区保持较低的建筑容积率和建筑高度，以保持古城旧貌、格局和故宫周围低缓、开阔的空间轮廓。经济利益要求开发强度曲线中心高、周围低，而名城保护要求建筑高度控制是周边高、中心低，由此形成了“影子地价”。

影子地价是从土地资源有限性出发，认为土地资源总是有限的，需要合理分配使用。这样在一定的配置资源约束条件下，以求

① 北京市规划委员会．北京城市空间发展规划 [Z]，2003.

每增加一个单位土地资源，可得到最大经济效益。因此，它是考虑土地资源得到最优利用的价格，通常是把社会消耗最多的土地资源分配给效益最好的项目使用，而土地资源获得最大效益的社会成本就是土地的影子价格。影子价格可以把土地资源的供给、利用、效益等因素联系起来，对各类土地资源作出较为确切的经济评价。[①]

在影子地价的作用下，旧城成为商业利益与历史文化保护利用剧烈冲突的地区。一方面，历史文化保护始终面临巨大的利益压力；另一方面，土地的价值规律无法实现。历史文化保护核心区内外的建筑高度不断被突破，传统的空间形态不断被破坏，历史遗存不断减少，发展与保护两败俱伤。

历次总体规划并没有对中心区域城市职能作出调整和转移，因此，继续增强了旧城的土地开发压力，使城市空间结构造成固有矛盾加剧。尽管近年来北京不断加强历史文化名城保护的力度，包括确定整体保护皇城区，划定第一、二、三批历史保护街区，但由于没有解决城市空间结构的根本性问题，加上“危旧房改造”的观念误差，过多地依靠开发商实施改造，以及房屋产权不清晰等原因，造成旧城的历史文化名城保护仍然处在困境之中。

各种职能在旧城范围内的高度聚集使旧城内大量居住用地被置换为商业零售、商贸、行政办公用地，导致大量传统建筑和成片街区被改造、拆毁，古城内居民的社会结构也被瓦解。北京完全失去了旧城整体保护的机会。虽然北京制定了旧城区建筑高度控制的规划，但在土地开发的巨大压力下，高度控制不断突破。故宫、天坛等重要文物的天际线不断被破坏。为了缓解由旧城改造和土地开发产生的交通与市政供给压力，20 世纪 90 年代以来，北京进行了多次旧城道路的大规模改造，这些改造无一例外地给旧城格局和传统城市尺度带来了难以弥补的损害。

2. 北规院方案

单中心过度聚焦的格局使北京旧城成为功能与矛盾聚集的中心，造成经济发展、人口规模的增加与旧城保护不相协调。在大规模旧城改造的压力下，旧城保护的要求难以在不同利益平衡中得到重视，以开发为导向的危旧房改造方式，以及在单一经济利益驱使下追求最大限度利润的高密度、高强度开发，割断了城市

---

① 丁栋红，马淑俊．影子价格与影子地价法 [J]. 南京大学学报（哲学·人文·社会科学版），1996（3）.

的肌理与文脉，威胁到旧城传统的空间形态和尺度，使旧城保护不断受到冲击。同时，也造成原有的文物建筑与历史文化保护区保护范围相对分散，整体性不强，无法完整体现北京旧城的整体格局与风貌。

北京城市现有的空间结构奠定于 20 世纪 50 年代末的总体规划。从历次北京城市总体规划的发展看，以旧城为核心的单中心空间布局结构没有改变，城市空间基本上是以圈层式外溢发展为主。

尽管 20 世纪 90 年代总体规划确定的城市发展方向具有前瞻性，并明确了“分散集团式”的布局原则和“两个战略转移”的方针，但是在人口、建设不断聚集、扩张的冲击下，规划实施不尽如人意。

3. 清华大学方案[①]

北京作为中国首都，在历史发展过程中，逐渐地聚集了许多功能，如政治中心、文化中心、经济中心、交通中心、体育中心、旅游中心等。但是，目前在北京中心城区聚集的功能太多，而且这些功能多聚集于旧城，导致历史风貌不断丧失、交通压力与日俱增、规划绿地不断被占、环境压力日趋严峻。北京既要保护历史风貌，又要建设现代化城市，但事实上，历史风貌日遭噬食和破坏，同时也不利于北京的政治、文化中心作用的发挥。北京目前的空间发展过于聚集在中心市区，并以“摊大饼”的发展形态逐步向外蔓延。如果不加以必要的政策调控，任其继续循此趋势发展下去，将导致一系列不良后果。

此外，还认识到，旧城问题的根源与政绩导向不无关系。在 GDP 考核的利益驱动下，旧城的四个城区之间产生了竞争性破坏，即：在缺乏土地资源的情况下，为了追求经济效益，只能通过拆除历史地段居住房屋，对土地进行功能置换，建设金融街等商务区，以最大限度地追求经济高回报。

3.3.3 提出保护策略

旧城保护策略主要集中在疏解、整体保护旧城、合并、调整交通市政基础设施四个方面。

一是疏解策略：

中规院提出，空间布局上一定要以新的空间架构来解决单中

---

① 北京市规划委员会．北京城市空间发展规划 [Z]，2003.

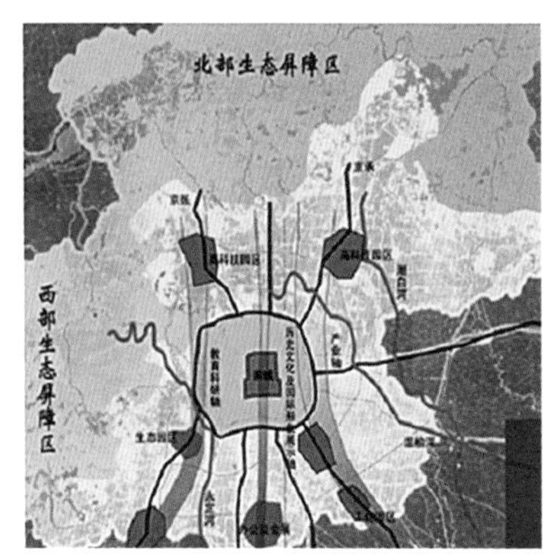

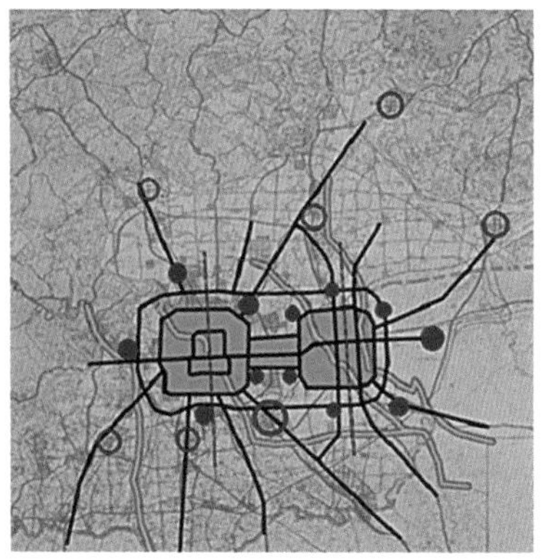
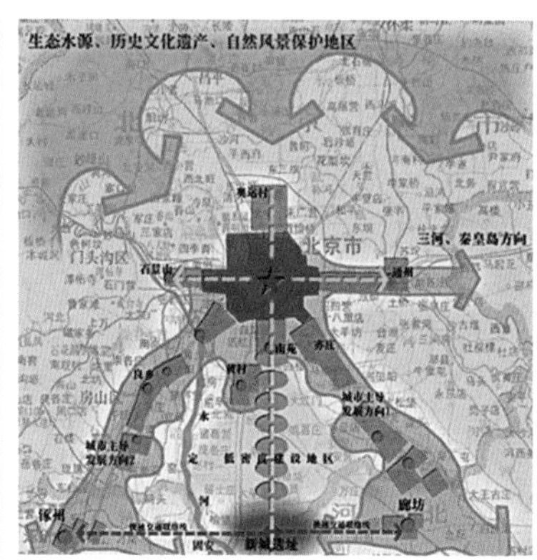

图 3–20　中规院提出的空间布局过程方案
(图片来源：中规院．北京城市空间发展战略研究 [Z]. 2003.)

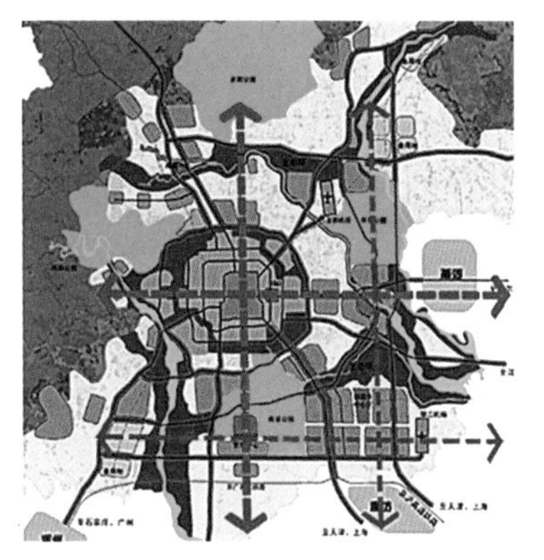

图 3–21　中规院方案
(图片来源：中规院．北京城市空间发展战略研究 [Z]. 2003.)

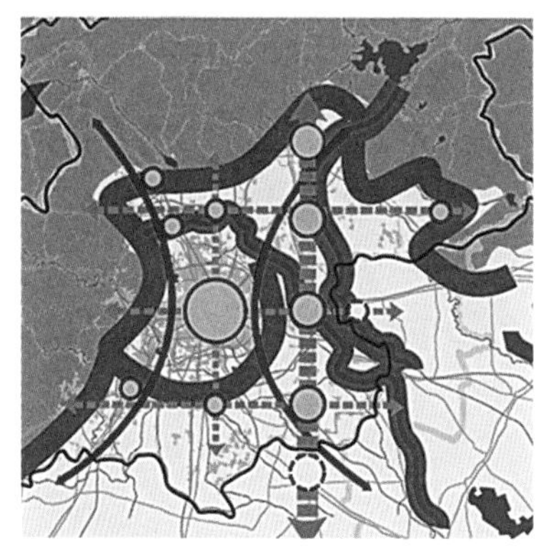

图 3–22　清华大学方案
(图片来源：清华大学．北京城市空间发展战略研究 [Z]. 2003.)

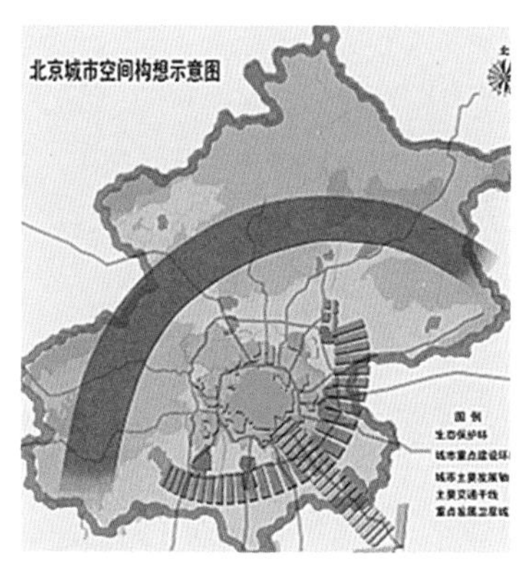

图 3–23　北规院方案
(图片来源：北规院．北京城市空间发展战略研究 [Z]. 2003.)

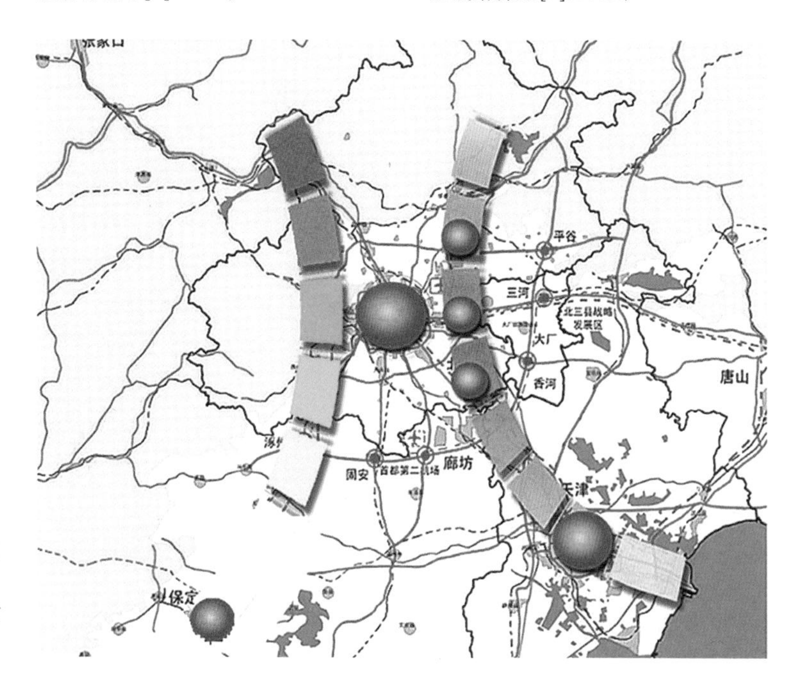

图 3–24　《战略研究》提出的空间布局
(图片来源：北京市规划委员会．北京城市空间发展战略研究 [Z]. 2003.)

心城市功能过度集中于旧城保护的冲突，解决城市土地高地价地区与旧城核心保护区重叠的矛盾。通过多中心空间体系的建立，新城建设和职能，人口的疏散，达到“釜底抽薪”的效果，从根本上缓解历史文化保护的压力。推动旧城现有部分职能（居住、普通办公、金融贸易等）向外围疏解和转移。

清华大学提出“双曲线”疏解中心城的方案。北规院提出“一轴双带”疏解中心城的方案。

三家思路的共同点之一是疏解中心城，重点是旧城，这也是当年“梁陈方案”的精髓所在。《战略研究》吸取了这些方案的精华，提出了“两轴—两带—多中心”的空间布局。

《战略研究》最终确定：

功能定位：城市目标定位在四个方面，即国家首都——政治中心，国际交往中心；世界城市——世界级服务中心，世界级大都市地区的核心城市；文化名城——文化、教育、科技创新中心，世界历史文化名城；宜居城市——充分的就业机会，舒适的居住环境，创建以人为本、可持续发展的首善之区。

城市规模：北京城市发展的人口规模控制在1800万，建设用地控制在1600km^2。

城市布局：完善“两轴”、发展“两带”、建设“多中心”，形成“两轴—两带—多中心”的城市空间新格局。构筑以城市中心与副中心相结合、市区与多个新城相联系的新的城市形态。

二是整体保护旧城策略：

北京的空间结构应当既富于文化内涵和鲜明的个性特征，又适应未来的发展需要，体现中国首都的独特气质与形象。在对北京建城史与旧城格局研究及空间结构方案比较中，通过《战略研究》形成了一个重要的认识：中轴线是最能体现北京历史文化特征的空间要素，东西长安街是最能体现北京现代形象特征的空间要素，而两者组合成的十字轴线构成了北京空间结构最独特的个性。这是世界上任何伟大城市都不具备也无法重复的结构特征，既继承了深厚凝重的历史遗产，又充满了欣欣向荣的现代文明；既体现了端庄方正的传统审美，又映射出激情奔涌的生命活力。“十字轴线”是中国首都特有的中国气质，将是未来北京空间结构的基础。鉴于对旧城空间结构的这一判断，《战略研究》首次提出了“整体保护旧城”的策略。

旧城空间发展战略：二环以内（62.5km^2）的旧城区为历史文化名城保护的核心区，其职能应为行政、文化、综合服务中心。弱化经济职能，控制建设量的增长。

整体保护和有机更新北京旧城区，提高文化品质：全面落实文物建筑、历史文化保护区等保护措施，完善法规，依法有序地对旧城进行积极的保护和更新。逐步改善基础设施，提高居住环境质量，增进城市文化品质。有计划地疏解旧城区人口，制定旧城区交通政策，大力发展公共交通。严格控制旧城区的建设总量。

三是合并策略：

中规院建议加速实施"首都区"发展战略，首先调整现有的城四区（东城区、西城区、宣武区、崇文区）行政区划，合并成立"首都区"，范围为古城核心区的62km^2，避免四区经济竞争造成对旧城的破坏。其次明确"首都区"的职能定位：为国家行政与国事活动提供优质服务，实现历史文化名城整体保护，促进历史文化主题旅游事业和城市文化事业发展。同时，对"首都区"行政主体实行针对主要职能的行政目标考核机制。在"首都区"内，严格控制开发性建设，转变旧城"危改加旧改"等城市建设和运营模式，放弃对市场运作获取的商业开发资金的依赖。

北规院提出，根据旧城的定位要求，为有利于旧城保护与有机更新战略实施，建议调整城区行政区划，将城四区合并，并按旧城范围调整行政区界，以利保护与发展协调。

四是调整交通市政基础设施策略：

中规院提出，最大限度地尊重和保存旧城的城市肌理与格局，停止对原有道路的改扩建计划。抑制机动车交通量（私家车、普通商务车等）的增长，提高机动车进入古城的使用"门槛"。大力发展与旧城道路网特征相适应的地面公交系统（系统相对独立、高发车频率、小尺寸高机动能力等）；以智能化提高公交运营效率和管理水平，以旅游服务标准建设一个高效、舒适的"首都区"公交运营系统。尽快研究编制历史文化保护区市政设计规范，借鉴国外先进的历史保护区市政建设经验，充分发挥新技术、新材料的作用，避免因市政基础设施建设而带来技术性突破。

北规院提出，完善规划，采取有利于旧城保护的建筑控制措施和交通政策，重点解决好旧城高度控制和交通问题。旧城区道路的扩充极其有限，要想在保护的前提下解决交通问题，势必要求在旧城建立比旧城外地区更发达的公共交通系统。

3.4 历史的转折

《战略研究》思路与"梁陈方案"一脉相承，其中很多思想充满了睿智、前瞻和对整体平衡的把握，具有深远的历史意义和重大的现实意义。

一是抓住历史机遇。

在编制《战略研究》之时正当北京的经济发展即将起飞腾越，面临举办奥运会等重要历史机遇期，并且旧城正处于在保护与危改之间反复摇摆的过程中，其编制起到了统一思想、抓住关键、解决矛盾、形成合力的作用，恰逢其时。

二是形成重要转折。

《战略研究》第一次突破了历次总规“聚焦”中心城的局限，提出了“疏解”的思路，变“单中心”为“多中心”，采用“轴线”发展模式，进一步突出旧城历史文化名城的地位，强化疏解旧城人口和功能，在保护旧城方面发挥前所未有的积极作用，是一次“历史的转折”。

《战略研究》重新认识了旧城的价值，对其历史文化价值和地位进行了高度定位。在规划上体现了“北京旧城是中国古代都城规划建设的巅峰之作，是中国传统文化的典型代表”的核心地位。

《战略研究》以极大的勇气提出了“整体保护旧城”。当然，整体保护绝非是博物馆式的保护，而应是发展的保护，是“活”的保护。如此后烟袋斜街的改造，恢复了老北京传统商业特色街的风貌，三轮车“胡同游”成功实行特许经营，变乱为治。

三是指明发展方向。

《战略研究》提出的战略思路和宏观构想成为接下来的《北京城市总体规划》修编工作的重要基础，并对北京未来发展起到了重要的引领作用。整体保护、四区合并、疏解旧城等策略在后几年的实践中都在不断落实。

2010年3月，时任国家文物局局长的单霁翔同志在北京召开的全国政协十一届三次会议上提出了《关于加强北京历史城区整体保护的提案》。提案中讲道，历史城区，是指在城市中能够体现其历史发展过程或某一发展时期风貌、历史范围清楚、城区格局保存较为完整的地区。

北京历史城区，又称北京旧城区，是指明清北京城墙所围合的地区，基本上是今天北京二环路以内，大约62km^{2}的范围。随着北京城市建设用地持续向外扩展，历史城区在北京城市建设用地中所占的比例越来越小，并且历史城区内的居住人口也在持续减少，已经从20世纪80年代的180万人，减少到目前的不足140万人，按照《北京城市总体规划》，2020年历史城区内的居住人口还将减少至100万人。这一用地规模和人口规模，使北京历史城区已经具备了作为“特区”进行统一管理的基础和条件。

北京历史城区是城市发展之源，城市文脉之源，历史城区的每一寸土地，每一寸肌理，每一道天际轮廓线，都承载着北京城市的生命与性格、历史与记忆。但是，长期以来缺乏对北京历史城区突出价值的整体评估和保护。由于城市功能过度聚集，造成历史城区整体保护的困难重重；由于大拆大建的改造方式，造成文化遗产和古都风貌的持续破坏；由于缺乏日常修缮和基础设施更新，造成广大民众生活质量的亟待改善；更由于北京历史城区内不同地段分别由四个行政区所管辖，保护职责不够清晰明确。

为此建议：调整北京历史城区内的现有行政区划，以二环路为界，将现在分属东城、西城、宣武、崇文四个行政区的历史城区内的用地加以整合，形成统一的中央行政区。中央行政区应该具有独特的功能。首先，中央行政区是我国政治中心的核心地段，要为党中央、国务院在京领导全国工作和开展国际交往提供良好的环境；其次，中央行政区是我国文化中心的核心地段，要为来自全国各地的广大人民群众享受高雅文化，增长科学知识提供良好的环境；再次，中央行政区是世界著名古都的核心地段，要为国内外来宾领略博大精深的中华传统文化，感受雄伟壮丽的城市文化景观提供良好的环境；最后，中央行政区作为历史城区，还是世代居民的生活家园，要为广大人民群众生活、工作和学习提供良好的环境。

2010 年 6 月，国务院正式批复了《北京市政府关于调整首都功能核心区行政区划的请示》，原西城与宣武合并为新西城区，原东城与崇文合并为新东城区。这将有利于加强历史文化名城的整体保护的力度，丰富文化内涵；有利于保护政策措施的协调统一，避免各区在保护上重点各异、力度不同、政策不统一，并增

图 3–25　合并后的东城与西城
（图片来源：北京市测绘设计研究院资料）

强市区两级的科学调控能力。

合区将促进经济均衡发展，有利于减轻南部地区保护的资金压力；反过来在促进风貌保护的同时，也给经济发展注入了更多的文化内涵，达到双赢。有利于皇家文化遗产体系的完整体现，南北中轴线连贯性增强，地坛与天坛遥相呼应。有利于皇家文化与宣南文化的特色打造，可以充分结合自身特点，进行错位发展（譬如什刹海的休闲、大栅栏的购物娱乐）。有利于将孤立的遗产点和片状结构变成更具保护意义的网状系统，发挥其提升历史城区整体价值的重要作用，探索“以保护促发展”的战略思想。

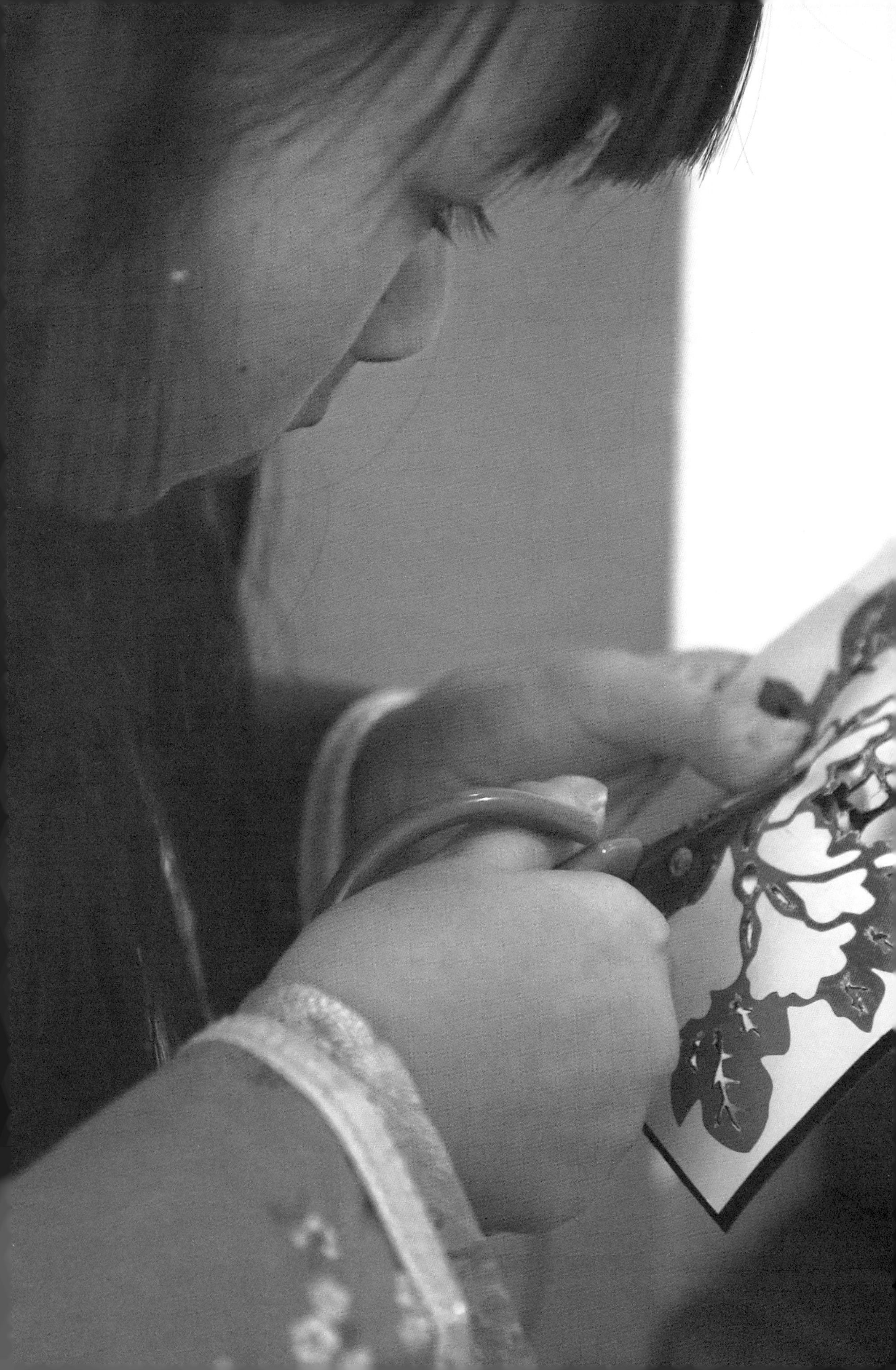

第4章

“新总规”破茧而出

第 4 章
“新总规”破茧而出

做好北京历史文化名城保护工作。要充分认识做好北京历史文化名城保护工作的重大意义，正确处理保护与发展的关系。政府应当在历史文化名城保护工作中发挥主导作用。加强旧城整体保护、历史文化街区保护、文物保护单位和优秀近现代保护建筑的保护。积极探索适合保护要求的市政基础设施和危旧房改造的模式，改善中心城危旧房地区的市政基础设施条件，稳步推进现有危旧房屋的改造。

——摘自国务院对《北京城市总体规划（2004–2020 年）》（下简称《04 总规》）的批复为十一条

2004 年，距离 1993 年版《北京城市总体规划（1991-2010 年）》的实施已有十个年头。这十年里，北京发生了翻天覆地的变化，经济社会和城市建设迅速发展，城市功能不断完善，人民生活水平逐步提高。1993 年版总规确定的 2010 年大部分发展目标已经提前实现，城市发展出现了许多新情况、新问题。随着人口的快速增长和城市功能的不断集聚，交通拥堵状况日趋紧张，水资源、能源供应不足，环境污染依然严重，历史文化名城保护压力巨大，建成区呈现无序蔓延的趋势，城乡二元结构的格局没有根本改变，城乡差距明显，京津冀地区整体发展需要更好地协调。单中心的发展格局已经难以解决城市发展面临的诸多问题，迫切需要对 1993 年版总规进行总结和调整，从总体规划的战略性、全局性的角度，寻求新的解决办法。①

为了适应首都现代化建设的需要，充分利用好城市发展的良好机遇和举办 2008 年夏季奥运会的带动作用，2002 年 5 月，北京市第九次党代会提出修编《北京城市总体规划》（以下简称《04 总规》）的任务。②

---

① 北京市人民政府．北京城市总体规划（2004–2020 年）[Z]. 2005.
② 北京市人民政府．北京城市总体规划（2004–2020 年）[Z]. 2005.

4.1 顺势而为

4.1.1 面临形势

新总规的修编是大势所趋、水到渠成的。当时面临三个“大势”：

一是城市发展问题重重，急需破解。

新总规的修编正处于历史机遇期和战略转型期。在新总规之前，北京的空间发展思路是“集中”式的，即：“中心大团＋卫星城”的发展模式，本质上是单中心发展。虽然提出了“两个战略转移”的构想：一方面疏解中心大团，向卫星城转移；另一方面中心大团由外部扩张向内部挖潜转移，但由于没有明确提出疏解的办法，所以“两个战略转移”的实施效果不尽理想。

有关调查表明，城市人口规模在 1000 万人以下时，单中心是合理的，工作、服务设施配套是经济的；但是当城市人口规模在 1000 万以上时，单中心则出现交通堵塞、房价飙升、空气污染、城市环境变差等“大城市病”。在编制新总规时，北京的“大城市病”非常突出，迫切需要治疗。

二是《战略研究》转型思路亟待落地。

2003 年，《战略研究》编制完成，经首都规划建设委员会第二十三次会议审议后上报国务院，时任国务院副总理的曾培炎批示：“拟同意，建议据此修编首都的总体规划，请家宝同志阅批。”温家宝总理圈阅同意。这为新总规的编制提供了基础和依据。

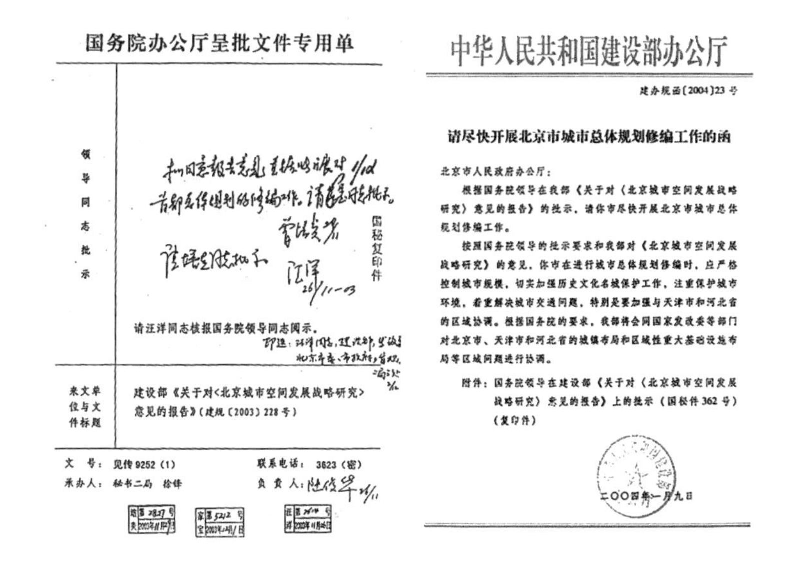

国务院办公厅呈批文件专用单

领导同志批示	请汪洋同志核报国务院领导同志阅示。
来文单位与文件标题	建设部《关于对<北京城市空间发展战略研究>意见的报告》（建规〔2003〕228号）

国秘复印件

文　号：见传9252（1）　　联系电话：3623（密）

承办人：秘书二局　徐锋　　负责人：

中华人民共和国建设部办公厅

建办规函〔2004〕23号

请尽快开展北京市城市总体规划修编工作的函

北京市人民政府办公厅：

根据国务院领导在我部《关于对〈北京城市空间发展战略研究〉意见的报告》的批示，请你市尽快开展北京市城市总体规划修编工作。

按照国务院领导的批示要求和我部对《北京城市空间发展战略研究》的意见，你市在进行城市总体规划修编时，应严格控制城市规模，切实加强历史文化名城保护工作，注重保护城市环境，着重解决城市交通问题，特别是要加强与天津市和河北省的区域协调。根据国务院的要求，我部将会同国家发改委等部门对北京市、天津市和河北省的城镇布局和区域性重大基础设施布局等区域问题进行协调。

附件：国务院领导在建设部《关于对〈北京城市空间发展战略研究〉意见的报告》上的批示（国秘件362号）（复印件）

二〇〇四年一月九日

图 4–1　关于北京市总体规划的政府文件

（图片来源：北京市规划委员会 . 北京城市空间发展战略研究 [Z]. 2003.）

同年，召开了北京市第九次党代会，把新总规修编正式列入了市政府的工作计划。2004年1月，建设部致函北京市人民政府要求尽快开展北京市城市总体规划编修工作。

三是备战奥运众望所归，城市形象亟待提升。

奥运会往往对城市建设有重大影响。奥运会申办成功后，在“举办一届史上最成功的奥运会”的庄严承诺下，举全国之力筹备奥运，这为提升北京城市形象和功能、改善城市的交通市政基础设施带来重大机遇。机遇当前，如何开展好“新北京新奥运”工作，需要在规划层面提出城市发展的纲领性文件，明确方向。

4.1.2 组织方式

2004年3月，首都规划委员会全会正式动员启动北京城市总体规划修编工作，时任市委书记、首都规划委员会主任刘淇针对如何编制北京城市总体规划，提出了“24字”要求：“政府组织、依法办事、部门合作、专家领衔、公众参与、科学决策”，为总规修编拉开了序幕。

“政府组织”是说总规由政府主导，即在北京市委、市政府的领导下，由北京市规划委员会具体组织编制工作。

建立了高效的“三三四”工作机制：“三”家单位编制：中国城市规划设计研究院、北京市规划设计研究院和清华大学。“三”级例会制度：市委、市政府专题会议（共召开了5次）、重要工作协调会议（共召开了6次）和日常工作协调推进会议（每周召开5次以上）。“四”种参与方式：中央部门参与（共8次）、市相关部门（区县）参与（20多个相关部门/19个区县）、中外专家参与（共20余次）和公众参与（提出建议36条/接听公众来电703次）。

“依法办事”是依据现有法律、法规、规章及规范性文件，科学编制规划。

“部门合作”要求由北京市规划委员会牵头，各委办局通力合作，各区县政府紧密配合编制。各委办局分别负责各自行业管理“条”的工作，各区县负责管辖范围内“块”的工作，通过“条”、“块”结合，使得规划的编制更切合实际应用。

“专家领衔”是指总规的修编过程中，专家不仅仅场外指导，而是场内参与规划编制。在总规编制前，由专家领衔，进行了20余个专题的研究，在此基础上，归纳、综合编制了总规的总报告和说明书。

“公众参与”要求编制中体现以人为本，着眼公众利益，加大公众参与力度。在规划编制前，组织在网上开展了“市民对城

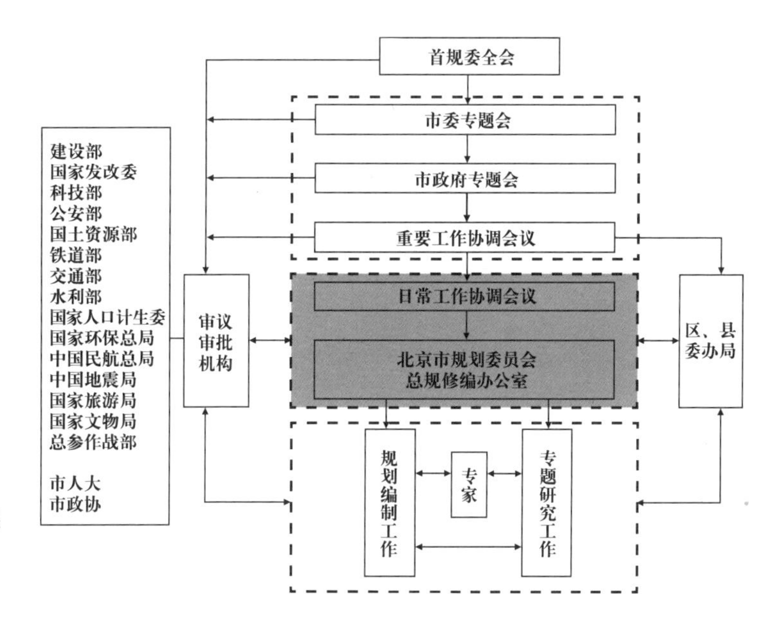

图 4-2 《04 总规》修编组织框架示意图

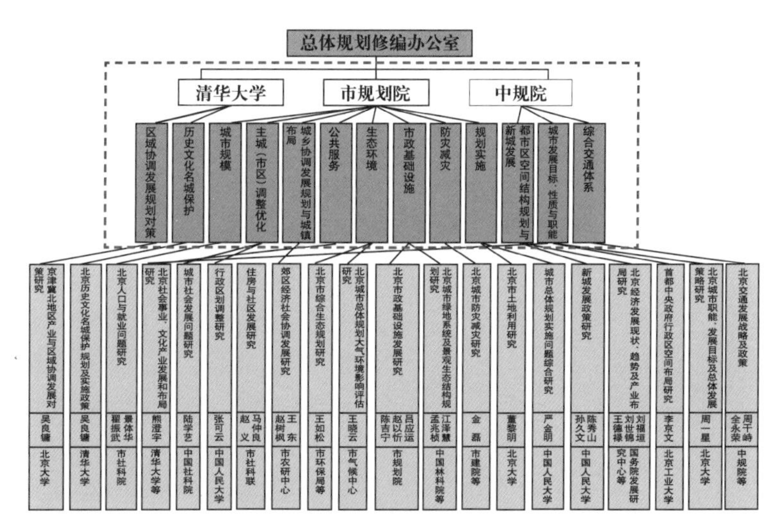

图 4-3 总规专题组织方式
(图片来源:北京市规划委员会工作资料)

图 4-4 国外专家参与

市满意度的调查”工作；通过电视访谈节目介绍总规修编的作用和意义；在编制过程中，征求公众意见，公示征求意见的结果，将这些意见整理后吸收进总规中。总规修编过程也是宣传和全民教育与培训的过程，有利于规划的顺利实施和推进。

“科学决策”是指在总规修编完成后，先后提交市政协、市人大、市政府、市委常委会和首都规划委员会会议审议，修改后呈建设部，由建设部组织相关部委征求意见之后上报国务院审批，成为法定文件指导城市规划建设和发展。

4.1.3 指导思想

总规修编提出了五个指导思想：

以“三个代表”重要思想为指导，贯彻全面建设小康社会目标，认真落实以人为本，全面、协调、可持续发展的科学发展观。体现为中央党政军领导机关正常开展工作服务、为国际交往服务、为科技教育发展服务和为改善人民群众生活服务的要求。

全面贯彻“五个统筹”的原则，结合首都发展的实际，统筹城乡发展，实现城市与郊区的统一规划；统筹区域发展，协调好城区与郊区、南城与北城、平原地区与山区以及京津冀地区的发展规划；统筹经济与社会的发展，按照先进生产力和先进文化发展的要求，规划好产业与社会事业发展的空间布局；统筹人与自然和谐发展，提高人居环境质量，协调好人口、资源、环境规划配置，为广大群众建设最适宜居住的城市。

充分考虑北京作为世界著名古都的历史文化价值，全面展示北京的文化内涵、中华民族精神风貌与现代文明的发展趋势，形成融历史文化遗产和现代文明为一体的城市风格和城市魅力。

充分考虑北京市土地和水资源的承载力，节地、节水、节能、节约原材料，形成集约型的发展模式，建设资源节约型社会。

充分考虑北京所处地区的生态环境特征，控制污染排放，保持环境质量，实现生态环境可持续发展。

4.1.4 核心内容

总规修编工作开展之初，明确重点解决以下六个问题。

1. 领会国家宏观调控政策，落实科学发展观

在总规修编中，认真领会国家宏观调控政策的精神实质，正

确把握政策与规划的关系，贯彻落实全面、协调、可持续的科学发展观，以实现人口、资源、环境的统筹平衡。

2. 城市空间结构与新城体系

横向打破行政界线，竖向打破行政层级关系，探索在社会主义市场经济条件下，实现健康城市化的途径。通过新城体系规划使城市功能在空间分布上合理聚集与疏解，调整城市结构，培育和拓展城市新的功能。统筹城市整体发展与区县发展的关系。

3. 生态环境保护

针对北京面临的资源、环境与能源的巨大压力，科学确定资源（水、土地）使用标准和评价体系。重点研究确定限建区，体现生态环境建设与循环经济思想，合理进行规划布局与评估。

4. 历史文化名城保护

在突出北京旧城整体保护的前提下，深入研究旧城目前发展的实际状况和发展的内在规律，大力加强历史文化名城的整体性城市设计工作，探索新的历史文化名城保护的实施机制。

打造城市文化品牌，提升城市文化效益，探索北京特色文化资源的产业化发展途径。重点研究历史文化名城整体保护的内涵和文化产业的实现途径，创建具有世界性影响的文化功能区。

5. 交通及基础设施规划

重点研究交通基础设施建设，重视交通引导的土地开发和新城建设模式，探索解决重大交通基础设施（第二机场、高速铁路站点等）布局以及综合交通走廊控制问题的途径。

6. 统筹考虑城市安全问题

制定防灾减灾的标准和规划，减少各类城市灾害发生，提高居民的生活品质和安全满意度。

4.2 顺理成章

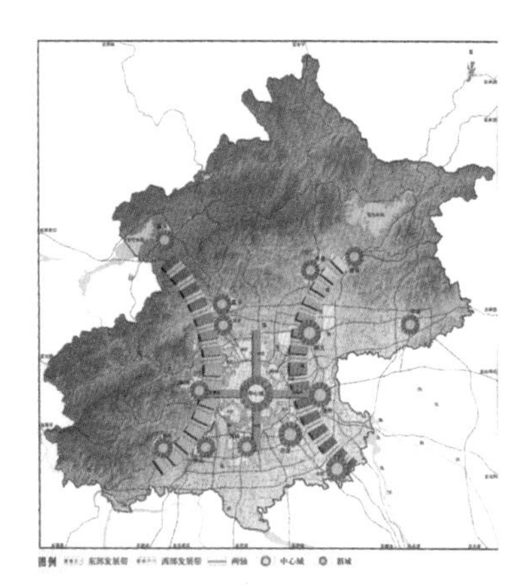

图 4–5 北京城市总体规划（2004–2020 年）
（图片来源：北京市人民政府．北京城市总体规划（2004-2020 年）[Z]. 2005）

经过充分酝酿，《04 总规》于 2004 年着手编制，于 2005 年通过了国务院第七十七次常务会议的审议，并获 12 条批复。

《04 总规》采用了《战略研究》确定的“两轴—两带—多中心”的城市空间格局，旨在实现旧城有机疏散、市域战略转移、村镇重新整合、区域协调发展。

对旧城而言，疏散为处理好“保护”与“发展”的关系提供了有利的条件。在这一阶段，《04 总规》编制关键在于落实《战略研究》及《名城保护规划》、《25 片保护规划》等关于保护旧城的成果，统筹兼顾“保护”与“发展”，建立历史文化名城保护体系。

4.2.1 梳理问题

《04 总规》总结了当前历史文化名城保护尤其是旧城的保护存在六个主要问题，分析了造成这些问题的原因。

1. 旧城保护有待于进一步探索理论和明确认识

新中国成立至今，旧城一直存在着“保护”与“发展”的基本矛盾，各方利益交织，政府、群众、专家、开发商价值取向分歧较大，应该谋求以保护促进发展的共识。

2. 旧城人口、功能过度聚集，客观上给保护造成困难

旧城居住人口密度接近每平方公里 3 万人，流动人口多，受教育程度低，无法有效疏解；旧城聚集了行政办公、国际交往、文化娱乐、商贸、旅游、教育、居住等众多功能，相互叠加，影响城市健康发展。

3. 部分地区大拆大建的危改方式造成对古都风貌的破坏

虽然危改对于改善困难住户住房条件有积极作用，但是，一些“危”、“旧”不分的做法导致了旧城大量历史建筑被拆除，许多地区历史环境被破坏。

4. 旧城部分地区已出现衰败的趋势

由于市场机制、房屋产权制度不完善等因素，使得旧城私搭乱建等违法建设情况严重，房屋自然老化破败，基础设施简陋，居民生活条件差。大量有价值的文物和四合院得不到有效保护。

5. 交通市政基础设施条件亟待改善

由于旧城人口密集、多重功能叠加，所以对交通的需求也日益增大。现有路网无法承受交通需求，停车场地匮乏，交通污染严重；在交通需求管理方面缺乏政策措施，导致交通增长对名城保护带来冲击；现行道路规划和技术标准与旧城空间形态和胡同肌理保护存在一定矛盾，大市政配套难度大、成本高，使得改造举步维艰。

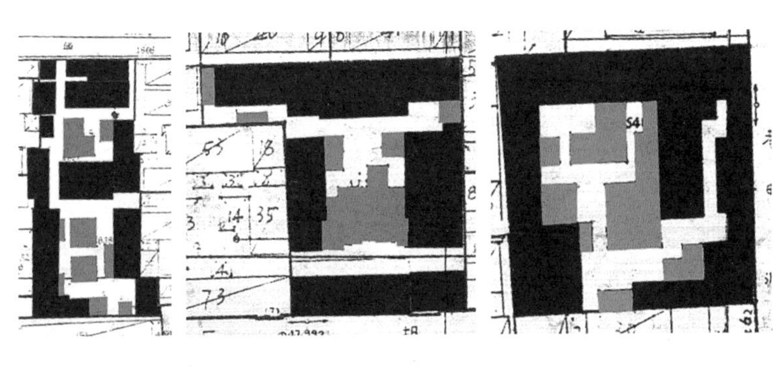

图 4–6 私搭乱建严重（黑色是四合院主体建筑，浅灰色是私搭乱建建筑）
（图片来源：作者工作资料）

图 4–7 私搭乱建的建筑近景
（图片来源：作者工作资料）

图 4–8 旧城的低端产业——西四北头条到八条的发廊
（图片来源：施卫良 2005 年拍摄）

6. 旧城保护缺乏适宜的产业支撑

旧城缺乏明确的产业发展思路，功能过于混杂，高端产业与低端产业并存，土地及历史文化资源的价值未能得到充分体现，阻碍了符合旧城空间形态的文化事业和文化产业的聚集和发展。①

从问题中可以看出，名城保护的焦点在旧城，而旧城保护面临的形势十分严峻。这里创新地提出了旧城发展需要有产业支撑的问题，实际上是为旧城的复兴提出了新的思路。

4.2.2 明确原则

提出了五条原则，概括而言，一是正确处理保护与发展的关系；二是坚持对旧城的整体保护原则；三是以人为本，探索小规模渐进式有机更新，疏解人口，统筹保护历史文化资源；四是坚持积极保护原则，调整旧城功能，强化文化职能，促进文化复兴；五是不断完善保护机制，推进历史文化名城保护法制化进程。

与以往保护规划的原则相比，新总规创新地提出了“积极保护”和“文化复兴”，其目的是防止消极地对待旧城胡同四合院，用“为旧城注入活力，提升旧城功能”的方式，避免其自然衰败。

4.2.3 旧城整体保护

《04 总规》全面落实了《战略研究》提出的“旧城整体保护”思路，而上一版即《93 总规》提出的是“旧城格局整体保护”的思路。二者的具体内容同样是十条，但是经过仔细对照，发现二者的内涵确有明显差异。《93 总规》是在旧城改造和城市设计的前提下提出的，而《04 总规》则是始终强调保护。具体而言，内容上二者存在的主要差异包括：

1.《04 总规》有两条新增内容

一是按照《皇城保护规划》，整体保护皇城；二是保护北京特有的“胡同—四合院”传统的建筑形态，这主要是对“大拆大建对古都风貌造成破坏”问题的制约。这两条是实现“旧城整体

① 北京市人民政府．北京城市总体规划（2004-2020 年）[Z]，2005.

保护”的核心内容和主要措施。

2. 去除《93 总规》第 9 条“增辟城市广场”

这表明,《04 总规》否定了在旧城内拆旧建新的思路，有利于保持传统城市空间肌理的完整性。

3. 将《93 年总规》的第 7 条与第 8 条合并

《04 总规》把《93 总规》的第 7 条“保护城市景观线”和第 8 条“保护街道对景”进行了合并，内容为 :“保护重要景观线和街道对景。严禁插建对景观保护有影响的建筑。”对城市景观和街道对景的保护措施更为严格和具体。

4. 措辞不同

首先，关于中轴线的保护，同样都是第 1 条,《93 年总规》提出“保护和发展传统城市中轴线”，而《04 总规》提出“保护从永定门至钟鼓楼 7.8km 长的明清北京城中轴线的传统风貌特色”，比较而言,《04 总规》在措辞上去除了“发展”的词汇，表达了完整保护意图。

其次，关于“凸”字形城郭的保护，同样都是第 2 条,《93 总规》提出“注意保持明清北京城‘凸’字形城郭平面”,《04 总规》

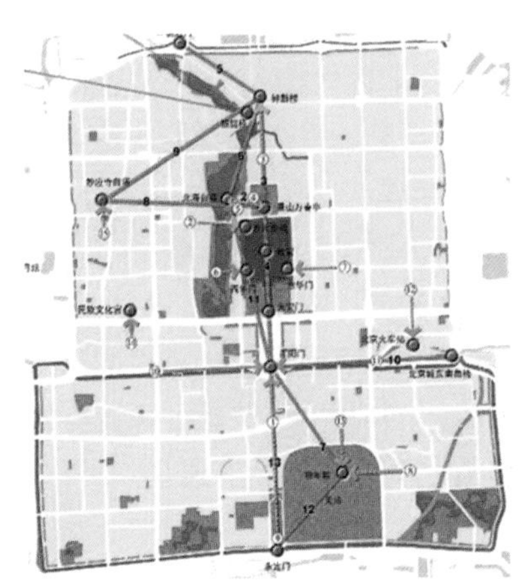

图 4–9 街道对景
(图片来源 : 北京市人民政府 . 北京城市总体规划 (2004—2020 年) [Z]. 2005.)

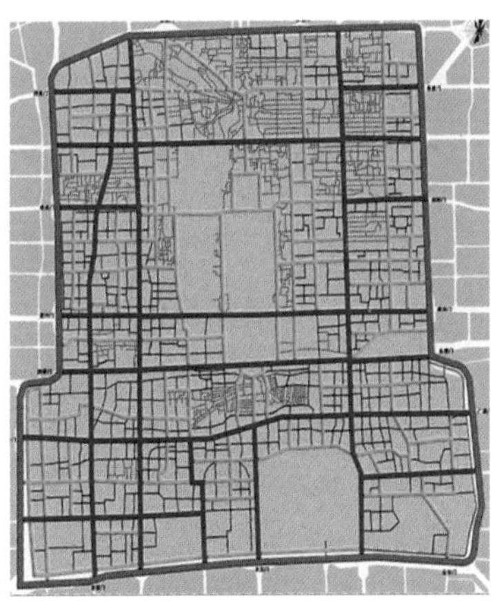

图 4–10 道路网络
(图片来源 : 北京市人民政府 . 北京城市总体规划 (2004—2020 年) [Z]. 2005.)

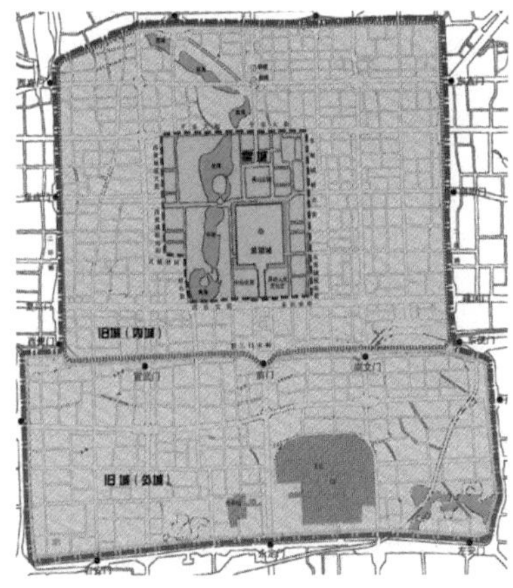

图 4–11 “凸”字形城郭平面
(图片来源 : 北京市人民政府 . 北京城市总体规划 (2004—2020 年) [Z]. 2005.)

图 4–12　河湖水系
（图片来源：北京市规划委员会 . 北京历史文化名城北京皇城保护规划 [M]. 北京：中国建筑工业出版社，2004）

提出“保护明清北京城‘凸’字形城郭”。前者的动词是“保持”，是通过新建的建筑和绿化来保持“凸”字形的平面轮廓，而后者是“保护”，是保护具体的传统空间形态。两者的不同在于，一个是平面的，一个是立体的；一个是新建，一个是保原貌。

第三，关于河湖水系的保护，《93 总规》在第 3 条提出“保护好河湖水系”，而新总规在第 4 条提出“保护旧城内的历史河湖水系。部分恢复具有重要历史价值的河湖，形成一个完整的系统”。历史上，人们习惯于择水而居，城市选址往往与河流水系有密切关系，所以河湖水系是历史文化名城保护的重要组成部分。比较而言，前者是保护水系现状，后者更加重视水系的保护，不仅保护现状，而且部分恢复有价值的水系。

第四，关于街巷道路的保护，《93 总规》在第 4 条提出“旧城改造要基本保持原有的棋盘式道路网骨架和街巷胡同格局”，而《04 总规》在第 5 条提出“保护旧城原有的棋盘式道路网骨架和街巷胡同格局”。前者是在旧城改造的前提下，“基本保持”原有格局，而后者以保护为大前提，提出“保护”原有格局。可见，前者胡同格局可拆，后者不可拆。

第五，关于建筑高度的控制，《93 总规》在第 6 条提出“建筑高度控制”，《04 总规》在第 7 条提出“分区域严格控制建筑高度，保持旧城平缓开阔的空间形态”。前者可以在控高允许的范围内新建 9 m、12 m、18 m、30 m 高的建筑，而后者则立足于保持建筑高度现状，控制新建多、高层建筑，避免插建高楼对旧城整体风貌造成新的破坏。

第六，关于保护古树名木，同是第 10 条，《93 总规》提出“保护古树名木，增加绿地，以树木花草衬托建筑”，《04 总规》提出“保持和延续旧城传统特有的街道、胡同绿化和院落绿化，突出旧城以绿树衬托建筑和城市的传统特色”。前者的主要目的是要求旧城改造项目增加绿地，改善环境；后者是保护延续传统空间内的原有绿化。

5. 顺序调整

顺序排列反映了在保护中的重要程度。在《04 总规》中，由于新增了两项内容、合并了一项内容，所以顺序产生了变化：“保护建筑色彩”排序下降了 4 个名次，“河湖水系的保护”、“街巷道路的保护”、“建筑高度的控制”排序均下降了 1 个名次。

4.2.4 旧城的保护和复兴

针对“旧城出现衰败的趋势、市政基础设施不完善、建设性破坏、缺乏产业支撑”等问题，强调以保护为前提的旧城复兴，探索引导旧城复兴的途径。具体包括四个方面的内容：

一是疏解旧城的功能。统筹考虑旧城保护、中心城调整优化和新城发展，合理确定旧城的功能和容量，疏导不适合在旧城内发展的城市职能和产业，鼓励发展适合旧城传统空间特色的文化事业和文化旅游产业。

二是疏散旧城的居住人口。综合考虑人口结构、社会网络的改善与延续问题，提升旧城的就业人口和居住人口的素质。

三是有机更新。停止大拆大建，严格控制旧城的建设总量和开发强度，逐步拆除违法建设及严重影响历史文化风貌的建筑物和构筑物。探索能够激发旧城活力的“微循环”改造模式，制定科学合理的房屋质量评判和保护修缮标准，逐步修缮房屋，消除安全隐患，改善居住条件。

四是调整交通和市政基础设施思路。在旧城内，改变原有的交通和基础设施优先的做法，提出在保持旧城传统街道肌理和尺度的前提下，制定旧城的交通政策和道路网规划，以及旧城市政基础设施建设的技术标准和实施办法。[1]

---

① 北京市人民政府．北京城市总体规划（2004-2020 年）[Z]，2005.

4.2.5 完善保护体系

在《北京名城保护规划》的基础上，完善了历史文化名城的保护体系，主要包括四个层面：

第一个层面是文物保护单位的保护。提出六个方面的要求，分别涉及世界文化遗产保护、文物保护单位保护、文物保护单位周围环境保护、地下文物调查鉴定保护、挂牌院落保护，以及尚未公布为文物保护单位的不可移动文物的普查与管理等内容。

第二个层面是优秀近现代建筑的保护。这是首次在总规层面提出保护优秀近现代建筑，所谓北京优秀近现代建筑，是北京近现代历史时期建造的，能够反映城市发展历史、具有较高历史文化价值的建筑物和构筑物，是历史文化名城保护的重要内容。强调对优秀近现代建筑的鉴定、保护和合理利用。

第三个层面是历史文化保护区的保护。强调保护历史信息的真实性，保护传统风貌的整体性，以及历史建筑保护与利用相结合。具体包括：及时编制历史文化保护区规划、严格依据保护规

图 4-13 发展特色旅游产业：什刹海的胡同游
（图片来源：作者 2014 年拍摄）

划实施保护区管理、进一步扩大旧城历史文化保护区范围、加强历史建筑的保护和再利用、保护传统胡同和街巷空间、采取有机更新方式逐步改善历史文化保护区条件，以及整治历史文化保护区内不符合要求的建筑物和构筑物等内容。

第四个层面是市域历史文化资源的保护。提出：保护独特的自然地理形态、完善市域及周边地区历史文化资源和自然景观资源的保护体系、保护各级风景名胜区、保护与城市发展密切相关的历史河湖水系、保护建都以来不同时期北京城池变迁过程中的遗迹和城池格局、发掘整理恢复和保护丰富的各类非物质文化遗产。

4.2.6 提出机制保障

为确保《04 总规》在历史文化名城保护方面的实施，从五个方面提出了机制保障，为破解旧城难题向前迈进了一步。

一是建立旧城保护、中心城调整优化和新城发展的统筹协调机制，完善旧城保护的实施机制，促进旧城的有机疏散。

二是健全北京历史文化名城保护的相关配套法规和政策。制定《北京历史文化名城保护条例》及相关法规，调整与历史文化名城保护相矛盾的规划内容、规章和规定，严格依法进行保护和管理。

三是建立健全旧城历史建筑长期修缮和保护的机制。推动房屋产权制度改革，明确房屋产权，鼓励居民按保护规划实施自我改造更新并使其成为房屋修缮保护的主体。制定并完善居民外迁、房屋交易等相关政策。

四是打破旧城行政界限，调整与历史文化名城保护不协调的行政管理体制，明确各级政府以及市政府相关行政主管部门对历史文化名城保护所负担的责任和义务。

五是遵循公开、公正、透明的原则，建立制度化的专家论证和公众参与机制。[①]

4.3 “硬币的另一面”

事物的发展都是一分为二的，不可能尽善尽美，在转折的道路上也会有一些妥协，这是发展的必然规律。对于历史，我们可以回顾、反思甚至反省，但我们不应埋在废纸堆里怨天尤人，或

① 北京市人民政府．北京城市总体规划（2004-2020年）[Z]，2005.

是自艾自怜。我们应该面向未来，不给为教训再次“埋单”的机会。

4.3.1 规划编制与实施的同步

规划编制的同时，城市环境整治正在全面进行，规划的编制和实施衔接不畅，责任部门之间不同步，没有形成一盘棋，这是规划编制与实施脱节的老问题。胡同整治的初衷是好的，但过程中的问题却不少。魏科先生介绍，2005 年，我们为了迎奥运，抓了一段环境整治，从大街到胡同，我们称之为“两轴四环六区八线”。两轴就是十字轴；四环就是二环、三环、四环、五环；还有六个区，像什刹海、天安门、奥运场馆、北京火车站、天安门广场，加上首都机场；八条线有西单大街及延长线、东单、平安大街、两广路、机场路等，所以我们简称二四六八，一共涵盖了 116 条大街，1000 多条胡同。

胡同怎么整？过去就是居委会简单喷刷一遍涂料就完，这次是找的专业设计单位来做，给每个区做一个样板，由政府出钱找设计单位免费给他们做设计，做完设计以后，再交给各个区来施工，施工我们还邀请专家现场指导，没有问题的话，修完以后作为我们的样板，其他的胡同应依照这个标准来修。我们还做了 6000 多栋大楼的清洗，实际效果非常好。

虽然这个环境整治大家都说是好事，但是大家做的好事不同步，多头管理步调不一致，结果带来了问题。我们刚整治完胡同，紧接着“煤改电”启动，又重新破路修路。“煤改电”刚完，保护旧城工作开展，房管局把原房翻建，所以政府的钱花了一次、两次、三次，确实是极大的浪费。所以，我认为如果把好事能够有一个机构宏观地来统筹，特别是能够依据统一的规划，把它一次性做好，做到位，就是最理想的了。

4.3.2 旧城危改与保护的差异

下面我想通过大吉片这个典型案例，借助 2005 年 9 月 28 日中国经济时报社记者谢丽佳在《大吉片危改挑战老北京“文化基因”保护》一文中所说，在捕捉许多历史瞬间和现实生活细节的前提下，当“现实”已经成为“往事”时，我们还有哪些值得总结的城市发展元素。

一是“整体保护旧城”就应该尽量保存城市历史街区的历史原貌。据该报导介绍，“2005 年 9 月 21 日，住在北京宣武区保安寺街 18 号的居民王志达在去询问大吉片危改项目拆迁事宜时发

图 4–14　大吉片 2005 年 7 月的状态
（图片来源：作者 2005 年摄于北京）

现，停滞近一个月的拆迁可能在近期重新启动。”随即，《中国经济时报》记者采访了宣武区专家顾问组成员之一、中国考古学会会长徐苹芳先生，他表示，“按照国务院批复通过的《北京城市总体规划》，北京市的旧城应该整体保护，因此，大吉片里面不仅众多历史会馆以及名人故居等属于文物保护范畴的老房子不能拆除，周边与之形成胡同、旧城格局的民居也必须保留，大吉片必须整体保护。”

二是每一片传统街区或许都有着自己不平凡的经历和阅历，它们的故事谁还能够倾听？大吉片就曾是座“活色生香”的历史文化博物馆。“大吉片见证了许多历史事件，留下了众多历史名人的足迹，也因此承载了浓厚的历史文化。”前兵马司 36 号房主田雁增是北京传统文化的忠实守卫者，在胡同里转悠、考察四合院的历史是他工作之余的唯一爱好，对于大吉片各处民居的渊源，他了如指掌。他告诉记者，据他目前考证的结果，大吉片里光是会馆就有 78 家，是历史上全国各地在京建立会馆最集中的地方，如全浙会馆（南横东街 95 号）、江阴会馆（米市胡同 98 号）等均聚集在此，还有一些历史资料记载的会馆由于历史变迁或人为破坏已经无从考证；另外还有许多历史名人曾经生活在此，如光绪年间的刑部尚书潘祖荫（米市胡同 115 号）、著名京剧武生李万春（北大吉巷 22 号）、北洋军阀吴佩孚（保安寺街 17 号）……“历史会馆的变迁以及历史名人的生活轨迹勾勒出中国近代史的轮廓。”北大吉巷 21 号房主郭观云细数曾经发生在大吉片的各种历史典故：清代国宾馆（南横东街 131 号）曾接待琉球国、安南国等国的贡使，禁烟功臣林则徐曾生活在此（贾家胡同 31 号），南海会馆（康有为故居）是改良主义的发源地，毛泽东曾经在湘潭会馆（保安寺街 5 号）组织革命活动……“除了会馆文化和名

图 4–15 已经消逝的院落
（图片来源：作者 2005 年摄）

图 4–16 大吉片曾经充满生活气息的街市
（图片来源：作者 2005 年摄于北京）

人文化，大吉片的民俗文化、宗教文化同样多姿多彩。”66 岁的老北京梁明泉居住在米市胡同 56 号，他告诉记者，他们家斜对面的米市胡同 47 号是谭家菜的旧址，谭家菜就在这里发祥。“一顿谭家菜要一两黄金，到这里吃饭的都是有来头的人物，每天车水马龙的甭提多热闹。”梁明泉回忆，那时候巷子里没有铺柏油马路，都是土路，一到下雨简直没法行走。尽管如此，仍有许多达官贵人蜂拥而至，常常是一辆辆汽车在门口排成一溜，巷子里总是人声鼎沸。还有北京历史上字号最老的烤鸭店便宜坊也创建于米市胡同 29 号，另外南大吉巷 11 号、12 号、15 号的顾记金店，26 号的李福寿笔店作坊，迎新街 57 号的地藏禅林，保安寺街 9 号的玉皇庙……共同描绘出一幅幅生动的民俗生活、宗教、文化的历史画卷。田雁增认为，整个大吉片是一座活的历史博物馆，如果把它拆除，将是民间文化的灭顶之灾。

三是无论是北京的城市发展还是北京的总体规划，都应关注“老北京人”的情之所系，了解他们为何如此恋恋不舍自己的“老院子”，何为“老户的乡愁”。记者了解到，石油大学退休教授袁璞虽然住在楼房里，却一直心系祖上留下来的老宅子——位于宣武南横东街 155 号的一座面积近 1000m^2 的四合院。袁璞的父亲袁敦礼先生（前全国政协委员、北京师范大学校长）及其两位伯父——袁复礼先生（前全国人大代表、著名地质学家）、袁同礼先生（前北京图书馆馆长）曾被我国文化教育界称为“袁氏三礼”，而这座宅邸就是他们的祖居。“这个宅子大概建于明代，历史在 200 年以上，到我们的后辈，已经传承了五代人。”袁璞告诉记者，袁家祖籍河北徐水，自曾祖父起，在宣武区南横街 20 号(现 155 号)和丞相胡同（现菜市口大街）拐角处置办房产百余间，定居于北京。

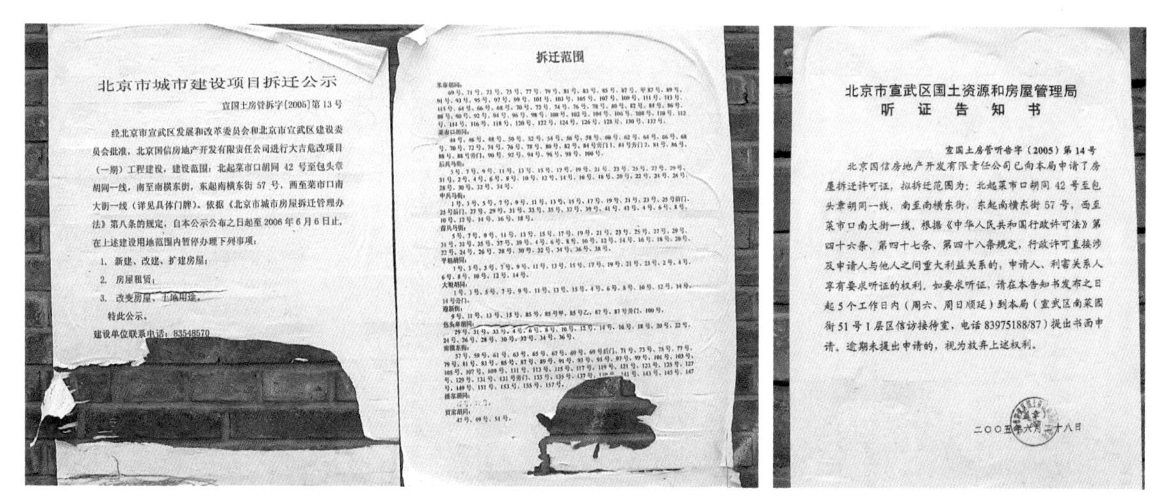

图4–17　大吉片拆迁公告(2005年)
(图片来源：作者2005年摄于北京)

后家人因故卖掉了沿丞相胡同的一片房产，到祖父辈时，就只剩下现在的40余间房。前清时代，南横街一带是汉族士大夫聚居的地方，袁家的左邻右舍有袁世凯、康有为、谭嗣同、李石曾等，邓颖超也曾居住在此。“‘文革’前我们家的宅子非常漂亮。”袁璞的弟弟是一名资深建筑师，对古典民居素有研究，他用电脑绘制出袁宅的原貌，一直计划着重新修缮袁宅。他向记者介绍，袁家以前是三进院子。第三进院子北房的堂屋和两边房间的隔墙是硬木雕花墙，上有雕刻的花卉图案，极为精致、讲究。院内种了树木和花草，有枣树、海棠树、槐树、菊花、荷花、玉簪等。二进院通往三进院的小院北面，有翠竹和假山，整个院落宁静、幽雅。20世纪30年代，父辈先后修建了沿街的一排房子，形成了现在四进院的格局。而且当时院子里的生活设施已经相当完备，厕所里装上了冲水马桶，院子里安装了灯泡、盖起了锅炉房，甚至还修建了化粪池、上下水道。“文革”开始后，袁家被误认为是袁世凯的后代而被抄家，院子里的景观被毁，房管部门安置了20余户标准租户入住，原来宽敞、整洁的院落被私搭乱建的违章建筑破坏得面目全非。“虽然袁家早就没人住在那里，但是重还老宅的原貌一直是我们的愿望。”他还告诉记者，由于到目前为止，宅子里还有近10户标准租户未腾退，再加上最近接到通知，袁宅要为拓宽南横街腾地，被列入大吉片危改的一期工程之列，重新修缮的计划一直搁浅至今。记者来到袁宅发现，虽然四处搭建的破旧平房已经将这个院落充塞得拥挤不堪，满目疮痍，但仍旧保留有原来的建筑格局和北京古老文化的韵味。袁璞向记者表示，他们希望尽全力保护祖上传下来的老宅子。“我们现在都有自己的房子，有自己的家业，谁也没指望靠这个宅子赚钱。如果能够保留下来，我们都乐意自己掏钱修缮。”袁希望这套祖宅能够在他们这代人手里重拾往日光彩。74 岁的李传源在贾家胡同 40 号的院子也有 80 多年的历史，但他和袁家人一样都对自己的老房子怀有拳拳的念旧情愫。李传源告诉记者，他 3 岁开始在此居住至今，和所有私宅一样，这个院子也遭受过“文革”的浩劫，也曾经充斥拥挤的临建平房，但今年初标准租户腾退后，老李迫不及待地重新归置了归还的那一部分房屋，老宅又开始重新焕发出昔日古韵：朱漆窗棂、红绿相间的四梁八柱、红木槅扇、砖雕门楣、磨缝青砖……院子里搭的葫芦架、种的花草，营造出精致、幽雅的四合院风情。李传源告诉记者，自己的院子好不容易才回来一部分，刚刚开始着手修整，就被通知划为三期危改。他表示，如果能够保住院子，自己会组织子女自费修缮；如果人手不够，管理不过来，也会专门雇人来管理，一定不会放任自己的院子像以前那样破败。

四是四合院传承着北京的“文化基因”，没有了胡同四合院，城市的记忆也就被清除了。在采访过程中，许多四合院主人都表达了和袁、李二人相同的愿望。他们告诉记者，虽然自己的院落

图 4–18　2006 年大吉片拆迁启动
（图片来源：作者 2006 年摄于北京）

图 4–19　2012 年大吉片拆迁建设的场景
（图片来源：作者 2012 年摄于北京）

图 4–20　新楼拔地而起
（图片来源：作者 2012 年摄于北京）

既不是名人故居也不是历史会馆，更不属于受保护的文物，但这些老宅不仅见证了自己家族的历史，也共同构建了北京传统的民居文化，如果被拆，不只是伤害到家族历史的传承，更是北京传统文化的一大损失。“历史上有多少名人命运的跌宕起伏都发生在四合院、胡同里，这里的一砖一瓦都记载着历史故事，浓缩了历史的精髓。”李传源的女儿李桂莲认为，不仅建筑本身是文化，建筑里面人们的生活也是一种文化，比如老百姓的生活方式、吃饭用的餐具、写字用的文房四宝、挂的字画、摆的花瓶等都传达着历史文化的信息，如果四合院拆了，这些综合性的北京传统文化也将被一同埋葬。“老北京文化基因已经濒临灭绝。”袁璞告诉记者，他曾经做过一个关于北京胡同的调查，这几年胡同的面积急剧萎缩，目前只剩下原来的半数了！“如果再这样拆下去，四合院、胡同文化就要绝后了。传承文化不要只是停留在概念上面，保护文化的载体，使其得以永久传递历史信息才是实至名归。”房子往往代表了一个时期、一段历史的文化。过了这个时代，如果连房子也没有了，当时的历史也就灭绝了。因此，保护四合院，保护胡同，绝不仅仅是保护房产那么简单，更多的是要保留这段历史文化的基因，让其得以流芳百世。

五是“保护大吉片与当地的经济建设并不相悖。”华新民女士在接受记者采访时指出，大吉片密集分布的会馆和名人故居，蕴涵着取之不尽、用之不竭的历史、经济资源。她建议，政府完全可以把各个会馆卖给相关的省份作驻京办事处；让愿意保留并且有能力修缮四合院的房主们自行“危改”，自住、租赁或开展旅游服务等；让不愿意保留或者无力修缮四合院的房主自由买卖房屋，但须对买方作出保护四合院的相关限制；对于住在真正公房里的租户，如建筑属于应该推倒重建的糟朽房子，可以在外貌保持平房院落的前提下由专业人员设计一种更多利用院落空间的建筑，以扩大居民面积和改善其他功能。

六是划定历史文化保护区的作用不言自明，未能列入保护名单的历史街区转眼“沧桑巨变”。在《04 总规》修编过程中，经过调研，专家们认为大吉片风貌保存比较完整，文化蕴涵十分丰富，建议将其从危改名单中调整出来，随张自忠路南、张自忠路北、北锣鼓巷等区域一并列入第三批历史文化保护区名单，但遗憾的是，由于协调的难度很大，最终未能划列保护名单之内。随后的几年中，大吉片逐步完成了拆迁、改造，一片传统风貌区只能在照片中留下回味和记忆了。一片以高 60 ～ 80m 的高层住宅为主体的城市新区拔地而起，城市景观环境和天际线随之改变。

国务院对《04 总规》的批复中既有对保护内容的高度认可，也有对危改工作的具体要求。我专门就批复内容拜访了当时总规批复的起草人原建设部规划司吴建平副司长，尤其询问了批复中的最后一句“稳步推进现有危旧房屋的改造”是否考虑在旧城保护和危改中做些平衡时，他表示：“恐怕不是找平衡的意

图 4–21　作者采访吴建平先生
（图片来源：甄一男摄于 2014）

思，应当理解为，这项工作所遵循的一个基本原则是‘以人为本’，优秀的历史文化遗产是城市最宝贵的财富和资源，理应成为推动城市科学发展的重要动力，危改也好保护也罢，都应视为城市向前发展的组成部分，从本质上讲，两者不应该矛盾，不过是一点眼前利益的诱惑而已，但解决它就涉及政府决策的智慧了，当然还有规划师的才干，事实上我们也积累了不少这方面的成熟经验。

在当时背景下，北京对历史文化名城保护规划工作很重视，在全国是领先的，起了很好的示范和带头作用，对这点很欣慰。”

4.4 规划的作用

在名城保护方面，《2004年版总规》首次将“旧城整体保护”纳入了法定文件，并得到了中央的批复，使得旧城保护拿到了“尚方宝剑”，产生了前所未有的力度，为其旧城和名城的保护撑开了“保护”伞。总规内容的重要性不可言喻，更为重要的，是在编制和实施的过程中，通过实践摸索，建立了总规的编制与实施机制，回答了对于城市和总规应该谁参与、谁操控、谁更加有话语权、有话语权的各方各占多大的分量等，这是一个异常复杂的难题。重视合作与协商，重视专家和公众的意见、建议，是本版总规的一个最为突出的特色，对北京市来说，在如此短的时间内，多方协调，求同存异，充分信任，合作共赢，这是一个相当大的进步和跨越。

4.4.1 回归“梁陈方案”精神

在第3章中，我提出梁陈方案在旧城保护方面的精髓是：明确旧城的“历史文化名城”定位、提出“保护整个北京城”的思路和疏解旧城的思路。新总规在旧城规划方面，回归了梁陈方案的精神：

一是重新明确了旧城“历史文化名城”的定位。在规划的“指导思想和原则”中提出，要“贯彻尊重城市历史和城市文化的原则”；旧城的规划涵盖在“历史文化名城保护规划”之内，突出了对旧城的历史文化名城定位。

二是首次在法定文件中提出了“旧城整体保护”的原则。并且为落实这一原则，在规划内容中，提出“整体保护皇城”、“保护北京特有的‘胡同—四合院’传统的建筑形态”、“严格控制建筑高度”、“开发地下空间”等要求。

三是提出疏散旧城人口。分析指出，1983年以来，旧城公共建筑用地增加，住宅占地面积相对缩小，但是旧城人口数量却并未减少，亟待疏解。规划结合城市空间布局调整和新城、新区建设，统筹建立容积率补偿机制和配置旧城向外疏散用地。

4.4.2 统筹兼顾旧城“保护”与“发展”

“保护”与“发展”一直是旧城的基本矛盾。新总规提出在保护的前提下，复兴和激活旧城的思路，统筹兼顾旧城的“保护”与“发展”。

一是明确了保护优先。在旧城的发展与保护之间，强调发展要以保护为前提。在国务院批复的三版总体规划中，本版总规首次明确了对旧城以历史文化名城“保护”为主的基调，而不是之前版本中的“保护和发展”。

《83总规》已经提出旧城大规模危改的思路，但是由于当时资金的缺乏周转房的短缺，所以对旧城的破坏力度不大。《93总规》延续了《83总规》的基调，不同之处在于，由对旧城的“改建”变为对历史文化名城的“设计”,提出“旧城格局的整体保护”，它更加注重对城市景观的研究、分析和保护，有了明显的进步；但是保护内容里大量采用“旧城改造”、“增辟城市广场”、“增加绿地”的描述，依然含有新建、拆旧的味道。随着投资的不断增长，对旧城的破坏力度也进一步加大。对于新总规，国务院的批复第11条为“做好北京历史文化名城保护工作”，这一条只有短短163个字，关键词“保护”就出现了9次，出现频率非常高，充分体现了保护优先的思路。

另外，交通、市政基础设施的实施对旧城的传统肌理破坏极大，其标准以安全为前提，占地大、间距宽，适用于新建区，不适用于旧城。新总规要求制定适合旧城尺度的交通、市政基础设施的标准，对其破坏进行有效约束。

二是提出旧城复兴。在保护的前提下实现旧城复兴。统筹考虑旧城保护、中心城调整优化和新城发展，一方面，疏导不适合在旧城内发展的产业，利用市场化手段，多元投资，适时迁出公交场站、低端的小商品市场等单位，安置在旧城外；另一方面，引导旧城发展特色文化和旅游产业，完善文化、服务、旅游、特色商业和居住等主导功能。此外，提出“在保护旧城肌理和尺度的前提下制定交通政策和道路网规划”，以及“在保护旧城整体风貌保存旧城历史遗存的前提下，制定技术标准和实施方法”等内容。

坚持公共交通优先的交通政策，旧城内交通出行应采取以地铁和地面公交为主的方式。建立并完善旧城自行车和步行游览系统。调整旧城原有红线规划，并实施严格的停车管理措施，控制车位供应规模。

充分利用现代科学技术和新材料，制定新标准，改善旧城现有市政基础设施条件。促进房屋修缮的传统工艺和建材产业的发展。市政基础设施的改善须满足旧城保护的需要、满足居民日常生活的需要、满足环境保护的要求、满足防灾和市政基础设施维护管理的需要。[①]

三是提出停止大拆大建，走有机更新的保护道路。妥善处理居民生活改善与古都风貌保护的关系，避免“建设性破坏”。不再进行“危旧房”改造，而是区分“危房”和“旧房”，逐步改造“危房”；严格控制旧城建设总量和开发强度；逐步拆除违法建设。

《04总规》首次统筹协调首都建设发展与旧城保护的问题，其中最突出的是在历史名城保护方面，无论是工作的指导思想、保护内容、保护方式还是实施措施等方面，都体现出历史名城保护工作得到了空前的重视。是北京市规划建设中第一次以历史名城保护为目的，以首都城市综合发展为目标而制定的首都城市可持续发展的长远规划，为今后的北京历史名城保护和首都建设发展创造了广阔的发展空间。曾经担任《04总规》修编办主任的谈绪祥对本版规划的名城保护内容做过如下评价：

“作为首都规划的重要组成（或者说核心问题），北京名城保护必定是个最为艰难、最为聚焦的问题。2004年版的总规所要面对的四个主要问题之一就是名城保护（其余三个分别是：新城、交通和生态）。2004年开始的总规修编，宗勇同志作为修编办副主任协助我开展工作，他也是总规修编中负责名城保护规划统筹协调工作的。总规修编开展的一年时间里，基于专业的积累和对事业的努力，顺利地完成了编制组织任务，为规划批复后的规划实施奠定了广为接受的工作和认识基础。2004年版的规划在北京历史文化名城保护中最为突出的历史贡献主要体现在五个方面（或者五个认识）：处理好保护与发展的关系——积极保护原则；坚持全面完整和实事求是地理解旧城保护内涵——整体保护原则；疏解人口，放弃大拆大建，探索小规模渐进式改造方式——有机更新原则；紧密结合文化发展实现文化保护和文化复兴——功能与产业替代原则；完善保护工作机制，不断推进依法保护与

① 北京市人民政府．北京城市总体规划（2004～2020年）[Z]. 2005.

发展——法制化原则。虽然是简单的五条，但却是新中国成立以来名城保护规划理论与实践的积累，也是面对当代快速城市化进程的理性共识，极其难得也极其重要！”

4.4.3 注重多方沟通与协调

《04总规》的开展，重视与上下左右的沟通与协商，从编制的组织机制和过程中我们就能够看出这个特点。

在区县层面，对本区的定位、发展目标的制定、近期规划设想等方面，尤其在土地需求和项目配置、资源消耗上既要非常耐心细致地走访征求地方政府的意见和建议，也要最大程度地尊重他们的选择，解决他们发展的需求和实际困难；在市级各行政主管部门层面，关系到土地、水资源、文物资源、能源、投资等多方面的发展和制衡，各部门本着合作的态度密切交流、资源共享，在充分达成共识和平衡的基础上开展工作；对于在京中央单位和地方产权单位的层面，也是既要了解该单位的发展需求，又要根据长远发展和总体目标进行有效的制约，以求共同发展的目的；通过“政府组织、依法办事、部门合作、专家领衔、公众参与、科学决策”，进一步征求市级政协、人大和中央各主管部委的意见上报国务院审批，整个过程细致、周到、全面、不留死角，达到了很好的沟通、协调、合作、共赢的目的。此后，《04总规》批复后，市委领导多次指示印发给有关部门学习、执行、落实，应该说这种沟通与协调贯穿总规编制与实施的始终，并能够保持延续性、通达性、持久性和有效性。

4.4.4 专家作用显著增强

《04总规》修编的一个最为明显的作用和改变就是专家的作用在这个过程中得到了非常显著的提升和尊重。通过对《北京日报》记者刘扬的访谈，我们可以清楚地看到这种改变。首先是媒体开始主动关注、采访专家了。刘扬谈道：“到2004年的时候，我们的稿子开始采访很多专家，这时候我们还没有对老百姓的诉求有很高的关注度，但是对专家的意见开始重视，其实专家的思想往往是相对独立的。我们那个时候开始觉得事情可能包括政府部门告诉我的，还有一些没告诉我的，或者说政府部门自己也不太知道的一些东西，我们发现，需要找一些政府所告诉我们的背后的东西，那时候采访了大概十个专家，林林总总地在各个版上发过关于专家对城市保护的理解。”第二，专家的思想潜移默化地影响着政府对旧城的态度。“这时候我们发现，旧城保护理念逐渐发生变化，最初叫旧城改造，后来叫旧房改造，旧城修缮，还有微循环，再后来叫旧城保护，一系列的渐进的过程”。第三，专家的思想具有可操作性、持续性和系统性。她举例谈道：“比如，那时候微循环理论刚出来很火了一阵子，这么一个比较新的理念，同时有很强的操作性，很是火了一把，到现在仍然是不错的可以执行的理论，所以当时我们对微循环的报道，是长篇累牍的，包括写综述性的论述，不吝惜赞美之词。现在叫小规模、渐进式、多样化、微循环，这是当时总结出来的，到现在为止仍然还是比较好的，比如说旧城的修缮、改善、疏散，仍然比较可行。”“但是，咱们有独立系统性理论方面的专家并不多”，她特别提到，大部分专家只是“可能有些东西他有他的理解，有他的经验，有他的书，包括观点、看法，但是成系统的、成理论的并不太多”。

4.4.5 重视公众的参与和评价

城市的主体应该是“以人为本”，人是城市的主角。规划编的好不好、可行不可行、具备操作性与否、实施效果如何，都应该有渠道让公众了解，同时，政府也应该及时掌握来自公众的评价。这次总规修编过程中加强了公众的参与和政府、专家、规划师与公众的互动，在总规实施五年之后又进行了对《04 总规》的后评估，可以说是开创了从精英规划走向以人为本的大众规划之先河。

2004 年 11 月 6 日，北京城市总体规划修编成果在北京市规划展览馆向市民公示，此次公示历时一周，市民可在现场留言、咨询或者通过传真、登录北京市规划委官方网站发送电子邮件等方式提出意见和建议。有媒体报道，仅前两天，便有 2000 多名市民购票参观，“每块公示板前都人头攒动，尤其是‘旧城的保护与复兴’和‘未来交通体系’的两块展板，被参观的群众包围得水泄不通。”《04 总规》一头连着北京的明天，一头连着寻常百姓的衣食住行，备受各阶层人士的高度关注。在前往参观的人群里，既有在校学生、退休老人、公务员、也有外来人员，既有来自远郊区县的农民、也有中心城区的市民。

展厅里，记者看到人们聚精会神地看展板、翻阅资料、写留言，讨论交流也很热烈。今年 76 岁的胡世德先生，两度与北京城市规划结缘。1951 年，他从清华大学土木工程系毕业，1953 年被抽调进入市政建设工程局，担任我国聘请的 8 位苏联城市规划专家的助理，不久又到新成立的北京都市计划委员会工作，“文革”

后期又再度参与城市规划工作。谈及《04 总规》，胡先生有很深的感受。他认为，《04 总规》视野开阔，气魄宏伟。站的角度不仅仅是就北京来规划北京了，而是从京津冀乃至于环渤海地区的大的高度来考虑问题，这点是对历次总体规划的突破，很了不起。因为市场经济不是行政界限所能框定得了的，没有区域的整体协调发展，北京的发展就要多方受制。其次，“两轴、两带、多中心”的城市空间布局也是以前所没有的，这是《04 总规》的创新之处，这就使“摊大饼”有了治理的良方。其三，北京发展经济的提法很有意思，北京不提搞经济中心，可是北京不能没有经济。《04 总规》提出了“发展符合首都特点的经济”，这就很高明了。北京水和能源缺乏，发展高能耗的产业显然不适合首都的身份和特点。《04 总规》提出今后北京要以高新技术产业为动力、以现代制造业为基础。以现代服务业为主体的产业发展思路，这些产业知识密集、技术密集、附加值高，确实高瞻远瞩。来自内蒙古锡林郭勒盟的王先生说自己是作为双重身份来看这次展览的。王先生小时候在北京长大，现在他又作为锡林郭勒盟驻京办事处负责人在京工作。他说：“北京的变化很大，这次来就是想看看 2020 年后北京会变成怎样的图景。本次展览给我很大的鼓舞，北京提出了要建宜居城市，这符合世界城市的发展潮流，也很实在。老百姓要的就是这切切实实的环境，一看就觉得大快人心。再看北京历史文化名城保护摆到了一个十分重要的高度，提出整体保护的原则，政府主导积极保护的原则，的确抓住了要害。北京的规划亮点很多，总的感觉就是大气磅礴，融会了许多科学门类的成果，这对全国都有示范带动作用。”

当然，也有来自公众的种种担忧和疑虑。翻阅展览留言簿上密密麻麻的手迹，就会发现一个个聚焦的困惑和问题。在留言簿前驻足一个小时，记者就读到了 61 条留言，大至产业布局、空间调整，小到胡同的拆迁危改。家住在宣武区的王女士，成天对着自己家门口 54 号公交车穿过的大马路发愁，上午由南向北堵，下午又由北向南堵，一天天地轮回着，一提到出门王女士就犯难。王女士此行就是想看看新总规里有没有除却她这块心病的“药方”。记者看到家住历史风貌保护区的市民焦急地求证自己的未来。现已退休的韩增禄老人，向记者描述了自己在琉璃厂大杂院的生活居住的情景。他们一家 4 口在一个不足 15 平方米的蜗居里生活，百年的老房子通风不畅经常漏雨，下水道经常被堵，平常的生活污水都倒在门口上，夏天恶臭熏天。上趟厕所多不容易，有时要一连穿过好几条街才找到蹲位，特别是冬天的晚上他一个老年人上厕所多难呀。老人困惑地发问：“我们希望规划能给出一个说法、一条出路。”①

2010 年，北京市规划委员会开展了《04 总规》实施评估工作。调查 2005 年至 2010 年五年时间北京市市民对 04 版总规实施情况的看法。主要调查数据包括：北京 13 个城区 36 个社区及一些特殊群体共 1326 份居民问卷调查资料；2004 ～ 2008 年北京市规划委员会网站公众信箱中 1172 封公示信件和 2009 年 1126 封得到回复的信件；2006 ～ 2009 年北京市规划委员会的 1744 份信访数据；在北京市规划委员会网站上进行的“北京城市居民提高生活质量意向调查（网络版）”的问卷调查资料 196 份；2010 年 4 ～ 6 月期间“新北京城市论坛”、“北京社区公共服务信息网论坛”、“千龙网论坛”等发帖数据 996 条。②

调查显示，北京居民对生活质量总体上感到满意，选择满意和比较满意的居民占总样本的 51.7%，与 2004 年的调查相比，提高了 13.2%。这是对城市五年来发展的肯定。60.4% 的居民对北京的城市规划表示满意。这说明规划工作本身对城市发展建设以及居民生活质量改善方面所做的工作，得到了广大居民的认可。调查对城市交通、住房政策、市政基础设施、社会事业发展、公共服务（社区）、公共服务（城市）、城市空气质量（环保）、政府工作、城市规划、历史文化名城保护等 10 个方面满意度进行了调研，其中，历史文化名城保护的实施满意度排名第四。

从记者刘扬的角度看这个时期公众的表现是这样演进的，“在媒体开始关注专家作用的过程中，公众的作用也在逐渐发生变化，也逐渐进入了媒体的视线。顺着规划的思路逐渐理过来，在做微循环的时候，你把老百姓的房子拆了，如果在附近给一个好房子，老百姓是愿意的，因为这改变了老百姓的居住环境、居住条件，这种诉求远远要高于对城市的保护的愿望。如果在基本的居住条件不能满足的情况下，让老百姓高屋建瓴地去想城市保护是不切实际的。对老百姓居住环境的改造，老百姓本身是愿意的，你让他上楼，在附近或者原地回迁他都愿意，但是对城市保护他却不能接受，这和专家的想法是有出入的”。到实行微循环的时候就不能像以前拆迁那样，这时候“跟老百姓接触更多，老百姓的诉求表达得格外充分，因为你去人家修修补补，疏散也好，修缮也好，你跟老百姓接触，你得去评估房子，而且你跟他说你这个房子，可能不能一下登楼，人家说邻街可以，我这条街怎么就不行？

---

① 民声急千嘴百舌侃总规 于 2004-2020 年北京城市总体规划——公示现场 . 北京规划建设 .2005 年 01 期 .

② 李东泉等 .《< 北京城市总体规划 > 实施评估居民满意度调查研究》. 北京规划建设 .2011 年 06 期 .

在这个阶段，老百姓的诉求表达比较多一些，他会觉得我是不是可以讨价还价。因为以前的拆迁补偿是背对背，互相之间不太知道，知道也是偷偷摸摸的，比一比就算了；后来就不行了，我只能比你高不能比你低，水涨船高，越来越高，老百姓的诉求也就越来越多了”。面对公众，媒体的表现也不尽相同，“这方面王军比我们强，他去采访的时候，可以给老百姓发名片，我们都不敢发，主要是发名片意味着欢迎人家找你，并且找你能给解决问题。我们当时都是一块去采访，好像只有王军给大家发名片，我们都感慨，感慨之后还是不敢发。他是比较独立的，新华社是属于中央媒体，他对于新闻的这种敏感度，对于问题的这种揭露程度，天然比我们要优越一些；他的立场也不一样，新华社是中央的独立媒体，他可以反映全国各地的各种问题。我们是北京市的党报、机关报，还是以正面宣传为主。新华社是有内参的，我们解决不了的问题，他们有一些渠道会反映上去，问题可能就会迎刃而解。我们反映问题，会跟有关部门直接反映。我们很理解领导都希望有问题先私下沟通，再通过不公开渠道加以解决，作为领导我愿意帮老百姓解决问题，但是不希望你写在报纸上去看”。老百姓面对媒体的采访也有个发展过程的，“2000 年的时候老百姓对媒体的采访只会好奇；到了 2004、2005 年的时候，老百姓知道你是记者，就会抓着你跟你说，表达诉求的愿望比较强烈”。

从组织编制《战略研究》开始到《04 总规》修编的这一阶段，由于研究大北京和总规修编的作用，政府和社会各方以举办一届成功的奥运会为动力，就城市近、远期发展目标、策略开展了前所未有的思想大讨论，以历史的深度、国际视野的广度、战略发展的高度将思想逐步统一。对旧城的保护而言，意味着历史性的转折，表现为保护意识明显加强，危改的力量开始由强渐弱。但由于历史原因和经济发展的惯性，仍然有一些传统平房区被作为危改项目加以改造。但此后，政府在规划建设方面进一步明确了目标和方向，将保护纳入法定文件，并掌握了更大的主导权，逐步将开发商“请”出了旧城区；专家领衔参与规划的编制，作用更为凸显；公众和媒体积极参与规划的网上调查、电视问答、征求意见等环节，热议拆迁事件，参与程度和监督作用大为提高。但各方仍然各有侧重：专家始终关心旧城保护的历史文化价值和原真性，反对大拆大建式的危改，提倡对旧城在整体保护的前提下进行渐进式、小规模的有机更新；政府在旧城的着眼点已经从大规模推进危改的进程转移到注重公众和专家的意见，提升城市功能、品质建设，为迎接奥运会打造良好城市环境与形象；公众则由头几年的仅仅关注自身拆迁安置，转向对老北京文化传承方面的思考和关注。

第5章

“新控规”时代

第5章 “新控规”时代

“让我看看你的城市，我就能说出这个城市的居民在文化上追求的是什么。”

——伊利尔·萨里宁

2005年1月，国务院正式批复了《北京城市总体规划（2004-2020）》，奥运会临近，北京城市建设迎来了一个急速发展期，建设速度之快、规模之大是世界上少有的。新控规的编制迫在眉睫，一是要根据新总规，对《99控规》进行修订；二是对《99控规》范围之外的地区进行控规覆盖。因此，在此后的两年中，市规划委组织了《北京市中心城控制性详细规划》（2006）（以下简称《06控规》）的编制。

5.1 时代在变

5.1.1 大环境在变

进入21世纪以来，宏观环境与《99控规》编制时的环境相比，有了很大的变化，对“控规”提出了新的要求，控规应能够适应政治性、法制化、民主化和市场化进程的要求。

一是适应政治性要求。

首先，“控规”实施是政策的表达：“没有规划能够在脱离政治意愿和政治行动的状况下得到实施。”[①] 中央对房地产市场进行宏观调控，需要“控规”在建设用地和控制指标上进行控制。其次，北京作为全国的政治中心，承担着许多政治活动和大型国际交往活动的任务，也对“控规”的政治性提出了要求。

二是适应法制化进程。

《中华人民共和国行政许可法》于2004年7月1日颁布实施之后，使规划工作纳入了“依法行政”的轨道。2007年10月1日正式施行的《中华人民共和国物权法》也要求“控规”加入保

① （美）约翰·M·利维．现代城市规划．北京：中国人民大学出版社，2003.

护私有权益的内容。2008 年 1 月 1 日起施行的《中华人民共和国城乡规划法》对“控规”编制与必要的修订和调整进行了严格的规定，明确了规划公示的法定程序。因此，“控规”从编制到实施必须与法制化的进程相接轨，才能更好地发挥作用。

图 5–1 《06 控规》“动态维护”专家论证会
（图片来源：摘自作者工作资料）

三是适应民主化进程。

有关资料表明，民主化进程和经济增长相关。这一时期，北京的人均 GDP 突破了 1 万美元大关，城市化水平达到 85% 以上，正处在经济、社会矛盾加剧，群众维权意识增强的阶段。“控规”往往涉及日照、间距、建筑量、道路、公共配套、社区居住环境等市民看得见和了解、熟悉而且看得见的实体，关系到他们的利益，很容易成为矛盾的焦点，“控规”只有走信息公开，不断适应民主化的要求，才能确保其顺利实施。

四是适应市场化进程。

投资的多元化带来了市场需求的多样化，而市场机制本身并不能够把资源配置到最佳状态，往往会由于垄断、信息不对称等、供需失调、分配不公正等问题造成市场失灵。一方面，“控规”要适应市场的变化，保持一定的弹性；另一方面，市场失灵时，“控规”要保持一定“刚性”的内容，起到有效的调控作用。

5.1.2　新控规方法

《06 控规》的编制仍然延续与《04 总规》相似的组织方式，即政府组织、依法办事、部门合作、专家领衔、公众参与、科学决策。其编制过程分为四个阶段。

第一阶段（2004 年 8 月至 2005 年 6 月），组织全面调研。

1. 规划评估

结合开展海淀、朝阳、丰台、原崇文典型地区《控规》执行情况专题调研，全面分析与评估《99 控规》的作用、意义及问题，为《06 控规》修编做准备。

从《99 控规》自身而言，也存在一些问题，亟待修订。具体来说：

其一，“控规”在技术上过于僵化，操作性不强。例如控规对新区和旧城采用同样的方法、同样的指标，不考虑旧城传统特色的保持，反而造成“规划性破坏”。

其二，“控规”在实施中缺乏应变，权威性不够。它被迫加载了过多的社会、经济责任，控规对此却缺乏应对措施，只是一味地通过提高控高和容积率来平衡利益，往往带来新的矛盾。例如旧城的高度被突破后，却成为了影响传统风貌的直接因素。尤其是当遭遇危改的强势冲击时，控规的权威性一再受到质疑和挑战。多年从事《99 控规》调整工作的杨浚（时任市规委详规处副处长）认为：“从严格意义上说，此次控规编制的深度并没有完全达到建设部《城市规划编制办法》中规定的深度，大致为处于分区规划和控制性详细规划之间的一种中间层面的控制性规划。而且对诸如旧城功能，城市总体容量，城市设计和经济与开发之间的关系等问题研究的深度不足使其作为规划管理法律依据的权威性受到一定影响①”。

2. 现状调研

组织开展现状校核工作，对现状图进行更新。

3. 专题研究

组织开展了“中央党政军单位、科研单位用地现状调研”、“中心城空间形态大气环境影像评估”、“世界高校规划比较研究”、“用地分类”、“控规指标体系”、“责任规划师制度”、“公众参与制度”等专题研究。

---

① 杨浚 . 北京控规的 1995-2002 年——对控规调整工作的回顾与前瞻 . 北京规划建设 . 2003：2.

图 5-2 专家研讨会
（图片来源：摘自于北京市规划委员会工作资料）

4. 比较研究

组织参编单位对上海、南京、天津、深圳等城市的控规编制和管理经验进行研究和借鉴。

第二阶段（2005 年 7 月至 2005 年 12 月），整体修编控规。

研究确定中心城控规总体框架，经 2005 年 10 月市委专题会，2005 年 12 月首规委全会原则通过。

第三阶段（2006 年 1 月至 2006 年 9 月），编制片区控规图则，制定控规管理办法。

按照《06 控规》的总体要求和思路，在整体框架的基础上，以 33 片规划片区为单元进行了深化完善。

第四阶段（2006 年 10 月起），动态维护控规。

完善《06 控规》的管理，建立《06 控规》动态维护机制。《06 控规》创新性地制定了“四五三三一”管理办法，即确定四个区域：旧城、旧城周边中心地区、绿隔地区、边缘集团，明确五条刚线：红线、绿线、蓝线、紫线、黄线，保障三大设施用地：公共服务设施、城市基础设施、城市安全设施，划定三个分区：高度分区、强度分区、特色分区，建立一个机制：控规动态维护机制。

邱跃同志跟我谈道：“在编制 2006 版控规的过程中我们还提出了控制性详细规划动态维护的实施形式，这是我们北京市规划委员会的创意，现在已经被建设部 7 号令正式使用。动态维护不是随意地修改，不是修订，不是修编，是有明确的标准和流程的维护，是在原来的基础上，进行维护。基本的原则不动，随着城市建设，随着实践的深入，不停地维护它的基本原则，维护它的科学性，维护它的持续性。

2006版控规从2007年开始实施，一直到2009年颁布，也不是一次性批准的，是在动态维护中，不停地公示的。到2013年，一共开了大约100次动态维护会议，最开始是一年24次，后来是一年12次。

由于工作量很大，我们也发明了很多好的工作方法，关于会议纪要的写法，就是提前写好会议纪要的草稿。因为它有预备会，预备会完了以后，会把整个意见事先写好。正式会上，工作人员拿着这个草稿，大家要是都同意了，那么就写上都同意；有不同意的，当时修改。然后要求参会单位代表在草稿上签字。当天晚上就开始整理，我要求第二天中午12点之前，必须送到我桌上，好签发。所以动态维护会议纪要是北京市规划委员会数十种纪要里头速度最快的。

2006版控规是动态维护多次报批，不是一次性的，一次让市政府拿出来也是不科学的，它也是发展过程，前后总共批了200多次，1088km^{2}的面积，将近有20个批示批复。”

《06控规》采用了系统科学的编制方法，其特点有：

1）落实《04总规》，《06控规》以《04总规》为指导。

落实总体规划中关于四个服务、四个目标，中心城六个调整、六个优化的指导思想以及总规确定的中心城规划人口用地总量、空间结构和规划理念。

2）科学合理，《06控规》以专题研究为基础。

将专题研究的结论总结提升后，充分采纳，使《06控规》的内容更加完善。

3）重视管理，《06控规》编制与管理相衔接。

《06控规》编制体现了从分区、片区、街区到地块的网格化、分层级管理和控制。

4）立足创新，创新与务实相结合。

创新性地提出了“空地率”、“容积率转移及奖励”、“责任规划师制度”等概念，并在《06控规》中加以应用。

5）突出重点，政府与市场相分离。

《06控规》在明确政府职能（保证城市公共设施、基础设施和安全设施完善），重视市场变化的前提下，对国标用地分类进行调整，突出政府管理内容的刚性和市场调节内容的弹性及兼容性，使市场有更多的选择。

6）动态完善，控规与管理办法同台。

重视城市发展机会用地，同时出台规划和管理办法，强调规划实施的过程管控。

邱跃同志在谈到《06控规》的编制方法的创新时说：

“在编制《06 控规》的时候我们延续了《99 控规》的一些表示方法，同时也吸取了《99 控规》的实践经验。在编制方法上，第一个就是要坚持有先有后。重点建设地区应该先编；不重点的，比如绿化隔离带，先控制住了，以后慢慢来。第二个就是有薄有厚。比如 CBD 地区就特深，连地下都给控制住了；当初首钢就比较薄，它是大工业区，来不及弄，很薄，画一个大概的道路网，架过去就算完了。又比如旧城，那就应该深到街巷里去，要明确红线控制的是门头还是台阶，因为传统的四合院是以门的形式来区别宅子的等级的，五步台阶就是王公一级的，三步台阶就是士大夫一级的，所以这个就要做得深，做得细。要是新建大型居住区，比如望京地区，这个恐怕就可以做得薄一些。

在编制《06 控规》时还提出了规划加规定、图则加法则的组成形式。有规划没规定，那就是白规划；有规定没规划，那就是瞎规定。规划一定要跟着规定，还要注重规定的落实。图则是用图示表明，图说不明白的用法则来规定，这是一种新的控规的形式。”

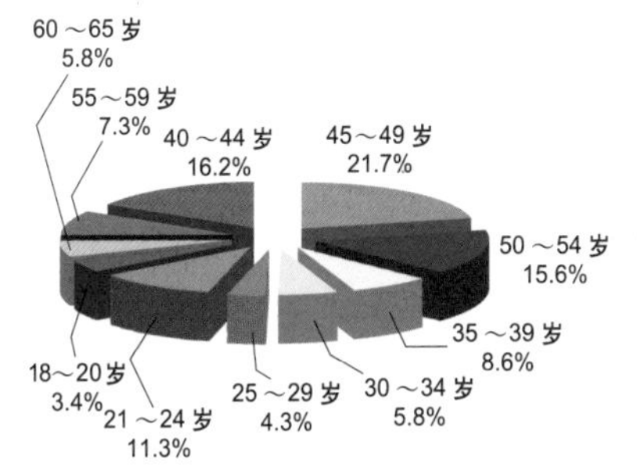

图 5-3 旧城人口年龄结构
（图片来源：摘自作者工作资料）

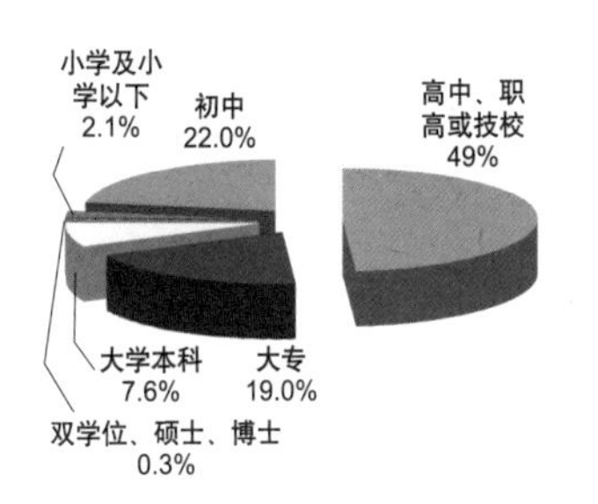

图 5-4 旧城人口学历结构
（图片来源：摘自作者工作资料）

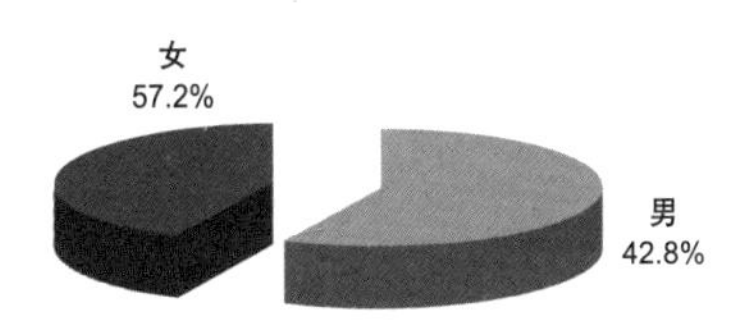

图 5-5 旧城人口性别结构
（图片来源：摘自作者工作资料）

5.1.3 超越控规

控规应该超越自身，发挥更多的作用。

一是改变“控规”的着眼点。

所以，控规的着眼点应该从关注“物”转向关注“人”：不仅在编制“控规”时要考虑“人”的因素，在实施“控规”时更要考虑“人”的因素；不仅要考虑“抽象的人”，还要考虑不同年龄、民族、职业、性别的具有不同背景、价值观、期望和需求的“具体的人”。例如在编制《06 控规》的过程中，我曾组织相关研究机构对旧城内的人口结构作了抽样调查，针对不同类型人群的需求，控规要作出合理的安排。

二是改变“控规”的作用。

在规划管理中，控规成果已经不仅仅是技术文件，往往作为公共政策发挥法定作用，法院受理相关案件时，控规成果常常作为呈堂证供，影响法庭的决策。这就要求控规在编制时，多考虑公共政策层面的需求。

三是改变规划师的角色。

规划师不再是传统意义上的技术人员和政府官员，而是越来越多地担任利益协调人的角色。例如在《06 控规》的组织编制过程中，选择了东城、西城、朝阳、海淀、丰台和石景山等区的街道办事处作为试点，对控规进行了公示，并由规划编制人员负责

图 5-6　组织编制过程中的访谈
（图片来源：摘自作者工作资料）

图 5-7　规划师现场答疑
（图片来源：摘自作者工作资料）

对“控规”进行现场解释和答疑，这体现了一种主动、平等的沟通、互动和服务意识，使规划从精英制定的、封闭的静态编制方式转向了公众参与的、开放的动态编制方式。《马丘比丘宪章》指出：“城市规划必须建立在规划人员、城市居民、公众和政治领导人之间不断地相互协作配合的基础上”。规划师正在逐步成为这种协调利益的纽带和桥梁。

四是改变政府的角色。

世界银行发展报告所说：“一个有效的政府对于提供服务是必不可少的，服务使市场更繁荣，使人民过上更健康、更快乐的生活。没有一个有效的政府，不论是经济的还是社会的可持续发展都是不可能实现的。”目前，政府的职能正在从管理型向服务型转变。这种转变不仅要由习惯回答说“不行”向说“怎样行”转变[1]，而且需要建立有效的公众参与机制，才能确保控规实施的效果。

建立公众参与机制。三眼井保护区保护修缮工程，采取逐户调查、网上公示的形式征求居民意见。按照相关法规要求，实施微循环有机更新改造，需要2/3以上居民同意，在实际工作中，一般要求80%以上居民同意后才能实施改造。

① 温宗勇．适应与改变：控规在快速城市化过程中的发展．北京规划建设．2007（5）．

三眼井四合院风景保护区居民疏散安置调查：

2000年到2003年，对三眼井保护区的居民一共进行过四次细致、深入的调查，调查范围含盖了整个保护区115个门牌，逐户与居民面对面听取意见，分别对514广公房、单位自管房的承租户，112户私房产权人和41户标准租金承租户做了调查，统计结果如下：

1）公房承租户安置意向

	户数	比例%
货币补偿	164	32
定向安置用房	195	38
房屋置换	77	15
留住	10	2
低保户廉租房安置	6	1
观望态度	62	12
明确拒绝参加修缮	0	0
总计	514	100

2）私房产权人安置意向

	户数	比例%
货币补偿	12	11
定向安置用房	10	9
房屋置换	43	38
留住	8	7
低保户廉租房安置	0	0
观望态度	37	33
明确拒绝参加修缮	2	2
总计	112	100

3）企业用房：12房，意向为遵照国家规定及规划要求对房屋进行修缮。

4）结论：通过调查结果和居民反映的情况提出以下几点结论：

(1) 由于公房承租户经济状态处于中下等水平，选择外迁比例较大。

(2) 收入较差的公房承租户外迁寻求廉租房安置，增加住房面积，改善居住条件。

(3) 私房产权人由于整体修膳方案不明确，持观望态度为多数。

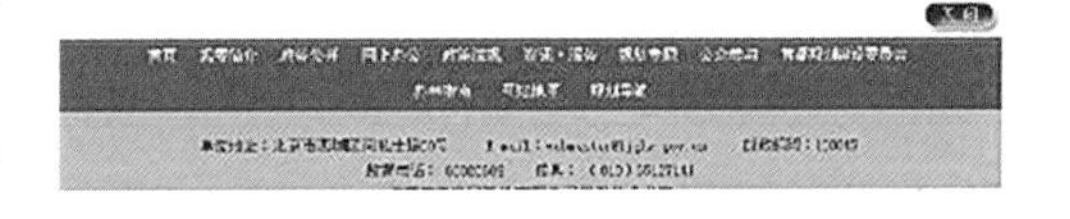

图5–8　三眼井保护区居民疏散安置调查及修缮工程网上公示
（图片来源：摘自作者工作资料）

5.2　用减法的“旧城规划”

北京市规划委是基于上述种种考虑，依据《04总规》，在总结和评估《99控规》的基础上，组织开展编制的《06控规》。其中，在本版控规中，特别把旧城划为独立的“北京中心城一号片区”，并针对旧城区域的特点，独立成章，特别编制了《旧城规划》。值得说明的是，《旧城规划》虽然是《06控规》的一部分，但性质并不是控规，而是“类保护性规划”，即在控规编制大纲和计划中却并未受控规规范和标准制约的“控规”。

5.2.1　找问题

《旧城规划》首先分析了旧城面临的主要问题：

一是中央单位占地比例较高，约占53.5%。其持续的扩建需求与控制旧城建设规模存在矛盾。

二是居民的现代化生活需求与旧城现状落后的居住条件有矛盾，平房区危旧房多，市政基础设施严重老化。

三是现代化的功能与传统空间的尺度产生矛盾。重点体现为“机动车时代”的快速交通与“马车时代”的传统空间产生的冲突。

四是追求经济效益与保护产生矛盾。旧城核心的高地价吸引投资和开发，以追求高回报，这与旧城保护产生了矛盾。

《旧城规划》在编制过程中，我代表规划委向政协委员汇报了编制的思路和进展情况，征求了很多政协委员的意见和建议。

关于当前旧城保护的现状，原市文物局局长王金鲁提出，各方对《04总规》提出的旧城整体保护的思路已经达成了共识，现在成片危改之风已经煞住，通过试点先行、成立专家组等方式健全了保护机制。《北京日报》社记者刘宗明提出：关于名城保护工作，民间舆论认为，旧城风貌已遭全面破坏，旧城的保护是失败的。

关于《旧城规划》的保护思路，谢辰生先生认为，旧城保护规划重点要从三个层次入手，一是对文物保护单位的保护，二是对历史文化街区的保护，三是旧城整体保护。专家徐萍芳认为，要实施旧城的整体保护就不应该对其再分区（保护区内、保护区外）进行规划，应该全部保留，谨防“规划性的破坏”。

关于旧城控规的保护的内容，张妙弟委员提出，旧城控规要着眼于“疏散”，做好人口的疏散和功能的疏散。舒乙委员认为，要开展名人故居的调查工作，解决文物腾退问题，解决旧城胡同、四合院的产权问题，研究四合院的商业使用模式，对旧城保护提出具体要求，如颜色、门脸形式、建筑外墙的要求、面积、绿化、基础设施、人均面积等，停车问题要考虑，并告知居民，基础设施考虑采用综合管沟。舒乙委员还建议编制《旧城保护规划》，而非《旧城规划》，以突出保护的作用。

2005 ～ 2006 年，我曾委托零点公司对旧城有关问题进行了调研，主要涉及居民住房、交通情况、对危改的看法和对旧城保护的看法等。从居民的角度了解了旧城的问题和需求。

一是住房状况。平房为旧城居民居住的主要房屋类型，并且多数属于租用性质，住房户均建筑面积仅为 26.54m^2，居住空间不足问题突出。多数旧城居民没有考虑房屋的更新。未来关注居住品质的提高。

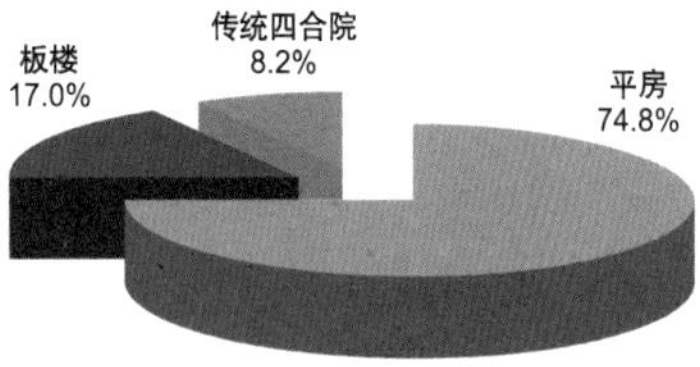

板楼 17.0%
传统四合院 8.2%
平房 74.8%

图 5–9　现居住的房屋类型（调研人数：327）
（图片来源：摘自作者工作资料）

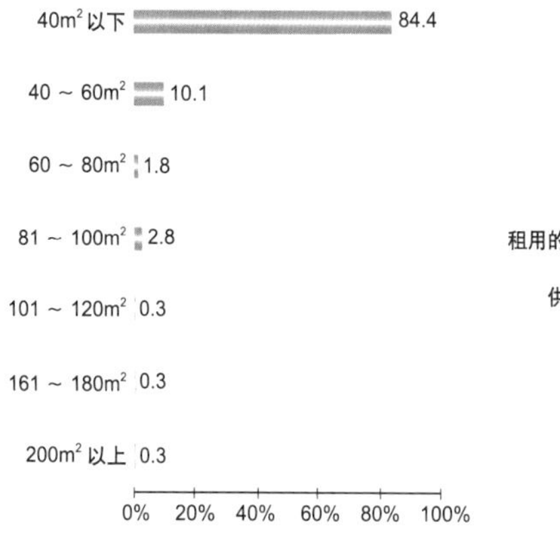

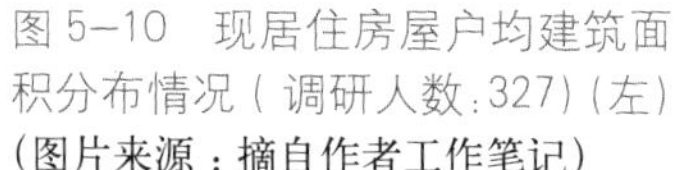
图 5–10　现居住房屋户均建筑面积分布情况（调研人数：327）（左）
（图片来源：摘自作者工作笔记）

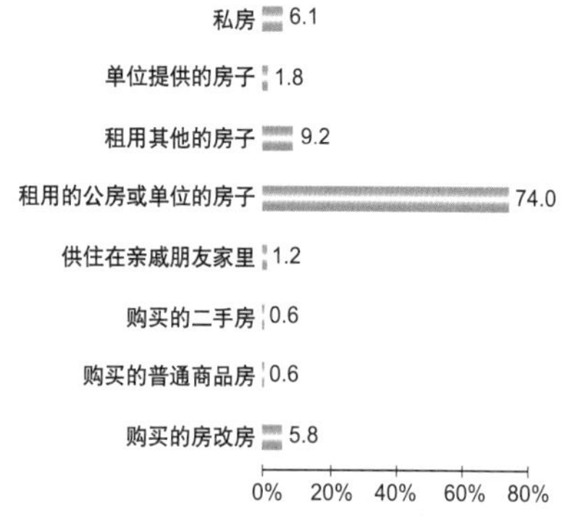

图 5–11　现居住的房屋的性质（调研人数：327）（右）
（图片来源：摘自作者工作笔记）

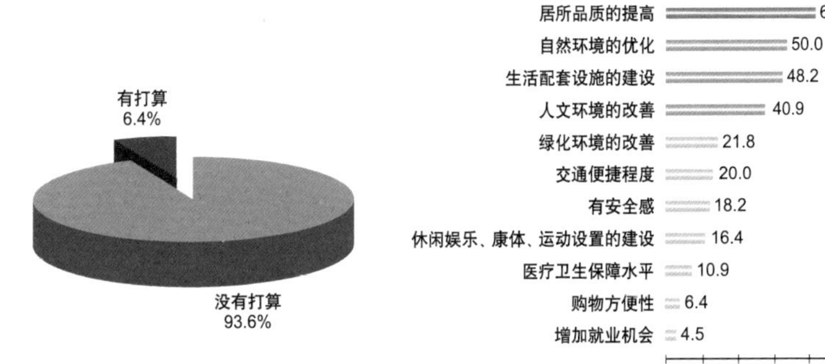

图 5–12　对现居住的房屋更新的计划情况（调研人数：327）
（图片来源：摘自作者工作笔记）

图 5–13　目前居住的地区最需要改善哪些方面
（图片来源:摘自北京市规划委员会调查报告）

二是交通状况。旧城公共交通路线发达，得到居民较高认可，而交通拥堵现象则严重影响了居民对居住地交通状况的满意度。

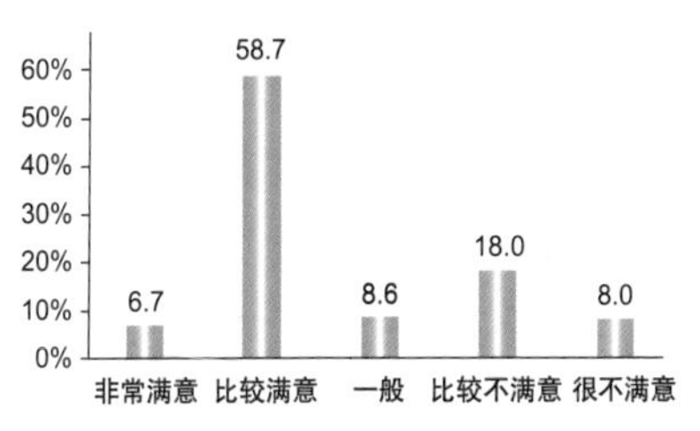

图 5–14　对现居住地区的交通状况的评价（调研人数：327）
（图片来源：摘自北京市规划委员会调查报告）

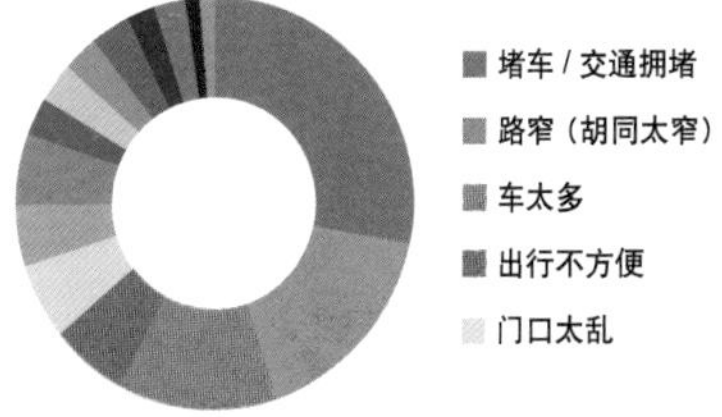

图 5–15　交通状况不满意的主要原因
（图片来源：摘自北京市规划委员会调查报告）

三是对危改的看法。危改后的整体居住条件有所提升。对旧城进行有机的“点改”并尽量保存旧城风貌得到居民的较高认可。旧城居民迁移意向较弱，九成多希望继续居住在旧城。

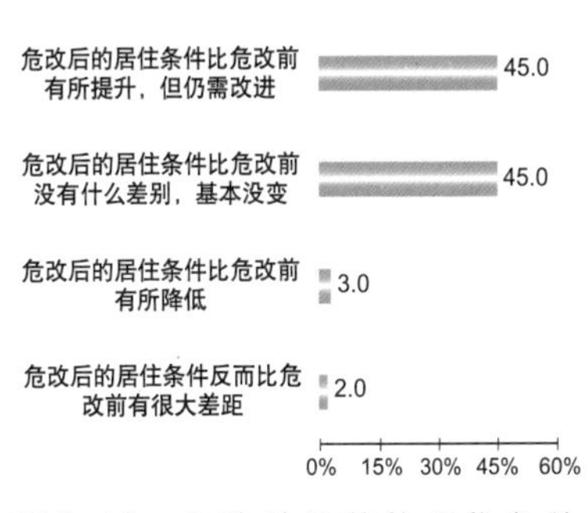

图 5–16　危改前后整体居住条件（调研人数：150）
（图片来源：摘自北京市规划委员会调查报告）

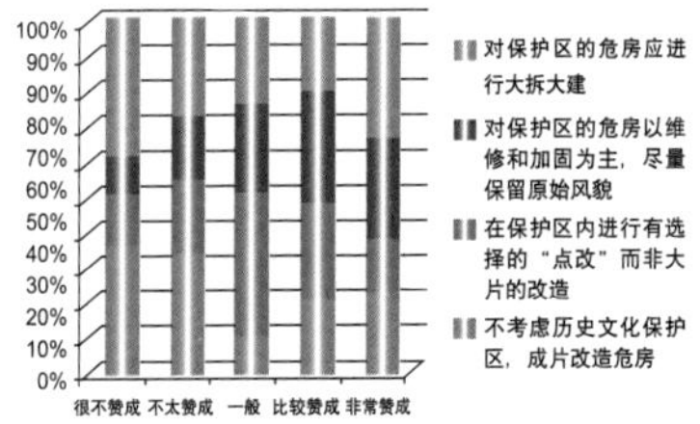

图 5–17　旧城居民对于各种危改措施的态度
（图片来源：摘自北京市规划委员会调查报告）

四是对旧城保护的态度。旧城居民迁移意向较弱，九成多希望继续居住在旧城。近九成居民对历史文化资源持较高认可，但应关注个别景点对居民生活的影响。

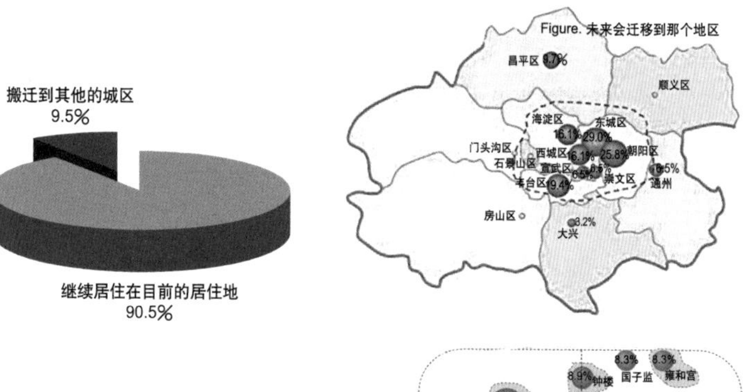

图 5–18 旧城居民对于传统历史文化和空间格局整体保护的支持态度（调研人数：327）
（图片来源：摘自作者工作资料）

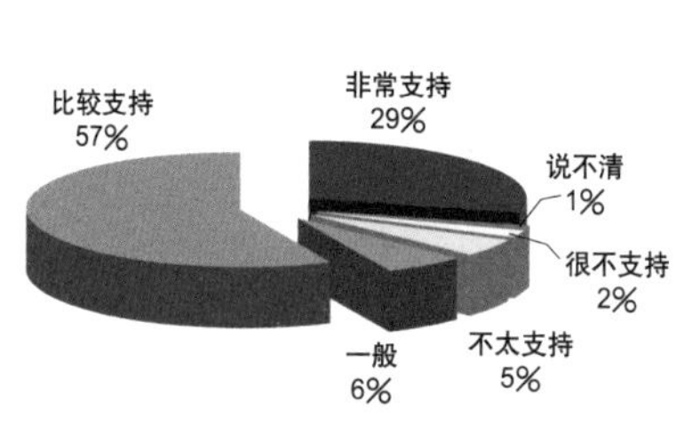

图 5–19 旧城居民对于传统历史文化和空间格局整体保护的支持（调研人数：327）
（图片来源：摘自作者工作资料）

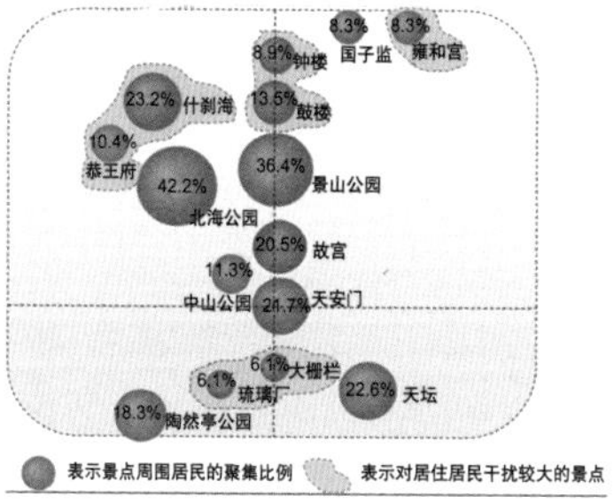

图 5–20 旧城居民对于在历史文化资源的感受（调研人数：327）
（图片来源：摘自作者工作资料）

《旧城规划》在多方调研、找准问题的基础上，以《04 总规》确立的“旧城整体保护”为第一准则，提出了目标：整体保护古都风貌，对旧城的肌理、格局、尺度、形式、色彩予以保护；突出人文特色与城市活力，不仅要保护建筑等实体，也要采取措施发掘、引导城市的精神与文化特色；建立宜居环境，以人为本，保护并整治环境，做到安全、便利、舒适、美观。

《旧城规划》的核心思路概括为“减人口、减高度、减规模、减道路、完善基础设施”五个方面。

5.2.2 减人口

1. 人口密度大

2003 年，旧城内户籍人口约为 167.7 万人，平均户籍人口密度是近郊区的 7.7 倍，是全市的 40 倍，是全市人口最稠密的区域，如表 5-1 所示。

2003 年全市户籍人口密度比较　　表 5–1

	人口密度（人 /hm²）
全市	6.8
旧城区	273
朝、海、丰、石	35.7
其他郊区县	1.6

[来源：北京市统计局 . 北京市统计年鉴 2004.2004.]

2. 人均住宅面积小

旧城人均住宅建筑面积约为 16 m^2，其中保护区人均 10 m^2，非保护区人均 20 m^2。这一数据与发达国家人均建筑面积相比是少的。

国际上一些发达国家人均住宅建筑面积对比　　表 5–2

国家	新加坡	韩国	日本	英国	法国	美国
人均住宅面积（m²）	20	17	31	40	34	64

[来源：北京中心城控制性详细规划（01 片区分册—旧城）.2006.]

3. 人口素质高低不均

表 5-3 对旧城的人口教育指数进行了统计：

旧城人口文化水平对比　　表 5–3

地区	2000 年人口教育指数
东城	6.26
西城	9.10
崇文（原）	2.82
宣武（原）	4.57
旧城平均	5.69
城八区平均	6.47

[来源：北京中心城控制性详细规划（01 片区分册—旧城）.2006.]

说明：人口教育指数是指大专以上人口比重与未上过学人口和扫盲班人口比重之比。

从表格中可以看出，旧城平均教育指数略低于城八区，且原崇文、原宣武的教育指数与东城、西城相差较大，反映出了旧城人口素质高低不均衡的情况，北城高、南城低，南城的人口教育指数约比城八区平均指数低一半。大量素质不高的人口在旧城生活，反映了旧城的居住环境不佳，无法吸引高端人才入住，这是与旧城核心地段的地位不相称的，所以需要疏解低端人口，引进高端人才。

4. 老龄化突出

旧城人口结构老龄化问题日益突出。根据 2000 年人口普查统计数据，旧城 65 岁以上的老人占各区总人口的比例分别为：东城区 12.3%，西城区 12.4%，崇文区 12.7%，宣武区 12.6%，均高于 7% 的国际现行老龄化指标，也高于全市的平均比例 8.4%。老龄化问题突出使得旧城更新改造能力不高，活力不强。

针对上述分析，《旧城规划》提出了疏解人口的策略：

到 2020 年，旧城控规规划的人口规模为 90 万人，人口密度为 145 人 /ha。其中保护区约 20 万人，人口密度 103 人 / ha，非保护区约 71 万人，人口密度 169 人 / ha。由于现状人口为 138.6 万人，这样，需要疏散人口 48.6 万人。

疏散人口具体与四类地区有关：

一类地区是历史文化保护区，共占地 2063 ha，现状人口 46 万人，规划人口 20 万人，疏散人口 26 万人；

二类地区是由居住用地改为其他设施的用地，共 467 ha，按照现状住宅用地密度 608 人 / ha 计算，疏散人口 28 万人；

三类地区为危旧房改造区，不能疏解人口，还将带来更多的居住人口，这类地区预计新增人口 5 万～ 8 万人；

四类地区为一般已建成的居住区，随着居民生活条件的改善和户人口的下降，估计居住人口还会自然下降 1 万～ 2 万人。

以上共减少人口 48 万～ 50 万人。

在保护区，鼓励非政府投资主体在符合保护规划的前提下参

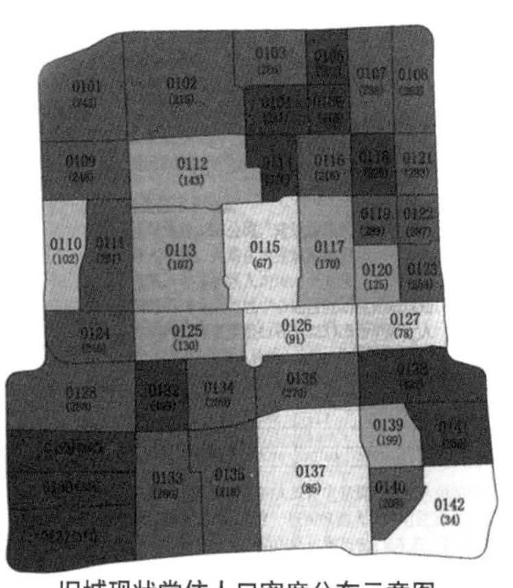

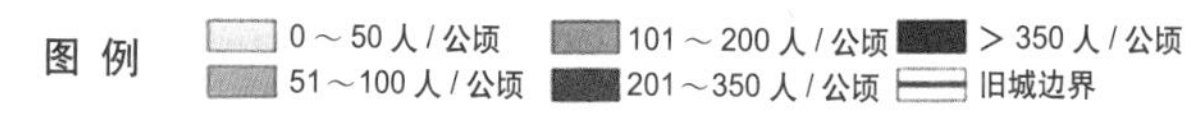

图 5–21 旧城现状与规划人口密度对比图

与保护区的改造；在非保护区，注意控制危旧房改造区的建筑总量和人口规模的控制。

《旧城规划》提出，改变人口结构，采取措施，引进中青年人进入，以利于旧城的更新改造和活力的提升。针对老龄化问题日益突出的特点，适当增加养老设施，如老人院、医疗卫生、保健、教育等措施。同时在旧城外环境良好的地段，营建设施齐备的老年人住区，鼓励老人外迁。社会与经济结构方面，缩小旧城内居民阶层与贫富的差异，采取措施吸引中等收入居民，完善社会阶层和人员结构。疏解人口与房屋修缮、改善基础设施捆绑推进。

5.2.3 减高度

《99 控规》对旧城建筑高度进行了限定，总体空间形态体现为北低南高，中间低两侧高。提出了从故宫中选取一点向东西两侧引 1.03 度的仰角斜线，从而保证周边建筑以故宫和皇城为中心向东西两侧逐步抬高。意在保护旧城平缓开阔的空间格局，思路具有积极意义。但与此同时，《99 控规》提出了“在城门原址附近、内环路交叉口附近、城市主要道路交叉口节点附廓的附近，可适当提高建筑高度，延续城市形态”。这是从城市设计的角度出发，认为城门已经不在了，新建的建筑高度可以适当提高以形成“城门意向”。但这也为突破旧城控高开了一个口子。在此后的控规调整中，由于节点范围不严格，再加上建设项目在高度上相互攀比，就高不就低的心理，造成旧城内高层建筑的蔓延渗透，建筑高度逐步提升，有些甚至达到百米以上，破坏了旧城平缓开阔的空间形态[①]。

如下图所示，通过东二环中段朝阳门桥和东四十条桥附近 1996 年和 2011 年的遥感影像对比，在十五年间，高层建筑的分

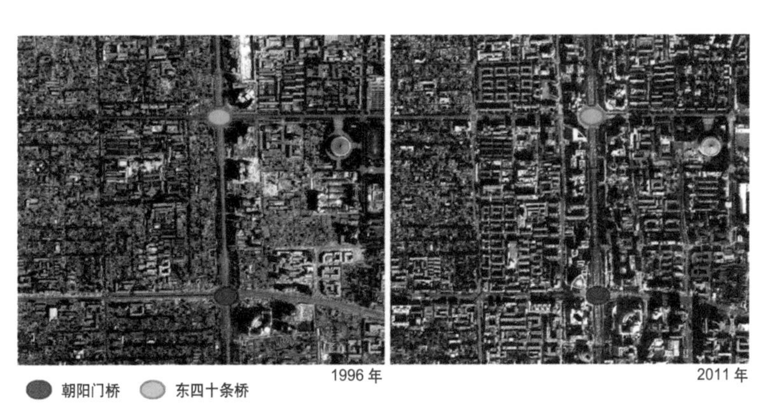

(a) 1996 年影像　　(b) 2011 年影像

图 5–22　东二环中段朝阳门桥和东四十条桥建筑高度对比
（图片来源：北京市测绘设计研究院）

① 北京中心城控制性详细规划（01 片区分册——旧城）. 2006.

图 5–23　平安大街与西二环的节点处的“城门意象”
（图片来源：作者 2012 年拍摄于平安大街）

布逐步从城门附近向旧城内部蔓延。

《旧城规划》采取了比 1999 年版控规更加具体和严格的规划措施，进行严格的建筑高度分区控制，使建筑高度基本保持现状。提出：

（1）严格限制旧城内新建高层建筑。

（2）历史文化保护区内基本按原貌控制。

（3）严格控制南北中轴线区域两侧 500m 范围内新建建筑高度，超出控高的建筑远期应予拆除。

(4) 严格控制长安街东西轴线两侧的建筑高度，复兴门至建国门沿街建筑高度不得超过 45m，对两侧现有传统平房予以保护。

如下图所示，以超过 18m 为高大建筑，用粉红色标识。

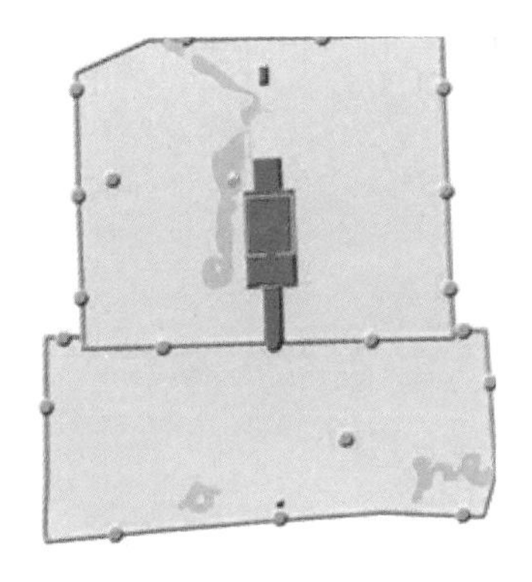

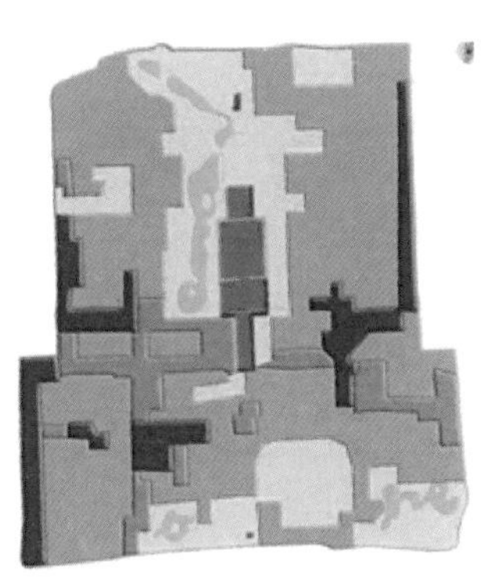

图 5–24　历史高度空间形态（左）
（图片来源：北京中心城控制性详细规划（01 片区分册—旧城）.2006）

图 5–25　《99 控规》的高度形态（右）
（图片来源：北京中心城控制性详细规划（01 片区分册—旧城）.2006）

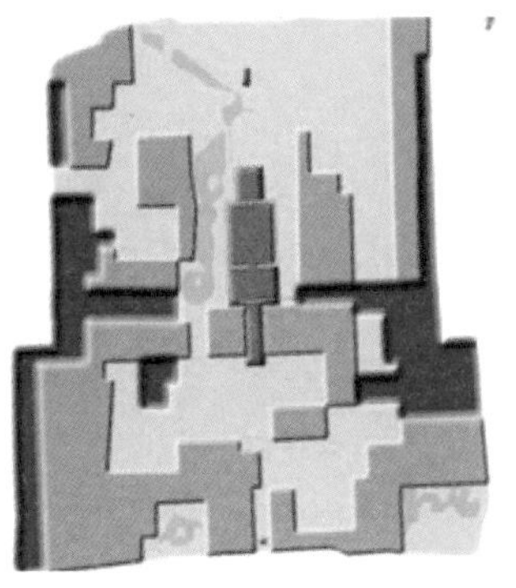

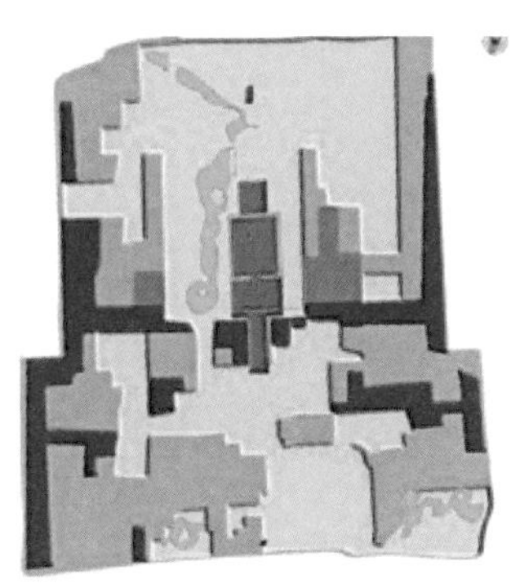

图 5–26　2005 年旧城现状高度形态（左）
（图片来源：北京中心城控制性详细规划（01 片区分册—旧城）.2006）

图 5–27　《04 总规》的高度空间形态（右）
（图片来源：北京中心城控制性详细规划（01 片区分册—旧城）.2006）

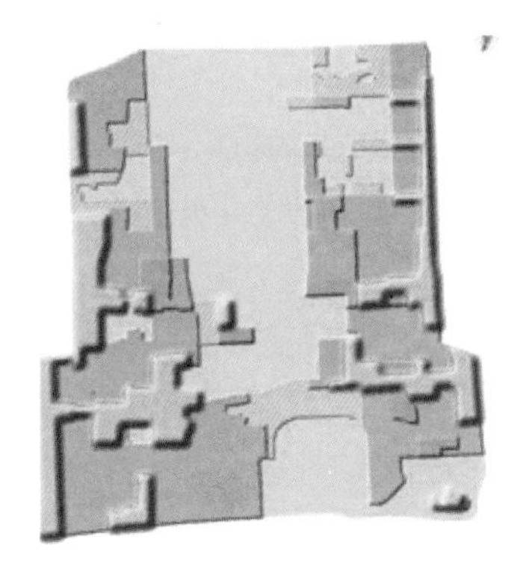

图 5–28　旧城规划的高度空间形态（左）
（图片来源：北京中心城控制性详细规划（01 片区分册—旧城）.2006）

图 5–29　旧城规划的高度控制图（右）
（图片来源：北京中心城控制性详细规划（01 片区分册—旧城）.2006）

从上述各个时期的高度空间形态示意图中可以看出，1999 年版控规中，原貌区不到 50%，高大建筑已经侵入旧城核心地带，2005 年现状旧城内的高大建筑远没有达到 1999 版控规的程度。新总规将高度分区控制作了调整，与现状高层建筑分布情况十分接近。《旧城规划》严格保持了新总规的这一高度分区特征，使“旧城整体保护”原则在控规层面上落实。

5.2.4　减规模

新中国成立初期，旧城建筑总面积约为 1700 万 m^2，1992 年为 3300 万 m^2，到本版旧城规划编制之时，为 5190 万 m^2，已经趋于饱和。为确保旧城的宜居性，需严格控制旧城内的建设量。所以，《旧城规划》提出，严格控制地上建设规模，将发展需求向地下引导。具体而言：

一是规定建筑总量极限。规划建筑总面积不超过 5445 万 m^2，其中，保护区不超过 869 万 m^2，非保护区不超过 4576 万 m^2。

《旧城规划》与 1999 年版控规相比，旧城内的建筑总量基本持平，但保护区内的建筑总量大为减少，如下图所示。

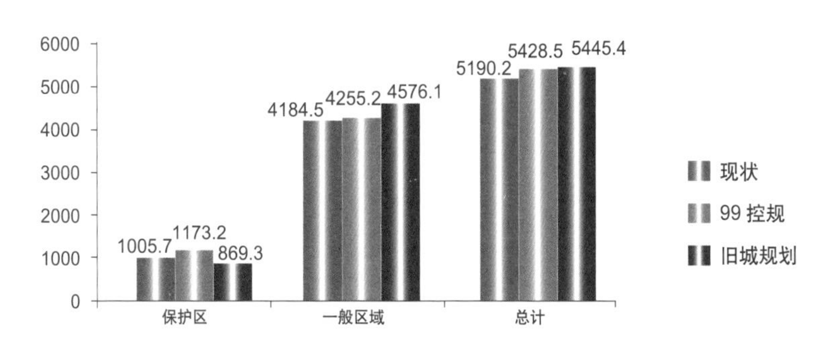

图 5-30 旧城规划对一般区域与保护区建筑总量的区别控制
（图片来源：北京中心城控制性详细规划（01 片区分册—旧城）.2006.）

二是拆除保护区内私搭乱建及与风貌不协调的建筑。

三是严格控制建筑密度和容积率。

四是功能疏解。严格限制与旧城功能不符、交通吸引量大的单位进入，引导并鼓励其外迁，控制其改扩建需求。

五是加大旧城地下空间的开发利用。主要用于商业、交通、市政、防控、防灾、仓储等用途。在控制地上建筑规模的同时，为规划可提供的浅层和次浅层地下空间资源为 2700 万 m^2，合理开发利用的规模为 500 万 m^2。

图 5-31 地下空间利用现状
（图片来源：北京中心城控制性详细规划（01 片区分册—旧城）.2006.）

图 5-32 地下空间利用规划
（图片来源：北京中心城控制性详细规划（01 片区分册—旧城）.2006.）

被称为全国首个大规模地下交通系统的金融街地下交通系统建设进展顺利。该交通系统东连太平桥大街，西接西二环路，南抵广宁伯街，北至武定侯街，全长约 2300m，总建筑面积约 2.6 万 m^2，通道路宽 9.2m ～ 13.5m，车行高度 3.5m。整个工程位于金融街地下 11m 处左右，主要由地下行车系统和地下人行系统组成。4 条双向车道，可容纳 2 辆轿车或小货车相对行驶。该地下交通系统开通后，金融街地区的路面交通系统与地下交通系统相交织的整体交通网络将全面构建完成。

5.2.5 减道路

旧城的道路网始建于元代，定型于明、清两代，构成了横平竖直的棋盘式街道格局。新中国成立后，经过五十余年建设，改建了一批道路，基本形成了四横三纵的主干路系统。

旧城传统街巷空间有非常宜人的空间尺度和街巷比例：一般胡同宽 3 ～ 9m，两侧的民房高 3 ～ 6m，街巷与建筑的比例约 1:1 ～ 2:1。这样的空间尺度和街巷比例形成了良好的、有人情味的、宜居的城市氛围，适合人们生活和居住。

在旧城胡同被打通或拓宽后：一是部分街道与建筑的比例严重失调，破坏了空间氛围。以平安大街为例，拓宽后的道路宽度约为 38m，两侧建筑高度多为 3 ～ 12m，形成的街巷与建筑的比例为 3:1 ～ 13:1，这与旧城传统空间尺度的氛围极为不符。二是新加或拓宽的道路引入了大量的机动车，割裂了城市原有的连续性和整体性。

图 5–33　旧城传统街巷空间尺度与氛围
（图片来源：摘自作者工作资料）

图 5–34　平安大街道路与建筑比例失调
（图片来源：作者 2012 年摄于平安大街）

因此，减道路一是尽量不新增道路，二是减少对胡同的拓宽。

如下图所示，已经按规划进行道路网加密的旧城区域已经失去了传统街巷空间特征，但旧城的北部和中南部仍然有大片未实施的主干道和加密的道路网。因此，《旧城规划》针对尚未按照1999版控规实施红线控制的道路进行规划调整，5条主干道和23条次干道的红线不再拓宽，1999版控规中的加密路不再实施，这些道路大都分布在历史文化保护区内。

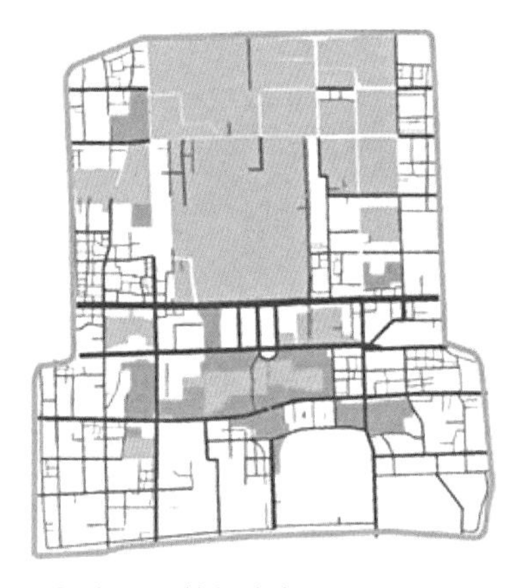

图 5-35　已按红线实施的道路
（图片来源：北京中心城控制性详细规划（01片区分册—旧城）.2006）

图 5-36　尚未按红线实施道路
（图片来源：北京中心城控制性详细规划（01片区分册—旧城）.2006）

图 5-37　旧城规划对未按红线实施道路的调整情况
（图片来源：摘自作者工作资料）

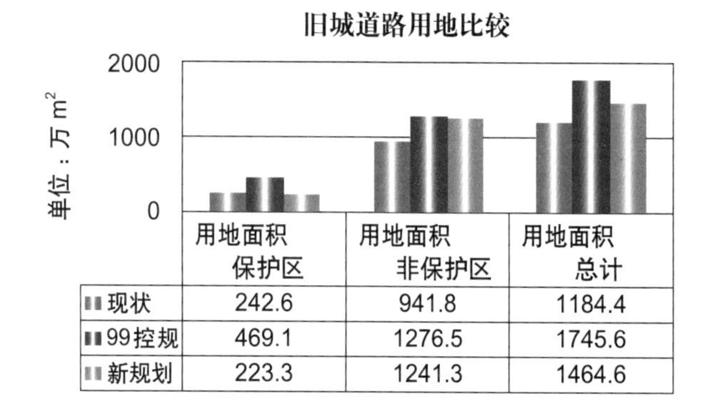

	用地面积 保护区	用地面积 非保护区	用地面积 总计
现状	242.6	941.8	1184.4
99控规	469.1	1276.5	1745.6
新规划	223.3	1241.3	1464.6

图 5-38　旧城道路用地减少情况
（图片来源：摘自作者工作资料）

改变旧城交通思路，以公交优先的交通方式取代小汽车为主的交通方式，在道路网密度减小后，相应地增加轨道交通线路和站点，增加轨道交通覆盖范围，减小地面交通压力。如图所示，《旧城规划》与《99控规》相比，增加了地铁4号和5号两条线，基本覆盖旧城内的主要客流集散点。根据《04总规》，到2020年旧城地铁线路覆盖率将达到94%。

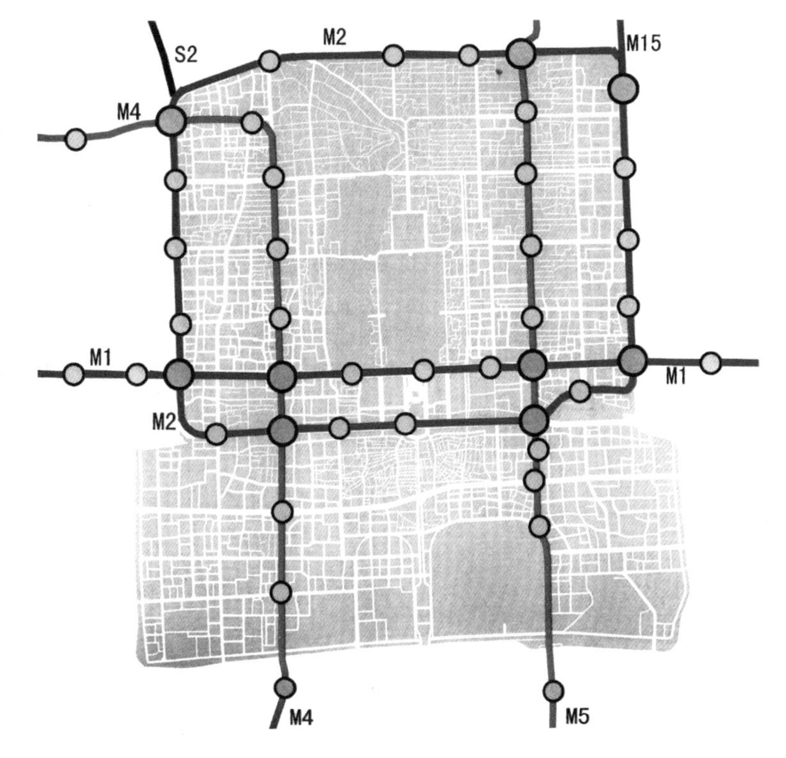

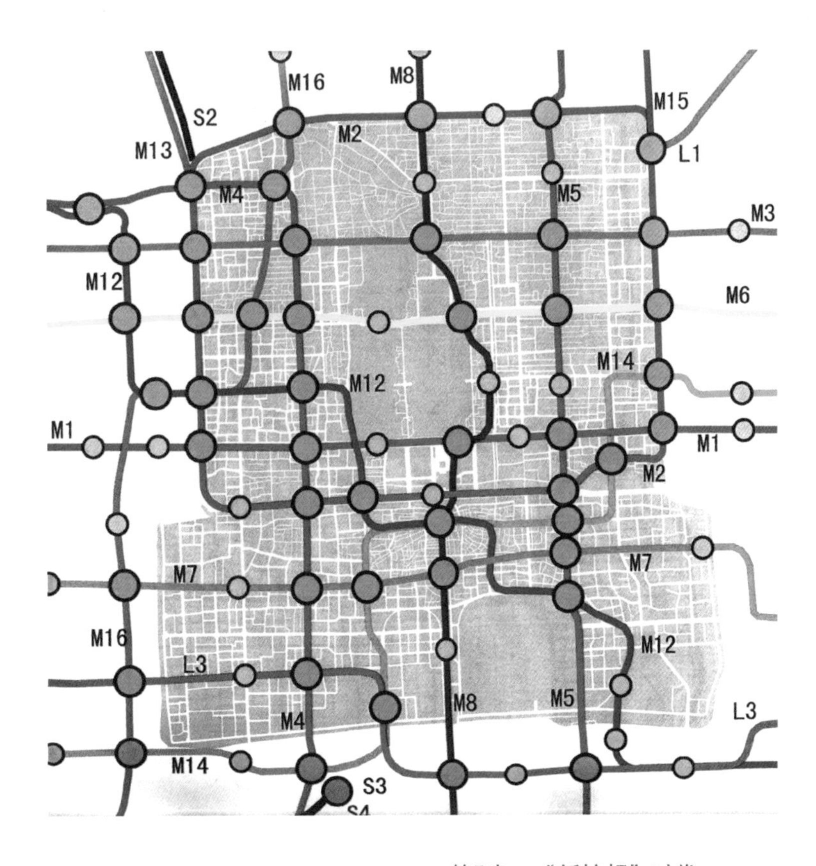

图 5-39　旧城轨道交通规划
旧城 2010 年轨道交通（上）
旧城 2020 年轨道交通（下）
[图片来源：北京中心城控制性详细规划（01 片区分册）.2006：85]

图 5-40　加强地下交通基础设施建设
（图片来源：网络图片）

图 5-41　公交优先的旧城
（图片来源：网络图片）

图 5-42　加强公交交通服务（左）
（图片来源：网络图片）

图 5-43　限行限速的旧城（右）
（图片来源：网络图片）

5.2.6　完善基础设施

旧城的基础设施十分薄弱，主要问题：一是市政设施老化；二是基础设施配给不足，如保护区大部分院落自来水没有入户、采暖主要依靠小煤炉、炊事使用液化石油气、多户使用公共卫生间；三是私搭乱建，形成安全隐患；四是技术及管理落后，如旧城大部分地区排水体制为雨污合流制，影响城内河湖水体环境。

专家刘小石先生认为，旧城道路之所以要展宽，除了解决机动车穿行问题之外，还要考虑埋设管线的问题。一直以来，水、电、气等各类管线都是分别布设的，缺乏综合考虑，这样一来，为了保持足够的间距，就要求埋设管线的空间足够大。在旧城，就涉及了拓宽道路的问题。实际上，在国外，旧城管线的布设与旧城保护之间不存在矛盾，德国旧城的道路只有 3 ～ 4m 宽，经过综合设计，管线很好地布设在马路中间的地下。我们应该做一个共同的管沟，把管线统一布设在里面，节约了空间，保护了旧城。

旧城保护成为主流后，危改已经撤出旧城，像过去那样通过危改方式解决基础设施的更新问题已不可能，所以必须研究新的办法，完善基础设施。面临的主要困难是标准缺失。由于旧城的空间尺度较小，当前基础设施的规范和标准对旧城的整体保护不适用，如果按照当前标准布设基础设施，将会对旧城街巷胡同造成严重破坏。所以，迫切需要编制面向旧城整体保护的基础设施规范和标准。

在此期间，市规划委针对南池子保护试点的实施，作了一些关于旧城的基础设施标准的探讨。在保证安全的前提下，尽量减小各种管线之间的间距，缩减占地空间。同时，也提出了在保护区采用地下综合管廊的可能性。这些实验成果有待于尽快转化为法定的标准和规范。

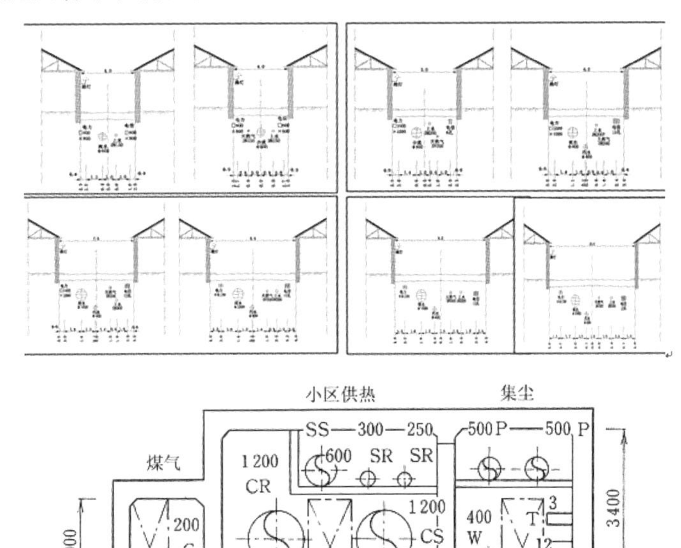

图 5–44　南池子市政管线基础设施标准试点
（图片来源：摘自作者工作资料）

图 5–45　综合管廊设想
（图片来源：摘自作者工作资料）

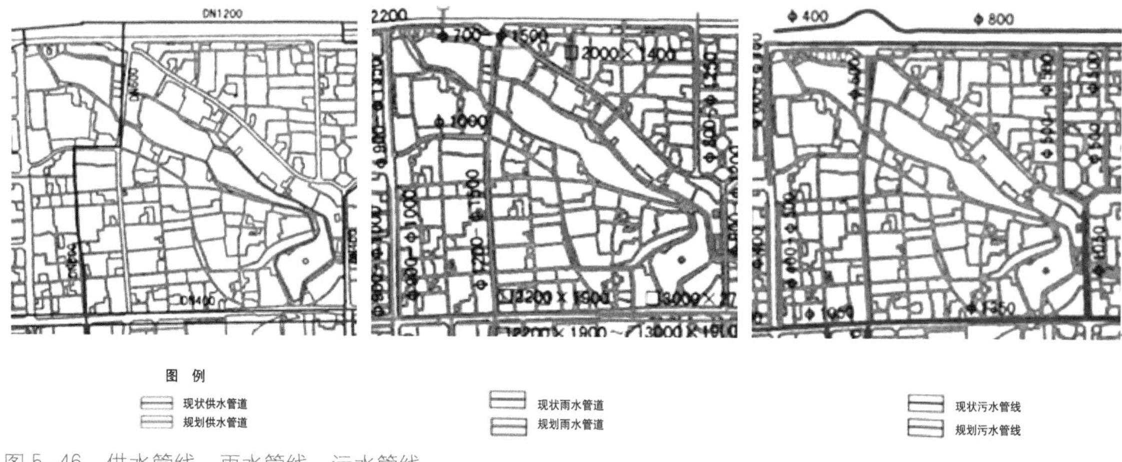

图 5–46　供水管线、雨水管线、污水管线
[图片来源：北京中心城控制性详细规划(01 片区分册——旧城).2006.]

图 5–47　被包裹的配电箱
(图片来源：摘自作者工作资料)

《旧城规划》重在解决旧城市政设施老化、基础设施不足、技术及管理落后等方面的问题，进行了供水、排水、供电、燃气、供热、信息和消防等方面的规划。下面以什刹海历史文化保护区为例进行论述。

配合规划路的新建和改建，补充完善规划供水管线。采用雨污分流制和合流制并存的排水体制，结合二环路内旧城危旧房改造和道路网加密，完善排水系统。

旧城燃气供应包括天然气和液化石油气，重点在于推进管道化，以城市道路布设中压天然气管道，区内布设中低压调压箱为主，保护区内以低压天然气管网为主。

供热方面，根据道路宽度情况，主要采用城市热网采暖、燃气采暖和蓄热电采暖三种形式，并对现状燃煤锅炉房按环保要求改造。

一根电线不占地方，但却能安全可靠地满足旧城居民供热、供电、做饭等生活需要，最大限度地保持了旧城风貌。

在专家的倡导下，2008 年，市政府组织完成了旧城 5 万户平房居民“煤改电”的改造任务：西城区和东城区各约 2 万户，宣武区约 1 万户。具体区域为：西城区什刹海地区，东城区安定门、北新桥、交道口及景山地区，宣武区法源寺地区及东、西琉璃厂地区。

信息管道方面，现状架空信息管道随着道路建设逐步入地，并在保护区内修建信息管道，新增电信局所 13 座、有线电视站所 6 座。

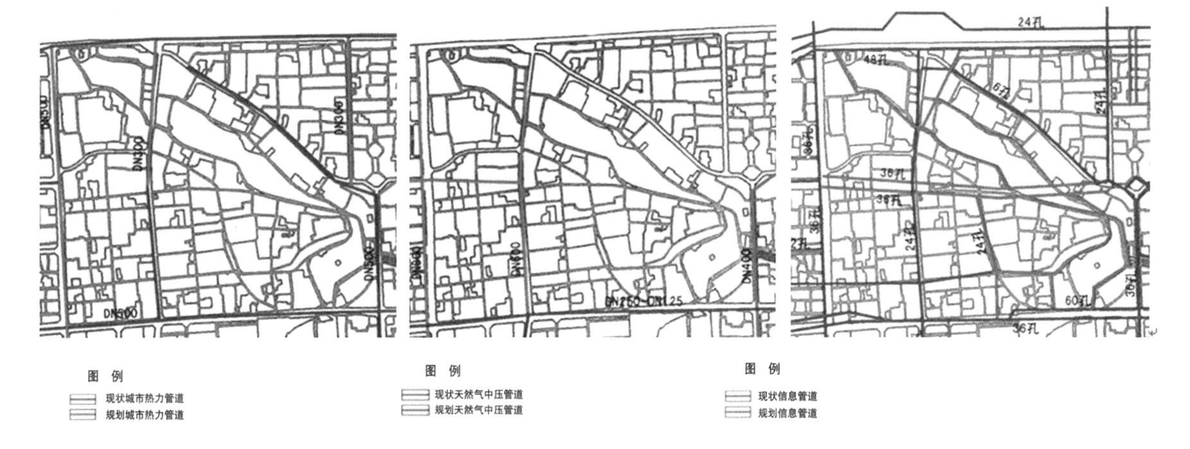

图 5-48 燃气管线、供热管线、信息管线
[图片来源：北京中心城控制性详细规划（01 片区分册—旧城）.2006.]

(a) 改造前

(c) 改造后

(b) 改造中

图 5-49 胡同市政管线的飞线入地改造
（图片来源：来自作者工作资料）

5.3 旧城的“减压”

以前，位于核心区的旧城常常被看成是带来巨大经济效益的聚宝盆，这种经济效益的取得，最直接的方式就是土地置换，即将容积率不高的平房居住区拆除，代之以高容量的城市功能区，这种认识使旧城饱负压力。在新总规编制后，开始卸载一些外部压力，直到《旧城规划》的编制，通过“减人口、减高度、减规模、减道路、完善基础设施”等一系列措施，使得旧城减压进一步落地，取得了一定效果。

5.3.1 规模的“减压”

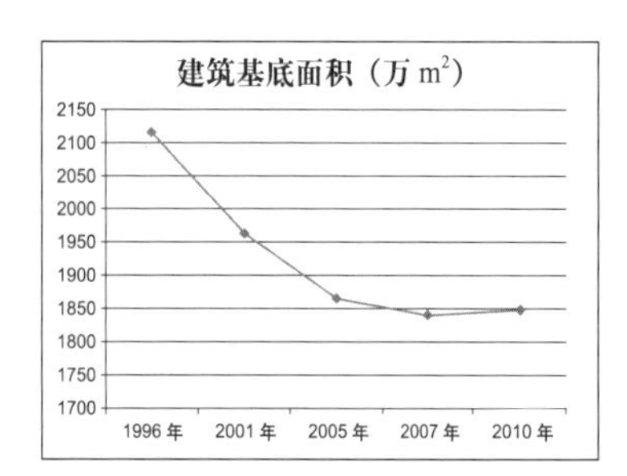

图 5–50 旧城建筑基底面积变化
（图片来源：北京市测绘设计研究院）

据市规划委的数据，2003 年旧城内共有危改项目 137 片，面积占旧城总面积的 33%；到了 2009 年，旧城内有拆改建项目 35 片，其中危改项目 7 片，拆改建项目面积占旧城总面积的 1.3%，危改项目面积占旧城总面积的 0.38%。对比可知，目前旧城危改已经基本停止，拆改建项目也限于局部区域。

图 5-50 为 1996 ～ 2010 年旧城建筑基底面积的变化情况，建筑基底面积是客观反映建设占地规模的指标。从 1996 年到 2010 年，该数值逐年递减，说明拆旧建新的占地量也在逐年减少，在旧城建筑容积率和建筑高度等指标严格控制的前提下，说明建筑规模逐年降低。

5.3.2 高度的“减压”

图 5-51 为旧城内低层建筑数量在 1996 ～ 2010 年间的变化情况。总体而言，从 1996 年到 2007 年，低层建筑的数量呈逐年减少的趋势。从 2007 年到 2010 年，低层建筑数量基本保持稳定，说明在《旧城规划》编制后，平房、四合院等低层建筑得到了有效的保护。

图 5-52 为旧城内高层建筑数量在 1996 ～ 2010 年间的变化情况。与上图对应，旧城内高层建筑的变化趋势在 2007 年产生了折点。2007 年前，高层建筑逐年增多的趋势十分明显；2007 年后，这一趋势大为缓解，说明《旧城规划》对旧城内高层建筑的控制收到了明显的成效。

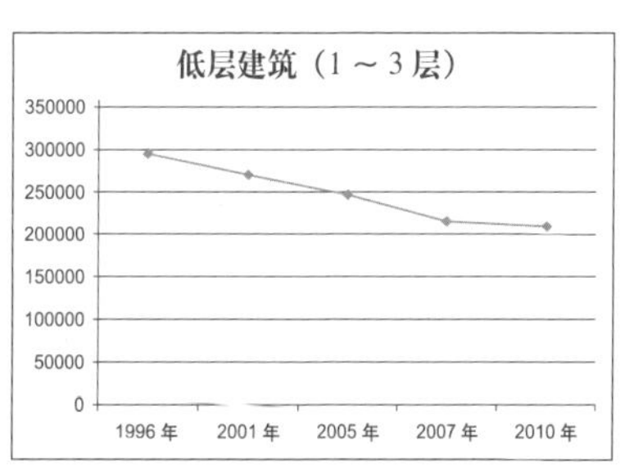

图 5–51　旧城低层建筑数量变化
（图片来源：北京市测绘设计研究院）

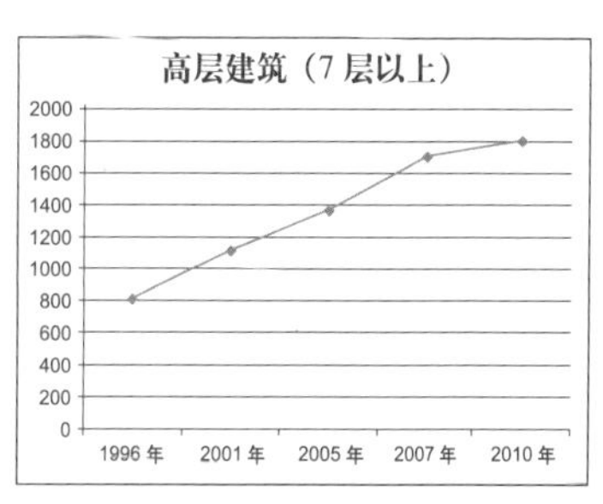

图 5–52　旧城高层建筑数量变化
（图片来源：北京市测绘设计研究院）

5.3.3　道路的“减压”

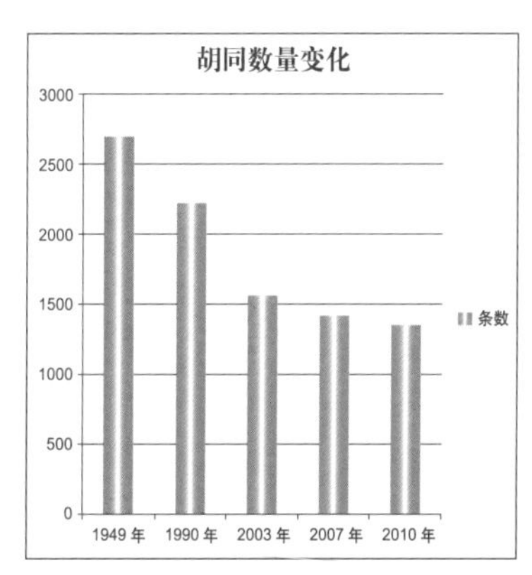

图 5–53　北京旧城胡同数量变化图
（图片来源：北京市测绘设计研究院）

胡同是旧城历史文化信息的基本载体，《旧城规划》使胡同避免了继续被大量拆除和拓宽的厄运。如下图统计了从新中国成立到 2010 年，旧城胡同数量的变迁情况。可见，新中国成立初期是胡同数量的顶峰，此后的趋势是逐年减少，各个时间段减少的趋势是不同的：从 1990 年到 2003 年大幅度锐减，而这一时期也是建设性破坏的鼎盛时期；从 2003 年到 2007 年，胡同减少的趋势有所放缓，但破坏形势依然严峻；从 2007 年到 2010 年，胡同数量基本趋于稳定。由此可见，《旧城规划》从规划上调整了加密路网和拓宽道路的交通思路，是保持胡同数量稳定的根源。

我曾经两次拜访两院院士吴良镛先生，在《旧城规划》编制过程中征求他的看法和建议。他指出，快速发展导致不确定的因素增加，人口的控制很难，开发商的趋利性控制也很难，而旧城的发展空间是有限的，所以规划的编制和实施要衔接好，重点应该把土地控制好。本版规划对旧城现状调研很深、很细，在技术

图 5–54　作者拜访吴良镛先生
（图片来源：龚勃摄于 2012 年）

层面有创新。为破解旧城难题，他建议新城与旧城要统一考虑，旧城的保护和中心城的发展是有机的整体，将文化的崛起和旧城复兴有机结合，来寻找旧城保护的新思路。

5.4 旧城规划任重道远

《旧城规划》的编制为旧城减了压，但尚未批复。根据新的《城乡规划法》，控规需要公示后才能报批，在公示阶段，各种利益的平衡导致过程十分漫长、复杂，所以，在这一过程中，《99 控规》作为法定规划，在一定的范围内其影响还在，相应地，《旧城规划》的执行效力就打了折扣。另外，规划的编制与实施之间也有距离：规划编制和实施主体不同，关注点不同，使得规划的实施脱离了编制的初衷。

5.4.1 疏散人口任重道远

如下图，旧城常住人口总数和各城区人口总数都是下降的，但是下降趋势还比较缓慢，与规划目标 90 万人相比还有很大的差距。此外，还面临着流动人口数量不断增大的问题，以（合区前的）西城区为例，从 2000 年到 2010 年，流动人口数量逐年增加，虽然常住人口数量有所减少，但是一加一减，人口总量实际并未减少，旧城人口疏散的压力仍然较大。

2005 年对西城区西四北头条至八条以及富国里、西直、西里三和冠英园进行的一项调查表明：来京流动人口主要集中在浙江、

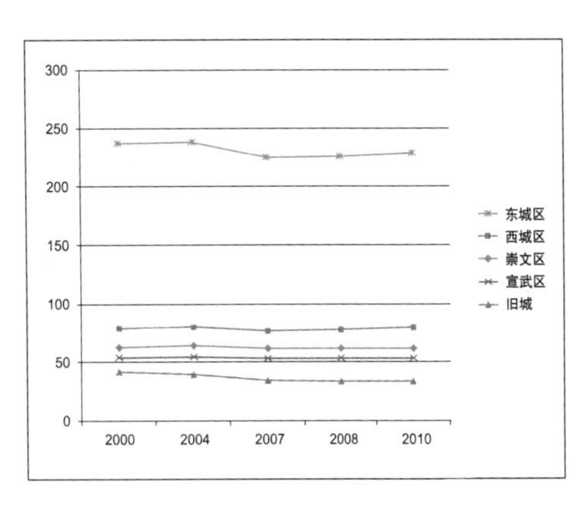

图 5-55 旧城常住人口数量变化情况
（图片来源：《北京年鉴》）

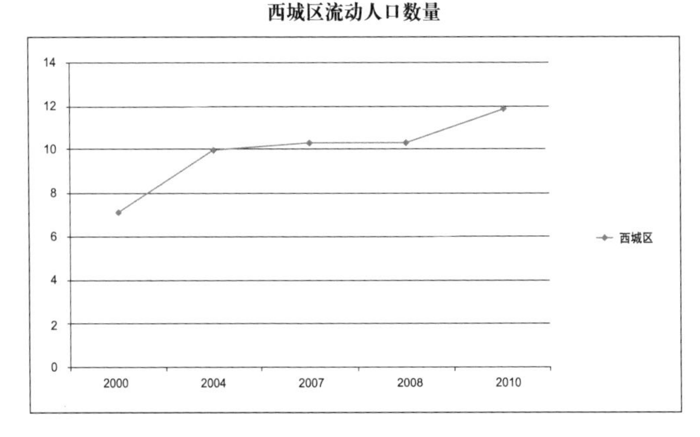

图 5-56 西城区流动人口数量变化情况
（图片来源：《北京年鉴》）

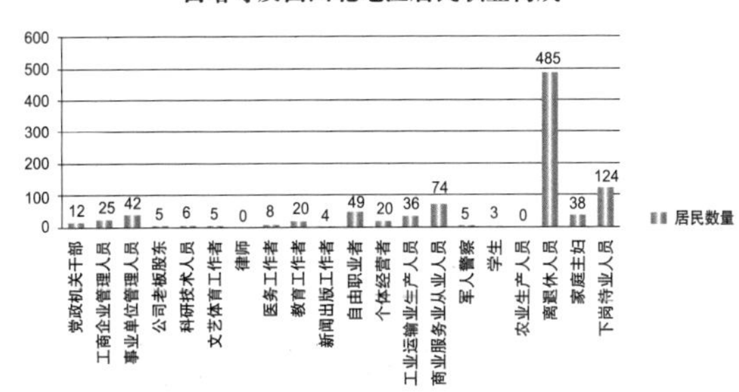

图 5–57　居民职业构成（样本数：683）
（图片来源：2009 年白塔寺及西四北地区居民问卷调查）

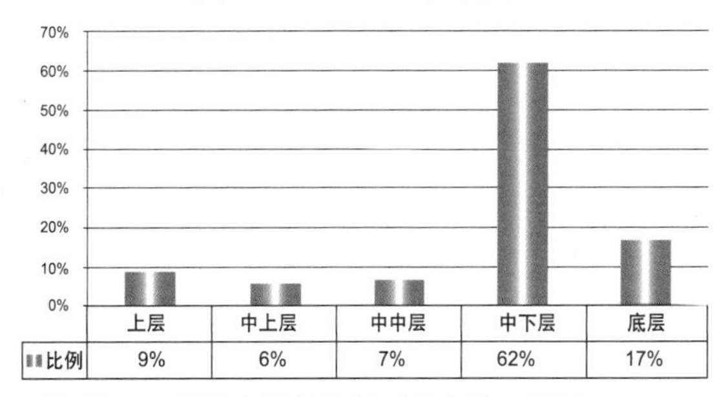

图 5–58　居民社会结构特征（样本数：683）
（图片来源：2009 年白塔寺及西四北地区居民问卷调查）

河北、河南、安徽和江苏。在来京人口中，比例最大、最集中的是浙江省乐清市，占到所有来京人口地市级分布的 30.38%。其中，72.4% 的流动人口的进京目的是“务工经商”，同时还有 15.4% 的流动人口的进京目的是“投亲靠友”。调研反映了以下问题：

（1）受教育水平比较低，初中及以下受教育程度的占 65% 左右，大专及以上受教育程度的只占 11.5%。这与北京市总体规划修编后对西城区的区域功能定位不相协调。

（2）职业低端。流动人口主要从事个体经商，包括个体卖服装、卖电器、卖光盘、卖早点等，占 46.5%，这主要是因为在辖区内有几个比较大规模的小商品批发市场，这样就为外来人口进行个体经商提供了便利条件。其次是个体打工，占 40.9%，主要包括保安、保姆、建筑工人、电工、水工、木工、饭店服务员、个体发廊、商场导购等。“其他”主要是指从事比较正式的职业的人口，如工程师、建筑师、律师、医生、教师、事业单位人员等。经济收入偏低，50% 以上家庭平均月收入集中在 2000 元以下，家庭平均月收入在 4000 元以上的只占 16.5%。

2009 年，对西城区白塔寺及西四北地区的一项调查表明：

（1）离退休人员数量占人口的绝大多数，老龄化严重。

（2）低端人口依然占有相当大的比例，高端人群比例明显偏低。

由此可见，从 2004 ～ 2009 年的五年间，旧城人口数量和人口结构均未有大的改变，尚未实现规划预期。

5.4.2　胡同、四合院保护任重道远

胡同——北京旧城的脉络，承载着北京深厚的历史文化，历经数百年风雨沧桑，烙下了历史发展变迁的印记。胡同作为

北京城的重要组成部分，演绎了老北京人生活方式独有的“京味”特色。

图 5–59 采访同事陈品祥副院长
（图片来源：甄一男摄于 2014）

“胡同的概念由来已久，各种说法不一，一般认为北京的胡同直接起源于元代的坊巷体制，逐步演化为条状的道路。据元末熊梦祥所著《析津志》记载和对元大都城址的考古可知，当时大街宽约 25 米，小街宽约 13 米，胡同宽 6 ～ 7 米。现在北京的大多数胡同是明代和清代增建的，那时对胡同宽度的标准规定已经不严格了。当今北京的胡同，主要指被两侧的四合院型建筑物及其院墙所围合的街巷空间，它构成了旧城平房四合院居住区的道路系统。当今胡同的概念与元、明、清代胡同的概念一脉相承。但是，随着城市化进程的飞速发展，真正原汁原味的胡同多数已经淹没在拆迁的洪流中。随着历史的前进和社会的发展，胡同的衡量标准也发生了变化，元、明、清时期的定义标准已经难以衡量当今的胡同了，胡同、四合院的保存和利用状况堪忧。不少胡同、四合院由于缺乏基本的维护，任其自生自灭，处于一种极度破败、岌岌可危的状态，长此以往，其结果必然是沦为危房而被消灭。”我的同事，当时承担胡同调研的市测绘院副院长陈品祥如是说。我认为，胡同和四合院的日渐消亡的原因有以下几个方面。

一是缺乏对历史的了解和对古人的尊敬。名人故居保存现状不佳，房子年久失修，墙壁乱涂乱画，这种不文明的行为会产生一种连锁反应，将不文明行为广为传播，造成环境景观脏乱差，恶化的环境又反过来影响人们的心理，这种恶性循环一旦形成，非一朝一夕能够改变。有一次，我在康有为故居门口听见坐在门口的居民破口大骂：“你说康有为住哪儿不好！他偏住这儿！”言外之意，由于故居是文保单位，只能保不能拆，所以碍着这位住户改善居住条件或拿补偿款了。这种情况令人啼笑皆非！一位

图 5-60　康有为故居门口放置垃圾箱
（图片来源：作者摄于 2012 年）

图 5-61　康有为故居用简易围挡
（图片来源：作者摄于 2012 年）

图 5-62　康有为故居保存状况
（图片来源：作者摄于 2012 年）

图 5-63　齐白石故居已经成高楼中的“盆景”
（图片来源：作者摄于 2012 年）

图 5-64　齐白石故居墙上随意涂写
（图片来源：作者摄于 2012 年）

图 5-65　市级文物保护单位齐白石故居
（图片来源：作者摄于 2012 年）

图 5-66　市政设施与文物之间极不协调
（图片来源：作者摄于 2012 年）

追求中国进步和改良并为之献身的古人不但得不到一丝一毫的尊重和爱戴，反而因为今人的一己之私得不到满足而饱受唾骂，环顾康有为故居破烂不堪的环境，那一刻，我不知道自己心里是个啥滋味儿。德国柏林市长曾说过这样一句话："一个城市的兴盛和风格很少取决于她的外貌，而是取决于市民的约束、团结和忍让、宽容。一个城市的性格就是所有市民的性格。"这和我们对历史文化缺乏必要的宣传和展示场所也许不无关系。

二是缺乏对彼此的尊重。精神文明和市民的文化素质是城市文化的一个重要组成部分。我们在建设高度的物质文明的同时，绝不能忽视精神文明的建设，不能忽视市民文化素质的提高。老北京不仅仅拥有那些宏伟壮丽的城楼和精美的古建筑，其文明礼

图 5–67　胡同成了垃圾场
（图片来源：施卫良摄于 2011 年）

图 5–68　胡同居民创作的打油诗
（图片来源：施卫良摄于 2011 年）

图 5–69　远看像城中村，近看是保护区
（图片来源：施卫良摄于 2011 年）

图 5–70　国外游人拍摄旧城拆迁场面
（图片来源：作者 2014 年摄于北京）

仪更是一份至宝。人们见面时互称“您”，而不叫“你”，开口不是“借光”，就是“劳驾”，不愧为“首善之区”。如今，这些文明的词句已经从一些北京人的语言中消失了。相反，京骂反而不绝于耳、发扬光大。沙里宁也有一句常常被引用的名言：“让我看看你的城市，我就能知道你的市民在文化上追求什么。”看到胡同里处处垃圾成堆、污水横流，哪里是彼此尊重的生活环境？传统何在，文化何在，文明何在呢？

三是缺乏对品位的追求。保护胡同、四合院的历史重任不能只落在一些专业部门和专家身上，说到底，应该广泛宣传，动员广大干部群众积极行动起来，理解这是一件关系到北京作为政治文化中心、国际交往城市的形象问题。因此，提升干部素质和市民素质至关重要，重视和珍惜我们自己的文化遗产，没有高度的精神文明，一个城市的物质建设再现代化，文化遗产再丰富多彩，也不能算是真正现代化的城市，更谈不上是一座历史文化名城了。所以，一个城市的现代化建设归根到底还是落实在它的市民身上。

图 5–71　传统街区脏乱差的环境影响城市的国际形象
（图片来源：作者 2014 年摄于北京）

一个对自己的历史和文化元素不知晓、不重视、不尊重、不爱护的城市和市民，怎能和文明国度联系在一起呢？

四是缺乏对建筑的维护。胡同保护的形势依然严峻和建筑年久失修不断衰败有关。从新中国成立初期和 2007 年胡同的数量和分布对比来看，现在的胡同已经稀少了很多，再也经不起大的破坏了。

1949 年胡同分布图

2007 年胡同分布图

图 5–72　1949 年和 2007 年的胡同对比图
（图片来源：Chen Pinxiang，Dong Ming，Zhang Junhui.Rearch on the Current Status and History Transformation of Hutong in Beijing Imperial City Based on GIS Technique. 2008.(37):1017-1022）

据陈品祥介绍：

“北京院在2004年，开展了北京旧城胡同现状与历史变迁调查研究工作，这次研究将旧城范围内的胡同作了限定，就是要同时满足四个条件：一是没有改建成大街；二是宽度不超过20m；三是不通公共汽车；四是仍然基本具有胡同特征，没有演变发展成居住区的道路。

研究的过程限定了三个原则：尊重胡同历史，照顾胡同的演变和历史，注意胡同的肌理和尺度（特别是宽度）。研究的范围锁定在当今北京市二环路以内部分，覆盖面积达62.5km²。

为了比较准确地把握1949～2005年56年间胡同演变与发展的过程与特点，选取1949年（新中国成立）、1965年（大规模街巷名称整顿）、1980年（北京改革开放初期）、1990年（大规模拆迁建设时期）以及最近的两个年份2003年和2005年共六个典型年份进行研究，这是因为胡同的变化与社会政治经济发展相关，这几个年代均具有较为特别的代表性。

通过对《北京历史地图集》和相关史料的研究，可知元代至正年间北京的街巷胡同约有413条，明代万历、崇祯年间北京的胡同约有1170条，清代乾隆年间北京的胡同约有2077条。胡同从元代开始兴起，经明、清的发展，到新中国成立前达到鼎盛，共计3073条。通过对1949年和2005年胡同地理信息（GIS）数据的统计可以知道，1949年，胡同总长度约为716km，到了2005年，胡同总长度只有约363km，2005年胡同总长度减少到了1949年的1/2左右。

新中国成立后50多年间，旧城胡同的数量变化　　表5-4

时间（年）	1949	1965	1980	1990	2003	2005
胡同（条）	3073	2382	2290	2242	1559	1268

通过对六个年份的GIS数据进行统计分析可以看出，从1949年到现在，新中国建立后的50多年时间内，旧城胡同发生了很大的变化：

从1949年到2005年，新中国建立后的56年中，北京市进行了大规模的城市规划建设。随着社会发展，人口增加，旧城胡同发生了很大的变化。1965年进行了街巷名称整顿，规范了胡同名称，胡同数量与1949年相比减少了691条；从1990年至2003年的13年间，随着大量成片危改拆迁工程的展开，旧城胡同锐减683条；近几年胡同的消失速度加快，2005年与2003年仅两年时间胡同就减少了291条。

胡同在1949～2005年之间发生了较大程度的变化，变迁胡同总数为1365条，其中新增76条，拆除或合并1289条。截至2005年，旧城著名胡同共有459条，占2005年胡同总条数的36.2%；历史文化保护区内胡同共有669条，占2005年胡同总条数的52.8%。”

通过对胡同的大数据调查分析，胡同的消损十分惊人：“在如今北京这个现代化的大都市里，许多的老胡同是去是留成了社会普遍关注的大问题。为了发展现代化交通，改善旧城内居民的生活环境，胡同还在被改造。可胡同不仅仅是街巷、是道路，更是北京城历史繁衍的见证和文化的深厚积淀，应该加以保护，进而传承文化。”面对令人揪心的胡同数据，陈品祥提出了他的担心。

5.5 规划实施和公众关注的进步

5.5.1 推行“修缮、改善、疏散”的新理念

北京是国家级历史文化名城，历史上具有完整的布局和大量丰富多彩的公共建筑与民宅，历经3000多年漫长岁月的洗礼，古老的建筑逐渐被荒废，有的甚至破烂不堪，市政基础设施日趋破旧。改革开放以来，历届政府都把危旧房改造作为为百姓办实事的重要任务之一。据边兰春教授的介绍，自改革开放以来，北京的危旧房改造经历了五个重要阶段。

第一阶段，改造“危积漏”阶段。20世纪80年代，由政府补贴，结合危改搞房改，重点改造危积漏地区，因为这里的房屋破坏程度和给居民生活带来的难度，已经到了非改不可的地步。哪些住房问题最突出呢？主要还是集中在老城墙根地区，因为这里很多房子都属于私自搭建的，建筑质量不高。为此，市政府确定了菊儿胡同一期、小后仓、东南园、郭庄北里4个试点进行了尝试。

第二阶段，成片改造阶段。90年代的危旧房改造逐渐向旧城里面渗透，改造规模扩大，建设内容由以住宅为主的居民区建设转向以商业、办公等公建为主的商业区、商业街建设。1994年，全市危旧房改造工作达到了顶峰，全年动迁居民2.6万户，约75万平方米，新开工达21片。代表工程有金融街、王府井、崇文门新世界等地的商业开发。90年代后期，为加快改善居民特别是中低收入居民的居住条件，市政府提出了以房改带动危改的新方式，在崇文、宣武、丰台三区分别选取了龙潭西里、金鱼池、天桥、牛街二期、右安门外西庄三条5片危房区进行试点。边教授说：

“20世纪90年代北京市的危旧房改造对于部分地区解决住房问题起到了一些积极作用，但改造过程中出现的历史保护问题、老百姓的拆迁补偿及安置问题等，逐渐暴露出来，引起了社会上强烈的争论。房地产开发企业介入危旧房改造，表面上看，好像是一举两得，既有人给你卸掉包袱，同时又带来了很可观的经济收益，包括一些政府的财政收入。其实，现在回过头再看，这种做法虽然使房子变新了变好了，但使公共环境资源受到了很大的破坏，文化资产在无形之中已经流失掉了。”

第三阶段，北京市在2000年提出第一批25片历史文化保护区的保护及其控制范围规划的同时，提出5年内完成全市危旧房改造的计划，目标为：成片拆除164片，涉及居住房屋面积934万平方米。在此期间，探索了多种危改模式，如房改带危改、开发带危改、文保区试点、市政带危改等，这项危改计划以较快的速度推进，保护区之外的大片胡同、四合院被夷为平地。从2000～2002年，北京拆除的危旧房总计443万平方米，相当于前十年的总和。从1990年开始实施大规模的危旧房改造计划至2002年，北京市已在旧城范围内完成占地25平方公里的改建工作，改建面积占旧城总面积的40%。

边教授认为：“当年提出5年改造的计划时，大家觉得很不可思议，因为这很像计划经济时代的列指标。事实上，后来并没有完全按这个计划来实施，也不可能完全按这个计划来执行，否则，北京旧城就完了。5年改造计划的叫停，更多的是一种合力的作用。一方面，专家的呼吁功不可没；另一方面，是来自社会的反作用，如来自民间老百姓的、来自各媒体的声音。我们不要把政府和旧城保护对立起来，其实政府对于旧城保护的认识是在不断深化的，当他们发现这种成片拆迁改造的方式有问题时，在合力作用下，就慢慢刹车了。‘车’停住了，或说速度减缓了，但并不意味着城市改造的欲望被压制了，还是有很多开发商希望能在旧城内推进一些零星的改造，但相比90年代初已经好多了。”

第四阶段，“微循环”阶段。2003年以来，随着社会各界对旧城保护认识逐渐趋向统一，政府主导、保护为主的思想逐渐确立，工作重心开始转移到旧城整体保护上来，旧城区危改模式有了新的变化。主要采取院落微循环、政府拔危楼、街巷胡同整治、文保区试点等方式，对旧城内房屋进行保护修缮，改善居民居住条件，保护古都风貌[①]。

---

① 边兰春．旧城永远是北京城市发展的根.2009年．北京规划建设．第六期．

这一阶段，危改逐渐缓下来了，旧城中零星的房地产改造基本上是老项目的收尾。作为迎奥运的举措之一，政府则集中精力做好城市特别是旧城传统街区的环境美化工作。据魏科先生介绍，西城区在景山北面的地安门大街两侧进行了环境整治，恢复了一段古城墙，“墙恢复得还不错”，他说。“2006 年除了迎奥运整治环境，我们还从德胜门到雍和宫沿着二环组织开展了带状的环境改造，2006 年 5 月份做的方案，东城区和西城区两区政府工作非常快，西城区先做，东城区后做，最后同步，东城完成是在 2006 年十月一之前，西城晚一点儿到第二年的五一，也是和做皇城根遗址公园同一位建筑师设计的，拆了些城边上的破烂房子，仿照皇城根遗址公园改建模式。因为城墙没了，实现当初梁思成先生‘在城墙上建市民休闲公园’的设想已经不现实了，我们就把它搬到地面上二环路的边上，搞了一个像项链似的城市绿带，这也是实现了《04 总规》的设想。我记得后来舒乙先生曾在《北京晚报》上发表了一篇题为《窗外飞来一座公园》的文章对此大加赞赏，赞美‘城中村’变成绿化景观，对北二环出现的这个狭长公园的喜爱之情溢于言表：拆除了不成格局以‘破旧脏乱’闻名的大杂院……形成新的都市景点，这两招都让老百姓拍手称快……突然有一天他推开窗户，结果窗户外面飞来一座公园。写得特有诗意。我认为这个公园是 2008 年奥运给市民留下了一笔财富。”

边兰春教授讲的第五阶段就是“修缮、改善、疏散”阶段。自 2007 年底开始，在深入调研基础上，政府提出按照“修缮、改善、疏散”总体要求，采取“政府主导、财政投入、居民自愿、专家指导、社会监督”方式，对旧城内房屋、街巷进行修缮和整治工作。文物专家都很肯定这种做法，有效地改善了居民住房条件，完善了市政基础设施，是实现改善民生、风貌保护和产业发展共赢的有益尝试。2008 年起，市委、市政府进一步加大资金投入力度，将原来每年 5.8 亿元资金增加到 10 亿元，全面开展旧城房屋保护修缮和人口疏散工作。

1. 房屋修缮整治工程。2008 至 2009 年，通过房屋保护修缮和人口疏散方式，共计修缮房屋 76.5 万平方米，涉及居民 3.85 万户。

2. 人口疏散工作。

2008 至 2009 年，通过旧城房屋修缮方式，共疏散居民约 4800 户、1.3 万人；通过配租配售廉租房、经济适用房和限价商品房方式，共计疏散居民约 2.37 万户、6.4 万人。以上合计 2.85 万户、7.7 万人。

先期在朝阳、昌平和大兴选取共三处独立定向安置用地，均

图例
第一类保护区
第二类保护区
第三类保护区

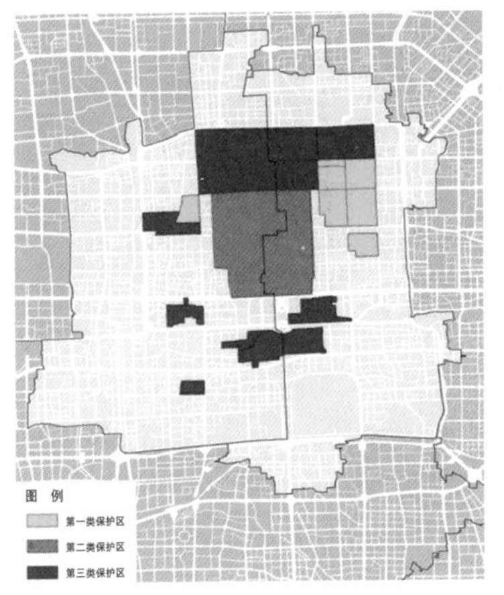

图 5-73 三类人口疏解方案
（图片来源：摘自作者工作资料）

无力购买保护区内房产的低收入住户
廉租房区外安置
公共租赁房区内安置
经济适用房区外安置
廉租房区内安置
公共租赁房区内安置
疏散至保护区外人口
私房户
区外居住，私房入股经营
保留私房，在此居住
保护区保留对地区更具有归属感人口

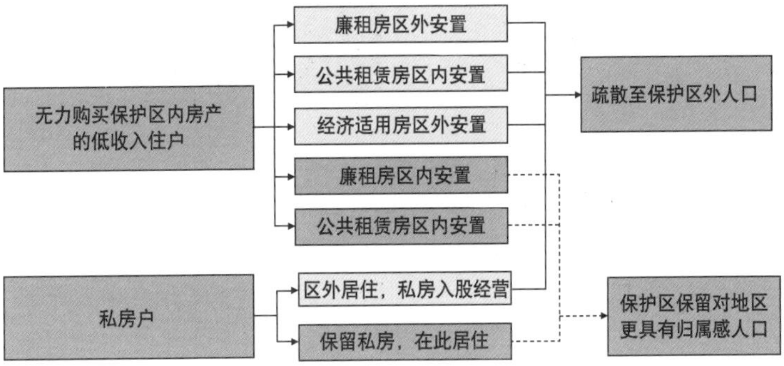

图 5-74 差异化的人口疏解措施
（图片来源：摘自作者工作资料）

元代
居仁坊
明代
南居贤坊
清代
正白旗管辖区
民国
内左四区

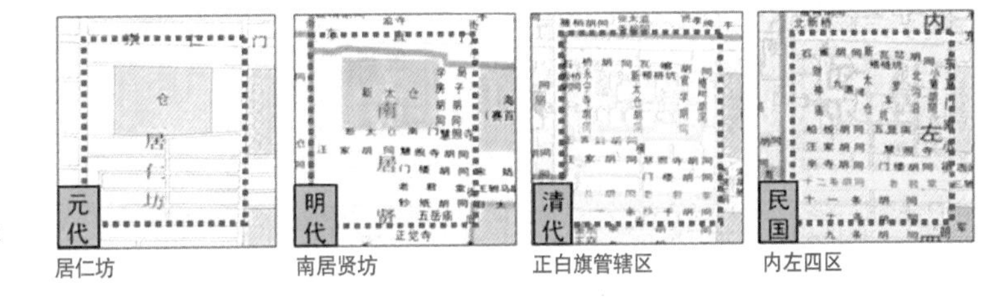

图 5-75 新太仓历史风貌保护较好
（图片来源：摘自作者工作资料）

已开工建设。另从 2007 年开工建设的政策性住房中选取 2 万套定向提供给四城区。以上合计建筑规模超过 200 万平方米。

2010 年，根据市政府的要求，市规划委提出了历史文化保护区内的人口疏解的方案并进行了尝试，取得了满意的效果。将地区分为三类情况。下图是制定的差异化的人口疏解措施。

第一类是条件较适宜的地区，以改善居民居住条件为主，保持传统居住风貌，人口疏解至合理人居环境水平（20% ～ 40%）。例如新太仓历史文化保护区，历史与现状主要为居住功能，但整体居住风貌保存较为完整，历史遗存也较多。现状人口约 1.8 万，人口密度约 3.07 万人 / 平方公里。约 30% 人均居住面积不足 8m^2。房屋破旧，基础设施落后，人居环境差。经测算，确定人口规模为 1.0 ～ 1.4 万人较为适宜，需疏散 0.4 ～ 0.8 万人左右，达到较为理想的人居居住环境。对其规划仍以传统居住功能为主，重点保护传统风貌，并配置必要的配套设施。

第二类是中南海周边地区，以为中央、首都文化事业服务为中心，加大人口疏解力度（80% ～ 100%）。例如府右街地区，用地约 12.26 公顷，居民约 2339 户，4678 人。人口密度约 3.8 万人 / 平方公里。属老旧平房区，房屋破旧，市政设施相对落后，人员结构比较复杂，流动人口多，临近中南海，加大社会管理和安

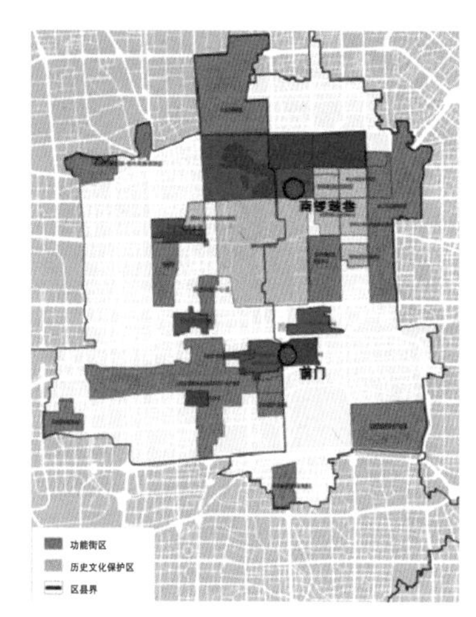

图 5-76　功能区分布
（图片来源：摘自作者工作资料）

图 5-77　四合院改造前、中、后对比
（图片来源：摘自作者工作资料）

全稳定的难度，不利于首都服务功能的实现。

第三类是其他保护区。结合居民居住条件改善，植入适于保护区发展的产业类型，促进地区活力。人口根据实际情况，适度疏散（50% 左右）。旧城内部分保护区，保留部分传统风貌与历史遗迹，但现状较为衰败，需排危解困，保持部分传统功能。此外与功能区关系紧密，有一定的产业发展潜力与需求，需植入适于保护区发展的产业类型，如文化、创意、传统商业、餐饮等服务功能，促进地区活力，使之成为首都传统文化弘扬与培育的载体。如南锣鼓巷、前门等地区。

疏解后，基本维持传统道路系统，较好地保护和恢复了传统院落格局，修缮后传统四合院的肌理较为规整清晰。

图 5-78　隋振江书记
（图片来源：百度图片）

海淀区委隋振江书记时任市住建委主任，是"修缮、改善、疏散"的提出者和推动者，我在拜访他时特别请他谈谈此项工作的作用和意义："对于北京的历史文化名城保护，过去老一辈保护文物的方法是在周边划定建控地带，然后发展到对历史文化保护区同样划定建控地带来进行保护。建控地带则突出体现在规划控制指标上，实际上那也意味着可以大拆大建。那时对代表传统城市肌理的旧城平房区进行整体保护的理念还没有形成。但是现在这一代对整体保护的认可和坚守应该说给我们历史文化名城保护留下了印记。

现在我们面临的问题就是怎么实现保护规划，我们的保护不是被动的'守'，使老城还这样地衰落下去，而是要进一步要激活，这是世界上各国对待历史遗产，历史文化保护都面临的共同的问题。欧洲在 20 年前就针对老城研究相关政策，比如住户卖房子政府给什么政策，买了房子按照保护规划修缮，把老城的房子保护下来，政府如何给予补贴等政策。另外，如果住户因为生活拮据没钱改善和修缮，政府就鼓励房产置换，将经济条件好一些的人请进来，当然政府也会给一些补贴。他们一直在研究这些政策。

我们的城市今天实际上也在面临这种情况，应该说政府为此也做了大量的探索和努力。当时我还在市建委工作，这项工作是我们将‘民生改善、风貌保护’二者相融的一项重点内容，为实施保护规划提出了‘修缮、改善和疏散’的原则。通过市政入胡同、入路、入院的传统办法来修缮四合院民居，来改善居民的生活条件。由于大杂院人口过于拥挤，通过外迁，有机疏解一部分人口。为了外迁，当时市政府还是下了很大决心的，安排西城、东城，包括老的崇文和宣武，都在外面给了一些疏散用地。有的区也做了探索，像东城区的整院式、协商式的搬迁，西城在什刹海搬迁，老宣武在法华寺周围也做了成片的改善，崇文的前门地区整体疏散到了朝阳这边，也不远，其实就是东三环外。这些区域都专门建了一片疏散搬迁地区，老百姓欢天喜地，整体腾空之后进行修缮、改善。

我觉得在旧城规划实施方面，方向已经很清楚了，就是坚持在政府主导、支持，甚至资金上的投入，还要调动我们保护区的广大住户参与改造的决心，把他们作为主体，不管是走的留的，都把它的主体作用发挥出来。通过走，让出我这块的权益改善；通过留，我自己在政府之下投资进行改善。因为任何一个家庭，改善自己的住房条件还不是问题，把这种改善机制和政府的扶持、市场化的运作有机的衔接起来。市场化，通过企业、机构的收购，按保护规划来实施，同时还可以带进一些新的业态进来。有些老户觉得房屋也还过得去，离不开。有些老人故土难离，住两年房子也可以。在院子里适当改造改造，甚至加建个小厨房，上下水接入能够住下，也未必非得就搬走。我觉得特别这几年，随着我们保障性住房事业的发展，原来老户居住条件通过多种办法都在得到改善，传统的老户在保护区的居住密度是在下降的。

但是现在又有一个比较大的问题，就是大量的外来流动人口，又进一步增加了保护区人口的密度，这是一个值得高度关注的问题。而且由于传统的这些住户和租户，为了获取租金利益，出现

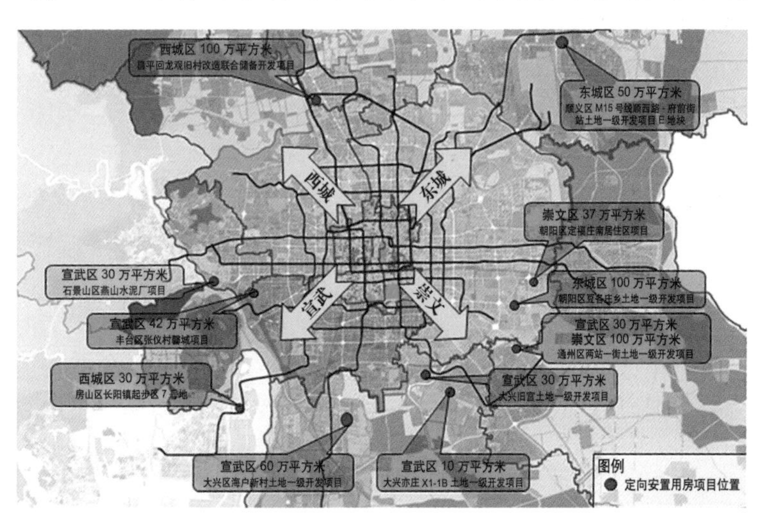

图 5–79　2010 年旧城保护定向安置用房分布示意图
（图片来源：赵晔 . 北京历史文化名城保护之关键对策思考 . 北京规划建设，2011（6）：57）

在保护区私搭乱建，违法建设的势头，这个必须依法管理。否则的话旧城不但得不到改善，还会得到使用性进一步的破坏，也为实现保护规划带来很大的问题。所以要进一步研究，利用现有的政策法规，如果够用就加强执法，不够用就要建立新的出来。这些地区都不能像城中村那样管，不能在仅有的这几片保护区中私搭乱建，要有所规定，加强管理。如果说六七十年代是由于政策影响使得胡同四合院变成了大杂院的话，那么现在管不住，就是因为市场因素，我们没有进行有序的管理，造成新的矛盾。人的问题应该是历史文化保护区最重要的问题，人的问题是主要的因素，所有经济上的问题都离不开人的问题，包括这些外来户、外来的流动人口。

现在我觉得修缮、改善、疏散这个目标仍然是不能变的，还要进一步探索，实现这三个目标。总结我们前十几年这种探索经验，把有效的成熟的工作和政策模式逐步延续，包括大前门这种方式，包括东城探讨的方式，包括院落里头走留结合这种改造方式，包括对统管公共房的这种管理方式，包括对违法建设的限制，包括整体保留、整体修缮的一些政策等。这些经验中最缺的，我觉得就是群众的自制管理，不管是租户还是产权人，他们，在各级政府和党组织领导下，在院落和街坊实施有效的自制管理，加上政府的执法和服务管理跟进，使这些地区越来越有序，这个基础现在还没有夯实。别管变成什么样的区，我觉得它还是老百姓生活需要的地方，只要这套机制建立起来，那些无序的东西可能就更有效、更好地克服”。

5.5.2 烟袋斜街：尝试“市政基础设施先行，居民自我更新”

图 5–80 烟袋斜街区域航拍
(图片来源：北京市测绘设计研究院提供)

烟袋斜街位于什刹海历史文化保护区内，全长 232 米，宽 5-6 米，街区占地面积 1.4ha，其历史悠久，自清光绪年间以来一直以反映京城文化特色、突出民间风土人情的商业特点而闻名。东头入口像烟袋嘴儿，西头入口折向南边，通往银锭桥，看上去活像烟袋锅儿。乍一看，你可能会觉得它就是北京众多胡同中普通的一条，然仔细再看，虽烟袋斜街宽度和一般的胡同宽度非常接近，但就其特征而言，它是一条传统商业街。因为胡同和街道是有区别的，胡同串起的是院落的单元，有门楼、院墙，而商业街道上是一家挨着一家的店面。

据边兰春老师向我介绍：“这个项目实际上是当初做《25 片保护规划》时就启动的试点，经过了多年的探讨和磨合，到《04 总规》向社会提出‘整体保护旧城’以后，其保护和改建的思路

图 5–81　烟袋斜街的今昔
（图片来源：北京市规划委员会西城分局提供）

和理念有一个不断清晰和统一的过程。刚着手做烟袋斜街的规划时，就有开发公司和我们联系，想将其建成仿古一条街，前面开发成商业街，后面开发成高档四合院。我觉得不同的规划思路决定你会采取不同的改造方法。当时改造的大环境是将建筑简单地推倒重来，可是我希望能另辟蹊径，换一种规划改造方式，即通过政府制订政策，并先行投入资金改善基础设施，创造有利于让居住在斜街的居民进行自我更新的环境和条件。这么考虑主要基于两个背景，一是国外的经验表明，政府、市场和当地居民所要做的事情，是有比较清楚的界定的。居民的权利在整个改造过程中要给予充分的保护和保留。改造后让居民来经营，这是居民的一种权利。二是当时这条街脏乱差的环境已经引起了大家不满，政府也在琢磨新的改造方式。于是，在我们的建议下，政府部门投入不到 160 万元，选石铺路，拆除违章建筑，进行市政改造，使历史文脉得以延续，胡同肌理得以保护。风貌的还原激活了整个街区。最让我们欣慰的是，市政先行的方法非常有效，公共环境改造后，促进了居民的自我修缮和保护历史风貌，因为房屋的质量和历史风貌是跟居民的收入直接挂钩的。以烟袋斜街

55～57号居民的自主修缮为例，该户居民原住房为私房，总面积60平方米，建筑质量很差。2002年初，该户居民在什刹海街道办事处的帮助下，按照规划要求进行设计，请古建施工队施工，改建后（包括夹层）面积100平方米。按当时市价计算，房子比修缮之前多了100多万元。虽然并不是每一户居民都会如此计算改造的收益，但是居民已经明显地感觉到改造的好处了。于是在街道改造工程之后，很多居民都开始修缮自己的房屋，街道环境走上了良性发展。烟袋斜街改造之后，良好的建筑环境和传统气氛吸引了休闲商业的投资。居民之中发生了自发的人口置换现象，不少居民也开始经营休闲商业。原来出租给流动人口的房屋都被收回来用作经营。”边教授还说：“每一片历史保护区都有其自身特色，这恰恰是北京旧城发展过程中的魅力所在。如果所有的保护区都按同一种模式来操作的话，肯定会出问题。居住、商业和自然景观是什刹海保护区的特色，现在有人批评它商业过多了，其实不然。我曾查过资料，历史上，什刹海就是一个王府、茶楼、酒肆聚集的地方，有着很浓厚的商业文化气息，只不过后来随着时代的发展而衰落了。”另据什刹海街道办事处的徐利主任介绍：烟袋斜街的改建有四个“借助”体现了一种保护与发展的全新理念，“一是借助人口疏解改善了居住条件；二是借助恢复传统风貌展示了地区特色；三是借助整治景观环境提升了旅游品质；四是借助打造特色文化促进了人文复兴。”同时他还对如何保持传统街区的风貌谈了三点体会，一要有准确的“保护定位”，二要有合理的“改造模式”，三要有灵活的“修缮方法”，要想在历史街区的保护、修缮和整治中保持老街的那种原汁原味儿，三者缺一不可。

要承认旧城是个有机体，需要不断地新陈代谢，更新改造在所难免。但这种改进的尺度不能太大，应该量力而行：修复房屋的产权与市场体系，使城市在公平、公正的房屋产权流通中生长，

图5–82　店铺里面修缮前后
（图片来源：北京市规划委员会西城分局提供）

图 5–83　改善基础设施条件并整治街道环境
（图片来源：北京市规划委员会西城分局提供）

图 5–84　烟袋斜街旧城保护与人口疏散居民座谈会
（图片来源：北京市规划委员会西城分局提供）

图 5–85　条件改善后用电取暖的居民
（图片来源：北京市规划委员会西城分局提供）

鼓励产权人根据保护政策作小规模整治，而不是全面推倒重来，一蹴而就。烟袋斜街保护区的成功之处在于政府通过制定政策和改善基础设施条件，为居民的自我更新提供了帮助，激活了“本土化”生长的元素，恰恰很好地诠释了上述“城市自然生长”的理念。

5.5.3　大栅栏更新计划：基于“城市软性生长的有机更新模式”

在 21 世纪的第一个十年，北京本地人已经不再那么经常去大栅栏了，原有的商家渐渐离开，留下空置的商铺。这些空的店铺后来开了新店、酒店和餐馆来满足来自世界各地的背包客需求，以及来自中国二三线城市的游客。于是大栅栏形成了两个新的消费市场，他们的消费特点在过去的十几年重塑了当地的商业生态。从2011年起，大栅栏更新计划又开始逆转这一潮流，把大栅栏和北京的其他部分重新连接了起来，那么，他们是怎么做到的呢？前不久，我带着这个问题对北京大栅栏投资有限责任公司副总经理贾蓉进行了访谈，了解这片历史街区保护的情况，她介绍的“基于城市软性生长的有机更新模式”令我产生了极大兴趣。公司的临时办公地点就在杨梅竹斜街22号，显示了贴近居民的意愿。

贾总介绍说：“国际游客对大栅栏感兴趣，是因为想看看它不确定的未来，也因为想了解它的过去。随着‘北京胡同正在快速消失’的现象被国际媒体报道，来自四面八方的背包客开始找寻并前往这些地区，而普通的胡同原本并非旅游部门的重要景点，这反过来又使得大栅栏商业街的商业化进程受到相对低端旅游业的影响。国内游客来大栅栏是为了感受这里繁华的商业历史，而现在这个市场也充斥着毫无地方特色的、粗制滥造的、低劣的廉价商品，为游客刻画呈现出的仅仅是一幅媚俗不堪和模糊不清的昔日景观图，这是一种可以简单移植、再三复制的商业模式，就像国内许多老城商业街的状况差不多。这种恶性循环导致地方政府和游客十分沮丧，也加速了一部分胡同的消失。”

“针对这一情况，必须对症下药。因此，大栅栏更新计划主要体现在三大行动，分三个阶段进行。一是‘身份形象’，即建立大栅栏作为北京独特社区形象，从而让本地商业受益，并在本地居民心中形成良好印象。二是‘城市策展’，即谨慎地呈现当地新的商业和活动从而支持并影响大栅栏发展的方向。三是‘协调管理’，即对新项目给予适当的支持，还有就是利用城市政策从上至下，反思区域过渡商业化和旅游业化的问题。这三大行动会通过三个主要阶段，以不同的强度开展。首先是试点示范期，然后是新社区共建，最后达到这个过程在整个区域的广泛应用。”

图5–86　访谈北京大栅栏投资有限责任公司副总经理贾蓉
（图片来源：甄一男摄于2014）

图 5-87　杨梅竹斜街在统一的形象设定下的地图标示
（图片来源：甄一男摄于 2014）

关于项目的启动，她介绍说："我们把杨梅竹斜街保护修缮项目作为试点，这是一个商住混合区域，包括原住民生活区和杨梅竹核心功能区，占地面积约 8.8ha，现状 1711 户，3861 人，单位 70 家，现状建筑面积 75920 平方米。以这个区域做试点的好处就是可以实现大栅栏和东琉璃厂的贯通，更为重要的是，这种商居混杂区比一般成熟商业街的改造更具有普遍示范意义。我们希望以试点示范带动社区共建，进而带动社会主体的共同参与。项目推进计划有以下几个方面，一是基于平等协商、自愿腾退的人口及功能疏解；二是市政基础设施和环境景观建设，拆除违法建设，新旧老砖并置，编织历史记忆的道路铺装；三是分类分级、弹性进行建筑立面和建筑修缮改造，并实行整体方案公示，一对一征询意见；四是使新旧业态融合、节点簇生长，促进文化与产业的复兴；五是创新社区共建的机制；六是从试点示范推广到整个街区实现全面发展。

项目希望借试点保护修缮项目的启动尝试软性更新，这种更新是一种对空间的营造，而非推倒重来式的物理更新。希望唤起杨梅竹斜街的原住民对这条街改造的热情以及积极性，并联合那些对杨梅竹斜街未来感兴趣的人，摸索基于微循环改造的关键节点改造模式。"

在贾蓉看来，杨梅竹斜街非常适合尝试静态的文化商业，"它过去就有半商业半居住的特点，业态丰富，胡同肌理和院落也相对规整"。通过协议腾退和自愿出租，他们掌握了一些零散闲置空间。跨界工作室采用国际传统旧城改造中惯用的思路，他们希望邀请艺术家、设计师和机构来使用这些空间。对此，将想要引入该空间的重点招商业态，按优先程度进行了 A、B、C 三种分类，

图 5–88　对老建筑的保护
（图片来源：甄一男摄于 2014）

图 5–89　对建筑立面的弹性修缮与历史记忆的道路铺装
（图片来源：甄一男摄于 2014）

以 A 类为领军业态，代表能独立生存，又能带动其他商业的对象。主要是以一些传统文化产业或自身具有固定客源的较有实力的业态为主，以长期优惠的价格将此种业态吸引来，并保持住，从而使次之的 B 种业态跟随其发展，并适量放入些 C 类业态，以这种形式进行软性发展发展。这些被引入的业态往往要历经多项步骤来选定。首先通过一个涵盖消费群体、产品 / 项目、文化和地点的主题象限来检测用新入驻的项目和已有的项目。这种评估方法创建了可以用于比较不同的方案的度量方式，可以尽可能客观地评价哪些商业或活动对区域最有利。为了体现业态之间的关联性和相互依存度，还需将不同标签之间的联系强弱进行分析。通过常识一般可以推断出标签“文化游客”自然会被标签“独立文化圈”吸引，因此拥有这两种标签的业态就有了相互依存和支持的关系，将它们的节点规划中的位置靠近，就能更好地利用这种关联性，并促进节点簇的生长。

图 5–90 引入良好的业态
（图片来源：甄一男摄于 2014）

贾总补充说："我们刚才讲的跨界有两个层次，一个层次是说，我们做这件事情的时候，其实是需要跨界的专业人才的，并不是单纯的只是城市规划的建筑设计的人。第二个层次，这件事情的成功，需要不同的角色，在不同的阶段发挥不同的作用，但是它能够做成，一定要包括政府跟市场，当地的居民和商家，能形成一个跨界融合的概念才可以做成。下一步的重要事项是社区建设。跨界工作室需要变成一个开放平台，联合各界和社区力量持续推动，慢慢改变。"

这里的规划理念是一种软性的营造理念，与其他的房地产开发模式不同，很难说在一定期限内将项目完成，甚至可能是长久的长期项目。但胡同的保护和发展，不管是什么项目，都需要政府、市场、居民等各方面的支持、合作与参与。当我问起这个发展和保护模式与众不同的项目有什么发展难点的时候，她说："一是资金复杂。政府只在起步阶段进行了资金支持，此后的发展过程中，由于形成了开放的平台，对该片区的资金招商引资的对象较为复杂，例如政府、个人、各种投资公司。二是业态复杂。包括普通（服务居民）、文化（传统－龙头）、投资（需要挣钱的）等等。三是人员复杂。由于产权变更等历史遗留问题，住在该片区的'原住民'少之又少，并且，这些原住民中大部分都是老年人及生活拮据的家庭等弱势群体。此外，在国内，居民与居民，居民与街道，包括居民与政府的合作模式都还处于摸索阶段，这就使得胡同里的原住民对于街道的公用文化诉求较少，参与社区建设的积极性自然也还不够高。"

据贾总介绍，"北京大栅栏投资有限责任公司成立于2003年7月，在这个项目的研究探索阶段，首先搞了规划的国际招投标，日本、法国等国家都有设计团队参加了，最终我们选中了6家设计单位的方案进行综合，形成了《北京前门大栅栏地区保护、整治、复兴规划》，上报市政府获批复。2005–2006年，进一步编制地区控规，这种编制和研究的方式很开放，过程中有联合国教科文组织、法国专家等国际组织、学者长时间驻在大栅栏地区进行专门研究，与居民交朋友，了解他们的实际生活状况和需求，并宣传一些保护的理念。项目的理念形成阶段大概在2006年到2009年这段时间，2006年，别的建设单位都在破土动工，而我们只是做了一些绿地整治。2007年到2008年奥运前，我们也只整治了一部分胡同。2008年奥运时期，对大栅栏商业街和东琉璃厂历史文化保护区进行一些修整改造工作。2009年起，以杨梅竹斜街的试点带动，进入项目的理念实施阶段。这时候，大环境也在发生根本性的变化，政府明确规定：民营企业不能参与旧城改造。前门片区基本拆光后潘石屹退出，政府赞助了部分资金后，公司将两个片区（大栅栏及东琉璃厂历史文化保护区）收购。此时，这个片区已经进入拆迁尾声，除了一些文保单位没有拆，仅存 20 几户。到 2010 年，出台了‘拆迁变征收’的相关政策。我们的‘软性生长的有机更新模式’正好顺应了这种时代进步的发展变化，通过联合政府、学术机构、社区、居民、在地商家进行社区营造试点，摸索区域持续发展道路，并努力将其模式在大栅栏整个区域内进行拓展，推动区域复兴。2012 年，纽约时报认为杨梅竹斜街的保护方式是中国旧城改造中的里程碑。2013 年 10 月，开始软性宣传杨梅竹斜街。通过设计周的展览进行宣传。2014 年，威尼斯双年展——建筑主题，中国城市馆由我们负责策展。对我们的发展理念，大家较为认可。”

传统商业复兴案例

杨梅竹斜街保护修缮项目位于大栅栏西街斜街保护带北侧，是大栅栏商业街与琉璃厂东街的贯通线，也是整个大栅栏及东琉璃厂文保区的核心区域。有趣的是，杨梅竹斜街与附近的铁树斜街（原名李铁拐斜街）、樱桃斜街、棕树斜街（原名王广福斜街）都是人走出来的。元朝灭金朝后，元朝政府放弃了金中都城，在金中都城东北面另建元大都城。金中都城的施仁门（位于今虎坊桥西侧）内的丁字街（位于今菜市口附近）是一个繁华市场。新建的元大都城的商业尚没有发展起来，所以大都城内的百姓很多都到中都城购买所需物品。出大都城丽正门（今正阳门）向西南到丁字街，逐渐被百姓们走出一条从东北向西南的道路，便是这些斜街的来历。“城市是一部砖石写成的历史”，这几条歪七扭八、破破烂烂的斜街是北京城发展演变的活见证，完整保留并保护的

图 5-91　国际友人被中国传统文化吸引
（图片来源：甄一男摄于 2014）

图 5–92 邀请传统文化店铺进驻老街区
（图片来源：甄一男摄于 2014）

意义十分重大。

2011 年，北京大栅栏投资有限公司发起“大栅栏更新计划”，与北京国际设计周合作举办“大栅栏新街景”设计之旅，邀请中外优秀设计和艺术创意项目进驻老街区，让现代设计走进大栅栏，为历史文化街区的更新活化提供新思路。

随着“大栅栏更新计划”的不断深化，设计的力量将进一步深入到胡同保护改造中，在这一过程中崛起的设计师群体，也将成为胡同复兴的星星之火，和原住民一起出主意想点子，参与到大栅栏的发展中来。

走进传统老北京兔爷张的店里，看到了店内最大的一尊兔爷儿身上的旗子上写着“新街景、杨梅竹”的字样，问起店员她骄傲地说：自己的小店从店堂的装修到为背包客加盖的印章，都是设计师带来的新理念，也激发了他设计创作兔爷的灵感。

5.5.4 政府和公众的良性互动

图 5–93 旧鼓楼大街
（图片来源：新浪网）

2004 年～ 2007 年这个期间，德内大街拓宽计划意外地引发了专家上书、媒体热议和公众关注，一时间沸沸扬扬。

现在的德内大街原名是旧鼓楼大街，这是一条形成于 13 世纪元代的街道，它的位置十分特别：它既是连接北二环和平安大街的一条交通要道，也是历史文化保护区的重要部分，沿线分布了庆王府、梅兰芳故居、德胜桥等众多文物。德内大街的街道宽约 6 ～ 7 米，人行道宽度只有 2 ～ 4 米。由于道路狭窄，人车混行、交通拥堵情况严重，且设施落后、环境脏乱，局部雨污水甚至还

图 5-94　作者与文保专家郑孝燮
（图片来源：摘自于作者工作资料）

在沿用民国时期修建的合流方沟。

在《99 控规》中，德内大街被规划为城市次干道，规划道路红线宽度为 50 米。2004 年，启动了德内大街拓宽改造工程。19 位文保专家和教授联名写信给世界遗产大会组委会，呼吁关注北京旧城的保护，反对德内大街拓宽。专家的意见则非常明确，那就是旧城内应该限制地面交通，保留古都原貌。

郑孝燮认为：“千万不能把这条路拓宽，因为拓宽以后反而把交通由外向内引。现在我们要限制车辆进入老城。不只是这条路要控制，要限制车辆的进入，所有的核心地区都一样，就是要让车辆进入不方便，因为这涉及到古都风貌问题。地面上的道路，只要有辆公共汽车拐个弯就有可能堵上。大都市就得发展轨道交通，像莫斯科的地铁每天能达到 700 万人次。北京的大交通问题要靠轨道交通来解决。地铁必须完善，要形成系统。”

图 5-95　德内大街拓宽引发新老北京之战
（图片来源：来自瞭望周刊）

罗哲文撰文：“回顾历史，50 多年来的事实证明与文物古迹古建筑产生矛盾最多、破坏最大的莫过于道路交通了。历史文化名城的古城格局、文物古迹、民居等，正是在‘交通发展需要’的借口下被‘冠冕堂皇’地破坏了的。1950 年代初期，北京城墙及长安街东四、西四帝王庙、大高殿等牌楼、无一不是以文通需要、拓展取直马路为由拆除的。这几年汽车数量急剧增多，道路不堪重负，再加上房地产开发，对北京旧城的破坏更为严重。什刹海、钟鼓楼地区是老北京相对保护较好的地段，如果不采取正确的保护措施，仍然沿用大拆大建、修宽马路的做法，那老北京最后的风貌也即将消失。”

官方对此回应：拆迁两侧建筑，拓宽街道，是为了实施已批

图 5–96　德内大街拓宽前后（左）2004 年（左）2009 年（右）
（图片来源：北京市测绘设计研究院）

图 5–97　拓宽后的德内大街比原来宽了一倍
（图片来源：作者摄于 2012 年）

图 5–98　由于选用两块板，德内大街看上去没那么宽敞
（图片来源：作者摄于 2012 年）

准的 99 版控规，加强市政设施的建设，缓解二环路和中轴线交通紧张的现状，以及提高居民的生活条件，与世界遗产保护没有关系。虽然德内大街属于什刹海文化保护区，但保护区内该具备的功能还是要建立或完善。

2006 年 3 月底，德内大街道路改造工程正式公告拆迁，共拆迁居民 1037 户，单位 38 家。德内大街于 2006 年 9 月正式动工改扩建，历时一年半，于 2007 年 12 月 3 日正式完工改造并通车。改造后的德内大街为城市次干路，道路宽 24 米至 36 米，机动车道为一上两下，两侧各设 3 米宽的人行步道，雨水、污水、电力、电信、杆线入地、路灯、绿化、交通等配套市政工程均已完工。政府还对沿街房屋按明清民居建筑形式进行仿古修缮。

在德内大街争论不休的过程中，《旧城规划》还在组织编制的过程当中，《99 控规》的法律效力依然存在。究竟是交通优先还是文物优先？究竟是老祖宗的房子重要，还是现代的汽车重要？对此，市民意见并不统一，有的希望通过拓宽改造，改善自身居住生活条件，有的则希望保存现状，留住原汁原味儿的历史文化环境。这个案例使我们看到了公众对旧城的关注程度，哪怕是一条街道的改扩建都会引发持久的议论，和前些年的不闻不问已经不可同日而语。

北京日报记者刘扬跟我谈起这些年关于旧城保护的话题公众意识的提升是非常明显的，“公众在旧城保护过程中逐渐觉醒、参与。差不多在微循环阶段之后，公众开始深入参与。随着我们法治的完善，随着社会进步，每个人都会有诉求表达的愿望。逐渐的公众知道了我的房子我做主，不是说你想拆就能拆，而且 2006 年、2007 年物权法出来后，公众认识到他们的权益是不可侵犯的，强化了维权意识，更强化了私有权的保护意识，从那时候开始，老百姓的诉求表现更加强烈。

那时候我们规划的开放性也逐渐加强了，逐渐引入公众参与，最早的是从地名公示开始的，大约是在 2006 年、2007 年左右，这也是风险最小的环节。在传媒大学站名公示的时候，在定福庄和传媒大学两个名字中选择，传媒大学很多学生都去投票，传媒大学学生老师四处拉票，客观说应该定福庄更科学一点，因为传媒大学没准还改名字，但是最终还是叫传媒大学站了，因为票数多。后来慢慢发展到地铁线规划的参与，比如说 14 号线是设在河这边还是那边，跟公众商量，14 号线最终改线了。

这种开放程度逐渐提高，公众从意识的觉醒，从参与的启蒙，到参与深度的加大，再到政府依从了公众的愿望，这是一个很不容易的发展脉络，但其实是一个必然的发展脉络，因为历史的进程已经到这一步，已经逐渐开放，公众知道自己的权益，公务员也已经知道公权力的服务职能。公众参与意识的觉醒和公务员服务意识的觉醒，是同时进行的，这种觉醒之后，我们的规划不再神秘，公众都可以参与到规划的过程之中。我个人认为，这个开放力度还是不够大，还应该更开放；公众参与可以更多，可以把参与这个环节前置，公众参与前期讨论，到后期就更容易完善，虽然人多意见多，时间长，工期长，但到最后形成的结论更加成熟，公众满意度会更高。

在媒体方面。在旧城保护过程中，我们媒体以反映成就为主，写了很多正面的报道，改造成就、微循环的整治更新，还有一些总规编制成果的介绍、修缮旧城街巷等。

旧城保护是有一个发展过程的。那时候我们城市建设的一个很大的工作就是修地铁，那时候引入文保专家，确定施工片区下面是文保区，那就要绕着走，采用各种稳妥的方式来开发，所以在很多的看上去跟文保没有什么关系的领域里面，它需要考虑文物保护和旧城保护的因素，这时候应该是在2007年左右。那时候文物保护的理念已经脱离了最初的概念范畴，扩充到大范围的空间保护，所以差不多在那个时候，旧城整体保护这个概念就被提出来了。旧城保护的概念是2003年战略研究的时候提出来的，2004年放在总规里了，然后2005年编控规的时候，等于是落实，到2006年就加强了，在旧城范围内进行规划建设，最先优先考虑的因素就是旧城保护。到现在应该说在旧城里面拆房子很难了，都有畏难情绪了，以前根本不管这套，现在达成共识了，那几年给拧过来的，在这种情况下，我们可以讨论一些问题，可以讨论某些做法是不是更合适，讨论专家的方案是不是最优的方案，讨论是不是最现实的方案。比如说地铁线路怎么走，平安大街怎么拆，从专家的角度来讲，有一个很好对旧城保护的理念和方案；但是在现实的条件下，要发展经济，要改善民生，要做一些综合，找出折衷方案。旧城保护，以前采取的方案会屈服于经济发展和交通压力，而后旧城整体保护被提了出来，使旧城保护上升到了在旧城范围内的第一高度。我们作为媒体其实跟你们做规划的一样，都是慢慢学习过来的。”

经过了《战略研究》和《04总规》的过程，对于北京这座城市究竟怎么发展，有哪些制约，特别是选择“发展什么、不发展什么，在哪儿优先发展、在哪儿不能发展”这些关键问题上，思想逐步明确、统一起来。《04总规》批复后，正好开展党的先进性教育活动，市委市政府把《04总规》作为教育活动的必读文献，由此可见《04总规》作用不容小视。2005年以后，落实《04

总规》和迎奥运成为北京市的工作重心，修编中心城控规成为落实新版总规的必要内容之一。其实这个过程体现着思想观念的重大转型。

这一阶段，危改已成强弩之末，大拆大建被叫停，小规模、渐进式、有机更新式的保护和发展理念已经得到接受和认同。政府从规划实施层面，成片区征求公众意见；专家领衔编制，发挥重要作用；媒体跟踪报道，公众主动参与，建言献策。该阶段，各方侧重点显示：政府进一步关注城市形象和环境的改善，专家与公众的关注点逐步趋同，整体保护旧城原貌达成共识。

第6章

名城保护“俱乐部”新成员

第6章
名城保护“俱乐部”新成员

在旧城脏乱的表象之下，老城的任何地方都在成功运转，并以一种不可思议的方式保持着街道的安全和城市的自由。这是一种相当复杂的秩序，这种秩序是由运动和变化构成的多样性带来的，尽管它是生活而不是艺术，我们仍然可以将其想象为城市的一种艺术形式，并且与舞蹈相比较——不是那种每个人同时踢腿，协调一致地旋转、弯腰的机械的舞蹈，而更像是这么一种复杂的“芭蕾”：演员各自舞蹈而最终构成一个奇妙协作又富有秩序的整体。城市中上演的“芭蕾”从来不会彼此雷同，而且在任何一个地方都充满着即兴创作。

——简·雅各布斯

2007～2009年，奥运会在北京成功召开，北京确定了“人文北京、科技北京、绿色北京”的发展目标，《04总规》和《06控规》已经相继编制完成，北京的名城保护发展步入了新时期。

但随着城镇化快速发展，城市面貌趋同现象日益严重，并引发尖锐批评。如何在城市发展过程中，既能保持经济发展活力，又能保留城市特色，是一个新的课题。普查并发布优秀近现代建筑保护名录，加强工业文化遗产保护与再利用，作为保持城市记忆、增加城市多样性、改变千城一面的重要内容，受到越来越多的关注，并纳入了规划工作议事日程。北京名城保护工作进一步拓展，吸收了两个“新成员”。

6.1 保存城市记忆和多样性

6.1.1 国际经验

简·雅各布斯以她的颇有影响的《美国大城市的死与生》掀起了反思和批判“城市千篇一律、缺乏人情味”的现代主义的浪潮，并且提出研究城市就要“观察实实在在的事实而不是热衷于形而上学的空想”，这个观点来自于她对城市的一种独特感觉：她观察到人与城市之间的互动，一种频繁的、毫不掩饰地行为，并认为这种行为的活力是判断一座城市健康与否的衡量标准。她

图 6–1 充满多个时代记忆的、多变的纽约
（图片来源：作者 2006 年摄于纽约）

图 6–2　车水马龙、摩肩接踵的纽约街道

认为：“城市是超市、标准电影院、维也纳面包店、异域杂货店、艺术电影院等的天然家园。所有这一切都是共生共存的，标准的和奇特的、大型的和小规模的相互依存。”“就像小型的制造业主们一样，缺少了城市这个环境，这些小商家就不可能在任何地方生存。”“城市里的多样性，不管是什么样的，都与一个事实有关，即城市拥有众多人口，人们的兴趣、品位、需求、感觉和偏好五花八门、千姿百态。”[①]

城市应该为保持多样性提供足够的空间和场所，而不应一次性地拆除那些富有记忆的建筑物。纽约仅有三百多年的历史，但其宝贵之处是，通过再利用，几乎保留着三百年间所有时期的典型建筑。苏荷区的城市多样性保持得比较成功：苏荷区位于纽约市曼哈顿区西南角，是个不大的社区，约有六千居民。第一次工业革命时，苏荷区成为了钢铁生产基地。20 世纪 50 年代，随着城市改造步伐的加快，工厂外迁，大量厂房闲置，艺术家遂陆续“占领”之，并将其改造为居住和创作场所。苏荷区逐渐成为闻名遐迩的艺术家天堂。60 年代，洛克菲勒财团旗下的大通银行准备斥巨资打造新的苏荷区，推倒昔日的厂房，代之以成片的办公楼和豪华公寓。聚居于此的艺术家群起反对，他们大声疾呼：“城市不能丧失精美、有价值的建筑物，纽约历史上的优秀古迹必须得到保护。”艺术家的主张引起了强烈的社会反响。1965 年，纽约成立了古迹保护委员会，包括苏荷区在内的九百栋古建筑和五十多个历史街区位于保护名录之上。1973 年，苏荷区被确定为文化艺术区，属重点保护区域。另外，苏荷区在进行必要的整修时，始终坚持“修旧如旧”的原则，即允许业主根据自己的喜好对建

① 简·雅各布斯．美国大城市的死与生．北京：北京译林出版社，2005.

筑物内部进行各种艺术风格的装修，但同时必须严格保护建筑物原有的外貌，严禁破坏和更改。苏荷区由此成为纽约极具特色的文化旅游区之一，经济效益也急剧飙升。苏荷区的开发和保护，是世界城市改造浪潮中的成功范例之一。①

6.1.2 国内做法

优秀近现代建筑一般是指从19世纪中期至今建设的、能够反映城市发展历史的、具有较高文化价值的、体现一定时期城市建设水平的建筑物和构筑物以及重要的名人故居。随着多年来的城市化发展，一些修建于晚清、民国时期的学校、厂矿、名人故居等，由于未被列入文物保护单位而处于保护失控状态，或因年久失修而损毁，或在城市建设中被拆除。即使建于20世纪50年代末，被誉为“国庆十大工程”的经典建筑华侨大厦，也因诸多原因早已被拆，其遗址被新的宾馆建筑所取代，留下了永久的遗憾。②深圳当年的“小渔村”是中国改革开放的见证，但是却因未留下任何蛛丝马迹而留下了遗憾。再如北京的福绥境大厦，是“大跃进”时期的产物，反映了那个时代的特征，虽然与周边环境不协调，但是仍然应该予以保护，因为它承载着城市的一段记忆。

20世纪90年代以后，一些城市开始修订法规，颁布新的保护标准，保护优秀近现代建筑。例如上海市把这类建筑称为“优秀历史建筑”，将列入保护建筑的时间标准，由原来的1949年以前拓展至建成使用30年以上的建筑，全市共确定了398处优秀近现代建筑。保护工作由房地局和规划局联手操作。房地局有操作能力，一般情况下是产权单位。下面还有设计、施工单位和修缮力量。规划局可以从宏观上控制，适时纳入规划。天津将这类文物保护单位之外的、有价值的历史建筑定名为“历史风貌建筑”，在2005年4月成立了天津市历史风貌建筑保护委员会，由市长，副市长牵头，政府各个职能部门都参加；委员会办公室设在房管局，办公室主任由房管局局长兼任；委员会下设专家咨询委员会，主任由房管局副局长兼任。每年由办公室提出保护名单，请专家咨询委员会评审通过，以政府文件形式公布。同时，根据不同情况组成项目公司，进行保护修缮工作。市政府有财政拨款，从组织上和资金上都有保证。南京市于2006年立法保护具有历

---

① 纽约苏荷区的启示。

② 单霁翔．从“文物保护”走向“文化遗产保护”．天津：天津大学出版社，2008：77-78.

史、文化、科学、艺术价值，存在50年以上的建筑物、构筑物；成都市也于同年规定，将近现代建筑保护的时间截止到1976年。2005年3月北京市在审议《北京历史文化名城保护条例》草案时，去掉了“历史建筑”中的“历史”二字，表明了在文化遗产保护理念上发生的变化，强调今后对文化遗产的保护将主要考虑其本身的价值，而不仅凭它的年代。[①]

工业遗产具有历史的、社会的、科技的、经济的和审美的价值，是社会发展不可或缺的物证。我国工业化进程起步较晚，时间不长，长期以来人们重视保护农业社会留下的文化遗产，对工业遗产保护未引起重视，在20世纪80年代后，随着产业升级和城市发展的再次转型，许多大型工业企业纷纷停产外迁。还来不及评估工业建筑的价值，就被以“推倒重来”的办法拆除了，致使北京、上海、沈阳、哈尔滨等城市的大量有价值的工业遗产迅速消失，曾经的工业化的痕迹随之消除。

2003年，国际工业遗产保护协会（TICCIH）在俄罗斯通过了《下塔吉尔宪章》，阐明：“工业遗产包括具有历史、技术、社会、建筑或科学价值的工业文化遗存。这些遗存包括建筑物和机械、车间、作坊、工厂、矿场、提炼加工场、仓库、能源产生转化利用地、运输和所有它的基础设施以及与工业有关的社会活动场所如住房、宗教场所、教育场所等。”并明确指出：“工业遗产应当被视为文化遗产不可缺少的一部分。”2006年4月18日，中国工业遗产保护论坛通过了《无锡建议——注重经济高速发展时期的工业遗产保护》（以下简称《无锡建议》）。2006年，国家文物局首次将九处工业遗产列为第六批全国重点文物保护单位，如青岛啤酒厂早期建筑、汉冶萍煤铁厂矿旧址等。为加强我国工业遗产保护工作，2006年5月，国家文物局下发了《关于加强工业遗产保护的通知》，对工业遗产保护提出了要求。

对优秀近现代建筑和优秀工业文化遗产的保护，是对北京历史名城保护内容的拓展、内涵的丰富及方式的发展，是在社会经济的快速发展过程中保留城市的记忆，对于保持城市记忆和多样性具有重要的意义。

就北京而言，保持城市的记忆和多样性，是指在时间上，不再限于保护明清（民国）时期的历史建筑（街区），也要保护优秀的近现代建筑的遗产，虽然它们距离现代比较近，但代表了一个历史阶段，同样具有较高的价值；在类型上，不再仅仅保护传统意义上的文化遗产，也要保护工业文化遗产。

① 单霁翔.试论新时期文化遗产事业的发展趋势.南方文物,2009-02-28.

6.2 保护建筑的“小字辈”

北京作为新中国的首都，是中国重要的近现代城市，拥有深厚的历史文化底蕴，有着大量的优秀近现代建筑，但当时北京还没有专门针对近现代建筑的保护措施，和其他受保护的建筑遗产相比，优秀近现代建筑是保护建筑的“小字辈”。2004 年，《04 总规》在文本中提出了保护优秀近现代建筑；同年，建设部发布了《关于加强对城市优秀近现代建筑规划保护工作的指导意见》，要求加强城市近现代建筑的保护工作，首次提出了“城市历史文化遗产”的概念，要求对文物保护单位之外的、有价值的历史建筑进行保护。

2006 年 3 月，北京市规划委员会会同北京市文物局组织编制《北京优秀近现代建筑保护名录》（以下简称《名录》）（第一批），2007 年 11 月正式公布。保护名录的编制填补了北京历史资源保护的一项空白。

6.2.1 名录普查

1. 明确普查方式

1）普查内容

（1）明确北京优秀近现代建筑概念及登录标准；（2）优秀近现代建筑普查与登记；（3）确定北京第一批优秀近现代建筑保护名录；（4）建立北京优秀近现代建筑数据平台；（5）初步制定优秀近现代建筑管理原则及程序。

2）普查分工

普查工作组织协调单位：北京市规划委员会、北京市文物局、北京市城市规划设计研究院。

普查承办单位：北京市城市规划设计研究院、北京工业大学、北京建筑工程学院、中央美术学院。

3）普查计划

2006 年 5 月至 2006 年 10 月，共历时 6 个月，分为 8 个步骤：

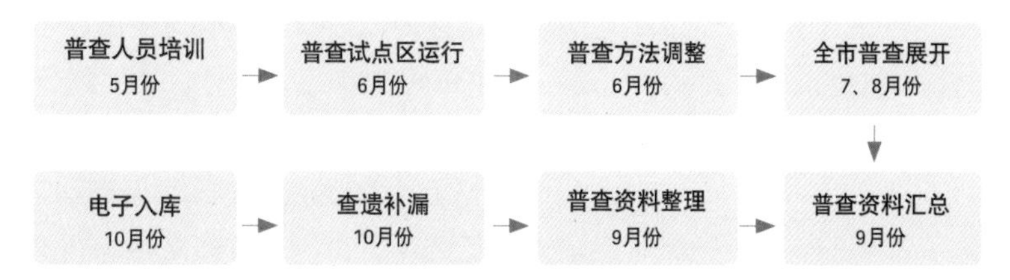

图 6–3 普查步骤

4）普查流程

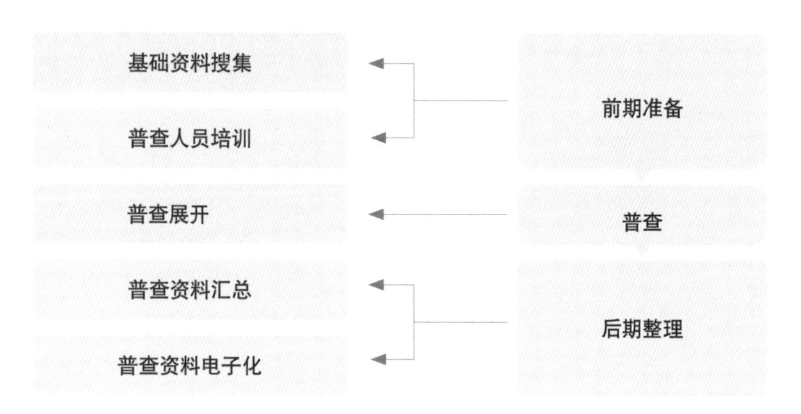

图 6–4　普查流程

5）普查成果

一是北京优秀近现代建筑保护名录（第一批），二是北京优秀近现代建筑信息卡片，三是北京优秀近现代建筑保护名录编制说明，四是北京优秀近现代建筑保护管理原则及程序。

2. 判定保护年代

2004 年建设部印发的《关于加强对城市优秀近现代建筑规划保护的指导意见》中对城市优秀近现代建筑的定义为：从 19 世纪中期至 20 世纪 50 年代建设的，能够反映城市发展历史、具有较高历史文化价值的建筑物和构筑物，应当包括反映一定时期城市建设历史与建筑风格、具有较高建筑艺术水平的建筑物和构筑物以及重要的名人故居和曾经作为城市优秀传统文化载体的建筑物。

近现代建筑作为北京建筑历史遗产的重要组成部分，反映了北京建筑艺术如何从封建社会的遗产走向现代化的过程。以前北京市确定文物保护单位的时间断代都是在 1949 年以前，本次优秀近现代建筑保护普查工作没有照搬建设部的定义，而是将保护建筑的时间跨度延长至 20 世纪 70 年代中后期，不再局限于保护明清（民国）时期历史建筑（街区），主要是基于以下的研究。

北京近代建筑历史（1840 ～ 1949 年）可分两个时期：

1840 ～ 1911 年的晚清时期，西方建筑文化涌入，开始流行模仿西方的建筑。

1912 ～ 1949 年的民国时期，中国本土建筑师创作了大量风格多样的作品，同时，外国建筑师对探索中国传统风格发生兴趣。

近代建筑，以鸦片战争为开端，中国近代建筑被动地在西方建筑文化的冲击、激发与推动之下展开。一方面是中国传统建筑文化的继续，一方面是西方外来建筑文化的传播，这两种建筑活动的互相作用，构成了中国近代建筑史的主线。

北京现代建筑历史（1950 ～ 1976 年）也可分两个时期：

1950 ～ 1965 年的新中国成立之初，建设项目由苏联援建，全面学习苏联的建筑经验，北京的住宅建筑和办公建筑都有着苏式风格，反映了那个时代的特征。

此后，经历了“大跃进”运动、三年困难时期和三年调整时期，除了北京国庆工程“十大建筑”外，在探索建筑新结构和地域性建筑方面成绩显著。

1966 ～ 1976 年的“文化大革命”期间，各项建设活动基本停止，有限的建筑体现了政治性的特点。

北京现代建筑阶段也是工业化发展最为迅猛的时期，建设了航空工业、钢铁工业、棉纺工业、焦化工业、汽车工业等一批轻、重工业企业，其厂房建筑有一定特色，是这一时期的代表建筑。此外，“文革”时期，北京的体育建筑和外事建筑均有所发展和进步。

所以，将优秀近现代建筑保留年代的时间延长，定在 20 世纪 70 年代中期，其重点就是通过保留新中国成立初期和文革时期的代表建筑，来保存这一时期的历史记忆。

3. 确定保护标准

北京城市优秀近现代建筑是指本市行政辖区内自 19 世纪中期至20世纪70年代中期[1840年(第一次鸦片战争)至1976年(“文革”结束）] 建造的，现状保存较为完整，能够反映北京近现代城市发展历史，具有较高历史、艺术和科学价值的建筑物（群）、构筑物（群）和历史遗迹。

北京优秀近现代建筑的入选标准[①]包括：反映某一时期社会发展特征的，与重大历史事件有关的，与重要历史人物有关的，反映东西方建筑文化交流的，在我国建筑科学技术发展上有重要意义的，在建筑类型、空间、形式上有特色，或者具有较高建筑艺术价值的，是中国著名近现代建筑师或设计公司代表作品的，北京重要的标志性建筑物（群）和构筑物（群）及历史遗迹。

归纳起来，分为两大类：第一类关注建筑的历史价值，指反映近现代社会发展的与重大历史事件和人物有关的建筑物（群）、构筑物（群）和历史遗迹，包括革命旧址、重要的纪念碑与纪念亭、名人故居、名人墓葬等；第二类关注建筑的艺术和科学价值，指在近代中国城市建设史或者建筑史上有一定地位，在建筑类型、

① 本市划定 199 栋优秀近代建筑 .《北京日报》.2007-08-31.

空间、形式、工程技术或施工工艺等方面具有近现代建筑艺术和技术特色，具有较高建筑史料价值的建筑物（群）和构筑物（群）。具体分为八小类，如下图所示。

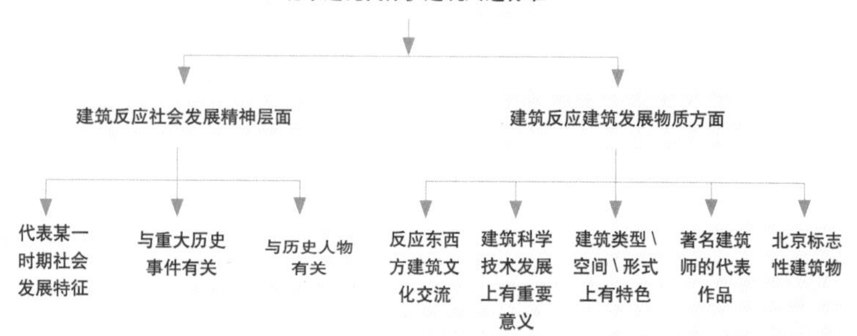

图 6-5　北京优秀近现代建筑的入选标准
（图片：来源摘自于北京优秀近现代建筑保护名录）

第一类（建筑反映社会发展精神层面）：

反映近现代社会发展的与重大历史事件和人物有关的建筑物（群）、构筑物（群）和历史遗迹，包括革命旧址、重要的纪念碑与纪念亭、名人故居、名人墓葬等。

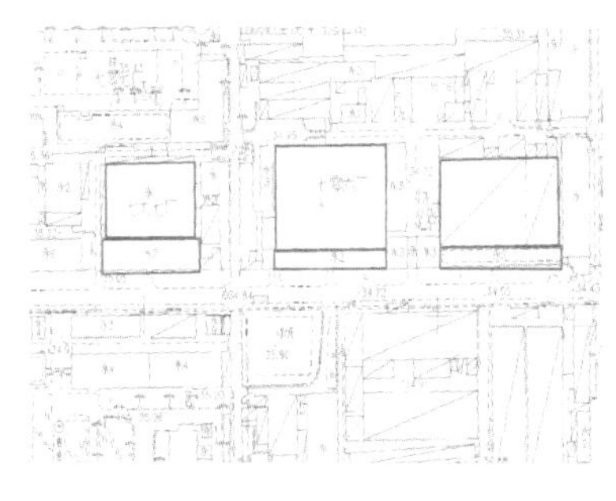

图 6-6　代表某一时期社会发展特征——798 工厂

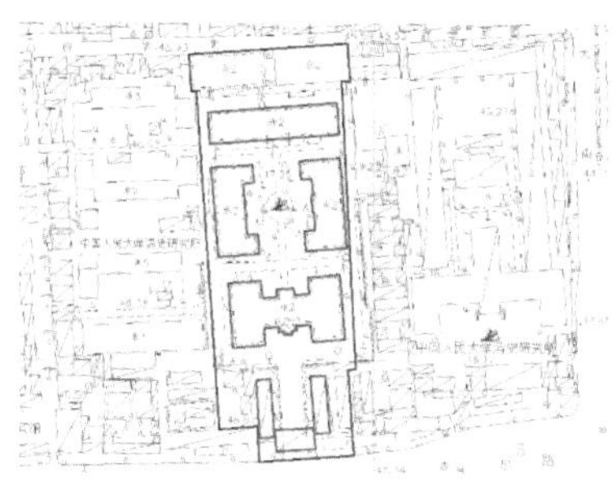

图 6-7　与重大历史事件有关——段祺瑞执政府

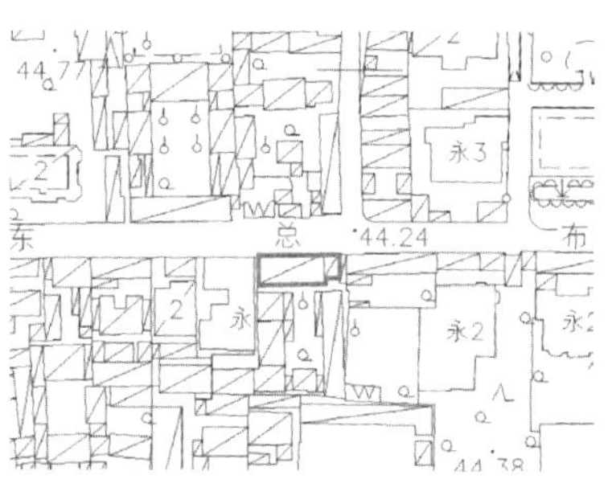

图 6-8　与历史人物有关——马寅初故居

第二类（建筑反映建筑发展物质层面）：

在近代中国城市建设史或者建筑史上有一定地位，在建筑类型、空间、形式、工程技术或施工工艺等方面具有近现代建筑艺术和技术特色，具有较高建筑史料价值的建筑物（群）或构筑物（群）。

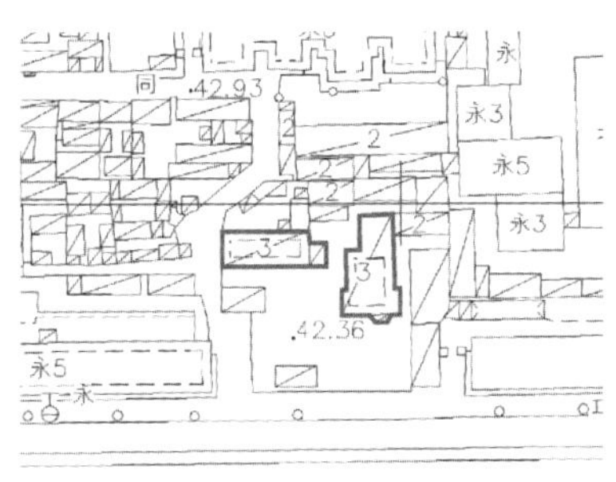

图 6–9　反映东西方建筑文化交流——美国加州华语学校（朝内大街 81 号）

图 6–10　建筑科学技术发展上有重要意义——北京天文馆（老馆）

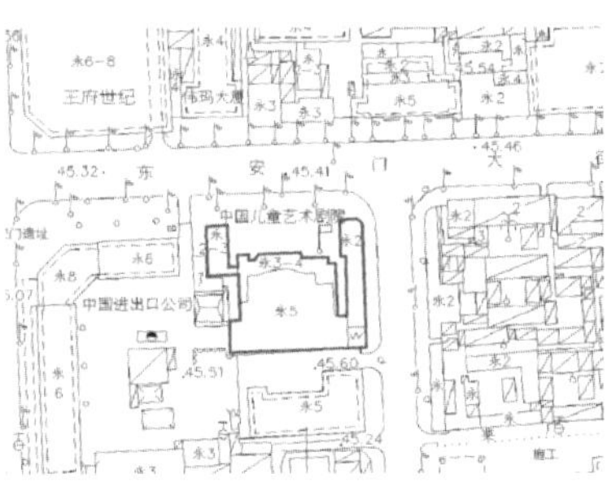

图 6–11　建筑类型、空间、形式上有特色——真光剧场

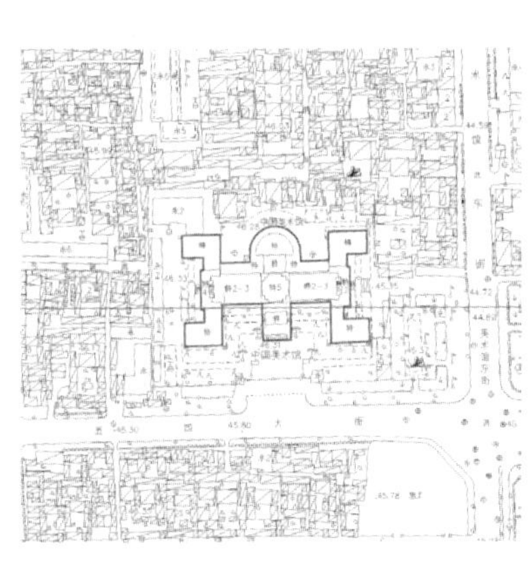

图 6–12　著名建筑师的代表作品——美术馆（戴念慈的作品）

图 6–13　北京标志性建筑物——北京展览馆

4. 遴选保护建筑

本次保护名录的普查对象是北京中心城区之内的优秀近现代建筑。中心城区之外的优秀近现代建筑，待下一阶段开展调查工作。

在明确优秀近现代建筑基本概念标准和空间界定后，北京市规划委员会与北京市文物局组织开展了北京市中心城第一批优秀近现代建筑的普查工作，将中心城用地划分为 32 个片区，各片区又划分为若干街区。采用“拉网”方式，由北京市城市规划设计研究院和在京院校组成 200 余人的普查队伍，分成若干小组，对每个街坊进行现场踏勘，力求没有遗漏。通过此次普查，共登

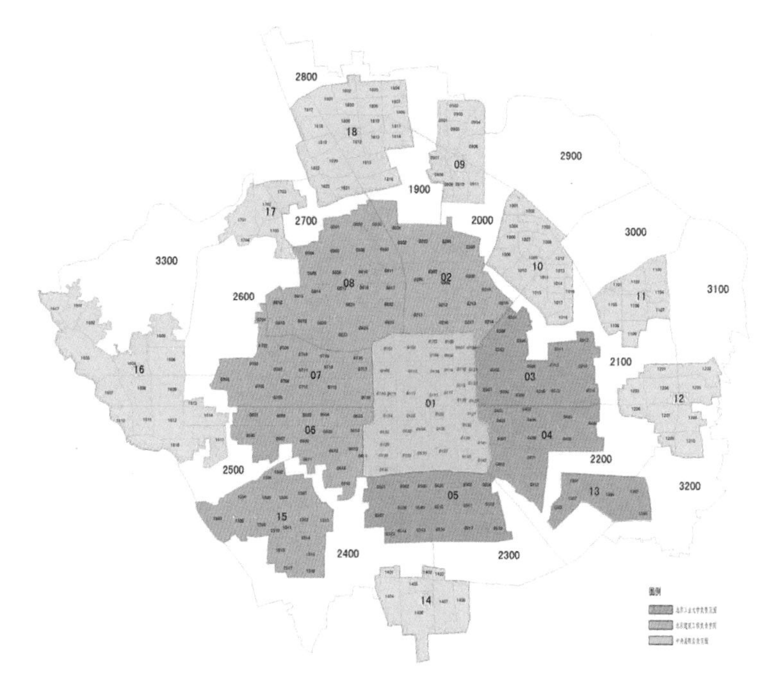

图 6–14　普查登记范围

图 6-15　遴选过程
（图片来源：北京市规划委员会工作资料）

图 6-16　2007 年时北京棉纺织厂的面貌
（图片来源：作者 2007 年摄于北京）

记了北京中心城近现代建筑 485 处 1018 栋。经过综合遴选，反复评审，最终确定上报《名录》（第一批）的为 71 处 188 栋建筑。[①]

① 李敬文 . 北京 199 栋优秀近现代建筑列入保护名录 . 中国文化报 . 2007-09-05.

图 6–17　北京棉纺织厂现场座谈会
（图片来源：作者 2007 年摄于北京）

图 6–18　已化身莱锦文化创意产业园区的北京棉纺织厂
（图片来源：甄一男．莱锦文化创意产业园区．2012.）

5. 填补保护空白

保护建筑遴选确定名录上报后，组织制定了管理原则和管理程序。

管理原则是：近现代保护建筑被依法确定为文物的，其保护管理依照文物保护法律、法规的有关规定执行；以近现代保护建筑本体保护为核心，同时兼顾建筑环境保护；根据近现代保护建筑的历史特征与保存状态实施分类保护与利用。

管理程序是：方案申报，涉及近现代保护建筑的项目应编制详细规划并向北京市规划委员会申报。技术审核，北京市规划委员会相关专业部门对详细规划方案进行审核并提出修改意见。专家论证，组织相关专家对详细规划方案进行论证并提出论证意见。政府审批，将详细规划方案报两局联席会议审查。方案公布，北京市规划委员会将审批结果向社会公布。

与《名录》（第一批）相配套，根据《中华人民共和国文物保护法》、《04 总规》、《北京市历史文化名城保护条例》，参考《上海市历史文化风貌区和优秀历史建筑保护条例》和《哈尔滨市保护建筑和保护街区条例》，并结合北京市实际情况，规定了优秀近现代建筑的保护措施，共同上报，并获市政府批准实施。包括：

1）凡列入本市优秀近现代建筑保护名录的建筑原则上不得拆除。建设工程选址，应当避开优秀近现代建筑。

2）确因公共利益需要而不能避开的，应当对优秀近现代建筑采取迁移异地保护等保护措施。

3）对优秀近现代建筑进行改造，应保存建筑本体的真实性，保持外立面原貌。

4）优秀近现代建筑的所有人、管理人、使用人，均具有责任对优秀近现代建筑进行管理、维护。

5）优秀近现代建筑以保护建筑主体为核心，同时兼顾建筑环境保护。

6）市规划行政主管部门会同北京市文物行政主管部门负责优秀近现代建筑保护的监督工作。

开展优秀近现代建筑的保护具有重要的意义：

一是体现了《04 总规》的深化，是《04 总规》提出的“编制优秀近现代建筑保护规划”要求的落实；

二是贯彻了建设部《关于加强对城市优秀近现代建筑规划保护工作的指导意见》的精神；

三是迈出了北京近现代建筑遗产保护的第一步，填补了北京历史资源保护的一项空白，使历史文化名城保护工作在近现代时间段上得以延续，使其内涵更加丰富，保护工作更加具有包容性，是对保护工作的认识和实践的拓展。

6.2.2 典型案例

由于优秀近现代建筑是近年来提出的新的保护项目，各方认识有一定的差异，保护方法正处在探索之中，保护和遴选的过程是反复磋商、逐步达成共识的过程，同时也是抢救的过程，如果不及时保护，这些建筑存在随时被拆除的危险。以下案例反映了这些优秀近现代建筑在保护与遴选过程中的情况。

1. 京师自来水厂——一个成功的保护案例

图 6–19　京师自来水厂近景
（图片来源：网络）

京师自来水厂位于东直门外香河园大街 3 号，2007 年被列入《名录》（第一批），现为东城区区级文物保护单位。

光绪三十四年（1908 年）3 月 18 日，农工商部大臣上奏慈禧太后和光绪皇帝，请建“京师自来水一事”，认为“京师自来水一事，于卫生消防关系最要”，并推荐在直隶历办工艺局厂。不到十日，慈禧“谕允”。公司性质为“官督商办”，公司名称为“京师自来水股份有限公司”，任命周学熙为公司总经理。

周学熙是清末民初著名的实业家，曾任前署直隶按察史、长芦盐运使，并在 1912 年和 1915 年两度担任北洋政府财政总长，是当时名声显赫的官员。

水厂于 1908 年 4 月在东直门外香河园动工，1910 年 1 月竣工，开始分段供水，自此，古都北京正式有了自来水供应。至新中国成立前夕，北京只有该处一座水厂。

半个世纪前，水厂的水塔，像一个钢铁巨人般雄踞城东北，气势非凡。1948 年新中国成立前夕，解放军北平航空司令部在此驻扎了半年，利用水塔这个制高点，观察计算国民党航空投弹数量，为制定正确的战略战术提供了重要依据。在大炼钢铁的 1958 年，这座塔足足拆下 229 吨钢材，作为钢材指标上交了。

早已停止使用的蒸汽机房烟囱依然存在，是因为当时没有电力，只能靠蒸汽机来输出动力，然后再把水从地面打到水塔上去。自来水博物馆的砖石都是按照古老的糯米浆浇筑的，非常结实。烟囱下有一座 10m 左右高的巨大红砖建筑，是现在自来水博物馆的主馆舍，也是当年老水厂的主体建筑——蒸汽机房。因为是由天津德商瑞记洋行承包建设的，因而也留下了浓重的德国痕迹。但和北京人熟悉的 798 那种材料相对廉价的包豪斯风格相比，这一建筑要贵气得多，属于 20 世纪初折中主义新浪潮建筑。那时中国还不能生产红砖，红砖全部由德国进口，这成本一下就高了。按当时的物价，一块砖头就值一枚银圆。所以，单是厂房的造价，老水厂就完全可以称得上价值连城。

图 6–20　京师自来水厂水塔
（图片来源：网络）

蒸汽机房北侧是一片绿茵，尽头处有一座巴洛克风格的亭子，为圆形两层，下层由希腊柱式托起一圈精致的栏杆，上层是一圈圆拱形窗，最上面是绿色亭顶。这座来水亭在当年正是起到了对水进行消毒处理的作用。亭中还有一座高2.7m的白衣观音菩萨像，坐镇其中观察水的处理，保佑人们饮水平安。

所幸的是，除了储水塔外的老水厂建筑都安然无恙地保留到了现在。京师自来水厂（京师自来水股份有限公司）古老的灰色烟囱和北京自来水博物馆已经成为城市现代钢筋混凝土森林中的“盆景”，与高大的楼房比肩而立，体现了城市的多样性。

之所以能够得以保存，原因在于：一是该建筑已经列入了东城区文物保护单位，区领导十分重视该建筑的保护；二是这个单位领导班子重视建筑的保护，认为这个建筑是城市的珍贵遗产，不应该为获取局部利益而牺牲整体利益和长远利益，使得该建筑得以保存。但是，并不是每栋优秀近现代建筑都有这样的运气。

2. 福绥境大楼——体现保护意识的转变

20世纪50年代末，在全国“大跃进”、“跑步进入共产主义”的特殊年代里，北京市决定在各城区分别兴建一栋带试点性质的新型居民大楼“公社大楼”。1958年，在西城区原福绥境办事处宫门口三条与安平巷之间，建造了福绥境大楼，又被称为共产主义大厦，是北京第一座“公社大楼”。该大楼为筒子楼设计，呈“Z”形，取消了家用厨房、卫生间。底层有一个能容纳500人就餐的大食堂和200个孩子的托儿所。

许多人知道福绥境也都是因为这栋大楼。这栋大楼虽称不上古建筑，但也有了半个世纪的历史。20世纪50年代末，在全国一片“大跃进”、公社化、“跑步进入共产主义”的热潮中，北京市各区兴建了示范性质的新型居民大楼。崇文区建了安化大楼，东城区建了北官厅大楼，西城区即在福绥境南口建成了福绥境大楼，这就是曾经名噪一时的“人民公社大楼”，又叫“共产主义大厦”。轰轰烈烈的“大跃进”时代，公共食堂是最明显的特征之一，家家户户凑在一块儿吃大锅饭，是最流行也是最提倡的生活方式。

当年住进人民公社大楼的老百姓，都需要经过严格的政治审查。每层楼大概可以住40户人家，这幢楼里共住了358户人家。这栋大楼呈“Z”字形，主楼8层，还有两栋副楼，当时矗立在一片低矮的平房中，真显得鹤立鸡群。能搬进这栋大楼，过上“楼上楼下，电灯电话”的生活，让人羡慕不已。根据当年的理念，认为共产主义各家各户是不单独做饭的，大家同吃，因而在大楼地下室设有巨大的厨房和食堂，而各户内是不设厨房的。

但是，“大跃进”没有维持很久，公共食堂也很快就解散了。

大楼里的居民纷纷在楼道阳台一角搭起一个个小棚子做饭烧菜，引来了一系列安全问题。20世纪80年代初，中国迎来了生育高峰，房子成了急需品。大楼里的人也越来越多，家里不够住了，居民们开始在屋里搭阁楼。阁楼住不下了，又开始抢占活动室、小卖部，凡能住人的地方都打起了隔断。到了1991年，大楼的人口达到了顶峰，一共住了364户约1600多人，有的一个单元住进了两户人家。1993年，大楼被列为重大火灾隐患建筑。后虽经一系列整改，并没有从根本上解决问题。

如此大的负担让福绥境大楼难以承受。楼道顶棚下是拉得像蜘蛛网一样的电线。电力线老化，容量小，夏天一用空调就掉闸。楼内很多管道年久失修，锈蚀漏水，许多房间顶棚都被污水泡坏了，公共厕所污水横流，臭气熏天。楼道里堆满了杂七杂八的废品，原本可以并排骑两辆车的楼道，最后只能一个人勉强通过。此时，脱离了共产主义理想的住户们体会更多的是生活的不便，而政府机关担忧的却是大楼的安全隐患，再加上居住设施条件更加完备的商品房陆续出现，这座共产主义大厦开始渐渐被人们放弃。

2005年2月，福绥境大楼开始了第一批住户的搬迁，前后三四年的时间，陆陆续续搬走了330户。有的人把家安到了回龙观，有的人迁到了西四环，曾经亲如一家的老街坊转眼各奔东西。如今留守大楼的还有不到30户人，一时拥挤不堪、人声鼎沸的楼道顿时显得冷清、寂静得可怕，甚至生出一丝阴森恐怖之气。楼道的窗户早已没有了玻璃，有的连窗框都已残缺不齐。已搬出住户的大门都用红砖封死，印有福绥境大楼抢险腾退办公室的封条完整地贴在电表和大门上。

福绥境大楼位于阜成门内大街历史文化保护区的建设控制范围之内，《25片保护规划》并未明确提出加以保留，原则上可以拆除。2004年前后，对这栋特殊年代建成的福绥境大楼如何处置，提上了议事日程。

当时的西城区政府在推动丰盛地区危旧房改造项目的过程中，曾经组织五位专家就是否拆除福绥境大楼进行论证。结果是两位专家赞成拆除，还有两位专家认为应该保留，另外一位专家弃权。由于专家的意见分歧，拆和保势均力敌，所以西城区政府没有拆除这座大楼。

主张拆的理由似乎简单而又充分：大楼离全国重点文物保护单位白塔寺很近，它的体量和高度对周边环境造成了不利影响，况且建筑本身已存隐患。主张保留的意见也值得深思：各个历史时期不同风格的建筑和文物遗存本身就是历史文化的载体。福绥境大楼是当时人们理想中的共产主义生活的缩影，是那个年代的标志性建筑，有一定的历史文化价值。保留它对延续城市历史进程，保持城市发展肌理的完整都是有意义的。福绥境大厦是拆迁工作量比较重的楼，涉及200多户居民的拆迁和安置。随着旧城危改工作步伐逐步放缓，成片的拆除已经不太可能，福绥境大楼侥幸得以保留。

到了2007年，在制定《名录》（第一批）之际，对福绥境大楼进行了重新审视和评估，认为在它身上，印着20世纪50年代的时代烙印，其与白塔之间的不和谐，也体现了“大跃进”时代对文化的态度，反映了时代特色。所以，福绥境大楼最终被列入《名录》（第一批）中。从2001年到2007年的六年间，福绥境大楼从拆除的对象变为了保护的主角。但是，北官厅大楼已经拆除，

图6–21　胡同后边的福绥境大楼
（图片来源：作者2008年摄于北京）

图6–22　福绥境大楼与白塔的空间关系
（图片来源：作者2008年摄于北京）

图6–23　福绥境大楼院子里的老人们
（图片来源：作者2008年摄于北京）

图6–24　福绥境大楼内景
（图片来源：作者2008年摄于北京）

安化大楼虽然还在，但由于产权纠纷、建筑身份不明等原因，该建筑的保存状态十分尴尬。

3. 解放军某部大院围墙——异地保护的尝试

长安街新华门对面有一段灰色的围墙，雕饰精美，古朴素雅，2007 年被列入《名录》（第一批）。在国庆 60 周年阅兵前夕，拟对长安街这段街道进行拓宽，需要拆除这段围墙。一些专家给国家领导人提议："这段围墙是长安街沿线民国时期最后一段历史遗存，应该保留"，引起了中央领导的高度重视。在此背景下，北京市政府召开专题会议，研究该段围墙的去留。北京市测绘设计研究院采用三维仿真技术，制作了该段围墙移动前后的三维模型，通过直观的效果对比，供决策参考。最终方案对该段围墙进行了平移。这样，既确保了长安街拓宽、国庆阅兵工作的顺利开展，又保护了历史遗存。

图 6–25　围墙保护方案（左）原址保护方案（右）异地保护方案
（图片来源：北京市测绘设计研究院）

图 6–26　异地保护的围墙实景
［图片来源：不该忘却的城市记忆（上）——《北京优秀近现代建筑保护名录》（第一批）全记录 . 北京规划建设 .2008（5）.］

4. 门外大街 10 号院——“保”与“拆”的较量

西城区西便门外大街 10 号院原是 20 世纪 50 年代初建设的国务院宿舍，是苏联专家设计建造的，也是新中国成立初期建设的典型居住区，保留着苏联“周边式”住宅布局的特征。由于苏联属于高寒地带，所以住宅布局大多采用围合式的邻里单元，除了挡风的功能以外，这样的邻里空间还能使居民保持一定的认同感、领地感和场所感。

现在，这类建筑已经不多了。在两院院士周干峙等人的主张下，在绝大部分居民的支持下，该建筑被列入了《名录》（第一批）。但是，此后，因为利益关系问题，在专家、产权单位和住户之间产生了强烈的争执，一小部分住户希望通过拆建回迁改善居住条件，产权单位则希望拆除后，通过提高容积率，解决系统内更多职工的住宿问题。

图 6–27　西便门外大街 10 号院
（图片来源：作者 2008 年摄于北京）

时至今日，该院仍在争执当中。对于同时代建设的百万庄小区，当初因为各方意见分歧太大，未被列入保护名录，这是一片规模更大的同样具有院落特征的居民楼。小区内绝大多数住户是老部委的离退休干部，他们大半辈子居住在这里，对这个小区的环境和配套有很强的依赖性和认同感。尽管不是《名录》（第一批）中的优秀近现代建筑，但关于这个小区的拆与留仍然引起了社会的极大关注。

图 6–28　同时期建设的百万庄小区
（图片来源：作者 2008 年摄于北京）

当我拜访中规院张兵总规划师时路过百万庄小区，正好看见有几栋楼在拆迁，还有一些楼在维修，就和张总谈起了这个话题，请他从一个规划师的角度谈谈看法。

他认为：这件事情不能作为一个个案来讲，因为这涉及北京历史文化名城保护的问题。我们看到，“十二五”时期，在很多场合讲述北京历史文化名城保护的新思路、新内容，目的是挖掘新的东西。其实，在名城保护方面有一个很关键的问题，就是十八大报告中提出的“三个自信”——道路自信、理念自信、制度自信。我们是搞规划的，对于历史文化名城保护来讲，是在做建设环境的保护。如果我们有道路自信，有制度自信，从根本上对新中国的城市文明、建筑文明有自信，自信我们正在走一条正确的道路，那么对于近现代建筑也就有自信了，就不会出现这种不断拆毁新中国成立初期建筑的现象了。

在 2011 年的时候，我参加了北京历史文化名城检查工作，在反馈自己的意见的时候，我谈了一点自己的看法，核心就是北京历史文化名城随着对文化遗产理解的变化，还肩负着另外一个重要的任务，就是除了传承中国古代文明的城市和建筑，还对新中国的城市和建筑文明肩负着发掘、继承和表现的重大任务。我们不能眼睛一直看着清朝，看着明朝，还应该看到近现代的一些东西，历史文化名城保护不是要把北京恢复成明、清时期的样子，而是要不断传承城市发展的历史，展现城市的生命历程。

现在的问题就在于，对于眼前的建筑，新中国成立 60 年的建筑作品，不能单单从房地产的角度去考虑它的价值，还要看到这些建筑承载的新中国社会主义建设的成就，它们承载着我们对新中国发展道路的自信。如果没有这个自信，我觉得对于历史文化名城保护来讲，就少了一大块儿东西，所以，在这个前提之下，重新来观察这些地区，就应该有新的做法。

一个文明的发展最重要的三样东西就是城市、建筑和文字。中国共产党领导的新中国在发展的过程中，对文字进行了简化，让更多的老百姓可以去学习，让他们有文化，去融入现代的社会。我们的城市和建筑这两样东西更是关键，这两个东西展示出了我们 60 多年的成就，文明建设发展的历程，我们应该有一种自信，自信我们的城市里面有很多精华存在。

6.3 烟囱不再冒烟之后

6.3.1 国外改造实例

从世界范围看，对工业遗产的保护和利用主要有四种模式。

博物馆模式：每座城市都有自己的发展足迹，工业遗产就像城市的记忆库，将其改造成博物馆是对城市历史和文化的重新认识和回归。由奥塞火车站改建的奥塞博物馆是法国对工业遗产保护与再利用的著名例子。

景观公园模式：对于一些市区内占地面积较大的，具有较高保留价值的工业遗产，运用景观设计的手法将其改造成公众休闲公园，如位于德国杜伊斯堡市的北杜伊斯堡景观公园，就是由一大型钢铁厂改造再利用而成。

创意产业模式：在工业遗产中，一些厂房建筑内部高大宽敞，结构坚固，工业气息浓厚，成为了艺术家们向往的创意场所，如美国纽约曼哈顿的苏荷区，就是由一批美国艺术家将这里闲置的厂房改造成了展示作品的场所。

旅游购物模式：以工业遗产为依托建立综合性的旅游观光地是英国工业遗产保护的一大亮点，如建于1846年的利物浦阿尔伯特船坞，被改造成了综合性旅游观光地。

巴黎（Paris）贝尔西（Bercy）地区位于巴黎市东侧，塞纳河右岸。这一地区的改造包括两部分内容——贝尔西公园及周围住宅区。从20世纪70年代开始，该地区的改造从规划到实施，共经历了25年时间。1977年的巴黎市总体规划中就已提出：在贝尔西大街的周围地区，建成以一个公园为中心的居住和公共活动地区，并建设大型的公共设施。这个地区在中世纪是一片农村，17世纪开始沿着贝尔西大街建成了一些带花园的住宅，随后，又沿着塞纳河建成了大量木材仓库。从18世纪开始，这里就一直是巴黎重要的酒码头和仓库，许多著名的葡萄酒就是从这里上岸进入每家每户的。直到城市地价的上升使这些码头迁到离城市更远的地方，这个地区便逐渐被废弃。贝尔西地区曾是城市的郊区，而随着城市的扩展早已成为市区的一部分。

同时，这段不断变迁的历史为贝尔西地区带来了十分特殊的城市纹理，每个时期的城市功能都是相对单一的，它们留下的痕迹在同一地区相互叠合。规划考虑到酒码头的历史对该地区而言占主导地位，因此，在改造过程中尽量保留这段历史的载体，即

图 6–29 法国的贝尔西改建实例
（图片来源：作者 2003 年摄于法国）

图 6–30 英国伦敦码头区改建
（图片来源：作者 2009 年摄于英国）

图 6-31 德国鲁尔工业区改建吸引众多的参观者
（图片来源：作者 2009 年摄于德国）

酒库，将南侧的 Saint-Emilion 和 Lheureux 酒库列入补充名单的历史建筑。在规划中，通过城市要素的重组来体现这一历史特征。

6.3.2 迈入保护门槛

北京曾经是工业化程度很高的城市，新中国成立初期，在苏联专家的建议下，在“超英赶美”目标的驱使下，北京由新中国成立前的消费型城市演变成新中国的生产型城市，工业产值一度达到 67.4%，仅次于工业大省辽宁省。随着经济社会的发展，1993 年版总规去除了北京“经济中心”的定位，强化了政治、文化中心的定位。许多重工业企业退出了历史舞台，这些城市的废弃区域留给人们的是形象丑陋、污染严重的印象。希望通过新的开发尽快彻底清除。于是，还未来得及思考，就通过用地功能置换的方式，将工业化时期留下的曾经冒着黑烟、现在墙面黝黑的大片荒芜的厂房大量拆除，改建成为了新的城市居住区。“由于大量传统工业先后遭遇行业衰退和逆工业化，于是转让土地使用权，用转让资金安置分流人员，清理债务，投资发展，几乎成为这些企业惟一的出路。房地产开发跟进，成为开发商追逐利润的难得的发展空间。昔日的厂房和设施往往成为平衡开发成本的牺牲品，遭到被拆除和损毁的命运。”[1]《下塔吉尔宪章》

---

① 单霁翔 . 从“文物保护”走向“文化遗产保护”. 天津：天津大学出版社 .2008.238-239.

和《无锡建议》使人们重新思考工业厂房的价值，进而将尚未拆除的工业建筑列入了保护名单。

这些工业遗产反映了北京工业化时期的一段历史，有着历史价值、科学价值、美学价值和文化价值。另外，厂区还承载着工厂职工的情感。当它们的功能退出后，厂房的寿命并没有终结，一些厂房的建筑质量很好，还可以有效利用，完全可以旧瓶装新酒，赋予新的功能，让它们焕发新的青春活力。所以，保护、再利用或许能带给这些工业遗产另外一条出路。

2007 年，在北京市“两会”期间，51 位人大代表和政协委员针对北京焦化厂工业遗产保护和再利用问题提出了 6 个建议和提案，一致认为应对北京焦化厂工业遗产资源进行保护和再利用，丰富首都文化内涵，塑造首都特色风貌，发展文化创意产业。

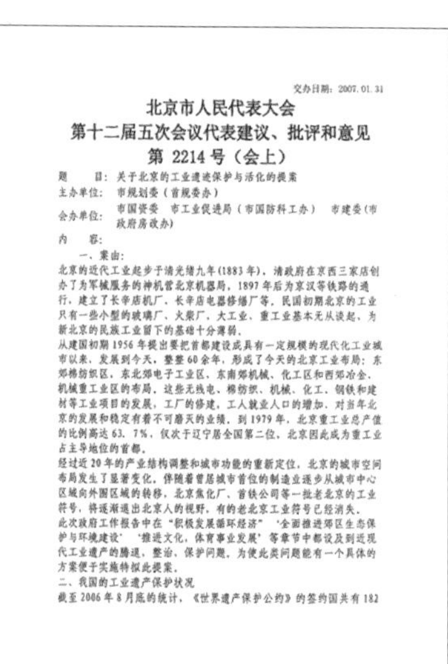

交办日期：2007.01.31

北京市人民代表大会
第十二届五次会议代表建议、批评和意见
第 2214 号（会上）

题　　目：关于北京的工业遗迹保护与活化的提案
主办单位：市规划委（首规委办）
会办单位：市国资委　市工业促进局（市国防科工办）　市建委（市政府房改办）
内　　容：

一、案由：

北京的近代工业起步于清光绪九年（1883 年），清政府在京西三家店创办了为军械服务的神机营北京机器局，1897 年后为京汉等铁路的通行，建立了长辛店机厂、长辛店电器修缮厂等，民国初期北京的工业只有一些小型的玻璃厂、火柴厂，大工业、重工业基本无从谈起，为新北京的民族工业留下的基础十分薄弱。

从建国初期 1956 年提出要把首都建设成具有一定规模的现代化工业城市以来，发展到今天，整整 60 余年，形成了今天的北京工业布局：东郊棉纺织区，东北郊电子工业区，东南郊机械、化工区和西郊冶金、机械重工业区的布局，这些无线电、棉纺织、机械、化工、钢铁和建材等工业项目的发展，工厂的修建，工人就业人口的增加，对当年北京的发展和稳定有着不可磨灭的业绩，到 1979 年，北京重工业总产值的比例高达 63．7%，仅次于辽宁居全国第二位，北京因此成为重工业占主导地位的首都。

经过近 20 年的产业结构调整和城市功能的重新定位，北京的城市空间布局发生了显著变化，伴随着曾居城市首位的制造业逐步从城市中心区域向外围区域的转移，北京焦化厂、首钢公司等一批老北京的工业符号，将逐渐退出北京人的视野，有的老北京工业符号已经消失。

此次政府工作报告中在“积极发展循环经济”‘全面推进郊区生态保护与环境建设’‘推进文化，体育事业发展’等章节中都设及到近现代工业遗产的腾退，整治，保护问题，为使此类问题能有一个具体的方案便于实施特拟此提案。

二、我国的工业遗产保护状况

截至 2006 年 8 月底的统计，《世界遗产保护公约》的签约国共有 182

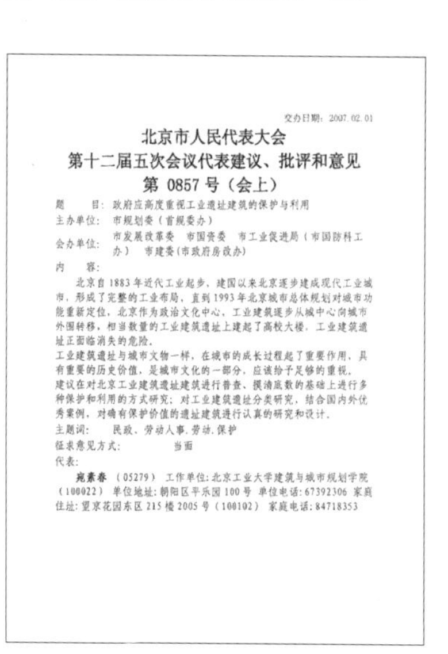

交办日期：2007.02.01

北京市人民代表大会
第十二届五次会议代表建议、批评和意见
第 0857 号（会上）

题　　目：政府应高度重视工业遗址建筑的保护与利用
主办单位：市规划委（首规委办）
会办单位：市发展改革委　市国资委　市工业促进局（市国防科工办）　市建委（市政府房改办）
内　　容：

北京自 1883 年近代工业起步，建国以来北京逐步建成现代工业城市，形成了完整的工业布局，直到 1993 年北京城市总体规划对城市功能重新定位，北京作为政治文化中心，工业建筑逐步从城中心向城市外围转移，相当数量的工业建筑遗址上建起了高校大楼，工业建筑遗址正面临消失的危险。

工业建筑遗址与城市文物一样，在城市的成长过程起了重要作用，具有重要的历史价值，是城市文化的一部分，应该给予足够的重视。

建议在对北京工业建筑遗址建筑进行普查、摸清底数的基础上进行多种保护和利用的方式研究；对工业建筑遗址分类研究，结合国内外优秀案例，对确有保护价值的遗址建筑进行认真的研究和设计。

主题词：　民政、劳动人事．劳动．保护
征求意见方式：　　当面
代表：

宛素春（05279）工作单位：北京工业大学建筑与城市规划学院（100022）单位地址：朝阳区平乐园 100 号 单位电话：67392306 家庭住址：望京花园东区 215 楼 2005 号（100102）家庭电话：84718353

图 6-32　2007 年北京“两会”代表关于工业文化遗产的提案
（图片来源：北京市规划委员会工作资料）

张国利委员提出“关于保护北京炼焦化学厂工业历史遗产资源的建议”（第 0908 号提案）。田小平委员提出“关于加强北京市工业遗产保护的建议”（第 0673 号提案）。宛素春代表提出“政府应高度重视工业遗址建筑的保护与利用的建议”（第 0857 号）。沈梦培、吴守伦等 20 位代表共同提出“工业遗产保护和再利用的问题的建议”（第 2026 号）。韩永、高扬等 17 位代表共同提出“关于北京工业遗迹保护与活化的提案”（第 2214 号）。郭栖栗、阎晓明等 12 位代表共同提出“保护开发利用工业遗迹，给后人留下当代北京风貌”（第 2314 号）。

同时，北京的各大媒体对北焦工业遗产保护和再利用问题也非常关注，《北京日报》、《北京青年报》等主要报刊有多篇报道，社会关注度较高。

8 北京日报　北京新闻 BEIJING NEWS

焦化厂有望建工业遗址公园

本报讯（记者涂露芳）北京东南五环五方桥附近，大片林立的炭炉和密密麻麻的管道见证了北京焦化厂48年的辉煌历史，因而成为北京重要的工业遗存。记者昨日获悉，停产搬迁后的焦化厂，设备拆除工作已经暂停，这片工业遗存有望保留一些标志性建筑，并在对厂区污染土地进行处理后建成北京第一座工业遗址公园。

因环保而建又为环保停产的北京焦化厂，紧邻东五环、京沈高速和建设中的京津第二通道、京津城轨，在京城所处的位置早已从当初的东南郊变身为朝阳区CBD辐射的居民集中地。尤其在北京为改善大气环境调整能源结构后，曾长期承担首都管道煤气供应重任的焦化厂停产搬迁成为必然。去年7月15日，焦化厂启动停产程序，到7月23日安全实现完全停产。

"面对越来越大的环保压力，焦化厂关停搬迁在北京是早晚的事，而迎接奥运使这一举措提前了一年左右实施。"市燃气集团副总经理李永成说。目前，全市管道煤气已经全面更换为天然气，焦化厂的停产每年可为北京减少煤炭消耗296万吨，减少二氧化硫排放7500吨、烟尘排放7321吨、污水排放750万吨。

不过，自焦化厂停产迁往唐山的消息传出之后，这片占地15平方公里的厂区去留就一直牵动人心。去年年底，北京市土地整理储备中心与焦化厂签约，出资19.5亿元收购该地块。焦化厂将利用土地补偿款妥善安置职工并投资唐山新厂实现搬迁转产。按照收购合同，焦化厂将于2006年3月底前完成地上物的拆除，并交付全部土地。市土地储备中心将对该地块和垡头地区其他地块一起进行统一策划、开发，充分发挥土地的生态效益、经济效益和社会效益。

但该地块的商业利用首先须通过市环保局的环境评估。李永成透露，停产后的焦化厂，设备拆除和污染物处理将耗资5.7亿元，而120万平方米的厂区土地要达到再利用标准，处理费用可能会很高。据介绍，焦化厂厂区土地的主要污染物是煤焦和焦油，需要将原有表层土铲除甚至焚烧，再回填新土。根据不同区域被污染的情况，土地需铲除的深度不一，有的地方可能深达半米或一米。不过，人们不必担忧这块地重新利用后的安全性。记者看到，焦化厂厂区树木繁盛，鸟巢随处可见，良好的自然环境在同类型工厂中非常罕见。目前，焦化厂南区15万平方米的花园和变电……

新闻链接

焦化厂4000多职工将全员安置

图 6–33　媒体对焦化厂保护的关注
（图片来源：《北京日报》）

在此形势下，北京市规划委员会在2006年底开展了保护“北焦”的工作。从2007年起，针对“798”、“首钢”、“二通”、“二热”和“京棉”等各具特点的老工业建筑进行了保护及再利用的专题研究。

1. 798——自发的保护

798艺术区位于北京朝阳区酒仙桥街道大山子地区，故又称大山子艺术区，798艺术区所在地是718联合厂，于1952年开始筹建，1957年开工生产。718联合厂是由周恩来总理亲自批准，王铮部长指挥筹建，苏联、原民主德国援助建立起来的，占地64万m^2，总投资1.46亿元人民币。由德国德绍设计院采用包豪斯风格设计，强调在实用性中体现艺术性，造型简洁，内部空间完整、高大。《人民日报》称718联合厂为“我国第一座规模巨大的现代化的制造无线电元件的综合性工厂。基本上改变了我国无线电工业依靠外国零件由国内组装的现状。这个工厂的产量将基本上

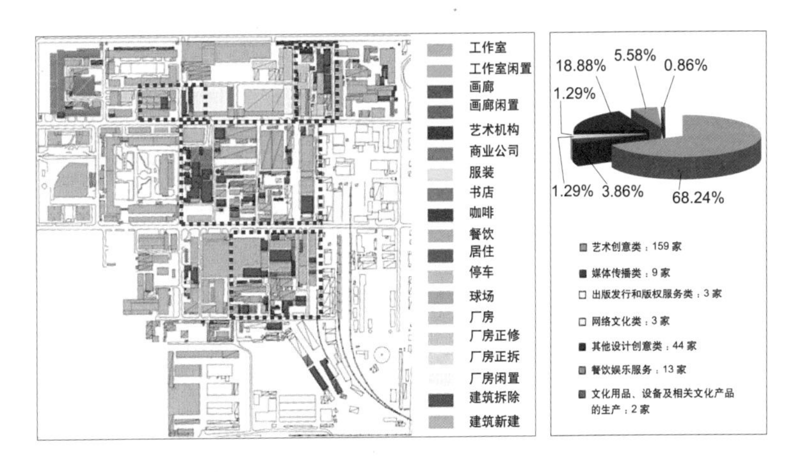

图 6–34　798布局

满足目前国内市场的需要，有些产品还可以出口。”

2004 年，美国建筑界人士来到 798 艺术区时，惊讶地发现，“在中国北京，居然存在着世界上规模最大的包豪斯建筑群，绝对称得上人类工业发展史上的珍贵文物”。

大山子艺术区主要发展阶段：

萌芽期（1997 ～ 2001 年）：1997 年，中央美院雕塑系以低廉的租金从七星集团租用空间作为雕塑工作室，从此开始，陆续有艺术家进驻园区租用空间作为工作室。

起步期（2002 ～ 2003 年）：随着知名艺术家的进驻，不到一年的时间内，画廊、酒吧、杂志社等商业机构增加到了约 40 个，艺术家工作室增加到了 30 多个。

发展期（2004 年至今）：大山子艺术区在国际上的知名度越来越高，也成为国内外旅游者游览北京的重要景点，包括瑞典首相、瑞士首相、德国总理等不少外国重要高官先后前来参观，并被北京市政府列为文化创意产业聚集区之一。

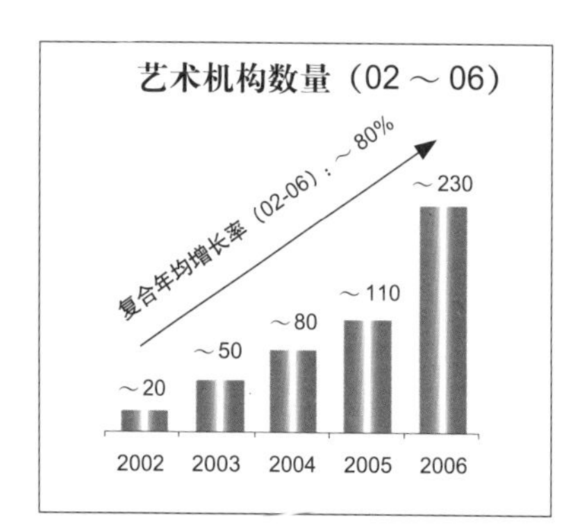

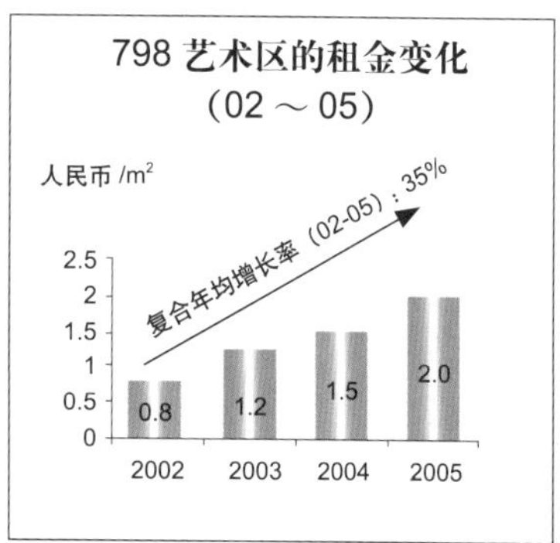

图 6–35　798 艺术机构数量及租金变化

在北京今天已有的民间自发形成的艺术聚落中，798 基础最好，最有条件成为画廊集中地及旅游热点地区，这也最有可能导致地区租金的上涨。

从美国艺术区的发展情况看，如果将来租金上涨到一定程度，当大量艺术家难以负担的时候，就有可能发生艺术群落的迁徙，迁徙到租金相对便宜的地区。

因此，艺术区的产生、发展遵循一定的客观规律，具有阶段性特点，做规划时应当充分加以考虑。

2000 年，718 大院内六厂加上 700 厂重新组建了七星集团。2000 年底，七星集团对六厂的产业和产品进行了规划和调整，一部分产业搬出了 718 大院。706、718、797 厂也出现了部分闲置空间，进行了低价短期出租。

2001 年，718 大院迎来了第一个外国房客——美国人罗伯特，现代书屋的老板。718的包豪斯建筑风格和厚重的工业化底蕴，吸引了越来越多的艺术家和艺术机构来此聚集，2001年底，艺术家工作室增到了30个，艺术及商业机构接近40个，艺术区初步形成。由于是在798厂区域内最先聚集起艺术家工作室和艺

图6–36　798工业艺术区内生动鲜活的雕塑
（图片来源：作者2014年摄于北京）

图 6–37　798 艺术区
（图片来源：作者 2008 年摄于北京）

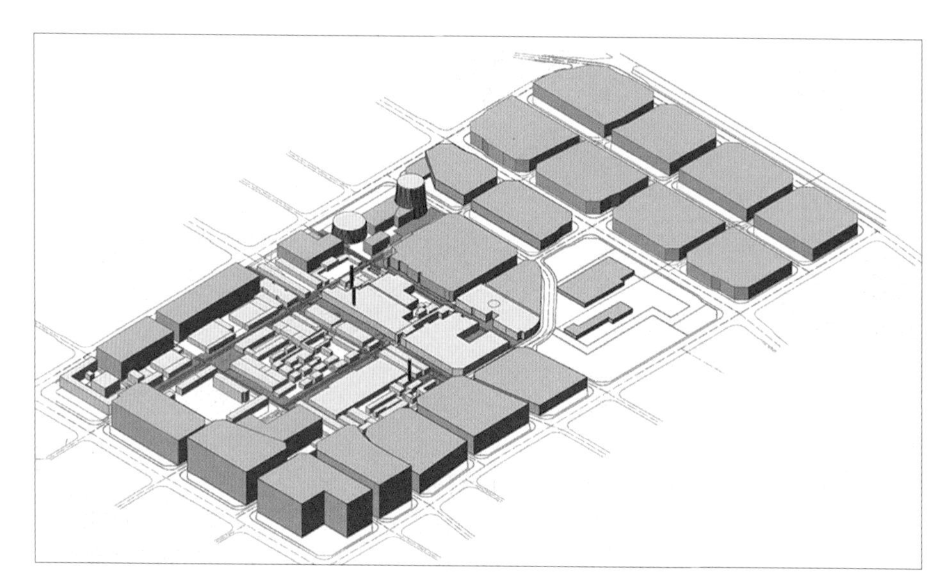

图 6–38　798 空间形态分布图
（图片来源：中央美术学院调研课题资料）

术机构的，所以七星集团和朝阳区政府将其命名为“798 艺术区”。718 大院初步完成了从工厂向 798 艺术区的自然转变。

然而此时，798 却面临被拆的命运。2003 年底，中关村电子城园区整体规划获得首都规划委员会的批准，坐落在电子城科技园区内的 718 大院被详规确定为综合科研用地，容积率增长到 3.5，建筑面积近 150 万 m^2。原有老建筑全面拆除。据此规划，718 大院将变成一排排现代化标准厂房和一栋栋科研大楼。因失去了艺术存在的环境和氛围，798 命运将被终结。此外，七星集团沉重的历史包袱和产业发展方向与“798”艺术区的定位产生了巨大的矛盾。七星集团的 15000 位离退休和下岗职工每年需企业支出统筹外社保费用近 1 亿元人民币，低廉的租金收益无法满足这些利益诉求。

与此同时，798 的影响力不断扩大。2003 年，798 艺术区被美国《时代》周刊评为全球最有文化标志性的 22 个城市艺术中心之一。同年，北京因 798 艺术区的存在和发展，首度入选美国《新闻周刊》“世界城市 TOP12”。2004 年，北京被列为美国《财富》杂志一年一度评选的有发展性的 20 个城市之一，入选理由是 798。《纽约时报》也将 798 与纽约的 SOHO 相提并论。

798 艺术区何去何从，社会在观望，企业在抉择，政府在思考，艺术家在争论，多方利益在博弈。

2004 年 2 月，北京市人大代表、政协委员纷纷提案《保留一个老工业的建筑遗产、保留一个正在发展的艺术区》、《关于把 798 艺术区内“包豪斯”建筑列入近现代文物保护名录的建议》，引起了政府重视和各方关注。

2005 年 6 月，市委宣传部研究室和七星集团共同起草了“798 艺术区内包豪斯建筑保护方案”，交由有关部门研究参考。

2006 年 3 月底，朝阳区和七星集团联合成立了 798 艺术区工作领导小组，对 798 艺术区发展的各项重大事务实行统一领导、统筹协调，成立了 798 艺术区建设管理办公室作为园区的执行机构，对 798 艺术区行使“引导、协调、服务、管理”职能。

管理办公室成立后，首先，建章立制，规范管理。先后制定了 22 项管理制度，同时推动艺术机构工商注册，规范经营行为。其次，调整业态结构。提出了“保护一批，扶持一批，孵化一批，调整一批”的园区业态发展思路。下决心清除了 50 多家不符合园区定位和低品位、低层次的艺术机构，加速引进一批世界著名艺术机构，奠定了 798 作为当代艺术标杆的地位，提升了 798 的国际影响力，使 798 从以艺术工作室为主向展示交易转变，并带动了周边近十个艺术区的形成，完善了产业链条。泛 798 艺术区的概念形成。第三，严控文化安全。针对艺术作品和活动提出了“丑

图 6–39　798 规划协调会
（图片来源：北京市规划委员会工作资料）

化领袖人物的不行，涉及民族宗教的不行，攻击政治制度的不行，品位庸俗的不行”的四项原则，并细化标准，规范制度，建立了“分片管理，责任到人”的 24 小时巡查制度，基本做到了及时发现、及时处理、及时上报的要求。798 的文化安全得到了有效控制。第四，创新管理体制。成立 798 艺术家管委会，形成了“政府引导、企业主导、艺术家共同参与”的管理模式。①

2007 年 12 月 19 日，798 近现代建筑群被列入《名录》（第一批），将不再面临拆或不拆的尴尬。

2008 年 1 月，798 艺术区被北京奥组委指定为北京奥运会期间的重点接待单位。同时，瑞士国家奥运推广项目“瑞士屋”也被奥组委批准入驻 798。北京市、朝阳区和七星集团共投资了 1.4 亿元资金，按照服务奥运的标准，对园区道路、交通、停车、标识、照明、消防以及水、电、气、网等市政设施和环境进行了大规模改造。同时，全面提升了园区管理服务和安全保障水平，圆满完

① 来自作者对 798 集团原董事长杨文良采访记录。

成了奥运服务保障任务。奥运会和残奥会期间，798 共接待国际政要、名流到访 25 批次，仅 8 月份到访的国家元首和领导人就有 16 人。30 多家国内外媒体对 798 进行了全方位、多角度的报道，参观 798 的人数超过 50 万人，日最高人流量近 5 万人。798 的国际品牌影响力显著提升，也赢得了“登长城、吃烤鸭、逛 798”的美誉。

718 大院，一个电子工业的摇篮变成了“798 艺术区”，成为了北京文化的新地标，798 变成了中国当代艺术的代名词和新文化的一种现象。究其原因，首先是 718 厚重的工业文化底蕴孕育了艺术的 798；其次是“包豪斯风格”建筑本身就是艺术创作，本身就是艺术的 798；第三是 798 具有邻近中央美院等艺术院校的地缘优势，为其自发形成艺术园区打下了基础；第四，改革开放对前卫的意识形态具有一定的包容性。

2. 首钢及二通——产业转型中的保护

首都钢铁集团（以下简称“首钢”）始建于 1919 年。1958 年，建起了中国第一座侧吹转炉，结束了首钢有铁无钢的历史；1964 年，建成了中国第一座 30 吨氧气顶吹转炉，在中国最早采用高炉喷吹煤技术；70 年代末，成为全国十大钢铁企业之一；改革开放以来获得巨大发展，成为了跨地区、跨所有制、跨国经营的大型企业集团。新世纪以来，党中央、国务院对钢铁工业结构进行了战略调整。2005 年 2 月，国务院批复了首钢搬迁调整方案。

2007 年首钢集团销售收入 1090 亿元，实现利润水平 43 亿元，钢产量 1540 万吨，职工近 8 万人。在中国企业联合会按 2006 年数据评选的中国制造业 500 强中，首钢的销售收入列第 10 位；在中国企业 500 强中，首钢列第 36 位。2010 年 12 月底，首钢北京石景山钢铁主流程停产。

2006 年 1 月 10 日王岐山市长主持召开的市政府专题会要求北京市规划委员会会同市发改委、国土局、水务局、商务局、环保局、工促局、石景山区政府、首钢总公司等，在首钢搬迁协调领导小组的领导下，研究细化首钢工业区改造规划。

按照“政府组织、专家领衔、部门协作、公众参与”的方式，将规划编制工作分为专题研究、规划综合和组织上报三个阶段。北京市规划委员会组织编制了五个专题，确定了首钢保护的基调。一是北京大学景观设计研究院编制的《国内外老工业区改造案例研究》，着眼于国内外工业遗产保护成功案例，介绍保护方法、机制；二是清华大学建筑学院编制的《首钢工业区现状资源调查及其保护利用的深化研究》，着重调研了首钢工业区范围以内的有价值的工业厂房及构筑物，提出了保留清单；三是国务院发展研究中心产业经济研究部编制的《首钢工业区产业发展导向的深化研究》，对首钢工业停产、转型以后应该发展什么产业提出了建议和方向；四是中冶集团建研院环保研究设计院编制的《首钢地区土壤及地下水污染调查和生态环境恢复治理方案》；五是由北京市水利规划设计研究院编制的《永定河流域生态环境治理、水体景观恢复和水资源配置研究》，对永定河沿线生态治理情况、水资源情况、环境景观等提出了问题和改进措施。在这五个专题报告的基础上，由北京市城市规划设计研究院编制了《首钢工业区改造规划》，规划的核心是有保护，有发展，确定了保护的项目、保护的范围，提出了再利用的可能性和措施，也提出了可优先发展的产业以及相应的政策、实施保障措施。

2006 年 10 月 13 日北京市规划委员会组织召开了“首钢工业区改造规划研究”专家评审会，邀请了吴良镛、周干峙、陈晓丽、杨重光、倪鹏飞、李发生、柯焕章、梅松、张仁等规划、经济、环境和交通领域的专家出席，专家提出了如下意见：

1）应充分认识首钢工业区改造规划的重要性，将对全国的工业区改造利用产生深远的影响，探索一条工业区改造利用的新路子。

2）首钢搬迁是一个大而复杂的转移过程，难以预见的因素较多，规划应该是一个动态的规划，不断调整和完善。

3）赞同“城市西部综合服务中心”的功能定位以及区域协调、互动发展的规划方法。

4）应充分重视现状资源的保护与利用，不追求高密度和高强度的开发，避免城市建设速度过快，为城市发展留有余地。

5）地区不仅涉及产业转型，而且是包括产业、经济、社会、文化、教育和科技等方面的全面转型。

6）首钢搬迁之后，建议大量增加采样点，进一步全面深入地做好环境评估。

2007 年编制的《北京优秀近现代建筑保护名录》（第一批）将首钢工业文化遗产收录其中。

2011 年 4 月，北京市规划委员会公示了在 2007 年版《首钢工业区改造规划》的基础上制定的《新首钢高端产业综合服务区规划方案》，规划总用地约 8.63km^2，总建筑规模约 1060 万 km^2。新首钢高端产业综合服务区呈一个“L”形，分别为工业主题园、文化创意产业园、综合服务中心区、总部经济区和综合配套区。规划突出对首钢北京石景山厂区进行结构性保护，对部分区域进

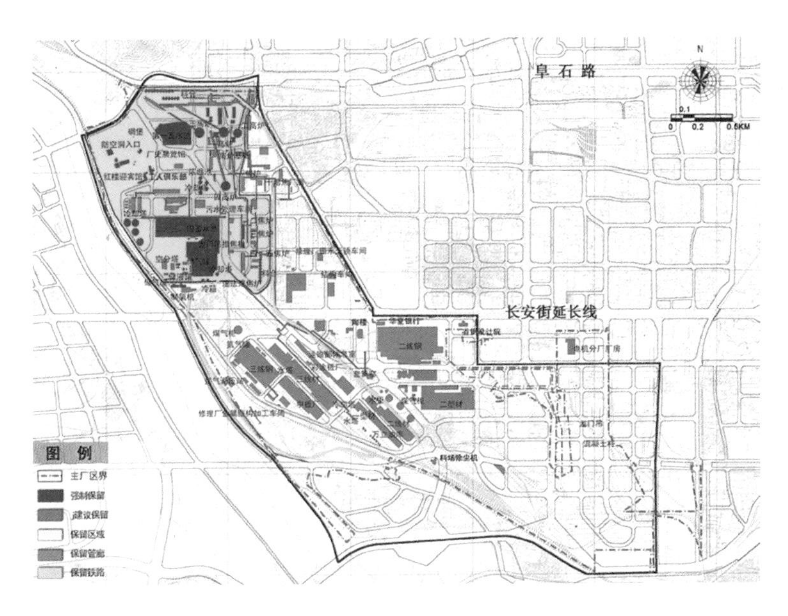

图 6-40　首钢工业遗产保护规划
（图片来源：北京市规划委员会.首钢改造规划,2007.）

行整体保护，对有代表性的部分高炉、厂房、轨道等工业文化遗产进行保护和再利用。保留再利用区域面积为171ha。保留再利用现状单体建筑面积182.55万m^2，其中，36项强制保留，为1.84万m^2（占1%），121项建议保留，为67.14万m^2（占36.78%）。

2011年5月，北京市测绘设计研究院应用三维激光扫描技术对首钢第二通用机械厂（简称二通厂）指定的厂房进行了全面的三维激光扫描，并对整个二通厂区（约0.83km^2）进行了三维建模。为创意产业的规划和建设奠定了基础，也为保护与再现首钢工业文化遗产收集了精准、直观的数据。

图 6-41　首钢高炉
（图片来源：作者2008年摄于北京）

图 6-42　首钢三高炉数字真三维模型（外部）
（图片来源：北京市测绘设计研究院）

图 6–43 首钢厂区华丽转身为露天文化舞台
（图片来源：由陈世杰先生提供）

图 6-44　社会文化传承，享受现代文化艺术，广场演唱会唤醒首钢人记忆
（图片来源：由陈世杰先生提供）

图 6–45　2006 年二通厂区面貌
（图片来源：作者 2006 年摄于北京）

图 6-46　工作团队在二通调研
（图片来源：作者 2006 年摄于北京）

图 6-47　变身为创意园的二通厂现状
（图片来源：周庆荣先生提供）

6.3.3 保护前景不明

工业文化遗产的保护，具有十分重要的意义。

清华大学副教授中国文物学会工业遗产委员会会长刘伯英先生认为，工业文化遗产保护的意义在于：一是工业文化遗产是城市新的文化地标。工业遗产体量大，与文化相结合，改建后形式新颖，特色突出。二是工业遗产是产业转型的标志。工厂是新中国成立后党带领大家建设的，在几十年的发展中曾发挥了巨大的作用。现在，我们从工业社会迈向了信息化社会，这些工厂逐步关停并转型，其中一些标志性的工业遗产成为了新中国成立后几十年的工业文化标本和产业转型的标志。三是工业文化遗产是走向“城市复兴”的标志。它既是对过去几十年工业发展模式的肯定，又是对当前走产业转型之路的认可，更是对建设生态和谐社会的希望。

北京的工业遗产保护，不乏成功的案例，例如民间自发保护的798，政府主导保护的首钢、京棉等。但同时，北京焦化厂等工业遗产，虽然有了保护的规划，但由于缺乏实施，致使现在仍处于搁置状态，这反映了工业遗产保护存在一些亟待破解的难题。

1）土地性质瓶颈

工业厂房的土地是国有划拨土地，其性质为工业用途，而新的功能以商业为主，属于以市场为导向的经营性土地。如果税收等政策瓶颈无法突破，工业土地就无法转为商业用地，投资难以获益，工业遗产的再利用就难以实施。

上海保护工业遗产以“三个不变”带来“五个变化”，作为

图 6-48　作者采访刘伯英先生
（图片来源：曹筱敏摄于 2012）

保护工业遗产的权宜之策，十分有效。“三个不变”是：土地性质不变，建筑外形不变，房屋产权不变。带来的“五个变化”是：厂房用途变了，就业人员变了，消费人群变了，经济效益变了，文化内涵变了。

2）价值未被重视

文物的价值已有定论，而工业遗产究竟是否有历史价值、文化价值，人们对价值存疑，所以对保护有异议。目前，仅限于“点”的保护。

3）成功经验不多

国内在工业遗产保护方面的成功经验很少，没有形成可以供普遍借鉴的经验和方法。

4）缺乏配套政策

当前，工业文化遗产没有进一步保护和再利用的政策措施，使得建筑面临被拆除的威胁。

基于以上原因，工业遗产的保护前景堪忧。

我就北京的工业文化遗产保护面临的困境以及如何进一步推进的问题，采访了首钢集团总经理助理、原北京市工业促进局规划处处长陈世杰。他认为，工业文化遗产保护难以推进的原因在于：

一是强大的拆的力量。拆旧建新带来了巨大的利益。例如“一机床厂”拆除后，SOHO新建的房子在建筑价值上并没有比以前的高，但是利润很高，这使得更多的投资人都盯着工厂，希望从厂房的再开发中牟取暴利。地方政府在土地交易中获取大量利益，因此也重拆轻保。

二是拆除厂房相对容易。“厂清地平”在管理上不用走程序，

图6–49　作者拜访陈世杰

图 6-50 已经消失的尚八电线电缆厂园区
（图片来源：由陈世杰先生提供）

拆房很容易。建筑多少年能拆似乎没有专门规定。城市对建筑的管理有待规范。

关于如何推进工业遗产保护，最主要的是做到三方受益：产权方可以出让变现，也可以经营，分期受益；经营者用理念、简洁的服务实现价值；进来的企业可以享受工业留下的价值，有别于其他的更加人性、舒适的服务，这样才会有持续性。国外的经验表明，对老厂房采取拆旧建新的方式既不经济，也不科学。

就同一问题，刘伯英教授认为，今后工业文化遗产保护应该做到以下几方面：一是充分学习欧洲、中国台湾的优秀项目经验，制定相关保护办法，使工业遗产保护有依据；二是吸纳更多的社会力量参与，从政府主导转向市场主导，项目的运营管理社会化、公开化，接受社会和媒体监督；三是通过在工业遗产地区举办大型活动等办法，吸引公众和媒体的关注，增强保护的力量。

图 6–51　消失的大北窑
(图片来源：由陈世杰先生提供)

图 6–52　奇特的空间造性——751 厂 30 万立方米煤气储气罐
(图片来源：由陈世杰先生提供)

图 6–53　煤气储气罐变身为独特的产品发布厅
(图片来源：由陈世杰先生提供)

图 6-54　某废弃工业厂房被拆除场景，作者曾建议保留作居住区配套超市等设施
（图片来源：作者拍自北京 2012 年）

1. 北京焦化厂——停顿的保护项目

1959 年 3 月初，国务院确定北京焦化厂以“国庆工程”的名义建厂，向“三大一海”（大会堂、大使馆、大饭店、中南海）供应煤气，开创了北京燃气化建设的历史。到 20 世纪 90 年代末期，北京焦化厂的燃气供应量占北京市燃气需求的 80%，商品焦生产占全国统配量的 40%。它的成功建设对国家发展具有重要的战略意义。2006 年，由于北京环境保护的需要，北京焦化厂于 7 月 16 日全面停产，搬迁至河北唐山。主厂区（北厂区）由市国土局纳入政府土地储备。

北京焦化厂与 CBD、定福庄、通州新城和亦庄新城的距离都在 5 ～ 10km 左右，地铁 7 号线在此设站，地理位置十分优越。

作为焦化厂停产搬迁工作总体方案的一部分，2006 年，北京市土地整理储备中心与焦化厂签订了土地收购合同，计划于 2008 年 3 月前完成北京焦化厂北厂区范围内所有建构筑物、设施设备的拆除工作，用地纳入政府储备土地。

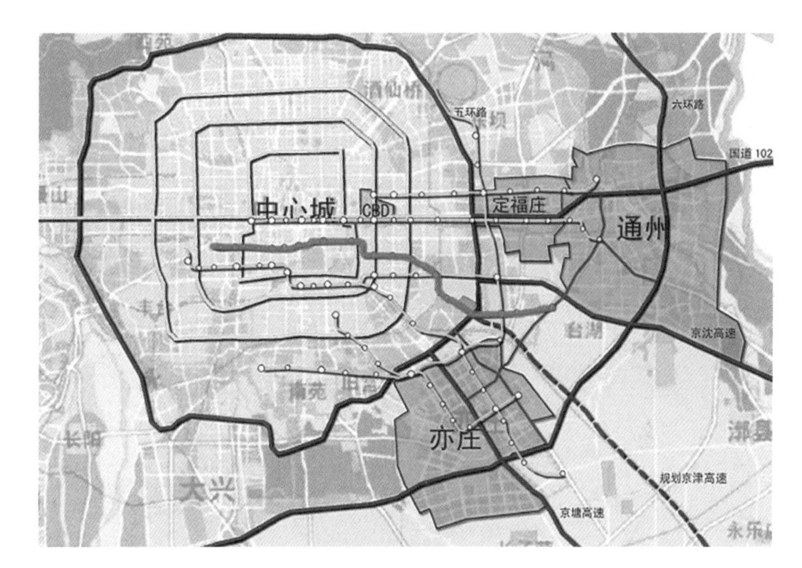

图 6-55　北焦地理位置优越
（图片来源：北京市规划委员会规划工作资料）

图 6-56　作者与同事在北焦看现场
（图片来源：作者 2006 年的工作资料）

1）发现

我在 2006 年办理北京焦化厂南侧厂区改造规划项目时，意外发现北厂区具有工业文化遗产保护价值。

在发现当晚，我找到清华大学副教授刘伯英的电话，打过去跟他商量说，我觉得北京焦化厂是个体现工业文化遗产价值的好地方，但是面临拆除，希望他能组织最好的摄影师到这里拍照，编一本《逝去的北京焦化厂工业建筑》作为记载北京焦化厂发展历程的文献资料，并在可能的情况下，提一个规划设想。刘伯英拍了照片，并专门去德国鲁尔地区考察，回国后提出了《北焦保

护设想规划报告》。

当时我与刘伯英本人并不相识，但他为北京市工促局做了一个工业建筑保护与再利用的研究报告，受到了北京市政府的重视。此后，北京城市规划设计研究院邀请他就此作了一个讲座，我对他才有所了解。

据刘伯英教授回忆：

与温宗勇的相识就源于北京焦化厂。2007年8月的一天，一个陌生电话让我与温宗勇相识，电话是他打来的，他把我一下子拉入陌生的焦化厂，让我从此与停产搬迁和被闲置的工业企业绑在了一起。2006年我完成博士论文，刚刚开始对工业遗产实际项目的调查研究。针对工业企业搬迁之后，工业用地的更新规划，不把地上工业建构筑物和设施设备一扫而光，当作白地规划，而是在规划之前先对用地现状进行调查研究，确定哪些能拆，哪些要留，哪些该保，这在全国还是头一遭。所有这些都始自北京焦化厂。

温宗勇想得明白，也做好了多种预案，尽最大努力实现保护工业遗产的愿望。那时国家文物局刚刚提出工业遗产的概念，一般人还不知道工业遗产是怎么回事儿，能拿北京焦化厂这么大规模、这么复杂的工业企业来试手，风险自不必说。弄好了成就大大的，弄不好，得耽误多大的事儿，得落多少埋怨啊！我们规划

推焦机烟囱与煤塔

设计单位倒是无所谓，但张罗这事儿的作为规划管理者的温宗勇，得扛多大的雷啊！弄不好，恐怕要吃不了兜着走了！

当时我们也没多想，说实话，想多了也没用，先把活儿干好是真的。头一次被规委领导点名儿干活儿，不说受宠若惊吧，受到重视、受到认可是真的。所以干起活儿来格外卖力，使出浑身解数，翻图纸，看资料，登上爬下，请来京城广告摄影的大腕儿给工业设施拍写真，拍艺术照。沧桑破败的玩意儿还真上相！后来正是凭这些绝对有感染力的照片，才让人们直接感受到了工业遗产的价值和意义，感受到了我们如此陌生的工业具有的强大震撼力！我们甚至还把北京科技大学冶金专业的教材都学了一遍，把工艺流程、焦炉的里里外外弄了个明明白白。这可不是一般人能做到的，事儿都做到这份儿上了，不成功那才算怪了！

我们的先头部队，负责“攻城拔寨”，后边都要靠老温的筹划了。先是专家评审，请来了规委老领导赵知敬，这些老家伙们对工业的感情比我们深多了，一说保护焦化厂工业遗产，精神头儿、兴奋劲儿超乎我们的想象，顺利通过自不必说，还得到老领导的夸奖，算是首战告捷。

二战就是北京市的两会代表提案，韩永、宛素春等代表到规委亲自听规委温处长对提案的答复，我们负责将调查结果向代表

配煤盘一焦炉

六焦炉

堆取料机

图 6–57　刘伯英组织拍摄的北京焦化厂
（图片来源：周之毅 . 北京焦化厂 .2008）

进行汇报。看我们把代表的提案变成了规划依据，代表们长舒一口气，温处长也长舒一口气，二战告捷。

该三战了，对手是北京市政府各委办局，恐怕这些领导压根还不太了解什么是工业遗产，在温处长的安排下，意向性规划通过计算，把各种可能性都考虑周全了，所以他们也没理由反对啊，真是绝了！说明我们的工作细啊！

在工业遗产没有法律身份的情况下，通过调查研究，拟订工业遗产名录，划定工业遗产保护区，借用城市紫线的管理办法，进行工业遗产保护，纳入城市控制性详细规划，作为今后土地挂牌出让，进行开发建设的前提。这在全国是首创，意义重大，说明北京的规划管理在工业遗产保护上走在了前面，是积极主动的。这说明了管理者的前瞻性和战略眼光以及灵活的工作方法。

2) 报告

我随后将清华大学提出的这个规划设想上报北京市规划委员会领导，在主管领导邱跃副主任（时任）的大力支持下，开始组织多轮研讨。

3) 研讨

两次组织专家论证。2007 年 1 月 18 日，召开专家论证会，邀请了陈晓丽、宣祥鎏、王世仁、赵知敬、柯焕章、梅松等规划、建筑、文物、经济领域的专家。4 月 5 日，召开专家现场踏勘和论证会，邀请了宣祥鎏、郭旃、柯焕章、张玉庄等规划、建筑、文物、工业领域的专家。与会专家一致认为：北京焦化厂具有较高的工业遗产价值，应进行保护和再利用。

记得国家文物局文物保护司巡视员兼世界遗产处处长、国际古迹遗址理事会（ICOMOS）副主席郭旃到了北焦现场，看到那些被废弃的高大的工业建筑和装备以后，非常兴奋，认为非常有历史价值，应该坚决保护，并且在见到北京市规划委员会主任黄艳时说，他很高兴给温处长“打工”。

图 6–58　保留下来的北焦设备
（图片来源：作者 2006 年摄于北京）

图 6-59　保留下来的北焦设备
（图片来源：作者 2006 年摄于北京）

图 6-60　现场工作
（图片来源：作者 2006 年的工作资料）

图 6-61　现场工作协调会
（图片来源：作者 2006 年的工作资料）

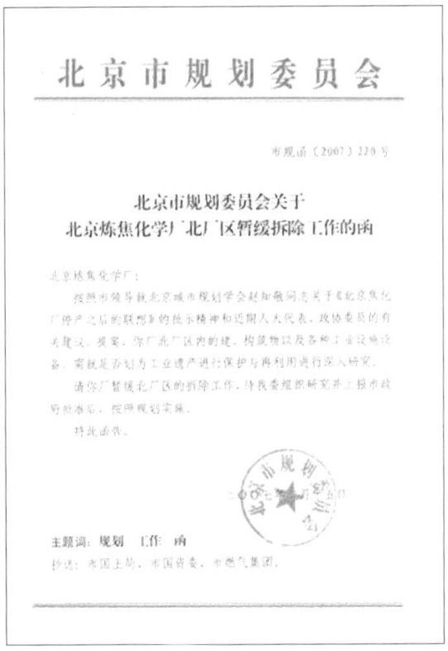

北京市规划委员会

市规函〔2007〕220 号

北京市规划委员会关于
北京炼焦化学厂北厂区暂缓拆除工作的函

北京炼焦化学厂：

按照市领导就北京城市规划学会赵知敬同志关于《北京焦化厂停产之后的联想》的批示精神和近期人大代表、政协委员的有关建议、提案，你厂北厂区内的建、构筑物以及各种工业设施设备，需就是否划为工业遗产进行保护与再利用进行深入研究。

请你厂暂缓北厂区的拆除工作，待我委组织研究并上报市政府批准后，按照规划实施。

特此函告。

主题词：规划　工作　函

抄送：市国土局、市国资委、市燃气集团。

图 6-62　专家论证会会议纪要
（图片来源：北京市规划委员会工作资料）

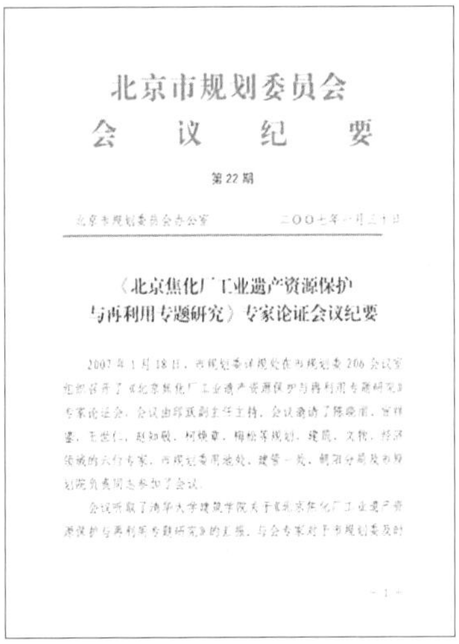

北京市规划委员会
会　议　纪　要

第 22 期

北京市规划委员会办公室　　二〇〇七年一月二十日

《北京焦化厂工业遗产资源保护与再利用专题研究》专家论证会议纪要

2007 年 1 月 18 日，市规划委详规处在市规划委 206 会议室组织召开了《北京焦化厂工业遗产资源保护与再利用专题研究》专家论证会。会议由邱跃副主任主持。会议邀请了[illegible]等规划、建筑、文物、经济领域的六位专家，市规划委[illegible]负责同志参加了会议。

会议听取了清华大学建筑学院关于《北京焦化厂工业遗产资源保护与再利用专题研究》的汇报。与会专家对于市规划委及时

— 1 —

图 6-63　向市政府报规划意见
（图片来源：北京市规划委员会工作资料）

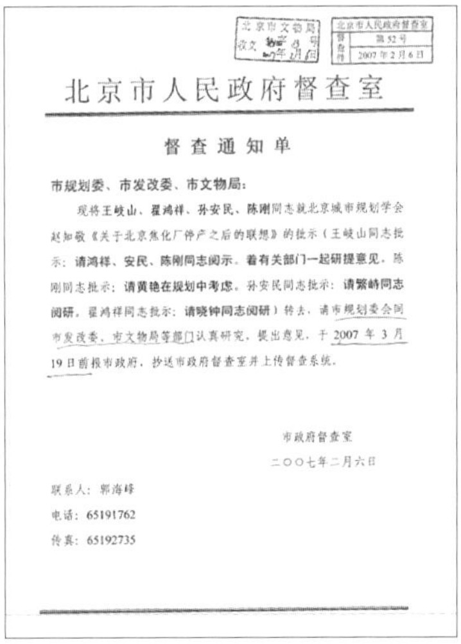

北京市文物局　收文　2007 年 2 月 [illegible] 日

北京市人民政府督查室　督查件　第 52 号　2007 年 2 月 6 日

北京市人民政府督查室

督 查 通 知 单

市规划委、市发改委、市文物局：

现将王岐山、翟鸿祥、孙安民、陈刚同志就北京城市规划学会赵知敬《关于北京焦化厂停产之后的联想》的批示（王岐山同志批示：请鸿祥、安民、陈刚同志阅示。着有关部门一起研提意见。陈刚同志批示：请黄艳在规划中考虑。孙安民同志批示：请繁嵘同志阅研。翟鸿祥同志批示：请晓钟同志阅研）转去，请市规划委会同市发改委、市文物局等部门认真研究，提出意见，于 2007 年 3 月 19 日前报市政府，抄送市政府督查室并上传督查系统。

市政府督查室
二〇〇七年二月六日

联系人：郭海峰
电话：65191762
传真：65192735

图 6-64　市领导批示
（图片来源：北京市规划委员会工作资料）

2007 年 1 月 22 日和 3 月 9 日，召开了两次相关委办局专题会，市委宣传部、市国资委、市国土局、市工促局、市交通委、市建委、市环保局、市文化局、市文物局、市旅游局等二十余个市政府委办局的有关同志参加了会议。与会单位一致赞同市规划委提出的对北京焦化厂进行保护与再利用的建议，建议对北京焦化厂工业遗产保护与再利用从环保、交通、经济测算等方面进行综合论证。北京焦化厂领导及广大职工也希望保护厂区工业遗存。

4）上报

2007 年 2 月，北京市规划委员会向市政府上报了《北京炼焦化学厂北厂区用地的初步规划意见》。同时，与会专家会后也写了专题报告呈送时任市长王岐山，提出如下建议 ：

（1）暂缓对北京焦化厂北厂区现状工业建、构筑物及设施设备的拆除工作 ；

（2）尽快开展对北京焦化厂北厂区环境污染的调查与评价工作；

（3）对北京焦化厂北厂区工业遗产的价值评价、保护范围及再利用方式等进一步深化研究。

王岐山等市领导高度重视，并分别作出批示 ：“请市规划委会同市发改委、市文物局等部门认真研究，提出意见。”

按照市领导的批示精神，2007 年 2 月，北京市规划委员会给北京炼焦化学厂发出了《关于北京炼焦化学厂北厂区暂缓拆除工作的函》，要求暂缓北厂区的拆除工作，待市规划委组织研究上报市政府批准后，按照规划实施。

市规划委组织政协委员、人大代表研讨，首都博物馆韩永馆长、北工大的宛素春教授等参加了研讨，回答他们的提案，并就如何保护征求他们的意见。

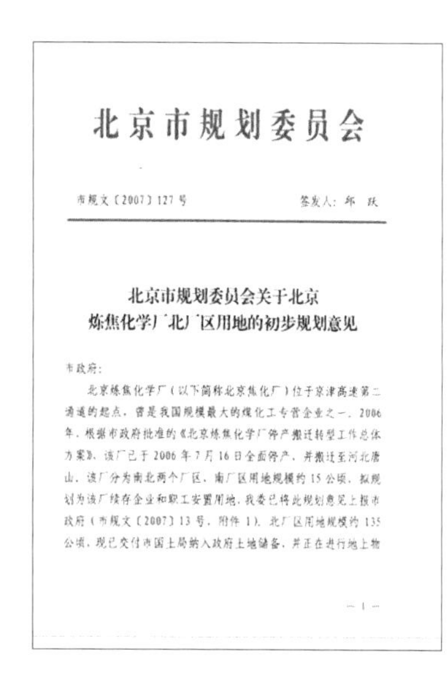

北京市规划委员会

市规文〔2007〕127 号　　签发人：邱　跃

北京市规划委员会关于北京炼焦化学厂北厂区用地的初步规划意见

市政府：

北京炼焦化学厂（以下简称北京焦化厂）位于京津高速第二通道的起点，曾是我国规模最大的煤化工专营企业之一。2006 年，根据市政府批准的《北京炼焦化学厂停产搬迁转型工作总体方案》，该厂已于 2006 年 7 月 16 日全面停产，并搬迁至河北唐山。该厂分为南北两个厂区，南厂区用地规模约 15 公顷，拟规划为该厂续存企业和职工安置用地，我委已将此规划意见上报市政府（市规文〔2007〕13 号，附件 1）。北厂区用地规模约 135 公顷，现已交付市国土局纳入政府土地储备，并正在进行地上物

— 1 —

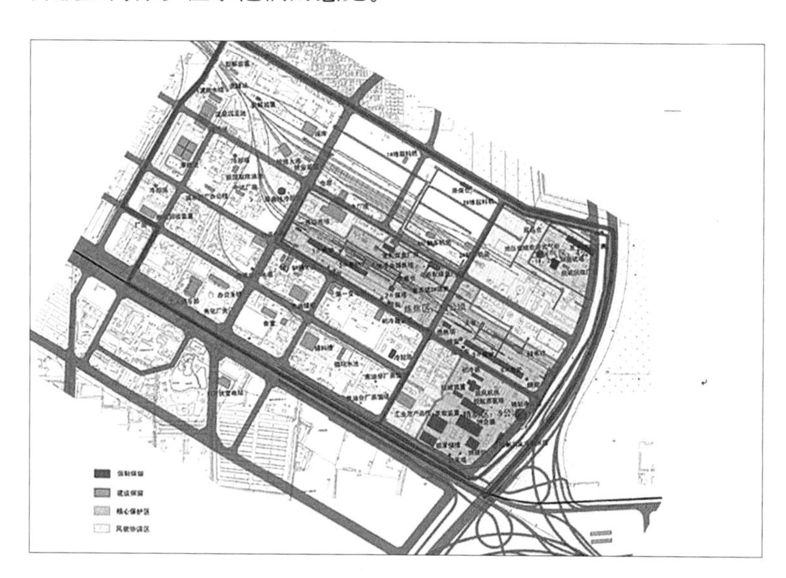

图 6–65 《关于北京炼焦化学厂北厂区暂缓拆除工作的函》（左）
（图片来源：北京市规划委员会工作资料）

图 6–66 规划分区图（右）
（图片来源：北京市规划委员会工作资料）

5）招标

北京市规划委员会拟定标书、委托书，关于北京焦化厂的保护和再利用规划，组织了国际招投标。应征申请人涉及了中国(包括中国香港)、澳大利亚、美国、英国、法国、德国、比利时、加拿大、日本、新加坡、韩国以及英属维尔京群岛罗德镇等12个国家和地区的96个单位。选取6家参标，最后清华大学中标。

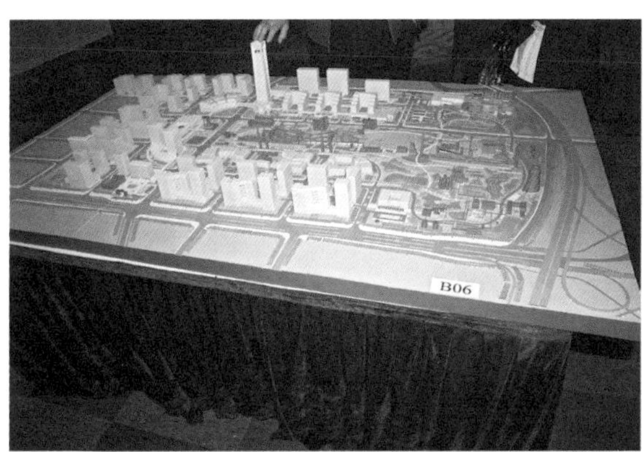

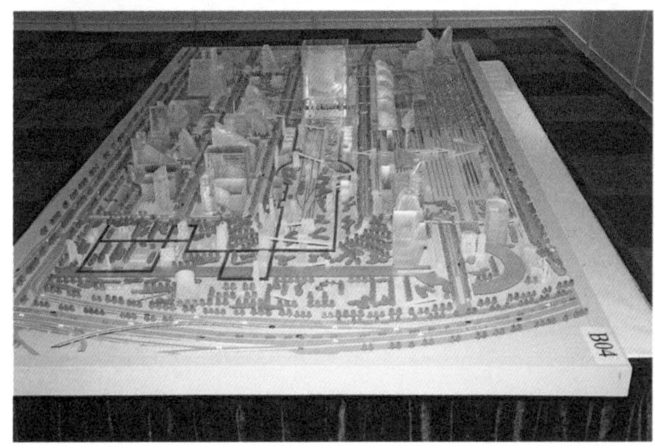

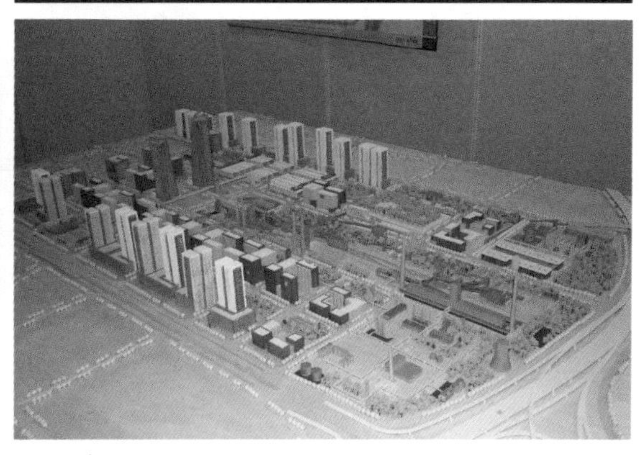

图 6–67　国际招投标方案模型
(图片来源：作者 2008 年摄于北京)

图 6–68　中标方案
(图片来源：作者 2008 年摄于北京)

清华大学教授刘伯英认为，北焦工业文化遗产的保护具有创新思路，要探索出一条工业文化遗产保护的有效途径。一是确定工业遗产保护名录，在名录内的受到保护；二是划定工业遗产比较集中的区域为工业遗产保护区（参照历史文化街区“紫线”保护区域的做法）；三是捆绑招投标，要求项目开发单位和生态修复单位捆绑招投标，除了提出规划方案外，还要提出生态修复的办法以及工厂职工再就业方案。这些举措在国内是创新的，其作用是能够迅速地把工业遗产保护纳入规划管理，使其具有法律效力。他还认为，北焦工业文化遗产保护是成功的：一是北焦顶住了巨大的压力。北焦在提出保护之前，已经被收购且进入了土地储备阶段与798等工业遗产不同，北焦没有任何工业文化遗产再利用的先例存在。在此情况下，对北焦的开发叫停并且开展保护，是在巨大的压力下开展的，难度很大。二是成功地对北焦的开发建设叫停，为保护赢得可贵的时机。

图 6–69　组织国际招投标
（图片来源：北京市规划委员会工作资料）

国际招投标结束后，北京市规划委员会就招投标结果向市里做了汇报。此后，北京焦化厂的保护工作进展虽较其他保护下来的工业厂区相对滞后，但他在工业文化遗产保护和再利用中的历史地位和影响仍比想象大得多。

我采访梁伟先生时，他讲道：北京作为历史文化名城，其实不仅仅在古代史中是一个名城，它从近代史，甚至是当代史中，也能读到很多很多有价值的东西。不是说大清王朝以前给我们留下的东西才是好东西，在新中国成立以后，几十年的建设过程中，也留下了非常多的东西。而这些东西，在相当长的一段时间内，大家认同它们的实用价值，但是对于它们的文化价值、历史价值，认同者还是有限，特别是对工业遗产认同的就更少了。在50年代，有一个很重要的口号，就是把北京从一个消费性城市变成一个生产性城市，798、首钢、焦化厂等都是那时候建设起来的。

那个年代的建设有一个特点，就是它的品质特别好，尤其是建筑品质，有相当多的东西可圈可点，也有很多名家名师的作品和一些国内外优秀建筑师做的作品。作为工业建筑或者是工业厂区，它代表了当时的生产工艺和技术水平。比如我们今天看古代的造纸工艺，到遗址上一看，这块是倒纸浆的，这个地方是蒸的，这个地方是筛的，那个地方是帖纸的，这边是晾晒的，两千年前我们的老祖宗就开始这样造纸了，这对于我们来说是一种很强烈的文化自豪感。同样，炼焦、炼钢等是在大工业时代里，围绕着一个产品的生产过程组织形成的一系列工艺流程。在这个工艺流程里面有各种各样的配套的厂房建筑、仓储建筑、办公建筑、检测建筑等，这些建筑本身非常有特色。从一般的欣赏角度来看，都是奇形怪状的，因为它是按功能来建设的，但是恰恰这里面有很多是建筑师的优秀作品。

工业遗产主要有两种情况：一种是工厂要更新换代了。比如以前我们是这么制造陶瓷的，现在可能连原材料都不是那样的；以前需要那么大的炉子，现在需要这么小的炉子就可以了；生产工艺完全不一样了。还有一种是生产工艺未必有多落后，但是这个城市再容不下它了。像焦化厂就是这种情况，现在我们还需要炼焦，而且这个焦化厂也还可以继续生产，但是这个城市已经容不下它了。因为它带来了很多环境问题，而且北京在走服务业替代一、二产业的道路，焦化厂的产品已经不是这个城市所需要的了。

在焦化厂转产的这个节骨眼上，把工业遗产的概念提出来，这是一个很重要的创举。2007 年，做焦化厂工业遗产保护规划项目，对于我们规划行业是一个全新的项目，对我个人来说，非常感兴趣，也非常赞同保护。这个项目本身技术要求高，需要研究城市功能，研究植入什么样的交通体系，研究地铁 7 号线在该区域的相关问题，还要满足一定的开发量，用以解决建设资金平衡问题，还有很重要的一点，就是需要保护这个地区的工业遗产文化特色。

针对这些需求，我组建了项目团队：做工业遗产调查的老师作为团队的主打；北京市城建院作为合作单位，主要研究轨道交通；北京的一个环境研究院，对土壤、有害物质的处理进行研究；与其他团队不同的是将北京市焦化厂作为一个合作单位，因为工厂的厂长、经理、工人更了解这个厂，知道心结在哪；还请了德国鲁尔工业遗产规划的总规划师作为参谋；另外，还有城市设计团队、交通团队等，大概有七八家单位。项目有几个大的原则是不变的：核心区的工业遗产公园、两片缓冲区、7 号线地铁。其他方面，就从城市设计的角度去研究，在满足一定强度的开发建设基础上，还要留下原来的历史记忆。整个项目以生产工艺流程为主线：煤—焦炉—焦—副产品—化工区，植入一些新的工艺，并与原有厂区肌理结合。在保持大结构的基础上，把主要工艺流程，通过绿地串联起来，并确保工艺流程上的管线、传送带等设施都能够在绿地中得到保持，然后拆除其他没有价值的工艺。这个方案完成后，焦化厂的领导和工人代表给了很高的评价，因为他们还能找到原来工厂的感觉。方案的主要创意就是应用城市绿化带展现工业工艺流程，有煤支路、焦支路、气支路、化工产品支路等。

焦化厂的规划方案获得成功后，又参与了首钢的保护规划。首钢是按照厂区的历史发展逻辑来做的，按照铁路线的延伸，形成了一条纵断面，也就是一条观光线，把一些核心的、有价值的东西全连起来。因为钢铁厂有一个特点，所有重要的、有保留价值的厂房，全在铁路线边上，它的工艺流程也是沿着铁路线来展开的。沿着这条观光线，可以看到首钢20实际20～30年代的厂区，然后再往下走，可以见到40、50年代的厂区，一直延伸到现在。

工业遗产的保护很重要的一点就是要找到被保护区域的体系规律，然后抓住这个规律，将区域内有价值的东西串联起来，形成一个完整的故事。

现在工业遗产保护基本上分两种类型：第一类是保建筑，从建筑师的角度单纯地考虑房子的好坏；第二类是应用生产逻辑进行串联，完成整个工艺流程的保护。第二类保护还有一个很重要的作用就是进行工业遗址景观的保护，就是对厂房以外的东西进行保护，以确保工艺流程的完整。

梁伟先生还提到“墙内开花墙外香”，北京焦化厂方案国际招投标对全国的工业文化遗产保护与再利用很有影响。石家庄东北工业区的领导听说了之后，很感兴趣，就想了解北京焦化厂保护、再利用的思路。他们前期做过一些调查工作，但是工业区里面没有近现代优秀建筑，保护比较困难。然后他就问我应该怎么做，几个领导一块儿聊天，我就说我们曾经做过这样的事情，也就是焦化厂，他们说这个很好，因为华北制药厂是石家庄的龙头企业，要是搬走了，全拆了，就保存不下能够把自己的历史记载下来的东西了。

后来我和邱跃委员谈到焦化厂实践在北京的影响时，他说：“其实焦化厂是我们实施工业遗产保护的一个实践，是北京工业文化遗产保护的基础。基于焦化厂的经验，我指导了京棉二厂的保护利用。当时京棉一厂、三厂的原址已经建了住宅，就剩下京棉二厂了，计划是建12万㎡的住宅。根据实际情况，在经济上给他们算了一笔账，我就建议进行工业遗产的保护利用，而且还做成功了。不少领导同志都到这里进行过参观考察。在这个模式的前提下，我又推广了一个，就是新华印刷厂的办公楼，这个也算成功，也是在焦化厂的实践基础上进行的。尔后，首钢的保护也是吸取了焦化厂的经验和教训，在 8km^2 的范围内选取小区域保护。

以前，对工业遗产保护，只有理论和探讨，没人敢实践，焦化厂是一个很可贵的实践，虽然它本身没有成功，有些问题，但是它在组织上、思路上、理论上都作了卓有成效的探索和积累，为工业遗产的保护提供了丰富的经验和教训，同时也带动了很多成功的例子。这也是城市规划建设实践中一个奇特的现象，我们栽这个花，花没成，根据我们的栽花过程，别的花开了。”

2. 二热烟囱——拆留之争

北京第二热电厂——“二热”始建于 1976 年，是首都重要的发电供热企业，长期担负着向中南海、人民大会堂等重要政府部门供电供热的任务。由于以燃油为原料，污染比较小，在当时代表了国内最先进的发电技术。

与其他的大型工厂选址在郊外不同，由于其特殊的政治性生产任务和“文革”期间筹划建设的时代背景，“二热”选址靠近市中心，工厂就坐落在天宁寺地区，厂区东侧便是北京城里最古老的寺庙——天宁寺。

天宁寺始建于北魏孝文帝年间，当时叫“光林寺”，是北京最古老的寺院之一，天宁寺舍利塔为八角十三层密檐式实心砖塔，通高 57.8m。历史上的天宁寺地区热闹繁华，从明末开始，这里便成为京城赏花、拜佛的最佳去处，每逢九九重阳，市井百姓、达官贵人、善男信女纷纷前来，好不热闹。相传外省到京做官或做生意，都要

图 6–70　历史上天宁寺繁华场景
（图片来源：北京市城市规划设计研究院工作资料）

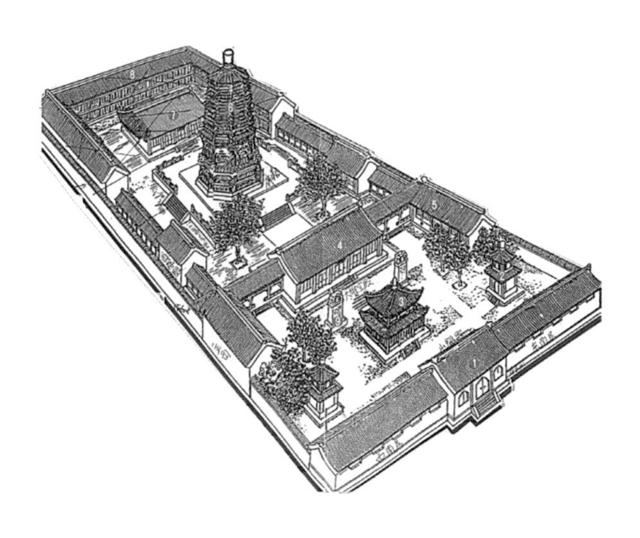

先到天宁寺拜佛。可以想象天宁寺地区当时是多么的繁华。

有一首诗形容了当时天宁寺地区的热闹场景："天宁寺里好楼台，每到深秋菊花开。赢得倾城车马动，看花齐带玉人来。"

随着"二热"的建设，过去的平房院落被巨大的厂房和高耸的烟囱代替。电厂建成以后，这里又建设了几座小型工厂和一批电力职工宿舍，"二热"由于安全的需要，实行封闭管理，巨大的厂房就像钉子一样嵌入了天宁寺西侧，阻碍了天宁寺地区的发展。2005 年，在西四环的郑常庄建立了新电厂，"二热"退出了历史舞台。

如何正确处理"二热"厂房的改造和天宁寺历史地区的复兴，引发了社会各界的广泛关注。

2005 年，我任北京市规划委员会详规处处长时，就烟囱是保是拆专门组织了专家研讨会，征求王世仁、刘晓钟等五位专家的意见。会上，以王世仁为代表的三位专家立场鲜明地赞成拆除，表示："烟囱与塔并立，成为保护专家的眼中钉已经有 30 年历史了，我今天不是代表自己，代表的是与我同龄甚至还高龄的一代老专

图 6–71　二热烟囱与天宁寺
（图片来源：作者 2007 摄于北京）

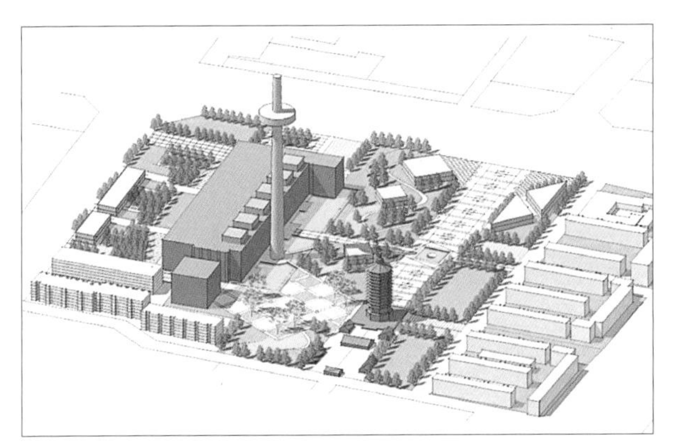

图 6–72　二热旧址规划三维图
（图片来源：北京市建筑设计研究院工作资料）

图 6–73　德国鲁尔地区烟囱改造为景观塔的实例
（图片来源：北京市建筑设计研究院工作资料）

家们，终于机会来了，我坚决赞成拆除。”以刘晓钟为代表的两位专家坚持“保留烟囱”的意见，理由是：“烟囱本身也有存在和再利用的价值，如结构可行，可以改造成为景观塔。”

会后两个月，王世仁专门撰文，其观点由赞成拆除变为“看一看，等一等”。“天宁寺旁边的第二热电厂要退役了，热心的文化遗产保护者们额手称庆。那个一直被作为破坏文物环境典型的大厂房和高烟囱终于可以被拆掉，北京城区最古老的史迹天宁寺塔终于可以从 180m 高烟囱的‘高压’（是塔高的 3.4 倍）下解脱出来了。但是且慢，还有不同的声音。这就是，热电厂已经存在了 30 年，它曾经在北京市由小煤炉跨越到暖气采暖的过程中起过大作用，立过大功劳。作为一个时代的标志性设施，一种技术和生产手段的见证，从遗产的角度看，是不是就没有保存的价值，作为城市文化记忆链中的一个重要环节，是不是必须把它抹去，文物古迹的环境是不是非得回复到某个已经逝去的年代（唐？辽？明？清？）不可，文物古迹和现代环境是不是就绝对不能相容，这就不是单纯的情感价值所能回答的问题了。……还有一个敏感的烟囱问题。从天宁寺塔的文物环境来看，必须拆除，从文物建控地带的要求来说，也必须拆除，但是从保存当代文物遗存的完整性、原真性来说，又应当保留，孰轻孰重，要充分加以论证。是不是可以‘缓期执行’，看一看，等一等，或许这个‘双塔并峙’的景观和它周边已建成的一大片多层住宅逐渐也能被人们所理解，所接受；而天宁寺塔的文物价值主要是寺、塔本体，两相比较，或许保持二热厂的完整性和原真性更重要一些。”

还有一些专家提出保留，其理由是“烟囱可以成为北京历史上不尊重传统文化的反例”。由于众说纷纭，意见相左，烟囱拆除问题暂时搁置下来，烟囱得以保留。

3. 儿童医院烟囱——残缺的经典建筑

北京儿童医院曾被《弗莱彻建筑史》列为20世纪50年代中国现代主义经典建筑，其设计师华揽洪被同时载入史册。1951年，已在法国取得杰出成就的华揽洪放弃自己的事务所回到祖国，由梁思成提名出任北京市都市计划委员会第二总建筑师，随后设计了北京儿童医院。当年，波兰、罗马尼亚、保加利亚、前东德等建筑代表团参观北京时，盛赞儿童医院的设计具有国际水准。梁思成在1957年时也曾评价说这个建筑是“近几年的新建筑中最好的”，“抓住了中国建筑的基本特征，不论开间、窗台，都合乎中国建筑传统的比例，因此能表现出中国建筑的民族风格”。

北京儿童医院是由11座建筑组成的一组建筑群，是20世纪“十大建筑”之一，毫无悬念地被列入了《北京优秀近现代建筑保护名录》。遗憾的是，在上报名录的过程中，建筑群中的一座烟囱被拆除了，破坏了这个建筑群的完整性。当时，我们赶到现场查问原因时，被告知是2004年时，为落实2008年北京奥运会进行的“净空”工程，西城区环保部门依据市政府文件下达了京政管字（2004）392号文件，旨在拆除城区内的废弃烟囱，这个拆除名单里包括了多年没有使用的儿童医院水塔烟囱。这个已经不再冒烟的烟囱和城市环境污染扯到了一块，我们当时感到很无语。

拆塔工程曾经计划于2005年8月底动工，经过各方呼吁，拆塔工程一度于2005年9月13日停止，当时高35m的水塔型烟囱已经被拆除了近1/3。这座被拆的烟囱十分特别，匠心独具的设计师为了烟囱暴露在市区将烟囱和水塔合二为一，以传统的方塔处理，顶部起翘的手法使这一功能性的构筑物成为整个建筑群的标志，其外墙设计了一个时钟，半个世纪以来为周边的市民报时，已成为人们心目中的地标。北京建筑设计研究院的建筑师刘力说：“我在南礼士路生活了快50年了，这个塔一直是我们心目中的一个标识。”“我相信这是一个历史的记忆，一个城市的片段，如果没有了这个塔，记忆也就消失了。”建筑师邹德侬说，“1957年我在天津大学建筑系读书时，就知道这个名气很大、被水塔和烟囱包装起来的塔楼。出于好奇，还专程赶过来看，当时很兴奋，称它是‘圣马可塔’。威尼斯的圣马可塔，是圣马可广场上整个建筑群的统领，没有它，这个建筑群就基本上解体了。儿童医院的这个烟囱在这组建筑中也有这样的至高作用。这个塔的处理，是建筑师的苦心，因为它临街，不但将两个构筑物合成一个，而且十分适度。”可见，儿童医院建筑群是一个整体，塔是建筑群

图 6-74　儿童医院建筑原貌
（图片来源：作者 2003 年摄于北京）

图 6-75　儿童医院烟囱拆除中
（图片来源：作者 2005 年摄于北京）

图 6-76　儿童医院烟囱拆除后
（图片来源：作者 2008 年摄于北京）

的一个标志，它不是孤立的，其中有许多故事，牵动了许多建筑师和市民的情感，“就这个水塔本身来说，拆了太可惜了，教科书上也少了一页”，王昌宁如是说。

这从表面上看是希望拆旧建新，获得更大的发展空间，实质则是观念上和认识上的分歧。一些被列入《名录》的优秀近现代建筑，由于建设年代长、建设规模小、位置优越，被一些产权单位认为是“过时”的，拆旧建新可以增加建筑容积率，获取较大的经济利益。与经济回报相比，建筑的历史价值和文化价值常常被故意“忽略”。

此时，《名录》（第一批）的及时出台，就是给这些濒临拆除的优秀建筑带上了“免死牌”，对保护它们具有积极意义。但是，一些建筑被拆后，如果政府不及时敦促有关部门尽快制定处罚措施，加强监管，以遏制这类事情的发生，“免死牌”终究还是难免死，这些优秀近现代建筑的保护状态仍然堪忧。巴黎实施建筑拆除许可证的管理方式，即拆除任何一栋老建筑都要获得有关管理部门的审批，这个经验值得我们借鉴。

4. 啤酒厂冷却塔——已遭拆毁的建筑

图 6–77　双合盛汽水厂
（图片来源：百度图片）

双合盛五星汽水啤酒厂建于 1915 年，旧址位于原宣武区广安门外南观音寺 18 号，由华侨商人张廷阁和郝升堂集资创办，二人希望财源茂盛，取名“双合盛”，曾是中国历史上第一家啤酒厂，它见证了中国近代工业史。

初期的双合盛仅有糖化室一所、烤原料设备一所和酒窖三处，曾先后于 1921 年和 1930 年进行两次扩建，当时年产啤酒曾达到约三千余吨的水平。从那时起，双合盛的这座设备塔便和五星啤酒那醇厚浓郁的口感，成为了几代北京人记忆中一个令人心醉的符号。

很多北京人是从啤酒瓶上的标签中认识这座建筑的。20 世纪 80 ～ 90 年代，市场上常见的五星全麦啤酒的商标，便是这座造型奇特的设备塔，建于 1915 年，坚实的身姿明显区别于那个时代的传统中式建筑，而是带有明显的西洋建筑风格。从远处望去，通体呈现灰黑色的设备塔，颇有几分相似于古老的西方城堡或教堂，又或者像是一个硕大的啤酒瓶。然而，今天即使在互联网上进行搜索，也查找不到这座老建筑的任何照片和详细资料了。在一本 20 年前面世的近代建筑研究资料中，学者这样描述这座建筑的价值：“设备塔反映了啤酒的造酒工艺，上书‘双合盛啤酒厂’几个大字，是啤酒厂的重要标志。”

但是，冷却塔这个标志性建筑却在列入《名录》（第一批）之后不久，被开发商拆除了。

《北京晚报》报道：上周三本报报道的首批《名录》（第一批）中，这个先后被称为“双合盛五星汽水啤酒厂”和“双合盛五星啤酒联合设备公司设备塔”的建筑还赫然在列，然而当记者昨天寻访时却发现，这座已经存在了近一个世纪的建筑，已被夷为平地。残破的废墟之上，那些古老的碎砖仿佛在无声地呜咽，建筑已化成废墟。记者今天走进这片厂区时发现，这里早已变成了一座娱乐中心的所在地。一些娱乐中心的员工从这里进进出出，只有他们身后一幢类似仓库的老房子，依稀还能辨认出啤酒厂过去的原貌，其余的大部分区域，则是空荡荡的废墟。

“自从啤酒厂搬走之后，这块地皮就被我们买下来了。”娱乐中心的一个负责人矢口否认见到过那座设备塔，更不承认曾经拆除过任何建筑，“我都在这儿工作两年了，来的时候这儿就是这样。即使被人拆了，肯定也不是我们拆的。”

“怎么可能两年都看不见那个塔呢？今年 3 月的时候，我还在那里见过。”听到娱乐中心方面的说法，驻留在附近的一位啤酒厂领导感到不可理解。

“这是今年‘五一’期间发生的事情。”在市古代建筑研究所，听到双合盛五星汽水啤酒厂的名字，工作人员刘先生便立即说出了设备塔被拆除的确切日期。那时距离首批《名录》发布还有 7 个多月的时间，规划部门和文物部门已经着手对市中心城范围的近现代建筑进行普查，这座建筑的命运已经引起了有关部门的注意。

然而这座建筑消失的速度，还是令关注它的人们措手不及。

比起古代建筑和近代建筑，现代建筑的保护最容易受到忽视，尤其是 20 世纪 50 年代到 70 年代以来的建筑，甚至根本没有意识到还有保护问题。这主要有几方面的原因，一是建筑还年轻，状态良好，认为不必保护；二是许多建筑因缺乏维护，早想一拆了之；三是对业主而言，产权所有者，想拆想保，业主自己决定，外界并无限制和干涉；四是保护经济投入大，回报少。

这一阶段，名城保护工作赢得主流舆论，危改已基本销声匿迹。政府的保护工作升级，保护的内容与方法更为多样化，管理方式更为精细化，保护的范围进一步扩大；政府建立了名城保护专家委员会，专家参与机制成为规划审批的法定程序，专家意见作为法定文件的前置条件；公众舆论影响力加大，对历史文化资源破坏事件形成巨大舆论压力。社会各界的认识逐步趋于一致。

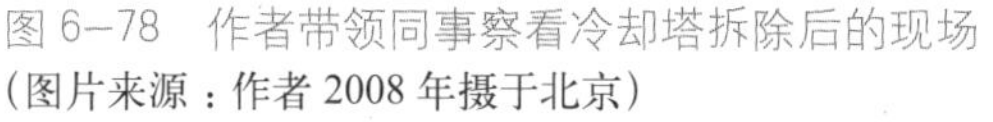
图 6–78　作者带领同事察看冷却塔拆除后的现场
（图片来源：作者 2008 年摄于北京）

6.3.4 市场成功运作（案例）

1. 魏教授的世界：变废弃为辉煌的神来之笔

在北京，对工业遗产的保护与再利用的起步在 2005 年前后，不约而同战斗在一线的有陈世杰、刘伯英和我，分别在不同的岗位上，却是为着一个同样的目标：尽量保留那些被废弃的工业建筑，改造它们使其再利用中获得重生。当时，陈世杰在市经委（后来改为工促局）规划处任处长，管理着许多工厂企业用地，眼瞅着那些还十分坚固的厂房被顷刻之间拆解为废砖烂瓦十分心疼，于是找到清华大学的刘伯英副教授对已经经过了后工业时期的发达城市进行调研，研究其棕色用地的去留方式，并上报市政府。我在市规划委任详细规划处处长受到国家文物局《无锡建议》的影响，提出在规划上保留废弃的工业建筑并进行有效地改造和再利用，最初的尝试是首钢的搬迁改造方案，随后有二热、二通、北焦等。但是，其实更早开始行动的是北京大学政府管理学院的魏明康副教授，魏教授瘦高个，风度翩翩。1986 年获得北京大学法学硕士学位，留校执教是他的第一志向。一路走来，深受北大学生喜爱，曾获得第八届“十佳教师”称号，“就是爱看书”是他的习惯，博学多才，人称“北大未名湖，政管魏明康”。主要研究方向是政治学理论、政府经济学、中国政党与政治。然而，他除了教书很成功，他还有一门第二职业，就是热衷于工业遗产的保护，并对其进行了同样成功的市场运作。不久前，我在他的作品——电通创意广场对他进行了访谈，向他了解了成功运作工业遗产保护项目的方

图 6-79 访谈魏明康先生
（图片来源：甄一男摄于 2014）

法和经验。

魏教授侃侃而谈，“所谓成功的市场运作就是关心消费者的潜在偏好。现在的新兴人类非常强调客户体验，其实客户体验，仅仅观察消费者的显在具体的变化还远远不够，最根本的是要能够注意观察消费者的潜在变化，这个就像原来梁启超说过的，他说你要写好文章，就是能写出‘人人心中所有，人人笔下所无’。消费者的偏好其实就是人的偏好。透过现象看本质，我觉得人往往具有两个偏好，比如说，人们喜欢留一些自己各个不同时代的照片，其实是偏爱能够保存他的人生轨迹；人之所以出门去旅游，无非就是喜欢观赏人文景观和自然山水。所以，无非就是这两大类，一个是对历史的偏好，另一个是对自然的偏好。从在商言商的角度说，我们要是发掘一个产品的意义，就不能仅仅从它浅层次的角度去发掘，而是尽可能从深层次的角度去发掘，也不能跟时髦，跟时髦走很快就会过时了。”

他将其成功运作的方法主要归结为三点：注重对人文主义的功能关怀、尊重历史主义工业的传承、坚持可持续发展的理念。

“首先是注重人文主义的功能关怀。在改造利用的过程中，注重从‘人’的角度去思考，追寻符合人类本质的偏好，而不是跟风去设计。例如，工厂原本的设计是为了适合生产需要，但在业态发生改变后，同样的空间布局，必须承载了更多不同的人的行为活动，这样就要从使用者的角度去实施改造，避免设计宽且直的大马路，并美化路两旁的景观，使上下班的行人不用担心路又宽又直造成的快车速，同时可以欣赏路旁的美景，有一份好的心情，这是我们对客户的尊重”，他说。

图 6–80　曲径通幽的小径
（图片来源：魏明康先生提供）

图 6–81　便于员工休憩的草坪与座椅
（图片来源：甄一男摄于 2014）

“其次是尊重历史主义工业的传承。保留原有厂区环境中的工业气氛，充分利用厂区中的工业元素，对于大型的厂房，并没有选择推倒重来的方式，而是将空间内部结构稍作调整来适应上班族的需要，在细节方面，将旧设备、就机械等‘旧物’经过精心的设计后，旧为新用，点缀在景观环境中，增强其趣味性。

图 6–82　旧机械再景观塑造中的再利用
（图片来源：甄一男摄于 2014）

第三是坚持可持续发展的理念。厂区的改造，不仅仅和要未来相同，同时也要追溯历史。坚持这样的理念，除了可以资源节约、经济节约之外，还有一种制约，包括：对于历史和传统的尊重，保留城市、社区的历史年轮，同时也能保留自然的肌理。”

图 6–83　对于工厂建筑有尊严的保护
（图片来源：甄一男摄于 2014）

图 6–84　海通时代商务中心（原二商豆制品六厂）
（图片来源：魏明康先生提供）

图 6–85　电通时代商务中心（毕捷电机厂）室外环境改造
（图片来源：魏明康先生提供）

图 6-86　电通时代商务中心（毕捷电机厂）室内环境
（图片来源：魏明康先生提供）

图 6-87　惠通时代广场（原北方工业锅炉厂）
（图片来源：魏明康先生提供）

图 6-88　惠通时代广场（原民政局养鸡场）厂区环境改造曲径通幽的道路
（图片来源：魏明康先生提供）

图 6-89　惠通时代广场（原民政局养鸡场）利用“机械旧物件”改造再利用的景观小品及基础设施
（图片来源：魏明康先生提供）

图 6–90　惠通时代广场（原民政局养鸡场）在厂区开展的各种活动
(图片来源：魏明康先生提供)

图 6–91　正通创意中心（原二商味全奶粉厂）
(图片来源：魏明康先生提供)

图 6–92　易通创意中心（北京显像管总厂）
(图片来源：魏明康先生提供)

图 6–93　安通时代商务中心（二商绿世源干菜仓库）
（图片来源：魏明康先生提供）

魏教授教学、经商都很成功，我请教他成功的秘诀在哪？他娓娓道来，言简意深："我认为教学和经商的共同点就是找准共同需求，在教学方面，要将自己的知识，尽可能的琢磨透，以学生喜闻乐见的方式讲出来，从这个意义上讲，这种方式和经营合作相似，'对牛弹琴，没弹好，不是牛的问题，这是弹琴的人出了问题'。研究对方的喜好、偏好，做好相互之间的沟通至关重要。"其实，对于城市而言，何尝不是如此？政府与市场，规划师与市民需要沟通、了解、彼此尊重，而非厚此薄彼，强买强卖，才会有一个良性循环的城市发展环境和城市的未来。

图 6–94　朱小地
（图片来源：百度图片）
朱小地，北京市建筑设计研究院有限公司董事长，总建筑师，教授级高级建筑师、国家一级注册建筑师、政府特殊津贴专家。

2. 朱院长的追求：——"蛰居"之处："旬"会所

朱小地院长是建筑设计大师级人物，他曾邀请我去过他设计的作品"旬"会所参观，都市里闹中取静的小院落，原来粗糙破败的几间旧厂房被他用"点石成金"之术变得格外温馨优雅，高端大气，其不俗的品位处处彰显了一位职业建筑师的深厚的功力。出于敬佩，也是出于好奇，我请朱院长谈了谈他的创作灵感，他说：

这里本是一处旧有的车站维修用房，废弃多年不用，建筑破败不堪、落满灰尘，具体形成年代不详，只因为产权归属北京铁路局，所以才没有被拆迁，而在北京高速发展的城市更新过程中保留下来。

院子里的原有建筑大体分为四部分，南侧是一栋双坡顶木屋架平房；位于中部的一栋是平房，另一栋是一个带阁楼的双坡顶小楼；北侧是一栋改造过的单坡顶平房；西侧则是一处南北走向的西房，恰好将这三部分建筑联系在一起。院子中最有特点是几十年来逐渐形成的绿化环境，以乔木为主，主要是柏树、白皮松树和梧桐树，其中有一些已经是北京市园林绿化局挂牌保护的古树。虽然这个院子紧贴东四环路，但在大树的庇护下，显得非常幽静。这样的环境与北京中心城区到处高楼林立的景象形成了鲜明的对比，让人感到既兴奋又放松。

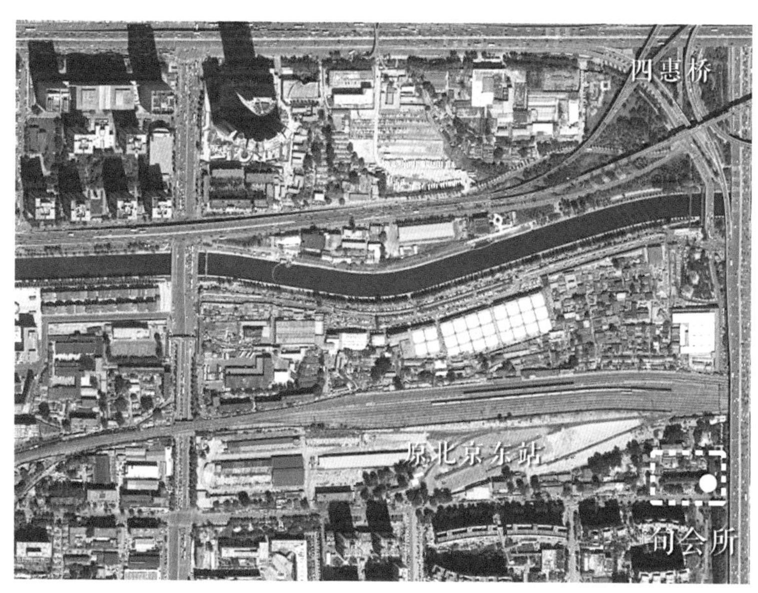

图 6-95 “旬”会所区位
(图片来源：北京市测绘设计研究院航片)

图 6-96 旧有的车站修用房 植被环境良好
(图片来源：由朱小地先生提供)

设计是从功能的梳理与确认开始的。南部的坡屋顶房屋安排展览的功能，其颇具历史感的人字形屋架给室内空间增添了几分沧桑之感；北部的单坡屋顶的房屋由于必须保留横隔墙，不能整体使用，最适合作为VIP房间；西侧建筑可以安排厨房和其他辅助功能房间；中部原有建筑随意散落的状态并不适应会所的功能需要，必须添加一个主要空间统领各个功能空间，起到汇集人群、联络各处的作用。我试图通过一格正方的平面格局的新建筑镶嵌到院子中部、二层坡屋顶小楼的南侧，东面与小平顶房相连通，形成有新、旧三栋房子组合的中心，这里将是会所的接待空间、主吧空间和酒窖、雪茄吧。

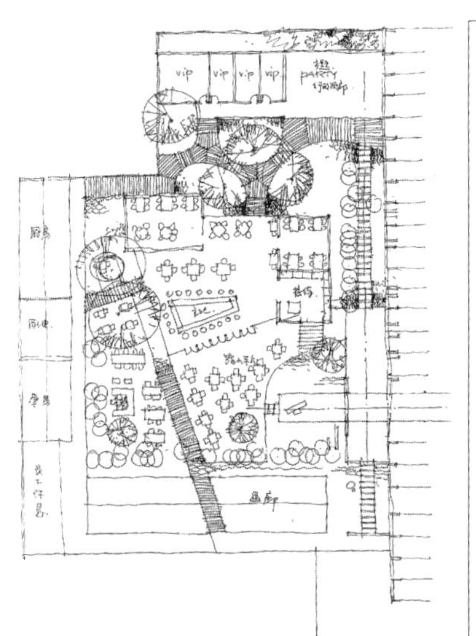

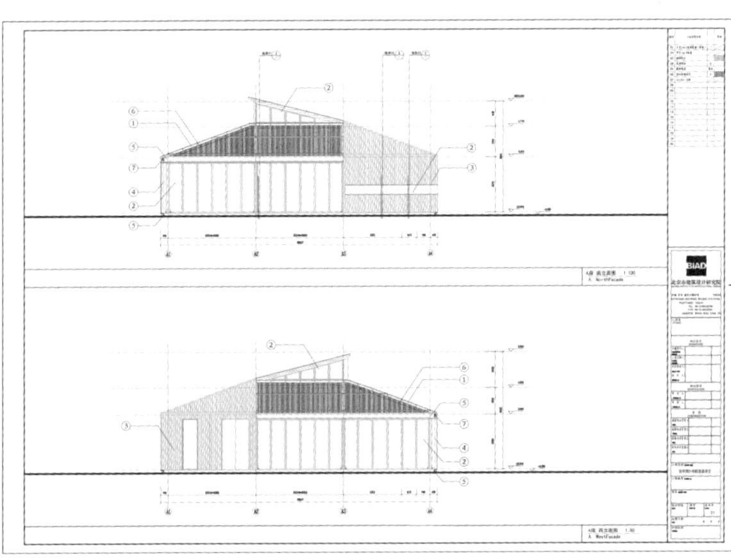

图 6–97　手绘平面图及建筑立面
（图片来源：由朱小地先生提供）

会所的主要出入口我借用了北京四合院中，进入垂花门之后，由“仪门”遮挡，引导客人从两侧的“游廊”进入庭院各个房间的手法。入口处结合“仪门”的考虑，设计了面向庭院高大的构筑物，在形象上取传统建筑牌楼的意向，采用了一排不锈钢管作为“瓦屋顶”的象征，成为南部庭院中主要的视觉焦点。同时高悬的钢管在微风吹动下随意摆动碰撞，发出清脆和谐的声响，如同风铃一般，也可平抑一些外部的噪音干扰。夜幕降临，来自西侧的一束灯光会照在“牌楼”之上若隐若现，似明月初上高楼，为庭院中活动的客人创造另一番诗意的遐想。

如何利用现存的很有价值的树木是我始终在考虑的问题，这是与建筑设计相对应的另一半工作。我们将树干、树枝、甚至树叶和树影都作为设计的要素加以利用。所有联系各功能房间的通廊都与景观密切结合，尽可能穿行其间，让客人足不出户就可感受到环境的存在。

图 6-98　改造后成为安宁的“甸”会所
(图片来源：由朱小地先生提供)

图 6-99　“甸”会所的内部空间陈设
(图片来源：由朱小地先生提供)

在项目的整体设计中，如何把握建筑整体的节奏和设计的力度是充分表现一处轻松环境的关键。建筑师应该不露声色地将形式、手法等技巧隐藏在自然表露的建筑背后，而坚决避免跑到前台尽情炫耀的现象，这需要建筑师能够保持一种轻松地心态才能实现。跟踪工程建造的过程是不断调整设计力度的好方法，我时常要求自己“放轻松”，将设计的力度降下来、再降下来。实际上，最终形成的设计成果是在不断调整中才逐步实现的，这可能就是设计的乐趣所在。

我想为都市里的“精英”们设计一个反映当前普遍的心态和追求的去处，用最直接和自然的方法让紧张烦躁的人们能够享受片刻的安宁。如今文化沙龙，文化推广，画展，以及高端餐饮接待等功能的注入使得这个昔日被城市所遗忘的角落重获新生。

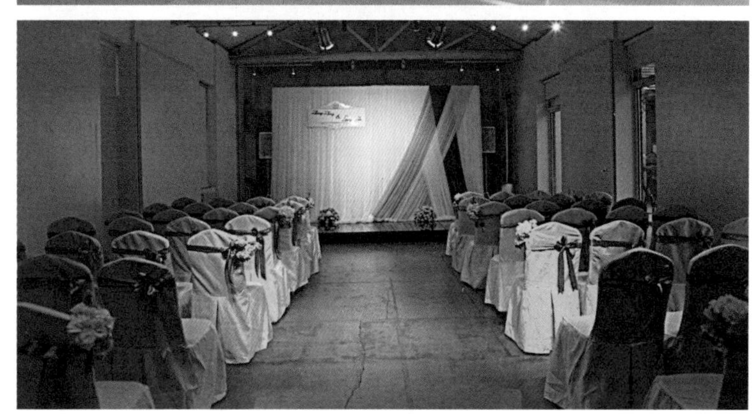

图 6–100　在“旬”会所开展的各种活动
（图片来源：由朱小地先生提供）

第 7 章

不是结论的结论

第 7 章
不是结论的结论

善建者不拔，善抱者不脱。

——老子

新世纪十年，在快速城市化过程中，北京名城保护规划的思想发生了重大演变。从 1999 年“拆”字当头，到 2009 年保护成为共识，这是规划从封闭走向开放，从精英编制转向公众参与的过程，也是规划思想不断探索、不断深化、不断完善的过程。

7.1 规划思想的演变

城市规划的实质是确定不同要素在空间布局上的发展优先权，在有限的空间内选择是建新还是保旧，在不同的发展阶段有不同的规划思想，不同的规划思想产生不同的空间布局和城市形态。十年来，历史文化名城保护一直在与破坏博弈，从无到有、从弱到强，逐步形成了较为完善的保护体系，这一过程大致可分为五个阶段：

7.1.1 危改阶段（1999 年）

新中国成立初期北京的城市规划把行政中心设在旧城，使得北京呈单中心聚焦模式发展。改革开放以来，旧城承载了太多功能，加之本身基础设施较为老旧，所以不堪重负。此时西方现代主义城市规划设计理念传入中国，本着交通优先原则，修宽大的马路，建高大的建筑。北京 1983 年版总规基于“旧城改造”思路，1993 年版总规则强调“旧城的城市设计”，1999 年版控规作为北京市历史上第一版控规，贯彻 1993 年版总规的思路，受西方规划理念的影响，提出对旧城道路网进行拓宽和加密，目的是利于旧城交通疏解。这样，旧城的街巷胡同肌理受到了破坏，即“规划性破坏”。在此基础上，又在旧城实施了大规模的危旧房改造工程，造成了“建设性破坏”。

这一时期，从政府的角度，中央、北京市领导以及北京市政府部门是重视规划的，顺利完成了 1999 年版控规的编制和批复，解决了控规“有”和“无”的问题；从专家的角度，吴良镛等专家对该版规划在旧城的设计思路方面提出了质疑，但是意见没有被采纳，专家在规划编制中的作用尚不明显；从公众角度，虽然控规出台后，有关部门组织开展了控规的展览等活动，但是公众反响平平，对此并不关心。

危改阶段的规划思想：发展是硬道理。在这一阶段，规划主要考虑扩大城市规模和旧城改造，在规划图纸上反映的建新是主流。

7.1.2 保护萌芽阶段（2000 ～ 2003 年）

在新世纪最初的两年里，虽然危改依然在大规模地开展，但是旧城保护已经悄然展开，逐步形成了从“点”到“片”再到“面”的保护体系。

在《旧城 25 片历史文化保护区保护和控制范围规划》的基础上，政府组织编制了《25 片保护规划》，该规划分别提出了 25 片保护区的核心保护区和建设控制区的保护与整治原则，并在以院落为单元调查研究的基础上，提出了保护措施。由于当时面临危改为主导的严峻形势，规划采取了对核心保护区严格保护，对建设控制区适当妥协让步的方式，以确保规划实施。该规划为保护旧城撑开了一把“保护伞”，为旧城危改踩了刹车，意义重大，影响深远。

此后，在政协提案建议下，北京市规划委员会等部门组织编制了《名城保护规划》。该规划提出在全市域范围开展名城保护，初步形成了“一个重点，三个层次”的保护体系，使北京名城保护在深度和广度上都得到了拓展。

在此基础上，制定了《皇城保护规划》，对保持皇城的完整性具有重要意义。

接下来组织编制的《第二批保护规划》则不仅增加了旧城中历史文化保护区的数量，而且把设立历史文化保护区这种名城保护方式推广到全市域的范围。

这一阶段，政府成为名城保护的主导者，编制规划并积极引导专家、媒体、公众参与到规划编制中；专家发挥了重要作用，他们大力倡导保护，并且全程指导保护规划的编制；公众也开始关心旧城保护了，在平安大街拓宽、南池子改造等项目中，各方媒体都竞相报道，发表观点，通过政协提案的方式，敦促政府编制名城保护规划。此时，虽然各方都关注名城保护，但是着眼点并不相同：专家关心的是保护的原真性问题，政府关注的是如何解决危房问题，公众关心的是拆迁问题。

保护萌芽阶段的规划思想：有保护的发展。在这一阶段，规划开始考虑历史元素，划定保护区，在规划图纸上反映的是建新优先、兼顾保旧。

图 7–1 公众关心《保护区人口疏解方案》
（图片来源：摘自于作者工作资料）

7.1.3 历史转折阶段（2003 ～ 2005 年）

在这一阶段，危改仍在继续，但是，保护已经升级了。北京市规划委员会组织开展了《战略研究》，修编了《北京城市总体规划（2004-2020）》，提出了“整体保护旧城”的战略构想。

《战略研究》的核心思想是疏解中心城功能，为“整体保护旧城”创造条件。在旧城保护策略方面，一是提出了疏解策略，二是提出“整体保护旧城”策略，三是提出合并旧城四个行政区策略，四是提出调整交通市政基础设施策略。在编制过程中，北京市规划委员会牵头组织，汇集各方的力量，专家全程指导，区县政府及相关委办局介入。其思路也得到了各级领导的认可，市领导重视、副总理批示、总理圈阅。

在《战略研究》的基础上修编了《04 总规》，明确了旧城历史文化名城的定位，采纳了“整体保护旧城”的思路，采用保护优先的原则，提出停止大拆大建，疏散旧城人口，走旧城复兴的道路。在《04 总规》的编制中，采取了“政府组织、依法办事、部门合作、专家领衔、公众参与、科学决策”的方式。这一阶段，国务院对《04 总规》的批复，使政府起到了更大的主导作用；专家不再仅仅指导，而是领衔参与规划的编制，其作用更为凸显；公众和媒体积极参与规划的网上调查、电视问答、征求意见等环节，在此期间，两广路改扩建、曹雪芹故居拆建等事件引发公众对名城保护的热议，这表明，公众参与程度较前一阶段大为提高。专家的着眼点依然是保护的原真性问题，政府的着眼点已经从危改转移到城市功能提升问题，公众不仅仅关注拆迁，也开始关注和议论旧城保护的问题了。

保护转折阶段的规划思想：有制约的发展。在这一阶段，规划从根本上反思城市发展的制约条件和局限性，保护成为法定文件的重要内容，强调正确处理保护与发展的关系，在规划图纸上反映的是保旧与建新的制衡。

7.1.4 保护深化阶段（2005 ～ 2006 年）

这一阶段，名城保护工作赢得了主流舆论的认同，危改的势头弱化了，旧城的大拆大建逐渐得到了遏制。政府落实《04 总规》精神，在中心城控规修编中调整完善了旧城规划，在法定控规中明确了“一个重点，三个层面”的保护内容，使得旧城保护体系进一步深化。

《旧城规划》以旧城保护为前提，提出了“减人口、减规模、减高度、减道路、完善基础设施”等措施，实现了旧城保护与规划审批的结合，进一步提高了旧城保护的地位。该规划编制完成后，市委市政府听取了汇报；专家领衔编制，发挥重要作用；媒体跟踪报道，成片区征求公众意见，公众主动参与，建言献策。

但是，由于政府信息公开与保密法之间缺乏有效衔接，可向公众展示的信息和数据并不明确，加上产权单位、产权人、地产商、地方政府等利益相关群体之间的利益制衡，错综复杂，该规划在公示阶段艰难推进，难以通过报批后实施。在该阶段，发生了德胜门内大街拓宽事件，反映出专家与媒体的关注点主要是保护的原真性，而政府更为强调城市功能提升问题。

保护深化阶段的规划思想：有发展的保护。在这一阶段，规划思想由侧重编制转向重视实施，在实施中深化保护理念，保护成为规划中强制性条款，在规划图纸上反映的是保旧优先，兼顾建新。

7.1.5 保护拓展阶段（2007 ～ 2009 年）

2007 ～ 2009 年，《旧城规划》在公示阶段搁浅，上报未果。与此同时，北京名城保护工作的发展并未止步，其外延和内涵进一步拓展，在时间上延伸到对优秀近现代建筑的保护，在类型上拓展到对工业文化遗产的保护，其空间分布从旧城拓展到中心城区域，其目的是为了保持城市的记忆和多样性，使名城保护体系更加完整。

具体而言，“两个拓展”：一是对城市优秀近现代建筑的保护。根据《04 总规》和住房和城乡建设部有关文件的要求，由北京市规划委员会和北京市文物局编制了《北京优秀近现代建筑名录》（第一批），填补了北京历史文化名城保护在时间上和内容上的空白。二是对工业遗产的保护和再利用。根据政协提案，政府和社会各界都参与到工业遗产保护规划编制和实践中，虽未出台专门的法规，但有“798”、“首钢”“京棉”等一系列保护较为成功的案例。

“两个拓展”是政府主导开展保护，专家在其中起着指导和参与的作用，公众通过政协提案、媒体跟踪报道、直接参与保护等方式，使名城保护的工作内容越来越丰富。

保护拓展阶段的规划思想：保护是软实力。在这一阶段，规划考虑保护的多样化和管理的精细化，在规划图纸上反映的是保旧是主流。

图 7–2　专家研讨会
（图片来源：摘自于作者工作资料）

7.2　规划状态的改观

十年中，伴随着经济建设和城市化发展，传统与现代、保护与改造在博弈中不断保持着平衡，这个平衡点正是规划需要掌握的支撑点。以我个人观点来回看这十年的发展历程，北京旧城历史文化名城保护主要存在以下三个问题。

一是发展速度过快。经济和城市化发展有一定的内在规律可循，急功近利、超越限度的过快发展往往会牺牲城市品质，并且缺乏研究解决问题的时间，使矛盾和冲突不断积累。比如旧城位于北京市中心，区位十分重要，这里的人口密度大，人口结构复杂，流动人口较多，老年人多，从事低端职业的人多，亟待进行调节和疏导。旧城功能过多。旧城是中央办公区、历史文化区、重要商业区、旅游集散地，承担了多种职能，相互影响、相互冲突。这些问题的解决都不可能一蹴而就。

二是不加区分地选择现代主义城市规划思想。20 世纪 90 年代以来，危改成为建设的主流，21 世纪初政府出台了《北京市加快城市危旧房改造实施办法》等文件，提出五年之内完成旧城危改的目标，选择了西方现代主义的规划理念，更加促进了旧城的大拆大建，对旧城造成了建设性破坏。在这个发展过程中，各方的认识并不统一。政府的主流与开发商都认为旧城是破败的，建设现代化的北京需要拆除旧建筑、新建现代建筑；而吴良镛等学者们认为旧城承载了历史文化，应该加以保护；初期公众和媒体尚未有倾向性的观点。

三是法制不健全，缺乏对权力的监督机制。名城保护工作由于缺乏法律依据、制度的支撑，相关机制不健全，难以推进，亟需建立一系列法律、制度框架，健全保护机制。

虽然存在一些问题，但是在新世纪第一个十年中，历史文化名城保护者所处的氛围还是在不断改观，并取得了可喜的成效。这与当前大环境由工业化时代向信息化时代迈进，由粗放式管理向精细化管理模式转变，由经济为第一要务向文化大发展、大繁荣时代的迈进是分不开的。

这十年，名城保护所取得的每一个成绩，无不蕴涵着创新的理念、创新的思路、创新的举措：由政府主动提出了大规模的保护旧城行动；公众参与到规划的编制过程中；组建了权威专家组全程跟踪指导名城保护；制定了科学标准；编制了《25 片保护规划》、《名城保护规划》、《皇城保护规划》和《第二批保护规划》，在北京市域范围内对历史文化名城进行系统的保护和规划；《战略研究》提出了“整体保护旧城”；《04 总规》把“整体保护旧城”纳入法定规划；《06 控规》中，《旧城规划》在控规层面把整体保护的意图贯彻落地；进而，制定了北京优秀近现代建筑保护名录；开展北京工业遗产保护工作；实现由大规模危改向旧城保护的转折。

以上工作都是在北京城市规划与建设历史上的第一次，每一步都需要极大的勇气和创新的精神，也由此成就了以旧城保护为重点的北京名城保护规划的历史功绩。

7.2.1 从精英规划到大众规划

城市规划的编制一向是政府和规划行政主管部门的特权，20世纪政府组织编制的历版城市总体规划的成果都没有公开，而且还被定为“内部保密文件”，公众既难以知晓其内容，也没有参与的途径和机制。20世纪90年代初的那版总体规划推行“开门搞规划”，也仅仅是集中动员了中央在京主要单位和规划行政主管部门以外的市级其他行政主管部门以及地方政府的参与，面向公众的大门那时还没有打开，公众参与机制和依法实施规划的机制尚未健全。

随着国家层面和北京市政府对历史文化名城保护的日益重视，历史文化名城保护的法规建设进一步加强，管理体系进一步完善，市人大、政协有关历史文化名城保护工作的建议、提案数量不断增加，各级政府参与编制保护规划并积极推动规划的有效实施，专家得到了更大的话语权，其意见与建议在很大程度上成为规划决策的重要参考依据。网络媒体对旧城保护起到了舆论监督作用，并通过积极宣传，使全社会名城保护的意识明显提高。

新世纪第一个十年，《北京日报》记者刘扬全程跟踪报道了北京名城保护规划方面的情况，以她的视角，我们可以看到政府媒体都在发生变化，都在不断成长。规划正是在政府、专家、媒体和公众的相互关系的变化调整中从精英统治的神坛走入了民间：“最初政府主导，包办一切，然后是专家进来，再后公众也参与进来。”

初期的时候，“媒体的作用主要是为政府正面宣传工作服务的，慢慢的，都市报、新华社等相对独立的媒体有了一些不同声音。”在审稿、发稿的细节上也可以感觉到时代在朝包容、开放的方向发展，“作为媒体参与旧城保护工作，在初期曾有审稿要求，我们写好的稿子要给政府部门审改后才能发，现在记者采访完了就发了。审稿子其实也有好处，有些外行的话可以帮他堵一堵，有什么表达不太清晰的再明确一些。现在我觉得不存在这个情况了，媒体和政府的视角不一样，政府想宣传政绩，而新闻媒体具有监督功能，应该将看到的问题，传播给公众，接受公众的反馈后，再传达给政府部门改进提高”。当然，这是个双方相互适应和重新定位的过程，“随着时间的推移，媒体的独立监督职能渐渐有一些萌芽表现出来，对于双方来讲其实都是进步。对于政府来讲，想要宣传报道的事情，我们帮助表达，如果我们报道了政府没有发现的问题，其实是对政府工作的完善。那时候旧城保护，可能会有一些小小的问题，比如说评估的问题，包括私房的问题，公租房出租的问题，修缮问题，开始慢慢通过媒体体现出来，这时候报纸的监督作用就体现出来了”。

到了中期，在经过了总体规划修编、控规修编之后，媒体和政府之间彼此有了更多的接触和了解，媒体的作用在不断增强，而且更加独立了。政府“这时候会觉得媒体没那么听话了，因为记者的信息渠道不仅仅来自于政府，也可以去市场上采访，信息来源很多、面也很广”。

在后期，由于规划部门不断在推行责任规划师、公众参与等机制，她觉得“市规划委以更加开放的心态去解决问题，跟专家、跟媒体探讨解决方案。比如说，东城区规划分局曾经搞了一个改造的方案，请一个外国的民间组织，集合了街道、当地居民和媒体，大家一起来说怎么改造社区里面的一块小地。这个活动搞得很丰富，每个人都可以出方案，然后碰出大部分人能够接受的方案。通过这个事把邻里之间凝聚力恢复起来，把规划的理念也下到社区去，让老百姓觉得规划这个事情我也能参与，我也可以搞规划，街道后来还出了一本书。我觉得规划理念慢慢就会到老百姓，下到社区里面，大家觉得规划不是高高在上的学术，而是一种接地气的东西，让大家觉得跟我有关系。在旧城里面的改造，不可能大拆大建，耳朵眼里做道场，怎么在小空间里面干点什么事，这个时候特别需要群众的智慧”。政府离公众越来越近，媒体的报道也变得越来越独立、客观和系统。规划逐渐退去了神秘的光环，正走在能让百姓听得清、看得懂、理解和接受、支持和拥护的路上。

7.2.2 从大拆大建到有机更新

北京旧城是城市记忆保持最完整、最丰富的地区，同时，因为旧城具有核心区位优势，在级差地租的作用下，为追求经济效益最大化，也必然成为房地产开发竞相争抢的黄金地段。在以与房地产开发相结合为主的政策导向下，自 20 世纪 80 年代末 90 年代初开始到新世纪初结束，以成片开发、大拆大建、就地平衡为主要模式的旧城危改，在旧城区内拆除胡同和旧房，兴建大马路和高层建筑，使文化遗产和历史环境遭到了严重的“建设性破坏”。21 世纪初，随着政府组织编制《北京旧城 25 片历史文化保护区保护规划》、《北京历史文化名城保护规划》等保护规划，加强了旧城的保护力度，使保护越来越强势，近年来，随着社会各界对城市历史与文化的重视，大拆大建基本停止了，由暴风骤雨式的拆改建变为现在局部地区的零星小阵雨。

对于为什么要变“大拆大建”为“有机更新”，吴良镛先生的论述十分透彻：“要把城市当作有生命的机体，不能大拆大建，而是要通过城市的‘新陈代谢’，进行循序渐进式的有机更新，保护城市文化，清除‘死亡细胞’，更生‘新细胞’，恢复城市的‘微循环’，做好旧建筑的适当再利用。”应当放慢“旧城改造”的速度，对旧城宜采取“有机更新”、“小规模改建”方式，而不是急功近利，大拆大改。在旧城内要保留适当的居住职能，并改善其环境。①

今年8月的一天，海淀区委书记隋振江先生接受了作者的访谈，历任北京市西城区规划局局长、西城区政府副区长、市政府副秘书长、市住建委主任等要职的隋书记向作者畅谈了他作为这种大建设时期的建设者和决策者，在认识上发生的转变和深入思考：“我从事城市建设工作至今也有20多年了，我1985年参加工作就是在西城区建设开发公司，当时主要是从事旧城改造，在二环内外重点改造了一些，原来城市化过程中遗留下来的村落，或者是过去的平房。当时由于城市的发展，这些老旧平房区基础设施落后，房屋破旧，我们更多地是看到了它的衰落，看到了它拥挤的大杂院。从民生的角度，从发展的角度，更多地考虑通过改造来解决“文革”这么多年以来没有搞城市建设积累下来的群众居住拥挤、危险、脏乱的问题。所以当时推动了一大批危旧房改造，我也曾担任过西城区的建委副主任，危旧房改造办公室主任。

而在改造的过程中，发现连片改造效果更明显，通过连片改造可以更完整地规划改造后的地区，进而又推动了工农区的建设，像金融街的建设、西单的建设、德外的改造、西外的改造，当时我们叫一条大街六大片。这是那个时代，特别是在20世纪90年代到21世纪初，破解民生发展问题的一个方式。

但是在这个过程中，应该说，历史文化名城的保护和改造的矛盾也在不断地产生，我们对如何处理好这个矛盾的认识日益加深。我印象最深的是在1996年我参加了一个专题的国外考察学习，是由教科文组织的一个叫做历史文化遗产委员会的机构组织的考察。当时参观访问了欧洲的挪威、法国，还和波尔多当地的官员学者有广泛的交流，看到了他们把自己有限的一些历史文化遗产保留下来。像挪威的特隆哈姆市的一些老的木屋区，其实面积很有限，在怎么保护的同时，还要满足现在的生活功能，探索外部建筑材料的使用，区别新型建材和传统建材。

当时印象比较深的是我们正在进行这种大规模改造建设的规划，在思考这种规划和保护性的有机规划的冲突。其中奥斯

---

① 吴良镛．北京规划建设的整体思考．北京规划建设 1996（3）．

陆的规划主管部门给我们介绍的时候，印象最深刻，在20世纪60～70年代，他们有过一个宏伟的规划，为了改善这个地区的交通，他们计划在奥斯陆皇宫前修一条高架路，从皇宫前的大道穿过，这个规划一直保留到1976年才重新修改。我们去实地看的时候比较受震撼，他们有一个1平方公里的老城，这个老城其实也衰落了，主要是北非的一些移民住在这个老城，但这个老城格局还在，穿过老城恰恰也有一条高架高速公路。去的时候，应该是1996年，他们正在用各种机械破拆这条高速路，就是为了保护和更新这个老城，把这条高速路改线了，在老城外围城乡结合部又开辟了一条高速路。我想这样一个政府，这样一个城市，这种规划思想何尝不是我们正面临的问题。当我们正在欣赏我们这种环城高速、高架公路、成片改造业绩的时候，我们是不是丢掉了什么？他们走到了现在，对老城区的规划仍在调整，而我们恰恰还在用原来的思想，甚至还在这个历史地段进行大规模的建设。

这一路我们有很多交流，后来又到了波尔多的老城，我看到了他们怎么保护传统的波尔多码头区的红酒窖区，把红酒窖区探索改造成一些新的民居，一些创意园，实际上，现在我们也正在这么做。

回国之后，因为有这些感触，也做了一件很有益的事。当时什刹海号称是我们的历史文化保护区，但是规划给的保护性条件是什么呢？就是高度不超过6m，但是可以再建。因而当时按照以前咱们这套危旧房改造的理念，虽然容积率低，但是觉得能建6m，将来也可以卖院子，把老百姓拆出去，让老百姓安置好，这边再建成一排一排的新院子。当时在什刹海周边，像百米斜街、后海、沿儿胡同、西海，大大小小应该有3到5片危改，这个还是当时我在危改以前就有。由于有了这次学习的感悟，我知道了什么叫历史地段，什么叫历史地段的整体保护以及整体保护的内涵，不仅是保护风貌，同时要提升品质、再现活力，包括它的文化活力和社会活力。

当时清华大学有一个课题组一直跟我们做危旧片拆除性研究，我当时做的第一件事情，就是不再和清华大学探索、研究拆除性的改造工作，而是重新研究整体保护性的规划，进而形象地描述为镶牙补牙似的规划，不再延续大拆大建，对原有的立项的危旧项目采取了收回撤除的处置，后来这些危旧巷没有实施大规模改建。

那么如何激活整体保护区的活力呢？我在西城区时也一直在探索，当时跟几个大学，甚至社会学家研究采取有机疏散方式，比如说怎么样动员群众，愿意走的走，愿意留的留，走的人怎么给留的人一些补偿，留的人怎么给走的人扩大面积补偿，然后政府再给一些支持资金，一直在探索，但是确实没有一个成熟的模式。因为已有的遗留问题还是比较尖锐，城市居住比较拥挤，大家对搬出或留下改善的居住条件期望值比较高。再一个就是大量的商业开发，给大家搬迁带来的利益，成为了居民守住老房子的一种主要价值预期，这也是一个政策惯性导致的。同时，街区的活力，传统文化的魅力，还需要得到彰显。正好有一次考察，看到了新天地，和当时新天地的同济大学的主设计师莫教授细微地聊了聊，听取了他们在修缮过程中的一些做法，怎么来用传统文化结合现在的文化性消费，提供精神卖点或者叫支撑。

后来就开始结合什刹海原有的设施改造，开始推动什刹海地区的业态调整。本来什刹海原来有些经营设施，我们也有一个管理机构，盖了一些房子，都是一些很低档的一些消费品，显得这个地区就是很没有生气。在设施改造过程中，在保证建筑格式的传统融合以外，引入了一些现代文化公司，然后他们就策划引进了一些酒吧、时尚餐厅，把过去一个简单的消费变成了文化时尚消费。这种时尚不是现代时尚，而是一种传统街区的魅力展示出来的时尚。本来就搞了前海的一小片改造，进而带动了整个什刹海地区，沿湖沿街原住户、原租户、原单位为主体的和传统街区文化旅游结合的自我改造，使这个地区焕发了很大的活力。特别是 2003 年“非典”之后，后发性地增长。当然后来也发现这种过快的增长，也有传统阶段过渡商业化滞留，人口多了之后，满街都是人，交通也有问题，但是总地来说是好事，它在符合要求的条件下，给传统街区带来了活力，也使我们更坚定了整体保护咱们传统老城核心区的信心。看到老城作为历史文化名城的名片的底片，一旦焕发出这种光辉之后，它将会经久不衰。

在这种传统院落和我们京城三海相容的魅力下，远远高过我们建一两栋、火柴盒住宅楼那样，传统城市风貌的韵味和其中沉淀下来的文化信息，是我们任何新建规划图难以做到的。从消费者趋之若鹜，商家增长甚至过快增长，也都体现了这一点。现在看什刹海地区、鼓楼地区，还有南锣鼓巷地区已经成为我们北京的一大特点，我们说历史文化名城，故宫是明珠，颐和园是明珠，那明珠下面是什么？总得有绿叶，就是我们历史文化名城的保护区。

之所以说起来这一段，我觉得这个过程也恰恰是我们城市规划思路调整的过程。我们的规划部门，我们的专家，我们的各级政府、各级领导，包括我本人也正是在这个过程中，觉醒、加深认识的。我们在推动改造的同时，如何更加注意保护和改造的融合，使改造的模式由简单的大拆大建的单一模式，发展到整片保

图 7–3　改造后的什刹海
（图片来源：作者摄于 2014 年）

护渐进式更新，或者叫有机更新的这种模式。在这种模式没有定性之前，我们能承受先暂缓改造，这个体现在我们历史文化名城规划中片区性的保护。”

7.2.3　从个体保护到整体保护

北京的名城保护实际上经历了从文保单位到保护区，从保护区再到旧城整体保护的艰苦发展历程。

据边兰春教授介绍：“北京历史文化名城经历了从文物保护到旧城整体保护的发展过程。北京自 1957 年起开始确定重点保护文物的名单，至今已先后分 7 批公布了 326 个市级文物保护单位，并先后划定了 245 项文物保护单位的保护范围和建控地带。改革开放后，北京历史文化名城保护逐步得到重视。1982 年，北京被列入国务院公布的首批历史文化名城名单。1983 年，中共中央、国务院发出《关于对北京城市建设总体规划方案的批复》，提出对旧城实施整体保护。1993 年，国务院批准的《北京城市总体规划（1991-2010）》将‘历史文化名城的保护与发展’列为单独一章进行论述，提出历史文化名城保护的三个层次：一是各级文物保护单位是历史文化名城保护的重要内容；二是历史文化保护区是具有某一历史时期的传统风貌、民族地方特色的街区、建筑群、小镇、村寨等，是历史文化名城的重要组成部分；三是要从整体上考虑历史文化名城的保护，尤其要从城市格局和宏观环境上保护历史文化名城。再经过十年的发展，北京历史文化名城保护的法律政策环境逐步优化，及至2002年9月《北京历史文化名城保护规划》出台，提出从整体上保护北京旧城（的格局），对历史水系、传统中轴线、皇城、旧城‘凸’字形城郭、道路及街巷胡同、建筑高度、城市景观线、街道对景、建筑色彩、古树名木等十个方面提出具体要求，文物保护单位、历史文化保护区、历史文化名城三个层次的保护体系初步形成。”[①] 吴良镛先生一贯倡导“要进一步明确历史文化名城的价值和保护的意义，更为积极地从战略上，而不仅仅从战术上（这也是非常重要的）保护旧城。”[②] 他不断指出：“旧城区已经过度拥挤，应当预见到旧城的许多内容还潜在着继续自我扩张的因素，因此在旧城内不能任其发展，继续盲目添加新内容，更不能把旧城土地作为开发用地，任其为商业、金融的发展所吞噬破坏，而是要着力于疏解整治，否则无从谈保护，也无法提高其环境质量。”他强调，即使在旧城比过去有了很大变化的情况下，仍需坚持“整体保护”原则，改建过程中始终要保持空间的完整性和建筑群的有机秩序，严格实行“高度分区”。2003年，在《战略研究》中，吴良镛教授提出了“旧城保护永不言迟”的观点，反驳了“旧城已毁坏，不具备整体保护的条件”论，由此坚持提出的“整体保护旧城”论点首次被政府接受并写入《战略研究》，进而在下一年开展的总规修编中被写入2004年版总规的规划文本，获得国务院正式批复。由此，标志整体保护旧城的提法获得官方认可并推行。

就历史文化保护区而言，相对于文物保护单位和单体保护建筑，保护区强调的是“一定范围内”、“具有相对完整的历史风貌”、要保护“建筑的原真性”等概念，也是一种局部的整体保护观。在1990年到2009年的20年中，北京共划定了43片历史文化保护区。1990年，北京市政府批准确定了北京市25片历史文化保护区的名称；1999年，北京市政府批准了《北京旧城历史文化保护区保护和控制范围规划》，确定了25片历史文化保护区的核心

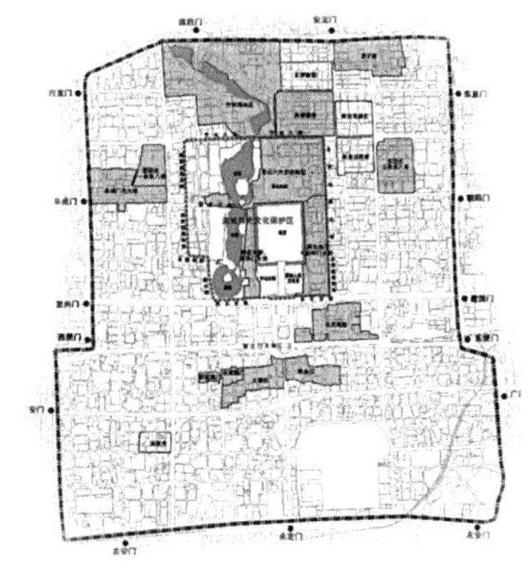

图7–4　历史文化保护区分布图
（图片来源：北京城市规划设计研究院工作资料）

① 边兰春．旧城永远是北京城市发展的根．北京规划建设．2009（6）．
② 吴良镛．北京城市设计的整体思考．北京规划建设．1996（3）．

保护区和建设控制区的范围；自 2000 年 7 月起，市政府委托市规委组织中国城市规划设计研究院、清华大学、北京市城市规划设计研究院等 12 家单位，共同编制了《北京旧城 25 片历史文化保护区保护规划》；2002 年，又确定了第二批 15 片历史文化保护区；2004 年，2004 年版总规又增加了 3 片。持续增加保护区的事实也表明了保护观念的整体改观。

图 7–5　皇家建筑的保护（上）
（图片来源：高吉．紫禁城 .2008）

图 7–6　保护内容从皇城拓展到旧城整体环境（下）
（图片来源：清华大学什刹海保护规划工作资料）

7.2.4 从单兵作战到联手合作

在名城保护的初期，以文物保护单位的保护为主，市、区规划、文物部门和文物、规划专家是保护工作的核心队伍，这个阶段从1980年代持续到2005年前后，其表现的特征是：保护被认为是规划和文物部门的主要责任，其他部门则以旁观或公关的态度来应对，规划和文物部门及专家的声音往往表现为自言自语、自说自话，传不出去、被动挨打，甚至常常被指责为是阻碍经济发展的绊脚石。2004年版总规修编以后，这种单兵作战的局面开始被打破了，市住建委、市危改办、各区政府等部门和地方政府积极参与进来，部门之间加强合作，相互理解，达成共识，以保护为出发点，明确提出拒绝房地产开发商在旧城拿地拿项目搞开发牟取暴利。

从改革开放起算，旧城保护工作从规划、文物行政主管部门和规划文物专家主演的"独角戏"发展到各级政府、专家、媒体、公众的"大联唱"，经历了整整25年左右的时间。如果从新中国成立初期起算，这个时间跨度就更长了，可见，这个改变来之不易。接下来的工作变得相对顺畅了，政府建立了公众参与的机制，从消息的被动公开到主动公开，增加透明度，工作具有了更鲜明的公众性。2004年正式成立了历史文化名城保护专家组，全程指导和监督名城保护规划的编制和实施。媒体主动宣传、报道、跟踪、点评和监督公众所关注的名城保护热点问题，引导舆论方向。公众从最初的漠不关心到关注切身利益，再到关注名城保护的发展，已经逐步发展成为名城保护不可或缺的力量，如798、什刹海酒吧街等就是社会力量自发保护成功的案例。

到现阶段，已经初步形成了政府、专家、媒体、公众一体化的保护规划编制与实施管理机制。政府越来越多地关注和倾听来自不同利益群体的意见和建议，媒体的介入、关注，专家点评，居民的参与，使保护工作更为全面。

7.2.5 从方法单一到不拘一格

名城保护的方法也在不断积累经验和演变。由于最初的保护是针对文物保护单位的，相关的法规主要是一部《文物保护法》，其中对于保护的方法和要求规定得很具体、很严格，基本要旨就是原封不动。这种博物馆式的保护对单体的文物保护单位是十分适用的，后来保护的对象发展了，法规和方法却没有跟上变化。

吴良镛先生指出："城市是一个有生命的机体，需要新陈代谢。如果把城市当作'木乃伊'去保护当然矛盾重重。"

老子曰："善建者不拔，善抱者不脱。"在建设的过程中，一方面，建设者要认识到具有特殊历史地位和核心价值的旧城是不可再生的资源，不要以"太烂了，保不了"作为"大拆大建"的借口，谋求短期的商业利益；另一方面，对于保护者而言，也不要采取博物馆式的、原封不动的、僵化的保护方式，"为保而保"是行不通的，只能被决策者认为不可为而遭致否定。

事实上，这关键的十年中，随着保护内容的不断丰富，保护方法也相应地多样化了。如故宫采用是"博物馆"式的保护方式，国子监是"整旧如旧"式的保护，什刹海是对整体环境和文化氛围的保护，南锣鼓巷是用商业激发传统街区的活力。菖蒲河是环境风貌修复式的保护，798、首钢等优秀近现代建筑和工业文化遗产则只要求保持建筑外立面的原貌，对建筑内部可以进行现代化改造，以通过再利用适应城市新功能的需求。

图 7–7　保护方法呈现多样（左：黄城菖蒲河公园；右上：798 工场；右下：国子监）
（图片来源：北京市规划委员会工作资料）

图 7–8　人来人往的南锣鼓巷
（图片来源：作者摄于北京，2014）

7.2.6　从单纯保护到保护多元

在保护的时间断代上也经历了很大的跨越，这种改变是从以保护主体为本的强烈的排他式“主仆关系”转变为了已获得平等存在权利的包容式平等关系。在文物保护时代，只是保护那些相对古老的明清时代以前的建筑物，甚至，只有年代足够久远的皇家建筑群或某种特定建筑才具有受保护的资格，为了保护它们，不惜拆除其周围相邻的同时代的街区以突出其受保护者的至尊地位。

这样的保护理念一直持续到《25 片保护规划》编制的时候。解决了“同辈”建筑不同“待遇”的问题，普通的传统民居和高贵的皇家宫殿都被列入了保护名单。但不同“辈分”的建筑仍然无法得到相同的“待遇”，比如福绥境大楼作为“大跃进”时期的代表作品因其体量与“前辈”建筑不协调面临被拆除的命运选择，可以说，“年轻后生”建筑在生存权上因保护“前辈”建筑而备受威胁。

从 2007 年开始，这个问题因《名录》（第一批）的编制而得到解决，在《名录》中，保护的主体建筑的断代从明清时期延伸到近现代，民国到“文革”时期的优秀建筑作品均被囊括在内。

20 世纪末，保护的重点仅仅为故宫等文物保护单位；2002 年以后，保护对象从皇家建筑拓展到民居建筑；2007 年，又从“年迈”的四合院、胡同等平民建筑保护拓展到较为“年轻”的优秀近现代建筑和工业文化遗产保护。至此，在保护的范围上，从聚焦单体文物保护拓展到了历史文化保护区和旧城整体保护；保护的空间上，则体现了从点到面、从个体到区域的发展规律；保护的内容上，从建筑本身到所在环境，从局部到整体，从物质遗产到非物质遗产；保护的责任主体上，从政府的文物规划部门、规划文物专家到各级政府、媒体和公众的共同关注、监督和支持。

7.3 名城保护体系框架的构建

7.3.1 名城保护面临挑战

新世纪最初的十年中，历史文化名城保护工作取得的成绩令人振奋和鼓舞，但是，依然存在着战略层面、政策层面、规划与实施层面如何持续推进、扩大战果的问题，宏观上，政府、专家、媒体、公众对保护的理念趋于共识，使保护的立场更加坚定，逐步形成了合力，但在微观上，各方推动保护工作的落实仍会有一定程度的分歧。

首先是战略层面：一方面，尽管《04 总规》确定了“两轴 - 两带 - 多中心”的城市布局，但城市单中心聚焦的结构短期内难以改变，人口和功能向外疏解依然是难题；另一方面，政府职能定位既有公益服务，同时又要完成经济指标，就仍然可能会在保护和拆除之间反复摇摆，使旧城保护工作处于两难。

二是政策层面：一是名城保护的政策力度不够，并且在与规划、国土、建设、交通、文物、发改等部门的监督、审批等环节的衔接不够顺畅和同步；二是名城保护配套的政策尚不完善，比如在旧城私房产权确权方面推进困难，界定不清，影响居民作为保护主体发挥应有的作用。

三是规划与实施层面：一是在名城保护工作监管上缺乏力度，公众监督获取信息、反映问题的渠道仍然十分有限；二是在规划内容上、实施上，处理好中央与地方之间的关系、政府与市场的关系，也是决定名城保护能否奏效的重要因素。

走出旧城形成的“好的拆了，滥得更滥，古城毁损，新建凌乱”[①] 的怪圈，破解保护难题，需要继续寻找解决问题的头绪。

7.3.2 名城保护战略新思路

一是用减法明确旧城功能定位。根据《旧城规划》，旧城的

---

① 吴良镛．北京市旧城改造及有关问题．北京城市规划研究论文集．北京：中国建筑工业出版社，1996.：104.

主导功能是：全国的政治活动中心；文化传承、培育、发展与传播的重要基地；商业金融发展的重要区域；旅游、休闲活动的最佳去处；安定和谐、充满生机的居住地。

可见，旧城的功能定位仍然过于集中，相互干扰，存在“眉毛胡子一把抓”的现象。由于旧城空间容量有限，如果上述功能继续叠加，势必进一步争夺发展空间，因此，建议旧城内的行政办公、金融和居住维持现状规模，加大对旧城的保护力度，突出其作为历史文化名城的核心地位。

二是实施疏解战略。通过结构性疏解，由过去以旧城为核心的“中心加放射”、圈层式的城市结构和发展模式改变为“两轴-两带-多中心”的结构。通过区域性疏解，把旧城与新城或旧城外的近郊区域进行点对点对接，迁出不适合在旧城发展的城市功能，把旧城内人口和功能逐步疏解出去。

三是系统整合战略。通过两步走的方式完成行政区域的整合：第一步是把东城、西城、崇文、宣武区合并为两个区，这一步已经实现;第二步是进一步将东城、西城两个区整合成一个“首都区”，整合后将有利于协调统一保护政策，整合利用旧城资源，促进旧城整体保护。

四是有机更新战略。城市的发展趋势是不可阻挡的。对于一个有上百年历史的老城，新陈代谢是历史的必然，保存城市的结构、肌理，提高传统建筑的活力，是保护工作的核心。在旧城停止改造和大拆大建的危改行动后，应该采取渐进式的、小规模的、微循环的方式进行有机更新，防止大尺度异形建筑大规模地植入，同时也要防止建设大马路对街巷胡同体系的破坏。

五是积极保护战略。政府应该尽快研究制定政策，搭建平台，优先鼓励地方政府、街道办事处、居委会、产权单位及居民等保护主体采取主动的、积极有效的措施，植入与旧城肌理相适应的现代化功能和产业元素，增添旧城区域的活力和生活气息，防止衰败地区的蔓延，防止旧城的进一步衰败和空心化，促进旧城的复兴。

7.3.3 名城保护体系

经过十年的探索，逐步形成了“一个重点、三个层次、一个加强、两个扩展”的“1、3、1、2”保护体系。

“一个重点”就是以旧城为保护重点，旧城的历史文化价值得到重新的评估和认识，旧城成为保护的重点和保护工作的核心。

“三个层次”：一是文物保护单位的保护，在《文物保护法》

支撑及文物局实施保护的情况下，增加专项资金投入，加强文物保护单位的升级和普查工作，制定文物保护单位的保护规划；二是历史文化保护区的保护，分批划定历史文化保护区，使保护区范围增加到旧城面积的1/3；三是历史文化名城的保护，使保护扩大到整个市域范围，所有历史文化资源纳入法定保护体系。

“一个加强”就是加强非物质文化遗产的保护。

“两个拓展”挖掘和扩大了保护的内涵与外延，有效保持了城市的记忆和多样性。优秀近现代建筑保护填补了北京从新中国成立以后到“文革”时期保护建筑的空白，工业文化遗产保护则通过保护与再利用，有效地保持了工业时代的城市特征，延长了工业建筑的使用寿命，使其适应文化创意产业等新型业态的发展。

我和朱嘉广先生讨论过“1、3、1、2”体系，他认为：“国务院的保护条例说的就是文物建筑、街区和名城三个层次，说得很清楚，大家都公认，而且这是比较有中国特色的一个很基本的保护体系，其实说到‘3’，我觉得这些年，尤其是近十年，其中的每一个层次都有发展，比如文物建筑的保护，现在又扩展了一个概念叫做历史建筑。什么叫历史建筑？我们现在说的优秀近现代建筑，也包括工业遗产，都是建筑的一种，都应算在文物这个层次里边，我比较赞成这么分类。街区内涵可能要比它复杂一些，所谓社会的内容、生活的内容会包含得更多一些。所以‘3’里头第一个层次叫文物或者是建筑，因为文物有特定的文物法律上的意义，历史建筑不见得属于文物登记，这是第一个。第二个是街区，或者艺术生活街区。第三个现在要扩展的内容是所谓名城了。其包括了文物建筑、街区和历史城区，三个内容加起来等于我们所说的历史文化名城。

现在还扩展出来了很多其他的概念，我看过你们的《北京人文地理》杂志，你们搞的京西古道，这是文化线路，北京大名城体系都可以包括进来的，不是我认为这条文化线路只能跨省跨国才算，这里边本身有一段很重要的文化线路、文化景观等。我觉得这个开放的体系通过这十年在不断地丰富，包括非物质文化遗产体系，我们对它的认识也在发展，它是孤立存在的，包括街区、旧城，如果旧城街区没有人了，你把人全都赶走，搬一拨新人过来，显然非物质文化的体系就断了。而且我也不太赞成把这些旧城街区的人称之为‘原住民’，他们是比较自然的，他们认为自己是这片的主人，把这个街区作为生产生活的地方，通过一些努力让他们继续在这里繁衍生息，所谓非物质文化遗产有些是说不清的，不是说都像京剧那样说得那么精准，这个题目对我们学建筑的人来说更难把握，但是我觉得这是有的。

这个体系框架是怎么样的，但是它的内涵，我对他的理解是不断充实且不断变化的。我们这个行业关注的是载体，房子这样的载体比较容易抓得住，可是还应抓住在这个载体中生存的人。这些住民把这儿当成他的家园非常重要，别今儿我住这儿明天我就走了，根本不当回事，这事儿就糟了。心理上的认同，还有生存状态的认同。比如：这个院全是租给旁边施工队的，他们一定不把这当成他们的家，农民工可能还是把他的河北、江西老家那儿当成他的家，他重视这个，把老家的房子弄得好好的，所以对保护来说人还是很重要的，而且人的生存状态更加重要，而生存状态其实是动态的，会变的，不可能不变，非得留在他那，他还不愿意在这儿待着呢，他愿意在这儿待着，你又非得让他走，这事会很麻烦，得有人研究这个问题。”

7.3.4 名城保护法治化进程

历史文化名城保护的法治化进程是在逐步加强的，特别是改革开放以来，通过制定、修订和颁布实施《文物保护法》、《城乡规划法》、《行政许可法》、《物权法》、《历史文化名城名镇名村保护条例》等一系列相关法律规定，历史文化名城保护领域取得了从认识到实践、从实体到程序的巨大发展。就这个话题，我对北京市浩天信和律师事务所合伙人陈伟勇先生进行了访谈，在20世纪90年代，从中国人民大学法律系毕业没几年的陈律师曾经作过原北京市规划管理局法制处的副处长，在那个年代他是规划局最年轻的处级干部，年轻有为，后来他离开规划局从事自己的老本行开办了律师事务所，一直作为规划局（后来变更为市规划委）的法律顾问，而且他本人对北京历史文化名城保护的法律问题长期关注，很有研究，处理过许多案例官司，经验丰富。他认为，历史文化名城保护只有纳入法治轨道才能得到有效、有保障和可持续的保护。他对新世纪初十年间北京历史文化名城保护领域的法治进程及其影响提出了以下见解：

图 7-9　陈伟勇先生
（图片来源：由本人提供）

一是在相关的法律规章中历史文化名城保护的具体内容逐步得到充实和加强。1982年的《文物保护法》中仅有历史文化名城保护的内容，2002年修订《文物保护法》时增加了历史文化名镇、名村保护的内容，并明确授权国务院制定具体办法。由于保护工作与城乡建设密切相关，2007年修订的《城乡规划法》对历史文化名城、名镇、名村保护也作了原则规定。2008年国务院制定实施的《历史文化名城名镇名村保护条例》以上述法律为依据，具体规定了历史文化名城、名镇、名村、街区、历史建筑的申报程序、保护措施、开发强度和建设控制要求等。陈律师认为，“增加历史文化名城保护的具体内容，有利于保护和监督管理工作形成综合性体系，有利于主管部门对各要素进行系统分析和统筹安排，明确保护原则和工作重点，制定更加严格的保护措施。”

二是在相关的法律规章中对破坏历史文化名城的行为增加了法律责任，加重了处罚的力度。我国长期以来对于破坏传统格局、历史风貌和历史建筑的违法行为，都缺乏相应的法律责任。2002年修订的《文物保护法》第六十九条的规定，对破坏历史文化名城布局、环境、历史风貌等违法行为，处以撤销称号的行政处罚并给予相关责任主体行政处分。《历史文化名城名镇名村保护条例》中从第三十七条到第四十六条规定了违法行为承担的具体法律责任，包括政府及其主管部门的行政责任，同时也规定了对行政相对人的行政处罚。此外，还规定了行政代执行，违法行为主体逾期不恢复原状或者不采取其他补救措施的，城乡规划主管部门可以指定有能力的单位代为恢复原状或者采取其他补救措施，所需费用由违法者承担。“增加对破坏历史文化名城行为的行政处罚，能够有效遏制破坏历史文化遗产的违法行为，提高违法成本，使得对违法行为的行政处罚有法可依，有利于保护历史文化名城的传统格局和历史风貌。”陈律师如是解释。

三是在相关的法律规章中增加了历史建筑所有权人的保护义务。2007年施行的《物权法》对于合法私有财产的所有权进行了明确保护，第三十九条规定所有权人对自己的不动产或者动产，依法享有占有、使用、收益和处分的权利。《历史文化名城名镇名村保护条例》也明确了所有权人在历史建筑保护中应承担的义务，规定所有权人应当按照保护规划的要求，负责历史建筑的维护和修缮。历史建筑有损毁危险，所有权人不具备维护和修缮能力的，当地人民政府应当采取措施进行保护。陈律师认为：“增加历史建筑所有权人的保护义务，一方面，有利于扩大历史文化名城保护的义务主体，提高公众参与程度，既保护了所有权人的私有财产，同时也激发了广大市民保护历史文化名城的热情。另一方面，由于法律规定所有权人不得随意对历史建筑进行维护和修缮，要按照历史文化名城、名镇、名村保护规划的要求进行修缮，因此所有权人对其财产的权利行使可能会受到限制。此外，法律规定所有权人为第一义务人，只有所有权人不具备修缮能力时，才由政府采取措施进行保护，这一规定可能会使得保护效率降低，在历史建筑破损严重亟需修缮时不能得到及时的维护和整治。”

四是在相关的法律规章中增加了在核心保护范围内新建、扩建、拆除的公示程序。长期以来，我国法律对历史文化名城的保护着重于实体层面，对保护程序规定不足。2008年施行的《历史文化名城名镇名村保护条例》中增加了在核心保护范围内新建、扩建、拆除的公示程序，规定新建、扩建必要的基础设施和公共服务设施，拆除历史建筑以外的建筑物、构筑物或者其他设施的，在正式审批建设活动前，审批机关应当组织专家对建设活动方案进行论证，并将审批事项在准备实施建设活动地段的显著位置予以公示。陈律师强调说："若新建、扩建不当，将会对历史文化街区、名镇、名村的传统格局和历史风貌造成影响甚至破坏；若拆除不当，将会影响当地的经济社会发展，损害居民群众的合法权益。因此增加公示程序，广泛征求地方政府有关部门、民间组织、居民群众及其他有关利益群体的意见，有利于在此基础上作出既有利于历史文化名城、名镇、名村、街区、历史建筑保护，又兼顾相关利益群体合法权益的决策，并提出相应的保障措施。"

由此可见，随着改革开放以来的法治化进程，历史文化名城保护工作逐步走上法治化轨道，从只注重"点"的保护，到形成"点"、"线"、"面"一体化的综合保护；从仅规定原则性的保护义务到对破坏历史文化名城的不同违法行为规定具体不同种类和幅度的法律责任；从政府主管部门作为单一的保护主体到将所有权人纳入多元保护主体范围；从注重实体保护到增加保护的程序性规范，使法律规范真正成为保护和监督管理的依据。

7.3.5 名城保护实施框架构想

1. 明确政府责任

政府既是保护政策的制定主体，也是保护工作的实施主体，又是保护监管的主体，身兼多职，力不从心。我认为，要想对旧城实施有效的保护，首先应该明确政府的责任，即：保护政策的制定者、保护资金的提供者和保护工作的监管者，而不应该直接参与到保护实施中。

作为保护政策的制定者，首先，完善旧城的房改政策，明确房屋产权，为四合院业主发放产权证，使业主成为建筑修缮和改善的主体，杜绝旧城的拆改建，进一步减少在旧城内的建设性破坏；其次，完善交通政策，控制旧城的社会车辆，缓解旧城拥堵；三是完善产业政策，优先鼓励文化产业入住旧城；四是完善鼓励人口外迁政策，疏解旧城人口。

作为保护资金的提供者，要通过国家与北京市两级税收专项、缴纳罚款、建立相关产权单位的公共基金等方式，建立名城保护的专项基金补偿机制，用于旧城的基础设施改造和房屋修缮等工作中。以多种投资方式筹集资金，可以整合政府和民间资本，作为设立历史文化名城保护投资基金的融资渠道。以该基金筹集的资金提供历史文化名城保护的初始资本，运用于历史文化街区、院落的综合整治、修缮并进行传统文化产业经营，将有助于以经济手段开展可持续的历史文化名城保护工作。

作为保护工作的监管者，要做好“扶持”和“遏制”两方面工作。扶持旧城房屋的自我修缮，引导文化产业，鼓励绿色交通；遏制房屋的私搭乱建，遏制违规操作，遏制不符合保护规定的建设行为，收取破坏补偿资金。

2. 加强规划引导

一是搭建名城保护信息平台。开发北京历史文化地理信息系统。2009 年 7 月 15 日，北京市人民政府参事、北京大学教授唐晓峰向市政府提出了《关于建立北京历史文化地理信息系统的建议》的参事提案，得到了时任市委书记的刘淇同志和时任市长的郭金龙同志的批示。该系统一期已由市测绘院负责开发完成，在旧城范围内采集人、地、房、经济、历史、人文、地理信息等各类精准的数据，展示旧城演变与生长的历史过程，为政府决策、精细化管理、科学研究和公众服务搭建了信息平台，填补了北京名城保护工作在大数据建设方面的空白。构建历史文化名城保护数据库，将值得保护的历史文物进行登记分类并提供对应的保护措施，使历史建筑的所有者或街区代表能够从机构所提供的各种国家文物保护纲要以及技术指导上获得大量保养维护其拥有的登录文物的相关信息。另外，还能通过网络与其他登录文物的所有者互通有无，从技术的角度促进历史建筑的保护利用及维护。

二是完善保护管理规定。明确保护的内容、保护措施以及鼓励保护的办法。

三是完善旧城房屋修缮标准。中国的传统建筑有着十分严格的规制和独特的语言，如斗栱、开间、进深、屋檐等，均是具有严格工艺要求的专业技术。如果没有一定的标准和培训，很难完成对传统建筑的修缮，因此，对旧城的房屋制定专门的标准或导则用于指导旧房的修缮工作，既十分必要，也十分迫切。

四是完善旧城基础设施规范。旧城基础设施主要以清朝和民国时期为基础，而水暖电气热是近现代由西方引入的，各种管线之间有严格的间距。按照基础设施现行安全标准，地下的埋宽大于大多数胡同的宽度，不适合在旧城狭窄的胡同空间中布设。如何在保护旧城整体风貌、保持真实的历史遗存的前提下，完善市政基础设施建设，需要制定专门针对旧城的基础设施规范。

3. 搭建宣传桥梁

将北京的历史地理信息资源与文化特征有机整合，搭建一系列平台，使公众不断提高参与历史文化名城保护工作的热情。

1）编撰出版《历史文化名城北京系列丛书》

经历了两年多的策划、编辑，2005 年 1 月，北京市规划委员会、北京市城市规划设计研究院、北京东易和文化交流中心联合推出了《历史文化名城北京系列丛书》，由北京出版社正式出版。该丛书由侯仁之先生作序，陈刚、朱嘉广任主编，黄艳、马良伟、范耀邦任副主编，温宗勇、陈继任执行主编，林铭述、张铁军等任执行副主编，共分《北京城》、《明清皇城》、《什刹海》、《前门•大栅栏》、《琉璃厂》、《东交民巷》、《国子监•雍和宫•白塔寺》、《宣南•法源寺》、《胡同•四合院》等九个系列，图文并茂，出版后受到了广大读者的欢迎。

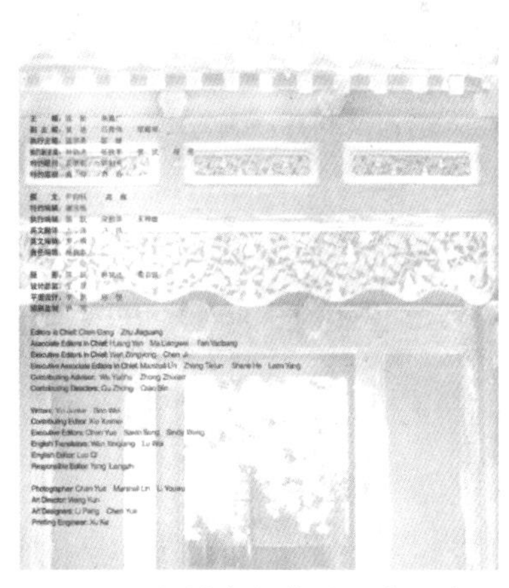

图 7–10　出版发行的《历史文化名城北京系列丛书》
（图片来源：甄一男摄于 2013）

2）编制《北京人文地理》杂志

该杂志 2009 年创刊，借助《地图》平台，由北京市规划委策划主持，北京市测绘院承编，其特点是立足于北京，聚焦于人文，定位于地理，深度挖掘北京丰富的人文地理资源，紧紧抓住"历史文化名城保护"这条线索，突出"以人为本"、为大众服务的理念，用雅俗共赏的形式为人民大众充分了解、认识北京丰富的人文地理资源提供了一个崭新的窗口，填补了北京文化读本的空白，成为了北京历史文化名城的崭新的名片。《北京人文地理》

的出版发行得到了北京市副市长陈刚同志、故宫博物院院长单霁翔同志、国家测绘地理信息局原局长徐德明同志和已故规划老专家宣祥鎏同志的大力支持，邱跃任编委会主任，温宗勇任常务副主任。该杂志出版后不仅促进了政府与民众的良性互动，实现了双赢，而且扩大了地方政府宣传，促进了旅游的开发和收益。它构建了一个信息共享的平台，搭建了一个和老百姓交流认知的窗口，建立了与公众沟通的桥梁纽带。《北京人文地理》被列入了《北京市“十二五”时期历史文化名城保护专项规划》。以区县为单元，目前出版了《门头沟：穿越京西古道》、《房山：访古探源：人之源、城之源》、《西城：都城之始，文薮之乡》、《延庆：阪泉之野，畿辅屏障》、《石景山：燕都仙山，河防重地》、《怀柔：渔阳古郡，山水怀柔》、《大兴：天下首邑，绿海新城》等 7 期。

图 7–11　北京市人文地理及领导题词
（图片来源：作者工作资料）

3）建设名城保护网站

在信息化、网络化快速发展的今天，通过网络的方式宣传历史文化名城保护，将成为名城保护的新思路。在北京市规划委领导下，北京市测绘院尝试在网络上发布《北京人文地理》杂志，实现与公众的网络互动；开通北京地图网，通过本地搜索、周边搜索、公交查询、人文地理、测绘资讯、地图专线、地图 API 等七个频道，展示旧城交通、水系、境界、居民地、植被、地貌、兴趣点、历史文化等专题地理信息，将其打造成为北京市人文地理信息资源的网络化发布窗口。

图 7–12　北京市地图网站
（图片来源：北京市地图网站 http://www.bjmap.gov.cn/）

4）拍摄名城保护系列专题片

以《北京人文地理》为蓝本，与中央电视台第十频道《人文地理》专栏合作，北京市测绘院陆续拍摄《长城长》（上、下集）和《北京中轴线指向偏差之谜》等人文地理系列专题片。策划、制作一批关于《北京人文地理》杂志的访谈节目，以提升公众对历史文化名城保护的关注度和参与热情。

4. 建立制衡机制

建立制衡机制是一条拓宽信息沟通渠道，平等反映并平衡各方利益诉求，协调矛盾和冲突、加强旧城保护与可持续发展之路。

制衡机制包括利益相关者、非利益相关者、政府主管部门及执法部门。利益相关者包括地方政府、产权单位、开发商、居民等，他们是保护规划的实施主体。非利益相关者包括政府执法部门、专家、媒体、各种保护团体等，其主要职责是敦促、监督、指导、协调和价值评估等。当实施主体或利益相关者之间产生利益冲突，或者利益相关者的利益和保护的整体利益产生冲突时，政府主管部门组织利益相关者和非利益相关者各方，通过组织、协调、推进，由各利益相关者提出诉求，非利益相关者提出建议方案，寻求解决途径。政府综合各方意见进行决策，对于利益相关者，在保护中要考虑其利益，建立利益补偿机制，鼓励其保护的积极性，使保护工作向有利于保护的方向发展。当利益相关者对政府决策不满时，可以提出行政复议，或通过法律裁决予以解决。

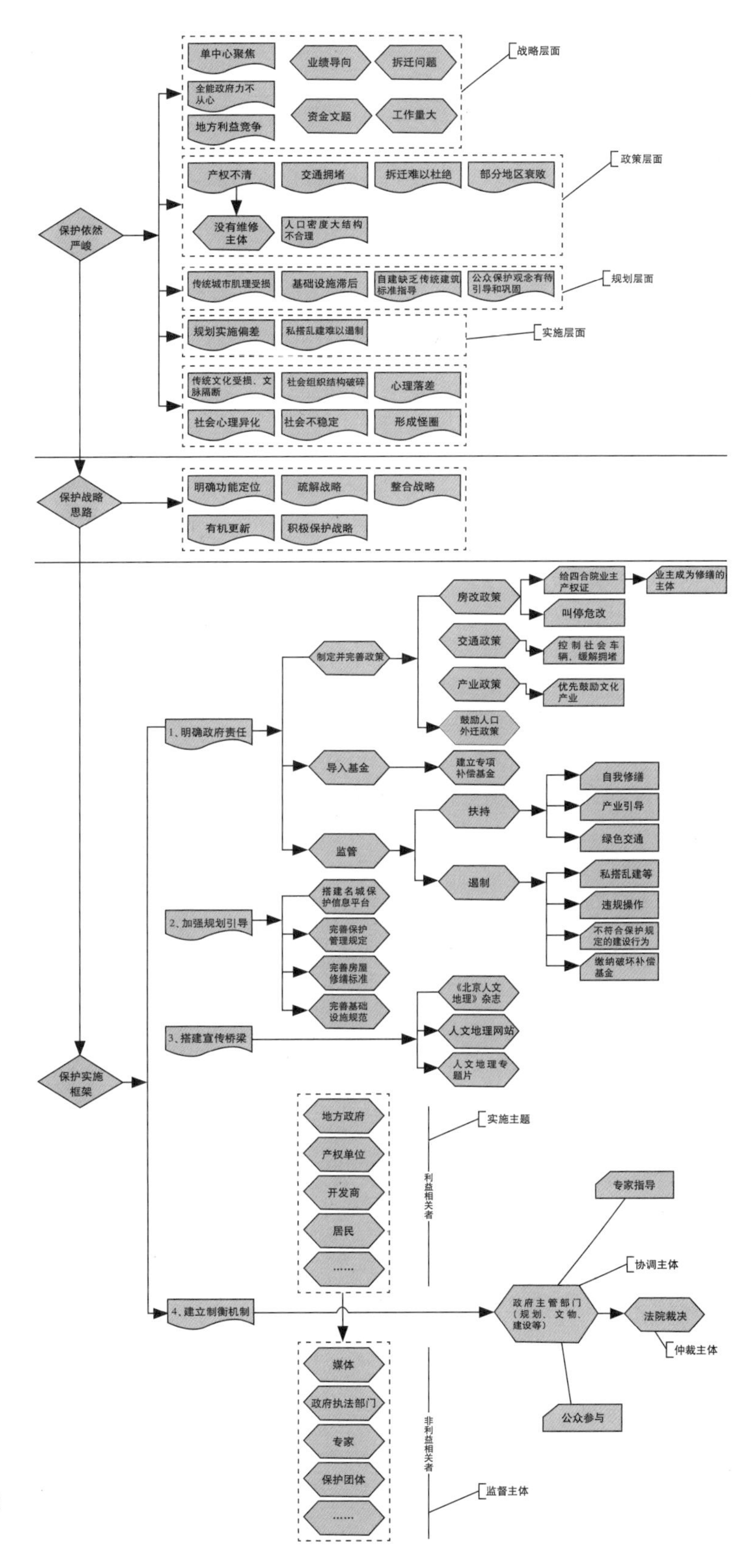

图 7–13　历史文化名城保护实施框架

第8章

余论　旧城意象

第8章
余论　旧城意象

城市是有灵魂的……每到一座城市，我总要访问几栋本地建筑师所设计的建筑，因为他们往往是城市“灵魂”的显现者。由此，我惊喜地发现，当我在试图“阅读”一座城市时，城市本身也总是在有意或无意地展示自己的“可读性”，有时简直到了可以对话的地步。越是珍惜自己特色的城市，这种对话性也越显得强烈。相反，那些盲目追求“现代化、国际化”城市，却只能给人以一种文化的失落感。

张钦楠.《阅读城市 READING CITY》[1]

8.1　破解“千城一面”

8.1.1　“天人合一、巧夺天工”的传统城镇

我国历史悠久，文化底蕴深厚，到处分布着布局形态千差万别、巧夺天工的传统村落与城镇，不仅集“政治制度、经济制度、教育制度、宗教制度、匠作制度、绅士制度”于一体，而且与自然山水巧妙结合，体现“天人合一”的思想精髓。老子说：“人法地，地法天，天法道，道法自然”，庄子《齐物论》也说：“天地与我并生，万物与我为一”，《辞海》中说：“天人合一”是“强调‘天道’与‘人道’，‘自然’与‘人为’的相通、相类和统一的观点，最早由战国时子思、孟子提出，力图追索天与人的相通之处，以求天人协调、和谐与一致，实为中国古代哲学的特色之一”，在中国的中医、武术、绘画、书法、建筑、村落、城镇中无一不是体现着这个思想本质特征。

已经被列入世界文化遗产保护名录的西递村，始建于北宋，有950年的历史，整个村落呈船形，四面环山，两条溪流穿村而过，村中街巷沿溪而设，均用青石铺地，整个村落空间自然流畅，动静相宜，街巷两旁的古建筑淡雅朴素，错落有致，其民居具“布局之工，结构之巧，装饰之美，营造之精，文化内涵之深”，为

① 张钦楠.《阅读城市 READING CITY》.生活.读书.新知三联书店出品.2004.

图 8–1 摄影师镜头下风景如画的西递宏村
（图片来源：百度图片）

图 8–2 鸟瞰阆中
（图片来源：作者摄于 2008）

图 8–3　阆中的街道和院落
（图片来源：作者摄于 2008）

国内古民居建筑群所罕见，是徽派民居中的一颗明珠；同时列入世界文化遗产保护名录的宏村，始建于南宋，有历史800余年，它背倚黄山余脉，云蒸霞蔚，时如浓墨重彩，有时又似泼墨写意，被誉为“中国画里的乡村”；阆中建县有2300多年的历史，集“风水文化、科举文化、巴国文化、三国文化、红色文化、宗教文化、民俗文化”于一体，令人叹为观止。另外，山西平遥，云南丽江，浙江乌镇、西塘、南浔，江苏周庄、同里、甪直等，其历史文化价值也是别具一格，不仅是“驴友们”流连忘返的地方，也经常是名画家笔下的素材。

千百年来，中国文化在相对稳定的环境中自给自足地发展，自成体系，独具特色。直至鸦片战争之后，这种平衡被彻底打破了，从此开始了激烈地中西文化对撞，中国文化自然生长式的发展受到阻碍，伴随着对自己文化根基的动摇和失去自信，这种阻

图8–4　画家笔下“天人合一”的中国村镇意象
（图片来源：吴冠中先生的作品）

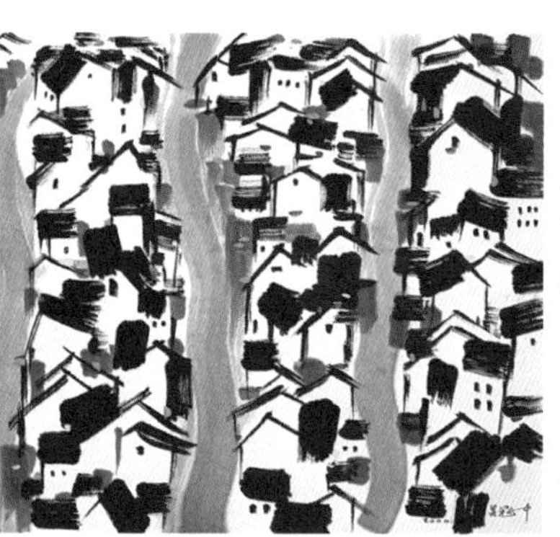

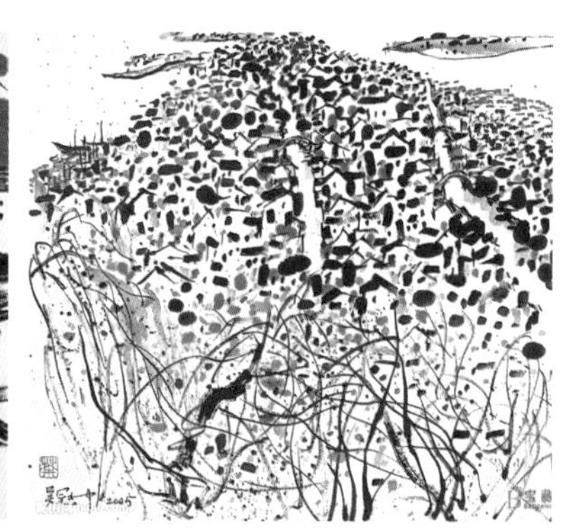

碍便日益加剧。一位台湾画家曾经问过这样的问题："在这个乡村，到那个村庄，住在小镇上、街衢里，看那古老的垣墙上的斜阳，坐在古屋的阴影里，浸淫在即将消失的'中国面貌'之中，我却找不到这样一个问题的答案，'什么是中国的？'"被誉为"20世纪的伟大学者"、"百科全书式的人物"的李约瑟曾经说过："在没有任何别的地方表现得像中国人那样热心于体现他们的伟大理想：人与自然不可分离"，然而今天，我们的文化已经断层，在经济热潮中逐渐失去自我，"整个社会都浮躁，刊物、报纸、书籍，打开看看，面目皆是浮躁；画廊济济，展览密集，与其说这是文化繁荣，不如说是为争饭碗而标新立异，哗众唬人，与有感而发的艺术创作之朴素心灵不可同日而语"（吴冠中），在这样的浮躁中，我们赖以生存的资源与环境正在被洗劫一空。

图 8-5 广东地区苗族依山而建的自然村寨相连成片
（图片来源：笔者摄于广东，2009）

8.1.2 如何理解“现代化”

但在快速城市化的过程中，许多城市的文脉被现代化的推土机斩断了。这种情况，南方有，北方也有；过去存在，现在同样还存在。城市化的过程伴随着城市道路的伸展、用地的扩张、人口的流动、资本的积累和信息的爆炸。我在20世纪90年代初期，到广东省揭东县出差时，曾经目睹了这一现象。当时，在地形图上发现了一个布局很有特点的客家村落，街坊院子沿着三条主街呈枝杈状分布，其形态似一个蓖麻叶子，前往探访得知，原来村祖是弟兄三人，一人一脉形成如此特别的布局，其生活方式、语言均与邻村不同。后来，国道修建到此，道路规划穿村而过，一个有特色的村子就此消失了。丽江是在国道修到村门口时抢下来的，后来成为世界文化遗产。然而，并不是所有的古村落都能像丽江那样幸运。

2005年，我到广东肇庆参加全国历史文化名城保护年会，会上遇到时任上海市规划局副局长的伍江，他是酷爱城市历史文化的专家型领导，向我推荐当地的“八卦村”，我当即前往寻找，肇庆的八卦村好像不止一个，我去的那个村规模不大，建筑围合山坡以八卦形状布局，村边有护村河道。由于天色渐暗，语言不通，我渐行渐快直奔村中最高处，却见坡顶处八卦村中心地的建筑已被拆光，遍地是碎砖烂瓦，残垣断壁。下坡后沿河绕村一圈，见到村委会就走了进去，里面坐着一人，一打听正是该村村长本人，还会讲普通话，我问他为何要拆坡顶的建筑，这样村子八卦格局的整体性都被破坏了，他说一个投资商想在八卦村中心投资建楼，所以就拆了，招商引资嘛，拆旧建新才好发展，他的口气中有几分无奈。当时我心里的感受就是，有钱能够办大事儿，但如果没有文化，钱却具有极大的破坏力！2005年12月13日，建设部副部长仇保兴在《中国建设报》上撰文指出：“不幸的是我国许多地方在争创‘国际大都市’、实现‘一年一小变，三年大变样’等豪言壮语的驱动下，在‘人民城市人民建，消灭旧房为人民’等貌似正确而且‘鼓舞人心’的口号策动下，城市发展之源，文脉之根的旧城或历史文化街区纷纷被推倒、拆平，取而代之的是大量毫无特色的‘现代’楼宇，彻底破坏了上下五千年历史形成的独特风貌，成为失去记忆的城市，这等于将祖传的名画涂改成现代水彩画”[①]。“‘特色危机’成为城市建设中的共性问题。规划

---

① 仇保兴.《在城市建设中容易发生的八种错误倾向》.载《中国建设报》.2005.

手法抄袭，趋同现象十分普遍，造成‘南方北方一个样，大城小城一个样’。不少城市追求大体量的建筑物、大规模的建筑群，导致城市面貌千篇一律，致使一些独具特色的历史性城市和历史文化街区正在被杂乱无章的新建筑群所淹没。”[①] 反思其根源，是“在高速城镇化进程中，盲目崇洋媚外、喜新厌旧和贪大求洋，在这些不正确的认识作用下，不少历史文化名城惨遭毁灭性的破坏”[②]。

图 8–6　广东肇庆地区被称作“八卦村”的自然村落，布局精巧，渗透着儒家文化
（图片来源：Google 地图）

图 8–7　“八卦村”自然环境下的街巷空间及风土人情
（图片来源：作者摄于广东 .2005）

① 单霁翔 .《城市化发展与文化遗产保护》.2006.90.
② 仇保兴 .《在城市建设中容易发生的八种错误倾向》. 载《中国建设报》.2005.

图 8–8 “八卦村”的建筑被拆除，如同当地文化的记忆被抹去
(图片来源：作者摄于广东 2005)

图 8-9　印象派画家的画与写生地
(图片来源：作者摄于巴黎 2003)

图 8-10　梵高的画和教堂
(图片来源：作者摄于巴黎 2003)

记得当时面对被人为致残的"八卦村"，我联想到了位于巴黎北郊瓦兹河畔的拉维小镇，一座因为有印象派画家塞尚、莫奈特别是梵高的光顾而闻名于世的普通小镇。1890 年 5 月，梵高对这个小镇做过这样的描述，"令人舒坦的空气，丰富而井然有序的绿野"，梵高在此度过了他生命的最后两个多月，并创作了不少生命的佳作。2002 年至 2003 年期间，我因为参加"150 位中国建筑师规划师赴法学习计划”曾经在巴黎工作学习过一段时间，我所在公司的老板刚好住在奥维小镇，他盛情邀请我们去他家中坐客，并感受一下小镇风采。令我惊讶的是，这座小镇不仅保持着中世纪时期的面貌，而且，对于梵高等画家写生过的景观均妥善保存着，在现场还竖立着画作与实景对照的标识。小镇处处体现着对历史、文化、艺术和艺术家本人的尊重，和我们一味追求现代化的发展方式十分不同，很值得我们学习。

我们的城市化发展功绩自然不小，但也有需要及时反思的地方。比如，是否存在对现代化过于夸大的倾向，或者对现代化的理解存在些许偏差？建筑大师张开济先生对现代化有他的理解，他认为，人们一谈到现代化城市，往往很容易联想到在国外许多城市中看到的高层建筑，并由此而认为高层建筑就是城市现代化的一个标志，但是实际上并非如此。因为高层建筑特别是高层住宅问题很多，现在国外许多城市都在控制建造高楼。在他看来，城市现代化的标志有五方面的内容：一是高效能的城市基础设施，即由高质量的道路桥梁、上下水道、电力电信、煤气热力和园林绿化等构成的高效能的城市基础设施体系。二是高质量的生态环境，即由良好的大气水体环境、绿化环境、卫生环境、居住生活环境、工作环境、景观环境等统一构成的高质量的城市生态环境。三是高水平的城市管理，即由完善的规划管理、建设管理、道路交通管理、环境卫生管理、市场管理、居住区物业管理、环境综合治理等以及由多渠道管理所统一构成的高效率、高水平的城市综合管理体系。四是高度社会化的分工协作，即在社会生产力不断发展基础上形成的相互关联、互补的高度专业化的社会分工协作体系。五是高度的精神文明，包括高水平的文化体系和教育体系、良好的道德风尚和社会风气、较高的文化素质和精神风貌。他表示，在上述这五个“高”之中，最后一条即高度的精神文明，我们却往往很少把它和城市的现代化联系在一起，这是因为我们错误地把城市现代化完全看作是物质文明建设了。此外，人们看到许多新建的高楼大厦都是以玻璃幕墙饰面的，所以往往认为玻璃幕墙就是建筑现代化的标志。其实也并非如此。由于玻璃幕墙隔热性能差，不利于节能，大面积地使用又容易产生大量的辐射热和眩光，从而污染周围环境，因此在国外已经不常使用了。他认为现代化建筑的标志一定要“以人为主”，体现对人的关怀和对人的尊重。即如何开拓一个便于残疾人同健康人一样参加社会活动的环境，也就是“无障碍”的环境。此外，为了创造高质量的生态环境，建筑节能是十分必要的。为了给人们创造更安全、更方便、更舒适和工作效率更高的建筑，我们应该利用现代科技的最新发展，大力推广“智能型”建筑。总之，满身披挂玻璃幕墙的高楼大厦不一定都是真正的现代化建筑，而那些外貌并不惊人的“无障碍”建筑、节能建筑、“智能型”建筑和地下建筑等则是建筑现代化的一些具体表现。同样的，高大壮观的立交桥倒不一定是城市现代化的必要标志，而今天国内外许多城市出现的禁止车辆通行的“步行街”，却反映了城市现代化的一个趋向。我本人对上述张开济先生所理解的现代化非常认可。

一般来讲，对城市现代化概念的理解，可大体划分为三个阶段。

第一阶段：以功能性为特征。1933 年，国际现代建筑学会颁布的《雅典宪章》提出，一个现代城市的象征，应该首先解决居住、工作、游息与交通四大功能。开启了现代主义的时代。早期的现代主义时期，文化、政治、哲学上都经历了巨大的变化，并导致了后工业的“现代主义”生活方式。这些观念使得建筑和其他艺术都建立了新的表现形式，我们今天仍然对它们着迷。而在中国，这个时期也是现代中国的转型，我们看到一个伟大的中西文化碰撞融合的过程，留学归来的学者带回来的西方文化思想，给中国的传统文化价值观带来了深刻的影响和巨大的挑战。

第二阶段：以有机性为特征。1977 年，《马丘比丘宪章》将人、土地、环境和历史遗产看作一个互动的有机整体，而不是孤立静止的个体，这是对现代城市理解的一种深入。

第三阶段：以可持续性为特征。1999 年，世界建筑师协会第 20 届大会通过的《北京宪章》指出：现代化城市建设与发展要保证“人类生存质量及自然和人文环境的全面优化”，要“走向建筑、地景、城市规划的融合”。在建筑、城市与区域发展中应当贯彻可持续发展的战略。归纳起来，城市现代化概念有四方面含义：一是可持续发展；二是以人为本；三是新技术的广泛运用；四是文化的继承和发展。我们“造城运动”的过程，似乎对新技术的应用格外着迷，相对而言，忽略了其他三个方面的同步发展。这种旷日持久的“不均衡”发展，促使城市建筑贪大、媚洋、求怪等乱象环生，在建筑创作方面，“也存在着有数量缺质量、有‘高原’缺‘高峰’的现象，存在着抄袭模仿、千篇一律的问题，存在着机械化生产、快餐式消费的问题”。[①] 是产生许多城市“奇奇怪怪”建筑的根源，也是产生许多“鬼城”、“空城”的诱因。

---

① 习近平总书记 2014 年 10 月 15 日“文艺工作座谈会”上的讲话。

(图片来源：甄一男摄于 2013 年)

(图片来源：高吉摄于 2009 年)

(图片来源：甄一男摄于 2013 年)

图 8–11　北京奇奇怪怪的建筑（a）

8.1.3 “千城一面”和“一城千面”的本质

梁思成先生曾写过一篇标题为《千篇一律与千变万化》的短文，他在文中阐述了一种现在我们城市中已经习以为常的现象，我们有些住宅区的标准设计“千篇一律”到孩子哭着找不到家；有些街道又一幢房子一个样式、一个风格，互不和谐。即使它们本身各自都表现很美观，但放在一起就都“损人”且不“利己”，“千变万化”到令人眼花缭乱的地步。他建议，在建筑设计还是城市规划，既要坚持百花齐放，丰富多彩，又要避免杂乱无章，相互减色；既要和谐统一，全局完整，又要避免千篇一律，单调枯燥，这样才能形成一个生动的、有特色的、以人为本的宜居城市。

梁先生所讲的千篇一律和千变万化，在今天则表现为“千城一面”和“一城千面”，在城市现代化建设中，我们往往重视“量”而忽视“质”，居住小区可以克隆，商业中心可以复制，我们的城市渐渐变成一座座失去了自己本来面目的毫无生机和活力的“山寨”城市。德国报纸曾评价：“初到中国来旅游的外国人对北京的建筑感到反感，这个城市没有轮廓，没有面目，使 20 世纪来华的人着迷的魅力已经不见了。”一位侨胞对成都的观感：“那种散发着很浓厚历史沧桑的古貌几乎不见踪影，眼见的是一座全

(图片来源：百度图片)

(图片来源：百度图片)

(图片来源：百度图片)

(图片来源：吴幼华摄于 2012 年)

新的现代化商业城市：笔直的大道，立体交叉桥，玻璃幕墙的高楼大厦，很繁荣，很热闹，但是和大陆许多城市同样的大同小异、千篇一律，没有自己的风格和个性。”可见，特色危机失去个性几乎成为全国许多历史文化名城的通病，这些城市在城市化发展中迷失了自我。

由于城市开发速度过快，开发项目方案和图纸大量复制，造成许多城市“撞脸”。千城一面是怎么造成的，是快速城市化的必然结果吗？我带着这个问题请教了故宫博物院院长单霁翔。

他认为，“千城一面最初是计划经济时代容易产生的效果，特别是过去苏联专家规划的很多城市都很雷同。但是万万没想到市场经济以后，千城一面问题仍然很严重，这里面就有一个对城市文化的把握和建设问题。当然有一些城市坚守自己的文化和性格。在这方面很成功的比如扬州、苏州、杭州等。但是更多的城市，城市领导者提出一些口号，希望自己的城市能够变成大都市。这就是没有深入挖掘自己城市的文化内涵，突出自己最珍贵的一面。而是看到别的城市一些东西，希望引入自己城市，使其更亮丽、更夺目。然后，就都采取国际招投标的形式，引进外国的设计师。中国几百座城市，同时都采取国际招投标的几十家来中国的设计公司，他们拿着同样的图纸进行投标，他们对于城市的历史文化、人文特色毫不知情，只是抛出吸引领导者眼球的设计，那肯定最后建起来的这些城市都是差不多的了，也就产生了千城一面。这

北京

上海

广州

天津

重庆

济南

太原

郑州

西安

图 8–12　中国各个城市趋同
（图片来源：笔者摄.2006）

是一个方面，就是设计体制的问题，设计的方式的问题。第二个方面就是形象工程的问题。比如人们经常说的，许多办公楼前面都有一个广场、一个旗杆、一个水池，然后水池四周都是图书馆、博物馆、大剧院、会展中心，俗称‘四菜一汤’。很多城市都是这个格局，都是一种模式，这些并不符合城市自己的性格。第三个就是交通问题对城市影响很大。很多城市解决交通问题，盲目建立交桥，建宽马路，两上两下，三上三下、四上四下。城市道路对城市的格局形象影响很大，很多城市普遍采取通用的形式，铲平山头，填平水池，而不是结合城市原有的地形面貌，更没有结合城市自身的特点。”

以北京为例，这座世界上数一数二的历史文化名城，本来是一座非常有精神内涵的城市，在历史上，其“天圆地方”、“绝地

南京

西宁

海口

青岛

锦州

赣州

香港

台北

台中

天通”[1]的思想反映在物质形态上，现在已谈不上有什么文化内涵和精神气质了。建筑大师张开济非常明确地指出：就北京而言，破坏古都风貌最严重的就是一“减”和一“加”。“减”是指不该拆毁的被拆毁了，如北京的城墙和城楼，以及在今天的城市更新过程中仍在不断被拆毁的文物古建筑；“加”是指不该建造的却建造了，如近十余年来建成的大量高层建筑，特别是那些对古都风貌产生直接影响的高层建筑。这一“减”，使北京失去了它作为历史文化名城的一个重要标志；而这一“加”，又破坏了北京历史文化名城原来的平缓舒展的城市天际线。这一“减”和一“加”，

① 唐晓峰.从混沌到秩序，中国上古地理思想史述论，中华书局，2010.

表面上好像是对立的，实际上却殊途同归，原因相类：拆毁城墙的原因是错误地把城墙看作是封建遗迹了，而没有认识到它是北京非常珍贵的历史文化遗产；而大建高楼的一个主要原因则是错误地把高层建筑看作是城市现代化的一个标志，而忽视了世界上其他一些历史文化名城都在禁止建造高层建筑的经验教训，张大师的话可谓一语中的。

2005 年 12 月，受潘公凯院长和陈刚主任的委托，由时任杭州市规划局局长的阳作军先生和我共同主持，在中央美院举办了主题为“发展中的城市形象问题”专家研讨会，由于未能到会，冯骥才先生做了书面发言，他认为：“一个城市的形象是它个性的外化，是一个城市精神气质的表现，是一个地域共性的审美，是一种文化，决不只是一种景观”，他提出了和张开济先生相似的观点，“中国原有城市形象的灭绝，原因有三：一是拆的原因，拆始于 20 世纪 80 年代中期城市现代化的改造，现在看来旧城改造这个词不仅无知，而且对城市文化来说是一种犯罪，它毫无顾忌地面对城市历史街区进行所向披靡地扫荡式拆除，直接造成了城市历史形象的终结，一个城市的形象首先是一种历史积累，是一代代人不断创造叠加和积淀而成的，从这个意义上来说毁掉中国城市固有形象的首先是拆。二是建，当城市的历史街区被荡平之后，在一片片光秃秃的土地上建造什么是至关重要的，它决定城市将以一个什么样的新形象出现，关键是新的城市肌理和传统肌理在文化基因上是什么关联，但是我们的城市当时陷入一种超大规模的城市开发和日新月异的快速建造中，根本来不及去想，也没有人去想。建筑师不会去承担城市的文化责任，开发商和官员的急功近利加上建筑师的技能三合一，只要好卖就立刻拿来，这样新建了一批商业性的、时髦的、怪异的、哗众取宠的建筑，既无创作也没有精神内涵。各个城市拿来拿去、借来借去，必然产生城市形象的雷同。由于开发商是甲方，建筑样式由他们说了算，自然反映他们的审美水平和趣味，于是平庸、肤浅、炫富、夸张式的审美形态同时爆发。三是规划原因，当代中国城市化实际是一场新造城运动，这在世界上是绝无仅有的，除非大规模战争或是地震，很少会有哪个城市进行如此彻底地地毯式推倒重来的改造，很少会有一个城市需要重新规划，规划直接影响城市形象，责任重大，可惜我们很少能做出像巴黎、华盛顿以及老北京那样高明的规划，最致命的是那种功能分区规划理念成为一时的潮流，把本来血肉丰盈的一个城市整体解构并简单化了，一方面泯灭了城市历史与人文记忆，另一方面把城市生活变得单调机械，由于这种现代主义理念的盛行，使得中国城市都经历了一场残酷的‘规划性破坏’。规划是由长官决定的，这个责任大部分在城市的领导者身上，他们只片面看重城市功能，缺乏对城市生命在精神、人文、个性上的深层理解。由于以上三个原因，如今的城市基本上变得大同小异，而这些雷同的城市中又一律是古今中外各种文化符号交相混杂，因为这一切都是在急功近利的市场化背景下推出来的”。

他还说，“城市的脉络没有了，地域审美特征没有了，深厚的记忆消散了，标志性的街区拆平了，一律变成商业街加饮食城，加仿古明清一条街，加美国小镇、西班牙庄园、英国郡，再加上白天的广告、夜晚的霓虹灯，还谈得上城市形象吗？城市已经成为商品建筑的大超市，应当认真反思和老实的承认，本来历史给我们一个千载难逢的大好时机叫我们好好整理一下城市文化与城市形象，由于我们毫无准备，特别是根本没有文化准备，由于我们太轻率、太无知、太急切、太随心所欲，反而把城市形象搞成现在这样不伦不类。”

令人担心的事情正在发生，过去我们一直引以为自豪的现代化建设的标志和这样的城市化结果已经或正在成为世界城市化发展中的反面教材。这的确不是我们花了几十年的时间和数以万亿计的金钱所希望看见的。一部 Serge Salat 著、2012 年由中国建筑工业出版社出版发行的厚达 550 页的巨著《关于可持续城市化的研究 · 城市与形态》中研究并列举了大量关于北京的案例，其传统城市空间形态的艺术特征和欧洲城市相比甚至还要略胜一筹，而新建城市的开发案例则无一例外地成为了反例，这真是令人遗憾的事情。该书是中法合作项目——中国生态城市和未来可持续发展建筑的一个专项成果，受到了我国住房和城乡建设部科技发展促进中心和法国建筑科学技术中心城市形态研究室的联合推荐。该书指出，城市在过去二十年发生的变化超过了以往 2000 年，可用十个过程描述其演变过程。(1) 其演变主要取决于城市功能的寿命而非取决于时间顺序，可以说，许多城市因其功能转型或衰竭而“被死亡”。(2) 城市会随时间推移而发生缓慢变化，然而，那种通过拆毁城市并铲平整个城区的原有结构与网络的城市规划方法残忍地中断并破坏了城市自然的演化过程，使城市发生畸变。(3) 形态往往具有持续性，而功能则会变化。(4) 以相同或逐渐改变的形态履行不同连续功能的能力是历史城市的适应性特征。(5) 适应性是一个不断调整形态和功能，并相互改变的过程，功能不应居于形态之上。持久的适应性是城市演变和保持连续性的基础。(6)纵观历史，城市在各处不断蔓延。在此过程中，尺度以及产生构成要素的大小变化产生了综合整体。第二次世界大战后，现代主义引发了城市形态的巨变，城市规模也同时遭到巨大破坏，城市的扩张淡化了形态，并在无尽的重复中分解了尺度。(7) 形态的活力是历史名城的特征之一，直到蔓延各处的系列性城市阻止了大多数城市的创意势头，并破坏了其形态的连续性。(8) 历史城市的机制能使形态与活动相衔接，而现代主义和城市蔓延则使两者分化。(9) 历史城区随增长而增加复杂度和连续性，现代主义的城市形态则趋向简化。(10) 城市的演化特质除与形态和功能相联系之外还与第三个关键元素"连续性"紧密相关。

在这一过程中，"中国超高层建筑的数量不断增加，这些构筑物正在成为城市的主要组成部分。这些建筑不再与老城区结合在一起。事实上，它们完全破坏了老城区，并用空地和绿地取代了老城的传统肌理。"该书研究了一个在紫禁城的南面的新建筑与胡同混合居住区，发现其街道网络与城市结构特征十分明显：胡同被新建的高速路和立交桥分割得支离破碎，新的高楼区俯视着密集矮小的平房区，代表着现代化和城市建设的发展方向。"该区域是人性化历史城市结构向新发展模式转型的典型例证。在这里，新发展模式消除了城市原有的人性尺度路径，取而代之以环绕各矩形地块而设置的 400 米见方的网格，用于容纳高层塔楼或板式住宅。"[①] 一栋栋孤立建筑，给城市组织以一种支离破碎的感觉。宽阔的新路与老街之间没有任何的过渡空间，使城市产生中间层次缺失现象，这种空间尺度上的断裂，打破了通过某一种交通的方式从一个空间区域跨越到另一个空间区域的可能性。在北京旧城，胡同是一种传统的具有较高连通性且利于人行的街道空间，在改建中却没有认真研究并加以利用，而是把大拆大建的方式作为首选。虽然未曾做过专门的研究，我通过个别访谈和直接体验，得出这样的结论，在新旧混合地带，落差巨大的城市空间形态也可能会在人们心理上产生投影，长期生活在这种城市空间中的市民可能会出现某种类似"过山车式"的后遗症，产生焦虑的、浮躁的心理特征。

尽管勒.柯布西耶毕生呼吁要"彻底突破历史城市的尺度，将体现着历史城市精神的建成物夷为平地"，然而，破坏城市传统空间尺度的活动在西方仅得到有克制地缓慢实行，也并未引发过大的城市形态危机。到 20 世纪末和 21 世纪初，现代主义成为一些新兴国家新宠，从而导致快速摧毁了本土的城市历史文化资源。之所以"这种城市模型令新兴国家异常着迷，因为它能彰显

---

① Serge Salat 著．关于可持续城市化的研究．城市与形态．北京：中国建筑工业出版社 .2012.

权力，使没有耐心的房地产开发商更快获得暴利”[1]。勒·柯布西耶声称“几何是基础”，但他忽略了广大民众及其无限多样的文明才是城市形态的来源。勒·柯布西耶的光辉城市成为了现实，以这种城市形态进行的大规模开发的地区随处可见，其中滥竽充数的比比皆是。研究柯布西耶的意义在于，他的理论学说代表了中国新发展起来的城市特色，高度几何化的建筑形象、高层住宅、功能分区、小汽车化和供汽车行驶的高速环形公路。无疑，柯布西耶本人取得了巨大成功，“光辉城市”已经成为快速催生现代城市的内在基因。事实表明，正是由于我们对现代化的片面理解，对西方勒.柯布西耶为代表的现代主义思想的盲目追逐，加上一味高速的发展才是今天城市形态“千城一面”的本质。

尤为可悲的是，在现代主义盛行的时代，诸如“人与自然共存”、“地方感”等许多重要思想和概念被颠覆或清除了，人们在自己居住的城市中已经寻找不到归属感和认同感，城市已经开始偏离其“宜居”的本质。因为，“包豪斯建筑师和他们的现代主义的信徒们方便地利用了他们的无固定位置的设计，这些设计与国际商业的目的密切吻合以至于两者很快就变得密不可分。假日饭店、麦当劳、索尼、IBM、大众汽车和壳牌石油都有标准化的建筑物或产品——到处都一样。如果重建的城市中心和新建的郊区保留了某种特殊性，那通常是因为旧的道路格局或地名；它们的组成部分——例如办公大楼或专卖权——通常是同一的而不管位置如何。地方（特殊性）和世界（普遍性）之间的平衡已经发生转移，同一性开始超过地理差异。”[2]

苏珊·汉森对20世纪50年代和60年代欧洲和北美城市迅速扩张或彻底重建时状态的描述竟然成为我们今天城市化的模板。这个深刻教训是值得认真反思的。诚然，我们成就巨大，功高至伟，然而，适时评估一下成绩背后的代价是选择走一条可持续发展道路的前途和保障。

8.1.4　从“人定胜天”回归“天人合一”

新中国成立初期，我们在极其困难的情况下自力更生、战天斗地建立了中华人民共和国，毛泽东同志说:“与天斗，其乐无穷；与地斗，其乐无穷；与人斗，其乐无穷。”他号召全国的劳动者，学习“愚公移山”的精神，坚信“人定胜天”，这体现了在那个

---

① Serge Salat 著．关于可持续城市化的研究．城市与形态．北京：中国建筑工业出版社.2012.

②（美）苏珊·汉森，改变世界的十大地理思想．北京：商务印书馆,2009.

物质极为短缺、衣食无着、百废待兴的特定时期，一位无产阶级战士战无不胜的豪迈气度和胸怀。新中国成立六十多年来，这种哲学成为新一代中国人不断奋斗的品质和基因。

柯布西耶在他的《明日之城市》的前言中强调："一个城市！他代表人类能够掌控自然，它是人类针对自然的活动，是人类集体为了保护和工作而创造的产物。"这和我们曾经坚信的"人定胜天"如出一辙。第二次世界大战之后，遭受地毯式轰炸的大部分欧洲城市面临战后重建，受到柯布西耶思想的影响，出现了一座座现代主义新城，现在这些新城生活质量却在不断恶化，出现了许多未曾预见到的问题。斯蒂芬·马塞尔曾经形象地说道，现代主义撕开了城市的躯体，将它内外翻转，把城市骨架置于城市躯体与血肉之外。传统城市的街道是多功能的，人们可以在这样的城市空间里进行各种各样的城市生活，如购物、交往、娱乐甚至遛狗等。但新建的高层住宅则不再提供这样的城市功能，一方面，楼层过高降低了人们户外活动的几率，市民不再像住在传统城市那样方便地享受城市的街市生活；另一方面，规划建设公园的空地则被停车场和道路所占据。公园也不够安全，夜间空无人烟，与机动车道路分开设置的人行道上也是行人稀少，雅各布斯提出的"街道眼"监控街道提供街道的安全感的作用没有了。由于按照现代主义的功能分区原则，造成了住宅区和工作区的分隔，随着城市区域的扩张，通勤距离和时间变得越来越长，人们对于汽车的依赖由主动享受小汽车带来的方便转为被小汽车绑架，越来越难以离开。由于在城市中公共交通的供给不平衡，可达性和舒适性不强，居住较为偏远的社区居民离开小汽车便变得寸步难行。传统城市的那种前店后厂、楼下楼上住在靠近工作地的情况几乎消失了。随着人口和私家车的增长，高速路也成倍增长，再修建越来越多的停车场。城市人口规模越来越大，拥有汽车的家庭越来越多，汽车和高速路不断增长，城市空间用地不断拓展，所有的一切距离越来越远，离开汽车就变得越来越不方便，而汽车的拥堵和停车难、空气污染则带来更多的城市问题，这种恶性循环的根源就是现代主义的功能分区。自相矛盾的是，"不断加速的城市化也许是一个巨大的反城市化过程"[①]。

为今之计，冯骥才建议，"尽管能表达原有城市形象的许多建筑、街区和景观已经被我们毁掉，我们还是要回过头来去寻找曾经体现原有城市形象的各种元素。比如城市面貌、街区构成特

---

① Serge Salat 著．关于可持续城市化的研究．城市与形态．北京：中国建筑工业出版社．2012.

征、民居样式、标志性建筑、重要标志物和自然物等，但是如果不了解这个城市的历史经历，人与自然的关系，民俗习惯，地域人的集体性格，仍然还会把上述这些城市形态只当做一般性的景观，无法抓住城市形象内在的灵魂和本质，一旦我们抓住这些关于城市文化个性的基本元素就知道那些一息尚存的历史遗存必须严加保护，那些特征应该在新的城市肌理中体现出来，千方百计地守住与发扬自己独有的城市个性与形象，尽管彻底改变当今城市的雷同和平庸已无可能，但仍然可以不断改善这个巨大的错误。”他还进一步强调，“城市形象是一个崭新的课题，它交叉在文化学、人类学、城市学、建筑学、美学和美术学多学科之间，这一课题的研究与深入对当代中国城市的健康发展将发生作用，反过来，城市的困惑又会促进人们对这一课题倍加关注”，他期望“这个课题能够朝着一个新学科的创立努力，同时对城市建设的走向产生良性的理论引导。”

过去，我们认为国家地大物博，财富取之不尽用之不竭；如今我们知道，其实中国是人均资源贫乏的大国，北京更是土地资源与水资源贫乏、环境质量状况严峻的城市，近年来北京建设过多地耗费了不可再生资源。发展了，我们见证了太多的历史城市形态遭破坏，连续性被割裂，肌理被铲除，功能遭分离。富裕了，我们养成了大手大脚、铺张浪费的习惯，预吃了子孙饭。目前空气污染、环境恶化、资源紧缺、交通拥堵、房价高企等大城市病困扰北京，使北京距离宜居城市的目标日益遥远。未来北京的发展必须坚持绿色发展战略，调整经济结构，节约资源，修复生态，保护好人文和自然环境，加强宏观调控，避免竭泽而渔、急功近利、重复建设，增进人与自然、人与社会的和谐、可持续发展，走出一条符合自然法则的新型城镇化发展道路。除此之外，别无选择。

2013 年 12 月 12 日至 13 日在北京召开的中央城镇化工作会议已经为“新型城镇化”之路加上了脚注。会议指出，城镇化是现代化的必由之路。是解决农业、农村、农民问题，推动区域协调发展，扩大内需和促进产业升级的重要抓手。会议认为，城镇化目标正确、方向对头，将有利于破解城乡二元结构、促进社会公平和共同富裕，而且生态环境也将从中受益。城镇化是一个自然历史过程，必须遵循规律，因势利导，使其成为一个顺势而为、水到渠成的发展过程，不要急于求成、拔苗助长。不能再无节制扩大建设用地，不是每个城镇都要张成巨人。要按照促进生产空间集约高效、生活空间宜居适度、生态空间山清水秀的总体要求，形成生产、生活、生态空间的合理结构。

会议要求，城镇建设要体现尊重自然、顺应自然、天人合一的理念，依托现有山水脉络的等独特风光，让城市融入大自然，让居民望得见山、看得见水、记得住乡愁；要融入现代元素，更要保护和弘扬传统优秀文化，延续城市历史文脉，发展有历史记忆、地域特色、民族特点的美丽城镇。要注意保留村庄原始风貌，慎砍树、不填湖、少拆房，尽可能在原有村庄形态上改善居民生活条件。要融入让群众生活更舒适的理念，体现在每一个细节中。

会议进一步明确指出，今后城市规划要由扩张型规划逐步转向限定城市边界、优化空间结构的规划。城市规划要保持连续性，要一张蓝图干到底，不能政府一换届、规划就换届。编制城市规划要多听取群众意见、尊重专家意见，形成后要通过立法形式确定下来，使之具有法律权威性。由此可见，新型城镇化发展道路就是在理念上、模式上和行动上从“人定胜天”向“天人合一”的回归过程。

8.2 如何缝补旧城破碎的肌理

《旧城规划》提出，旧城具有特殊的历史核心地位：[①]

首先，旧城位于北京市的核心地带，历经了辽、金、元、明、清、民国、新中国时期的变迁，具有悠久的城市规划建设史和完善的规划指导思想，是都市规划的杰作和结晶。

其次，旧城迄今仍然保持着较为完整的传统风貌与格局，拥有众多的文物古迹和丰富的传统文化，集中展现了北京的传统风貌，是北京历史文化名城保护的重点地区。

第三，旧城是一个拥有众多人口，居住及配套设施齐全，商业、金融等行业发达，各项现代城市功能完备的地区，是市民安居乐业的场所和城市社会、经济、文化等各项活动的中心。

第四，旧城是党中央、国务院办公所在地，是政治活动的中心。

因此，旧城集中体现了北京的城市性质与特色，是面向全国和世界的最佳窗口。对于前人留下的宝贵遗产，我们必须加以保护、利用，在今后历史文化名城保护中加以借鉴。

相应地，展望未来的旧城，借鉴欧洲古城保护的成功经验，我认为其城市意象应该具有以下要素：

首先，旧城里的传统建筑应该有尊严。旧城里的传统建筑是因天时，就地利，通过元、明、清历史空间的演进，在传承历史，

① 北京市规划委员会.《北京中心城控制性详细规划 01 片区分册—旧城》.2006-12.

图 8–13 欧洲传统建筑的维护
（图片来源：笔者 2003 年摄于法国、2009 年摄于德国）

图 8–14　欧洲传统建筑的保护标识
（图片来源：笔者 2003 年摄于法国、2009 年摄于德国）

图 8–15　北京故宫建筑的维护
（图片来源：笔者 2003 年摄于北京）

图 8–16　北京修缮一新的四合院
（图片来源：笔者 2008 年摄于北京）

发展创新的基础上，逐步形成的具有丰富文化内涵的历史文化遗产。因此，一是确保传统建筑体面地生存。建立建筑修缮的常态机制，明确修缮的主体、修缮的标准，采用居民投入、政府补贴的方式鼓励居民按标准自行修缮。二是确保传统建筑不被随意拆除。制定相关法律，明确危房标准和拆除程序，建立传统建筑拆除许可证制度。对于破坏和拆除传统建筑的行为依法严办，追究相关人员的刑事责任。

图 8–17　北京传统建筑、街区、古树的保护标识
（图片来源：甄一男、张静 2003 年摄于北京，2009 年摄于北京）

图 8–18　新建筑与传统建筑的和谐相处
（图片来源：作者摄于巴黎，2002 年）

其次，旧城里的现代建筑与传统建筑应该和谐相处。

坚持疏解人口和功能，向侵占传统城市空间的建设项目说不，严格限制新建、扩建对传统风貌的破坏；新建建筑应该尊重传统城市空间肌理和环境，并在建筑高度、形式、色彩、体量、功能等方面与旧城传统风貌协调。建筑大师张开济先生说，“在新中国成立初期，关于首都建设规划本来就有两种不同的意见，一种意见是保留旧城，在西郊另建新城；另一种意见是在旧城的基础上加以改建和扩建。当然第一种办法是最理想的，可是后来却采用了第二种意见，这是一个遗憾。不过即便是采用了第二种办法，我们还是有可能把北京改建得比现在更好一些，因为新建筑和古都风貌在一定的条件下也是可以‘和平共处’的，这个条件就是新建筑必须在高度和体量方面尊重它周围的环境，特别是附近的古建筑。所以一项最必要的措施是限制建筑高度，尽量不让它们对古建筑起到‘喧宾夺主’的作用”①。

第三，体现天人合一、以人为本。旧城是天人合一的哲学理念与风水形胜的朴素环境观念融合的产物，是前人塑造的独特城市空间环境，体现了人与自然的和谐。旧城应该是一个可步行的、

图 8–19　南新仓的新旧对照
（图片来源：笔者摄于北京，2006）

① 张开济．现代都市、古都风貌与精神文明建设．北京规划建设．1996.5

图 8–20　游人如织的传统商业街区
（图片来源：笔者 2014 年摄于北京）

图 8–21　绿色出行
（图片来源：笔者 2014 年摄于北京）

图 8-22　天安门国庆阅兵
（图片来源：图片来自于网络）

绿色出行的、城市区域的典范。老人有足够的活动空间，儿童受到好的教育，年轻白领有份体面的工作。限制社会车辆的穿行、过度使用和停放，建议将什刹海等历史文化保护区划定为步行区，建设专门的自行车道路系统，鼓励以公交车、地铁等方式的绿色出行，适当考虑地面轨道公交系统的规划；完善文化、教育、公园及老龄化服务设施；鼓励适合旧城的产业发展。

第四，旧城应该展示国家形象。作为具有 3000 多年建城史和 850 年建都史的历史古都，兼容并蓄的民族传统文化，特色鲜明的地域文化以及丰富多样的历史文化和人文遗存，为促进北京城市繁荣奠定了重要基础。历史上北京依托中国国力强盛，城市规模曾在 15 世纪至 18 世纪间雄踞世界第一。期间，城市的对外开放与商业、文化、科技交流为城市繁荣提供了重要基础和新的发展空间。同样的，旧城作为新中国首都的核心区域，更应该展示政治文化中心和中国特色世界城市的国家形象。旧城内的中央行政办公区域、天安门广场、长安街等重要地段应确保国际交往、礼仪、阅兵等重大活动的开展。在沿线，确保建筑端庄，环境优美，交通便捷通畅。

为确保旧城城市意象的形成，在快速城市化过程中，北京的城市建设中把握适当的度，具有极端重要性。保护与发展是辩证统一的，发展应是有保护的发展，保护应是有发展的保护，保护与发展、传统与现代会不断在博弈中平衡，融合中共生。

8.3　人文地理学家的视野

旧城的一部分肌理已经破碎了，但不是不能修补，上一节我初步地提出了几点“修补术”，并非点石成金，只是抛砖引玉。城市是历史文化在地理空间上积淀的产物，在人文地理学家的眼里，究竟“旧城意象”是什么样子的？在侯仁之先生的大弟子、北京市政府参事、北京大学历史地理研究中心主任唐晓峰教授的提议下，北京市测绘设计研究院日前开发完成了北京旧城历史地理信息系统，可以使旧城研究在高科技和大数据支持下进一步破题，本书的完善即是该项目的深化内容之一。本书交付出版印刷之前，我专门组织召开了一个“北京旧城意象专家研讨会”，特邀了几位著名的人文地理学家表达了各自的见解，为旧城保护提供思路。

本节将专家们原汁原味的观点汇集成辑，以向读者朋友展示人文地理学家眼中的“旧城意向”的方式作为本书的结束，但我更加希望，这些专家们的思路不是相关研究的终结，而是新的课题的开始。

8.3.1 关于北京旧城历史意象的几点想法

——唐晓峰

图 8–23 北京大学历史地理研究中心主任、教授唐晓峰
（图片来源：由北京市测绘设计研究院提供）

历史文化名城的保护包括两个层面，一个是实体层面，另一个是感知层面。两个方面存在互动关系，共同构成历史文化名城的概念。实体层面是物质文化遗产，感知层面是对精神、灵魂的认知，是最终的人文成果。讲历史文化名城保护，如果失去精神、灵魂，则是失败的。因此，讨论北京城的历史意象，即精神感知问题是十分重要的。

1. 历史景观与历史意象

城市历史意象的获得，许多是从历史景观感知而来的。而景观是多面的，也是可以分层级的。层级高，感知群体大，例如故宫、天坛，对外国人也有影响力。而对作为一个“老北京”（在北京生活了五六十年）的笔者，在城市历史意象上，则不会满足于只对故宫、天坛的感受。一个老北京人居住在这个城市里，从小就有环境认同和环境传承的东西。这些东西不仅仅是来自故宫，还有更加大众化、社会化、生活化的东西，它们可以算是第二级的历史景观。老百姓喜闻乐见的活动场所（商业街区、文化区、庙会场所等），老北京传统生活区（胡同街巷等），应该算第二级别的景观区。

作为旧城标志性的历史景观建筑，整体性已经没有了，也许只有街道格局算是整体性的存在，但是立面历史景观确实是失去了很多。

所谓最高一级的历史景观，都是一些纪念性建筑，它们主要是皇家建筑或一些大型王府、坛庙。它们原来是功能性的，但现在都是纪念性的，没有实际社会功能。紫禁城不是功能性的，没有人在那儿过日子；天坛也不是功能性的，已经没有祭祀大典，它们都是纪念性的。在这个层面上，提供历史意象都没有问题。

但是对于第二级的，我们缺乏关注，或者说做得还不够。没有第二级的历史景观，所获得的北京城市历史意象是不完整的。现在只有第一级保护得好，但缺乏好的第二级的。

举一些第二级的例子。护国寺是西城区一个标志性的区域，有基础，有发展潜力。与护国寺相对，东城区有一个隆福寺，但很奇怪，那么好的位置，大楼也盖起来了，可人气就是没有。护国寺没有盖这些大楼，但人气还可以，其中居于核心地位的护国寺小吃店一直很兴旺，但是其他店铺的水准就不够了。笔者上中学时常路过棉花胡同，属于护国寺区，现在的棉花胡同也很热闹，它和南锣鼓巷形成了一种对照。这个棉花胡同是自发的热闹，它的热闹程度一点不比南锣鼓巷差，但缺乏规划，显得十分凌乱。无论是护国寺还是隆福寺，都曾是老北京人社会文化生活的重要区域，具有历史意义，但二者目前的状况都不理想。

对于这样的地区怎么去处理，它们本都是具有象征意义的地区，现在的北京市民也还抱有期望。把这些地方的景观保护好，活动内容发展起来，把人气弄出来。这样，在对北京旧城的意象当中，不光是有故宫、天坛，还有更加具体的东西，有体现社会基层的东西。

有一处基层历史文化区好像不错，那就是南锣鼓巷。南锣鼓巷原是一个清静的胡同，人居的环境很好，现在变了质，打造成一条商业小街，已经不适合人居了。办传统商业街区是可以，但要提高质量。现在的南锣鼓巷里，大多都是一些质量很差的小商铺。商家不求回头客，是典型的旅游商人的做法，品质低劣会败坏北京文化。我不知道很多人为什么以南锣鼓巷的改造为荣，看看南锣鼓巷商店的招牌幌子，不中不西，在景观上，谈不上传统，生成的历史意象是混乱的。

可以看出来，真正的北京人不会去南锣鼓巷买东西，外地来的旅游者稀里糊涂被带过去，看到表面的热闹，以为那就是北京传统，错了！即使是搞商业文化街区，北京应该学习成都的宽窄巷，要能吸引本地自己的居民群体，这才是真本事。只要本地居民喜欢，外地人也一定会来，二者并不矛盾。北京要搞一个地方让北京人喜欢去，这才是真正的成功。现在想来想去，笔者就觉得护国寺、牛街还有希望，有希望保留一些北京人喜欢的地方，这是真正的传承，如果真正让北京人喜闻乐见的东西没有了，哪来好的历史意象？

过去画家、摄影家，愿意表现胡同的安静，安静得人影都没有，就是一个光秃秃的胡同，笔者觉得有点过分了。笔者在给同学介绍北京胡同时，要特意往回调，要把人放回去，在门口有聊天的大妈、有踢足球的小孩，还有闲逛的老头，等等。笔者觉得这是真正的人文的东西，把人都轰走，不是真正的胡同社区文化，这只是艺术家、书生、学者抽象出来的东西。但是现在的南锣鼓巷却又过分了，它把人气改成了商气，还是一个商品质量不够高的商业小胡同，这不是传统文化。把这个当成样板，并没有推广普及意义。

第二级的历史意象是重要的，我们不能只注意顶尖的东西而不注意中层、基层的东西，保留对基层历史的意象，是历史名城保护的重要工作。在这个方面，日本的一些经验值得参考。去京都、奈良感受到的是历史城市的整体，不仅仅是王宫，小街小巷都很有味道。京都为了历史城市的安全，连飞机场都不设，坐飞机只能到大阪，然后乘地面交通过去。

2. 生活环境的历史意象

城市的基础是人居，没有人居层面的历史意象，则缺乏根基，意象是空洞肤浅的。现在北京陆续建设了若干历史文化商业区，但商业区不能搞太多，搞太多不是北京的城市文化。商业区只能在合适的地方搞，不能到处搞，而且产品质量要高。我们现在的历史景观，有大型纪念物，有商业街区（前门大街、南锣鼓巷），这还不够，还需要其他形式的东西，特别是生活社区。

居民区，这是体现我们北京城特色的东西。对于居民区，我们划出了不少保护区，但怎么发展，需要好好研究。现在的不少老式居民区状况老旧，生活不便，并不是我们真正要的。关于居民区的探索，几年前有过著名的“菊儿胡同”方案。对这项探索，有各种不同的见解，但有一条是不能否定的，就是探索本身。现在这类探索似乎不多，这并不是好的现象。没有积极的探索，就只有简单化的处理，要么原封不动，要么全拆。

居民区的问题，牵涉一个关键问题。历史时期的东西，当换了时代，特别是经历了社会巨变之后，不可能原封不动。这个问题我们到底该怎么做？笔者觉得需要认真的深入讨论。比如说要保存四合院，要首先分析四合院当时是在一种什么样的社会中出现的。一个大宅院，就是一个大家族，四世同堂，今天我们没有这样的大家庭。没有这样的家庭，两进三进的四合院，一对小夫妻，怎么住？半夜里后院扑通一响，你是去还是不去？想象起来是很瘆人的。我们现在要想一想，这样的居住环境，生活方式，和今天的家庭形态不一致的时候，怎么对待这个问题，我们要想出一些改进的办法。

既保留四合院的一些安静的、独立的品质，又适合小家庭生活，设计怎样的格局才能达到这样的目标，是个需要研究的。四合院要在发展中存在，适应新的生活，不是人在那里硬撑着。勉强撑着，并不是真正的具有生命力的表现，四合院在今天，需要新的智慧。

什么都不动，或者拆了建一个大楼，都不可行。要请学者、专家，包括生活的居民，大家一起来认真的讨论，从实际生活情景出发，考虑该怎么办，而不是简单的两边“打仗”，一边说大拆，一边说死保，这样“打仗”永远走不出一条路子。

3. 改进工作程序，保护历史资源

城市历史资源是历史意象的基础，必须保护好。这个问题越来越重要。

现在的建设事业蓬勃开展，在建筑工地常常发现历史遗迹，于是出现建设与保护的矛盾。常常是钱投了，工期也定了，但发现了文物，文物部门要求停工，甚至要修改建设方案。建筑部门最怕遇到这样的事，他们往往隐瞒实情，造成文物损失。

针对这种情况，我们最好有一个程序上的改进。现在很多情况是，在某一个地段，规划招标完了，一个大公司出了钱，临开工之前准备建设的时候，文物部门才来探测这个地方。钱付完了，下面探出一个大遗址，这建筑公司的老总是个什么心情？他花了十亿，但花完钱才被告知下面有文物，你说他怎么办？十亿贷款，要定期还银行，这给老总出了难题，的确挺难为他的。那我们在程序上能否做得更好一些。在这个地段竞标之前，至少在他付款之前，先请文物部门来勘探，别等他出了钱，再说对不起，下面有文物，这太不体谅老总的心情了。

我们把考古勘探程序放在前面，有了情况之后，先跟老总们讲清楚，这个地方有历史遗址，你干不干？这种情况下，政府也适当做些让步，工期可以延长，等等。这样做有利于把事情真正做的不会出现死结。比如像北京丰台丽泽那一带，规划要盖高楼，

招了标，一个公司用许多亿把这个地买下来做搬迁，之后才请文物勘查，一勘查不得了，差不多有足球场那么大的金中都遗址，老总怎么能不傻眼。如果在做计划的时候，就请考古工作者仔细勘察，对开发整个地区的难度做一个全面的评估，然后再来招标，规划设计都要考虑考古遗址问题，这样建筑公司的老总也会舒服很多。对于文物管理部门也好办，会避免两难的处境。在丽泽的问题上，因为资金量太大，文物部门也很难做出硬性决定。实际上建筑商一方，文物管理一方，都很为难。

丽泽的例子还说明，我们建立历史文化地理信息系统，也要关注地下遗址的问题。有了地下埋藏遗址的可能性信息，在做建筑规划时会提前考虑遗址的问题，把遗址处理一同放在规划中，事情就好得多了。

4. GIS 技术在历史意象中的作用

现在的 GIS 技术完全可以为城市历史意象做贡献。电脑的信息储存、展示的能力越来越强，而通过电脑的手段来认识世界的人也越来越多。电脑可以在各种形式上、全方位地展示或再现城市的历史文化信息。电脑中的北京城（尽管有虚拟的成分）已经是一个不能否定的东西。电脑这个阵地不能忽略，不能放任，还要不断提高水平。

GIS 技术在对北京历史文化的记录、显示方面已经得到运用。在最近的一次国际会议上，北京测绘设计研究院的蔡磊博士介绍了他们在这个方面的工作，受到与会者的关注。在学术界，研究 GIS 系统理论的人很多，但在一座大城市中进行实际的、完整的应用的则很少，北京可以说是走在前面的。当然，在这个方面还可以不断探索，逐步提高。

周尚意教授讲到利用 GIS 系统对空间信息进行模式性、制度性的展示，这是一个很有启发的思路。侯仁之先生在研究元大都城规划时，曾经画过一张地图，上面用一个大圆圈表示中心阁的中心属性。对于这类问题，今天利用现代 GIS 技术可以展现得更好、更细致。有学者研究过元大都城内市场分布的六角形特征，这也可以用 GIS 的形式做展示。展示这类东西，已经不是简单的事实再现，而是具有了深入分析、发现法则的能力。

GIS 提供的历史意象，是科学的，富有想象力的，生动的、深刻的、动态的，还可以是古今对照的，等等，具有巨大的优势。

以上是笔者的粗浅体会，与大家交流，不妥的地方请指正。

8.3.2　强化北京旧城意象：传统文化基因表达和地域文化空间体现

——张宝秀

1. 对城市意象的理解

“意象”一词可以溯源到《周易·系辞》的“观物取象”、“立象以尽意”。《周易》之“象”是卦象，是符号。后来“意象”一词被文学、城市规划与设计等领域借用并加以引申，取其“立象以尽意”之意，即寓意于象，“意”借助于“象”来表达。这里的“意”，是内在的、抽象的、无形的心意、意境、意蕴、内涵，“象”已不是卦象，不是抽象的符号，而是具体可感的有形的物象，是“意”的载体、寄托物。

图 8-24　北京联合大学应用文理学院院长，北京学研究基地主任，教授张宝秀

（图片来源：由北京市测绘设计研究院提供）

城市意象，其实就是构成城市的有形物质实体（形态、景观、风貌、环境）及其蕴含的无形文化传统、历史文脉在人们头脑中的反映，是人们通过想象可以回忆出来的城市印象、城市形象，是由一个个典型的城市局部形象在人们心目中组合、抽象而成，其强调人对城市的感知，既具有稳定性，又具有可变性。

美国城市规划理论家凯文•林奇 (Kevin Lynch) 在其 1960 年出版的《城市意象 (The Image of the City)》（中译本由方益萍、何晓军译，北京：华夏出版社，2001 年）一书中指出，城市如同建筑，是一种空间的结构，只是尺度更巨大，需要用更长的时间过程去感知，城市意象是城市环境与观察者相互作用的结果，城市意象的方法就是在城市尺度处理视觉形态；城市意象中的物质形态由道路、边界、区域、节点、标志物五要素构成，各类要素之间关系密切；保留一颗古树、一条街巷，或是其他一些区域特征，都会有助于形成城市意象的连续性，从而避免城市的意象裂缝。

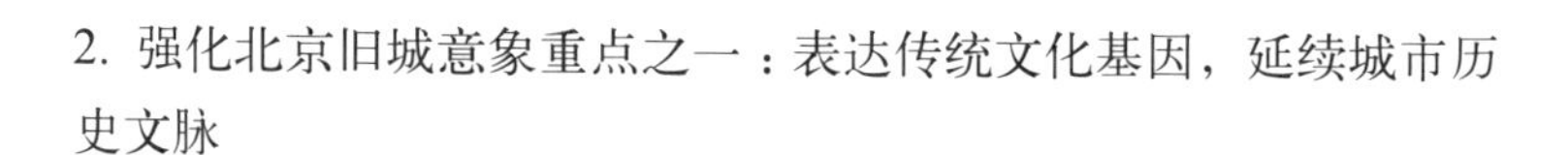

2. 强化北京旧城意象重点之一：表达传统文化基因，延续城市历史文脉

明清旧城，是北京历史文化名城的核心，以其悠久的发展历史、深厚的文化底蕴和特色鲜明的传统城市风貌，向人们传递着深层的历史文化信息，故宫、天坛、北海、中南海、传统胡同与四合院等北京城市文化的象征符号形成了首都的城市特色，使人们感受到其清晰的文化脉络和城市意象。

在 2013 年 12 月中央城镇化工作会议上，习近平总书记发表重要讲话，提出城市建设要融入现代元素，更要保护和弘扬传统优秀文化，延续城市历史文脉。为了进一步构建清晰的北京旧城意象，保持各类人群心目中北京旧城意象的连续性和典型性，首先要延续、传承旧城的历史文脉。

一个城市，有历史才会形成传统，有传统才会有发展的根基。城市历史文脉就是城市历史文化要素在时间上的前后传承关系和在空间上历史文化要素之间及其与环境要素之间的网络系统关系，是城市赖以生存、发展的有机时空背景，是形成城市意象的灵魂。

延续城市历史文脉，实质上就是要传承、表达城市的传统文化基因。没有中断、连续发展的文明、文化，基本不变的是其文化基因，即文化遗传的载体。城市的发展就是在继承原有文化基因、保持一定稳定性的基础上不断进行更新和适度变异的过程。

毫无疑问，北京旧城的历史文脉是应当得到尊重和延续的。延续北京旧城的历史文脉，就是要将具有优秀民族传统文化基因、具有首都北京文化特质的老北京文化传统传承下去。在当今旧城规划、改造、建设中，应特别重视保护好旧城的文化精髓，表达好、传承好旧城的优秀文化基因，从宏观到微观，从整体到局部，利用点、线、面、体城市实体要素构成的景观风貌系统和文化的各类表征物、史志记录、文化的遗产载体系统等全方位多要素留存旧城的历史文化记忆，强化人们心目中美好的文化内涵丰富的旧城特色和城市意象。

同时，也要对旧城历史文脉构成要素进行价值判断，在尊重历史文脉的基础上对其构成要素进行扬弃、取舍，传承具有积极意义的文化基因，使传统文脉与新的城市文脉一脉相承，息息相关。延续旧城历史文脉的目的，正是在于通过有机更新、动态发展、逐步完善，使旧城连接着历史与未来，既具有鲜明的特色又不断向更高层次发展，让具有典型地域文化特色的老北京和不断有机更新的新北京有机融合。

要传承好首都北京的城市文脉，需要深入研究、挖掘北京文化的本质和内涵，力争取得对首都北京文化发展繁荣、城市规划建设、发挥首都全国文化中心示范作用具有引导、支撑作用的文化认识和研究成果。同时，应深入挖掘北京特别是明清旧城丰富的历史文化资源，提炼传统文化要素，构建历史文化要素谱系，在注重北京历史文化名城宏观整体保护的前提下，在中观和微观层面上，让具有北京文化特质的传统元素、典型符号，通过精巧的规划设计、巧妙贴切地融入到现代城市空间、居民生活空间、生活用品和日常生活当中去，培育创意生活产业，使首都北京更有底蕴、更有风格、更有首都的特质和性格，并在人们的心目中形成更加美好的城市意象。

3. 强化北京旧城意象重点之二：体现传统地域文化，重构文化遗产空间

著名的美国文化地理学家段义孚认为，空间被赋予文化意义的过程就是空间变为地方的过程。城市是世界上最重要的一种空间类型，一个城市的文化特色、风貌和个性，是由其地方性文化底蕴决定的，这也是影响人们头脑中城市意象的重要因素。传统文化要素集中的区域是城市历史文脉特色最重要的组成部分，城市文脉传承是建立在地方性基础之上的，传承的目的是体现地方性与现代性的完美结合，因此在城市建设中，其特有的地域传统文化的空间表现是传承城市文脉的有效手段。例如，北京元大都土城遗址公园就是一处表现蒙古族文化符号的大型地域文化空间，体现了中华民族多民族统一、融合的文化象征，是一个很好的强化北京元大都和蒙古民族文化要素和传承城市历史文脉的案例。

城市在其有形实体与空间形态、无形文化传统与社会心理等多种因素相互影响、相互作用下，形成城市文脉以及城市意象的差异性及多层次性，因此，地域文化空间体现，需要分层次、分类别进行规划设计和实施。在城市中，保留某些传统建筑单体或建筑群，是相对最容易的。城市的某一区域、局部，也相对比较容易保留比较完整的文脉体系，如建筑风格的一致性、空间形态的完整性、人们视觉上的连续性、社会群体意识的统一性等。但是，城市文脉的延续与传承，首先必须从城市实体空间和城市文脉的整体性上进行规划设计，其对象既包括传统的实体要素与空间形态，保持城市中有价值的传统实体要素是文脉延续的基础，而且还包括无形的城市社会文化空间中的积极因素，体现对传统人文的关怀和尊重，只有这样才能确保城市历史文脉的整体关联性和城市文化优秀基因的完整传承，否则城市的文脉和意象就是零散的、不成体系的，这就是之所以北京历史文化名城要进行整体保护的意义所在。

城市文化的有形实体要素和空间形态是城市历史文化的载体，是城市的"象"，其承担了表达、延续城市历史文脉"意"的重要功能。"立象以尽意"，这些实体要素和空间形态保存得越完整，传统地域文化体现得就越清晰，历史文脉得以传承的可能性就越大，在人们心目中形成的城市意象就会越清晰、美好，越有文化底蕴。

北京旧城众多的文化遗产承载着丰富的历史文化内涵，是构建北京城市形象、形成人们心目中城市意象的重要载体，是北京实现“人文北京”和“世界城市”战略目标的重要资源，合理重构文化遗产的文化空间是充分发掘和展示文化遗产的内涵和影响力，推动当今城市文化发展和建设的重要切入点，是展示首都形象、提升北京文化软实力和国际影响力、建设全国文化中心的重要抓手和途径。

虽然当今北京旧城的实体空间结构已经并不十分完整，但是我们仍然可以立足现状，通过对北京城市空间历史文脉实体要素的优化重构和系统设计，在现代城市发展、文化建设的背景下重新整理和思考文化的重要载体——文化遗产现存要素及其空间重构方向和思路。首先，应在一些重要部位、地点，保护、修缮或适当恢复标志性建筑，以明确体现和表征北京旧城的整体“凸”字形轮廓边界和清晰连贯的中轴线，使其成为完整的连续的旧城意象物质载体。然后，尽可能保留、保护现存文化遗产，并利用、依托这些文化遗产，按主题、时代、人物等各种相互关联的专题要素，重构城市的文化空间，特别是在北京旧城内一些重要道路、区域、节点，突出标志物，从而改变零散的、不成体系的、内在关系表现不强烈的格局现状，推动构建面向未来的、前瞻性的，既有继承又有发展的实体和非实体相结合的城市文化空间新格局，达到城市功能和历史空间整合的目的，实现城市历史文脉有形实体要素和无形非实体要素的传承，实现城市传统空间与现代空间的有机衔接。

利用文化遗产，重构城市文化空间，这一工作可以借助地理信息系统（GIS）技术，分析北京文化遗产系统各组成要素之间的空间关系、文化联系、相互作用方式和影响程度，及其与现代城市文化内涵建设、文化空间建设的关系，建立一套北京文化遗产空间关系系统，既可以丰富在建的北京历史文化地理信息系统内容，又能为相关实践工作提供支持。同时，在这样的过程中，应当吸纳居民、游客、专家等利益相关者参与其中，从而为人们形成清晰美好的、富有文化底蕴的北京城市意象奠定良好的基础。

图 8-25　北京联合大学原校长，北京学研究基地首席专家、教授张妙弟
（图片来源：由北京市测绘设计研究院提供）

8.3.3　城市发展中的“变”与“不变”

——张妙弟

乍看起来，这个题目本身有点毛病，既然是谈发展，发展就是“变”，为什么又有一个“不变”呢？什么事情都怕认真，一认真起来，“变”与“不变”就不那么对立了，甚至可以说，“变”

中有“不变”，“不变”中有“变”。

历史是长河，城市在流变。

从形态到内在，从物质到非物质，人类的历史就是一条永不停息的长河，城市在历史浪花的追逐之中发生着不可逆转的流变。无论是管理者、学者，还是普通老百姓，无论他们是古代的，近代的，当代的，还是未来的，谁也不能无视历史长河的前行，也不可能忽略城市流变的发生。因为城市总是要与某一个人类历史发展阶段的生产方式和生活方式相适应。对历史，对城市，古今中外的不少哲人有过多角度的论述。正因为如此，北京这个伟大的城市就有了蓟城——幽州城——辽南京城——金中都城——元大都城——明清北京城——辛亥革命后的北京城与北平城——新中国北京城这样的历史轨迹的阶段划分。其中的主线是“变”，是发展。当然，当下北京正处在一个重大的转型期，城市的发展俨然成了一个重大的话题，关键词是“可持续发展”、“科学发展”、“首善之区”和“中国梦”。

与历史求新求变的秉性相匹配，遗忘也是其普遍而无时不在的一个特点。甚至有人直言，就历史而言，遗忘是根本性的。为了对抗遗忘，人们想出了种种办法，著述、影像、博物馆、纪念馆、纪念日等。客观地讲，以城市建筑为例，今天所看到的建筑，绝大部分是当代的，小部分是近代的，而年代越久远的就越少。就人们的适应性而言，当代的人对当代的建筑显然有更强的适应性和向往，这也是当下城乡拆迁中的基础之一。正因为这样，北京城几千年文明史，失去的东西比保存下来的东西多得多，这也是一条历史规律。每个历史阶段只有少数建筑遗存至今，而多数已经不复存在了。换一个角度看，现在的北京城是当代建设与以往历史建筑的一个累积。在多数情况下，这个累积是自然发生的、是渐变的，即普遍的相对比较质量不高而数量巨大的建筑被渐次拆除，代之以更适应新时代需要的新建筑，或者择址开辟新区。不管怎样，能够留存于后世的则多属于代表当时最高建筑水平、含有丰富历史文化信息的建筑，但它们只能是少数的。当然，城市是一个历史综合体，更多时候不能只看建筑这一个角度，还要综合其中的历史文化信息、美学、科学价值以及精神范畴的内容。例如名人故居的确定包含“名人”与“故居”两个角度，而前者（历史文化信息）比后者（建筑）更为重要。话说回来，能代表当时最高建筑水平的，必然也是含有丰富历史文化信息的建筑。它们就是今天人们称之为文化遗产、文保单位、挂牌单位的那些对象，这里说的是以建筑为例，实际上还有历史文化名城、名镇、名村、传统村落以及非物质文化遗产、地方文化、民间文化等不同范畴，道理是一样的。

说到这里，一个关键词——“保护”，就要赫然出现在我们眼前了。根本原因是在求新求变求发展的规律之上，另一个重大的问题无时不刻在拷问着我们每一个人：我们是谁？我们从哪里来？我们将走向何方？而能解答人们这个心底之问的唯有历史以及围绕着历史和历史规律的思考。由于任何历史文献的叙述都是有所选择、有所组织而书写的，也就是或多或少有当时人一定主观性的产物，所以历史必然需要和依靠当代人的解释。城市中的一片片历史文化保护区、一条条古老胡同、一座座传统建筑，正是我们对历史作出解释的实物依据。正是它们，记录了城市的岁月沧桑，储存了城市的大量信息，见证了城市的历史轨迹。一句话，拥有了这些文化遗产，我们才拥有了自己城市的历史。

回顾北京的当代史，由于主观、客观多重因素的限制，在文化遗产上，我们失去的太多。尽管不少事情确实迫于当时种种客观条件的压迫，但也毕竟有我们自己主观认识上的种种差距。尤其是改革开放取得显著的经济发展之后，客观条件明显改善，而我们的主观认识也有提升而提升不够，文化遗产在取得保护成就的同时，还产生了一些不应有的破坏或保护不力。这方面，这些年来，北京有一系列的典型“事件”发生。讲一类有普遍意义的，比如按某一时代的风貌改造一条街。这种事在全国各地城乡中数不胜数，北京也有一些典型案例。说是“改造”实则“重建”。一是推光头，二是统一“按某一时代风貌”。殊不知，推掉了多少历史文化信息，推掉了多少人的“乡愁”，而“按某一时代风貌”本身就与城市是历史综合体这一规律相悖。而国际上已经有了不少保护文化遗产的成功案例，只是我们有点视而不见罢了。好在我们在实践中，从认识到举措还是在进步，比如2012年启动了“标志性历史建筑恢复项目”，中轴线的申遗与保护比以往有更好的群众基础和工作力度，2014年中国大运河成功申遗中包含有北京的两个河段和两个遗产点，其余38个遗产点正在努力整理、保护之中等。

讲“保护”，就是一个城市发展求变之中的“不变”（再深入一步说，这个所谓的不变，实际上还是变的，举例讲，适应时代的进步，紫禁城变成了故宫，太庙变成了劳动人民文化宫，天坛变成了天坛公园等，这是又一个问题，另说）。与“保护”并列的还有一个关键词——“传承”。传承是指在一个城市的发展中，对其在历史过程中积淀而来的文化特质的继承和发扬，它可以具象为某一种学术、技艺、习俗，也可以抽象为一种态度、思维、精神。举一个最直接的例子，北京精神就是从北京历史文化的资源宝库中概括、升华而来，是对北京城市历史文化特质的传承，并加上了时代的召唤。

相对而言，抽象为一种态度、思维、精神这一类的传承会更困难一些，但它更具有全局性，需要引起我们更多的重视。比如说，明清时代的皇帝到天坛祭天，天坛的建筑作为文保单位保护下来了，皇帝祭天这种典礼不可能再有了，而建筑中和典礼中对天的敬畏，也就是当时人对于自然界的态度是非常值得肯定和传承的。而实际上我们并未做出足够的发掘和发扬，缺乏将丰厚历史文化资源与时代精神结合，使其成为号召当今人们正确处理人与自然关系的认知场所。又如，我们伟大祖国是多民族组成的大家庭，民族之间的交流和融合贯穿整个中华文明史，而北京是中华民族交流融合极为重要的地方，这是北京的地理区位以及3000多年建城史、800多年建都史所决定的。迄今为止，我们对这个问题认识不足，讲传承也就只停留在一般意义上，而漠视了自身历史文化的宝库。至今仍较完整留存于景山的元代皇帝亲耕田乃是草原游牧文化与中原农耕文化融合在国家层面上的象征。完善于清代的历代帝王庙，作为古建文物在当下得到了很好的修缮和保护，而对它的内涵“中华统序，不绝于线”却未作出更有力度的发掘和宣传，以至于在爱国主义教育中未能充分发挥其应有作用，在人潮如织的北京旅游市场中门庭冷落。说这些，并不是责怪谁，只是想说，保护难，传承更难，更需要我们做更大的努力。显然，这个传承，也是城市发展变中之不变，不仅不变，还要在新的时代中发扬光大。

总之，保护、传承、发展是一个城市工作的三个关键词，缺一不可，相辅相成。城市的“变”与“不变”就在这三个关键词之中。保护根、传承魂、发展城。

8.3.4 我的北京旧城意象

——李建平

图 8–26 北京市哲学社会科学规划办公室副主任、研究员李建平
（图片来源：由北京市测绘设计研究院提供）

北京市社科规划办公室副主任李建平研究员认为：什么是“意象”？意象就是一个人对事物的大致印象，意象来自于人们对事物的抽象思维。例如，中国画中的大写意，就是用一种概括的笔法来表现事物的形体或神态；西方的抽象派、印象派更是突出作者对事物的色彩、形体的感觉和印象。“北京旧城意象”就是我们对北京旧城的总体印象。北京旧城代表的是古都北京，它是北京城市文化的核心，也是北京城市灵魂所在，北京的古都风貌、古代建筑和文物精华都荟萃在这片区域。笔者的北京旧城意象是：

灰墙灰瓦的胡同、四合院，高大雄伟的城墙城门，城市中心区红墙黄琉璃瓦的宫殿，树木很多，树冠覆盖着院落，苍松翠柏掩映着坛庙，在旧城西面，有一大片水域，在水域的东北方向，有高大的鼓楼、钟楼，在钟楼上空有鸽子在飞翔。

笔者是专门研究北京历史文化的。通过翻阅文献和实地考察，我更加喜爱北京旧城，因为那里有北京人抹不掉的城市记忆，尤其是贯穿城市南北的中轴线，给予笔者深刻的印象，笔者认为：北京旧城是中华文化的宝藏，是中国城市传统文化的聚宝盆。从 1999 年到 2009 年，是北京大发展大变化的十年，这十年的发展是应该肯定的。从 2001 年申办奥运会成功到 2008 年成功举办奥运会，北京发展变化很大，包括在旧城保护、发展与利用上有很多新的思想，是值得总结、借鉴的。这一阶段北京的发展，确实像温宗勇院长在书中概括的，是一步一个脚印前进，一个台阶一个台阶提升的，尤其是北京提出“绿色奥运、科技奥运、人文奥运”三大发展理念和在新理念下完成的旧城 33 片历史文化街区保护规划、《北京历史文化名城保护规划》、《北京皇城保护规划》以及新总规和新控规规划，坚持以人为本、科学发展的思路，在北京旧城保护、发展和利用上做了很多工作，成绩是应该肯定的。

近几年笔者一直在研究北京旧城中轴线。中轴线南起永定门，北止钟楼，可以说是北京城市的脊梁，也是北京城市建筑文化精华的集中展现。在过去十年当中，北京旧城中轴线的重要作用逐渐被人们所认知，特别是在 2008 年北京奥运会开幕式之际，当 29 个用礼花组成的大脚印从旧城南部的永定门开始，一步一个脚印，经过正阳门、天安门、故宫、景山、鼓楼、钟楼到达奥林匹克公园的时候，人们为北京文化喝彩，为北京人文奥运欢呼。由此，北京旧城中轴线的保护、发展与利用有了很大进展。笔者总结至少有十件大事。一是申奥成功，落实“人文奥运”，复建永定门城楼，同时修复了天坛、先农坛的坛墙和周边环境。二是天桥经征求各方面意见，确定在中心绿地复建。三是正阳门大街得到了修缮，恢复了一些老字号门脸。四是修缮鲜鱼口传统商业街，使之成为与大栅栏相互对称在中轴线两侧的商业街。五是复建了正阳桥牌楼，就是老北京人记忆中的“五牌楼”。六是在正阳门城楼下安放了“中国公路零公里”标志，这是由清华大学美术学院设计的，不仅突出了北京首都意识，还进一步增加了旧城中轴线的文化内涵。该标志在东、南、西、北方位图形上采用“前朱雀 、后玄武、左青龙、右白虎”是对紫禁城方位文化的一种传承。七是景山万春亭内大佛归位。这是清乾隆年间在景山顶上的杰作，突出的是藏传佛教“五方赞”，也就是老百姓俗称的“五方佛”。万春亭内是大日如来，也就是毗卢遮那佛的佛殿。另外，在景山五座亭式建筑中还有南方欢喜净土宝生佛、东方妙喜净土阿 佛、西方极乐净土阿弥陀佛、北方胜业净土不空成就佛。这五尊佛代表中、南、东、西、北五个方位，乾隆在尊崇藏传佛教的同时，与北京城市文化“中心明显、左右对称”的建筑布局理念巧妙结合起来，使北京传统文化不仅有传承，还有发展、创新。发展是在明代旧城中轴线制高点上增加了藏传佛教，创新是将北京旧城对称的景观进一步提高，达到经典极致，1900年八国联军进北京，破坏了这一景观。八是寿皇殿得到腾退修缮。寿皇殿是清代供奉皇帝祖先牌位、影像的圣地，新中国成立后辟为北京市少年宫。九是地安门雁翅楼复建，两边皇城城墙得到修缮，地安门复建被提上日程；十是万宁桥东侧玉河的疏通，东侧火神庙得到腾退修缮。

对北京旧城文化的传承，突显在新北京城市建设规划布局上。从1999年到2009年，北京城市建设最突出、最现代化的地方是国家奥林匹克公园，最大的规划亮点是沿着旧城中轴线的向北延伸。在新旧文化碰撞中我们看到了北京旧城文化的传承与发展。例如，在奥林匹克公园规划陷入困境的时候，人们想到了北京旧城景山的形成，传承了“挖湖堆山”的造园手法。即通过挖“奥海”或称“龙形水系”的土方，在奥林匹克森林公园北面堆积成“仰山”，不仅从文化上让北京旧城与新城有“景仰”之联系，还展现了北京旧城文化传承的魅力。另外，还有北京旧城龙形水系（中南海、北海、什刹前海、后海、西海）与奥林匹克公园内龙形水系的前后、左右呼应，还有北京旧城“三凸与三靠”文化理念在奥林匹克公园布局中的应用等。所谓“凸”，是指北京旧城在规划布局中坐北朝南形成“凸”字形。一“凸”是北京内城，凸出地方是前门大街，以高大、宽厚的内城北城墙为靠。内城墙平均高11m，北城墙高13m；二凸是皇城的长安街到大明门（清称“大清门”，民国后称“中华门”），靠是内城北面高大的鼓楼、钟楼，钟楼高47m，是旧城中轴线上最高的建筑；三凸是紫禁城午门，靠是景山，明朝称“万岁山”。这种南面凸出，北面有靠的布局规划在奥林匹克公园布局规划中得到传承。奥林匹克公园坐北朝南，从北四环路到南大门前为凸的做法，北面森林公园内的仰山为靠。

对北京旧城文化的传承还表现在尊重中轴、讲究对称。鸟巢（国家体育场）、水立方（国家游泳中心）是对称的建筑，他们之间联系的纽带是旧城延伸出来的北中轴线。对称，不仅是中国人的传统审美，还是人类对美的一种共识。中国早期的青铜器基本都是追求对称的。北京旧城在文化理念上讲究对称，而且将对称引申为东、西对称，文、武对称，仁、义对称，春、秋对称，凹、凸对称等，核心是强调左右对称，维护中央。奥林匹克公园内鸟巢、水立方尽管使用的是新建筑材料，从形体到文化还是展现左右对称、阴阳和谐。

对北京旧城文化的继承还表现在天人合一的理念上。奥林匹克公园最突出的主题是生态和谐、环境保护。例如，规划布局的仰山、奥海、龙形水系、湿地、节能减排的建筑，无一不昭示人们尊重自然生态环境，尤其是在北五环路上修建的天辰桥，又被称为“生态廊道桥”，更是引领生态文明。

诚然，在北京旧城保护、发展与利用上还存在许多问题，有些还是比较突出的问题。一是北京旧城发展定位不清晰。北京在辽金以后，就逐渐发展成为中华民族的政治中心、文化中心。就是在民国时期，都城南迁，北京仍然是北方的政治中心、文化中心。由此，笔者觉得北京旧城的定位不一定太多，突出政治中心和历史文化中心就可以了，金融中心、教育中心、旅游中心、设计中心等不一定增加为功能定位，不突出功能定位，并不影响这些业态在旧城的发展和存在。北京旧城内现在分成东城区、西城区，作为行政辖区无可非议，但是作为城市文化保护、发展与利用，特别是传统文化传承就遇到问题。例如，西城区在西单恢复了“瞻云”牌楼，与之对应的东单修不修建相对应的牌楼，目前没有规划，北京旧城讲究对称化的审美文化就变成了一头沉。

还有北京旧城在发展空间与人口数量、建筑规模、道路设施的和谐关系上认识还不清晰。北京旧城经过元、明、清、民国、新中国，旧城文化积淀丰厚，发展相对完善，拓展空间很有限，还要想在旧城区搞大建设，施展大手笔，就适得其反，不仅会加剧新旧建筑矛盾，还会拆毁大量旧建筑。20 世纪末在北京旧城区开展的危旧房改造，就是好心办坏事，舒乙先生认为是“推平头式的改造”，北京旧城由此失去了很多胡同和四合院。还有修平安大道、两广路，大道有了，胡同没了，人们出行没有舒适、便捷，却吸引更多机动车穿越旧城区。一些学者批评是对北京旧城“开膛破肚”，还有北京旧城区限高的要求，是保护北京古都风貌重要的法规，但在落实过程中却如同一张废纸，权大于法，有法不依，执法不严现象比较普遍。温宗勇在本书中提出对旧城传统建筑要尊重，要让这些旧建筑有尊严，笔者认为这是对旧城传统建筑保护的一个很重要的创新观点。看一看北京旧城发展的历程，“文化大革命”中我们“破四旧”，对旧城传统建筑是当作封建遗物来处理的；现代化建设中我们把旧城传统建筑当作“危旧房”加以改造，传统民居、包括精美石雕、碑刻都被当成垃圾被处理。当城墙没了、胡同没了、四合院没了，我们才发现北京旧城失去了最宝贵的文化遗产。在今天人们研讨农村“乡愁”的时候，发现“金山、银山，不如绿水青山”，同样，在研讨北京旧城意象的时候，人们也会发现“高楼大厦不如青砖灰瓦”；一套三居室、四居室，不如一套四合院。今后很有可能，旧城之外一套别墅，换不来旧城内一套四合院。洋楼可以有，北京旧城四合院难求。

在北京旧城保护、发展和利用过程中，一些人认为，北京旧城已经没有保护价值没了，城墙拆了，胡同没了，四合院也被推了，由此北京旧城已经没有保护的意义了，这是不客观的看法。尽管北京旧城文物普查一次比一次减少，今天北京旧城“亡羊补牢”仍未晚，这是因为北京旧城文化的根还在，魂还在，北京旧城中轴线基本保存下来了，北京古都风貌依然在，北京旧城还是应该加以保护的。为此，建议北京市委、市政府进一步加大对北京旧城的保护，北京市东、西城政府工作的主要业绩不是搞新的开发建设，而是在北京旧城保护的基础上研究发展和利用问题。

8.3.5　城市意象背后的意义

——周尚意

图 8–27　北京师范大学地理学与遥感科学学院城市与区域规划研究所所长、教授周尚意
（图片来源：由北京市测绘设计研究院提供）

我从文化地理学的角度谈城市意象。新文化地理学强调意象背后的意义或道理。如果城市意象背后没有意义或道理，这个城市的意象就不能传承下来。城市意象背后的意义是人们头脑中的空间秩序。人们内心有了空间秩序，城市意象就有了“魂”。人们在实践时，就知道按照何种秩序安排城市的实体要素。笔者不太在乎城市意象看上去是什么样子，比如有些城市说自己的城池轮廓看上去像神龟，有的说自己的村庄像神牛，这些说法都没什么大意思，笔者更在意城市这些图形意象背后的意义。

北京这个伟大古都给我们留下丰富的物质遗产，我们从中看到古人对城市空间的安置不是盲目的，而是有意义、有道理的。相对于城市实体要素，这些意义或道理是城市文化遗产的核心。遗憾的是，北京城市意象隐含的文化意义不是记录在古籍、古地图等文本中，而靠今人从老的建筑空间安置中总结出来，这也说明保留古都建筑的历史风貌，对我们理解古人的空间安置理念有很大作用。发掘这些意义，可以帮助我们理清哪些是可以继承和发扬的城市文化空间遗产。北京旧城有哪些值得我们发扬的空间文化？许多学者从建筑和建筑群谈古人遗传下来的建筑美学价值、历史价值等。作为文化地理学者，我们侧重从宏观的空间格局看待古人留下的空间文化遗产。

首先，商业空间的意义。人们希望有一个高效率的商业空间，即花较少的行走时间，到最合适的地点，获得最有效的商业服务。这种规律决定了每个层级的商业网点的数量和地点。高效率的商业空间格局是对称有序的，杨吾扬老师指出，北京的商业空间符合克里斯塔勒的中心地理论，不同层级的商业网点符合中心地的K=3的模型。北京明清时的东西两庙的商业格局是对称的，民国时的西单和王府井也基本上是东西对称的，新中国成立后的一级商业中心延续了民国的基础，改革开放后高端服务业的金融街和CBD也是大致东西对称的，北京市2004—2020年城市规划中的东西南北四个大型购物中心也是对称的。温宗勇院长介绍，北京市规划中四个国家大公园也是东南西北各一个，也是对称的。四个大公园可以视为休闲中心或休憩中心，它们的布局也和商业有关。张妙弟校长认为城市意象要有“根”，同时还要有“魂”。如果“根”是历史，笔者认为“魂”比“根”还重要。对于商业空间格局而言，商业空间的效率就是其“魂”。从每个历史层面看这个城市的商业空间，我们会发现，虽然旧城的商业空间发生了一些变化，但是商业空间格局的对称性没有消失，这说明北京城市商业空间意象的“魂”保留下来了。

其次，居住空间的意义。人们期望的居住空间是和谐的、公正的，和谐和公正多体现在阶层之间。在城市居住空间上，阶层之间的和谐与公正如何体现？北京城市的建成区范围早已拓展到旧城之外，居住区也扩展到旧城之外。随着城市住房制度的改革，旧城之外逐渐形成了高中低收入的居住区，这其实已经不是北京旧城居住空间的意象了。在旧城之内，貌似也有故宫、皇城、内城和外城的居住等级序列，但是我们从清代王府的分布，就会发现他们并非集中分布在皇城内，而是分散在内城的各个地方。王府周围的建筑等级有高有低，这说明不同社会等级的人不同程度地混杂在一起。例如《燕京岁时记》中专门提到王府的人在护国寺与寻常人一起逛庙会的情景，有些学者认为，这种混杂的居住，与北京以家为单元的居住建筑形式相关，每个家庭都有自己的院落，关上门与周边没有关系，贫富家庭之间可以相安无事，这正是我与硕士生黄茜在《北京社会科学》上发表的文章观点：在阶层混居中保持一定隔离，既有满足心理上的安全需要，也促进了阶层间了解。“大混居小隔离”的居住空间模式，是我们所建议的。人们混居在一个“街坊”或社区，有利于跨阶层的文化理解。

《城南旧事》给出了这样的例子。该书描写民国时期南城的社会混居情况，我们可以看到英子与佣人宋妈，“疯”女人秀贞与大学生，英子与“贼”之间的文化碰撞与理解。现在北京旧城混合居住最为典型的是什刹海地区。在那里既有前国家主席杨尚昆的住宅、前国家名誉主席宋庆龄的住宅，也有从事底层工作的外来务工人员居住的简陋的房子。在北京旧城东四和西四的两片胡同保护区内，我们也可以看到阶层混居的情况。在那里，不是所有的院落都是严格按照规制建造的多进四合院。比如西四北三条有只有三四处像样的四合院，其他的比较一般。今天我们的内城很多地方都可以看到这样的混居形式。军队、政府机关的大院和宿舍、国家政要和社会名流的房子镶嵌在普通的民居之中。例如东城区的东总布胡同，民国时期张学良、沈钧儒、史良、李宗仁、班禅、李济深、陈香梅、陈岱荪等名流名家都曾在这里居住过。民国时，该胡同不只有社会名流，胡同西口的“大酱园子”是一个作坊，园子中间坐北朝南的正房是酱园老板的住宅，十几间厢房住的是大小伙计。1952年这个院落改为中国作者协会宿舍，后逐渐变为大杂院（见严文井之子严欣久的回忆）。如今我们在保护胡同文化时，不能只着眼于名人故居，而是要关注名人与非名人之间共存的居住空间格局，这种格局促使阶层间的了解，为阶层和谐奠定了基础。

第三，神圣空间的意义。李建平老师认为北京的神圣空间以中轴线为核，串起一系列重要的建筑。许多学者认为，这些建筑体现了“象天法地”的人地关系文化，古代的天坛、地坛、日坛、月坛，今天的水立方和鸟巢，甚至国家大剧院都可以作为象天法地的元素。有许多人对国家大剧院持批评观点，站在某些立场上，笔者也同意他们的观点。但是正如张妙弟老师所说，北京城市中已经改变的，我们只能接受。我们需要做的是，在原貌已经无法恢复、历史错误已经无法弥补的情况下，我们要将城市文化意象完善起来。这也是张宝秀老师正在做的“文化空间重构”的目的。因此笔者利用文脉主义的并置手法，将国家大剧院作为“天”的元素，纳入到中轴线中，这样就一定程度地弥补了它存在的缺憾。未来中轴线上的元素还会增加，只要是符合“象天法地”，就保持了北京城市的神圣空间意象。

第四，文化空间的意义。我也同意张妙弟老师的看法，北京是多元文化的融合体。这个城市在文化上的包容。费孝通先生在解释文化多元主义时，用“各美其美，美人之美，美美与共，天下大同”做了诠释，北京旧城的许多建筑体现了这种文化多元性，如历代帝王庙和牛街礼拜寺，但是在宏观格局没有十分清晰的文化空间格局。也许体现在独立建筑群、建筑物上的文化融合，才能体现文化的深度融合，英美许多城市中那种空间分异鲜明的民族聚居区，反而是文化隔离的表现。

最后，我总结以上所说的北京旧城意象。旧城意象有三个层面：第一是实体意象。这就是凯文·林奇说的由建筑和道路形成的点、线、面要素的意象。第二层是秩序意象，这是从建筑和道路等实体要素抽象出来的空间图形。例如旧城商业空间的对称图形（克里斯塔勒的六边形是其中一种），中轴线上的方形和圆形组合图形，居住空间的贫富两种色块的混杂图形。第三层是意义层或价值层。商业空间布局所追求的效率，居住空间布局中推崇的阶层包容，神圣空间营造中强调的天人和谐。

8.3.6 北京旧城改造中的地名文化遗产保护

——岳升阳

图 8–28 北京大学城市与环境学院历史地理研究中心副教授岳升阳
（图片来源：图片来源于网络）

历史时期形成的许多地名属于非物质文化遗产，它像历史建筑、历史街区一样是北京历史文化名城的重要组成部分。可以试想，在北京旧城中，一片片老房屋拆除之后，能够承载当地历史文化的原有地标就只剩下地名了，如果地名再消失，往昔的痕迹将不复存在，所以说，地名文化遗产在北京历史文化名城保护中具有不可替代的重要作用。

地名作为特定地理空间的标志，其承传有赖于地理实体的存在。在北京旧城内，地名的主要形式是街道和胡同名称，街道或胡同消失后，地名会也随之消失，所谓皮之不存，毛将焉附。

30 多年来，北京旧城地名的消失主要来自于胡同的消失。根据北京市测绘院的统计，1980 ～ 1990 年北京旧城胡同减少 48 条，1990 ～ 2003 年减少 683 条[①]，最近 10 年没有确切统计数据，但是我们知道完全消失或范围缩小的地名仍不在少数。因此要保护北京旧城原有的地名系统，就要保留原有的道路格局，至少是保留基本的或主要的道路格局。也就是说，道路两边的房屋或许没有了，但道路要保留下来；道路本身或许拓宽了，但道路的位置、走向仍应与原来的道路相同或基本相同。

胡同的消失主要源自于大面积的街区改造，以往在大面积街区改造中，常采取剃头式的作法，成片的平房变成几座高楼大厦，新的街道数量同原有的胡同相比大为减少，造成许多地名因失去载体而消失。

① 北京市规划委员会、北京城市科学研究会、北京市地方志编委会办公室、北京市测绘设计研究院：《北京旧城胡同现状与历史变迁调查研究》2005 年 .

除了道路数量减少之外，一些旧城街区在制定改造规划时还会放弃原有的道路格局，重新设计道路系统，致使新道路同原来的老胡同之间失去联系，或者走向不同，或者位置相异。当人们想要利用这些街道来保留老地名时，尴尬地发现这些道路无法用老地名来命名。这是由于按照地名命名惯例，新道路在使用老地名时，其空间位置应与老地名的一致或相近，道路走向应基本相同，否则不但容易造成使用的混乱，也会给历史留下错觉，例如把一个东西向胡同的名字用在一条南北走向的新路上，或者把一条直线型胡同的名称应用在一条转弯的路上，都容易给人造成误导和错乱。

由此可知，保护历史道路的基本格局是旧城地名文化遗产保护的必要条件，没有历史道路的基本格局，就失去了地名保护的载体。要保护道路格局，首先要缩小街区改造的规模，避免破坏道路格局，小规模的循序渐进式改造是其基本前提。其次是在城市改造规划中，要有意识地保留原有的道路系统，在无法保留每一条胡同道路的情况下，至少应保留基本的道路格局，尤其要保护历史上知名的、有重要历史文化价值的胡同道路。北京旧城地名文化遗产的保护与旧城道路格局的保护息息相关，它们是一个事物的两面，彼此不可分离。

保护旧城的道路系统不仅仅是地名文化遗产保护的要求，也是历史文化名城保护的应有之义。考古学家徐平芳先生生前曾一再呼吁保护老北京的街道格局，他认为北京的街道有许多是从元大都时期传下来的，有的甚至可以追溯至古蓟城时期，它们体现了北京古城的历史演变，表达了城市的规划思想，是北京历史文化名城的重要组成部分。所以，仅从历史文化名城保护的角度来说，也应对历史道路系统进行保护。

在北京，旧城道路改造大约有三种主要类型，一是以长安街改造为代表的道路扩展型，包括在长度和宽度上的扩展。新中国成立初期将东、西长安街分别向东西两端扩展至建国门和复兴门，虽然沿途的少量胡同消失，但对于地名文化遗产保护并未产生重大影响，相反它使东、西长安街的名称上升为全城最重要的路名，近年来的煤市街和长巷胡同延长改造等都属于此类。二是以祈年大街为代表的新辟道路型，它是在没有道路的地方开辟出路来，此类道路建设也会使一些小胡同消失，但对于原有地名系统不构成直接的重大影响。三是大面积的剃头式改造，改造区域内的道路系统往往难以存留，对地名系统造成较大影响。

在剃头式改造类型中比较典型的是西城区的大吉片改造。“大吉片”是指菜市口南大街以东，虎坊桥路以西，菜市口东大街以南，南横街以北的街区，因有大吉巷胡同，工程项目被冠以“大吉”，工程至今仍在进行之中。民国年间，该区域有至少35条具有名称的胡同，包含了深厚的历史文化积淀，它曾是清代士大夫的主要聚居地之一，有大量会馆、名人故居和寺庙。由于历史上在此活动过的名人众多，有多条胡同曾经十分有名，屡见于清代士大夫的诗词、笔记、信函之中。对于这样一个饱含历史文化信息的街区，在改造中至少应该保留主要街道格局，以便把重要地名留存下来，然而在改造规划中却忽视了这一点。

在“大吉片”改造规划中，充满历史文化信息的米市胡同消失了，只保留下市级文物保护单位南海会馆，新的南北向道路没有放在这里，而是移到东边去“另辟蹊径”。潘家河沿胡同承载着金中都以来的历史变迁，在规划中却被取消了。由果子巷、驴驹胡同和保安寺街构成的具有特色的弯形街道改到南面，曾有大量名人活动的保安寺街再也无处寻觅。整个片区中除了局部道路外，几乎没有保留原有的道路格局。事后，当人们想要用历史地名命名新道路时，才发现新道路布局没有给人们提供这样的机会，规划把传承历史的最后一条路也堵死了。

要改变这种状况，需要从多方面入手。首先，要提高地名文化遗产保护意识，把地名文化遗产保护当作旧城改造的应有环节和应尽义务。其次，城市规划的设计者应该在充分尊重地名文化遗产、遵循规划设计相关规范的同时，照顾到原有历史街巷的基本格局，在保护历史文化遗产的前提下灵活运用规范。其三，规划的审批部门应该把历史道路基本格局的保留规划作为规划审核

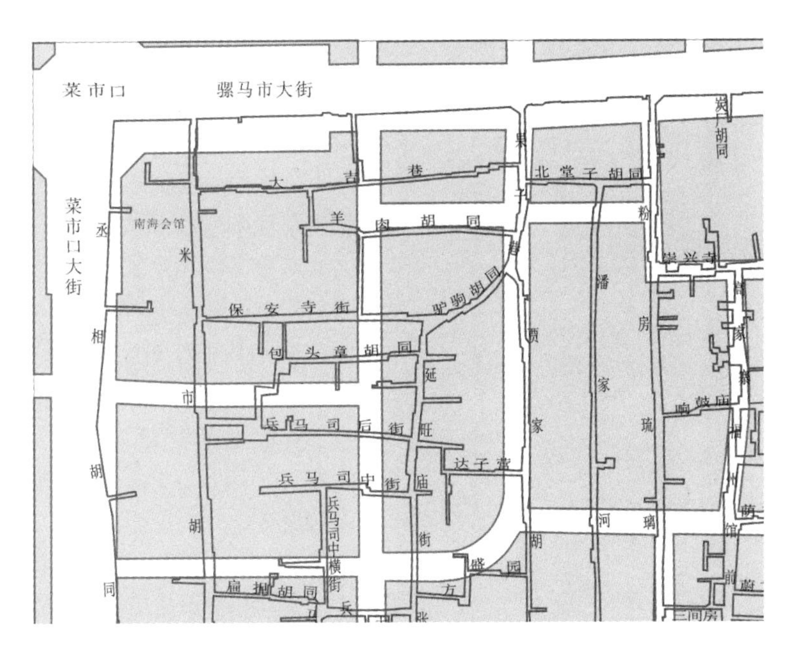

图8-29　大吉片地区规划道路与历史街区道路系统对比图

的必备内容，不能保护历史道路基本格局的历史街区改造规划不予批准。其四，在未来相关法规、规范、规定等的修订时，应加入保护历史道路基本格局的内容，尤其是应该把地名命名纳入城乡规划规范，使之成为城市规划的组成部分。

8.3.7 旧城与名城关系及其保护

——司徒尚纪

旧城与名城其实是一个整体，旧城是名城的基础，它有悠久的历史，厚重的文化积淀，丰富的历史文化资源和较高的知名度、美誉度，故能支撑起整个名城。当然，旧城只是名城一部分，名城还有更广泛的文化内涵和各种文化景观，彰显整个名城的文化特色和形象，故名城往往代表了旧城，覆盖了旧城。在名城规划建设中，旧城几乎都成了改造的对象，这并不是不可以，问题在于，必须对旧城有一个正确的评价，从城市发展历史、城市文脉的连续性、特殊性出发，充分肯定它的地位和作用，不仅需要保留的各种文物建筑、传统街区和整体风貌，而且要创造条件，给其予生存空间和可持续发展，使之成为名城最有韵味和吸引力的部分。实际上，我国大多数历史文化名城，毫无例外的是依靠旧城支撑起来，并向外展示自己文化特色的，如北京城墙、故宫、胡同；西安、大同城墙、平遥传统建筑和街区布局，丽江小桥流水和民族风情等。这样，旧城与名城共生共存，互为表面，浑然一体，谁也离不开谁。

图 8–30　中山大学城市与区域研究中心教授，北京大学历史地理研究中心博士司徒尚纪
（图片来源：图片来源于网络）

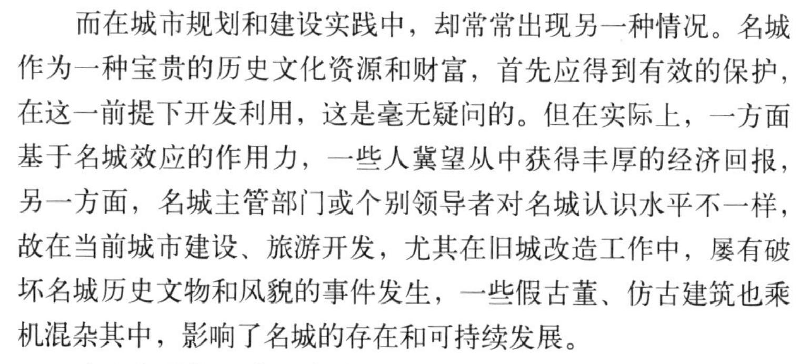

而在城市规划和建设实践中，却常常出现另一种情况。名城作为一种宝贵的历史文化资源和财富，首先应得到有效的保护，在这一前提下开发利用，这是毫无疑问的。但在实际上，一方面基于名城效应的作用力，一些人冀望从中获得丰厚的经济回报，另一方面，名城主管部门或个别领导者对名城认识水平不一样，故在当前城市建设、旅游开发，尤其在旧城改造工作中，屡有破坏名城历史文物和风貌的事件发生，一些假古董、仿古建筑也乘机混杂其中，影响了名城的存在和可持续发展。

十多年前浙江舟山市定海古城即在“旧城改造”借口之下被拆毁，制造了一起震惊中外、为人不齿的毁名城事件。在广州类似事件也不是绝无仅有，唯程度有差别而已。有报道说，著名的广州西关大屋，1958 年以前有 800 多间，构成风格独特的人居聚落，“文化大革命”后仅剩 80 多间，现在已为数不多，属凤毛麟角之列了。几年前也在“旧城改造”口号下，老城内大片民居被拆除，断壁残垣至今仍甚为触目；又由于各种原因，这些宅基未能及时开发而成为临时停车场，甚至积水成为蚊蛹滋生的渊薮。一些著名风景点也失于管理而布满了灰尘，宋元两代羊城八景之一“石门返照”已沦为荒草丘墟，有警世作用的“贪泉”井竭亭坍；一些名人故居、墓葬、古渡、名木、老字号等因得不到有效保护而废弃，特别是一些最能体现名城风貌或名城精华的传统街区，也由于现代商业或人类其他活动而受到很大冲击，如广州西关风情区、沙面欧陆风情区已不是原汁原味（现正在逐步恢复中）。

而在城市规划中，不仅有如何对待旧城问题，也有妥善处理新城与旧城文化景观关系即两者整合等问题，是继承传统，发扬优秀文化遗产作用，还是盲目追求“大、高、洋”等，都涉及名城历史、现实和未来关系问题，亟需历史地理工作者对名城建置沿革、人文胜迹、景观分布等作深入调查研究、作出准确评估，提出科学合理和卓有远见的保护、利用意见。名城保护工作越是深入扩大，对历史地理的要求就越高越广，学科参与其中，在服务社会之同时，也获得更加深广的发展空间。

例如，广州沙面本为市民常履休闲胜地，20 世纪 60 年代曾被评为新羊城八景之一——“鹅潭月夜”而称誉一时。但近 30 年在其岸线最佳位置兴建了白天鹅宾馆和架空车道，江景由此被大打折扣，“鹅潭月夜”也黯然失色，不复为新八景之列矣！近年在重建沙面传统风情区的论证中，历史地理工作者同其他科学工作者一起，大声疾呼还“鹅潭月夜”于民，拆除或改造败笔建筑架空车道，舍此沙面传统风情难以恢复。此举得到各方面热烈响应和支持，虽然实际实施需假以时日，但学科的社会效应却是不可低估的。又如，在广州城市规划中，历史地理工作者也从延续名城文脉、弘扬名城优秀文化遗产立场出发，提出必须保存和突出广州传统中轴线，强调沿线文化景观的保护。这也引起有关方面的重视，显示了学科的价值和生命力。

历史文化名城的核心旧城能够延续至今，它的文化景观和空间结构不因时序迁流而消失或断层，在众多因素中，不可忽视的还在于有一个支持名城可持续发展的良好的自然和社会生态系统。因为按照可持续发展概念，一个地域系统可持续发展，首先是前代人和下代人能保持和谐、协调发展的关系才能实现，并且现今的可持续发展方案也需时间来验证。而历史文化名城的核心旧城作为一种文化遗产，是许多代人劳动的结果，是从过去发展而来的，已经历了时间的考验。所以在某种意义上说，旧城历史即蕴含了可持续发展的某些经验、规律，甚至教训。例如，广州能够成为一座千年不衰的港市，良好的生态环境是它的一个基本保证。这样，将可持续发展引人旧城研究是十分必要的，且有大量可供研究的课题，比如旧城文化发展与环境变迁的相互关系，名城作为一个地域系统的个案分析，从传统文明向生态文明的转变等。这些研究的成果，将有利于旧城保护和发展踏上一个新台阶，当然也有助于整个名城的保护和发展。相信凭借历史地理学所具有的各种优势，能够有助于解决旧城保护和名城未来发展所面临的某些问题，同时使学科在这个过程中日臻发展和完善。

图 8–31　美国肯塔基大学地理系 Stan Brunn 教授，翻译者为华东师范大学地理科学学院本科生王帅

（图片来源：由北京市测绘设计研究院提供）

8.3.8　关于北京城市意象

——Stan Brunn

1. 北京意象的未来情景分析

情景分析叙述是关于某些事件发生的可能性的描述性叙述。情景分析一般是一些专家或者专家委员会关于潜在的或者可能的未来的看法。关于北京的意象，我们可以想象未来四种情景下的可能：(1)北京市的人口可能会在未来十年中不断增长。(2)在未来十年中，北京市人口和经济发展步伐可能会放缓。(3) 北京作为一座全球化的创新型城市，将有与之相适应的未来发展空间。(4) 北京的经济和社会发展的优势可以解决该城市自身的空气污染问题。

2. 利用德尔菲法调查北京意象

这是另一种定性探知未来的方法。这种方法包括专家们发表对未来某些特定事件发生的匿名看法（对某些特定年份之间或者是以五年为一个特定的时间跨度）。该方法是集体智慧的结晶，而不是单独某个人的想法。该方法可以用来考察人们对北京未来发展而形成的意象。全体专家团应包括来自不同的领域的学者、规划师、开发商、市民代表、历史学家。还有来自不同领域的专家，比如：卫生保健、旅游、安全方面、能源和政府部门等。专家学者团的人数可以是 50 ～ 75 人。当前只有一小部分地理学家应用该方法，一位是 Vaclav Smil 教授，是曼尼托巴大学名誉教授，他曾经用该方法去研究中国的未来发展，包括中国的能源未来发展情况。另一知名团队是 H.A. Lindstone 和 M. Turoff 的团队，他们在多年前就采用德菲尔法。在该使用方法时，这些参与调查的学者匿名回答关于某些事件的可能发生时间，在收集好回答结果后，接下来的第二或第三轮中，又让他们对其他人关于时间的预测做评价与回应。

下面是可以让专家们回答的问题，这些问题涉及北京的意象。

就健康生活而言，空气污染达到可以接受的水平

北京实施对家庭用水的宏观分配

公共交通系统变得广泛而便利

引进电动汽车并广泛使用

要求家庭、公寓使用太阳能热水器

家庭可以因使用“绿色”或者环境友好型家用电器而得到补贴

购买混合动力汽车或者电力汽车会减免税收

某些道路停止通车并改造成为绿地或者公园

“绿色”管理条例成为任何大型工程项目条例的一部分

青年人认为生活质量的好坏比纯粹的物质性消费更加重要

公司会因迁出北京而得到财政或者税收上的补贴

对历史性建筑的保留比建设大量新的项目更加重要

城市规模开始缓慢甚至是停止进一步扩大

3. 美国一些城市提升城市公共形象的措施

笔者能想象美国一些城市的城市公众形象曾经很差，例如克利夫兰、洛杉矶、布法罗和匹兹堡，还有一些城市，直到现在其城市形象仍然很差，比如底特律、盖里、印第安纳、东圣路易斯。过去一些城市形象较差的美国城市，通过有效的公共关系运动（Public Relations），政府在私营部门和社区团体的帮助下，成功地解决了自身的“形象”问题。

4. 提升城市公共形象的建议

制作符合当前情况的地图（人口、安全、贫困、社会心理应激，医生丰富和医生急缺地区、教育质量等）。

将权力下放给地方性群体和组织。

减免社区中 IEH（环境卫生提升）税收。

利用 PPGIS（公众参与的地理信息系统）与当地社区和规划者共同努力。

将倾听学校和孩子的意见列入工作计划，因为他们通常有更好的建议并且我们也是在规划他们的未来。

计算人们到达以下设施的交通时间：工作地点、购物地点、休闲地点、卫生保健地点（包括孩子、成人和突发紧急事件的就医地点）、安全地点等。

制作环境感知 / 质量地图（包括空气污染、水质、噪声水平、环境卫生、交通、安全）。

在每周日的报纸上刊登北京地图，并且要求读者将这幅地图逐渐完善成为北京市生活和服务质量地图分级地图，比如：可以形成关于北京市最安全或者最不安全的地区，污染最多和最轻微的地区，最好和最差的生活区域，提供卫生保健最好和最差的区域等的地图。

将 EIS（环境影响评价）和 SIS（社会影响报告）或多或少的纳入到发展项目中去。

从外国人那里获得他们眼中的“北京形象”：这些外国人可以是大使馆人员、游客、投资者和国际学生等。

5. 追溯过去或是展望未来

在展望一个城市的未来时，我们需要适当“追溯过去”，但是不能仅仅这样做，因为“未来并不是过去的重演”，尽管城市的人口数量、消费需要、经济、交流需要和交通方式、娱乐休闲方式、人们对生活的期望、机构产生和政府的责任都在更新变化，但是“未来并不是过去”，过去如果重演，那将会是不明智的、危险的甚至是愚蠢的。

6. 对比中国其他城市

中国的哪些城市对中国居民和外来者来说有着好的和正面的形象？谁又是这些城市意象的“缔造者”呢？

7. 针对不同群体设计城市意象

一个重要的问题是：我们正在探讨谁的城市意象？是终身居住者、强有力的商界人士、当地或是国家政府人员、建设（或是破坏的）产业人员、房地产开发商、历史学家、游客、商场购物者、娱乐场所的推销商、中国式的“好莱坞”制片人还是其他人？这是一个十分重要的问题。一些相关问题如下：

为了向“创新型”城市转化，北京用到或者可能用到的“创新型”城市元素是哪些？

一旦中国成功解决了污染和交通问题后，会以怎样的“形象”呈现在世界面前？

在城市中的那些“直立的多米诺骨牌”（高耸的公寓建筑）

之间，可以做出哪些创新性的空间利用举措？如：建设公园、走道、艺术展示，夜间灯光等。

北京在国际性的媒体（电影、网络、新闻等）中是如何被刻画描绘的？

8. 公共宣传

可以在周日的北京报纸上增添一个版块来讨论北京的未来，并且向一些重要的人物约稿，形成关于以下问题的专栏：交通、住房、环境卫生、水、能源、保护、安全和管理等。并可以让游客或使馆工作人员甚至是孩子来进一步完善专栏。在每周的晚间新闻中，也可以开辟一个 5 ～ 10 分钟的播放时段，用来探讨一些关于北京城市未来发展的问题。

9. 开展友好城市之间的合作

北京在全球范围内有 49 个“友好城市”，它们遍布在各个大洲并且绝大多数也是各国的首都（北京——友好城市，维基百科）。可以组织一次国际会议并邀请来自这些城市的代表对以下问题做出解答：(1) 如何形成良好城市形象，可以做哪些工作。(2) 如何形成良好的社区参与。(3) 建立城市形象的成败经验交流。(4) 他们自己的“友好城市”的网络构建。笔者建议不仅仅是邀请该城市友好城市计划的组织者或者是领导者来进行交流，还可以邀请一到两位可以介绍其他富于创造性、想象力的建设性意见的人来做探讨交流，以帮助北京来构建自身的城市形象。

10. 座右铭或者是标语

可以设计一些国际性的、有环境吸引力的并积极向上的城市形象“座右铭”。比如：“北京——一座美丽的城市”或者“让北京的世界绿起来”或者“北京的世界——绿色萌芽的地方”。当然，我们需要这些东西是真实的，并且也是有说服力的，是积极的也是有着多重深远意义的。

附　　录

一、关于北京旧城区大规模危改与古都风貌保护的思考

温宗勇

1. 危改的实施与特点

从 1990 年起，北京市开始了大规模危房改造，对旧城区实行统一规划、统一建设、成批成片改造的方针，旨在改善危旧区居民的居住环境和居住条件，疏解危旧区过密的人口，这是顺应当时形势的正确决策。到目前，大规模危改经历了两个阶段。

第一阶段 (1990 年～ 1992 年):以 1990 年 4 月市政府关于“加速北京市危旧房改造”的决议为标志，其内容为四个城区提出的第一批危改计划，共 22 片，总用地面积 1.92 平方公里，共拆除危旧房 82.41m^2，拆迁 29385 户。这一阶段危改的主要特点是:(1) 改造对象基本上选择城市中最危旧地区，主要是解放初期建设的简易住房和施工工棚的集中地段。(2) 改造地段大都在旧城中心区的外沿 (二环路以外)。(3) 改造采取由市政府指定的开发公司负责组织统一规划、统一建设、成片改造的模式，基本上将旧房推倒重建。(4) 改造完成后居民的回迁率较高，大部分改造片的居民回迁率达到 60% 以上，有的达到 90% ～ 100%，在居民中反映良好。

第二阶段 (1992 年～ 1997 年) ：以 1992 年 5 月市政府决定加快危旧房改造的步伐，并进一步向各区放权为标志，改造内容为各区立项的第二批、第三批和第四批危改计划，共计 114 片，危改的规模和范围进一步扩大，推进速度进一步加快。第二阶段危改的主要特点是 ：(1) 改造对象已从全城最危旧的棚区、简易房区转向了旧城传统四合院居住区。(2) 改造地段已从旧城外沿向中心区渗透，甚至传统风貌保护地段，如西城区的什刹海地区、西四北头条至八条的平房四合院保护区等，也有地块列入危改计划。(3) 改造模式基本套用前一阶段的经验,以推倒重建为主，较少考虑保留。(4) 土地功能置换率和人口置换率提高，旧居住区开发后转换为高档写字楼、公寓及商业楼群，致使原住居民大量外迁，回迁率急剧下降，有的危改区甚至没有居民回迁，居民的外迁房有越来越远的趋势。

2. 危改中的问题分析

1）危改的得与失

第一阶段的危改除德外危改（方案审定，未开工）[①] 等极个别情况外，基本已建设完成或部分建设完成。危旧房屋改造在改善居民居住条件的同时，也取得了有利于社区功能和结构调整、有利于大市政统一建设和改善城市面貌的瞩目成绩。

第二阶段危改由于改造对象、改造地段等发生变化，仍套用同一开发模式，产生了一些矛盾和问题。一是因危改中大量居民无法得到应有的回迁，或因回迁房的标准与相邻的商品房相去甚远，或因外迁房越迁越远而产生不满和抵触情绪，从而逐步失去居民的支持；二是开发公司在“拆旧”与“建新”之间越来越难以达到经济平衡，而丧失了在危改中获利的信心；三是为保护古都风貌，规划管理部门因控制新建筑的高度和体量而承受越来越大的压力。从实际情况来看，虽然第二阶段危改摊子铺的很大，各方面下的功夫也很大，但成效并不显著。建成和部分建成的有34片，而审定设计方案尚未开工的及方案未定的分别有56片、24片，这些未启动的危改片多是因为开发公司经济未能平衡而不敢轻举妄动，而已建和在建的危改片超出限高规定者不在少数。最为重要的是，由于集中成片的大规模改造，大量新建筑群对旧城区肌理、景观和轮廓线的威胁及人口迁徙所产生的社会生活结构的改变，正深刻地影响着这座历史文化名城。

2）问题的根源

危改之所以后劲不足，有以下几方面的原因。

⑴ 市政府对危改的宏观调控不力。

危改不单单是一种经济行为，更主要的是一种社会行为和公益行为，需要市政府在资金和人力上的大量投入。市政府不能简单地将危改完全推向市场，单纯依靠市场行为来进行危改。1992年后，北京市将危改区的划定权和开发权下放到区级政府和指定的开发公司，使市政府丧失了从城市全局来调控危改的主动权，不利于将城市外沿的新区开发与旧城中心区危改的有机结合，这是造成危改偏离初衷的主要原因。

⑵ 立意发生偏差，危改中过分追求经济利益。

在危改的初期，市、区政府都坚持从最危破处入手，且大都限制在二环路的外围，改造完成后大部分居民可以回迁，危改的

---

① 附图：见本书第二章中图2-10.

立意得以较好的贯彻。然而，当开发公司、投资商等都发现旧城区土地的再开发有利可图，危改便开始偏离其最初的立意。对改造地段、改造时机和改造方式的选择越来越取决于对利润的追逐。随着危改范围的进一步扩大，这一偏差便越明显。危改中盲目追求经济效益，而忽视了社会、文化和环境效益的体现。

(3) 危改推进速度过快，准备不足。

统计资料表明，第一阶段全市的危改共立项22片，占地1.92km^2；第二阶段的危改片立项114片，占地近11.8km^2，占旧城面积的1/5。从划片的位置来看，从二环路外沿及沿线逐步渗透到旧城的中心部位，旧城改造已基本呈"遍地开花"之势。然而，对于这样的大规模旧城改造，各方面的准备并不充分。首先是理论准备不足，在对北京这座历史文化名城的旧区保护与改造上并未达成共识，尚未摸索出一条适合北京的路子来；其次是经济准备不足，因资金匮乏，政府在旧城改造中无法投入一定规模的资金，为了吸引投资，在一些重要的规划原则问题上（如突破旧城区限高等）不得不做出让步；第三是思想准备不足，对大规模的开发引资所出现的矛盾估计不够；第四是投资环境准备不足，缺乏必要的系统的政策、法规的保障，一些重要的部门、机构尚未从计划经济体制下转轨，使旧城开发成为投机者的温床。在这样的前提条件下，危改速度过快，必然使规划等管理部门无据可依、无章可循，规划跟着开发走，陷入四面楚歌、被动挨打的局面。

(4) 改造模式及建设方式过于单一。

北京的危改操作基本上采用由市、区级的综合开发公司组织开发建设并行使部分政府职能，掌握土地的一级开发市场，项目公司"分包"的形式。申报的设计方案主要从公司的自身利益出发，大拆大建。在旧城改造中引入市场机制，用经济手段来促进城市危房改造，是社会主义市场经济体制取代计划经济体制过程中的新尝试，社会主义市场经济为危房改造带来新的机遇和动力，从而改变了旧城改造裹足不前的局面。但旧城改造中房地产开发模式有一定的局限性，因为北京的旧城与其他城市旧区不同，它既是历史文化名城的重要组成部分，从保护的角度出发需要严格限制新建筑高度，同时北京又存在人口密集、市政基础设施薄弱的问题，改造的成本很高。开发商为求资金平衡和回报率，大都采取简单的"推倒重建"的方式，并极力提高建筑高度和容积率，扩大建筑规模。由于大规模的危改过于依赖这种单一的开发模式，在一定程度上加大了北京旧城保护的难度和规划管理与房地产开发的矛盾。

附表　北京市城区危旧房改造进度一览表 (1998 年)

进展情况		西城区	东城区	崇文区	宣武区	合计
已完成危改	危改片数（片）	4	3	3	3	12
	总用地（ha）	21.5	2.8	16.19	12.04	52.53
	建筑面积（万m²）	56.2	4.78	33.84	25.9	120.72
部分建成	危改片数（片）	15	8	9	14	46
	总用地（ha）	271.5	220※	70※	115	
已批出土地并进行拆迁	危改片数（片）	3	2	5	3	13
	总用地（ha）	62.5	46.55	31.05	38.8	178.9
已批出土地未进行拆迁	危改片数（片）	11	11	2	8	32
	总用地（ha）	119	41.86※	26.9	98.2	
前期准备	危改片数（片）	12	1	8	6	27
	总用地（ha）	65.68※	※	47.8※	117.6	
总计						130

资料来源：根据原北京市城市规划管理局城区处 1998 年统计资料整理 (注 ※ 者为不完全统计)。

3. 危改对古都风貌的影响

就北京而言，其古都风貌应体现在两个方面。一方面是指旧城区内传统四合院与棋盘式的胡同、街巷系统构成的城市肌理和平缓开阔的空间格局，以及其中点缀的景山、白塔、钟鼓楼等制高点所构成的城市景观体系及其所体现的独特风格；另一方面，则体现在老北京人的生活方式、社会网络、文化、民俗等共同构成的所谓“老北京味儿”。危改对古都风貌的影响也主要集中在这两方面。

1）对旧城肌理、空间格局和视觉景观体系的影响

旧城区 62km² 范围内原有住宅约 1160 万 m²，其中 94% 为平房，大都为四合院的布局形式，其独特的城市肌理和空间格局是古都风貌的重要构成要素。而国际风格的新建筑因其在形式、材料、色彩、造型、尺度、体量及布局上均与北京的传统地方风格的建筑差异较大，故二者很难协调。事实上，因危改大都采用“推旧建新”的方式，导致旧城区原有胡同——四合院体系的大面积

丧失，取而代之的是毫无特色的“方盒子”、“行列式”，对古都风貌造成的影响是显而易见的。

多数危改方案设计简单化，迎合建设单位多出面积、从建筑设计到开发都变得越来越实用主义的倾向，造成城市传统肌理及格局受到破坏。回顾在大规模危改之前的1988年，危旧房改造的三个试点中菊儿胡同、小后仓等在设计上都注意了新建筑与传统四合院在形式、文化上的协调，运用设计语言达到这个目的，选用灰砖、灰瓦等传统建筑材料，在传统四合院中提取建筑符号用于新建筑以及建筑整体布局和体量考虑都尽量与旧的建筑及其肌理协调，对新建住宅如何与古都风貌相协调做了有益的探讨与尝试。可惜，在随后的大规模危改中，这些有益的探索没能继续下去。

旧北京是平整的，中间几个制高点稍加点缀、相应成趣。有人把现在的北京比做“长满刺儿的铁锅”，新建筑在经济利益的驱动下越造越高，其体量早使传统城市制高点望尘莫及，相形见绌，打乱了旧城区固有的空间秩序。“保护城市重要景观线”、“保护街道对景”是北京历史文化名城的整体保护的重要内容，但从危改实施情况来看，建筑高度普遍突破地区限高。其结果是，危改在一定程度上使城市总体规划中提出的“以故宫、皇城为中心，分层次控制建筑高度”的原则落空。

2）旧城中潜含的文脉受到影响

旧城区是地方传统文化及民俗文化的载体。随着社会、经济生活方式的发展变化，人们也在不断地改变和调整自身的生活环境，形成了特定的城市形态。这种形态不仅呈现出物质空间结构，而且积淀了人类的情感，反映人们的文化价值取向。城市旧区中这种文化因素，使环境超越了自身的物质结构和基质，形成了一种潜在的价值。它作为一种规范化的意识成分，将给予生活相当的道德精神力量，成为社会和环境大变迁中的稳定因素和调节因素。

笔者在进行陟山门地区的现状调查时，发现大部分居民居住年限在40年以上，当问及他们对居住状况的评价时，普遍的反映是觉得“安全”、“安静”、“地段好”、“方便”等，不足的是大杂院“太过拥挤”、“家里没有卫生设施”等，因距离北海、景山近，绝大多数居民表示经常去那里，老年人则更频繁，对居住环境依赖性强。尽管居民有许多生活问题困扰，但大多数居民表示不愿搬迁。大部分旧区居民也都有同样的想法，反映出居民对居住场所的认同。旧区一片一片清除掉，城市的文脉也随着被拦腰斩断了。

4. 探讨与建议

1）思考与探讨

从以上的粗浅分析，笔者认为北京旧城区大规模危改中有以下几点值得探讨：

(1) 注意改变单一改造方式，采用多种方式灵活运用的问题。

忽视旧城区文化价值的“剃光头”式的旧城改造方式，使“婴儿连同脏水一同被泼掉了”，十分不利于古都风貌的保护，随着旧城区整体消亡，其中有价值的东西亦无法幸存。北京应从实际情况出发，找到适合自身发展的旧城改造的路子。西方发达国家由政府发起的旧城改造计划，其改造方式大体经历了从推倒重建到改善整治的变化过程，具体可分为全部拆迁重建、部分拆迁改建及不改变旧区的结构，适当投资对其基础设施条件进行改造以适应现代城市的要求，同时对建筑物按原样进行整治三种方式，其经验教训值得我们加以借鉴。

(2) 从古都风貌保护的角度来讲，以房地产开发的建设模式，推进旧城中心区大面积的危改是否适宜的问题。

目前，北京旧城危改工作举步维艰、阻力重重，房地产开发公司和区政府的压力都很大。危改的划片和开发以片为单位，要求每一片都达到经济平衡或期待盈利；而各片现状情况（如市政条件、拆迁、地区的限高、周围环境的制约因素等）差异很大，因而开发公司为了经济平衡往往寄希望于多出建筑面积，提高用地的容积率。经济利益使开发商与规划部门之间的建筑高度及容积率之争愈演愈烈。

对于旧城改造，国外许多经验教训可供我们借鉴。关于大规模旧区改造计划，雅各布 (J.Jacobs) 早在 60 年代就曾提出，城市旧区的价值已被规划者和政府当局忽略了，城市中最基本的、无处不在的原则，应是“城市对错综交织使用多样化的需要，而这些使用之间始终在社会和经济方面互相支持，以一种相当稳固的方式相互补充”。对于这一要求，传统的“大规模规划”的做法已证明是无能为力的，因为它压抑想象力，缺少弹性和选择性，只注意过程的易解和速度的外在现象，这是产生城市病的根源。

开发固然体现变化和速度，但对于几个朝代积淀发展而成的北京内城，期待在 10 年、20 年内改造完成是不可能的，急功近利的做法只能起到“拔苗助长”的作用，不利于城市的可持续发展。在旧城中心区的危改全面铺开之际，以经济利益驱动下的开发模式和“剃光头”式的改造方式应慎重采纳。

2）几点建议

⑴ 对危改前一阶段工作进行总结和清理。

对已审定设计方案但尚未动工及尚未开展前期工作的危改片的用地范围、设计方案及开发单位，应进行重新审查和清理，以利于保护与建设。

市政府应加强对危改的宏观调控，使危改能在全市范围内达到整体上的经济平衡。政府应加强旧城区市政基础设施建设，并制定贴补政策，通过税收调节使旧城区外围获利较高的新区开发贴补旧城改造，旧城区内的公建适当贴补住宅，适当减轻承担旧城改造任务的开发公司的投资压力。对危改中过分追逐经济利益的行为进行有效的引导。

放慢危改开发速度，减少危改的土地投放市场总量。政府应定期和有计划地向市场投放一定数量的“熟地”用于引资招商，这些土地应相对集中，并事先做好修建性规划。

对危改采用的开发模式应做进一步的研究。

⑵ 尽快采取切实有效的措施，保证危改工作与古都风貌保护取得协调。

应充分认识到危房改造是城市建设中的系统工程，经济因素是其中的重要成分，但不应是决定的因素。危改中应进一步加强古都风貌保护的意识。

研究并划定旧城“不可开发区域”，在该范围内严禁一切开发拆建行为，而以整治、维护、修缮为主，使得旧城文脉的“原汁原味”得以延续。对旧城区（特别是 25 个历史文化保护区）应编制具操作性的保护整治规划，作为旧城改造的依据。

危改作为一项社会事业，应从中央在京单位、地方单位、房地产公司及私房主的手中多渠道集资投入旧城改造计划，顺应现阶段的房改政策。

参考文献：

[1] 王瑞珠，“国外历史名城总体规划中的几个问题”，《城市规划》，1993年第1期.

[2] 谭英，“从居民的角度出发对北京旧城居住区改造方式的研究”(清华大学工学博士论文)，1997年8月.

[3] Jacobs,J·，The Death and Life of Great American Cities,Random House, New York, 1961.

[4] 左川、郑光中，《北京城市规划研究论文集》，清华大学建筑学术丛书(1946—1976).

（本文发表于《北京规划建设》1998 年 03 期）

二、完善城市规划管理体制之管见

温宗勇

我国加入世贸组织和北京申奥成功，进一步促进了北京的城市化进程。目前，在进入城市快速发展阶段，我国地方政府规划行政主管部门面临着双重挑战：作为“政府行为”，要进行入世后的职能转型，作为“技术行为”，规划编制和管理理念亟待更新。本文尝试在完善规划管理体制方面进行一些探讨，提出拙见，意在抛砖引玉。

1. 北京市城市规划管理体制概况

市级规划管理体制

1986年，北京市规划院与北京市规划局分离，两单位分别负责城市规划的编制与管理工作，同时，成立北京市城乡规划委员会（与首都规划建设委员会办公室合署办公），负责重大规划问题的组织与协调。委、局、院为平级单位，被称为北京城市规划与管理的“三驾马车”。

2000年6月，北京市进行政府机构改革，北京市城乡规划委员会与北京市规划管理局合并组成了北京市规划委员会（以下简称市规委），隶属市政府，与首规委办合署办公，集宏观管理和微观管理于一身。并实行市、区（县）和乡镇三级管理的规划管理体制，与19个区（县）（包括开发区）规划局是业务领导和指导关系，各区（县）规划局的人、财、物由各区（县）政府管理。北京市规划院职能保持不变，与市规委为平级单位。

这次机构改革突出了规划管理职能的三个转变，即从重微观向重宏观、从重审批到重批后、从被动式向主动服务型的管理转变。2002年，又进行了局部调整。目前，市规委机关编制为138人，其中23人从事规划立法和宏观规划管理工作。从近两年的实践看，在改变工作作风和服务方式，以及提高工作效率等方面成效显著。

2. 新的规划管理体制中存在的新问题

新的规划管理体制解决了机构臃肿等一系列问题，但随之又产生了一些新的矛盾，主要表现在以下方面。

一是市规委与市规划院的关系尚未理顺。机构调整前，委、局、院定期召开联席会，及时协调规划与管理工作中的重大问题。目前，原市规划局主要职能转到市规委，而委、院均受市政府直接领导，易造成规划编制与管理相脱节。加之，市规划院作为事业单位，既要完成市政府指令性任务，又要面向市场，往往难以兼顾。

二是规划管理权限仍过于集中。由于城、近郊区的规划管理权集中在市规委，当前建设任务也集中在这些地区，造成人力、物力的消耗，客观上难以有效实施对城市的宏观管理。

三是双重领导机制造成建设项目审批成果不规范。区（县）规划局业务上受市规委领导，而人、财、物由各区（县）政府管理，在坚持规划原则、还是屈从地方利益之间摇摆。

3. 它山之石——国内外部分城市规划管理模式管窥

1）我国主要大城市规划管理机构设置

（1）上海市

上海市城市规划管理局为城市规划行政主管部门，上海市城市规划委员会为协调与非城市规划机构关系的非常设议事机构，由市长、副市长、市政府正副秘书长及有关委、办、局负责人兼任。下设办公室为日常办事机构，具有协调、组织、监督职能，与市规划局合署办公，市规划局局长兼规委办主任，副局长为规委办副主任。市规划局下设 14 个处（室）及规划院、勘察测绘院、房产公司、咨询公司等直属事业单位。机关编制 147 人，区（县）规划局在岗人员 663 人，业务人员 423 人。

区（县）规划局受市规划局和区（县）政府双重领导，实行“两级政府、两级管理”和“统一领导、统一规划、统一规范、分级管理”。市规划局负责审定规划和对城市重要地段、重大工程项目的两证核发工作；对区（县）规划局实行宏观指导和监督，以法规、条例和规划审批等进行干预；特殊情况下，可经行政复议程序行使否决权。经历了 1988 年、1992 年和 1995 年三次“简政放权”，上海市目前约 90% 建设工程项目的两证由区（县）规划局核发。上海市在分级管理体制下大规模放权，取得了经验，也出现了一些问题，包括以下方面：

① 局部利益超越城市整体利益，造成部分地区的发展脱离了城市总体规划定位，如某区在客站预留址上批建商住楼，造成巨大经济损失；

② 区政府受局部和短期利益的驱动，迁就开发商利益，造成城市土地开发强度和高层建筑分布失控；

③ 一些地方只顾及本区利益，造成各区交界处土地开发的

矛盾，如两区交界处建设的高层住宅出现日照相互遮挡现象；

④ 重复建设现象严重，如各区项目盲目攀比，不考虑实际需求；

⑤ 城市道路、交通设施往往难以形成整体效益；

⑥ 违章建筑屡禁不止，等等。

（2）天津市

天津市实行规划、土地合署办公，称“天津市规划土地管理局”，归口市建委。内设24个处（室），编制309人。市区6个区设区规划处，人、财、物归口市规划局，实行垂直管理；近郊区和远郊区设规划分局，县设规划局，实行市、区双重领导。市规划局下设建筑设计院、规划院、测绘院、勘察院等8个直属事业单位。据1999年调研，《城市规划管理条例》虽已明确规划土地管理局为规划行政主管部门，但规划审批上仍有“两支笔”，建委和规划局职责有交叉。如建委规划处可直接对规划项目进行审批，并以“会议纪要”形式同意审批项目“先开工，后到规划局办手续”。由于当时市规划局长由市政府副秘书长兼任，期间的矛盾常常由其特殊职位加以协调。在实际工作中，对区规划处及县规划局管理较顺，市规划局给予其相当大的审批权限，且每周召开一次各区规划处处长和市规划局主管局长参加的例会。

天津还提出了完善规划管理体制的如下设想：一是建议市政府成立规划委员会，下设办公室，与市规划局合署办公，市规划局直接归口市政府；二是将近郊四区规划分局改为区规划处，加强对其领导和管理。

（3）广州市

1997年4月，广州市规划局参照上海的作法，将规划管理重心下移，实行抓规划放审批、抓备案放检查、抓立法放拆违的“三抓三放”。到1999年6月，市规划局仍归口市建委，局机关设12个处室，编制153人。下设8个区规划分局及规划院、规划管理中心、信息中心、机关服务中心、培训中心、档案馆、展览馆等事业单位。

2000年，进一步深化改革，人员编制183人。组建了规划编研中心，为副局级单位，负责组织规划研究、编制和审批工作，编制作为规划管理文件的分区图则。下设4部1室，即总体规划部、重点工程部，分区图则部、技术规范部和办公室，人员编制为50人。市规划院完全市场化，不再行使政府职能，市政府也不再划拨事业经费。市规划局的年度经费由市政府城市维护费中统一划拨。1999年为8000万元，2000年和2001年均为1亿元，其中包含测绘费、勘察费、交通规划与研究费、办公自动化建设和规划编制等费用，一般年度规划编制经费保持在3000万元以上。另外，市领导交办的计划外重点工程规划编制经费向市政府单独申请专项经费，国际竞赛招标的外汇费用由市财政单独划拨。由于经费充盈，规划研究和编制的力度很大。而且，各项规划的编制和研究成果最后均转到编研中心分区图则部编制分区图则。分区图则较为详细，较能够满足规划管理的要求。

区规划分局主要领导的任命需经市规划局审定，市规划局具有否决权，人、财、物由区政府管理。市、区规划局职责、事权分工明确。市规划局以宏观管理为主，区规划局每年与市规划局签订目标责任状。

（4）深圳市

深圳市规划与国土资源局其规划、土地、房地产、建设等职能合一，实行统一规划、垂直管理体制，市规划局统一组织编制全市发展战略、城市总体规划、次区域规划、分区规划、法定图则、详细蓝图等。其规划编制经费分为市、区两级，来自城市国土基金。市规划局年底制定预算，市政府按年度划拨，约1亿元。规划主要承编单位为市规划局规划院、市政院和交通规划研究中心直属事业单位，信息中心提供GIS保障。由政府、专家和公众三个层面对规划成果进行审查。市局规划处和建筑与城市设计处分别负责宏观和微观层面上的规划审批和管理。

垂直管理，指由市规划局、7个分局（规划科）和21个国土所（规划建管室）组成的三级垂直管理体系，下一级是上一级的派出机构。市规划局设14个处（室），另辖20余个直属事业单位，总人数3000余人。市局机关公务员编制约900人，各分局每局为70～80人，国土所10～20人。各分局受市规划局和市政府双重领导，其主要领导由市规划局提名，征求区政府意见后由市政府任命。其机构编制、工资福利、人员调配和业务培训等由市规划局统一管理。

（5）杭州市

杭州市规划局设9个处室，编制55人，加上各区规划处总编制145人。市规划局归口市建委，下属市规划院、市测绘院和规划信息中心等事业单位。2001年5月8日，开始实施“三定”，包括以下几项新举措。

① 垂直管理。成立区规划处，对所辖6个区实行垂直管理，原事业编制改为公务员，人、财、物归市规划局管理，总编制为90人。

② 大幅度提高规划编制经费。2000年前，全市规划编制专项经费保持在每年200万元，到2001年提高为4000万～5000

万元，由市政府直接拨转到市规划局。

③ 加强规划编制。新组建了规划调研中心，负责规划的编制，为全额拨款事业单位，编制 20 人。

2）国外部分城市规划管理模式举要

（1）新加坡

新加坡的规划层次明晰，具有权威性和法律效力，覆盖全国，程序规范，执行严格。主要包括以下内容。

① 编制城市总体规划。总体规划是土地规划的法定基础，由总规划委员会审批。总规划委员会由总理、国家发展部长和财政部长三人组成。

② 编制概念规划。概念规划图不是法定文件，却是城市建设发展政策和城市规划决策的主要依据。最初的概念规划是 1967 年由政府邀请联合国帮助编制的。1991 年，总执行委员会对概念规划进行了修订。总执行委员会主席由国家发展部长担任。

③ 编制分区发展指导细则。分区发展指导细则是概念规划和总体规划的深化，对用地性质、建筑高度、建筑密度等指标均有严格的规定。目前，市区重建局已组织编制完成全部 55 个分区发展指导细则，作为规划管理的重要依据。

④ 规划修订。总规划图每 5 年修订 1 次，从 1965 ～ 2001 年间共修订了 8 次。考虑到土地价值变化，每次修订都是在前一次的基础上改进，同时考虑已批准的发展项目和对区域的重新划分。其他规划采取滚动式局部修订的办法。总规划图为控制私有部门的发展、约束土地价格和征收费用提供了法律基础。顺应变化，规划成为“长期发展计划的可靠指导依据”。

⑤ 规划管理。市区重建局为法定规划行政主管部门，其组成人员从高到低分为四级，共 1295 人。主要职责有：一是规划编制，根据总体规划和概念规划制定分区发展指导细则；二是建设项目的规划管理和审批，通过控制售地和各发展项目的审批权和有关的公共及私人部门协调、沟通，落实规划，同时通过拨地保证基础设施建设协调进行；三是执行防范土地的非法使用，清理工业污染和违法建筑；四是按“政府法令”收取“发展费”，是收入和开支的主要来源。

（2）美国

美国的城市无论规模大小，均有严格的规划立法和独立的规划管理机构。一般设置为市议会直辖独立的规划管理机构。如纽约市规划局，设局长 1 名，副局长 4 名，职员 330 人，下设 14 个处，其中市区 5 个区各设 1 个处对口管理。另外，全市的土地利用、项目环境评估、交通规划、住房经济、市政基础设施规划、GIS等均设有专门处进行管理。

美国的城市规划管理依靠总体规划控制全市范围的宏观发展，依靠分区规划具体落实。其分区规划的修订是一项长期和经常性的工作，以适应变化和发展的要求。但其修订要遵循严格的审批程序，包括公众参与、市政府和议会批准等阶段。规划管理机构具有职业的高度独立性，上级部门无权干涉具体审批。如果与发展商产生纠纷，则由地方法院和律师通过法律途径协调解决。

4. 城市规划管理模式比较研究

我国一些城市积极借鉴国内外先进的规划管理模式，具有以下特色。

1）重视规划编制。加强规划行政主管部门的规划编制职能，市政府提供较充盈的经费，加大规划编制的组织力度和规划市场开放的程度。另外，规划编制成果的层次越来越分明，从体现宏观战略的总体规划到指导微观规划管理的法定图则，规划编制与管理工作结合得越来越紧密。

2）市规划院为市规划局直属事业单位。

3）成立规划委员会，负责规划和城市重大工程项目的宏观协调和审查工作。

4）市级规划行政主管部门对区（县）规划局实行垂直管理。区规划局作为市规划局的“派出机构”，人、财、物归口市规划局。

5）市级规划行政主管部门的主要职能逐渐从重微观向重宏观转变，不断强化监督、检查及指导职能。

6）规划管理工作推行政务公开，规划成果公开，强调公众参与。

7）重视规划地理信息系统（GIS）的建立，资源共享，提高办公自动化水平，提高效率和科学性。

5. 完善城市规划管理体制引发的思考

针对北京的特点，借鉴国内外的先进经验，完善城市规划管理体制，建议在以下方面进一步做好工作。

1）加强规划编制工作

（1）理顺市规委与市规划院的关系。市规委要加大组织编制各项规划和研究规划宏观战略的力度。同时，探讨市规划院的职能定位，在完成指令性任务和面向市场之间做好权衡。

（2）市政府应加大规划编制经费年度预算，并统一划拨到市规委，根据规划管理的重点有计划地组织各项规划的编制工作。

（3）开放规划编制市场，合理利用“外脑”，可采取招标、邀标等多种方式。规划编制可实行“地毯”式迅速覆盖全市域的方式。规划修订可采取滚动式、局部修订的程序，以适应不断变化的实际需求。

（4）规划编制成果细化。在目前市区中心地区控规的基础上，编制“法定图则”式规划文本，保证规划管理有据可依。

2）理顺市、区（县）两级规划行政主管部门的关系

结合国务院近期发出的《加强城乡规划监督管理》通知要求：由市级规划部门在市辖区设置派出机构，可考虑在城区、近郊八区实施垂直管理试点，逐步建立起适合北京地方特点的规划管理体制。

3）建立规划实施保障体系

（1）立法与监督。市规委要加强组织规划立法工作，加强各项规章的制定和执行力度，依法实施规划。

（2）规划成果公开化。实现市、区（县）两级信息共享平台和无纸化办公环境，加强两级规划行政主管部门的信息沟通。加强宣传，将规划成果及时向社会公示，听取社会各界的意见。提高工作效率，为规划的分析、统计、沟通与决策奠定基础。

（3）持续培养规划管理人力资源。建立人员再培训机制，人才的培养实际是规划的宣传和教育过程，规划人才的知识更新应具有可持续性。

6. 小结

完善城市规划管理体制，不能回避规划管理部门与编制部门的关系。因为，这是组织好各项规划编制工作的保障。从全国情况看，市规划院均隶属市规划局管理，市规划委与市规划院平级仅北京一例。关于市规划院的定位，完全市场化是新动向，完全“吃皇粮”已根基不稳。多数规划院既承接政府指令性任务，又面向市场创收。从规划编制本身看，有些可以面向市场，有些则不能。因此，应有一部分规划编制力量服务于政府，而另外一部分力量可考虑转向市场。

同样，完善城市规划管理体制也不能回避市、区（县）两级

行政主管部门的关系问题。因为，两者应是一个有机整体，只有建立起坚实的基层规划管理体系，市级规划管理部门才能腾出精力来更好地关注城市的宏观战略发展问题，才能真正发挥规划的“龙头”作用。

现行分级管理体制中，区级规划行政主管部门受双重领导，不完全是规划部门的“自家人”。区里出于自身利益的考虑，不可能完全按照城市的整体利益办事，规划权放到区里，管理角度就会有所偏移。过去，北京曾经放过权，其结果出现了许多不符合规划要求的审批和建设，均是从各区利益出发、不考虑城市整体利益所至。例如，旧城平房区里出现了许多二层以上的插建小楼，既破坏了城市的传统风貌，又产生了日照、消防等许多问题，不得已只好又收了权。

因而，多年来，区规划局的规划管理权十分有限。城区规划局只能审批平房翻建项目（不包括沿城市主要街道平房）。区规划局这支规划管理队伍得不到锻炼，积极性受挫，而市规划行政主管部门却忙得不亦乐乎。

从上海等城市的经验与教训来看，建立和规范城市规划管理体制，要结合城市自身的特点和历史情况，不应盲目照搬现成的模式。没有做好必要的研究和准备，轻易放权，将不能起到预期的作用。

从某种意义上说，城市规划管理不仅仅是“技术行为”，更是“政府行为”。建立科学、规范的规划管理体制，是一项牵涉到政治、社会、经济、技术等各个领域的错综复杂的系统工程，不是一朝一夕之功。北京作为全国政治、文化中心和历史文化名城，其城市管理任务尤为繁重，完善其规划管理机制也是一项跨学科、跨部门的艰苦工作。

可见，进一步理顺规划管理与规划编制部门的关系，理顺市、区（县）两级规划管理部门的关系，北京的规划管理体制将会更加顺畅。这对编制完备的城市规划、制定健全的规划法规、引入适应市场经济的管理手段，以及建立过硬的规划管理队伍等都将是非常有利的。同时，也有助于长期以来规划编制滞后、规划管理重心过于集中等问题的较好解决。

参考文献：

[1] 陈启宁，借鉴新加坡的经验，促进我国城市规划管理的制度创新，城市规划，1998.5.
[2] 张宇星，城市规划管理体系的建构与改革——以深圳市规划管理体系为例，城市规划,1998.5.
[3] 宋小冬，许健，权限下放的挑战——关于上海城市规划管理体制的讨论，城市规划汇刊，1999.6.
[4] Albert Solnit,The Job of Commissioner,1974,University Extension Publications University of California,Berkley.

（本文发表于《北京规划建设》2002 年 03 期）

三、北京市保障性住房规划浅析

温宗勇

住房问题是老百姓最为关注的问题。这不仅仅是一个单纯的产业发展问题，更牵扯到政局的稳定和建设社会主义和谐社会。实施住房改革以来，市场供应完成了从单位福利分房到市场化的转变，而市场在这种情况下，一味地追求利润，结果造成了住房供应结构的失调和市场调控的失效，造成了社会分配的不公平。关注民生问题是政府必须做的，所以中央、建设部提出要稳定物价、稳定房价，调整住房供应结构。

在“十五”以前，住房市场基本上就是商品房市场，在 1998 年以后才出现了经济适用房。保障性住房政策的出现体现了时代性：现阶段，北京市人均 GDP 达到 6000 美元，国家外汇储备余额突破 1 万亿美元，城乡居民的银行存款超过 12 万亿元，经济总量大幅提高。在这样一个发展阶段，政府拥有了一定的调控能力，从而更加关注民生问题、关注商品房市场的失效。

1. 保障性住房规划的近期目标及实施

北京市在“十一五”期间要完成“两个 1500 万”的保障性住房建设。其中，建设经济适用房 1500 万 m^2、两限房 1500 万 m^2，“1500 万”的经济适用房中有 150 万 m^2 用于廉租房。廉租房是需要政府直接投资的，而经济适用房和两限房是政策性投资。我们的空间规划就是把这个目标在空间上加以落实。

住宅建设规划里提出“四少三多”，其核心意思就是：政府调控的用地少，其中用于普通住宅的更少，普通住宅里用于保障性住房的更少，那么用于中低收入的廉租房就更少了；三多实际上就是买房的人多，外籍人多，机械增长的入口多。所以供需之间有矛盾，而其中中低收入人群属于弱势群体，他们的购买能力差，适合的产品又不足，就会变成社会问题从而影响社会的和谐。

所以，我们现在针对“四少三多”，在“两个 1500 万”的计划中，2006 年解决了 670 万 m^2，2007 年解决了 530 万 m^2，这些都已在用地上落实。那么，从 2008 年到 2010 年还有 1800 万要落实，把它们落实好，基本上通过两种方式：一种是集中供地的方式，另一种是在普通商品房中配建的方式。配地就是找一块土地集中建设经济适用房，由于政府掌握的土地比较少，不能完全靠配地来解决，所以就要配建。配建的方式在国外非常多见，德国、英国、法国、美国都采取这种方式，比例从 15%～ 50%不等。我们需要制定一个政策，开发商想开发就要配建一部分经济适用房。

2. 保障性住房的布局：大分散、小集中，往东南发展

规划上首先解决的是地，要考虑到布局的问题。“十五”期间，保障性住房布局分布还是比较均匀的，但还是形成了两大块，在北边天通苑、回龙观，集中了几十万户居民，但他们大部分不能在那里就业，不能为本区创造财富、税收，政府的管理成本提高了，却没有得到回报。兼顾这个问题，我们在布局上还是希望“大分散、小集中”。因为中低收入人群是遍布在城市里的，不可能集中在城市的一隅，所以总体上应该是分散的，而相对来说在小的区域内是集中的。

关于规划布局的问题有很多人在争论，对于不同收入阶层的居民，一些人认为混居好，穷人和富人住在一起，认为他们融合了，社会和谐了；还有一些人认为混居不好，不好的原因就是管理不方便，配套资源成本不好测算。从国外情况来看，调研表明，美国已经开始炸掉不少中低收入人群的集中区，就是原来政府提供住房的所谓的“贫民窟”。他们原来采取的方法是“授之以鱼”——提供房子给低收入者，但他们的生存能力弱，只能变得越来越穷。所以我们不应该采取这种方式，应该“授之以渔”——提供房子给低收入人群，同时就地找一些能够让他们生存的岗位。这是一个涉及到从规划、立项、资金，一直到社区支持（也就是老百姓的认同度）的系统工程．每一步都要“盘活”，中间有任何一个环节不行都推动不了。

相对“十五”期间城市北部的保障性住房项目，新的项目要往东南发展。东部发展带是城市发展的热点地区，会有很多就业岗位，不仅有 CBD 这样的高端的就业，也会吸引一些中低端的就业，中低收入居民在这里找到工作、买到房子，这样就会达到职住的平衡。南城一直是北京发展比较薄弱的地区，在南城提供保障性住房，有利于带动南城的发展。

（本文发表于《北京规划建设》2007 年第四期）

四、政府保障性住房规划设计指标有关问题探讨

温宗勇

随着“国六条”和“国八条”等一系列住房调控政策的出台，各地方政府纷纷编制了《住房建设规划》，进一步加大了保障性住房的实施力度，对稳定房价、调整优化住房供应结构起到一定作用。对北京而言，由于土地资源的紧张，首先要解决好保障性住房的供地和布局问题。为了多出房，出好房，部分承担政府保障性住房建设任务的房地产开发单位，提出了“要求将保障性住房规划设计指标如绿地率、停车位、间距、日照和居住公共服务设施配套等压缩、降低”的问题，我们组织有关部门进行了研究探讨，并听取了市发改、国土、建设、园林绿化、交通、交管、教育、卫生、文化、体育、商务等部门和城建集团、首开集团、北京住总集团、万科集团、珠江房地产等开发建设单位以及市规划院、清华大学、市建院、清华设计院、中国建筑设计院、中科院建筑设计院等 12 家大型房地产开发、设计单位和专家的意见。

1. 研究保障性住房规划设计指标的出发点

指标的调整问题，乍看是个经济问题、技术问题，深层意义上是个社会问题、政治问题。

保障性住房建设工程是北京市委、市政府为深入落实党中央、国务院指示精神，解决中低收入家庭基本住房需求，实现社会和谐稳定目标而大力推进的一项政策性爱民工程，事关民生大事。应从贯彻科学发展观、构建社会主义和谐社会出发，从保证社会公平和居民根本权益的角度对保障性住房规划设计指标的有关问题进行研究，既要确保此项工程加快建设，更要依法办事；既要考虑成本投入，更要考虑社会影响；既要为群众办事，更要把好事办好。这才是指标调整研究的出发点。

2. 北京现行住宅规划设计指标的分析

北京现行住宅规划设计指标的法定依据来自于《北京市城市绿化条例》《北京市生活居住建筑间距暂行规定》《城市居住区规划设计规范》和《北京市居住公共服务设施规划设计指标》等地方法规、政府规章、国家标准和技术规范。我们认为，现行绿地

率、间距、日照、居住公共服务设施配套等指标总的来说并不高，对于建设宜居城市的目标只是一个基本标准。其中，现行绿地率虽按 30% 控制，但实际上绿地实施往往达不到要求。现行住宅间距系数对于地处北纬 40 度的北京来说也不高，所达到的日照效果并不是很好，日照一直是居民关注的敏感问题，占北京市规委信访量的 50% 左右，且有增加趋势。住宅间距同时还要满足消防、防震防灾、卫生、市政管线安排等要求。现行居住公共服务设施规划设计指标包括 8 类 36 项，在市人大的监督指导下，2006 年刚刚修订完成并开始执行，是居住公共服务设施设置的基本标准，仍有待发展提高。

据了解，目前全国兄弟省市在推进保障性住房建设中，均没有明确提出降低规划设计指标的问题。北京在“十五”期间建设的约 2000 万 m^2 经济适用房也都是按照上述规定执行的，没有进行过压缩降低。如果“十一五”期间的保障性住房压缩降低了指标，考虑到可能承担的社会负面效果，需要慎重抉择。例如，河南省某市仅因为经济适用房内部安排了连廊式布局，群众拒绝入住，被媒体称为“21 世纪筒子楼”。

1）关于绿地率问题

市园林绿化局相关负责人提出，依据《北京市城市绿化条例》，为了保证生活质量，只有城区旧房成片改建区和风貌保护区按照绿地率 20% 执行，“两限”商品住房和保障性住房的绿地率应不低于 30%。也有一些专家和开发建设单位则持有不同的意见，认为要保证出房率，增加住宅规模，经济适用房和廉租房可以考虑适当减少绿地率。

2）关于停车泊位问题

有单位认为：考虑到保障性住房沿城市轨道交通线布局的原则和其供应对象为中低收入家庭，一般不能承担私车保养的费用，可以考虑减少停车位设置标准。为了节约成本、减少造价，降低“两限”商品住房和保障性住房的价格，鼓励以地面停车为主。同时为了节约用地，建议综合利用绿化用地、体育用地、道路用地等，同时满足多种需要。应结合实际情况，合理配备自行车等非机动车停车位。还有一些开发建设单位则以发展的眼光看待停车问题，认为购车已成为了居民生活的正常需求，长远看来，不建议减少停车位。

3）关于住宅间距和日照问题

有专家指出，应从保障社会公平的角度考虑住宅间距和日照问题，中低收入者应享有平等的“阳光权”，建议不要降低住宅间距要求和日照标准。

也有一些单位认为，为了实现“居者有其屋”，提高出房率，可适当减少住宅间距，以满足大寒日 1 小时（建设部居住区规划设计规范规定为大寒日 2 小时）为标准计算即可。同时，建议住房增加进深，减少面宽，并可以采用新技术保证采光需求，且需要明示日照采光情况，居民可根据自身需求，自行选择购房朝向。

4）关于配套设施问题

有专家建议，考虑到保障性住房的居住人群特征，适当增加老年人活动场所、残疾人托养所、可以提供再就业的社区服务场所等，因地制宜安排居住公共服务设施。

也有一些开发建设单位提出，由于市场机制的推动，导致配套学校建好后无人使用，建议政府收购配套设施用地，统一调配；同时为了节约资金投入，减少教育配套开发成本，建议不按照千人指标核算面积及规模，应与周边配套设施合理利用，但要保证配套设施的需求。

3. 保障性住房规划设计指标可以优化的内容

从社会、经济、技术等角度提出问题并进行分析，对于本次“两限”商品住房和保障性住房的规划设计指标有关问题的研讨反响强烈，分歧较大。综合以上分析，应在保证保障性住房建设标准不降低的前提下，严格执行现行居住公共服务设施规划设计指标和住宅规划设计规范，同时结合实际，建议从以下方面研究优化调整的可能：

其一，位于轨道交通站点周边 500 至 1000m 范围内的“两限”商品房项目其机动车停车位可按 0.2 辆 / 户标准设置，经济适用房项目可按 0.1 辆 / 户标准设置，位于其他地区“两限”商品房项目可按 0.3 辆 / 户标准设置，经济适用房项目可按 0.2 辆 / 户标准设置（现行居民机动车停车标准为 0.3 ～ 0.5 辆 / 户）；廉租房项目可不安排机动车停车位，但应结合残疾人、老年人的需求适当安排残疾人助力车、小型三轮车停车位，并优先在地上安排。

其二，保障性住房的居住公共服务设施规划设计指标，可根据居民需求进行结构性调整，适当增加老年人活动场所、残疾人托养所、社区服务等设施指标。

其三，在各项要求符合的前提下，可考虑适当增加城市轨道交通沿线保障性住房用地容积率指标。

另外，住宅“户户见阳光”（每套住宅至少应有一个居住空间能获得日照）是建设部强制性条款（住宅设计规范 GB50096—1999），对于如何适用全社会不同需求的问题，应慎重研究，并广泛征求公众意见。

（本文发表于《北京规划建设》2007 年第四期）

五、适应与改变：控规在快速城市化过程中的发展

温宗勇

1. 快速城市化对控规的冲击

应该说，中国是快速城市化和全球化发展的最大受益者之一。经济持续以两位数增长，迅速占有世界市场配额和高地，城市建设蓬勃发展，全国性的"造城运动"带动了数以亿计的人口流动和移民，百姓中富裕阶层的崛起和扩充……种种令人瞩目的成就吸引着世人的眼球。据说，当今美国的大学里，城市规划课程开篇必讲城市化和全球化，而"二化"必引中国为例（张庭伟，2003，清华大学讲座稿），美国的、欧洲的专家学者们都想找个机会来中国看一看，印证一下流行的"中国风"，2004 年北京城市总体规划 (2004 ～ 2020 年) 修编时，各国"大师"们走马灯似的来京就是最好的明证。

中国的经济稳定快速发展了三十年，快速城市化的发展却是近十年的事，有关资料表明，"十五"期间，我国的城市化水平大幅提升。从 2000 年的 36.09%提高到 2005 年的 42.99%，平均每年提高 1.38 个百分点。目前我国的城市化水平已超过发展中国家平均城市化水平。"十一五"期间仍会保持快速发展的趋势。

在快速城市化和全球化背景下，北京中心城范围关于控规的投诉和信访案件也在不断增加。同时，对控规调整的诉求申请也有增无减，2006 年是 333 项，2007 年截至 7 月底的最新统计已达 194 项。这使控规陷入进退两难的境地，其主要原因有以下两个方面。

其一，控规本身过于技术化，并且存在技术局限。控规在我国的发展历程并不长，1991 年才正式出现在建设部颁布的《城市规划编制办法》中，是计划经济体制下的产物。2006 年 4 月 1 日起施行的新修订的《城市规划编制办法》第四十二条规定："控制性详细规划确定的各地块的主要用途、建筑密度、建筑高度、容积率、绿地率、基础设施和公共服务设施配套规定应当作为强制性内容"。但对于确定上述各项内容却缺乏统一的标准和依据，控规指标"刚性不刚"、"弹性不弹"成为影响其实施和权威性的主要原因。1990 年颁布实施的《城乡规划法》并没有相关条款的规定，致使社会对控规编制的科学性、实施的法定性产生质疑。

其二，控规对其承担的新的社会、经济职责，遇到的新情况、

解决的新问题准备不足，缺乏对策。面对市场的冲击，利益的冲突，控规只是一味地通过提高规定的容积率和高度来协调矛盾，照顾了局部利益和眼前利益，牺牲了整体利益和长远利益，被动的妥协和退让只能暂时解决一时的问题，却影响了整体的和谐。控规本身并不是万能的，可是却被赋予了过多的社会、经济责任，对此，应积极应对，研究出路。

2. 控规应适应发展

1）适应政治性要求

首先，执行控规是一种政府行为，由政府公务员负责实施。中央提出的“科学发展观”、“和谐社会”、“以人为本”和“建设环境友好型和资源节约型社会”等先进理念由政府贯彻落实，在控规的指标中、文本里应具体体现。政府公务员应该具有政治素质，提高执政能力，善于处理各类纠纷矛盾。可见，控规实施的本身就是一个政治过程，是政策的一种表达方式，“没有规划能够在脱离政治意愿和政治行动的状况下得到实施”([美]约翰·M·利维)。例如，近年来，中央对房地产市场进行宏观调控，加大了对低收入人群的住房保障，这是关乎民计民生、社会稳定的大事，控规在建设用地和控制指标上应对此予以落实。

其次，北京是国家首都，是全国的政治、文化中心，是国际城市，承担着许多政治活动和大型国际交往活动，就北京而言，更应体现规划的政治性。比如。奥运某工程管线在施工期间，因故需进行改线，相关区政府和一级土地开发公司进行了积极的支持和配合，确保了工程按期完成，为此，市政府对相关项目适当奖励了高度和容积率。

2）适应法制化进程

在我国，伴随着20世纪80年代初期的经济改革和对外开放，城市规划的作用和影响不断加强，以《中华人民共和国城市规划法》(1990年)为核心的城市规划法规体系的建立，为一定历史阶段城市规划依法行政以及规范城市规划建设活动提供了法律依据和保障。

控规本身不是法，控规编制和审批须以法规规章规范为依据、按法定程序由城市人民政府(或由政府委托规划行政主管部门)在法制规定的框架下进行。当前，《行政许可法》的实施已经对城市规划的法制建设产生了巨大影响，《行政许可法》2005年7月1日颁布实施之后，城市规划行政主管部门的应诉案件逐年增多，败诉案件也时有发生，社会的监督和公众参与的加强也有助于规划部门和规划工作者自身不断强化法制意识，使规划工作纳入依法行政的轨道。

《物权法》即将实施，对控规如何解决好既保障公共利益又保护私有权益问题提出了新的课题。新修订的《城乡规划法》提出强化控规编制工作的科学性，对控规调整进行了严格的规定，明确了公示的法定程序，对控规也将产生重大影响。

因此，控规只有从编制到实施始终重视以相关法律、法规、规章等为依据，重视审批管理的法定程序，重视与法制化的进程相适应，才能更好地发挥作用。

3）适应民主化进程

统计资料表明，城市化水平和经济发展是相对应的。即城市化水平分别为30%以下、30%～50%、50%～70%、70%以上时，人均GDP分别为1000美元以下、1000～3000美元、3000～7000美元、7000美元以上。同样，民主化进程也和经济增长相关，当一个城市或地区的人均GDP达到3000美元时，市民的民主意识开始觉醒，关注一些环保等公共利益方面的问题；当GDP达到6000美元时，他们的维权意识增强，要求知情权和参与权，当利益受侵害时，主动采取行动；当GDP达到9000美元时，他们会要求政府对公共利益问题进行维护并予以自觉的监督；当GDP超过12000美元时，达到一种相对和谐的状态。

城市化引发了农民工进城、居（农）民搬迁安置等问题，进而带来失地农民、外来人口的安置和管理，被搬迁的单位和个人的房屋使用权益是否受到公平对待的问题。目前北京的人均GDP刚刚突破6000美元大关，城市化水平已达83.6%（张勤，2007)，城市化发展水平快于经济增长水平，因此，正处在经济、社会矛盾加剧，群众维权意识增强的阶段。

控规往往涉及日照、间距、建筑量、道路、公共配套、社区居住环境等市民看得见和了解的实体，常常关系到他们的利益，很容易成为矛盾引发的焦点。例如，一些购房业主状告开发商在绿地上盖房，结果到规划委一查发现控规的用地性质并不是绿地而是建设用地，开发商的项目是符合规划的。可能开发商在售楼时提供了虚假环境对购房者进行了误导，并由此获利。业主们因此十分气愤并转嫁到规划行政主管部门，将规划审批部门告上法庭，理由是控规成果未向社会公开，侵犯了他们的知情权，由于不了解控规才受了开发商的骗。可见，公众的参与意识正在不断加强。几年前，公众参与还是“山雨欲来风满楼”，如今，已是“兵临城下”了。

4）适应市场化进程

市场化进程导致了建设投资的多元化。在计划经济时期，几乎全部建设资金都来源于政府，而市场经济条件下，投资渠道由政府为主转为多元化特征。就北京而言，建设资金 80%以上来源于非政府渠道，由此带来了需求的多样性和产品的丰富性。以北京的住宅建设为例，“十五”期间，住房建设总量约为 1.53 亿平方米，其中，商品房约为 1.35 亿平方米，占 88%以上，户型越做越大，房价一路飙升，高中低收入人群的需求越来越远，这是市场的“趋利原理”作用的结果。“十一五”期间，政府对住房建设结构进行了调整，总量 1.23 亿平方米中，保障性住房和“两限”商品住房的配额占了 1/4，加大了中低收入人群的住房供应，对房价增长起到一定抑制作用。

可见，市场机制本身并不能够把资源配置到最佳状态，对于这种市场失灵的状况，其主要原因：一是垄断降低了市场效率；二是市场调节不能解决宏观经济的平衡问题；三是市场不完全和信息的不对称导致效率损失；四是市场不能有效解决某些社会公共物品和服务的供给，如城市市政交通基础设施和公共服务配套设施的建设，城市公园绿地的建设等；五是市场无法解决收入分配的公平问题。如何满足低收入人群基本住房条件的问题就需要通过政府的调节来解决。

控规是政府作用于市场的基本手段之一。一方面，控规要研究市场，适应于市场的变化，保持一定的弹性；另一方面，政府要保持市场失灵时有效的调控作用，即控规还应保持其“刚性”的内容，以调控市场的那只“看不见的手”。

3. 控规应寻求改变

1）着眼点的改变

一般来讲，传统意义上的控规往往仅仅重视物质基础方面出现的问题，而忽略人的方面出现的问题。经济的发展使城市问题升级，控规也应从重视“城市建设量、城市景观和形态、公共服务设施和城市基础设施配置、城市交通承载能力、职住比、绿地率”的合理性等“物”的问题，转而逐步重视那些因“城市传统工业结构转型产生失业群体、居民拆迁、建成区蔓延形成的‘城中村’、征用农民集体用地带来的失地农民和农民工进城使大城市流动人口激增”等方面带来的“人”的问题。不然，就不可能产生社会的和谐，就会使规划工作陷于被动。北沙滩 8 号院的项目审批，就是因为对居民的要求不够重视，引发了矛盾的升级。

在现阶段，那种持着“只见物不见人”的规划观的时代恐怕一去不复返了。不仅编制控规时要考虑“人”的因素。实施控规时更要考虑“人”的因素；不仅要考虑“抽象的人”，还要考虑不同年龄、民族、职业，性别的，具有不同背景、价值观、期望和需求的“具体的人”。

2）作用的改变

《城市规划编制办法》第二十四条规定：“编制城市控制性详细规划，应当依据已经依法批准的城市总体规划或分区规划，考虑相关专项规划的要求，对具体地块的土地利用和建设提出控制指标，作为建设主管部门（城乡规划主管部门）作出建设项目规划许可的依据。”我国的城市规划体系中，控规的核心价值是承上启下，既以通过土地使用的量化指标将上位规划——城市总体规划的性质、规模、布局加以体现，又对其下游规划——修建性详细规划或建设项目规划设计方案进行指导和控制。其成果的表现形式往往是偏工程化的“技术文件”。但这显然已难以满足当前建设过程中规划管理、利益分配和协调各类矛盾的要求，规划部门在编制控规时往往是“技术”化的，然而，在法院受理的相关案件中，相关人员往往将控规规定的文本内容看作是一种政策依据。实际上，控规已经作为“公共政策”而不是“技术文件”发挥着积极作用。

3）规划师角色的改变

从控规角度来讲，一般有负责控规实施管理的规划师和负责控规编制的规划师，前者主要是供职于政府部门的政府官员（公务员），后者主要是供职于规划编制部门的技术人员。作为技术人员的规划师，往往坚持“技术至上”和“价值中立”的观点，试图通过对规划本身技术手段的改进来解决城市问题。作为政府官员，则是运用掌握的专业知识技能和组织协调能力．通过行政途径和手段，公平、高效的实现政府决策的目标。

其实，城市中不同的人和群体具有不同的价值观，规划师应能够表达不同的价值判断并为不同的利益团体提供帮助。规划师越来越成为利益协调人的角色而非传统意义上的技术人员和政府官员的面孔。

近日，北京市规划部门根据《城市规划编制办法》第十六条的规定，选择了东城、西城、崇文、宣武、朝阳、海淀、丰台和石景山等八个区，每区一个街道办事处作为试点，对北京市 2006 年修编的中心城控规进行了为期 15 个工作日（三周）的公示，活动通过规划分局组织街道办事处进行，由公证处公证，并由规划编制人员在公示过程中对控规负责解释和答疑。在此前不久．北京市规划委详规处开展了“规划下基层”活动，通过规划分局组织街道和乡的干部学习和了解北京中心城控规的内容和动态维护机制，也取得了很好的效果。这些活动，体现了规划师角色的重大改变，即从技术人员、政府官员向社会工作者改变。他们主动向公众讲解他们熟知的、而对公众却是深奥费解的专业知识，耐心回答各种提问，体现了一种主动、平等的沟通、互动和服务意识，从而从精英制定的封闭的静态规划阶段走向了公众参与的开放的动态规划阶段。

《马丘比丘宪章》指出：“城市规划必须建立在规划人员、城市居民、公众和政治领导人之间不断的相互协作配合的基础上。”而规划师正是协调不同人群和利益群体的纽带和桥梁。

4）政府角色的改变

目前，政府的职能正在发生着深刻的转变，即从管理型行政向服务型行政转变，从无限政府向有限政府转变。服务是政府的首要职能，服务是政府职能的必然选择。政府作为一种社会组织，应为社会需要和利益而存在，因此，必须为促进社会的发展和进步服务，为社会日益增长的物质和文化需求服务。这不仅要从过去的“无所不能”向“有限政府”转变，还要向“有效政府”转变，才能更多、更好地向社会提供“公共服务”，既体现公平，又体现效率。就如世界银行发展报告所说：“一个有效的政府对于提供服务是必不可少的，服务使市场更繁荣，使人民过上更健康、更快乐的生活。没有一个有效的政府，不论是经济的还是社会的可持续发展都是不可能实现的。”

根据《城乡规划法》，城市政府（或城市规划行政主管部门）是组织编制和实施控规的主体，也就是说，政府是控规的载体。由于政府角色的变化已是大势所趋，控规的发展就应因势利导，从“管理型政府”向“服务型政府”转变。重视控规实施的效率、效果和质量，而不是“以不变应万变”。在技术上、标准上、程序上应体现与时俱进、不断创新并有所突破，由习惯回答说“不”向说“怎样行”转变。

4．小结

实践证明，发展模式的单一，结构的不合理，能源高耗和粗放的经营方式，不是一条可持续发展之路，只有以科学发展观为统领，从走单纯经济发展的“单打一”道路，迈向走“经济—政治—人”的全面协调发展道路，才能保持人口、资源、环境的平衡，实现可持续发展。在这样的大背景下，控规不应该是静止不变的“终极结果式”的蓝图，而应是动态的。我们提出的“动态维护”的概念就是使控规充分适应政治的、法治的、民主的、市场的和“人”的发展要求。从哲学角度看，运动是永恒的，静止是相对的。为适应当前经济社会的又好又快发展，无论是控规成果本身，还是执行和编制控规的人（规划师）的角色或机构主体（规划行政主管部门）的职能都应该与时俱进，这样才能符合辩证唯物主义的科学原理，符合当前经济社会发展的要求。

注：本文根据作者2007年6月16日在北京召开的“城市未来：人与规划，印度与中国”——美国新校大学印度中国研究所学术研讨会上关于“开发与保护：如何规划和管理成长中的城市”专题的发言改写。

参考文献

李文良等编著，中国政府职能转变问题报告，中国发展出版社，2003.

（本文发表于《北京规划建设》2007年第五期）

六、控规变更深层原因及对策

温宗勇

在过去的二十年中，北京一直推行控制性详细规划(以下简称“控规”)全覆盖运动，在很大程度上有力地控制和引导了北京的城市规划建设，但在具体实施管理过程中，也出现了较多的问题。如在市场面前，我们设定的既定控制路线屡遭突破，为北京城市设计的美好蓝图常常难以实施，控规变更问题摆在每个规划工作者的面前。

1. 控规变更现象

从北京城市规划的发展历程来看，推行控规全覆盖以后，控规变更的现象就一直存在。在1999年版市区中心地区控规真正开始实施的2002年到2004年的三年中，控规变更的项目累计达421项。再看2006年版中心城控规(1～18片区)编制完成后，在2007年上半年动态维护试运行的过程中，北京市规划委主动深化和受理的控规调整项目共194项，到上半年已研究完成的项目有141项。在这些研究完成的控规调整项目中，从项目类型上分析，主动调整的项目占6%，中央单位和驻京部队申请调整的项目共占39%,区政府重点项目占22%,建设单位项目占33%（图1)。从项目性质上分析，上半年研究完成的项目中，公益性项目占38%，非经营性项目占33%，经营向项目占29%（图2)。从项目分布的区位来看，主要集中在朝阳、海淀、丰台三个区，约占项目总量的78%(图3)。这些统计数字表明，开发建设的热点地区也是申请控规项目调整的热门地区，而旧城（1#片区）占10%左右，相对平静而稳定（图4)。

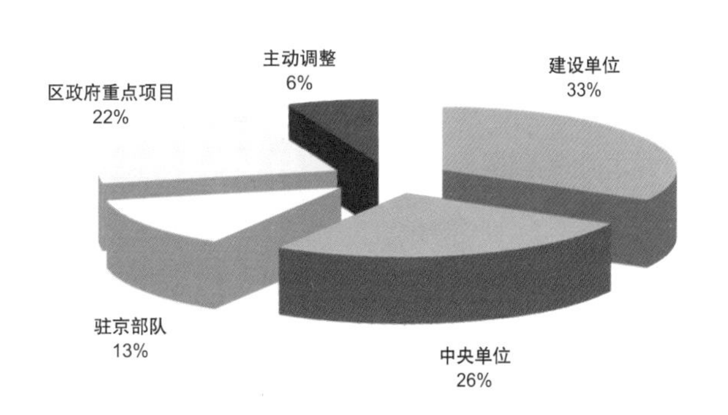

图1 北京市中心城控规动态维护项目类型统计分析（2007上半年）

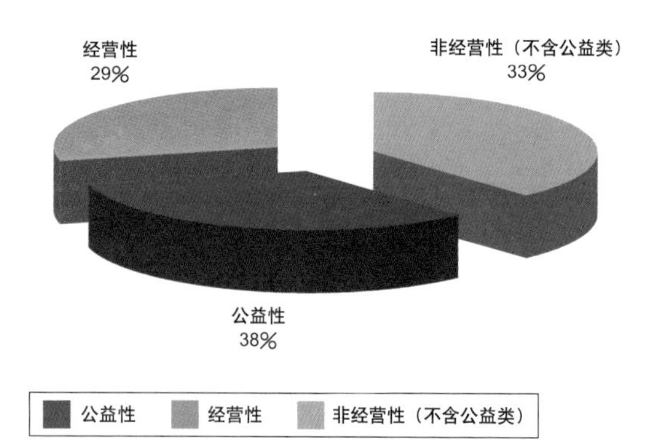

图 2　北京市中心城控规动态维护项目性质统计分析(2007 年上半年)

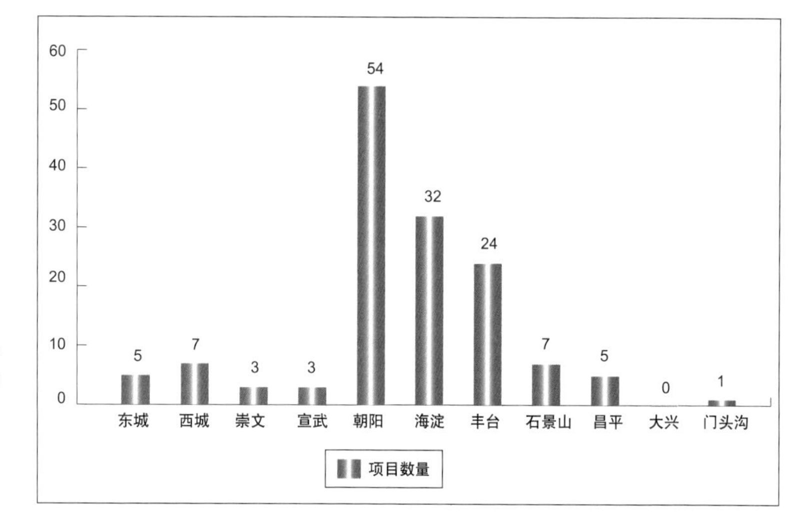

图 3　北京市中心城控规修改完善项目行政辖区分布统计分析（2007 年上半年）

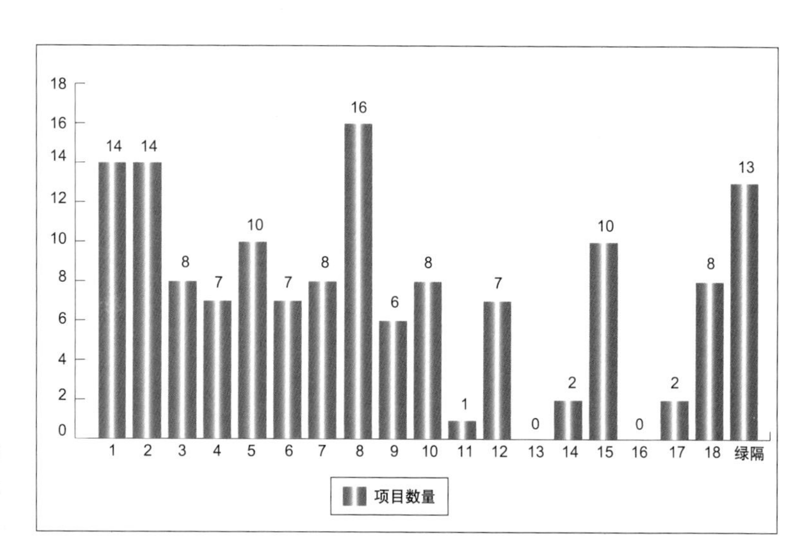

图 4　北京市中心城控规修改完善项目片区分布统计分析（2007 年上半年）

2. 现象背后的动力

目前，北京正处在快速城市化发展进程中，而城市规划也处在不断发展与完善的过程中。在这样的城市建设大环境下，社会各界由于种种原因的驱使对控规调整的需求必然客观存在，深究控规变更现象背后的驱使动力，主要有规划错位、利益驱使、标准缺失、程序缺位等几方面。

1）规划错位

规划错位是驱使控规变更的动力之一，其原因主要有以下几方面：首先，控规编制的全覆盖其实是要求城市规划对社会政治、经济、物质形态在空间资源发展上做出比较全面的预测，而在快速城市化发展阶段，各种社会经济发展变因太多，这种预测本身存在着一定的局限性，致使规划与城市发展需求错位；其次，控规在技术上本身存在局限性，这种情况产生的原因很多，如目前北京城市建设各种数据资源的共享平台尚未建立，在编制时序上，各项市政府重点工程（如轨道交通周边用地规划研究、保障性住房规划研究等）的研究成果需在编制完成的后续工作中及时纳入中心城控规，其他各类专项规划的研究成果也需进一步与中心城控规衔接，另外由于缺乏土地地籍权属与规划编制的结合，导致土地权属与城市发展的错位；再次，规划编制过程中的一些疏漏及在编制经验上的不足也是的规划与城市发展需求错位。

2）利益驱使

利益驱使是控规变更的主要动因。分析 2007 年上半年控规动态维护修改完善的内容可以看出，控规变更的需求主要集中在调整用地性质和增加建筑密度、容积率方面，约占项目总数的 86%（图 5）。在市场经济下，各种开发建设单位，包括中央单位、驻京部队、区政府都有自身在开发建设方面的利益需求，这种利益需求促使各种建设力量相互攀比，追求建设强度、开发效益，追求利润的最大化，成为驱使控规变更的一个内在动力。

3）标准缺失

标准缺失也导致了对控规调整的需求。目前，北京城市规划标准体系的建设还不十分完善，部分公共设施、市政交通设施标准缺失或是未随着专业技术革新而进行改进，导致规划用地规模、选址布局上的不合理，在具体实施过程中暴露出来的种种问题，导致了控规变更的要求。此外，在控规实施管理过程中，缺乏对控规调整标准的深入研究，导致控规变更缺乏依据。

4）程序缺位

在过去控规实施管理的过程中，控规调整程序的缺位现象，也是促使一些非合理性控规变更得以实现的原因。正确认识控规变更的必然客观现象及建立控规变更的规范程序经历了一定的时期，在这个过程中，控规调整程序的规范和完善也是一步步发展的，发展过程中某些程序缺位，一些本身与城市发展和社会公共利益相逆的调整钻了空子。因此，程序缺位也是控规变更的动力之一。

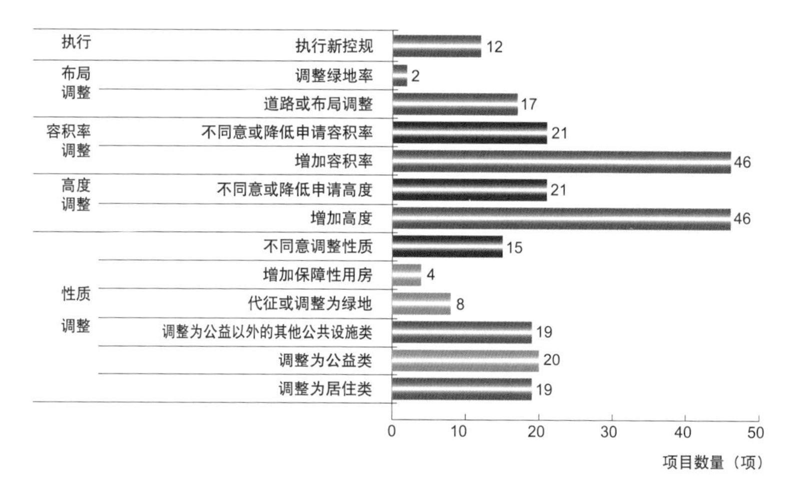

图 5　北京市中心城控规动态维护修改该完善内容统计分析（2007 年上半年）

3. 控规变更的分析

控规变更现象既然客观存在，且有驱使其产生的动因，我们就必须客观地认识分析它，认识控规变更的必然性和必要性。

1）必要性和必然性

城市规划是人类主观意识干预城市建设的一种体现。从城市发展的客观规律来看，社会经济在不断发展，城市建设的各种主体随着市场经济的不断发展，其从自身利益出发的建设需求在不断变化，由市场经济自发的城市空间资源配置调配需求也随市场不断发生变化，从人类的主观意识来看，人类的认识也是随着城市社会经济的发展而在不断发展，规划理念也是随着规划工作者认识的进步而不断进步。因此，城市规划从来不是一成不变的，世界在变、形势在变，城市规划必然也要适应这种变化。根据社会经济的发展、政治形势的变化对控规进行动态完善是必要的，控规变更的存在也是必然的。

2）规范性和法定性

控规变更虽然有其必要性和必然性，但并不意味着控规是可以随意变更的。控规的变更应该以“保障总体规划实施，保障人口、资源和环境的平衡，保障‘城市公共服务设施、城市市政基础设施、城市公共安全设施’三大设施的落实，引导经济社会发展的健康需求”① 为原则，严厉杜绝“擅自变更规划获取利益”② 的行为。要做到这点，必须落实控规变更的规范性和法定性。控规变更的规范性是从控规实施管理的程序上、控规调整的原则上进行规范，保障公平性；法定性是依法查找控规变更的依据，建立科学、统一的标准，从而起到监督的作用。

3）对策探寻

控规变更存在有它的必要性和必然性，作为规划管理工作，应该针对这种必要性和必然性探询对策，探索控规“动态维护”的机制和程序。对规划进行“动态维护”，即对规划实施情况进行即时监控，根据实施中的问题对规划进行适当、适时调整，并对调整结果进行定期评估。控规实施的动态维护是一个民主、法治的过程，有一定的政治性。在动态维护过程中，规划工作人员的主要工作是协调城市发展的长远利益和近期利益、公共利益和个体利益、经济效益和环境效益等，我们应找准自身定位，当好“协调员”。

根据2007年控规动态维护工作的初步探索和经验总结，对控规变更这种客观现象，应保证其规范化和法定性，使控规变更更有利于控规的动态优化，其措施就是在控规的动态维护过程中，做到“依法行政、统一标准、规范程序、公开政务”。

4）依法行政

依法行政是以现行法规、规定为依据进行中心城控规动态维护工作。这种做法是保证控规变更在法制的机制和环境下进行，保证控规变更的合法性。

5）统一标准

标准的制定是控规动态维护工作的依据，体现“公平性”原则。在控规实施管理工作中要及时总结经验，研究控规变更的标准和规则，以更好地确保动态维护工作的科学性和规范性。北京市规

① 引自北京市规划委员会《北京中心城控制性详细规划（2006版）实施管理动态维护工作方案》。

② 引自中纪委第七次全会公报。

划委员会在2007年上半年的动态维护工作中，研究制定了中心城控规管理办法、实施细则、案例汇编，统一了中心城控规动态维护工作的标准，为动态维护工作的正常开展打下了坚实的基础。

6）规范程序

规范的程序是保证中心城控规动态维护工作公平、公正、合法的前提。2007年上半年，北京市规划委分析国内各城市控规变更程序的特点，总结过去实施管理工作的经验教训，将中心城动态维护的工作程序明确为“主动深化和受理、论证、审查、公示、上报、办理、评估”八个环节，同时针对程序中的核心环节“会议审查”，建立了“中心城控规动态维护专题会”集体审查制度，明确了会议内容、会议人员构成、会议周期。

7）公开政务

在中心城动态维护过程中，进行专家论证、公众参与等，将政务公开，使动态维护工作立于更加公平、公正的根基之上。其中，专家论证结合具体项目，并结合每季度召开一次的专家综合审查会，对控规变更项目进行综合评议。公众参与结合具体项目，在项目办理过程中，充分征求利益相关人的意见，举行公示、听证会等，让公众参与控规的实施管理。

（本文发表于《北京规划建设》2007年第五期）

七、一种新的城市革命？——北京节约型城市的构建　温宗勇

1. 形势的要求

随着经济社会的快速发展，北京人口、资源和环境的压力日显突出。截至 2007 年底的数据显示，城市常住人口已超过 1630 万人。随着城市规模的扩展，人地矛盾变得更为加剧。而节约意识尚未得到社会广泛认同，民意调查[①]显示，在对“北京今后需在城市建设中加强的工作”的选项中，“加强节约型城市建设”排在 20 个测评因子的末位，可见，此项工作还需政府进一步加强宣传和引导。

事实上，近些年来，从中央到地方，各级政府明显加大了节能减排工作的调控力度。胡锦涛总书记强调，“全党全社会都必须按照科学发展观的要求，充分认识建设资源节约型、环境友好型社会的重要性和紧迫性，下最大决心、花最大力气抓好节约能源资源工作”，“要坚持开发与节约并举、节约优先的方针……以节能、节水、节地、节材、能源资源综合利用和发展循环经济为重点”，“抓紧制定和修订与社会主义市场经济体制相适应的促进能源资源节约和有效利用的法律法规[②]。”中共中央、国务院以及中纪委、建设部等相继发布了一系列重要文件，针对我国人多地少，耕地资源稀缺，在当前工业化、城镇化快速发展时期，建设用地供需矛盾突出的问题，提倡大力促进节约集约用地，切实保护耕地，走出一条建设占地少，利用效率高的符合我国国情的土地利用新路子。今年国务院《关于促进节约集约用地的通知》提出了“按照节约集约用地原则，审查调整各类相关规划和用地标准”，“充分利用现有建设用地，大力提高建设用地利用效率”，“充分发挥市场配置土地资源基础性作用，健全节约集约用地长效机制”等五个方面的具体要求，明确了责任。明确要求北京应“坚持节约优先，积极推进资源的节约与合理利用，严格控制城镇建设用地规模，把北京建成节约型城市，保障北京市可持续发展”[③]。推出《北京市城市建设节约用地标准》（以下简称“《标准》”）是

---

① 引自“关于北京城市总体规划的民意调查报告”. 北京市委研究室、北京市规划委员会，2003。

② 胡锦涛主持中共中央政治局第三十七次集体学习时的讲话，2006。

③ 国务院对《北京城市总体规划（2004-2020 年）》批复，2005。

对科学发展观和城市总体规划的具体落实，意义十分重大。

2.《标准》的制定

北京作为国家首都和国际城市，近期有备战奥运的任务，远期有建设宜居城市、和谐社会的目标，城市建设面临着各种复杂矛盾和巨大挑战。在城市用地方面，各类设施都按照各自的标准或需求配置土地，而实际上又难以一一满足。某些行业存在标准过高、标准过多、标准过时或标准缺失的问题。有些按标准配置的土地不能充分发挥作用，造成土地资源的闲置和浪费。

因此，对各类用地进行现状调研及实例分析，对比现行标准、规范，借鉴国内外相关经验，提出明确的节地指标，统筹安排各项建设用地成为当务之急。《标准》中涉及的居住、工作、公共服务设施、市政交通基础设施等建设用地，都是城市发展必须保障的用地，如何用科学的方法，集约而有效地规划和供应这些土地，则是《标准》致力解决的实际问题。

总体来看，节约城市建设用地主要有四种基本途径，在《标准》的制定中四种方法常常是综合运用的。

第一，缩减建设用地。这是最直接的节地方式，即通过优化布局或改进技术等手段，在满足功能正常使用和合理容量的前提下，减少建设用地规模。如消防设施用地，《标准》在中心城地区适度提高了容积率，在满足建设规模的前提下，减少了各类消防站用地的规模。经初步估算，节地幅度能达到20%以上。再比如市政设施用地，其中的供水设施、排水设施、供电设施均存在标准过多、选择范围宽泛的问题，《标准》通过选择不同地区的场站类型对典型案例进行研究分析、工艺对比，确定了上述设施的节地指标，初步估算，在中心城地区，节地幅度在10%～40%左右；相关设计规范中燃气设施没有对场站用地的要求，规划选址长期依靠经验数据估算，《标准》根据对各类场站进行测算，制订了一套相对完整的指标体系，细化和补充了各类燃气设施的用地指标，估计节地幅度在30%左右；供热设施的选址工作大多依靠经验数据，预留规划用地较多，《标准》结合技术进步，提出的用地指标大幅降低，节地幅度在40%左右；环卫设施涉及现有设计规范较多，但没有形成用地指标体系，《标准》对此加以完善，对不同类型的环卫设施提出了明确的用地要求，节地幅度在10%左右。

第二，增加建筑容量。即通过优先提高建筑容积率而不是增加建设用地的途径，来满足各项功能的正常使用和合理安排。

在中心城地区，由于分布着较多的成熟社区，中小学校的整合优化受到很大制约,《标准》对改建学校以适当提高容积率为主，尽量满足建筑面积标准。通过有效挖潜，在用地需求不增加的前提下，中心城地区的中小学可增加20%左右的建筑量，以解决学校发展的需求。同样，分布在中心城的高等教育用地，在保证基本功能和安全的前提下，首先通过适当提高容积率满足高校建筑规模指标要求。《标准》通过对中心城现状 30 所三甲医院的系统研究，因地制宜地提出以增加建筑容量的方式为主，满足医疗卫生设施的床均建筑面积。通过这种方式，中心城地区 24 所容积率低于 1.6 的三甲医院可减少新征建设用地近 1 平方公里。《标准》对工业用地的容积率提升幅度较大，并且还规定了容积率和建筑密度的低限。对解决过去部分工业用地利用效率不高、甚至浪费土地的问题十分有利。《标准》还鼓励适当提高轨道交通站点周边居住用地的容积率。

第三，提高人口密度。即限制城市一类居住用地规划建设及投放规模，适量提高居住用地使用效率，在保障安全、配套服务设施和环境质量的前提下，适当增加住宅的套密度和居住人口密度。

有资料表明[①]，城市只有达到一定的人口密度，才能降低各种资源能耗成本，使基础设施达到某种程度的优化，同时保证一定的宜居度。《标准》对居住用地按一类居住、二类居住和经济适用住房进行了科学分类，提倡适当降低套型标准，提高套密度，并保持较高但适宜的居住人口密度。

第四，综合利用土地。即优先考虑某些设施兼容使用、合并设置或共享建设用地。

《标准》规定，应急避难场所均不独立占地，综合利用现状绿地、广场、体育场，学校操场等开放空间，须保证有效使用面积比例不低于 60%～70%，并避开周边建筑的倒塌范围，保证避难场所的安全。邮政设施也不独立占地，结合其他设施综合安排。中心城地区规划 850 个邮政局，其中新建 756 个，按照节约用地要求均不独立占地，可节地近 1km^2。

此外，还对地铁车辆段的上盖开发或交通枢纽的综合利用，如四惠桥车辆段上盖开发建设了 60 万 m^2 的经济适用住房和商品住房，郭公庄、苹果园、六里桥等综合交通枢纽规划建设的综合开发等；或充分优先考虑城市工业文化遗产的保护与再利用，将原有废弃的工业厂房适当改造以适应城市新兴功能（如文化创意

① 《接地城市发展模式——JD 模式与可持续发展城市论》，北京：中国建筑工业出版社 .

产业等）的需求，如对首都钢铁厂、北京焦化厂、京棉二厂、798 厂和 751 厂等企业转型后对其工业遗址保护和再利用等，同样可以达到节地的目的。

3. 城市的革命？

《标准》通过“减少建设用地、增加建筑容量、提高人口密度、综合利用土地”等节地手段，对北京城市建设用地尤其是中心城地区的建设用地采取了较以前各类行业标准更为集约的规划和供地指标，是非常符合国家对北京市“要坚持集中紧凑的发展模式，节约用地、集约用地、合理用地，切实保护好基本农田，积极推进存量建设用地的再开发”[①]的要求的。

由于城市化程度的不断提高，用地供求矛盾也不断攀升，《标准》的出台是否意味着对将来城市空间形态的影响或改变呢？近几年的实践表明，用公共交通而不是私人小汽车来支持城市大容量、高密度的开发应该是一条适合北京实际情况的路子。

在欧美国家发生的变化值得我们关注和思考。1990 年《城市环境绿皮书》里，欧洲议会要求在已设定的城市发展界限内进行未来城市的发展，严格控制城市向农村地区的拓展和蔓延。1994 年，英国政府在《英国可持续发展战略》中认可了“城市遏制”[②]的政策，并第一次由交通部和环境部联合发表了政策 PPGl3，要求普遍地提高城市的密度，在交通枢纽的周围要求达到超过常规的密度。饱受城市蔓延之苦的美国，提出了“精明增长”(Smart Growth) 的城市发展理念，即“努力控制城市蔓延，规划紧凑型社区，充分发挥已有的基础设施效力，提供更多样化的交通和住房选择”[③]。新泽西州最近在全州性的管理土地发展规划中采纳“紧凑型城市的模式”，该项计划的研究显示在未来 20 年间，预计容纳 52 万新居民的发展，如果采取与以往无序蔓延发展的不同的

---

① 国务院对《北京城市总体规划（2004-2020 年）》批复，2005.

② 麦克拉伦（Mclaren，1992 年）在《紧缩还是分散？调和并不是解决的办法》中论述了紧缩城市的人口密度带来的好处。埃尔金（Elkin，1991 年）等人也指出要通过提高居住密度和集中化来增加城市空间的使用效率，他们写道，“规划应以实现土地利用的整合化和紧缩化为目的，并达到一定程度的‘自我遏制’”。布雷赫尼（与布洛尔斯，1993 年）曾巧妙地将紧缩城市解释为一种高密度的、综合利用的城市，它鼓励在现有城区的界限之内进行的开发，但这种发展不可以超出该边界。——引自《紧缩城市——一种可持续发展的城市形态》，北京：中国建筑工业出版社，2004.

③ 美国规划协会（APA）对“精明增长”的定义，国外城市规划，2003.

方法，州政府将在基础设施建设上节省13亿美元，在每年的运作和维护成本上可节省4亿美元[①]。

北京的城市化发展有与美国相似的一面，城市扩张速度加剧，不断吞噬耕地和农庄，失地农民被迫进城，中产基层涌向郊区，立交桥、高速路以及其他一些大型基础设施的建设占地规模十分巨大。由于资源的人均占有率和美国相去甚远，走美式城市化发展之路是绝对行不通的。由此可见，北京要达到宜居城市、和谐社会的发展目标，应该充分借鉴并汲取国内外的经验教训，反思城市发展的理念，更加严格地实施“紧缩型城市”发展模式，有效控制城市建设用地规模。对北京而言，《标准》的颁布不仅可以通过节地确保耕地不被侵占，提供更多的城市绿色空间来改善趋于恶化的城市生态环境，从而达到城市经济社会发展与人口资源环境之间的平衡，适应北京人多地少的实际情况，而且，还将成为实施城市建设可持续发展长期战略的重要一步，逐步构建形成节地型、紧凑型的城市格局。

《标准》使我们向前迈进了一步，但其指标是否真正做到集约？是否还有潜力可挖？尚需要在实施过程中进一步检验。《标准》的维护和修订应该是动态的，因为我们的城市是不断发展的，我们面对的矛盾和问题也是不断变化着的，因此，在实践当中不断总结经验才能使其更具指导性。我们的工作目标应该是通过有效节约城市建设用地，创建节地紧凑型城市发展模式，使北京逐步形成一种建设用地集约紧凑、居民出行方便高效、生态环境十分良好的可持续发展的城市形态。也许，这是一场新的城市革命？

（本文发表于《北京规划建设》2008年第三期）

①《公交都市》.（美）罗伯．特瑟夫洛著．北京：中国建筑工业出版社，2007.

八、
保护　发展　和谐
——北京历史文化名城工作回顾与展望　　温宗勇

从1982年，即北京由国务院核定公布为首批国家级历史文化名城算起，北京的历史文化名城保护与发展工作经历了风风雨雨的26年，几乎与改革开放同步。作为拥有13亿人口之众的大国首都，作为在全球化发展格局中经济实力日益强大、影响日益突显的国际城市，作为历史悠久、文化遗产资源丰富的文化名城，随着其现代化发展进程的加快，特别是在建设“人文北京、绿色北京、科技北京”的过程中，如何以科学发展观为指导，落实《北京城市总体规划(2004～2020年)》，妥善处理历史文化名城保护与城市发展的关系，最大限度地保护历史文化遗产，发掘历史文化内涵，展示城市鲜明特色，显得越来越重要，影响也越来越广泛。

1. 名城——历史悠久，资源丰富

北京从周武王分封蓟国(1045年)起距今有3000多年的建城史。公元938年，辽代在蓟城的基础上，建南京城并成为陪都。金灭辽后于1153年迁都至此，改称中都。金中都是北京成为全国政治中心的重要标志，距今有800多年的历史。元朝在金中都东北郊外创建元大都。明代(1406年)改称北京。清朝(1644～1911年)继续建都于北京，基本延续了明北京城的格局，同时建造了北京西北郊的园林景区。

现在的北京旧城是以《周礼·考工记》的王城规划理想为出发点，结合地理形态进行的规划，其最大的特征就是城市风貌与格局的整体性和有机性。旧城规划水平之高，在世界城市中是公认的。

在北京市域范围内分布着众多文物和历史遗存。现有世界文化遗产6处，包括八达岭长城、颐和园、天坛、故宫、明十三陵、周口店猿人遗址；各级各类文物约3600处(含第七批文物保护单位)，其中国家级重点文保单位60处，市级文保单位295处；挂牌保护院落658处；历史文化保护区43片，其中旧城内33片，总占地1940公顷，占旧城总用地的31%，保护区和文物保护范围及建控地带的总面积为2736公顷，约占旧城总面积的44%，其余10片分布在远郊区县。

北京在几千年的城市发展史，形成了独特的传统文化，对全国有着重大的影响。如以“北京话”为标准音的普通话，被称为“国粹”的京剧，被列为“世界非物质遗产”的昆曲等。此外还有独具北京特色的市井习俗、庙会戏曲、老字商号等，极大地丰富了北京历史文化名城保护的内涵。

悠久的城市历史和丰富的人文资源是展示北京历史文化名城特征不可或缺的要素，保护与发展的基础。

2. 规划——完善体系，不断创新

北京的规划工作很难做，名城保护规划更难做，因为受到各方的高度关注，涉及到的各个利益主体又难以协调一致。

旧城既是首都的行政核心区域，集中了代表国家功能和形象的行政办公、国际交往、文化交流等重要场所，又是历史文化风貌的核心区域，分布着故宫，天坛等一系列世界文化遗产和众多文物保护单位，同时，居住也是旧城的主要功能之一，居住人口密度达每平方公里 2 万多人，其中不乏中低收入人群，也分散着一些农贸市场等低端商业设施。形成了旧城内高端功能与低端产业并存，白领和中低收入居民混杂的情形。

旧城的危改工作虽然一度改善了住房困难户的居住条件，但由于大部分危改追求资金平衡，建设规模过大，居住环境不尽如人意。突破规划控高，又使旧城平缓开阔的城市空间形态受到影响。过去，由于等待推倒重来，缺乏管理，私搭乱建情况突出，老房子长期得不到修缮，结构老化，基础设施落后。现在，按照微循环的有机更新方式，旧城建筑更新周期拉长，老建筑折旧加速，仍然是远水不解近渴。旧城内建设规模的扩大使交通需求日益增大，现有路网无法承受，原有旧城规划是机动车导向的而非以人为本，道路红线宽而疏，没有考虑专门供自行车或人行的道路系统，一些文物建筑也被划入规划道路红线内，破坏了旧城的传统城市肌理。现行道路交通规划设计规范、市政技术标准与旧城狭窄的胡同存在空间上的矛盾，大市政配套难度大、成本高。

可见，尽管旧城在北京城市经济社会发展中无与伦比地重要，但目前，在功能定位上、建筑更新方式上还是基础设施上，旧城保护和发展的难题还有待进一步破解。因此，无论过去、现在还是将来，旧城都是北京的历史文化名城保护工作的重点。

新中国成立以来，北京市先后开展了三次全市范围的文物普查，全面调查登记我市文物古迹的保存状况。2000 ～ 2002 年北京市投资 3.3 亿元，用于市级以上文物保护单位文物建筑的抢险

修缮，共完成近百处市级以上文物保护单位的抢险、修缮工程，排除了我市部分文物保护单位长期存在的险情。2003 年北京市政府又开始实施为期五年的人文奥运文物保护计划，投入资金 6 亿元。这两项文物保护工程的实施，带动社会配套资金近 50 亿元。资金惠及 43%的市级以上文物保护单位，修缮面积 47.5 万余平方米。2003 年以来，文物保护的重点从单体修缮转移到整治和改善环境上来，从景点保护转变为成片保护、形成风貌上来。并投入大量资金解决文物建筑不合理使用的问题。通过搬迁腾退、文物修缮，完成了东皇城根、菖蒲河、元大都遗址等一批遗址公园的建设，改善了世界文化遗产周边的环境，并向社会开放展示。

随着城市建设速度的加快，在 20 世纪 80 年代末～ 90 年代初，危改工作逐步进入旧城区域，在城市部分核心地段出现了高层建筑物，拆除了一些传统街区和四合院建筑，名城保护与城市发展之间产生矛盾。于是，在《北京城市总体规划 (1992-2010 年)》中，提出了保护旧城整体格局，纳入了二十五片历史文化保护区的名录。1999 ～ 2002 年，划定了第一批、第二批历史文化保护区的保护和控制范围并编制了保护规划。历史文化街区和历史名城的整体保护开始受到关注，逐步形成了“一个重点，三个层次”的保护体系，即以旧城为“重点”，以文物保护单位、历史文化保护区、北京历史文化名城为保护的“三个层次”。

2007 年开展的《北京优秀近现代建筑保护名录 (第一批)》和“工业文化遗产”保护工作将保护工作推向一个新阶段。

北京优秀近现代建筑将保护建筑的年代延长至 20 世纪 70 年代中后期 (即 1976 年“文革”结束)，并创造性地提出保护的方法，保持外立面原貌，内部可以通过现代化改造加以有效利用，以保护建筑主体为主，兼顾建筑环境。

进入后工业时代的北京，面临一大批工业建筑的去留问题，东部工业区的悄然退出，令人扼腕叹息。面对一片片新建居住社区，人们很难想象昔日烟囱林立的工业时代的景象。针对“798 现象”和国际风潮，我们提出了工业文化遗产的保护和再利用课题并开展相关工作。“798”是 20 世纪 50 年代初由前民主德国设计并援建的一处国家重点工业项目，近年来，一批艺术家和商业文化机构开始成规模地租用和改造这里的一些空置厂房，逐渐发展成为集画廊、艺术家工作室、设计公司、餐饮酒吧等于一体的具有一定规模的艺术社区。“798 现象”是民间自发形成城市特色地区的一个典型案例，老工业基地的再利用则是城市产业转型所面临的一个普遍问题，因为类似情况是许多发达国家的城市发展历程。认真分析“798 现象”，有助于我们在城市发展和转型中把握机遇。

北京焦化厂（以下简称“北焦”）等工业建筑的保护与再利用就是有益的尝试。北焦是在建国初期自主设计和建造的大型煤化工生产企业，同时也是我国第一个商品焦炭的生产基地，在行业内具有一定的代表性。北焦的建设不但代表着北京煤化工工业的建立和发展，还开创了首都燃气化建设的历史，对北京现代化建设具有重要历史意义。因此，不论从城市建设、行业发展还是技术研发等方面看，北焦都具有较高的工业遗产价值；对北焦工业遗产进行保护，将有助于保留北京昔日工业的辉煌历史和城市建设的伟大成就。

对这些工业遗迹进行保护和开发利用。既丰富了“人文北京”的内涵，也吸引了文化创意群体，促进了文化创意产业发展，充分挖掘工业遗产的再利用价值，建设节约型城市，建设环境友好型城市，是北京城市风貌保护的重要内容，并能为全国起到示范作用。

3. 实施——以人为本，有机更新

规划的编制与实施存在“两层皮”现象，一直是困扰我们的难题，表现在规划编制和实施的主体脱节，市政府的规划行政主管部门负责组织规划编制工作，由区政府负责对规划的实施。编规划的有时不能完全考虑实施中的实际问题，抓实施的也可能不仔细去看规划的具体要求，于是，规划又成了“纸上画画、墙上挂挂”，你说一套，他搞一套。平安大街的改造，两侧建筑并不是搞规划专业的规划师设计的，现在四合院整治从设计到施工也不是科班出身的规划师、建筑师们搞的。南池子等历史文化保护区修缮改建试点工程也没有照搬政府批复的保护规划。

规划师和实施者想的也许不是一回事。规划师们的方案有时缺乏准确的经济预算、居民拆迁或回迁的实施计划与经济可行性分析、市政基础设施的实施方案等关键环节。只是过于想当然的考虑保护建筑。而实施者则更加关注经济收益，这是实施的可靠保障。看来规划师和实施主体间缺乏有效的沟通是问题的关键，不是不沟通，而是沟通无成效。

经过长期的实践与探索，北京的旧城改造与更新逐渐走上以“功能改善、房屋修缮、人口疏散”相结合的小规模，渐进式有机更新之路，采取“政府主导、财政投入、居民自愿、专家指导、社会监督”方式，以四城区政府作为责任主体，实事求是，量力而行。“功能改善”是指对平房院内整体环境、房屋使用功能、

市政供暖、节能等设施的改造。“房屋修缮”是指建设单位以《北京旧城房屋修缮与保护技术导则》为依据，文物部门指导和监督，文保专家全程跟踪，使修缮房屋达到结构安全，外观整洁，能源清洁，节能达标，立面风格、色调与古都风貌相协调。“人口疏散”则本着居民自愿的原则，鼓励胡同院落中一部分居住密集的居民疏解出去，为此，市政府为城四区划定了定向安置土地，建设行政主管部门负责提供廉租房、经济适用房房源，以保障疏散出去的居民居者有其屋。

前门地区是北京旧城的重要组成部分，也是老北京传统风貌、史迹文物保存最完整的地区之一，特别是明清以来，一直是北京建筑文化、商贾文化、市井文化、会馆文化、民间文化、梨园文化云集的特色街区之一。经过大量调研和专家反复论证，确立了以恢复“20 世纪 20 ～ 30 年代风貌”为主的整体建筑风格，保留了现存的有价值的建筑。大街北段主要按照历史风貌进行规划设计，南段则更多体现了现代风貌的风格，中间过渡部分是穿插历史符号的建筑，体现了传统文化与现代文化融合对接的理念。工作修缮过程中，广泛征求了人大代表，政协委员、居民群众，工商界人士及各部门等社会各界的意见，文保专家作为顾问直接参与规划设计、指导施工。

本着“以人为本，有机更新”的原则，以实施为主导，对旧城平房区四合院进行了修缮整治，对旧城城市基础设施进行了改善，对旧城居住人口进行了疏散，环境进行了整治，在保护旧城古都风貌的同时，不仅改善了居民生活条件，而且，重新唤起人们对北京城市的记忆，使城市的历史文脉得到延续和发扬。

4. 机制——公众参与，和谐发展

不同利益主体对历史文化保护的态度是不同的。地方政府最为关心税收问题，当然，旧城四个区的主要领导也非常关心危房率的问题，尤其在雨季都非常担心旧区中的房屋毁损情况，更担心会由此出现人身安全问题，现在，也开始关注风貌保护的问题；专家们则是保护的忠实捍卫者，他们口诛笔伐、上书中央或者借助国际社会、媒体的力量施加压力，但专家的观点和态度也不同，有的坚持历史原真性的保护，外观和内部保持原汁原味，一点儿不能更改，有的专家则认为大部分老房子 (80%) 没什么价值，拆不足惜，有的则介于两者之间，也有人把专家们分为“保派”“拆派”“折中派”；开发商则明确打起为经济而战的大旗，受经济利益驱使、以营利为目的本身就是他们的使命，本身并无可厚非，

拆旧建新可以获利那就“拆、拆、拆”，因此，专家们十分痛恨、厌恶他们。要求政府下逐客令，请他们远离旧城，但现在有些开发商又在保留的传统街区中闻到商机，转而“玩起文化”来了，便成保派，可能上海新天地的一夜成名令他们十分羡慕；产权单位有各自的想法和打算，一般都有想拆旧建新的要求，对风貌和建筑高度的控制十分不满；当地居民们关心的是住得好不好，迁得远不远，给的拆迁费够不够，也有一些热衷于此的普通市民则关心岁月留痕，喜欢流连于旧区窄巷，甚至建立保护旧城的组织，做些宣传鼓动工作，尤其十分吸引国外游客的眼球。

如何将他们的需求有机统一起来，必须探索有效的机制。在积极实践过程中，逐步建立了制度化的专家论证和公众参与机制。通过“政府主导、市场辅助、专家参与、居民支持、街道组织”等工作原则，广泛征求专家、居民和社会各界意见，认真落实历史文化名城保护要求，最大限度的实现保护目标。2004 年 11 月 17 日，北京市政府聘请吴良镛、郑孝燮、罗哲文，宣祥鎏、谢辰生、傅熹年、李准、徐苹芳、王世仁、王景慧 10 名专家成立“北京旧城风貌保护与危房改造专家顾问小组”，文保专家作为顾问直接参与规划设计，并指导项目施工。同时在涉及文物保护的建设项目审批过程中，确定了规划、文物联合办公的联席会议制度；将中心城范围内文物、古木定位纳入规划管理图层，事实数据化管理。对旧城内的危改项目实行“四三二一”的审批程序：在区政府商有关部门提出危改项目的基础上，须经房管部门房屋质量调查、文物部门现状调查、园林部门树木调查、居民危改意向调查后，提出建设实施方案、规划布局方案、经济测算方案，并由规划部门会同计划、国土房屋、文物、园林、交通、危改部门进行初步审核，进行交通影响评价，并最终上报市政府。

随着保护机制的不断完善和健全,30 年来保护工作不断发展。

1）保护内容不断丰富

在时间上，从以保护明清建筑为主到将近现代建筑纳入到保护建筑中来；在空间上，从单体文物保护单位的“点”到保护区或旧城整体的“面”，再扩展到市域范围；保护的对象从保护建筑本身到兼顾建筑周边环境，从保护建筑局部到扩展到建筑（群）整体，从保护物质遗产到保护非物质遗产；保护的主体从政府主管部门和专家、社团为主到政府相关部门合作联动，再到社会支持。可见，时间跨度拉长，保护项目增加，保护的范围加大，保护的支持者和推进者增多。

2）保护方法呈现多样

最初的保护方法以文物保护方法为主，重视保护对象的原真性、整体性，严格要求无论是内部还是外立面均保持某一年代的“原貌”。由于保护内容不断丰富，保护手段也变得多种多样，如针对文保区要求“整旧如旧”式的保护，对于优秀近现代建筑或工业遗产建筑要求保留外立面，内部可以进行更新改造，并更加强调其再利用的价值。

3）保护具有更大的包容性

将保护对象扩大到“文革”结束，并把工业遗产建筑纳入保护范围本身就体现了保护的包容性。此外，包容还体现在具体案例中不同保护对象的融合、和谐相处，如列入优秀近现代建筑保护名录中的福绥境大楼，高八层，位于文保区内，并和妙应寺白塔咫尺之遥，比肩而立。在过去，前者位于后者的保护控制地带内，由于高度超出了规划控制高度限制，应予以无条件拆除。可见，随着时间的推移，保护的观念发生了很大的变化，更加开放、包容了。

4）保护具有更高的公众性

公众应成为保护工作的主体，这样，保护才会有效，才能具有生命力。这也符合国务院《城乡规划法》《物权法》和《关于加强文化遗产保护的通知》的要求，即在编制和实施保护规划的过程中，应采取逐户调查、座谈听证、规划公示等多种形式，加强居民的公众参与，充分征求并尊重当地居民的意见，积极研究制定相关政策，保护私房主的产权利益，鼓励居民实施自主改造，成为房屋修缮保护的主体。2008年，北京市两会期间，51位人大代表和政协委员提出了6件建议和提案，一致提议应对北京焦化厂工业遗产资源进行保护和再利用，《北京青年报》等媒体也以“北京焦化厂有望改建成工业遗址公园”作了相关宣传报道，引起广泛关注。可见，通过人大、政协参政议政、举办展览、印发宣传材料、制作公益广告、新闻媒体等多种形式的宣传教育，可以动员全社会共同参与进来，有效提高历史文化名城保护工作的社会认可度。

回首改革开放30年，北京历史文化名城保护工作经历的多方面实践与探索，历史文化名城保护思想在不断完善发展；从重点保护明清古建筑到加大力度保护“优秀近现代建筑、工业文化遗产”，保护内容不断丰富；从“整旧如旧”、原汁原味式的保护到保护和再利用的有机结合，从对单一文物的保护已发展对历史文化保护区，再到对城市整体历史文化环境的保护，在空间形态上从对一点一滴的保护，发展为点、线、面结合的系统性保护，保护方法越来越多样；在文化属性上从重视公建到民居，从物质遗产到非物质遗产，保护内涵不断拓展，保护具有越来越大的包容性和公众性。由此可见，“保护”和“发展”是不断走向和谐的。

（本文发表于《北京规划建设》2009 年第一期）

九、
北京焦化厂：为环保而建为环保而停　温宗勇

北京炼焦化学厂（简称焦化厂）工业遗产保护和再利用的缘起，离不开国际国内的大环境影响。

国际文化遗产保护领域早已对保护工业遗产给予了应有重视。20 世纪 80 年代，一些国家的工业遗产就已经被列入《世界遗产名录》，截止到 2005 年底，共有 22 个国家的 34 处工业遗产列入名录，占现有 812 处世界遗产的 4.2%。2003 年 7 月，国际工业遗产保护协会在俄罗斯召开大会，发表了对于国际工业遗产保护具有里程碑意义的《下塔吉尔宪章》。它明确指出工业遗产的定义，是指具有历史价值、技术价值、社会意义、建筑或科研价值的工业文化遗存，包括建筑物和机械、车间、磨坊、工厂、矿山以及相关的加工提炼场地、仓库和店铺、生产、传输和使用能源的场所、交通基础设施等。

在国内，2006 年初，国家文物局首次将 9 处近现代工业遗产入选第六批全国重点文物保护单位；2006 年 5 月，国家文物局下发了《关于加强工业遗产保护的通知》；而 2006 年 6 月 2 日，有国家文物局正式颁布的《无锡建议》，是对我国工业遗产保护具有宪章性的首部文件，也称为我国文化遗产保护领域的又一次新的探索。

焦化厂就是在这种背景下进入我们视野的。焦化厂分为南北两区，北区为主厂区，占地面积约 135 公顷，主要为煤化工产品的生产和经营；南区占地面积约 15 公顷，主要为三产服务业经营，没有生产装置，2006 年 7 月 15 日，焦化厂宣布停产，按照搬迁规划，主厂区及生产设备迁至河北唐山，并且北京市土地整理储备中心对焦化厂北区的土地进行了储备，按照收购合同的约定，焦化厂将于 2008 年 3 月底前完成地上物的拆除工作，并交付全部土地。然而，2006 年 10 月，我们到焦化厂看了现场后，觉得将这些工业设备拆除很可惜。一是因为厂内很多设备和工业流程很有特色，虽然不能再用，但是能唤起人们对于过去场所的怀念；二是因为焦化厂地理位置很优越，是第二条京津高速路的起点。于是产生了保护焦化厂工业遗产的想法，遂请了北京清华安地建筑设计顾问有限责任公司对焦化厂进行调研，调研结果出来后，我们将其向领导汇报，领导非常重视。在院长办公会上，当大家看到焦化厂的照片时，眼神都直了，觉得非常珍贵。当然这时离保下焦化厂还相当遥远。但保护的初衷就这样产生了。

焦化厂工业遗产保护的过程是一个创新的过程，充分体现了领导重视、专家支持、部门合作、公共参与的原则。2007 年 1 月 18 日，北京市规划委员会组织专家论证，宣祥鎏、柯焕章、王世仁、赵知敬、陈晓丽、梅松等一批城市规划、经济、建设领域的专家参与论证，在听取了关于焦化厂工业遗产保护的汇报后，大家激动极了，建议全保。2007 年 4 月 5 日，规委组织专家进行了一次现场踏勘，参加的有城市规划专家宣祥鎏、文物专家郭旃，还有工业领域的专家张玉庄等。同时，我们分别与 2007 年 1 月 22 日和 3 月 9 日召开委办局的专题会，市委宣传部、市交通委、市建委、市文保局、市环境局等参加，大家意见非常一致，没有异议，同意规委提出保护焦化厂工业遗产的提议。另外，焦化厂的领导也和我们有很好的互动，虽然厂不在了，但是大家对焦化厂的环境还是很有感情的，保护焦化厂，也就保护了职工的情感，这点在当时引起了共鸣，其实《下塔吉尔宪章》中就有关于保护工人情感价值认同的一条规定。工厂和别的文物不一样，工人曾在这儿工作过，带有一些情感。焦化厂工业遗产保护，公众参与的程度很高，曾有 50 多为人大代表和政协委员对此提出了议案和提案。另外，市里还邀请了 40 多为外国记者来焦化厂参观，并在报纸上刊登将在焦化厂建立工业遗址公园的文章。就这样，在大家的支持下，非常顺利地，2007 年 2 月，北京市规划委给焦化厂正式下发了《关于北京炼焦化学厂北厂区暂缓拆除工作的函》。

焦化厂是为环保而建，为环保而停。焦化厂建于 1959 年，是国庆十大建筑的配套工程，向“三大一海（即大会堂、大使馆、大饭店和中南海）”供应煤气，开创气化历史。其后逐步发展成为我国规模最大的煤化工专营企业之一，商品焦炭占全国统配量的 40% 以上，商品煤气占北京全市总供应量的 80% 以上，成为全国最大的商品焦炭生产厂和北京市商品煤气供应的主要基地。因此说，焦化厂的产生是非常有意义的重大历史事件，它的出生是惊天动地的，也很壮大，但是为了举办奥运会，为了北京的环保需要停产，也是一种宿命。

它的历史价值，我认为主要有三点。第一，开创了首都燃气建设的先河，焦化厂的建设见证着北京焦气的发展，对北京具有现代化建设的意义；第二，它是建国初期自主设计和建设的大型煤化工企业，也是我国第一个商品焦炭的生产基地，在行业内具有代表性；第三，它的发展与新中国的煤化工文明有密切联系，在历史上创造了多个第一，在技术上有先进性。因此，我们认为焦化厂在城市建设、行业发展和技术研发等方面，都具有较高的价值。对焦化厂的保护有助于保留北京昔日工业的辉煌历史和伟大成就，是一个“活化石”。不保它保谁呀！

保护焦化厂的工业遗产，我觉得现实意义很强。首先，保留了城市的历史记忆，丰富了“人文北京”的内涵。一个对历史不尊重的城市，是不够文明的城市，我们不能一边提出“人文北京”的理念，一边大拆大建。其次，能吸引文化创意群体，促进文化创意产业发展。虽然工厂停产了，但是高大厂房的建筑寿命并没结束，它们沧桑而粗糙的背景，很契合文化创意产业的需要，因此可以旧瓶装新酒，好好利用。再次，充分挖掘了工业遗产的再利用价值，符合建设节约型城市的需要。工业文化遗产的保护与文物保护不同，不仅要保护，还要对其进行再利用。过去工业生产污染环境，但是现在停产了，大烟囱不冒烟了，没有了污染，周围环境很友好，不再对大家造成伤害。因此，可以重新利用起来。四是焦化厂保护的前提，是必须对环境进行治理。对被污染的土地进行修复，这也符合建设环境友好型城市的需要。最后，是突出了地方特色风貌，形成多样化的城市形象。怎样才能形成城市的多样性？它绝不是城市同时期盖的大楼形象各异，而是不同历史时期的建筑的叠加。如纽约城市的多样性就非常明显，虽然它只有 300 多年的历史，但是你却能在城市里看到 300 年前的建筑与刚刚建成的建筑相映成趣。

通过焦化厂工业遗产保护工作，我在五方面加深了认识。一是党的“十七大”报告中提出了推动社会主义文化大发展、大繁荣的目标，保护工业遗产符合增强城市文化竞争力和文化软实力的要求。二是符合科学发展观的要求，体现了“以人为本”的理念。三是符合北京城市化发展的趋势。北京现在进入后工业时期，城市化率达到 84%，在这种城市化水平下，焦化厂等工厂是注定要退居二线的，但是“旧瓶”留下来干嘛，这是一个新的研究课题。四是它是有识之士达成的共识，体现了公众参与。五是丰富了历史文化名城保护和发展的内涵。以前北京历史名城保护主要讲三个层次，我现在提出了“三个层次两个拓展一个重点”的可持续保护体系。三个保护层次，即文物保护单位、历史文化保护区和历史文化名城；两个拓展，即优秀近现代建筑的保护和工业文化遗产的保护；一个重点，即北京旧城的整体保护。

（本文发表于《北京规划建设》2009 年第一期）

十、龙与象　中印城市发展探微

温宗勇

龙是中国的象征，象是印度的标志。中国经过了30年改革开放，发展势头依然迅猛；近些年印度经济发展人有起色，这些都得到人们的公认。据《龙象之争：中国、印度与世界新秩序》一书估计，到2050年，世界上最有影响力的三大强国将依次是中国、印度和美国。

"中国龙"和"印度象"强劲的发展势头为世界瞩目，在很多欧美学者眼中，中国和印度这两个庞大的文明古国，正在成为继"四小龙"之后亚洲经济的"双引擎"，"龙象之争"成了热门话题。由于中印之间太多的相似性，印度政治家扎拉姆·拉梅什(Jairam Ramesh)甚至发明了"CHINDIA"一词，意指拥有全球38%人口的这两个亚洲大国。除规模相似之外，它们都是文明古国，都曾极度贫困，且都是现今增长最快的经济体。然而，它们之间的差别也同样引人注目。笔者参加了美国新学院大学(New School University)印中协会(ICI)的课题研究，实地考察了其普通居民生活环境状态和基层组织，对这两个亚洲人口大国在城市化发展过程中表现出的差异性有了初步认识，并与美国的发展模式进行了粗浅的比较。

1. 中国城市发展状况

1）快速发展

改革开放30年，我国经济持续数年以两位数增长，带动了城市建设的蓬勃展开。有资料表明，"十五"期间中国的城市化水平大幅提升，从2000年的36.09%提高到2005年的42.99%，每年提高1.38个百分点，已超过发展中国家平均城市化水平。尤其是北京、上海、深圳等城市发展更为迅速，北京的城市化水平已达到84%，"十一五"期间城市化水平仍保持着快速发展的势头。全国性的"造城运动"带动了数以亿计的人口流动、就业和移民，中产阶层队伍不断壮大。经济发展的同时也带动了精神文明、物质文明、政治文明和生态文明建设的全面提升。随着法制化、市场化、民主化进程，公众对城市发展的关注和参与程度也大大提高。

2）发展的代价

在全球化、快速城市化的大背景下，经济的快速增长也付出了较高的代价，由此引发的各类矛盾也逐渐凸显。如一些地区依赖资源型发展模式，对自然资源过度强制性开采，经济增长方式粗放，不但生态环境遭受较大程度的破坏，而且一些依靠资源发展的城市由于资源枯竭而后劲不足；一些历史城市由于片面追求城市开发价值，不断扩大建设开发规模，传统地段被大量拆除而致使城市文脉出现断层；此外，贫富分化进一步拉大，出现社会分层和级差，一些被拆迁的居民和被征占耕地的农民成为弱势群体，等等。在社会主义市场经济条件下，由于利益主体多元化，受利益驱动，社会矛盾不断累积，成为社会不稳定．不和谐的潜在因素。

中国“the world plant”（“世界加工厂”）的发展定位，捷足先登，星火燎原，适合其劳动力、成本低廉的特点。中国的竞争优势表现在低价位、高产量、高品质，赚取低端的加工费、劳力差，其高能耗、高污染、低产出粗放型经营方式，使得其发展付出了相当的代价，并在缓慢而困难的经济结构转型中吃尽苦头。由于经济结构不合理，全球竞争能力后劲不足，而且政府越努力推动发展，连带问题和矛盾越发凸显。同时，政府部门为构建和谐社会的努力常常受到挑战。面对社会赋予的新的责任和遇到的新情况、新问题，政府的压力不断加大，却缺乏有效对策和合理定位。在市场的冲击与利益的冲突中，反复摇摆，难以取合，往往因矛盾升级而妥协，优先照顾局部利益和眼前利益，牺牲整体利益和长远利益，虽解决或回避了一时的矛盾，却影响了长远的发展和整体的和谐，所付出的某些代价甚至是十分沉重的。

3）政府的力量

无论是计划经济的控制，还是市场经济的调控，中国政府一直十分强势。随着经济社会的不断发展，中共中央审时度势提出了“科学发展观”，这是一条坚持“以人为本—统筹兼顾—全面协调可持续”的科学发展之路，为加快转变经济发展方式，实现又好又快发展，构建“和谐社会”提供了有力的理论和政策保障。

我们可以看到其发展理念在不同阶段演变的轨迹：改革开放之初的“原始积累”时期，邓小平同志提出了“发展是硬道理”，从而揭开了经济快速发展的序幕；通过 20 多年持续快速发展的积累，经济实力大大提升，人民生活水平大幅改善，国际影响力大大提高。但随着一些矛盾的初见端倪，中央不断加大宏观调控力度，引导经济社会健康发展。由于经济发展“过热”，从要求经济发展“又快又好”调整为“又好又快”；由于一部分人先富起来后贫富差距逐渐拉大，将分配制度从体现“效率优先，兼顾公平”调整为“效率、公平并重”，更加关注民主、民生问题，加大了对中小企业和中低收入者的扶持和帮助；由于经济增长粗放，结构失衡，于是将对政府的经济考核指标从单纯的 GDP 到“绿色 GDP”（综合环保等成本因素），从片面追求经济增长走向追求全面协调可持续发展；面对城市二元结构制约经济发展的情况，提出实施城镇化和新农村建设“双轮驱动”的城镇体系建设；面对波及全球的金融危机，又果断提出“保增长、调结构”，等等。但各级地方政府在落实“科学发展观”方面并没有现成的经验与模式可循，中国特色的社会主义道路不同于美国、欧洲、日本、韩国模式，而适合我国国情特点的发展方式尚需要不断摸索与总结实践经验。

从计划经济到社会主义市场经济体制转轨之后，一些地方政府基层组织在某种程度上成为经济实体，一把手亲自挂帅招商引资，往往力度很大，对经济发展起到巨大的推动作用。由于面临区域间竞争和政绩考评的双重压力，许多地方政府总希望本地的经济发展更快而不是更好，GDP 增长幅度更大却不计代价和成本。因此，实现科学发展需要进一步转变发展观念，提高政府的执政能力，这将是一项持久的工作。

4）“新”与“旧”的博弈

在快速城市化初期，刚刚经历了“文化大革命”的浩劫，一些旧观念还在人们的脑海中肆虐，认为历史文化资源是封建糟粕的大有人在，对城市传统文化资源的“保”与“拆”往往非此即彼、水火不容，“拆”字当头，为经济发展让路，“拆”大于“保”。因此，不少城市的历史文化遗产不仅仅在“文革”中遭受洗劫，在城市化发展的过程中（特别是初、中期）也遭受“建设性破坏”[①]。不仅拆除了旧城城墙，一些传统建筑在建设现代化的高楼大厦、立交桥过程中也被大量拆除。许多人认为，老建筑缺乏必要的基础设施，建筑质量差，维护起来需要大量的资金投入，拆除可以一了百了，且还能通过土地置换进行房地产开发创造 GDP。这种视传统文化遗产为包袱者不在少数，认为保护了老建筑就等于挡了经济增长的道。“保护”与“发展”所引发的尖锐矛盾不断升级，一些专家、学者和有识之士或忧心忡忡，或口诛笔伐，或上书中央，或采取自发保护行动。然而，权在政府手中，钱在开发商手里，

中国城镇化发展中新与旧的比照

①《北京宣言》，1999.

两股力量的交锋，是“新”(城市新建筑)与“旧”(城市传统建筑)的博弈，也是两种认识的对决。

不难看出，在一些片面强调经济发展的城市，仍缺乏尊重传统文化的微观环境。更发人深省的是：一些保存较好的历史文化名城名镇名村，竟是经济不发达的幸存品。据说，某列入世界文化遗产的名镇，以前的几届班子的重点工作就是招商引资，目的就是拆除旧城建设新区，认为高楼大厦才是发展，旧城成为发展的眼中钉、拦路虎、绊脚石，恨不能一夜拆光。幸运的是，引资失败，新班子上任听取了专家建议，认识到老城是财富而不是包袱，才走出了“捧着金饭碗讨饭吃”的境遇。不但名镇得以保存，经济也因旅游业的红火而不断发展。可见，核心还是政府部门的认识问题和眼光问题。

党的十七大报告中明确提出文化大发展、大繁荣，增强文化软实力。随着《历史文化名村名镇保护条例》等法规的不断健全，一些国家历史文化名城如北京、扬州、镇江等开始在城市建设中大打文化牌、特色牌，文化产业发展方兴未艾。《北京城市总体规划(2004～2020年)》中提出了建设“文化名城”的发展目标，明确提出整体保护旧城和33片历史文化保护区，在2007年底，北京市政府公布了《优秀近现代建筑保护名录(第一批)》，并提出保护北京焦化厂等一批工业文化遗产，丰富了建设“人文北京”的内涵。这些都是在学习实践科学发展观中正确处理了历史文化名城的保护与发展的关系，“新”与“旧”从博弈到共生，从而实现和谐和双赢。

2. 印度城市发展探微

有学者称印度是古老世界、西化世界和贫穷世界①的结合体，由于印度的庞大和复杂，加之过去我们对它了解不够，对这个古老国家的认识一度如雾里看花。此次参加的ICI研究可以说是一种体验式调研。与印度学者的交流，让我有机会走进这个同样历史文化悠久、充满神秘色彩的国家，直接体验和感受她古老的气息和发展的脚步。通过这项工作对自我、缓慢、自满、神秘、包容、矛盾的这头庞大的“印度象”，有了“盲人摸象”般的粗浅感知。

1）经济稳步发展

印度的经济发展虽不如中国势如破竹，却也在稳步增长。有

① 李稻葵，《比较》34，北京：中信出版社，2008.

孟买城镇化的形态

印度某基层民主组织办公地

印度某基层民主组织成员

资料表明，其经济增长一直以7%的速度持续，而其投入的成本却只有中国的一半。说明印度这样一个庞大的经济实体保持着高产出、低消耗的发展态势，这是十分了不起的。且其“the world office”（“世界办公室”）的发展定位是低能耗、低成本，其语言优势和凸显IT业一枝独秀的竞争优势都得到极大程度的发挥，印度的发展定位从长远看抢占了高端。但其政府却相对弱势，表现为效率低下，作为有限，且官僚主义严重[①]。因此，对于经济发展的结构问题，即“印度的发展成果谁受益了？”政府既缺乏有效的引导，又难以控制。这可能就是在印度的孟买、德里等大城市，高楼大厦和贫民窟混杂共存及基础设施发展滞后的原因了。可见，其发展定位和弱势政府之间也存在不和谐音符。

2）民主十分普遍

印度有民主的传统，甚至在贫困地区仍有十分活跃的民主基层组织，他们关心从获得食品到争取政治权利方面的任何问题。尽管办公条件简陋，组织机构并不正规严谨，但却得到广大居民的拥护和支持，成为普通民众的代言人。总的来说，民主是好的，稳步发展也是好的，可以避免因经济增长过快过热带来的风险。但有时发展过稳、民主过度，不但不能解决问题，反而贻误了发展的时机，致使民众的利益受损。如孟买从1991年起，随着城

①（英）爱德华.卢斯，《不顾诸神，现代印度的奇怪崛起》，北京：中信出版社，2007.

市化的发展，城区的一大批私人企业需要搬迁转产，闲置的工业厂区需要更新改造，地方政府提出的最初的规划是：土地的三分之一由私人工厂主获利，三分之一规划为政府廉价住房，三分之一规划为城市公共绿地。但征求公众意见和民主讨论的过程经历了十余年，到2002年，最初看上去颇为合理的规划完全被推翻，私企老板们获取近乎全部的土地收益，地方政府被迫放弃了建政府廉价住房和公共绿地的计划。旷日持久讨论的最终结果没能保障公众利益，其结果不能令人满意。

3）人文因素

印度人普遍有安身立命之心，愿意服从命运的安排，心态平和而自然，民风朴实而本分。从阿格拉，新德里、德里到孟买，我们常常看到平民百姓灿烂的笑脸。即使生活在条件艰苦的贫民窟里，那些笑脸仍是真诚的，可以看出他们民族中随遇而安、自在乐观的心态。确实，甘地带领民众选择了非暴力式的独立和解放，很好地说明这个民族温和的一面。一般而言，印度人的思维活跃，但想得多而行动少。不同于中国人天不怕、地不怕和摸着

印度人自然、真诚的笑脸

石头过河、干了再说的做法。这种国民心态的差异和两个民族的文化传统和信仰息息相关。

4）尊重自然和传统

印度的生态环境保护良好。尽管饮用水水质不佳，生活垃圾随处可见，环境脏乱差，城市空气中常常弥漫着一股难闻的气味儿，但生活垃圾较工业、建筑垃圾的污染程度要轻得多，治理起来也要容易些，成本也小些。印度人崇尚自然源自于其宗教信义，人与自然容易和谐相处。他们对牛的尊重来自信仰，这里的猴子

一只印度牛在阿格拉街道上“散步”

印度寺庙中自在的猴子

印度文物修缮

们也自由自在。不知是否只是简单的经济原因，印度的城市化还没有出现所向披靡的“造城运动”，其传统建筑生存状态比中国好得多。但可以肯定的是，其生活方式中保留了较多的民俗风情，与经济发展并无直接关系，如韩国和日本等亚洲发达国家，他们就保留了比我们要多得多的传统民俗文化。

3. 城市发展的思考

在与中印学者的交流中，我不禁设想：中国、印度的发展是否会步美国后尘？我认为，改革开放后中国的发展借鉴了太多美式元素，无论是城市化、汽车化、高速路、立交桥，还是汉堡包、好莱坞大片，甚至年轻一代的价值观都受到了影响。一时间，城市成了洋建筑的试验场和美式饮食文化的传播地。传统文化不但不被重视，往往认为其代表着落后和守旧而受到排挤、打压、破坏。但改革开放 30 年，在经历了许多奇迹，书写着新的历史的同时，中华传统文化所表现出的强大的生命力和穿透力。可见，西化只是一种表象，整个国家的发展和民族的复兴无不传承着我们五千年文明的活的灵魂。那么印度呢？其语言、政治体制与西方世界的一脉相承，加上其温和的民族性情，是否更容易受到西方文化的影响呢？但事实上，这个影响似乎比中国受到的影响和变化来得慢得多，这倒是件十分有趣的事情。

中国与印度谁会笑到最后？中印发展中的“龙象并行”是否会引发出一场“龟兔赛跑”还是通往“龙象共舞”呢？一般而言，

作者 2007 年在印度孟买与当地儿童合影

先跑起来的可能会担心有一天被赶上或被超过。但问题在于，如果靠学习西方文明来发展自我无异于“邯郸学步”，绝不是中国的未来。这样走下去，被超过只是个时间问题。那么，中国自己的文化能够使这个曾经饱经沧桑的大国脱颖而出成为全球化的领头羊吗？在远古的中国，智慧的哲人们就提出过“天人合一”的思想，人与自然和谐相处的思想源远流长。今天，我们开创了走全面、协调、可持续的发展道路，强调“统筹城乡发展、统筹区域发展、统筹经济社会发展，统筹人与自然和谐发展、统筹国内发展和对外开放”，尊重历史，放眼未来，不断开拓创新。只有创新才能超越，“没有创新的民族是没有生命力的”。中国的发展是开放的，同时也是包容的；同样，印度也有其包容的传统。也许，区域发展与合作促进才是走向双赢的唯一通道，我们期待着。

（本文发表于《北京规划建设》2009 年第二期）

十一、展现古都风貌　建设文人北京　温宗勇

北京旧城区分布着众多的世界文化遗产、文物建筑和历史遗存,加之以“北京话”为标准音的普通话,被称为“国粹”的京剧,被列为“世界非物质遗产”的昆曲，以及独具北京特色的市井习俗、庙会戏曲、商业老字号等，共同形成了独特的北京传统文化，极大地丰富了人文北京的内涵。

北京距今有3000多年的建城史、800多年的建都史。北京的旧城在空间范围上不足中心城的6%，仅占市域面积的0.38%，然而，旧城展示了《周礼·考工记》中王城规划思想的最高境界，成为“人类建城史的无比杰作”，无论是在人文北京建设方面，还是在迈向世界城市的进程中，都具有不可动摇的核心地位。如何保护好北京的旧城，利用好这些珍贵的历史文化资源，是摆在我们面前的重要课题。这其中有三个问题较为突出。

首先，北京旧城承担着太多的功能。

北京是世界上功能最多的首都城市之一，呈“中心+放射”结构的城市布局，必然导致城市功能向位于几何中心的旧城区聚焦。

毋庸置疑，旧城是体现中央办公职能的核心区域，集中了代表国家功能和形象的行政办公、国际交往、文化交流等重要场所；旧城也是历史文化风貌的重点区域，分布着故宫、天坛等世界文化遗产、各级文物保护单位和历史文化保护区；居住也是旧城的主要功能之一，居住人口密度达每平方公里2万多人；旧城还分布着金融街等重要的城市产业功能集聚区，同时，也混杂着一些农贸市场等低端业态，并由此形成了旧城内高端功能与低端产业并存，高层白领和中低收入居民混居的情形。此外，旧城中还承载着教育、旅游、文化娱乐等其他功能。

众多的功能必然使建设规模不断扩大，交通需求日益加剧，现有路网无法承受，机动车为主导的交通规划较少考虑设置专门供自行车或行人通行的道路，个别珍贵的传统建筑因被划入规划道路红线内而难以保留，道路红线宽而疏，破坏了旧城的传统城市肌理。现行道路交通规划设计规范、市政技术标准与旧城固有的狭窄胡同体系存在一定矛盾，大市政配套难度大、成本高。

其次，不同利益主体对待保护历史文化资源的认识和态度是不同的。

由于功能的叠加，产生了众多的利益主体和关注的人群。地

方政府关心税收问题，也非常关心旧城区内危旧房屋的建筑质量和居住安全问题，其中一些历史文化保护区内的建筑质量的确很让人担心， 尤其每逢雨季，一些危房都有倒塌的危险。从区政府的角度来讲，这些房屋中的居民安全问题高于一切，尽管政府也已经越来越关注风貌的保护问题了，但在修缮资金落实不了的情况下，拆旧建新往往是一条解决问题的捷径。专家们则是旧城的忠实卫士，他们口诛笔伐，或上书中央，或借助媒体及国际社会的力量不停呼吁。但专家的观点和态度有时也不尽相同：有的专家坚持保护历史的原真性，希望对旧城内老建筑的外观和内部原汁原味加以保护；有的专家则认为旧城里的大部分老房子已经残破不堪， 没什么价值，拆不足惜；还有的专家则介于两者之间。有人根据专家的观点把他们分为“保派”、“拆派”和“折衷派”。在旧城区获得土地的开发商为了资金平衡或寻求经济利益最大化，则拼命要求增加建筑的高度、容积率和密度。随着建设的加快，高层建筑迅速占领了旧城的南部和东、西两厢，呈围合之势，历史文化保护区和文物建筑有可能逐渐成为“高层建筑森林”中的“空隙”。因此，专家们十分反对在旧城内进行房地产开发，要求政府作为旧城保护和发展的主导，坚决对开发商下逐客令， 请他们远离旧城。产权单位各有各的想法和打算，一般都想拆旧建新， 改善办公或居住条件，对规划在风貌和建筑高度方面的控制十分不满。当地居民们一般关心的是住得好不好，迁得远不远，给的拆迁费够不够。但也不乏一些热衷于传统文化的普通市民关心岁月留痕，喜欢流连于旧区窄巷，甚至加入保护旧城的民间团体（NGO）。

旧城的危改工作虽然一度改善了住房困难户的居住条件，但由于大部分危改追求资金平衡，建设规模过大，居住环境不尽如人意。突破规划控高，又使旧城平缓开阔的城市空间形态受到影响。过去，由于等待推倒重来，缺乏管理，私搭乱建情况突出，老房子长期得不到修缮，结构老化，基础设施落后。当然，也有些在旧城区利用老建筑为载体发展文化创意产业的项目，搞得很火，既保护了风貌，又发展了产业，可谓一举两得。

第三，城市规划在编制和实施上仍然存在脱节的现象。

编制规划时往往难以对实施中的实际问题考虑周全，实施规划时也可能根本无法落实规划的具体要求，于是，规划很容易成为“纸上画画、墙上挂挂”，说一套，搞一套。

规划编制和规划实施角度不同，想的就可能不是一回事儿。编制规划的技术人员可能过于理想化，或者缺少时间去做调研、征求意见，他们的方案有时缺乏准确的经济预算、可信的居民拆迁计划或成熟的市政基础设施实施方案等关键环节，只是过于想当然地考虑建筑和风貌本身的保护。而组织实施的部门却往往更加关注经济回报或资金平衡，毕竟，这才是实施的前提条件。看来规划师和实施业主之间还缺乏更为有效的沟通，也许并不是不沟通，只是沟通无成效。

可见，如何进一步梳理旧城的城市功能定位，将不同利益主体的需求有机统一起来，以及加强规划的编制部门和实施部门间的有效沟通，是破解旧城保护和发展难题，促进人文北京建设的有效途径。

关于明确旧城的功能定位，北京的旧城应当在“四个服务”的前提下，首先确保旧城区范围内作为首都中央行政办公的主导职能，同时，确保旧城传统风貌的保护，使历史文脉得以延续。要做到重点功能突出，必须制订相关政策，并有效利用市场经济价值规律，“统筹考虑旧城保护、中心城调整优化和新城发展，合理确定旧城的功能和容量，疏导不适合在旧城内发展的城市职能和产业，鼓励发展适合旧城传统空间特色的文化事业和文化、旅游产业”。

关于表达不同利益主体的诉求，应该遵循公开、公正、透明的原则，建立制度化的专家论证和公众参与机制。近年来，通过探讨“政府主导、财政投入、居民自愿、专家指导、社会监督”方式，已经取得了一定的成效。“政府主导”就是以四城区政府作为责任主体；“财政投入”就是各级政府都要有一定的资金支持，而不是依赖市场开发模式；“居民自愿”就是在拆迁方面要尊重居民的意愿，实事求是，量力而行；“专家指导”就是在对传统建筑的修缮、保护或新建、改建方面由文物保护专家或部门进行设计和指导，保证传统文化肌理和风貌不走样；“社会监督”就是广泛征求和采纳社会上的各方合理化建议或意见，政务公开。

关于实现规划编制与规划实施的有效沟通方面，经过长期的实践与探索，北京的旧城改造与更新逐渐走上以“功能改善、房屋修缮、人口疏散”相结合的小规模、渐进式有机更新之路，使规划编制和规划实施的目标逐步趋于简单和一致。

“功能改善”是指对平房院内整体环境、房屋使用功能、市政供暖、节能等设施的改造。“房屋修缮”是指建设单位以《北京旧城房屋修缮与保护技术导则》为依据，文物部门指导和监督，文保专家全程跟踪，使修缮房屋达到结构安全，外观整洁，能源清洁，节能达标，立面风格、色调与古都风貌相协调。“人口疏散”就是本着居民自愿的原则，积极鼓励胡同院落中一部分居住密集的居民疏解出去。为此，市政府为城四区划定了定向安置土地，建设行政主管部门负责提供廉租房、经济适用房房源，以保障疏散出去的居民居者有其屋。

从 1982 年国务院核定公布北京为首批国家级历史文化名城算起，北京的历史文化名城保护与发展工作经历了风风雨雨的 28 年，历史文化名城保护思想也得到了不断发展与完善。从重点保护明清古建筑到加大力度保护“优秀近现代建筑”、“工业文化遗产”，保护内容不断丰富；从“整旧如旧”、原汁原味式的保护到保护和再利用的有机结合；从对单一文物的保护发展到对历史文化保护区，再到对城市整体历史文化环境的保护；在文化属性上从重视公建到民居，从物质遗产到非物质遗产，保护内涵不断拓展，保护具有越来越大的包容性和公众性。如今，本着“以人为本，有机更新”的编制原则，北京对旧城平房区四合院进行了修缮整治，对旧城城市基础设施进行了改善，对旧城居住人口进行了疏散，环境进行了整治，在保护旧城古都风貌的同时，不仅改善了居民生活条件，而且，重新唤起人们对北京城市的记忆，使城市的历史文脉得到延续和发扬。

（本文发表于《前线》2010 年第五期）

十二、高山景行　静水流深

谨以此文献给首都规划建设委员会前副主任兼秘书长、北京历史文化名城保护专家委员会顾问宣祥鎏同志逝世周年祭。

温宗勇

我与宣老是忘年交。新世纪之初，北京市规划委员会推荐我担任中国城市科学研究会历史文化名城委员会副秘书长这一社会职务，宣老是该协会最资深的领导之一。因此，我常常有机会陪同宣老到全国各地参加名城保护工作会议。宣老非常平易近人，我们单独相处的时间多了，不知不觉成了忘年交。我们都属蛇，年龄相差“三轮”,我戏称他是“八零后”（八十岁出头）,我是“五零前”（快五十岁了）。工作之余，每每跟宣老开这个玩笑，总能听到他爽朗的笑声。可谁也没想到，他会走地如此突然，让人难以接受。如今，宣老的音容笑貌只能存留于记忆之中，让我们深深地追思与怀念。

1. 此情可待成追忆

2012年“十一”前夕，我去办公室看望宣老，并邀请他为我的新书《寻找与守望——回首新世纪初北京历史文化名城保护历程》作序，宣老欣然应允。这本书由我的博士论文改编而成，由于多年来和宣老一起参加全国名城会议，随时能向老人家请教问题，特别是在我撰写博士论文期间，宣老给予了很大的支持，不厌其烦地接受我的采访，对我的论文多处进行修改并提出很多建设性的意见，可以说，我的论文里很多观点、思想、理念都受他的影响至深。没想到，我草拟的这本书的序言还没来得及让先生审阅，他就走了，这成为我永远的遗憾。那一次短短的拜会，竟成了我们最后的一面。

2013年12月23日，我发了条手机短信给宣老，邀请他收看中央电视台第10频道即将播放的人文地理节目《长城长》。这是首部由北京市测绘院组织拍摄的电视专题片，回顾了我院2007年按照国家测绘局和国家文物局的指示测绘北京段长城的精彩历程，借以展示测绘技术日新月异的发展演变和北京历史文化的深

作者和宣老在一起

厚底蕴。组织拍片并非偶然，而是北京市测绘设计研究院“五个文化建设”的内容之一。宣老一向关心我院的发展，我到院任职以后，提出了“文化立院”的思路，整理提炼出了以“大测绘理念、愿景、核心价值观、北测精神、使命和承诺”等六方面为主要内容的核心价值体系，并提出了以一本刊物（即《北京人文地理》）、一个网站（即《北京人文地理》网站）、一个视频（即《长城长》等电视专题片）、一个系统（即“北京历史文化地理信息系统”）和一个机构（即挂牌成立“北京人文地理研究院”）为主要内容的“五个文化建设工程”。对此，宣老十分支持和赞赏，经常鼓励我，此次拍片的思路也是经由宣老首肯的，既宣传了测绘，又传承了文化，可谓一举两得。片子拍出来了，电视台的领导很看好，因此很快排上了央视人文地理栏目。我多么希望宣老能够看看播出效果并再给我们一些指导啊！可哪里料想，此时此刻，宣老已经再也收不到我的短信了，我没有能够等到他的回复，得到的是他已经辞世两天的噩耗……这条长长的短信也成了我与宣老最终未完成的联络。

2. 方圆有度赤子心

第一次单独陪同宣老出差是 2000 年，到宁夏回旋自治区银川市参加国家历史文化名城委员会西北片区经验交流会议。那一年应该算是我和宣老忘年交的开始，到他辞世时整整一轮，从我们的一个本命年（2001 年）走到另一个本命年（2012 年）。期间，我先后陪着宣老走过哈尔滨、平遥、成都、肇庆、扬州、长沙、正定等多座城市。每次同行，我都是他的小秘书、小助理，同时兼小书童（因为宣老书法写得好，外出开会总会碰到很多人向他求字，他也常常不顾劳累，精心挥毫创作，尽量满足人家的请求。但凡有人向宣老求字，我都在一旁照应着）。跟在宣老身边，无论请教什么问题，他总是有问必答、耐心细致。能有宣老这样一位良师益友，何其幸也！

我与宣老熟识的时候他已经退休了，但是他人退心未退，退休之后甚至比他在位时还忙，每周他都要坚持去办公室工作，每次我去办公室找他，他那里总是访客不断。有时，他也跟我说起，“老伴常常劝我，退下来了就应该少过问工作，多注意休息，我也觉得以不要干扰现任领导的决策为宜，应该多花些时间在家里，搞搞书法创作”。但宣老是规划界德高望重的老领导、老专家、老前辈，又非常关心城市规划建设和发展，各种专家会、评审会都会请他出席，日程安排得非常紧张。我也常常劝他要多多保重身体，可是说到底，他心里就是放不下所热爱的这份事业和这座城市。

宣老的人生经历丰富，性格率真、心灵纯净，少有私心。他观点鲜明、表达直白，看似谦谦君子，实则外柔内刚。他把对自己人生的评价归纳成一个“度”字。他说“度”包含高度、深度、广度和角度，一个“度”字内涵丰富，外延博大，其实质就是掌握平衡的艺术。如何在权力与利益之间掌握平衡，首先自己的认识要有高度，调研要有深度，知识面要有广度，然后，还要从不同的角度反复研究，才能做到相对正确的决策，达到相对满意的效果。根据这个“度”字，他在规划工作中既能坚持原则性，又能保持一定的灵活性，外圆内方处理好规划管理与服务的关系。比如，在宣老的主持下，北京中轴线实施了向北延伸方案，在中国人民解放军总政治部大院一穿而过，如果当初的协调工作没有把握一定的“度”，就不可能有现在这么理想的结果。

宣老的生活十分朴素，对吃、住没有太多要求，会议安排套间供他住宿往往都会被他谢绝。但一谈到规划工作，他就立刻来了精气神儿。宣老对北京历史文化名城保护工作投入之深，可谓鞠躬尽瘁，每当看到其他的历史文化名城有好的经验的时候，他都会想到北京能不能借鉴。从他的身上，我时刻感受到老一辈规划专家的严谨态度和务实作风，以及对北京这座城市的责任感和使命感。

2006 年 9 月，中国历史文化名城保护年会筹备会和秘书长工作会在扬州召开。会议安排实地考察瘦西湖两岸城市景观，在湖中心向湖两岸观看垂杨柳时，完全看不到街道上的建筑。扬州的同志介绍说，扬州的城市建筑高度控制规划是通过市人大立法的方式审定颁布的，市政府将调整建筑高度的权力上移，每个建设项目的建筑高度调整申请都要上报市人大审议，而人大一年才能开会讨论一次，这样的机制挡住了许多想长高度的开发商，无形之中保护了古老城市的传统风貌。宣老听了扬州经验后，非常激动和兴奋，高度赞扬扬州经验，回京后马上亲笔写信给北京市领导。信中他毫不掩饰自己对北京历史文化名城保护工作的担心和忧虑，并提出自己关于进一步完善北京历史文化名城保护工作机制和方法的思考和建议。不仅如此，宣老还约请陈刚副市长面谈，倾尽肺腑之言，直言不讳表达了自己的观点和看法。后来，北京的名城保护工作在机制和方法方面均有了一定的改进，成立了北京市名城办和历史文化名城保护专家委员会，这离不开宣老的反复呼吁。

2007 年，《南方周末》一篇文章引起了宣老的关注，他把我叫到他的办公室，把那篇文章拿给我看。文章针对北京的历史文化名城保护工作“发难”，还将北京的一些规划和名城保护专家划分为“拆派”“保派”和“折衷派”，宣老和王世仁先生被划入了“拆派”。宣老对我说：“我不怕他们把我划进什么‘派’，破烂不堪的建筑影响美观和居住，拆了后可以再建。恢复原有面貌不要拘泥于是不是假古董。在真古董环境里，传统空间协调是首选，真古董不在了，选建假古董总比建钢筋混凝土的高层建筑要强，我们要向上级领导、向后人有个交代。”这就是宣老的风格，坚持自己的观点，态度鲜明，敢讲真话。

3. 墨宝留香传后人

宣老先后担任北京市书法家协会的主席和荣誉主席，在书法界享有盛名，他的墨宝多是原创作品，其行草文笔酣畅如行云流水，展示了他胸怀坦荡的气质和才情。由于近水楼台之便，宣老先后为我题写了多幅励志抒怀的书法作品，作品中对我的称谓由最初的“宗勇同志”、“宗勇老弟补壁”，再到“宗勇一笑”，在诗文酬唱和笔墨相传中足见我们忘年之交日渐笃厚，字里行间也凝聚着宣老对我的深情厚谊和良好祝愿。

2008 年，在我就任市测绘院院长前后，组织、策划、编辑出版了《北京人文地理》杂志，在杂志创刊过程中，得到陈刚副市长、宣老和邱跃副主任等领导的关怀和支持。宣老欣然应邀题写了杂志的刊名，为杂志增色不少。为了进一步表达自己对《北京人文

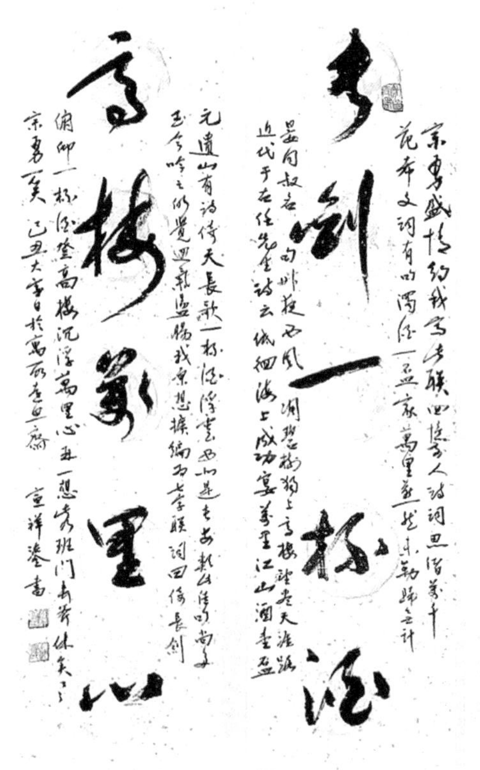

宣老留给作者的墨宝

地理》的喜爱，宣老以诗人情怀，一蹴而就，在创刊号发布之日，即兴题写了贺词："人文地理学刊，首都崭新独创，展示文化积淀，领略历史沧桑，促进名城保护，构建交流橱窗，各方精诚合作，大家资源共享，惠我千家万户，祝君前途无量。"宣老对我说："最后一句的'君'字是一语双关，既指《北京人文地理》期刊，同时也代表你们这些热爱、关心并执着于北京历史文化名城保护事业的后生晚辈。"每次《北京人文地理》杂志的发布会和笔会，宣老都会饶有兴致地参加。有他坐镇，这本杂志犹如注入了一种精气神儿，一期比一期办得好。如今，《北京人文地理》杂志已经出版了六期，并且被列入《北京市历史文化名城保护"十二五"规划》的重点项目，赢得了社会各界读者的广泛赞誉。

在北京市测绘设计研究院的会客室内，悬挂着宣老为院"大测绘"理念题写的"开放 包容 合作 共赢"八个遒劲有力的鎏金大字。今天，宣老不在了，这些题字越发显得珍贵，睹字思人，仿佛能够看到他对我院转型发展的一种期盼和一份寄托，还有老一代规划工作者自强不息、奋发向上的进取精神，这些值得我们永远去学习和敬仰。

宣老在为作者提指导意见

4. 化作春泥更护花

从领导岗位上退下来的宣老，不仅关心规划事业和城市的发展，还特别关心从事规划事业的年轻人。他欣赏年轻人的朝气与活力，与年轻人的交流也往往是直来直去。他常常跟我说，我们年轻人提供的信息，是他及时了解城市规划情况的最佳渠道。

宣老特别注重对年轻人的培养，关心年轻干部的成长，同时，将他的工作经验毫无保留的传授给年轻人。为方便近距离沟通，宣老生前会定期与我们这些晚辈们聚会。我们将工作中的复杂矛盾、重大问题和压力纠结都说出来，他以丰富的人生经验给我们破题儿，给我们鼓劲儿。每次聚会，彼此之间没有辈分之分，我们从他身上汲取精神的力量，沉重的话题变得轻松，心中阴霾散尽，顿觉开阔起来。

宣老非常欣赏年轻人的勇气，敢于放手让年轻人去开拓。在2000年到2007年，在由中国城市科学研究会历史文化名城保护委员会组织的会议上，都是我代表北京作历史文化名城保护的报告。由于我在大会发言中常常脱稿，或是借助ppt、视频资料等形式，不仅宣传介绍了北京历史文化名城保护的新经验、新实践和新方法，也对改变当时照本宣科式的会风做出了努力和尝试。宣老对我的报告无论从内容上还是形式上都非常支持并赞誉有加。他还常常在会后和我从城市的发展、名城保护的历史经验教训乃至事业、人生等多角度进行深层次的探讨，并以他个人成长的经历，在谆谆教诲中给我很多有益的启示。当宣老看到年轻的一代一个个踏上了重要的工作岗位，他感到规划事业后继有人，十分欣慰。

宣老走的那天正是传说中的“世界末日”，他选择驾鹤西去的地方竟是如此美丽，这种美好也是他一生都在设计、经营和期待的。尽管他走得匆忙，但却是宁静的，然而对于我却是太突然。还记得当年我陪宣老在扬州开会时，一路上看到他兴致勃勃、谈笑风生，我就提出希望来年陪同宣老和老伴再来次“烟花三月下扬州”。这件事情因后来宣老生病住院而搁置了下来，一直未能成行，这成了我永久的遗憾。

宣老热爱这座城市，在首都规划界辛勤工作的五十余年间，他胸襟坦荡、无私无畏。今天，我们这些年轻人已经接过前辈们的接力棒，继承着他们的精神，继续着他们未竟的事业。我想，这正是宣老愿意并希望看到的，也是对宣老最好的纪念。

漫漫人生路，得此忘年之交足矣！愿宣老一路走好！

（本文发表于《北京规划建设》2013年第六期）

参考文献

[1] 北京建设史书编辑委员会编：《建国以来的北京城市建设》，1985.

[2] 北京市城市规划设计研究院，《北京城市总体规划（1991年-2010年）》，1992.

[3] 北京市人民政府，《北京市区控制性详细规划》，1999.

[4] 北京市规划委员会，《北京旧城二十五片历史文化保护区保护规划》，北京燕山出版社，2002.

[5] 北京市规划委员会，《北京城市空间发展战略研究》，2003.

[6] 北京市规划委员会，《北京市历史文化名城保护北京皇城保护规划》，北京建筑工业出版社，2004.

[7] 北京市规划委员会、北京城市规划学会，《长安街·过去·现在·未来》，机械工业出版社，2004.

[8] 北京市规划委员会，北京市城市规划设计研究院，北京东易和文化交流中心，北京出版社出版集团：《历史文化名城北京系列丛书》，北京出版社，2004.

[9] 北京市人民政府，《北京城市总体规划（2004-2020年）文本》，2005.

[10] 北京市规划委员会、北京市城市规划设计研究院、北京城市规划学会，《北京 城市规划图志 1949-2005》，2005.

[11] 北京市规划委员会、北京城市科学研究会、北京市地方志编委会办公室、北京 市测绘设计研究院，《北京旧城胡同现状与历史变迁调查研究》，2005.

[12] 北京市规划委员会，《北京中心城区控制性详细规划》，2006.

[13] 北京市规划委员会、北京市城市规划学会，《岁月回响——首都城市规划事业周年纪事》，2009.

[14] 北京地方志编纂委员会，《北京志——城乡规划卷 规划志》，北京出版社，2001.

[15] 北京市住房和城乡建设委员会，《北京市房地产年鉴 2010》，北京计量出版社，2011.

[16] 戴吾三编著，《考工记图说》，山东画报出版社，2003.

[17] 任继愈译著，老子新译（修订本），上海古籍出版社，1985.

[18] 王蒙，《老子的帮助》华夏出版社，2009.

[19] 费孝通，《乡土中国》，生活·读书·新知三联书店，1985.

[20] 贺业钜，《中国古代城市规划史》，中国建筑工业出版社，1996.

[21] 李德华，《城市规划原理》，中国建筑工业出版社，第三版，2001.

[22] 董鉴泓：《中国城市建设史》，中国建筑工业出版社，2004.

[23] 沈玉麟：《外国城市建设史》，中国建筑工业出版社，第二版，1996.
[24] 陈志华，《外国建筑史（19世纪末叶以前）》，中国建筑工业出版社，第二版，1997.
[25] 宁越敏、张务栋、钱今昔，《中国城市发展史》，安徽科学技术出版社，1994.
[26] 薛凤旋，《中国城市及其文明的演变》，世界图书出版公司，2010.
[27] 张驭寰，《中国城池史》，中国友谊出版公司，2009.
[28] 朱涛、梁思成与他的时代.广西师范大学出版，2014.
[29] 梁思成、陈占祥，《梁陈方案与北京》，辽宁教育出版社，2005.
[30] 陈占祥等，《建筑师不是描图机器》，辽宁教育出版社，2005.
[31] 林洙，《梁思成、林徽因和我》，清华大学出版社，2004.
[32] 张红萍，《林徽因画传——一个纯美主义者的激情》，二十一世纪出版社.
[33] 单霁翔，《城市化发展与文化遗产保护》，天津大学出版社，2006.
[34] 单霁翔，《从“功能城市”走向“文化城市”》，天津大学出版社，2007.
[35] 单霁翔，《从“文物保护”走向“文化遗产保护”》，天津大学出版社，2008.
[36] 单霁翔，《走进文化景观遗产的世界》，天津大学出版社，2010.
[37] 单霁翔，《从“馆舍天地”走向“大千世界”》——关于广义博物馆的思考，天津大学出版社，2011.
[38] 潘公凯，《限制与拓展——关于现代中国画的思考》，浙江人民美术出版社，1997.
[39] 潘公凯，《“四大主义”与中国美术的现代转型》，人民出版社，2010.
[40] 潘公凯，《自觉与中国现代性的探询》，人民出版社，2010.
[41] 潘公凯，《现代性与中国文化自主性》，人民出版社，2011.
[42] 潘公凯，《自觉与四大主义：中国现代美术之路》，北京大学出版社，2012.
[43] 王军，《城记》，生活·读书·新知三联书店，2003.
[44] 王军，《采访本上的城市》，生活·读书·新知三联书店，2008.
[45] 王军，《拾年》，生活·读书·新知三联书店，2012.
[46] 孙施文，《城市规划哲学》，中国建筑工业出版社，1997.
[47] 孙施文，《现代城市规划理论》，中国建筑工业出版社，2007.
[48] 陈秉钊，《当代城市规划导论》，中国建筑工业出版社，2003.
[49] 黄艳、邱跃等，《流金岁月：宣祥鎏人生纪略》，2013.
[50] 汪德华，《中国城市规划史纲》，东南大学出版社，2005.
[51] 张京祥：《西方城市规划思想史纲》，东南大学出版社，2005.
[52] 李雄飞，《城市规划与古建筑保护》，天津科学技术出版社，1987.
[53] 洪雨一，《中国古代风水与建筑选址》，河北科学技术出版社，1996.
[54] 王景慧、阮仪三、王林，《历史文化名城保护理论与规划》，同济大学出版社，1999.

[55] 张祥平，《人的文化指令》，上海人民出版社，1987.
[56] 马德邻、吾淳、汪晓鲁，《宗教，一种文化现象》，上海人民出版社，1987.
[57] 中国科学院《自然辩证法通讯》杂志社编，《科学传统与文化——中国近代科学落后的原因》，陕西省新华书店，1983.
[58] 李述一、李小兵，《文化的冲突与抉择》，人民出版社，1987.
[59] 赵伯英、张筱强、周熙明主编，《文化历史二十讲》，中共中央党校出版社，2005.
[60] 侯仁之，《历史地理学的视野》，生活·读书·新知三联书店，2009.
[61] 北京卷编辑部，《北京》，当代中国出版社，2010.
[62] 王岗，《北京建置沿革史》，人民出版社，2008.
[63] 余钊，《北京旧事》，学苑出版社，2000.
[64] 杨东平，《城市季风·北京和上海的文化精神》，东方出版社，1994.
[65] 金元浦主编，《北京：走向世界城市·北京建设世界城市发展战略研究》，北京科学技术出版社，2010.
[66] 傅华 主编，《北京西城文化史》，北京燕山出版，2007.
[67] 周俭、张恺编著，《在城市上建造城市——法国城市历史遗产保护实践》，中国建筑工业出版社，2003.
[68] 钟纪刚编著，《巴黎城市建设史》，中国建筑工业出版社，2002.
[69] 邵甬，《法国城市·城市·景观遗产保护与价值重现》，同济大学出版社，2010.
[70] 刘建，《基于区域整体的郊区发展—巴黎的区域实践对北京的启示》，东南大学出版社，2004.
[71] 张松，《历史城市保护学导论——文化遗产和历史环境保护的一种整体性方法》，上海科学技术出版社，2001.
[72] 张松、王骏，《我们的遗产·我们的未来——关于城市遗产保护的探索与思考》，同济大学出版社，2008.
[73] 王国平，《城市论（上、中、下册）——以杭州为例》，人民出版社，2009.
[74] 王建国，《城市设计》，东南大学出版社，1999.
[75] 王建国等著，《后工业时代产业建筑遗产保护更新》，中国建筑工业出版社，2008.
[76] 朱文一、刘伯英：《中国工业建筑遗产调查、研究与保护》清华大学出版社，2014.
[77] 中共中央宣传部理论局编，《理论热点面对面•2005-2009》，学习出版社、人民出版社，2005、2006、2007、2008、2009.
[78] 新都市主义协会.新都市主义宪章.天津科学技术出版社，2004.
[79] 陆学艺主编，《当代中国社会流动》，社会科学文献出版社，2004.
[80] 杨继绳，《中国当代社会各阶层分析》，甘肃人民出版社，2006.
[81] 中国市长协会主办：《中国城市发展报告（2008）》，中国城市出版社，2009.
[82] 严正：《中国城市发展问题报告》，中国发展出版社，2004.

[83] 金鑫，《中国问题报告》，中国社会科学出版社，2000.
[84] 王志刚工作室著，《城市中国》，四川人民出版社，2003.
[85] 本书编写组编，《改革开放三十年——决定当代中国命运的重大抉择 1978-2008》，中央文献出版社，2008.
[86] 人民论坛主编，《世界大趋势与未来10年中国面临的挑战》，中国长安出版社，2010.
[87] 郭振玺，《提问2010——中国百姓关注的十大民生问题》，红旗出版社，2010.
[88] 张维为，《中国震撼——一个“文明型国家”的崛起》，世纪出版集团，上海人民出版社，2011.
[89] 仇保兴，《中国城市化进程中的城市规划变革》，同济大学出版社，2005.
[90] 冯现学，《快速城市化进程中的城市规划管理》，中国建筑工业出版社，2006.
[91] 张萍，《城市规划法的价值取向》，中国建筑工业出版社，2006.
[92] 褚大建，《管理城市发展：探讨可持续发展的城市管理模式》，同济大学出版社，2004.
[93] 王郁，《城市管理创新：世界城市东京的发展战略》，同济大学出版社，2004.
[94] 郭湘闽，《走向多元平衡——制度视角下我国旧城更新传统规划机制的变革》，中国建筑工业出版社，2006.
[95] 李阎魁，《城市规划与人的主体论》，中国建筑工业出版社，2006.
[96] 严薇，《城市规划管理运行机制研究》，中国建筑工业出版社，2006.
[97] 熊国平，《当代中国城市形态演变》，中国建筑工业出版社，2006.
[98] 万勇，《旧城的和谐更新》，中国建筑工业出版社，2006.
[99] 陈立旭,《都市文化与都市精神——中外城市文化比较》，东南大学出版社，2002.
[100] 李芸,《都市计划与都市发展——中外都市计划比较》，东南大学出版社，2002.
[101] 陈志华，《北窗杂记：建筑学术随笔》，河南科学技术出版社，1999.
[102] 朱文一，《空间·符号·城市——一种城市设计理论》，中国建筑工业出版社，2010.
[103] 朱良志、叶朗，《中国文化读本》，外研社，2008 王轶主编，《物权法解读与应用》，人民出版社，2007.
[104] 邱阳，《胡同面孔》，广西师范大学出版社，2004.
[105] 梁雪，《三城记：一个建筑师眼中的美国城市》，生活·读书·新知三联书店，2004.
[106] 张钦楠，《阅读城市 READING CITY》，生活.读书.新知三联书店出品，2004.
[107] 北京市社会科学研究所城市研究室编译，《国外城市科学文选》，贵州人民出版社，1983.

[108] 全国人大常委会法制工作委员会等编，《中华人民共和国城乡规划法解说》，1983.
[109] 北京历史文化名城保护委员会办公室编，《北京历史文化名城保护论坛资料汇编（上册）、（下册）》，2011.
[110] 美国纽约公共管理研究所、清华大学建筑学院、日本东京市政研究所编，《发展社会主义市场经济过程中的中国城市规划，美日城市规划专家论文集》.
[111] 《北京规划建设》，1994-2010年各期.
[112] 左川、郑光中，《北京城市规划研究论文集（1946-1996）》，中国建筑工业出版社，1996.
[113] （德）卡尔·马克斯原著，曾令先、卞彬、金永编译，《资本论》，人民日报出版社，2006.
[114] （英）亚当·斯密著，陈星译，《国富论》，陕西师范大学出版社，2001.
[115] （法）勒·柯布西耶著，陈志华译，《走向新建筑》，陕西师范大学出版社，2004.
[116] [美]伊利尔·沙里宁著，顾启源译，《城市，它的发展、衰败与未来》，中国建筑工业出版社，1986.
[117] [简·雅各布斯（Jacobs，J.）著，金衡山译，《美国大城市的生与死》，译林出版社，2005.
[118] [美]刘易斯·芒福德著，倪文彦和宋俊岭译，《城市发展史——起源、演进和前景》，中国建筑工业出版社，2005.
[119] [美]约翰·M·利维著，孙景秋等译，《现代城市规划》，中国人民大学出版社，2003.
[120] [美]凯文·林奇，《城市形态》，华夏出版社，2001.
[121] [美]凯文·林奇，《城市意象》，华夏出版社，2001.
[122] [挪威]诺伯舒兹著，施值明译，《场所精神 GENIUS LOCI TOWARDS A PHENOMENOLOGY OF ARCHITECTURE 迈向建筑现象学》，华中科技大学出版社，2010.
[123] [法]克里斯多夫·普罗夏松著，王殿忠译，《巴黎1900——历史文化散论》，广西师范大学出版社，2005.
[124] [丹麦]扬·盖尔著，欧阳文、徐哲文译，《人性化的城市》，中国建筑工业出版社，2010.
[125] [丹麦]扬·盖尔著，何人可译，《交往与空间》（第四版），中国建筑工业出版社，2002.
[126] [英]布莱恩·劳森著，杨青娟等译，《空间的语言》，中国建筑工业出版社.
[127] [美]亚历山大·加文著，黄艳等译，《美国城市规划设计的对与错》，中国建筑工业出版社，2010.
[128] [美]马克·吉罗德著，郑炘、周琦译，《城市与人——一部社会与建筑的历史》，中国建筑工业出版社，2008.
[129] [英]尼格尔·泰勒著，李白玉、陈贞译，《1945年后西方城市规划理论的流变》，中国建筑工业出版社，2006.

[130] [美]詹姆斯·E·万斯著，凌霓、潘荣译，《延伸的城市——西方文明中的城 市形态学》，中国建筑工业出版社，2007.
[131] [英]迈克·詹克斯、伊丽莎白·伯顿、凯蒂·威廉姆斯编著，周玉鹏、龙洋、楚先锋译，《紧缩城市——一种可持续发展的城市形态》，中国建筑工业出版社，2004.
[132] [美]罗杰·特兰西克著，朱子瑜等译，《寻找失落空间——城市设计的理论》，中国建筑工业出版社，2008.
[133] [美]迈克尔·索斯沃斯、伊万·本·约瑟夫著，李凌红译，《街道与城镇的形成》，中国建筑工业出版社，2006.
[134] [美]肯尼斯·科尔森著，游宏滔等译，《大规划——城市设计的魅惑和荒诞》，中国建筑工业出版社，2006.
[135] [美]国际城市（县）管理协会、美国规划协会著，张永刚等译，《地方政府规划实践》，中国建筑工业出版社，2006.
[136] [英]克利夫·芒福汀著，陈贞、高文艳译，《绿色尺度》，中国建筑工业出版社，2004.
[137] [英]大卫·卢德林、尼古拉斯·福克著，王健、单燕华译，《营造21 世纪的家园——可持续的城市邻里社区》，中国建筑工业出版社，2005.
[138] [美]理查德·瑞杰斯特著，沈青基、沈贻译，《生态城市伯克利：为一个健康的未来建设城市》，中国建筑工业出版社，2005.
[139] [美]斯皮罗·科斯托夫著，单皓译，《城市的形成——历史进程中的城市模式和城市意义》，中国建筑工业出版社，2005.
[140] [美]斯皮罗·科斯托夫著，邓东译，《城市的组合——历史进程中的城市形态的元素》，中国建筑工业出版社，2008.
[141] [英]彼得·霍尔著，童明译，《明日之城——一部关于20世纪城市规划与设计的思想史》，同济大学出版社，2009.
[142] [美]菲利普·巴格比，《文化：历史的投影》，上海人民出版社，1987.
[143] [美]大卫·哈维著，黄煜文译，《巴黎城记·现代性之都的诞生》，广西师范大学出版社，2010.
[144] [英]爱德华·卢斯著，张淑芳译，《不顾诸神——现代印度的奇怪崛起》，中信出版社，2007.
[145] [印度]杰伦·兰密施著，蔡枫、董方峰译，《理解 CHINDIA 关于中国与印度的思考》，宁夏人民出版社，2006.
[146] [英]J·M·汤姆逊著，倪文彦、陶吴馨译，《城市布局与交通规划》，中国建筑工业出版社，1982.
[147] [美]汤姆沃尔伏（Tom Wolfe）著，关肇邺译，《从包豪斯到现在》，清华 大学出版社，1984.
[148] [美]费慰梅著，曲莹璞、关超等译，《梁思成与林徽因——一对探索中国建筑史的伴侣》，中国文联出版公司，1997.
[149] [美]迈克尔·坎内尔著，倪卫红译，《贝聿铭传·现代主义大师》，中国文学出版社，1997.
[150] [古罗马]维特鲁威著，高履泰译，《建筑十书》，知识产权出版社，2001.

[151] [美]艾琳（Ellin，N.）著，张冠增译，《后现代城市主义》，同济大学出版社，2007.
[152] [美]罗伯特·瑟夫洛著，宇恒可持续交通研究中心译，《公交都市》，中国建筑工业出版社，2007.
[153] [美]托马斯·佛利德曼著，何帆、肖莹莹、郝正非译，《世界是平的》，湖南科学技术出版社，2007.
[154] [美]托马斯·佛利德曼著，王玮沁等译，《世界又热又平又挤》，湖南科学技术出版社，2009.
[155] [美]法里德·扎卡利亚著，赵广成、林民旺译，《后美国世界——大国崛起的经济新秩序时代》，中信出版社，2009.
[156] 美国国家情报委员会编，中国现代国际关系研究院美国研究所译，《全球趋势2025，转型的世界》，时事出版社，2009.
[157] 陈刚、朱嘉广，《历史文化名城北京系列丛书——明清皇城》，北京出版社，2005.
[158] Serge Salat，《城市与形态：关于可持续城市化的研究》，中国建筑工业出版社，2012.
[159] [美]约翰·奈斯比特、[奥]多丽丝·奈斯比特著；魏平 译，《中国大趋势：新社会的八大支柱》，中华工商联合出版社，2011.
[160] （瑞士）W·博奥席耶，《勒·柯布西耶全集第7卷·1957～1965年》，中国建筑工业出版社，2005.
[161] 北京京投土地项目管理咨询股份有限公司，《城市土地开发与管理》，中国建筑工业出版社，2006.
[162] 联合国人居署，《全球化世界中的城市——全球人类住区报告2001》，中国建筑工业出版社，2004.
[163] 贾立政，《论剑：大国时代与幸福工程》，人民日报出版社，2007.
[164] 单霁翔，《用提案呵护文化遗产》，天津大学出版社，2013.
[165] 单霁翔，《平安故宫思行文丛——壬辰集》，故宫出版社，2013.
[166] 刘志峰，《城市对话：国际性大都市建设与住房探究》，企业管理出版社，2007.
[167] （英）约翰斯顿著；唐晓峰等译，《地理学与地理学家》，商务印书馆，2010.
[168] (美)苏珊·汉森，《改变世界的十大地理思想》，商务印书馆，2009.
[169] 谭纵波，《城市规划》，清华大学出版社，2005.
[170] 埃斯特·查尔斯沃思等著，《城市边缘：当代城市化案例研究》，机械工业出版社，2007.
[171] [美]谢弗著；赵旭东，等译，《社会学与生活（精要插图第11版）》，世界图书出版公司，2011.
[172] 唐晓峰，《从混沌到秩序：中国上古地理思想史述论》，中华书局，2010.
[173] 马强，《走向“精明增长”：从“小汽车城市”到“公共交通城市”》，中国建筑工业出版社，2007.

[174] 郝寿义主编，《中国城市化快速发展期城市规划体系建设》，华中科技大学出版社，2005.
[175] 王受之编，《世界现代建筑史》，中国建筑工业出版社，1999.
[176] 侯仁之著，《北京城的生命印记》，生活·读书·新知三联书店，2009.
[177] 陆红旗 著，《西递：桃花源里古村落》，知识出版社，2007.
[178] 王振忠著；李玉祥摄影，《乡土中国：徽州》，生活·读书·新知三联书店，2000.
[179] 刘杰著；李玉祥 摄影，《乡土中国：泰顺》，生活·读书·新知三联书店，2001.
[180] 耿广恩、明剑玲 著《武当山古建筑群》，广东旅游出版社，2001.
[181] 综合开发研究院、大连万达集团编著，《新城市主义的中国之路》，中国建筑工业出版社，2003.
[182] 王杰主编，《领导干部国学大讲堂》，中共中央党校出版社，2011.
[183] 王永兵，《话说前门》，北京燕山出版社，1996.
[184] 刘叶秋、金云臻，《回忆旧北京》，北京燕山出版社，1996.
[185] 余治淮著，《桃花源里人家》，黄山书社，1993.
[186] 朱晓明编著；冯国宝 摄影，《历史环境生机——古村落的世界》，中国建材工业出版社，2002.
[187] （英）马歇尔著；苑思楠 译，《街道与形态》，中国建筑工业出版社，2011.
[188] 吕东亮、姚晓华，《中国名人地图》，光明日报出版社，2005.
[189] 罗保平主编，《北京名人故居：东城卷》，北京出版社，2011.
[190] 麦修著，《重走美利坚》，中国建筑工业出版社，2008.
[191] 北京市规划委员会等，《北京人文地理：延庆卷》，中国地图出版社，2011.
[192] （美）亚历山大等著；高灵英等译，《住宅制造》，知识产权出版社，2002.
[193] （美）亚历山大 等著；赵冰等译，《俄勒冈实验》，知识产权出版社，2002.
[194] 阿玛蒂亚·森等著；张宏良译，《印度：经济发展与社会机会》，社会科学文献出版社，2006.
[195] 侯仁之、岳升阳，《北京宣南历史地图集》，学苑出版社，2009.
[196] 日本观光资源保护财团编；路秉杰译，《历史文化城镇保护》，中国建筑工业出版社，1991.
[197] （美）托伯特·哈姆林；邹德侬译，《建筑形式美的原则》，中国建筑工业出版社，1982.
[198] 尹钧科、吴文涛著《历史上的永定河与北京》，北京燕山出版社，2005.
[199] Carter Wiseman，《I.M.PEI》，Harry N Abrams Inc/Museum of Modern Art，1990.
[200] 北京历史文化名城保护委员会办公室、北京市规划委员会，《历

史文化名城保护法规汇编（一）》，2011.

[201] 《中南海历史文化讲座》编辑组，《中南海历史文化讲座——著名学者与中央高层讨论的问题》，2006.

[202] 北京历史文化名城保护委员会办公室，《历史文化名城保护中外媒体信息参考（26、27期）》，2014.

[203] WU Liangyong and KIM Seok Chul,《CHINA HOUSING 2000》,Institute of Architectural and Urban Studies, School of Architecture Tsinghua University,2003.

[204] 易中天.读城记/品读中国书系.上海文艺，2007.

[205] 刘小枫. 诗化哲学.华东师范大学出版社，2011.

[206] 保罗·福塞尔(美).梁丽真 乐涛 石涛译.世界图书出版公司，2011.

[207] 萧愫.吴冠中的平淡与浓艳—名人密码系列（L）.东方出版社，2007.

[208] 洋溟.中国传统文化的反思.广东人名出版社，1987.

[209] 鲁道夫·阿恩海姆（美）著.滕守尧、朱疆源译.艺术与视知觉.中国社会科学出版社，1984.

[210] Kenneth Frampton，Le Corbusier. Le Corbusier. Thames & Hudson INC，2001.

[211] 罗布（英）著.许婧、王利军译.巴黎人：探寻巴黎历史的神奇之旅.北京大学出版社，2011.

[212] Spiro Kostof，The City Shaped: Urban Patterns and Meanings Through History,Thames & Hudson Ltd.,London,1991.

[213] Spiro Kostof,The City Assembled，The Elemental of Urban Through History, Thames & Hudson Ltd.,London,1992.

[214] Kevin Lynch,What Time Is This Place? The MIT Press Cambridge,Massachusetts and London,England, 1972.

[215] Kevin Lynch,Managing the Sense of a Region, The MIT PressCambridge,Massachusetts and London,England,1980.

[216] Lloyd Rodwin and Bishwapriya Sanyal, The Profession Of City Planning-Changes,Images and Challenges:1950-2000,2000.

[217] Stephen V Ward,Planning the Twentieth-Century City,the advanced capitalist world,John Wiley & Sons,LTD,2002.

[218] Simon Eisner,Arthur Gallion,Stanley Eisner,The Urban Pattern,sixth edition,John Wiley & Sons,INC,1993.

[219] Richard T. LeGates and Frederic Stout,The City Reader,second edition,Routledge,1996.

[220] Writings and Projects of Kevin Lynch,Edited by Tridib Banerrjee and Michael Southworth,City Sense And City Design, The MIT Press Cambridge,Massachusetts and London,England,1996.

[221] Rem Koolhaas, Delirious New York,The Monacelli Press,1994.

[222] Alex Marshall, How Cities work-suburbs,sprawl,and the roads not taken,University of Texas Press Austin,2001.

[223] JayM.Stein, Classic Readings In Urban Planning , McGRAW-HILL,

INC. 1995.

[224] Le Corbusier, The city of tomorrow and its planning, Dover Publications, Inc.New York, 1987.

[225] Kenneth Frampton, Le Corbusier,Thames & Hudson world of art,2001.

[226] Jane Jacobs, The death and life of great American cities,Vintage Books A Division of Random House,Inc. New York,1961.

[227] Theo Crosby, Architecture: City sense,Studio Vista London Van Nostrand Reinhold Company New York Cincinnati,1965.

[228] Witold Rybczynski, City life,Published by Simon & Schuster,1995.

后 记

我热爱文化，尤其是中国的传统文化，也许这和我打小就喜欢书法和绘画有关。对城市文化的兴趣是从大学时代开始的，1987年，我跟随朱锡金和朱介民两位老师到云南做毕业设计时，就曾拿着地形图独自转遍了昆明老城区的街巷（后来全部拆光了，十分可惜），还对照费孝通先生的《乡土中国》和《江村经济》两部经典著作，初步印证了上关、大理、周城、下关的城镇格局与传统文化的脉络。1990年，我在导师李锡然先生的指导下撰写的硕士论文初步研究了“场所精神”和“城市感知”方面的内容，接触了诺舒尔茨的《场所精神，迈向建筑现象学》(Christian Norberg-Schulz,GENIUSLOCI ,Towards a Phenomennology of Architecture)、凯文林奇的《城市意象》(Kevin Lynch,THE IMAGE OF THE CITY) 等书籍，前者是我从学校图书馆找到的原版书，借出来复印了一本仔细研读，后者我读的是项秉仁先生的中译本，尽管那时，能够找到的资料很有限，而且，我对城市的认识和体验十分肤浅，但对“街市生活”的研究很感兴趣。

鲁迅先生曾经讲过一句名言，“只有民族的，才是世界的”，我始终认为，一个城市如果不尊重自己的历史，不尊重自己的文化，就不会得到别人的尊重和认同，然而，我国快速城市化过程中，重经济、轻文化，重速度、轻质量，在新一轮东西方经济和文化的交融、对撞中，许多城市因为文化的不自信而上演了“邯郸学步”式的悲剧。2012年2月，时任国家文物局局长的单霁翔同志在中国城科会名城委换届大会上讲了一段肺腑之言，很值得深思：“在四分之一的世纪里，地方政府的心境、路径、政绩观有了很大的变化和调整。20世纪80年代，很多地方政府主要是为了解决“文革”之后百废待兴、民众生活困难，对于历史文化名城保护，对于文物保护，基本是漠视，虽然有专家大声疾呼，但是地方政府还顾不上考虑这些；90年代发生了很大变化，开始房地产开发，开始招商引资，一拨一拨把城市的经济做大，以GDP来衡量城市的政绩，这时候面临一个历史性城市和文物大破坏的过程，是损失最多的年代；进入新世纪的十年，也不能忽视历史文化名城保护，很多城市做强做大了，有实力了，开始要把自己的城市变美，开始国际招投标，搞大广场、大绿地、景观大道、豪华办公楼，往往是中间建一个水面，美术馆、图书馆、博物馆、展览中心分列四方，做成‘四菜一汤’，各个城市都一个样。这种城市趋同的趋势对历史文化名城来说也是很危险的，就是把很多具有地域特色的、民族特色的、传统特色的城市沦为了平庸城市。”

西方城市在经历了20世纪50、60年代现代主义的“洗劫”之后，现在的文化状态则表现得相对成熟和稳定。2001年，我到美国爱荷华州立大学做高级访问学者（visiting faculty），看到学校里的老建筑被保存得很好，尽管最老的建筑也不过百余年，但那种“老建筑受到普遍尊重、被有尊严地保存着”的状态令我印象深刻。2002年，我参加了法国文化部和中国外交部“150名中国建筑师和城市规划师留学法国”项目，在巴黎居住、工作了一段时间。巴黎历史名人众多，城市中随处可见的名人故居、纪念馆、博物馆，使人常常有穿越时空与先辈对话的城市氛围。密特朗说过，“人们眼中的巴黎是一个集建筑、雕塑和博物馆花园为一体的殿堂，一个充满瑰丽的想象、充满思想、青春永驻的城市”，他说得很好，因为行走在巴黎的街道上，能感受到城市空间处处洋溢着浓浓的文化味道。2006年，我获得了美国NEWSCHOOL印（度）中（国）发展研究中心的奖学金资助，参加了为期两年的学术研究和交流活动，同美国、印度学者一道对美、印、中三个国家的部分城市进行了一系列实地考察和访谈，使我初步了解了处于不同城市化阶段的、不同体制的国家的文化状态，个人观点分别收录在《龙象共舞：中印城市化发展探微》和“Urban Development and Governmental Approach: Experiences in China and India”两篇论文中。

本书的形成首先是认识和实践经验的积累。20世纪90年代，我走出校门，到原北京市城市规划管理局城区处从事规划管理工作，对身边发生的大规模危改心存疑惑，推平头式的大拆大建就好似“把婴儿连同洗澡水一块倒掉了”，与学校里学过的“新建筑首先要考虑尊重现状周边环境和历史环境”的原理大相径庭，于是撰写了“关于北京旧城区大规模危改与古都风貌保护的思考”一文，发表在1998年《北京规划建设》第3期上，提出了不同看法。2000年起，新组建的市规划委成立后，我先后就任规划处副处长、总体规划处处长、详细规划处处长及市规划委副总规划师，具体组织或参与编制了《北京旧城二十五片历史文化保护区保护规划》、《北京历史文化名城保护规划》、《北京皇城保护规划》、《北京第二批历史文化保护区保护规划》、《北京城市空间发展战略研究》、《北京城市总体规划（2004-2020年）》、《北京中心城控制性详细规划（2006年）》、《北京市优秀近现代建筑保护名录（第一批）》、《北京焦化厂工业遗产保护和再利用规划方案（征集）》、

《北京大山子（798）保护性控制性详细规划》等一系列重大规划项目和科研课题。2008 年以后，我调任北京市测绘设计研究院院长，进一步开拓大数据应用的新领域、新方法和新途径，策划了《北京人文地理》系列丛书，《北京历史文化地理信息系统》，建设《北京人文地理》网站等“五大文化”系列项目。我先后担任中国城市科学研究会历史文化名城委员会副秘书长、中国城市规划协会副会长、北京城市科学研究会副理事长及北京城市科学研究会历史文化名城委员会副主任等社会职务，使视野更为宽广。实际上，无论我到什么岗位工作，我都会把我专注和酷爱的历史文化名城保护工作带过去，同时，培养一批热爱文化工作的新骨干，开辟一片历史文化名城保护的新天地，和北京名城保护工作一路同行，直至今日，此情不曾割舍。大量的实践使本书坚持“原创”为主的原则成为可能，用第一手资料替代捕风捉影或滥竽充数，用我经历过的、熟悉的、思考过的东西替代道听途说或人云亦云。把 1999 年至 2009 年的规划发展历程作为研究重点，原因不言自明，这既是城市和规划发展变化最为快速重要时期，也是我作为规划人亲身经历、参与、见证这个演变历程的关键时期。规划像人一样是有记忆的，规划的记忆除了来自规划工作者的认知，也来自于规划成果承载的信息传递。规划师和规划工作本身是分不开、扯不断的，而不同版本、不同类型的规划成果随着年轮的层层更迭，其自身记忆也不断丰富，客观反映了城市规划的思想演进历程，也见证了城市发展变化的足迹。

本书的形成是时代发展的产物。记得有一次和规划前辈、原建设部的陈晓丽总规划师通电话，聊到北京规划的这一段成长期，她说道：“要感谢我们处在一个伟大的时代，不仅能够经历、见证城市的巨大变迁，还有许多参与实践的机会，这是我们这个时代人的幸运。城市规划不仅仅是一项技术，城市规划师也不单纯是个技术人员，城市规划往往跟所处时代的经济、社会、政治、文化认知和背景有相当大的关系，应该趁年轻还干得动好好从超出技术范畴的角度和视野对这段历史总结一下。”她的话给我很大鼓励，使我觉得跳出圈外看规划还是有必要的。于是，作为一个曾经的专业人员，我“蓄意”想写一本“非常不专业”的书，对规划“技术”蜻蜓点水，对“专业”问题点到为止，不去讨论专业技术的进步，也不去评说规划方案的优劣，只是探寻城市和规划在时代发展的背景和脉络影响下内在的必然和偶然，以及其中诸多要素的作用规律和逻辑关联。离开规划管理岗位后，才知道“不识庐山真面目，只缘身在此山中”的真谛，做规划和看规划、评规划、品规划、用规划的确很不一样，从“被规划”的角度看，就更加不同了。规划是一门热门行当，与时俱进，发展很快，对于我这个“过季”的规划人，到了“圈外”，自然而然能够跳出规划看规划，也不怕因为说了些外行话、过时话或是“过分”的话贻笑大方。在成书的过程中，我通过集中而广泛的阅读和系统思考，思绪一次次穿越到我曾经走过的这个不平凡的时代，仿佛在观赏一幅波澜壮阔的历史画卷，又仿佛在与大师和前辈们对话，感悟他们的睿智，聆听他们的心声。我还在现实与历史中反复切换，通过对同样经历过这段历史的关键人物的访谈，听听他们对这段历史的感知、困惑、思考与评价，这真是一种难得的学习之旅。在这本书里，我通过记忆或印象讲述一个我所熟悉的规划成长故事，一个既激动人心、令人振奋，又充满着痛苦、焦虑、纠结的持续快速发展过程。在世纪之交开始的第一个十年里，北京旧城和一些“过时”的建筑成为故事的主角，几个重要规划的“炼制过程”作为故事的主线，展现传统和现代通过怎样的博弈，政府的重点、专家的分量、公众的作用发生了怎样的微妙演变，达成了动态的平衡。

博士班的同学们与导师潘公凯院长在一起

本书的形成也是集体智慧的结晶。得益于导师、领导、专家、同事、同学们的帮助指导。出书是导师潘公凯先生的意愿，当初潘先生在谈我的论文开题时曾说，博士研究要能从第一手的调研和资料中提炼出自己的观点，才能成为一篇好论文。使我不禁重新审视了我从大学至今的人生轨迹，并试图把关于城市历史文化的事件、记忆和我在北京市规划委工作期间的实践积累与思考串在一起，以政府决策、专家路线、公众参与三条线的发展加上时间要素构成“四个维度”，分析、判读、探讨北京历史文化名城保护在快速城市化进程中的得与失，并提出个人不成熟的意见和建议。通过了答辩后，我的论文获得中央美院年度优秀博士论文，为本书打下了坚实的基础。我的老领导、博导陈刚同志也给我很多的支持和指导，他曾跟我说过，“总规处处长一定要有思想”，他还不断提醒并要求我们这些关键业务处室的处长们，不应只满足于审核规划指标，要增强一些美学修养，辨别建筑的美与丑，通过细致的工作和自身的修养为城市添一份特色。关于我的博士论文研究，他指出要在理顺“政府、市场、居民”三者关系上找突破口，突出“系统性、政策性、实践性”，论文应是“理论与实践的总结和整合”，是一次“体系再造”；研究的重点要侧重于中国传统文化的复兴，如关于四合院的永久居住形态问题，政府能否通过“修缮、改善、疏散”，在“独门独院”的传统空间形态和“大杂院”的现状中找到一个平衡点，维系胡同 - 四合院空间肌理的可持续发展？北京旧城的题还没有破，应如何破？要在这些方面深入调研和思考。他还鼓励我去“发现”一些可以构成城市特色的“线索”保护下来，北京焦化厂、京棉、二通、二热等厂房的保留都是这时候的成果，可以说，博士班是一个学习与实践结合的平台，通过思考可以把心得放到工作中去，尽己所能来为这个城市添一些光彩。现任故宫博物院院长的单霁翔先生是我的另一位老领导，他对历史文化保护工作的执着精神对我产生了巨大的影响，正是在他的直接领导和指导下我才完成了具体组织《北京旧城 25 片历史文化保护区保护规划》等多项保护规划的艰巨任务，这些在 21 世纪初的开创性工作令我对北京的历史文化着迷，并从此把名城保护工作作为自觉行动；2005 年以后，我又是循着他的足迹，按照《无锡建议》的指引，开展一系列北京工业遗址保护和再利用规划的组织编制。已故老领导老专家宣祥鎏主任对我的影响也很大，我和宣老是个“忘年交”，我们都是属蛇的，相差“三轮”，我戏称：我是“五零前”（快五十岁了！），而宣老是位“八零后”（八十岁出头）。2000 年以后，我几乎每年都要陪同宣老出席中国城市科学研究会国家历史文化名城委员会的工作会议，宣老德高望重，学识渊博，为人谦和，和他的交流和讨论，时常解我心中之惑。同样是我的老领导邱跃同志，他兄长般的关心和爱护使我在每每遇到困难时倍感温暖和坚强，他的顽强毅力、硬朗作风、丰富经验和仗义执言、公平公正的处事原则始终是我学习的榜样。还有，德高望重的老专家吴良镛、郑孝燮、罗哲文、谢辰生、徐苹芳、刘小石、李准、傅熹年、王景慧、陈晓丽、朱嘉广、王世仁等在百忙之中安排宝贵时间接受我的拜访，他们的学识、品德和精神时常感召我、激励我，并使我受益终生。感谢远在美国的卢伟民、张庭伟先生，他们的规划实践和理论研究对我也有很大的影响。

感谢北京市规划委、市规划院、清华大学、市测绘院等单位的大力帮助，在我的论文中引用了他们大量的成果和技术支持。感谢隋振江、黄艳、王英杰、吴建平、魏成林、伍江、谈绪祥、朱小地、杨文良、张维、张兵、王凯、刘玉民、周楠森、施卫良、杜立群、马良伟、叶大华、宋晓龙、陈世杰、魏明康、周庆荣、边兰春、刘伯英、戴俭、魏科、刘扬、梁伟、张广汉、贾蓉、齐跃和陈伟勇等领导和专家在百忙之中安排时间，或接受我的访谈，或给予我鼓励和建议，感谢司徒尚纪、张妙弟、唐晓峰、李建平、岳升阳、周尚意、张宝秀、Stan Brann 等专家参加我主持的专题研讨会并贡献他们宝贵的见解，感谢《北京规划建设》周雪梅副总编和北京名城办秘书处王剑明处长的大力支持，感谢东城区规划分局宋志红局长、西城区规划分局倪峰局长、昌平区规划分局栾景亮副局长为我提供丰富的第一手资料，没有他们的帮助，我的书稿不会像今天这样内容丰富。感谢博士班老师吕品晶、黄良福和阳作军、冯菲菲、郑皓、张勇、何东、王雪梅、赵奕、马红杰、王豪、李亮、雷大海等同学的帮助，在一起共同研讨并分享大家的宝贵经验，受益匪浅。感谢我的团队的支持和帮助，我院领导班子成员郝赛英书记、王瑞平副书记、杨伯钢常务副院长、王继明副院长、陈品祥副院长、程祥副院长、代为总会计师、贾光军总工程师和同事们，在我研究的过程中，分担了我的许多工作，王继明、陈品祥两位副院长还分别接受了我的访谈。在写作和成稿过程中，我院设计创新中心和我的工作室的几位助手董明、臧伟、甄一男和李伟的倾力帮助，为本书甄别、分类和整理资料及图片，编辑素材，加工制作成果，设计封面，牺牲了许许多多休息时间，使我有时间和精力用于书稿的整体构思和对城市文化这个复杂命题进行认真的研究和思考，我的书中有他们大量的付出和辛劳。感谢龚渤、张宏年、冯学兵、郭建辉、吕贝嘉的援手，感谢秦岭、李兆平、高吉、吴幼华、胡怡、张静等同志提供精美照片，使本书锦上添花。我还要特别感谢中国建工出版社的张兴野书记、李东禧主任、唐旭副主任和吴佳女士、陈仁杰女士的支持和付出，计划交稿的 deadline 被我一拖再拖，我成了一个屡屡不守信用之人，为此大大挤占了他们的工作时间，本书付梓真的要感谢他们的认真和宽容！最后，我要感谢我的家人，我的妻子刘勃，我的儿子容达，他们的体贴、关心和支持使我欣慰，并产生了不竭的勇气和动力去直面困难。

然而，这个题目太大、太深，使我常常感到力不从心，书中的错误是难免的，希望读者批评、指正。书中记录了 1999 年到 2009 年这个世纪之交和新世纪第一个十年里北京历史文化名城规划编制、修订和实施的故事。当然，随着岁月的流淌，故事还在继续。2010 年 10 月 21 日，北京历史文化名城保护委员会成立，由郑孝燮、吴良镛、谢辰生、罗哲文、宣祥鎏、徐苹芳、傅熹年、王世仁、舒乙、柯焕章、王景慧、单霁翔、赵书、王静霞、陈晓丽、张和平、刘恒、边兰春等 18 位专家组成，委员会将编制历史文化名城保护规划，研究功能核心区的“道路红线”，按照现有的胡同肌理、街道走向等进行重新完善、科学规划。表明名城保护机制日益健全，专家地位不断上升。但不幸的是在 2011—2014 年之间，委员会中徐苹芳、罗哲文、宣祥鎏、王景慧四位巨星陨落，北京名城保护事业遭受了重大损失。名城保护事业要传承下去，需要后继有人，中青年专家要接过接力棒，任重道远。2011 年 12 月，北京“十二五”名城保护规划公布，保护项目和保护资金进一步落实。2012 年初，发生了梁林故居被拆除事件，引发社会的巨大关注，此事进程所显示的公众参与力量和政府解决问题能力都有很大加强。2013 年 4 月 16 日，名城保护在实施方面向纵深发展，世界文化遗产故宫开展平安故宫项目，推动七大工程，并提出把故宫平安交给下一个六百年。2014 年，北京市 3840 处不可移动文物拥有金属身份证，获得免拆权。同一年，习近平总书记考察北京工作并到北京南锣鼓巷看望慰问老街老户，指出，城市规划要在城市发展中起引领作用，考察一个城市首先看规划，规划科学是最大的效益，规划失误是最大的浪费，规划折腾是最大得忌讳。可谓一语中的！由此可见，本书的整理和研究还是十分及时的、必要的，不过，我认为城市规划关乎政治、经济、社会、生态、文化、历史等多维度、多尺度、多要素、多角度的交织与融合，充满变数且错综复杂，因此，本书内容只是沧海一粟，冰山一角，只是问题的提出，研究的开端，期冀广大热爱北京历史文化、关心城市规划建设的读者不断思考、共同参与。

温宗勇

2014 年 10 月于北京

（第十二稿）